中国国家标准汇编

2006年修订-4

中国标准出版社　编

中国标准出版社
北京

图书在版编目（CIP）数据

中国国家标准汇编：2006年修订．4/中国标准出版社编．—北京：中国标准出版社，2007
ISBN 978-7-5066-4565-2

Ⅰ.中…　Ⅱ.中…　Ⅲ.国家标准-汇编-中国-2006
Ⅳ.T-652.1

中国版本图书馆CIP数据核字（2007）第102607号

中国标准出版社出版发行
北京复兴门外三里河北街16号
邮政编码:100045
网址 www.spc.net.cn
电话:68523946　68517548
中国标准出版社秦皇岛印刷厂印刷
各地新华书店经销

*

开本 880×1230　1/16　印张 38.25　字数 1 132 千字
2007年8月第一版　2007年8月第一次印刷

*

定价 180.00 元

ISBN 978-7-5066-4565-2

9 787506 645652 >

出 版 说 明

1.《中国国家标准汇编》是一部大型综合性国家标准全集，自1983年起，按国家标准顺序号以精装本、平装本两种装帧形式陆续分册汇编出版。《汇编》在一定程度上反映了我国建国以来标准化事业发展的基本情况和主要成就，是各级标准化管理机构，工矿企事业单位，农林牧副渔系统，科研、设计、教学等部门必不可少的工具书。

2. 由于标准的动态性，每年有相当数量的国家标准被修订，这些国家标准的修订信息无法在已出版的《汇编》中得到反映。为此，自1995年起，新增出版在上一年度被修订的国家标准的汇编本。

3. 修订的国家标准汇编本的正书名、版本形式、装帧形式与《中国国家标准汇编》相同，视篇幅分设若干册，但不占总的分册号，仅在封面和书脊上注明“2006年修订-1，-2，-3，……”等字样，作为对《中国国家标准汇编》的补充。读者配套购买则可收齐前一年新制定和修订的全部国家标准。

4. 修订的国家标准汇编本的各分册中的标准，仍按顺序号由小到大排列（不连续）；如有遗漏的，均在当年最后一分册中补齐。

5. 2006年度发布的修订国家标准分27册出版。本分册为“2006年修订-4”，收入新修订的国家标准50项。

中国标准出版社

2007年6月

目　录

ICS 77.100
H 42

中华人民共和国国家标准

GB/T 3795—2006
代替 GB/T 3795—1996

锰铁
Ferromanganese

2006-02-05 发布 2006-08-01 实施

中华人民共和国国家质量监督检验检疫总局
中国国家标准化管理委员会 发布

前　言

本标准参照 ISO 5446:1980《锰铁—交货技术条件》标准，在 GB/T 3795—1996《锰铁》的基础上修订而成。

本标准代替 GB/T 3795—1996。

本标准与 GB/T 3795—1996 相比主要变化如下：

——调整了高炉锰铁牌号分级规定；

——提高了主元素锰的含量；

——调整了硅、磷的含量；

——调整了组批条款。

本标准由中国钢铁工业协会提出。

本标准由冶金工业信息标准研究院归口。

本标准起草单位：廊坊鑫达铁合金有限公司、上海申佳铁合金有限公司、康密劳铁合金有限公司、冶金工业信息标准研究院。

本标准主要起草人：杨希富、阎志强、樊大新、莫国宝、王玉龙、张瑞香、虞汉贤。

本标准所代替标准的历次版本发布情况为：

GB/T 3795—1983；GB/T 3795—1987；GB/T 3795—1996。

锰　铁

1　范围

本标准规定了锰铁的产品分类、技术要求、试验方法、检验规则、包装、储运、标志和质量证明书。

本标准适用于炼钢、铸造用脱氧剂和合金元素添加剂的锰铁。

2　规范性引用文件

下列文件中的条款通过本标准的引用而成为本标准的条款。凡是注日期的引用文件，其随后所有的修改单(不包括勘误的内容)或修订版均不适用于本标准，然而，鼓励根据本标准达成协议的各方研究是否可使用这些文件的最新版本。凡是不注日期的引用文件，其最新版本适用于本标准。

GB/T 3650　铁合金验收、包装、储运、标志和质量证明书的一般规定

GB/T 4010　铁合金化学分析用试样采取和制备

GB/T 7730.1　锰铁及高炉锰铁　锰含量的测定　电位滴定法和硝酸铵氧化滴定法

GB/T 7730.2　锰铁及高炉锰铁　硅含量的测定　高氯酸脱水重量法

GB/T 7730.3　锰铁化学分析方法　磷量的测定

GB/T 7730.5　锰铁及高炉锰铁化学分析方法　红外线吸收法测定碳含量

GB/T 7730.6　锰铁及高炉锰铁化学分析方法　气体容量法测定碳量

GB/T 7730.7　锰铁及高炉锰铁化学分析方法　重量法测定碳量

GB/T 7730.8　锰铁及高炉锰铁化学分析方法　红外线吸收法测定硫含量

GB/T 7730.9　锰铁及高炉锰铁化学分析方法　燃烧中和滴定法测定硫量

GB/T 13247　铁合金产品粒度的取样和检测方法

3　产品分类

3.1　按冶炼方式不同，分为电炉锰铁和高炉锰铁。

3.2　按碳含量不同，分为三类：

低碳类：碳含量不大于0.7%；

中碳类：碳含量大于0.7%至2.0%；

高碳类：碳含量大于2.0%至8.0%。

3.3　按含硅含量、磷含量不同，分为两组：Ⅰ、Ⅱ。

4　技术要求

4.1　牌号及化学成分

4.1.1　电炉锰铁按锰及杂质含量的不同，分为9个牌号，其化学成分应符合表1的规定。

表 1　电炉锰铁化学成分

类别	牌　号	化学成分(质量分数)/%						
		Mn	C	Si		P		S
				Ⅰ	Ⅱ	Ⅰ	Ⅱ	
			不大于					
低碳锰铁	FeMn88C0.2	85.0～92.0	0.2	1.0	2.0	0.10	0.30	0.02
	FeMn84C0.4	80.0～87.0	0.4	1.0	2.0	0.15	0.30	0.02
	FeMn84C0.7	80.0～87.0	0.7	1.0	2.0	0.20	0.30	0.02
中碳锰铁	FeMn82C1.0	78.0～85.0	1.0	1.5	2.0	0.20	0.35	0.03
	FeMn82C1.5	78.0～85.0	1.5	1.5	2.0	0.20	0.35	0.03
	FeMn78C2.0	75.0～82.0	2.0	1.5	2.5	0.20	0.40	0.03
高碳锰铁	FeMn78C8.0	75.0～82.0	8.0	1.5	2.5	0.20	0.33	0.03
	FeMn74C7.5	70.0～77.0	7.5	2.0	3.0	0.25	0.38	0.03
	FeMn68C7.0	65.0～72.0	7.0	2.5	4.5	0.25	0.40	0.03

4.1.2　高炉锰铁按锰及杂质含量的不同，分为 4 个牌号，其化学成分应符合表 2 的规定。

表 2　高炉锰铁化学成分

类别	牌　号	化学成分(质量分数)/%						
		Mn	C	Si		P		S
				Ⅰ	Ⅱ	Ⅰ	Ⅱ	
			不大于					
高碳锰铁	FeMn78	75.0～82.0	7.5	1.0	2.0	0.25	0.35	0.03
	FeMn73	70.0～75.0	7.5	1.0	2.0	0.25	0.35	0.03
	FeMn68	65.0～70.0	7.0	1.0	2.0	0.30	0.40	0.03
	FeMn63	60.0～65.0	7.0	1.0	2.0	0.30	0.40	0.03

4.2　需方对化学成分有特殊要求时，可由供需双方另行协商。

4.3　物理状态

4.3.1　锰铁以块状交货，其粒度范围应符合表 3 的规定。

表 3　粒度范围

粒度级别	粒度/mm	允许偏差/%		
		筛上物	筛下物	
		不大于		
1	20～250	—	中低碳类	10
			高碳类	8
2	50～150	5	5	
3	10～50	5	5	
4[a]	0.097～0.45	5	30	

a　中碳锰铁可以粉状交货。

4.3.2 需方对产品粒度有特殊要求时，可由供需双方另行协商。

5 试验方法

5.1 取样与制样

锰铁化学分析用试样的采取和制备按 GB/T 4010 的规定进行。

5.2 化学分析方法

锰铁的化学分析方法应按表 4 的规定进行。

表 4 锰铁的化学分析方法

序号	元素	分析方法
1	Mn	按 GB/T 7730.1 规定进行。
2	C	按 GB/T 7730.5、GB/T 7730.6、GB/T 7730.7 规定进行。
3	Si	按 GB/T 7730.2 规定进行。
4	P	按 GB/T 7730.3 规定进行。
5	S	按 GB/T 7730.8、GB/T 7730.9 规定进行。

5.3 粒度检查

锰铁粒度检查按 GB/T 13247 的规定进行。

6 检验规则

6.1 检查和验收

锰铁的质量检查和验收应符合 GB/T 3650 的规定。

6.2 组批

散装锰铁组批按锰含量不大于 3%波动范围内的同牌号、同组级的归为一批交货，桶装产品按锰含量不大于 2%的同牌号、同组级进行组批。

6.3 仲裁

当供需双方对化学分析结果有异议时，应由供需双方协商同意的仲裁单位进行仲裁试验，仲裁试验结果作为最终检验结果。

7 包装、储运、标志和质量证明书

7.1 包装

7.1.1 中低碳类锰铁一般采用铁桶包装，每桶 100 kg。经供需双方协商，也可以采用其他形式的包装方法。包装件外应有明显标志。

7.1.2 高碳类锰铁一般以散装交货，经供需双方协商也可采用集装箱、编织袋进行包装。采用包装件交货时，包装件外应有明显标志。

7.2 储运、标志和质量证明书

各类锰铁的储运、标志和质量证明书应符合 GB/T 3650 的规定。

ICS 65.100
G 23

中华人民共和国国家标准

GB 3796—2006
代替 GB 3796—1999

农药包装通则

General rule for packing of pesticides

2006-12-07 发布 2007-11-01 实施

中华人民共和国国家质量监督检验检疫总局
中国国家标准化管理委员会 发布

前　言

本标准的第4章、第5章、第6章、第8章为强制性的，其余为推荐性的。

本标准代替GB 3796—1999《农药包装通则》。

本标准与GB 3796—1999的主要差异为：

——标准中5.4.1中增加了“当产品标准中有规定时以产品标准为准”的规定。

——标准中5.5.3.2 l)中由“生产日期和批号”改为“生产日期或批号”。

——标准涉及内包装标签内容的引用国家标准《农药产品标签通则》。

本标准自实施之日起，代替GB 3796—1999《农药包装通则》。

本标准由中国石油和化学工业协会提出。

本标准由全国农药标准化技术委员会(CSBTS/TC 133)归口。

本标准负责起草单位：沈阳化工研究院。

本标准主要起草人：楼少巍。

本标准于1983年7月首次发布，1999年11月第一次修订，本次为第二次修订。

农 药 包 装 通 则

1 范围

本标准规定了农药的包装类别、包装技术要求、包装件运输、包装件贮存、试验方法和检验规则。

本标准适用于农药包装。

2 规范性引用文件

下列文件中的条款通过本标准的引用而成为本标准的条款。凡是注日期的引用文件，其随后所有的修改单（不包括勘误的内容）或修订版均不适用于本标准，然而，鼓励根据本标准达成协议的各方研究是否可使用这些文件的最新版本。凡是不注日期的引用文件，其最新版本适用于本标准。

GB 190 危险货物包装标志

GB/T 191 包装储运图示标志（GB/T 191—2000，eqv ISO 780:1997）

GB/T 1605 商品农药采样方法

GB/T 4857.3—1992 包装 运输包装件 静载荷堆码试验方法（eqv ISO 2234:1985）

GB/T 6388—1986 运输包装收发货标志

GB/T 13251—2002 包装容器 钢桶封闭器（ISO/DIS 15750-3:2000，NEQ）

GB/T 17344—1998 包装 包装容器 气密试验方法（neq NFH 00-070）

GB 20813 农药产品标签通则

3 术语和定义

下列术语和定义适用于本标准。

3.1

批号 batch number

批号由产品的生产日期（年、月、日）和批次（一天生产多批产品时）组成。

4 包装类别

4.1 农药产品按危险程度分为两级。一级属于危险品，分为三类；二级属于非危险品。

4.2 农药产品运输包装件和容器的试验项目和定量值见表1。

表 1 试验项目和定量值

试验项目		一级			二级
		Ⅰ类	Ⅱ类	Ⅲ类	
堆码（一般包装，24 h；塑料包装桶，40℃，28 d）/m	≥	3.0	3.0	3.0	3.0
气密（5 min）/kPa	≥	30	20	20	20
液压（一般包装，5 min；塑料包装桶，30 min）/kPa	≥	250	100	100	—

4.3 不同危险等级的农药对包装容器和包装材料的要求

4.3.1 一级产品包装

使用钢桶、塑料桶、铝瓶、玻璃瓶、高密度聚乙烯氟化瓶、塑料瓶、塑料袋、高密度纸桶、箱和铝箔袋等。

4.3.2 二级产品包装

使用钢桶、塑料桶、玻璃瓶、塑料瓶、塑料袋、高密度聚乙烯氟化瓶、箱和纸袋等。

4.3.3 农药的包装形式应符合贮存、运输、销售及使用的要求

允许使用本规定之外的等效包装，但必须满足与本标准有关的试验要求。

5 包装技术要求

5.1 包装环境

5.1.1 包装农药场所应地面平整、保持清洁，而且通风良好。

5.1.2 应有相应的安全防护措施，如：防毒面具、防护眼镜、口罩和灭火设备等。

5.2 农药产品

农药产品在包装前应经质检部门检验，并应符合相应产品标准的有关规定。

5.3 包装材料

5.3.1 农药的包装材料应保证农药在正常的贮存、运输中不破损，并符合相应包装材料标准的要求。

5.3.2 农药的外包装材料应坚固耐用，保证内装物不受破坏。可采用的外包装材料有：木材、金属、合成材料、复合材料、带防潮层的瓦楞纸板、瓦楞钙塑板、纸袋纸、纺织品以及经运输部门、用户同意的其他包装材料。

5.3.3 农药的内包装材料应坚固耐用，不与农药发生任何物理和化学作用而损坏产品，不溶胀，不渗漏，不影响产品的质量。可采用的内包装材料有：玻璃、高密度聚乙烯氟化材料、塑料、金属、复合材料、铝箔和纸袋纸等。

防震材料：农药包装常用的防震材料有瓦楞纸套板、气泡塑料薄膜和发泡聚苯乙烯成型膜等。

5.4 包装要求

5.4.1 农药制剂根据剂型、用途、毒性及物理化学性质进行包装。液体制剂每箱净含量不得超过15 kg，固体制剂每袋净含量不得超过 20 kg。桶装产品每件净含量不得超过 250 kg。当产品标准中有规定时以产品标准为准。

5.4.2 瓶装液体制剂包装容器要配有合适的内塞及外盖或带衬垫的外盖，倒置不应渗漏。桶装液体农药原药的桶盖要有衬垫，应拧紧盖严，避免渗漏。包装量应符合 GB/T 1605 规定。

5.4.3 盛装液体农药的玻璃瓶装入外包装容器后，用防震材料填紧，避免互相撞击而造成破损。

5.4.4 农药采用小包装时，在装入适于贮存运输的外包装容器前，必要时应先以适宜的数量装入较大盒、袋中，作为中包装。

5.4.5 农药外包装容器中必须有合格证、说明书（当内标签的标志内容不能满足 GB 20813 时）。

5.5 包装标志

5.5.1 标志方法

5.5.1.1 外包装容器上应有标志。

5.5.1.2 标志直接印刷、标打。

5.5.2 标志部位

标志部位见表 2。

表 2 标志部位

包装形式	标志部位
金属桶或其他桶类	圆柱形面
瓶（玻璃或塑料等）	圆柱形面
袋或小包	正面、背面
箱（包括木、纸板、钙塑箱等）	正面、侧面

5.5.3 标志内容

5.5.3.1 农药的内包装容器表面上应粘贴标签,标签应符合 GB 20813 规定。

5.5.3.2 农药的外包装应标明:

a) 各有效成分中文通用名、含量和剂型。

b) 农药登记证号。

c) 生产许可证(生产批准证书)号。

d) 相应的农药产品标准号。

e) 商标。

f) 生产厂(公司)名称。

g) 生产厂(公司)地址、电话、传真和邮政编码等。

h) 毒性标志:按产品急性经口毒性实测数据(分为剧毒、高毒、中等毒、低毒和微毒)进行标志;除毒性标志外其他危险货物包装标志如"易燃"、"防潮"等,按 GB 190 和 GB/T 191 的规定进行标志。

i) 贮运图示标志:按 GB/T 191 的规定进行标志。运输包装收发货标志按 GB/T 6388—1986 执行。

j) 毛含量和净含量。

k) 箱体体积,长×宽×高(mm)。

l) 生产日期或批号。

m) 产品质量保证期。

5.5.3.3 袋装农药制剂应按 5.5.3.1 及 5.5.3.2 或按合同的规定标志,供加工使用的农药原药按 5.5.3.2的规定标志。

5.5.3.4 各类农药采用不褪色的特征颜色标志条进行标志,并应符合 GB 20813 要求。

6 包装件运输

6.1 包装件运输应符合运输标准的有关规定。

6.2 包装件应有遮篷盖住,避免阳光直射和雨水淋洒而且通风良好。

6.3 包装件运输中堆码高度不应高于 3.0 m。

6.4 包装件装卸时不能摔、滚和倒置等。

7 包装件贮存

7.1 包装件贮存在通风良好的仓库内或有遮篷的露天场地,并备有相应的灭火器材。

7.2 包装件可以单放或以合适的方式堆码贮存。

8 试验方法

8.1 堆码试验方法应符合 GB/T 4857.3—1992 规定。

8.2 气密试验方法应符合 GB/T 17344—1998 规定。

8.3 液压试验方法应符合 GB/T 13251—2002 有关规定。

9 检验规则

9.1 生产厂应保证所生产的产品的包装符合本标准的要求,并经质量检验部门进行检验,出具合格证。

9.2 当用户与生产厂对包装质量产生争议时,用户有权按本标准的规定对其进行复验,如复验结果不符合本标准规定要求时,用户有权拒收。

9.3 其他类型的检验按国家有关规定进行。

ICS 91.100.25
Q 31

中华人民共和国国家标准

GB/T 3810.1—2006
代替 GB/T 3810.1—1999

陶瓷砖试验方法
第1部分：抽样和接收条件

Test methods of ceramic tiles—
Part 1：Sampling and basis for acceptance

（ISO 10545-1：1995，Ceramic tiles—
Part 1：Sampling and basis for acceptance，MOD）

2006-02-07 发布　　2006-09-01 实施

中华人民共和国国家质量监督检验检疫总局
中国国家标准化管理委员会　发布

前　言

GB/T 3810《陶瓷砖试验方法》分为 16 个部分：

——第 1 部分：抽样和接收条件；

——第 2 部分：尺寸和表面质量的检验；

——第 3 部分：吸水率、显气孔率、表观相对密度和容重的测定；

——第 4 部分：断裂模数和破坏强度的测定；

——第 5 部分：用恢复系数确定砖的抗冲击性；

——第 6 部分：无釉砖耐磨深度的测定；

——第 7 部分：有釉砖表面耐磨性的测定；

——第 8 部分：线性热膨胀的测定；

——第 9 部分：抗热震性的测定；

——第 10 部分：湿膨胀的测定；

——第 11 部分：有釉砖抗釉裂性的测定；

——第 12 部分：抗冻性的测定；

——第 13 部分：耐化学腐蚀性的测定；

——第 14 部分：耐污染性的测定；

——第 15 部分：有釉砖铅和镉溶出量的测定；

——第 16 部分：小色差的测定。

本部分为 GB/T 3810《陶瓷砖试验方法》的第 1 部分。

本部分修改采用 ISO 10545-1:1995《陶瓷砖——第 1 部分：抽样和接收条件》(英文版)。

本部分根据 ISO 10545-1:1995 重新起草。为了更适合我国国情，本部分在采用 ISO 10545-1:1995 时进行了修改。本部分与 ISO 10545-1:1995 的主要差异如下：

——增加了对光泽度的抽样和接收条件；

——增加了对边长不小于 600 mm 砖的样本量的规定，要求样本量至少 10 块，且面积不小于 1 m^2；

——为便于使用，本部分做了下列编辑性修改：

a) “ISO 10545 的本部分”修改为“GB/T 3810 的本部分”；

b) 删除国际标准的前言；

c) 增加了规范性引用文件。

本部分代替 GB/T 3810.1—1999《陶瓷砖试验方法　第 1 部分：抽样和接收条件》。

本部分与 GB/T 3810.1—1999 相比主要变化如下：

——将“检查批”修改为“检验批”；且将检验批定义“交付检验由一家生产厂生产的一批砖，并认为质量相同”修改为“由同一生产厂生产的同品种同规格的产品批中提交检验批”；

——将“试样”修改为“样本”；

——将“试样数量”修改为“样本量”；

——将定义中“同质量交货：交付由一家生产厂生产的砖，认为质量相同”修改为“组批　由同一生产厂生产的同品种同规格同质量的产品组批”；

——将表 1 中注 b)的“试样数量至少 30 块，且面积不小于 1 m^2。无论 1 m^2 的砖数量是多少，试样数量为 10 块砖以上。AQL 为 2.5%可接收的规定，可以代替表 1 的程序”修改为“对于边长小于 600 mm 的砖，样本量至少 30 块，且面积不小于 1 m^2；对于边长不小于 600 mm 的砖，样本量至少10块，且面积不小于1 m^2"；

——将表1中注d)的"每块砖质量<50 g时应取足够数量，每块砖质量在50 g～100 g之间时取5块试样"修改为"每块砖质量<50 g时应取足够数量的砖构成5组试样，使每组试样质量在50 g～100 g之间"；

——将表1中的注j)的"试验溶液的百分数"修改为"每一种试验溶液"。

本部分由中国建筑材料工业协会提出。

本部分由全国建筑卫生陶瓷标准化技术委员会归口。

本部分负责起草单位：咸阳陶瓷研究设计院。

本部分参加起草单位：佛山石湾鹰牌陶瓷有限公司、广东蒙娜丽莎陶瓷(集团)有限公司、佛山市兴辉陶瓷有限公司、杭州诺贝尔集团有限公司。

本部分主要起草人：刘幼红、张卫星、钟应洲、张旗康、陈洪再、李莹。

本部分所代替标准的历次版本发布情况为：

——GB/T 3810—1996；

——GB/T 3810.1—1999。

陶瓷砖试验方法
第1部分:抽样和接收条件

1 范围

GB/T 3810的本部分规定了陶瓷砖的批量、抽样、检验、接收或拒收的规则。

2 规范性引用文件

下列文件中的条款通过GB/T 3810的本部分的引用而成为本部分的条款。凡是注日期的引用文件,其随后所有的修改单(不包括勘误的内容)或修订版本均不适用于本部分,然而,鼓励根据本部分达成协议的各方研究是否使用这些文件的最新版本。凡是不注日期的引用文件,其最新版本适用于本部分。

GB/T 3810.2 陶瓷砖试验方法 第2部分:尺寸和表面质量的检验(GB/T 3810.2—2006,ISO 10545-2:1995,MOD)

GB/T 3810.3 陶瓷砖试验方法 第3部分:吸水率、显气孔率、表观相对密度和容重的测定(GB/T 3810.3—2006,ISO 10545-3:1995,MOD)

GB/T 3810.4 陶瓷砖试验方法 第4部分:断裂模数和破坏强度的测定(GB/T 3810.4—2006,ISO 10545-4:1994,IDT)

GB/T 3810.5 陶瓷砖试验方法 第5部分:用恢复系数确定砖的抗冲击性(GB/T 3810.5—2006,ISO 10545-5:1996,IDT)

GB/T 3810.6 陶瓷砖试验方法 第6部分:无釉砖耐磨深度的测定(GB/T 3810.6—2006,ISO 10545-6:1995,IDT)

GB/T 3810.7 陶瓷砖试验方法 第7部分:有釉砖表面耐磨性的测定(GB/T 3810.7—2006,ISO 10545-7:1996,IDT)

GB/T 3810.8 陶瓷砖试验方法 第8部分:线性热膨胀的测定(GB/T 3810.8—2006,ISO 10545-8:1994,IDT)

GB/T 3810.9 陶瓷砖试验方法 第9部分:抗热震性的测定(GB/T 3810.9—2006,ISO 10545-9:1994,IDT)

GB/T 3810.10 陶瓷砖试验方法 第10部分:湿膨胀的测定(GB/T 3810.10—2006,ISO 10545-10:1995,IDT)

GB/T 3810.11 陶瓷砖试验方法 第11部分:有釉砖抗釉裂性的测定(GB/T 3810.11—2006,ISO 10545-11:1994,IDT)

GB/T 3810.12 陶瓷砖试验方法 第12部分:抗冻性的测定(GB/T 3810.12—2006,ISO 10545-12:1995,IDT)

GB/T 3810.13 陶瓷砖试验方法 第13部分:耐化学腐蚀性的测定(GB/T 3810.13—2006,ISO 10545-13:1995,IDT)

GB/T 3810.14 陶瓷砖试验方法 第14部分:耐污染性的测定(GB/T 3810.14—2006,ISO 10545-14:1995,IDT)

GB/T 3810.15 陶瓷砖试验方法 第15部分:有釉砖铅和镉溶出量的测定(GB/T 3810.15—2006,ISO 10545-15:1995,IDT)

GB/T 3810.16 陶瓷砖试验方法 第16部分:小色差的测定(GB/T 3810.16—2006,ISO 10545-16:1999,IDT)

GB/T 4100—2006 陶瓷砖(ISO 13006:1998,MOD)

GB/T 13891 建筑饰面材料镜向光泽度测定方法

3 定义

GB/T 3810的本部分采用以下定义:

3.1

订货 order

在同一时间内订购一定数量的砖。一次订货可包括一批或多批砖。

3.2

交货 consignment

为期两天时间交付一定数量的砖。

3.3

组批 homogeneous (sub)consignment

由同一生产厂生产的同品种同规格同质量的产品组批。

3.4

检验批 inspection lot

由同一生产厂生产的同品种同规格的产品批中提交检验批。

3.5

样本 sample

从一个检验批中抽取的规定数量的砖。

3.6

样本量 sample size

用于每项性能试验的砖的数量。

3.7

要求 requirement

在有关产品标准中规定的性能。

3.8

不合格品 non-conforming unit

不满足规定要求的砖。

4 原理

GB/T 3810的本部分规定陶瓷砖的抽样检验系统采用两次抽样方案,一部分采用计数(单个值)检验方法;一部分采用计量(平均值)检验方法。

对每项性能试验所需的样本量见表1。

5 检验批的构成

一个检验批可以由一种或多种同质量产品构成。

任何可能不同质量的产品应假设为同质量的产品,才可以构成检验批。

如果不同质量与试验性能无关,可以根据供需双方的一致意见,视为同质量。

注:例如具有同一坯体而釉面不同的产品,尺寸和吸水率可能相同,但表面质量是不相同的;同样,配件产品只是在样本中保持形状不同,而在其他性能方面认为是相同的。

6 检验范围

经供需双方商定而选择的试验性能，可根据检验批的大小而定。

注：原则上只对检验批大于 5 000 m^2 的砖进行全部项目的检验。对检验批少于 1 000 m^2 的砖，通常认为没有必要进行检验。

抽取进行试验的检验批的数量，应得到有关方面的同意。

7 抽样

7.1 抽取样品的地点由供需双方商定。

7.2 可同时从现场每一部分抽取一个或多个具有代表性的样本。

样本应从检验批中随机抽取。

抽取两个样本，第二个样本不一定要检验。

每组样本应分别包装和加封，并做出经有关方面认可的标记。

7.3 对每项性能试验所需的砖的数量可分别在表 1 中的第 2 列“样本量”栏内查出。

8 检验

8.1 按照有关产品标准中规定的检验方法对样品砖进行试验。

8.2 试验结果应按第 9 章的规定计算判定。

9 检验批的接收规则

9.1 计数检验

9.1.1 第一样本检验得出的不合格品数等于或小于表 1 第 3 列所示的第一接收数 Ac_1 时，则该检验批可接收。

9.1.2 第一样本检验得出的不合格品数等于或大于表 1 第 4 列所示的第一拒收数 Re_1 时，则该检验批可拒收。

9.1.3 第一样本检验得出的不合格品数介于第一接收数 Ac_1 与第一拒收数 Re_1（表 1 第 3 列和第 4 列）之间时，应再抽取与第一样本大小相同的第二样本进行检验。

9.1.4 累计第一样本和第二样本经检验得出的不合格品数。

9.1.5 若不合格品累计数等于或小于表 1 第 5 列所示的第二接收数 Ac_2 时，则该检验批可接收。

9.1.6 若不合格品累计数等于或大于表 1 第 6 列所示的第二拒收数 Re_2 时，则该检验批可拒收。

9.1.7 当有关产品标准要求多于一项试验性能时，抽取的第二个样本（见 9.1.3）只检验根据第一样本检验其不合格品数在接收数 Ac_1 和拒收数 Re_1 之间的检验项目。

9.2 计量检验

9.2.1 若第一样本的检验结果的平均值（$\overline{X}_1$）满足要求（表 1 第 7 列），则该检验批可接收。

9.2.2 若平均值（$\overline{X}_1$）不满足要求，应抽取与第一样本大小相同的第二样本（表 1 第 8 列）。

9.2.3 若第一样本和第二样本所有检验结果的平均值（$\overline{X}_2$）满足要求（表 1 第 9 列），则该检验批可接收。

9.2.4 若平均值（$\overline{X}_2$）不满足要求（表 1 第 10 列），则该检验批可拒收。

10 接收报告

接收报告应包括以下内容：

1） 依据 GB/T 3810 的本部分；

2） 试样的详细描述；

3) 抽样方法；

4) 检验批的组成；

5) 每项试验性能的接收规则。

表 1 抽样方案

性能	样本量		计数检验				计量检验				试验方法
			第一样本		第一样本＋第二样本		第一样本		第一样本＋第二样本		
	第一次	第二次	接收数 Ac_1	拒收数 Re_1	接收数 Ac_2	拒收数 Re_2	接收	第二次抽样	接收	拒收	
尺寸[a]	10	10	0	2	1	2	—	—	—	—	GB/T 3810.2
表面质量[b]	10	10	0	2	1	2	—	—	—	—	
	30	30	1	3	3	4	—	—	—	—	
	40	40	1	4	4	5	—	—	—	—	
	50	50	2	5	5	6	—	—	—	—	
	60	60	2	5	6	7	—	—	—	—	
	70	70	2	6	7	8	—	—	—	—	
	80	80	3	7	8	9	—	—	—	—	
	90	90	4	8	9	10	—	—	—	—	
	100	100	4	9	10	11	—	—	—	—	
	1 m^2	1 m^2	4%	9%	5%	>5%	—	—	—	—	
吸水率[c]	5[d]	5[d]	0	2	1	2	$\bar{X}_1>L$[e]	$\bar{X}_1<L$	$\bar{X}_2>L$[e]	$\bar{X}_2<L$	GB/T 3810.3
	10	10	0	2	1	2	$\bar{X}_1<U$[f]	$\bar{X}_1>U$	$\bar{X}_2<U$[f]	$\bar{X}_2>U$	
断裂模数[c]	7[g]	7[g]	0	2	1	2	$\bar{X}_1>L$	$\bar{X}_1<L$	$\bar{X}_2>L$	$\bar{X}_2<L$	GB/T 3810.4
	10	10	0	2	1	2					
破坏强度[c]	7[g]	7[g]	0	2	1	2	$\bar{X}_1>L$	$\bar{X}_1<L$	$\bar{X}_2>L$	$\bar{X}_2<L$	GB/T 3810.4
	10	10	0	2	1	2					
无釉砖耐磨深度	5	5	0	2[h]	1[h]	2[h]	—	—	—	—	GB/T 3810.6
线性热膨胀系数	2	2	0	2[i]	1[i]	2[i]	—	—	—	—	GB/T 3810.8
抗釉裂性	5	5	0	2	1	2	—	—	—	—	GB/T 3810.11
耐化学腐蚀性[j]	5	5	0	2	1	2	—	—	—	—	GB/T 3810.13
耐污染性[j]	5	5	0	2	1	2	—	—	—	—	GB/T 3810.14
抗冻性[k]	10	—	0	1	—	—	—			—	GB/T 3810.12
抗热震性	5	5	0	2	1	2	—	—	—	—	GB/T 3810.9
湿膨胀	5	—	—	由制造商确定性能要求							GB/T 3810.10
有釉砖耐磨性[k]	11	—	—	由制造商确定性能要求							GB/T 3810.7
摩擦系数	12	—	—	由制造商确定性能要求							GB/T 4100—2006 附录 M
小色差	5	—	—	由制造商确定性能要求							GB/T 3810.16
抗冲击性	5	—	—	由制造商确定性能要求							GB/T 3810.5
铅和镉溶出量	5	—	—	由制造商确定性能要求							GB/T 3810.15
光泽度	5	5	0	2	1	2	—	—	—	—	GB/T 13891

表 1(续)

性能	样本量		计数检验				计量检验				试验方法
			第一样本		第一样本+第二样本		第一样本		第一样本+第二样本		
	第一次	第二次	接收数 Ac_1	拒收数 Re_1	接收数 Ac_2	拒收数 Re_2	接收	第二次抽样	接收	拒收	

[a] 仅指单块面积≥4 cm^2 的砖。

[b] 对于边长小于 600 mm 的砖,样本量至少 30 块,且面积不小于 1 m^2。对于边长不小于 600 mm 的砖,样本量至少 10 块,且面积不小于 1 m^2。

[c] 样本量由砖的尺寸决定。

[d] 仅指单块砖表面积≥0.04 m^2。每块砖质量<50 g 时应取足够数量的砖构成 5 组试样,使每组试样质量在 50 g～100 g 之间。

[e] L=下规格限。

[f] U=上规格限。

[g] 仅适用于边长≥48 mm 的砖。

[h] 测量数。

[i] 样本量。

[j] 每一种试验溶液。

[k] 该性能无二次抽样检验。

ICS 91.100.25
Q 31

中华人民共和国国家标准

GB/T 3810.2—2006
代替 GB/T 3810.2—1999

陶瓷砖试验方法
第2部分：尺寸和表面质量的检验

Test methods of ceramic tiles—
Part 2: Determination of dimensions and surface quality

(ISO 10545-2:1995, Ceramic tiles—
Part 2: Determination of dimensions and surface quality, MOD)

2006-02-07 发布　　　　2006-09-01 实施

中华人民共和国国家质量监督检验检疫总局
中国国家标准化管理委员会　发布

前　言

GB/T 3810《陶瓷砖试验方法》分为 16 个部分：

——第 1 部分：抽样和接收条件；

——第 2 部分：尺寸和表面质量的检验；

——第 3 部分：吸水率、显气孔率、表观相对密度和容重的测定；

——第 4 部分：断裂模数和破坏强度的测定；

——第 5 部分：用恢复系数确定砖的抗冲击性；

——第 6 部分：无釉砖耐磨深度的测定；

——第 7 部分：有釉砖表面耐磨性的测定；

——第 8 部分：线性热膨胀的测定；

——第 9 部分：抗热震性的测定；

——第 10 部分：湿膨胀的测定；

——第 11 部分：有釉砖抗釉裂性的测定；

——第 12 部分：抗冻性的测定；

——第 13 部分：耐化学腐蚀性的测定；

——第 14 部分：耐污染性的测定；

——第 15 部分：有釉砖铅和镉溶出量的测定；

——第 16 部分：小色差的测定。

本部分为 GB/T 3810 的第 2 部分。

本部分修改采用 ISO 10545-2：1995《陶瓷砖——第 2 部分：尺寸和表面质量的检验》(英文版)。

本部分根据 ISO 10545-2：1995 重新起草。为了更适合我国国情，本部分在采用 ISO 10545-2：1995 时进行了修改。本部分与 ISO 10545-2：1995 的主要差异如下：

——增加了边长小于 100 mm 和边长大于 600 mm 的产品尺寸测量方法；

——为便于使用，本部分作了下列编辑性修改：

a)　“ISO 10545 的本部分”修改为“GB/T 3810 的本部分”；

b)　删除国际标准的前言。

本部分代替 GB/T 3810.2—1999《陶瓷砖试验方法　第 2 部分　尺寸和表面质量的检验》。

本部分与 GB/T 3810.2—1999 相比主要变化如下：

——将“千分表”修改为“分度表”；

——将“钢制标准板”修改为“标准板”；

——将边弯曲度的定义“砖一条边的中点偏离由该边两角为直线的距离”修改为“砖的一条边的中点偏离由四个角点中的三点所确定的平面的距离”；

——增加了第 7 章“边长小于 100 mm 和边长大于 600 mm 的产品尺寸测量方法”。将原第 7 章“表面缺陷和人为效果的定义”顺延为第 8 章。

本部分由中国建筑材料工业协会提出。

本部分由全国建筑卫生陶瓷标准化技术委员会归口。

本部分负责起草单位：咸阳陶瓷研究设计院。

本部分参加起草单位：佛山石湾鹰牌陶瓷有限公司、广东蒙娜丽莎陶瓷(集团)有限公司、佛山市兴辉陶瓷有限公司、杭州诺贝尔集团有限公司。

本部分主要起草人：刘幼红、李直、钟应洲、张旗康、陈洪再、李莹。

本部分所代替标准的历次版本发布情况为：

——GB/T 11948—1989；

——GB/T 3810.2—1999。

陶瓷砖试验方法
第2部分:尺寸和表面质量的检验

1 范围

GB/T 3810的本部分规定了对陶瓷砖的尺寸(长度、宽度、厚度、边直度、直角度、表面平整度)和表面质量的检验方法。

面积小于4 cm^2 的砖不做长度、宽度、边直度、直角度和表面平整度的检验。

间隔凸缘、釉泡及其他的边部不规则缺陷如果在砖铺贴后是隐蔽在灰缝内的,则在测量长度、宽度、边直度和直角度时可以忽略不计。

2 长度和宽度的测量

2.1 仪器

游标卡尺或其他适合测量长度的仪器。

2.2 试样

每种类型取10块整砖进行测量。

2.3 步骤

在离砖角点5 mm处测量砖的每条边,测量值精确到0.1 mm。

2.4 结果表示

正方形砖的平均尺寸是四条边测量值的平均值。试样的平均尺寸是40次测量值的平均值。

长方形砖尺寸以对边两次测量值的平均值作为相应的平均尺寸,试样长度和宽度的平均尺寸分别为20次测量值的平均值。

2.5 试验报告

试验报告应包含以下内容:

a) 依据GB/T 3810本部分;

b) 试样的描述;

c) 长度和宽度的全部测量值;

d) 正方形砖每块试样边长的平均值,长方形砖每块试样长度和宽度的平均值;

e) 正方形砖10块试样边长的平均值,长方形砖10块试样长度和宽度的平均值;

f) 以百分比表示的每块砖(2或4条边)尺寸的平均值相对于工作尺寸的偏差。

g) 以百分比表示的每块砖(2或4条边)尺寸的平均值相对于10块试样(20或40条边)尺寸的平均值的偏差。

3 厚度的测量

3.1 仪器

测头直径为5 mm～10 mm的螺旋测微器或其他合适的仪器。

3.2 试样

每种类型取10块整砖进行测量。

3.3 步骤

对表面平整的砖,在砖面上画两条对角线,测量四条线段每段上最厚的点,每块试样测量4点,测量值精确到 0.1 mm。

对表面不平整的砖，垂直于一边在砖面上画四条直线，四条直线距砖边的距离分别为边长的0.125；0.375；0.625 和 0.875 倍，在每条直线上的最厚处测量厚度。

3.4 结果表示

对每块砖以 4 次测量值的平均值作为单块砖的平均厚度。试样的平均厚度是 40 次测量值的平均值。

3.5 试验报告

试验报告应包含以下内容：

a) 依据 GB/T 3810 本部分；

b) 试样的描述；

c) 厚度的全部测量值；

d) 每块砖的平均厚度；

e) 每块砖的平均厚度与砖厚度工作尺寸的偏差，用百分比或 mm 表示（视产品标准需要而定）。

4 边直度的测量

4.1 定义

本部分采用如下定义。

4.1.1

边直度 straightness of sides

在砖的平面内，边的中央偏离直线的偏差。

这种测量只适用于砖的直边（见图 2），结果用百分比表示。

$$边直度 = \frac{C}{L} \times 100$$

式中：

C——测量边的中央偏离直线的偏差。

L——测量边长度。

4.2 仪器

4.2.1 图 1 所示的仪器或其他合适的仪器，其中分度表（D_F）用于测量边直度。

4.2.2 标准板，有精确的尺寸和平直的边。

4.3 试样

每种类型取 10 块整砖进行测量。

4.4 步骤

选择尺寸合适的仪器（4.2.1），当砖放在仪器的支承销（S_A，S_B，S_C）上时，使定位销（I_A，I_B，I_C）离被测边每一角点的距离为 5 mm（见图 1）。

将合适的标准板（4.2.2）准确地置于仪器的测量位置上，调整分度表的读数至合适的初始值。

取出标准板，将砖的正面恰当的放在仪器的定位销上，记录边中央处的分度表读数。如果是正方形砖，转动砖的位置得到 4 次测量值。每块砖都重复上述步骤。如果是长方形砖，分别使用合适尺寸的仪器来测量其长边和宽边的边直度。测量值精确到 0.1 mm。

4.5 试验报告

试验报告应包含以下内容：

a) 依据 GB/T 3810 本部分；

b) 试样的描述；

c) 所有边直度的测量值；

d) 对于相应工作尺寸的最大直线偏差，用百分比表示。

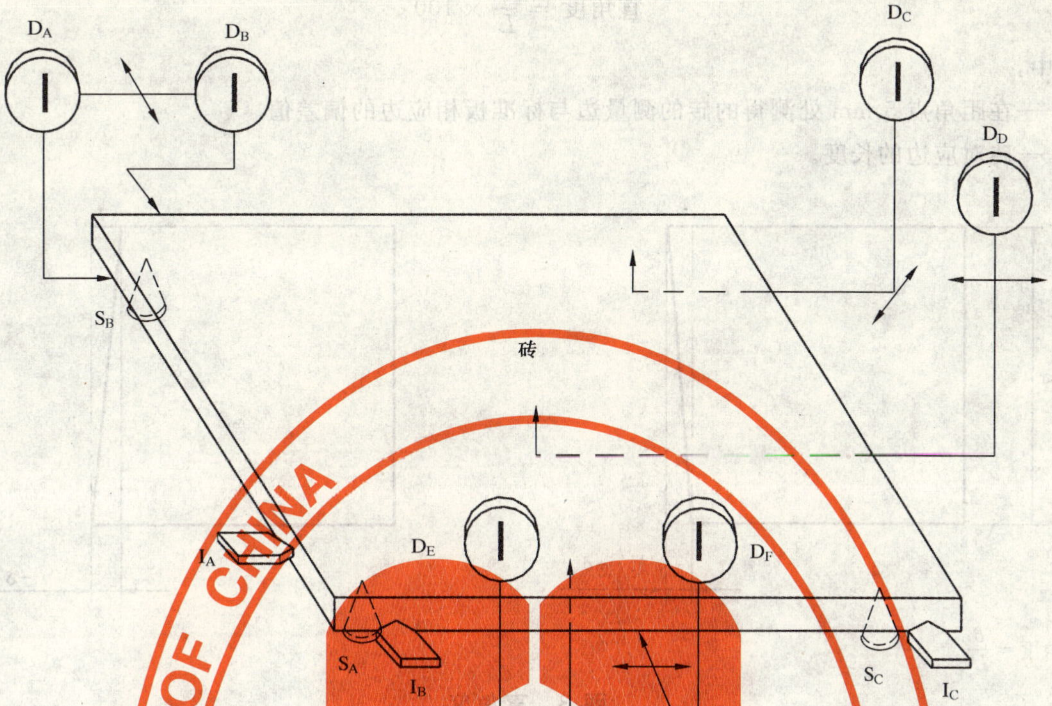

图 1　测量边直度、直角度和平整度的仪器

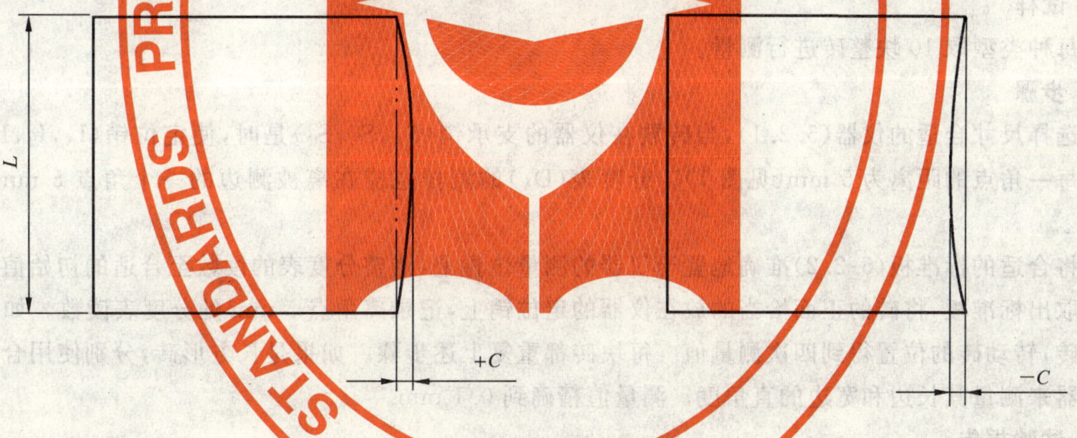

$$边直度=\frac{C}{L}$$

图 2　边直度

5　直角度的测量

5.1　定义

本部分采用如下定义。

5.1.1

直角度　deviation from rectangularity

将砖的一个角紧靠着放在用标准板校正过的直角上(见图 3),该角与标准直角的偏差。

直角度用百分比表示。

$$直角度=\frac{\delta}{L}\times 100$$

式中：

δ——在距角点 5 mm 处测得的砖的测量边与标准板相应边的偏差值。

L——砖对应边的长度。

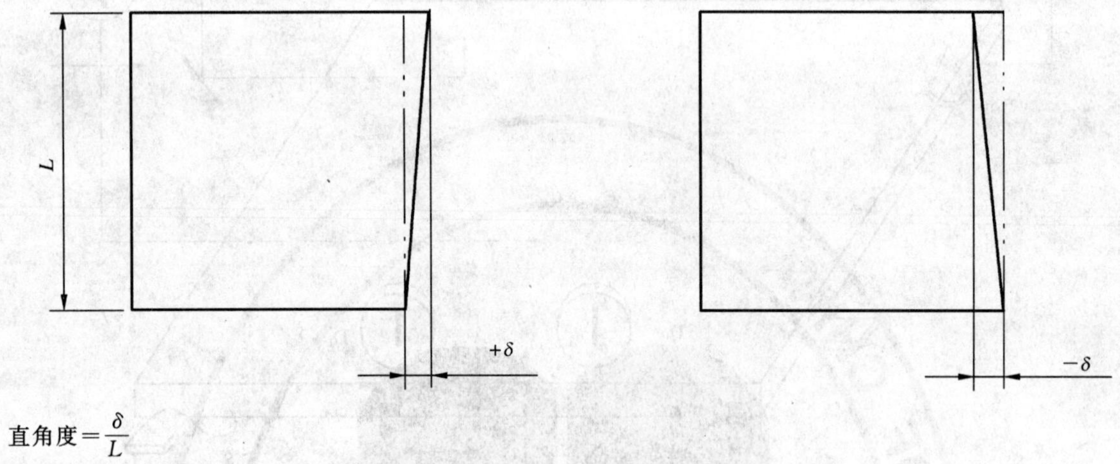

图 3　直角度

5.2　仪器

5.2.1　图 1 所示的仪器或其他合适的仪器，其中分度表(D_A)用于测量直角度。

5.2.2　标准板，有精确的尺寸和平直的边。

5.3　试样

每种类型取 10 块整砖进行测量。

5.4　步骤

选择尺寸合适的仪器(5.2.1)，当砖放在仪器的支承销(S_A，S_B，S_C)是时，使定位销(I_A，I_B，I_C)离被测边每一角点的距离为 5 mm(见图 1)。分度表(D_A)的测杆也应在离被测边的一个角点 5 mm 处(见图 1)。

将合适的标准板(5.2.2)准确地置于仪器的测量位置上，调整分度表的读数至合适的初始值。

取出标准板，将砖的正面恰当的放在仪器的定位销上，记录离角点 5 mm 处分度表读数。如果是正方形砖，转动砖的位置得到四次测量值。每块砖都重复上述步骤。如果是长方形砖，分别使用合适尺寸的仪器来测量其长边和宽边的直角度。测量值精确到 0.1 mm。

5.5　试验报告

试验报告应包含以下内容：

a)　依据 GB/T 3810 本部分；

b)　试样的描述；

c)　所有直角度的测量值；

d)　对于相应工作尺寸偏离直角的最大偏差，用百分比表示。

6　平整度的测量(弯曲度和翘曲度)

6.1　定义

本部分采用如下定义。

6.1.1

表面平整度 surface flatness

由砖的表面上3点的测量值来定义。有凸纹浮雕的砖，如果表面无法测量，可能时应在其背面测量。

6.1.2

中心弯曲度 centre curvature

砖面的中心点偏离由四个角点中的三点所确定的平面的距离（见图4）。

工作尺寸

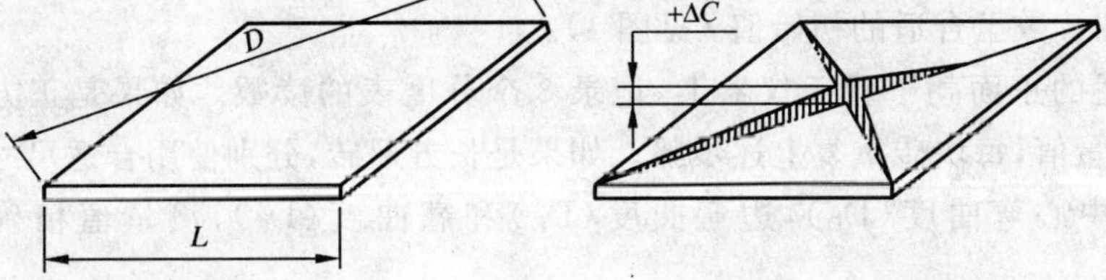

中心弯曲度$=\frac{\Delta C}{D}$

图4 中心弯曲度

6.1.3

边弯曲度 edge curvature

砖的一条边的中点偏离由四个角点中的三点所确定的平面的距离（见图5）。

工作尺寸

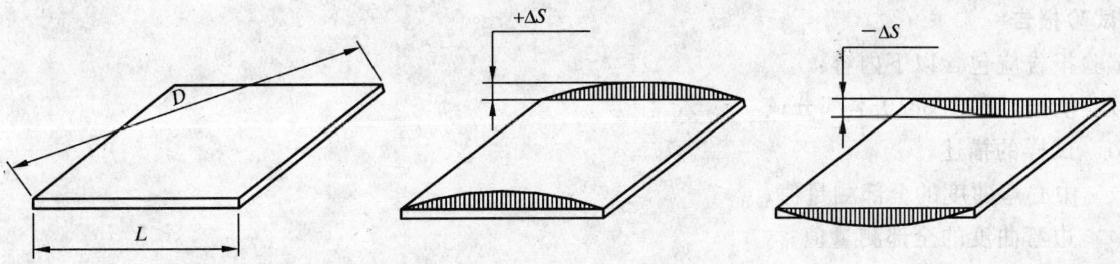

边弯曲度$=\frac{\Delta S}{L}$

图5 边弯曲度

6.1.4

翘曲度 warpage

由砖的3个角点确定一个平面，第四角点偏离该平面的距离（见图6）。

工作尺寸

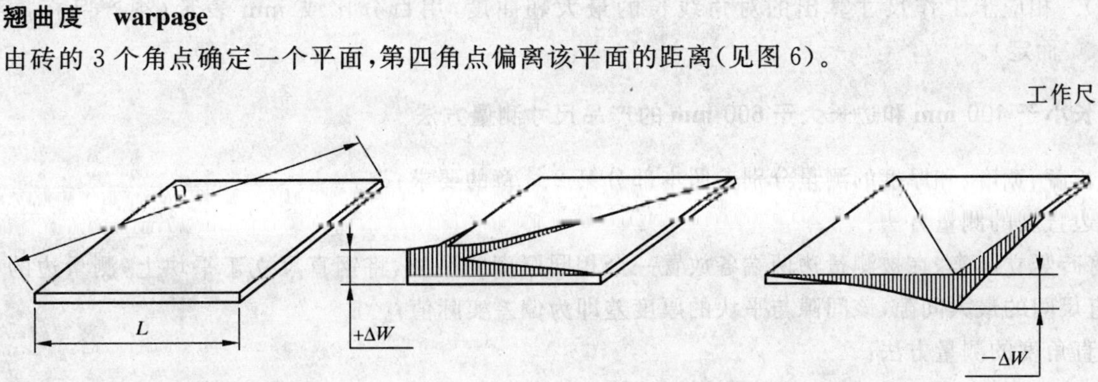

翘曲度$=\frac{\Delta W}{D}$

图6 翘曲度

6.2 **仪器**

6.2.1 图1所示的仪器或其他合适的仪器。测量表面平滑的砖，采用直径为5 mm的支撑销(S_A，S_B，S_C)。对其他表面的砖，为得到有意义的结果，应采用其他合适的支撑销。

6.2.2 使用一块理想平整的金属或玻璃标准板，其厚度至少为10 mm。用于6.2.1中所述的仪器上。

6.3 **试样**

每种类型取10块整砖进行测量。

6.4 **步骤**

选择尺寸合适的仪器(见6.2.1)，将相应的标准板准确的放在3个定位支承销(S_A，S_B，S_C)上，每个支撑销的中心到砖边的距离为10 mm，外部的两个分度表(D_E，D_C)到砖边的距离也为10 mm。

调节3个分度表(D_D，D_E，D_C)的读数至合适的初始值（见图1)。

取出标准板，将砖的釉面或合适的正面朝下置于仪器上，记录3个分度表的读数。如果是正方形砖，转动试样，每块试样得到4个测量值，每块砖重复上述步骤。如果是长方形砖，分别使用合适尺寸的仪器来测量。记录每块砖最大的中心弯曲度(D_D)，边弯曲度(D_E)和翘曲度(D_C)，测量值精确到0.1 mm。

6.5 **结果表示**

中心弯曲度以与对角线长的百分比表示。

边弯曲度以百分比表示。

长方形砖以与长度和宽度的百分比表示；

正方形砖以与边长的百分比表示。

翘曲度以与对角线长的百分比表示。有间隔凸缘的砖检验时用mm表示。

6.6 **试验报告**

试验报告应包含以下内容：

a) 依据GB/T 3810本部分；

b) 试样的描述；

c) 中心弯曲度的全部测量值；

d) 边弯曲度的全部测量值；

e) 翘曲度的全部测量值；

f) 相应于由工作尺寸算出的对角线长的最大中心弯曲度，用百分比或mm表示(视产品标准要求而定)；

g) 相应于工作尺寸的最大边弯曲度，用百分比或mm表示(视产品标准要求而定)；

h) 相应于工作尺寸算出的对角线长的最大翘曲度，用百分比或mm表示(视产品标准要求而定)。

7 边长小于100 mm和边长大于600 mm的产品尺寸测量方法

7.1 长度、宽度、和厚度的测量分别参照本部分第2、3章的要求；

7.2 边直度的测量方法：

将砖竖立起来，在被测量边两端各放置一个相同厚度的平块，将钢直尺立于平块上，测量边的中点与钢直尺间的最大间隙，该间隙与平块的厚度差即为偏差实际值；

7.3 直角度的测量方法：

对边长＜100 mm的砖用直角尺和塞尺测量，将直角尺的两边分别紧贴在被测角的两边，根据被测角大于或小于90°的不同情况，分别相应在直角尺根部或砖边与直角尺的最大间隙处用塞尺测量其间隙；对边长＞600 mm的砖分别量取两对边长度差和对角线长度差；

7.4 表面平整度的检验方法：

将砖正面朝上，在砖的对角线两点处各放置一个相同厚度的平块，将钢直尺立于平块上，测量对角线的中点与钢直尺间的最大间隙，该间隙与平块的厚度差即为偏差实际值；(用由工作尺寸算出的对角线长的百分比或 mm 表示)

注：边长＜100 mm 或＞600 mm 的陶瓷砖不要求边弯曲度、中心弯曲度和翘曲度。

8 表面缺陷和人为效果的定义

8.1 本部分采用如下定义

8.1.1

裂纹　cracks

在砖的表面，背面或两面可见的裂纹。

8.1.2

釉裂　crazing

釉面上有不规则如头发丝的细微裂纹。

8.1.3

缺釉　dry spots

施釉砖釉面局部无釉。

8.1.4

不平整　unevenness

在砖或釉面上非人为的凹陷。

8.1.5

针孔　pin hole

施釉砖表面的如针状的小孔。

8.1.6

桔釉　glaze devitrification

釉面有明显可见的非人为结晶，光泽较差。

8.1.7

斑点　specks or spots

砖的表面有明显可见的非人为异色点。

8.1.8

釉下缺陷　underglaze fault

被釉面覆盖的明显缺点。

8.1.9

装饰缺陷　decorating fault

在装饰方面的明显缺点。

8.1.10

磕碰　chip

砖的边，角或表面崩裂掉细小的碎屑。

8.1.11

釉泡　blister

表面的小气泡或烧结时释放气体后的破口泡。

8.1.12

毛边　rough edge

砖的边缘有非人为的不平整。

8.1.13

釉缕　welt

沿砖边有明显的釉堆集成的隆起。

注：为了判别是允许的人为装饰效果还是缺陷，可参考产品标准的有关条款。但裂纹，掉边和掉角是缺陷。

8.2　仪器

8.2.1　色温为 6 000 K～6 500 K 的荧光灯。

8.2.2　1 m 长的直尺或其他合适测量距离的器具。

8.2.3　照度计

8.3　试样

对于边长小于 600 mm 的砖，每种类型至少取 30 块整砖进行检验，且面积不小于 1 m^2；对于边长不小于 600 mm 的砖，每种类型至少取 10 块整砖进行检验，且面积不小于 1 m^2。

8.4　步骤

将砖的正面表面用照度为 300lx 的灯光均匀照射，检查被检表面的中心部分和每个角上的照度。

在垂直距离为 1 m 处用肉眼观察被检砖组表面的可见缺陷（平时戴眼镜者可戴上眼镜）。

检验的准备和检验不应是同一个人。

砖表面的人为装饰效果不能算作缺陷。

8.5　结果表示

表面质量以表面无可见缺陷砖的百分比表示。

8.6　试验报告

试验报告应包括以下内容：

a)　依据 GB/T 3810 本部分；

b)　试样的描述；

c)　检验用砖的数量；

d)　所使用的评价标准；

e)　表面无可见缺陷砖的百分比。

ICS 91.100.25
Q 31

中华人民共和国国家标准

GB/T 3810.3—2006
代替 GB/T 3810.3—1999

陶瓷砖试验方法
第3部分：吸水率、显气孔率、表观相对密度和容重的测定

**Test methods of ceramic tiles—
Part 3：Determination of water absorption，apparent porosity，apparent relative density and bulk density**

（ISO 10545-3：1995，Ceramic tiles—
Part 3：Determination of water absorption，apparent porosity，apparent relative density and bulk density，MOD）

2006-02-07 发布　　　　2006-09-01 实施

中华人民共和国国家质量监督检验检疫总局
中国国家标准化管理委员会　发布

前言

GB/T 3810《陶瓷砖试验方法》分为 16 个部分：

——第 1 部分：抽样和接收条件；

——第 2 部分：尺寸和表面质量的检验；

——第 3 部分：吸水率、显气孔率、表观相对密度和容重的测定；

——第 4 部分：断裂模数和破坏强度的测定；

——第 5 部分：用恢复系数确定砖的抗冲击性；

——第 6 部分：无釉砖耐磨深度的测定；

——第 7 部分：有釉砖表面耐磨性的测定；

——第 8 部分：线性热膨胀的测定；

——第 9 部分：抗热震性的测定；

——第 10 部分：湿膨胀的测定；

——第 11 部分：有釉砖抗釉裂性的测定；

——第 12 部分：抗冻性的测定；

——第 13 部分：耐化学腐蚀性的测定；

——第 14 部分：耐污染性的测定；

——第 15 部分：有釉砖铅和镉溶出量的测定；

——第 16 部分：小色差的测定。

本部分为 GB/T 3810 的第 3 部分。

本部分修改采用 ISO 10545-3:1995《陶瓷砖——第 3 部分：吸水率、显气孔率、表观相对密度和容重的测定》(英文版)，该标准 1995 年出版，1997 年出版技术勘误 ISO 10545-3:1995/Cor. 1:1997(E)。技术勘误中把 3.10 中的"(100±1)kPa "用"(10±1)kPa "代替；把 5.1.2 中的"(100±1)kPa "用"(10±1)kPa "代替。该技术勘误已列入本部分并用垂直双线标识在它们所涉及条款的页边空白处。

本部分根据 ISO 10545-3:1995 重新起草。为了更适合我国国情，本部分在采用 ISO 10545-3:1995 时进行了修改。本部分与 ISO 10545-3:1995 的主要差异如下：

——增加了边长大于 400 mm 的大规格砖的试样要求。

—— 为便于使用，本部分作了下列编辑性修改：

a) "ISO 10545 的本部分"修改为"GB/T 3810 的本部分"；

b) 删除国际标准的前言。

本部分代替 GB/T 3810.3—1999《陶瓷砖试验方法 第 3 部分：吸水率、显气孔率、表观相对密度和容重的测定》。

本部分与 GB/T 3810.3—1999 相比主要变化如下：

——将 2 中的"干陶瓷砖吸饱水后吊挂在水中。用于干质量、饱合后质量和吊挂质量之间相互关系参数的计算"修改为"将干燥砖置于水中吸水至饱合，用砖的干燥质量和吸水饱和后质量及在水中质量计算相关的特性参数"；

——将 3.10 中的"…真空箱和真空系统，而且能达到 100 kPa±1 kPa 的真空度… "修改为"…真空容器和抽真空能达到 10 kPa±1 kPa 并保持 30 min 的真空系统 "；

——将 4.4 中的"砖的边长大于 200 mm 时，…计算。"修改为"砖的边长大于 200 mm 且小于

400 mm时，…计算。若砖的边长大于400 mm时，至少在3块整砖的中间部位切取最小边长为100 mm的5块试样”；

——将5.1.2中的“100 kPa±1 kPa”修改为“10 kPa±1 kPa”；

——将7 d)中“各个试验性能结果的平均值”修改为“各项性能试验结果的平均值”。

本部分由中国建筑材料工业协会提出。

本部分由全国建筑卫生陶瓷标准化技术委员会归口。

本部分负责起草单位：咸阳陶瓷研究设计院。

本部分参加起草单位：佛山石湾鹰牌陶瓷有限公司、广东蒙娜丽莎陶瓷（集团）有限公司、佛山市兴辉陶瓷有限公司、杭州诺贝尔集团有限公司

本部分主要起草人：刘幼红、白战英、钟应洲、张旗康、陈洪再、李莹。

本部分所代替标准的历次版本发布情况为：

——GB 2579—1981、GB 2579—1989；

——GB/T 3810.3—1999。

陶瓷砖试验方法
第3部分：吸水率、显气孔率、表观相对密度和容重的测定

1 范围

GB/T 3810的本部分规定了陶瓷砖吸水率、显气孔率、表观相对密度和容重的测定方法。样品的开口气孔吸入饱和的水分有两种方法：在煮沸和真空条件下浸泡。煮沸法水分进入容易浸入的开口气孔；真空法水分注满开口气孔。

煮沸法适用于陶瓷砖分类和产品说明，真空法适用于显气孔率、表观相对密度和除分类以外吸水率的测定。

2 原理

将干燥砖置于水中吸水至饱和，用砖的干燥质量和吸水饱和后质量及在水中质量计算相关的特性参数。

3 仪器

3.1 干燥箱：工作温度为110℃±5℃；也可使用能获得相同检测结果的微波、红外或其他干燥系统。

3.2 加热装置：用惰性材料制成的用于煮沸的加热装置。

3.3 热源。

3.4 天平：天平的称量精度为所测试样质量0.01%。

3.5 去离子水或蒸馏水。

3.6 干燥器。

3.7 麂皮。

3.8 吊环、绳索或篮子：能将试样放入水中悬吊称其质量。

3.9 玻璃烧杯，或者大小和形状与其类似的容器。将试样用吊环(3.8)吊在天平的(3.4)一端，使试样完全浸入水中，试样和吊环不与容器的任何部分接触。

3.10 真空容器和真空系统：能容纳所要求数量试样的足够大容积的真空容器和抽真空能达到10 kPa±1 kPa并保持30 min的真空系统。

4 试样

4.1 每种类型取10块整砖进行测试。

4.2 如每块砖的表面积大于0.04 m^2时，只需用5块整砖进行测试。

4.3 如每块砖的质量小于50 g，则需足够数量的砖使每个试样质量达到50 g～100 g。

4.4 砖的边长大于200 mm且小于400 mm时，可切割成小块，但切割下的每一块应计入测量值内，多边形和其他非矩形砖，其长和宽均按外接矩形计算。若砖的边长大于400 mm时，至少在3块整砖的中间部位切取最小边长为100 mm的5块试样。

5 步骤

将砖放在110℃±5℃的烘箱中(3.1)干燥至恒重，即每隔24h的两次连续质量之差小于0.1%，砖

放在有硅胶或其他干燥器剂的干燥器内(3.6)冷却至室温,不能使用酸性干燥剂,每块砖按表1的测量精度称量和记录。

表1　砖的质量和测量精度

单位为克

砖的质量	测量精度
$50 \leqslant m \leqslant 100$	0.02
$100 < m \leqslant 500$	0.05
$500 < m \leqslant 1\,000$	0.25
$1\,000 < m \leqslant 3\,000$	0.50
$m > 3\,000$	1.00

5.1　水的饱和

5.1.1　煮沸法

将砖竖直地放在盛有去离子水的加热器中(3.2),使砖互不接触。砖的上部和下部应保持有5 cm深度的水(3.5)。在整个试验中都应保持高于砖5 cm的水面。将水加热至沸腾并保持煮沸2h。然后切断热源(3.3),使砖完全浸泡在水中冷却至室温,并保持4 h±0.25 h。也可用常温下的水或制冷器将样品冷却至室温。将一块浸湿过的鹿皮(3.7)用手拧干,并将鹿皮放在平台上轻轻地依次擦干每块砖的表面,对于凹凸或有浮雕的表面应用鹿皮轻快地擦去表面水分,然后称重,记录每块试样的称量结果。保持与干燥状态下的相同精度(见表1)。

5.1.2　真空法

将砖竖直放入真空容器中(3.10),使砖互不接触。抽真空至10 kPa±1 kPa,并保持30 min,在保持真空的同时,加入足够的水将砖覆盖并高出5 cm。停止抽真空,让砖浸泡15 min后取出。将一块浸湿过的鹿皮(3.7)用手拧干。将鹿皮放在平台上依次轻轻擦干每块砖的表面,对于凹凸或有浮雕的表面应用鹿皮轻快地擦去表面水分,然后立即称重并记录,与干砖的称量精度相同(见表1)。

5.2　悬挂称量

试样在真空下吸水后,称量试样悬挂在水中的质量(m_3),精确至0.01 g。称量时,将样品挂在天平(3.4)一臂的吊环、绳索或篮子上(3.8)。实际称量前,将安装好并浸入水中的吊环、绳索或篮子放在天平上,使天平处于平衡位置。吊环、绳索或篮子在水中的深度与放试样称量时相同。

6　结果表示

m_1——干砖的质量,g;

m_{2b}——砖在沸水中吸水饱和的质量,g;

m_{2v}——砖在真空下吸水饱和的质量,g;

m_3——真空法吸水饱和后悬挂在水中的砖的质量,g。

在下面的计算中,假设1 cm^3 水重1 g,此假设室温下误差在0.3%以内。

6.1　吸水率

计算每一块砖的吸水率$E_{(b,v)}$,用干砖的质量分数(%)表示,计算公式如下:

$$E_{(b,v)} = \frac{m_{2(b,v)} - m_1}{m_1} \times 100$$

式中:

m_1——干砖的质量,g;

m_2——湿砖的质量,g;

E_b 表示用 m_{2b} 测定的吸水率,E_v 表示用 m_{2v} 测定的吸水率。E_b 代表水仅注入容易进入的气孔,而 E_v 代表水最大可能地注入所有气孔。

6.2 显气孔率

6.2.1 用下列公式计算表观体积 V(cm³)

$$V = m_{2v} - m_3$$

6.2.2 用下列公式计算开口气孔部分体积 V_0 和不透水部分 V_1 的体积(cm³)

$$V_0 = m_{2v} - m_1$$

$$V_1 = m_1 - m_3$$

6.2.3 显气孔率 P 用试样的开口气孔体积与表观体积的关系式的百分数表示，计算公式如下：

$$P = \frac{m_{2v} - m_1}{V} \times 100$$

6.3 表观相对密度

计算试样不透水部分的表观相对密度 T，计算公式如下：

$$T = \frac{m_1}{m_1 - m_3}$$

6.4 容重

试样的容重 B(g/cm³)用试样的干重除以表观体积(包括气孔)所得的商表示。计算公式如下：

$$B = \frac{m_1}{V}$$

7 试验报告

试验报告应包括以下内容：

a) 依据 GB/T 3810 本部分；

b) 试样的描述；

c) 每一块砖各项性能试验的试验结果；

d) 各项性能试验结果的平均值。

ICS 91.100.25
Q 31

中华人民共和国国家标准

GB/T 3810.4—2006/ISO 10545-4:1994
代替 GB/T 3810.4—1999

陶瓷砖试验方法
第4部分:断裂模数和破坏强度的测定

Test methods of ceramic tiles—
Part 4: Determination of modulus of rupture and breaking strength

(ISO 10545-4:1994,Ceramic tiles—
Part 4:Determination of modulus of rupture and breaking strength,IDT)

2006-02-07 发布　　2006-09-01 实施

中华人民共和国国家质量监督检验检疫总局
中国国家标准化管理委员会　发布

前　言

GB/T 3810《陶瓷砖试验方法》包括下列16个部分：

——第1部分：抽样和接收条件；

——第2部分：尺寸和表面质量的检验；

——第3部分：吸水率、显气孔率、表观相对密度和容重的测定；

——第4部分：断裂模数和破坏强度的测定；

——第5部分：用恢复系数确定砖的抗冲击性；

——第6部分：无釉砖耐磨深度的测定；

——第7部分：有釉砖表面耐磨性的测定；

——第8部分：线性热膨胀的测定；

——第9部分：抗热震性的测定；

——第10部分：湿膨胀的测定；

——第11部分：有釉砖抗釉裂性的测定；

——第12部分：抗冻性的测定；

——第13部分：耐化学腐蚀性的测定；

——第14部分：耐污染性的测定；

——第15部分：有釉砖铅和镉溶出量的测定；

——第16部分：小色差的测定。

本部分为GB/T 3810的第4部分。

本部分等同采用ISO 10545-4:1994《陶瓷砖——第4部分：断裂模数和破坏强度的测定》(英文版)。

为便于使用，本部分做了下列编辑性修改：

a) “ISO 10545的本部分”修改为“GB/T 3810的本部分”；

b) 删除国际标准的前言；

c) 将所引用的国际标准用采用该国际标准的国家标准代替。

本部分代替GB/T 3810.4—1999《陶瓷砖试验方法　第4部分：断裂模数和破坏强度的测定》。

本部分与GB/T 3810.4—1999相比主要变化如下：

——将“断裂模数：破坏强度除以沿破坏断裂面最小厚度的平方”修改为“断裂模数：破坏强度除以沿破坏断裂面的最小厚度的平方得出的量值”；

——将“应进行切割”修改为“有必要时可进行切割”。

本部分由中国建筑材料工业协会提出。

本部分由全国建筑卫生陶瓷标准化技术委员会归口。

本部分负责起草单位：咸阳陶瓷研究设计院。

本部分参加起草单位：佛山石湾鹰牌陶瓷有限公司、广东蒙娜丽莎陶瓷(集团)有限公司、佛山市兴辉陶瓷有限公司、杭州诺贝尔集团有限公司。

本部分主要起草人：刘幼红、段先湖、钟应洲、张旗康、陈洪再、李莹。

本部分所代替标准的历次版本发布情况为：

——GB/T 8917—1988；

——GB/T 3810.4—1999。

陶瓷砖试验方法
第4部分:断裂模数和破坏强度的测定

1 范围

GB/T 3810的本部分规定了各种类型陶瓷砖断裂模数和破坏强度的检验方法。

2 规范性引用文件

下列文件中的条款通过GB/T 3810的本部分的引用而成为本部分的条款。凡是注日期的引用文件,其随后所有的修改单(不包括勘误的内容)或修订版均不适用于本部分,然而,鼓励根据本部分达成协议的各方研究是否可使用这些文件的最新版本。凡是不注日期的引用文件,其最新版本适用于本部分。

GB/T 6031—1998 硫化橡胶或热塑性塑料 硬度的测定(10~100IRHD)(idt ISO 48:1994)

3 术语和定义

下列术语和定义适用于GB/T 3810的本部分:

3.1

破坏荷载 breaking load

从压力表上读取的使试样破坏的力,单位牛顿(N)。

3.2

破坏强度 breaking strength

破坏荷载乘以两根支撑棒之间的跨距/试样宽度的比值而得出的力,单位牛顿(N)。

3.3

断裂模数 modulus of rupture

破坏强度除以沿破坏断裂面的最小厚度的平方得出的量值,单位牛顿每平方毫米(N/mm^2)。

4 原理

以适当的速率向砖的表面正中心部位施加压力,测定砖的破坏荷载、破坏强度、断裂模数。

5 仪器

5.1 干燥箱:能在110℃±5℃温度下工作,也可使用能获得相同检测结果的微波、红外或其他干燥系统。

5.2 压力表:精确到2.0%。

5.3 两根圆柱形支撑棒:用金属制成,与试样接触部分用硬度为50IRHD±5IRHD橡胶包裹,橡胶的硬度按GB/T 6031测定,一根棒能稍微摆动(见图1),另一根棒能绕其轴稍作旋转(相应尺寸见表1)。

5.4 圆柱形中心棒:一根与支撑棒直径相同且用相同橡胶包裹的圆柱形中心棒,用来传递荷载F,此棒也可稍作摆动(见图1,相应尺寸见表1)。

表 1 棒的直径、橡胶厚度和长度 *l*(见图 2)

单位为毫米

砖的尺寸 K	棒的直径 d	橡胶厚度 t	砖伸出支撑棒外的长度 l
$K \geqslant 95$	20	5±1	10
$48 \leqslant K < 95$	10	2.5±0.5	5
$18 \leqslant K < 48$	5	1±0.2	2

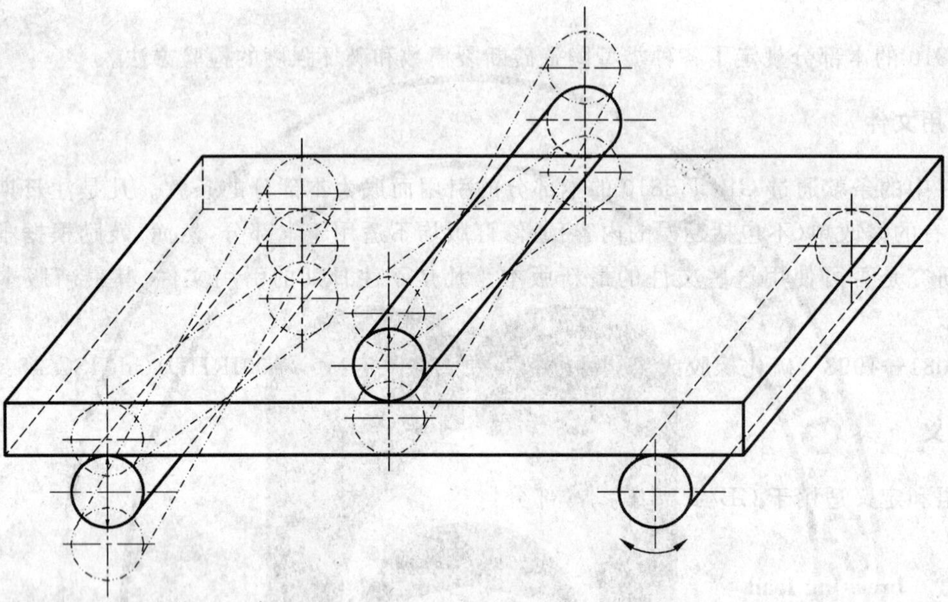

图 1

6 试样

6.1 应用整砖检验,但是对超大的砖(即边长大于 300 mm 的砖)和一些非矩形的砖,有必要时可进行切割,切割成可能最大尺寸的矩形试样,以便安装在仪器上检验。其中心应与切割前砖的中心一致。在有疑问时,用整砖比用切割过的砖测得的结果准确。

6.2 每种样品的最小试样数量见表 2。

表 2 最小试样量

砖的尺寸 K/mm	最小试样数量
$K \geqslant 48$	7
$18 \leqslant K < 48$	10

7 步骤

7.1 用硬刷刷去试样背面松散的粘结颗粒。将试样放入 110℃±5℃的干燥箱(5.1)中干燥至恒重,即间隔 24 h 的连续两次称量的差值不大于 0.1%。然后将试样放在密闭的干燥箱或干燥器中冷却至室温,干燥器中放有硅胶或其他合适的干燥剂,但不可放入酸性干燥剂。需在试样达到室温至少 3 h 后才能进行试验。

7.2 将试样置于支撑棒(5.3)上,使釉面或正面朝上,试样伸出每根支撑棒的长度为 *l*(见表 1 和图 2)。

7.3 对于两面相同的砖,例如无釉马赛克,以哪面向上都可以。对于挤压成型的砖,应将其背肋垂直于支撑棒放置,对于所有其它矩形砖,应以其长边垂直于支撑棒放置。

7.4　对凸纹浮雕的砖，在与浮雕面接触的中心棒(5.4)上再垫一层厚度与表1相对应的橡胶层。

7.5　中心棒应与两支撑棒等距，以 $1N/(mm^2 \cdot s) \pm 0.2N/(mm^2 \cdot s)$ 的速率均匀的增加荷载，每秒的实际增加率可按第8章的公式(2)计算，记录断裂荷载 F。

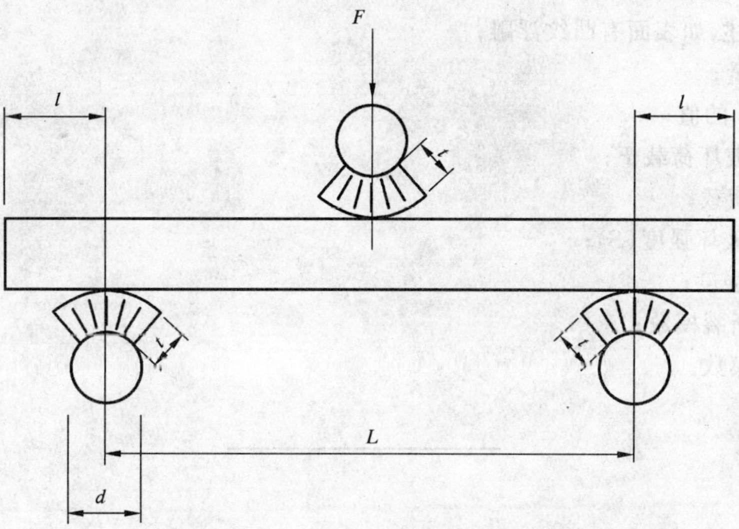

图 2

8　结果表示

只有在宽度与中心棒直径相等的中间部位断裂试样，其结果才能用来计算平均破坏强度和平均断裂模数，计算平均值至少需要5个有效的结果。

如果有效结果少于5个，应取加倍数量的砖再做第二组试验，此时至少需要10个有效结果来计算平均值。

破坏强度(S)以牛顿(N)表示，按公式(1)计算：

$$s = \frac{FL}{b} \qquad \cdots\cdots(1)$$

式中：

F——破坏荷载，单位牛顿(N)；

L——两根支撑棒之间的跨距，单位毫米(mm)见图(2)；

b——试样的宽度，单位毫米(mm)。

断裂模数(R)以牛顿每平方毫米(N/mm^2)表示，按公式(2)计算：

$$R = \frac{3FL}{2bh^2} = \frac{3S}{2h^2} \qquad \cdots\cdots(2)$$

式中：

F——破坏荷载，N；

L——两根支撑棒之间的跨距，mm，见图(2)；

b　　试样的宽度，mm；

h——试验后沿断裂边测得的试样断裂面的最小厚度1)，mm。

记录所有结果，以有效结果计算试样的平均破坏强度和平均断裂模数。

---

1) 断裂模数的计算是根据矩形的横断面，如断面的厚度有变化，只能得到近似的结果，浮雕凸起越浅，近似值越准确。

9 试验报告

试验报告包括以下内容：

a) 依据 GB/T 3810 本部分；

b) 试样的描述，如表面有凸纹浮雕；

c) 试样的数量；

d) d、t、l 和 L 的值；

e) 各试样的破坏荷载 F；

f) 平均破坏荷载；

g) 各试样的破坏强度(S)；

h) 平均破坏强度；

i) 各试样的断裂模数；

j) 平均断裂模数。

ICS 91.100.25
Q 31

中华人民共和国国家标准

GB/T 3810.5—2006/ISO 10545-5:1996
代替 GB/T 3810.5—1999

陶瓷砖试验方法
第5部分:用恢复系数确定砖的抗冲击性

Test methods of ceramic tiles—
Part 5:Determination of impact resistance by measurement of coefficient of restitution

(ISO 10545-5:1996,Ceramic tiles—Part 5:Determination of impact resistance by measurement of coefficient of restitution,IDT)

2006-02-07 发布　　　　2006-09-01 实施

中华人民共和国国家质量监督检验检疫总局
中国国家标准化管理委员会　发布

前　言

GB/T 3810《陶瓷砖试验方法》分为16个部分：

——第1部分：抽样和接收条件；

——第2部分：尺寸和表面质量的检验；

——第3部分：吸水率、显气孔率、表观相对密度和容重的测定；

——第4部分：断裂模数和破坏强度的测定；

——第5部分：用恢复系数确定砖的抗冲击性；

——第6部分：无釉砖耐磨深度的测定；

——第7部分：有釉砖表面耐磨性的测定；

——第8部分：线性热膨胀的测定；

——第9部分：抗热震性的测定；

——第10部分：湿膨胀的测定；

——第11部分：有釉砖抗釉裂性的测定；

——第12部分：抗冻性的测定；

——第13部分：耐化学腐蚀性的测定；

——第14部分：耐污染性的测定；

——第15部分：有釉砖铅和镉溶出量的测定；

——第16部分：小色差的测定。

本部分为GB/T 3810的第5部分。

本部分等同采用ISO 10545-5:1996《陶瓷砖——第5部分：用测恢复系数确定砖的抗冲击性》(英文版)。该标准1996年出版，1997年出版技术勘误ISO 10545-5:1996/Cor.1:1997(E)。技术勘误中把图A.1中"内径$\phi 0$"用"内径$\phi 30$"代替。

为便于使用，本部分做了下列编辑性修改：

a) "ISO 10545的本部分"修改为"GB/T 3810的本部分"；

b) 删除国际标准的前言。

本部分代替GB/T 3810.5—1999《陶瓷砖试验方法——第5部分：用测恢复系数确定砖的抗冲击性》。

本部分与GB/T 3810.5—1999相比主要变化如下：

——将图A.1中"内径$\phi 0$"修改为"内径$\phi 30$"；

——将5.4中"氯醇"修改为"表氯醇"；将"芳香胺"修改为"胺"；

本部分的附录A为资料性附录。

本部分由中国建筑材料工业协会提出。

本部分由全国建筑卫生陶瓷标准化技术委员会归口。

本部分负责起草单位：咸阳陶瓷研究设计院。

本部分参加起草单位：佛山石湾鹰牌陶瓷有限公司、广东蒙娜丽莎陶瓷(集团)有限公司、佛山市兴辉陶瓷有限公司、杭州诺贝尔集团有限公司。

本部分主要起草人：刘幼红、张江峰、钟应洲、张旗康、陈洪再、李莹。

本部分所代替标准的历次版本发布情况为：

——GB/T 3810.5—1999。

陶瓷砖试验方法 第5部分：用恢复系数确定砖的抗冲击性

1 范围

GB/T 3810 的本部分规定了用恢复系数来确定陶瓷砖抗冲击性的试验方法。

2 术语和定义

两个碰撞物体间的恢复系数(e)：碰撞后的相对速度除以碰撞前的相对速度。

3 原理

把一个钢球由一个固定高度落到试样上并测定其回跳高度，以此测定恢复系数。

4 设备

4.1 铬钢球，直径为 19 mm±0.05mm。

4.2 落球设备，(见图 1)，由装有水平调节旋钮的钢座和一个悬挂着电磁铁、导管和试验部件支架的竖直钢架组成。

试验部件被紧固在能使落下的钢球正好碰撞在水平瓷砖表面中心的位置。固定装置如图 1 所示，其他合适的系统也可以使用。

4.3 电子计时器(可选择的)，用麦克风测定钢球落到试样上的第一次碰撞和第二次碰撞之间的时间间隔。

5 试样

5.1 试样的数量

分别从 5 块砖上至少切下 5 片 75 mm×75 mm 的试样。实际尺寸小于 75 mm 的砖也可以使用。

5.2 试验部件的简要说明

试验部件是用环氧树脂粘合剂将试样粘在制好的混凝土块上制成。

5.3 混凝土块

混凝土块的体积约为 75 mm×75 mm×50 mm，用这个尺寸的模具制备混凝土块或从一个大的混凝土板上切取。

下面的方法描述了用砂/石配成混凝土块的制备过程，其他类型的混凝土体也可以采用下面的试验方法，但吸水试验不适用于这类混凝体。

混凝土块或混凝土板是由 1 份(按质量计)波兰特水泥加入 4.5 份～5.5 份(以质量计)骨料中组成。骨料粒度为 0～8 mm，砂石尺寸的变化在图 2 的曲线 A 和曲线 B 之间。该混凝土的混合物中粒度小于 0.125 mm 的全部细料，包括波兰特水泥的密度约为 500 kg/m^3。水/水泥为 0.5，混凝土混合物在机械搅拌机中充分混合后用瓦刀拌和到所需尺寸的模具中。在震动台上以 50 Hz 的频率振实 90 s。

混凝土块从模具中取出前应在温度为 23℃±2℃和湿度为 50%RH±5%RH 的条件下保存 48 h。脱模后应彻底洗净模具中所有脱模剂。将脱模后的混凝土块垂直且相互保持间隔浸入 20℃±2℃的水中保留 6 天，然后放在温度为 23℃±2℃和湿度为 50%RH±5%RH 的空气中保留 21 天。按附录 A 和

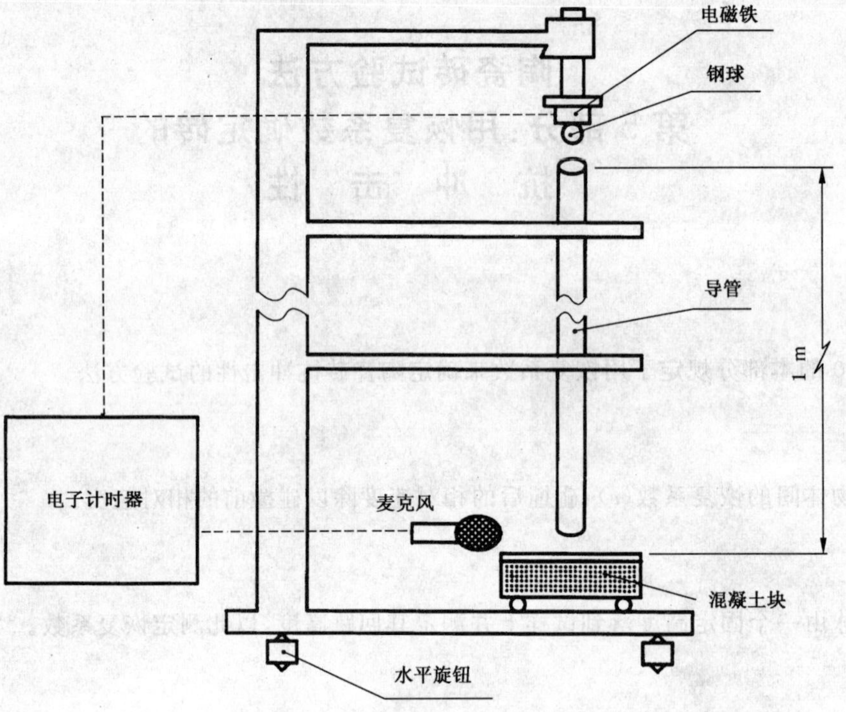

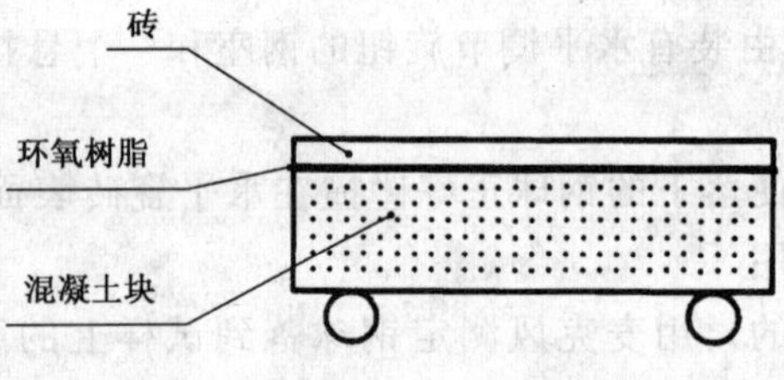

图 1　落球设备

图 A.1 所示的方法，此混凝土安装面在 4 h 后有 0.5 cm^3 到 1.5 cm^3 的表面吸水率。

在试验部件安装之前用湿法从混凝土板上切下的混凝土试块，应在温度为 23℃±2℃ 和湿度为 50%RH±5%RH 的条件下至少干燥 24 h 方能使用。

5.4　环氧树脂粘合剂

这种粘合剂应不含增韧成分。

一种合适的粘合剂是由表氯醇和二苯酚基丙烷反应生成的环氧树脂 2 份(按质量计)和作为硬化剂的活化了的胺 1 份(按质量计)组成。用粒子计数器或其他类似方法测定的平均粒度为 5.5 μm 的纯二氧化硅填充物同其他成分以合适的比例充分混合后形成一种不流动的混合物。

5.5　试验部件的安装

在制成的混凝土块表面上均匀地涂上一层 2 mm 厚的环氧树脂粘合剂。在三个侧面的中间分别放三个直径为 1.5 mm 钢质或塑料制成的间隔标记，以便于以后将每个标记移走。将规定的试样正面朝上压紧到粘合剂上，同时在轻轻移动三个间隔标记之前将多余的粘合剂刮掉。试验前使其在温度为 23℃±2℃ 和湿度为 50%RH±5%RH 的条件下放 3 天。如果瓷砖的面积小于 75 mm×75 mm 也可以用来测试。放一块瓷砖使它的中心与混凝土的表面相一致，然后用瓷砖将其补成 75 mm×75 mm 的面积。

6　步骤

用水平旋钮调节落球设备(4.2)以使钢架垂直。将试验部件放到电磁铁的下面，使从电磁铁中落下

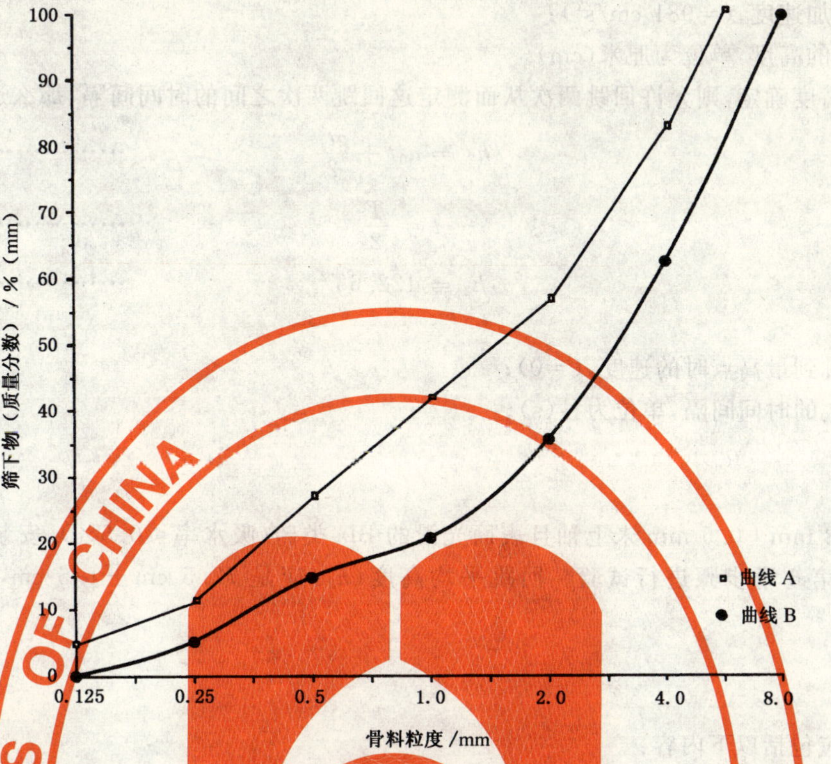

图 2　最大颗粒为 8 mm 的砂石级配曲线

的钢球(4.1)落到被紧固定位的试验部件的中心。

将试验部件放到支架上，将试样的正面向上水平放置。使钢球从 1 m 高处落下并回跳。通过合适的探测装置测出回跳高度(精确至±1mm)进而计算出恢复系数(e)。

另一种方法是让钢球回跳两次，记下两次回跳之间的时间间隔(精确到毫秒级)。算出回跳高度，从而计算出恢复系数。

任何测试回跳高度的方法或两次碰撞的时间间隔的合适的方法都可应用。

检查砖的表面是否有缺陷或裂纹，所有在距 1 m 远处未能用肉眼或平时戴眼镜的眼睛观察到的轻微的裂纹都可以忽略。记下边缘的磕碰，但在瓷砖分类时可予忽略。

其余的试验部件则应重复上述试验步骤。

7　结果表示

当一个球碰撞到一个静止的水平面上时，它的恢复系数用式(1)、式(2)、式(3)、式(4)计算。

$$e = \frac{v}{u} \qquad \cdots\cdots(1)$$

$$\frac{mv^2}{2} = mgh_2 \qquad \cdots\cdots(2)$$

$$v = \sqrt{2gh_2} \qquad \cdots\cdots(3)$$

$$e = \sqrt{\frac{h_2}{h_1}} \qquad \cdots\cdots(4)$$

式中：

v——离开(回跳)时刻的速度，单位为厘米每秒(cm/s)；

u——接触时刻的速度，单位为厘米每秒(cm/s)；

h_2——回跳的高度,单位为厘米(cm);

g——重力加速度,(=981 cm/s^2);

h_1——落球的高度,单位为厘米(cm)。

如果回跳高度确定,则允许回跳两次从而测定这回跳两次之间的时间间隔,那么运动公式为:

$$h_2 = u_0 t + \frac{gt^2}{2} \qquad \cdots\cdots(5)$$

$$t = \frac{T}{2} \qquad \cdots\cdots(6)$$

$$h_2 = 122.6T^2 \qquad \cdots\cdots(7)$$

式中:

u_0——回跳到最高点时的速度,(=0);

T——两次的时间间隔,单位为秒(s)。

8 校准

用厚度为 8 mm±0.5 mm 未上釉且表面光滑的 BⅠa 类砖(吸水率<0.5%),安装成 5 个试验部件(见 5.5),按照第 6 章步骤进行试验。回跳平均高度(h_2)应是 72.5 cm±1.5 cm,因此恢复系数为 0.85±0.01。

9 试验报告

试验报告应包括以下内容:

a) 依据 GB/T 3810 的本部分;

b) 试样的描述;

c) 5 次试验中每次试样的恢复系数;

d) 平均恢复系数;

e) 试样破裂的缺陷。

附 录 A
（资料性附录）
混凝土块或混凝土板表面吸水率的确定

在带有刻度的玻璃圆筒(见图 A.1)的底部周围涂上合适的密封胶,将其粘在混凝土表面上,使密封胶固化。

将蒸馏水或去离子水注入带刻度的圆筒中直至水面达到零刻度处。

分别记录 1 h、2 h、3 h、4 h 后的水平面,并得到一个表面吸水率与时间的关系曲线。测定三个位置的水面,得到一个 4 h 后的平均表面吸水率。

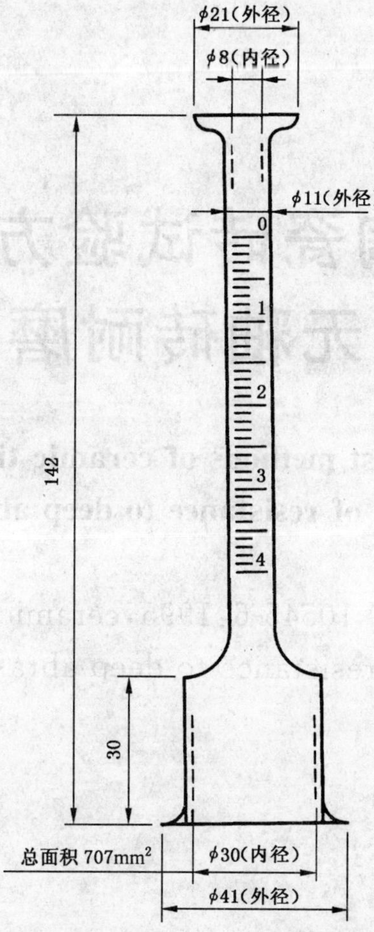

图 A.1 测量混凝土块或混凝土表面吸水性的仪器

ICS 91.100.25
Q 31

中华人民共和国国家标准

GB/T 3810.6—2006/ISO 10545-6:1995
代替 GB/T 3810.6—1999

陶瓷砖试验方法
第6部分:无釉砖耐磨深度的测定

Test methods of ceramic tiles—
Part 6:Determination of resistance to deep abrasion for unglazed tiles

(ISO 10545-6:1995,ceramic tiles—
Part 6:Determination of resistance to deep abrasion for unglazed tiles,IDT)

2006-02-07 发布　　　　2006-09-01 实施

中华人民共和国国家质量监督检验检疫总局
中国国家标准化管理委员会　发布

前　言

GB/T 3810《陶瓷砖试验方法》分为16个部分：
——第1部分：抽样和接收条件；
——第2部分：尺寸和表面质量的检验；
——第3部分：吸水率、显气孔率、表观相对密度和容重的测定；
——第4部分：断裂模数和破坏强度的测定；
——第5部分：用恢复系数确定砖的抗冲击性；
——第6部分：无釉砖耐磨深度的测定；
——第7部分：有釉砖表面耐磨性的测定；
——第8部分：线性热膨胀的测定；
——第9部分：抗热震性的测定；
——第10部分：湿膨胀的测定；
——第11部分：有釉砖抗釉裂性的测定；
——第12部分：抗冻性的测定；
——第13部分：耐化学腐蚀性的测定；
——第14部分：耐污染性的测定；
——第15部分：有釉砖铅和镉溶出量的测定；
——第16部分：小色差的测定。

本部分为GB/T 3810的第6部分。

本部分等同采用ISO 10545-6:1995《陶瓷砖——第6部分：无釉砖耐磨深度的测定》(英文版)。

为便于使用，本部分做了下列编辑性修改：

a) “ISO 10545的本部分”修改为“GB/T 3810的本部分”；

b) 删除国际标准的前言。

本部分代替GB/T 3810.6—1999《陶瓷砖试验方法　第6部分：无釉砖耐磨深度的测定》。

本部分与GB/T 3810.6—1999相比主要变化如下：

——将2中的“GB/T 2479—1996 普通磨料　白刚玉”修改为“ISO 8486-1 粘结磨料——粒度分析　粒度分布的定义和测定　第1部分：粗磨粒　从F4—F220，”增加了“ISO 630-1　结构钢　第1部分：板材、宽带材、棒材、截面和剖面”；

——将4.1中的“摩擦钢轮是用硬度在HB500以上的钢质轮(Fe360A号钢)制造的”修改为“摩擦钢轮是用Q235A(Fe360A)制造的”；

——将4.1中的“200 mm±0.1 mm”修改为“200 mm±0.2 mm”；

——将4.1中的“通过白刚玉调节试验机”修改为“用F80(GB/T 2481.1—1998)刚玉磨料调节试验机”；

——将4.1中的“白刚玉作为基本的标准物”修改为“石英玻璃作为基本的标准物”。

本部分由中国建筑材料工业协会提出。

本部分由全国建筑卫生陶瓷标准化技术委员会归口。

本部分负责起草单位：咸阳陶瓷研究设计院。

本部分参加起草单位：佛山石湾鹰牌陶瓷有限公司、广东蒙娜丽莎陶瓷(集团)有限公司、佛山市兴辉陶瓷有限公司、杭州诺贝尔集团有限公司。

本部分主要起草人:刘幼红、刘秀珍、钟应洲、张旗康、陈洪再、李莹。

本部分所代替标准的历次版本发布情况为:

——GB/T 13479—1992;

——GB/T 3810.6—1999。

陶瓷砖试验方法
第6部分:无釉砖耐磨深度的测定

1 范围

GB/T 3810 的本部分规定了各种铺地用无釉陶瓷砖耐深度磨损的试验方法。

2 规范性引用文件

下列文件中的条款通过 GB/T 3810 的本部分的引用而成为本部分的条款。凡是注日期的引用文件,其随后所有的修改单(不包括勘误的内容)或修订版本均不适用于本部分,然而,鼓励根据本部分达成协议的各方研究是否使用这些文件的最新版本。凡是不注日期的引用文件,其最新版本适用于本部分。

ISO 630-1 结构钢 第1部分:板材、宽带材、棒材、截面和剖面

ISO 8486-1 粘结磨料——粒度分析 粒度分布的定义和测定 第1部分:粗磨粒从 F4—F220

3 原理

在规定条件和有磨料的情况下通过摩擦钢轮在砖的正面旋转产生的磨坑,由所测磨坑的长度测定无釉砖的耐磨性。

4 设备

4.1 耐磨试验机(见图1)

主要包括一个摩擦钢轮,一个带有磨料给料装置的贮料斗,一个试样夹具和一个平衡锤。摩擦钢轮是用符合 ISO 630-1 的 E235A(Fe360A 号钢)制造的,直径为 200 mm±0.2 mm,边缘厚度为 10 mm±0.1 mm,转速为 75 r/min。

试样受到摩擦钢轮的反向压力作用,并通过刚玉调节试验机。压力调校用 F80(GB/T 2481.1—1998)刚玉磨料 150 转后,产生弦长为 24 mm±0.5 mm 的磨坑。石英玻璃作为基本的标准物,也可用浮法玻璃或其他适用的材料。

当摩擦钢轮损耗至最初直径的 0.5%时,必须更换磨轮。

4.2 测量精度为 0.1 mm 的量具。

4.3 磨料

符合 ISO 8684-1 中规定的粒度为 F80 的刚玉磨料。

5 试样

5.1 试样类型

采用整砖或合适尺寸的试样做试验。如果是小试样,试验前,要将小试样用粘结剂无缝地粘在一块较大的模板上。

5.2 试样准备

使用干净、干燥的试样。

5.3 试样数量

至少用5块试样。

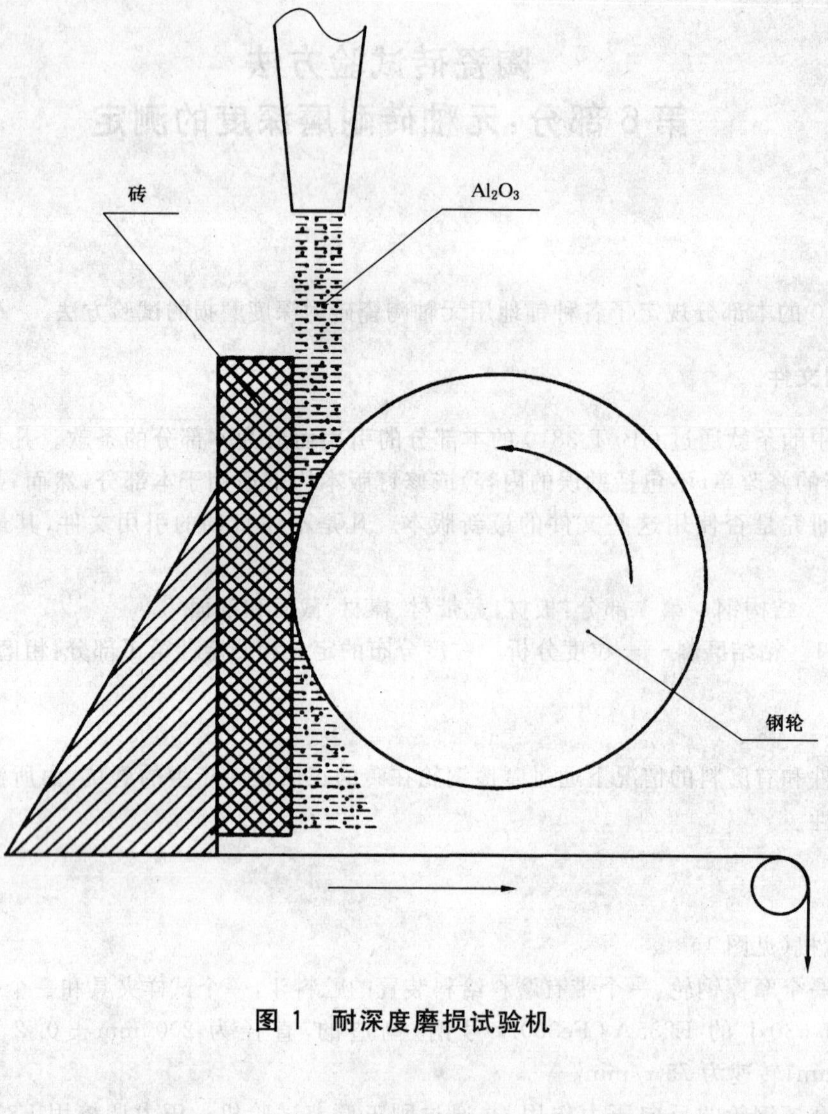

图 1　耐深度磨损试验机

6　步骤

将试样夹入夹具，样品与摩擦钢轮(4.1)成正切，保证磨料(4.3)均匀地进入研磨区。磨料给入速度为 100 g/100 r±10 g/100 r。

摩擦钢轮转 150 转后，从夹具上取出试样，测量磨坑的弦长 L，精确到 0.5 mm。每块试样应在其正面至少两处成正交的位置进行试验。

如果砖面为凹凸浮雕时，对耐磨性的测定就有影响，可将凸出部分磨平，但所得结果与类似砖的测量结果不同。

磨料不能重复使用。

7　结果表示

耐深度磨损以磨料磨下的体积 V(mm^3)表示，它可根据磨坑的弦长 L 按以下公式计算：

$$V=\left(\frac{\pi\cdot\alpha}{180}-\sin\alpha\right)\frac{h\cdot d^2}{8}$$

$$\sin\frac{\alpha}{2}=\frac{L}{d}$$

式中：

α——弦对摩擦钢轮的中心角(度)，见图 2；

d——摩擦钢轮的直径，单位为毫米(mm)；

h——摩擦钢轮的厚度，单位为毫米(mm)；

L——弦长，单位为毫米(mm)。

在表 1 中给出了 L 和 V 的对应值。

表 1　对应值

L/mm	V/mm³	L/mm	V/mm³	L/mm	V/mm³	L/mm	V/mm³	L/mm	V/mm³
20	67	30	227	40	540	50	1 062	60	1 851
20.5	72	30.5	238	40.5	561	50.5	1 094	60.5	1 899
21	77	31	250	41	582	51	1 128	61	1 947
21.5	83	31.5	262	41.5	603	51.5	1 162	61.5	1 996
22	89	32	275	42	626	52	1 196	62	2 046
22.5	95	32.5	288	42.5	649	52.5	1 232	62.5	2 097
23	102	33	302	43	672	53	1 268	63	2 149
23.5	109	33.5	316	43.5	696	53.5	1 305	63.5	2 202
24	116	34	330	44	720	54	1 342	64	2 256
24.5	123	34.5	345	44.5	746	54.5	1 380	64.5	2 310
25	131	35	361	45	771	55	1 419	65	2 365
25.5	139	35.5	376	45.5	798	55.5	1 459	65.5	2 422
26	147	36	393	46	824	56	1 499	66	2 479
26.5	156	36.5	409	46.5	852	56.5	1 541	66.5	2 537
27	165	37	427	47	880	57	1 583	67	2 596
27.5	174	37.5	444	47.5	909	57.5	1 625	67.5	2 656
28	184	38	462	48	938	58	1 689	68	2 717
28.5	194	38.5	481	48.5	968	58.5	1 713	68.5	2 779
29	205	39	500	49	999	59	1 758	69	2 842
29.5	215	39.5	520	49.5	1 030	59.5	1 804	69.5	2 906

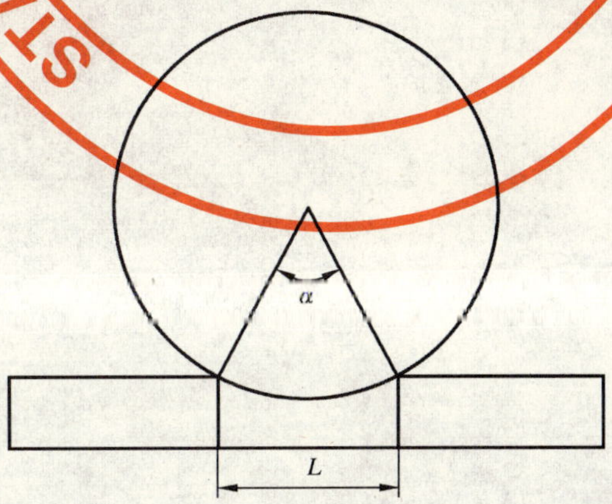

图 2　弦的定义

8 试验报告

试验报告应包括以下内容：

a) 依据 GB/T 3810 的本部分；

b) 试样的描述；

c) 每个试样磨坑的弦长，精确至 0.5 mm；

d) 每个试样磨坑的体积 $V(mm^3)$；

e) 体积平均值 $V_m(mm^3)$。

ICS 91.100.25
Q 31

中华人民共和国国家标准

GB/T 3810.7—2006/ISO 10545-7:1996
代替 GB/T 3810.7—1999

陶瓷砖试验方法
第7部分:有釉砖表面耐磨性的测定

Test methods of ceramic tiles—
Part 7: Determination of resistance to surface abrasion for glazed tiles

(ISO 10545-7:1996, ceramic tiles—
Part 7: Determination of resistance to surface abrasion for glazed tiles, IDT)

2006-02-07 发布　　2006-09-01 实施

中华人民共和国国家质量监督检验检疫总局
中国国家标准化管理委员会　发布

前　言

GB/T 3810《陶瓷砖试验方法》分为16个部分：
——第1部分：抽样和接收条件；
——第2部分：尺寸和表面质量的检验；
——第3部分：吸水率、显气孔率、表观相对密度和容重的测定；
——第4部分：断裂模数和破坏强度的测定；
——第5部分：用恢复系数确定砖的抗冲击性；
——第6部分：无釉砖耐磨深度的测定；
——第7部分：有釉砖表面耐磨性的测定；
——第8部分：线性热膨胀的测定；
——第9部分：抗热震性的测定；
——第10部分：湿膨胀的测定；
——第11部分：有釉砖抗釉裂性的测定；
——第12部分：抗冻性的测定；
——第13部分：耐化学腐蚀性的测定；
——第14部分：耐污染性的测定；
——第15部分：有釉砖铅和镉溶出量的测定；
——第16部分：小色差的测定。

本部分为GB/T 3810的第7部分。

本部分等同采用ISO 10545-7:1996《陶瓷砖——第7部分：有釉砖表面耐磨性的测定》(英文版)。

为便于使用，本部分做了下列编辑性修改：

a) “ISO 10545的本部分”修改为“GB/T 3810的本部分”；
b) 删除国际标准的前言；
c) 将所引用的部分国际标准用采用该国际标准的国家标准代替。

本部分代替GB/T 3810.7—1999《陶瓷砖试验方法　第7部分：有釉砖表面耐磨性的测定》。

本部分与GB/T 3810.7—1999相比主要变化如下：

——删除了2中的“GB/T 308—1989　滚动轴承　钢球”和“GB/T 2479—1996 普通磨料　白刚玉”；
——在2中增加了ISO 8486-1粘结磨料——粒度分析　粒度分布的定义和测定　第1部分：粗磨粒从F4—F220；
——删除了3中的“(符合GB/T 308要求)”；
——将4中的“80号白刚玉应符合GB/T 2479的规定”修改为“符合ISO 8486-1中规定的粒度为F80的刚玉磨料3.0 g”；
——删除了9中对观察箱的描述；
——将8中“结果分类”修改为“结果分级”；
——将表1中“有釉陶瓷砖分类”修改为“有釉陶瓷砖耐磨性分级”；将表1中“磨损可见痕迹的级(转数)”修改为“可见磨损的研磨转数”；将表1中“分类”修改为“分级”；
——将9e)中“耐污染的级为4类磨损砖”修改为“为4级耐磨砖为耐污染级”。

本部分的附录A为资料性附录。

本部分由中国建筑材料工业协会提出。

本部分由全国建筑卫生陶瓷标准化技术委员会归口。

本部分负责起草单位:咸阳陶瓷研究设计院。

本部分参加起草单位:佛山石湾鹰牌陶瓷有限公司、广东蒙娜丽莎陶瓷(集团)有限公司、佛山市兴辉陶瓷有限公司、杭州诺贝尔集团有限公司。

本部分主要起草人:刘幼红、刘秀珍、钟应洲、张旗康、陈洪再、李莹。

本部分所代替标准的历次版本发布情况为:

——GB/T 11950—1989;

——GB/T 3810.7—1999。

陶瓷砖试验方法
第7部分:有釉砖表面耐磨性的测定

1 范围

GB/T 3810 的本部分规定了测定各种施釉陶瓷砖表面耐磨性的试验方法。

2 规范性引用文件

下列文件中的条款通过 GB/T 3810 的本部分的引用而成为本部分的条款。凡是注日期的引用文件,其随后所有的修改单(不包括勘误的内容)或修订版本均不适用于本部分,然而,鼓励根据本部分达成协议的各方研究是否使用这些文件的最新版本。凡是不注日期的引用文件,其最新版本适用于本部分。

ISO 8486-1 粘结磨料——粒度分析 粒度分布的定义和测定 第1部分:粗磨粒从 F4-F220

GB/T 3810.14 陶瓷砖试验方法 第14部分:耐污染性的测定(GB/T 3810.14—2006,ISO 10545-14:1995,IDT)

3 原理

砖釉面耐磨性的测定,是通过釉面上放置研磨介质并旋转,对已磨损的试样与未磨损的试样的观察对比,评价陶瓷砖耐磨性的方法。

4 研磨介质

每块试样的研磨介质为:

直径为 5 mm 的钢球 70.0 g;

直径为 3 mm 的钢球 52.5 g;

直径为 2 mm 的钢球 43.75 g;

直径为 1 mm 的钢球 8.75 g;

符合 ISO 8684-1 中规定的粒度为 F80 的刚玉磨料 3.0 g;

去离子水或蒸馏水 20 mL。

5 设备

5.1 耐磨试验机

耐磨试验机(见图1)由内装电机驱动水平支承盘的钢壳组成,试样最小尺寸为 100 mm×100 mm。支承盘中心与每个试样中心距离为 195 mm。相邻两个试样夹具的间距相等,支承盘以 300 r/min 的转速运转,随之产生 22.5 mm 的偏心距(e)。因此,每块试样做直径为 45 mm 的圆周运动,试样由带橡胶密封的金属夹具固定(见图2)。夹具的内径是 83 mm,提供的试验面积约为 54 cm^2。橡胶的厚度是 9 mm,夹具内空间高度是 25.5 mm。试验机达到预调转数后,自动停机。

支承试样的夹具在工作时用盖子盖上。

与该试验机试验结果相同的其他设备也可使用。

5.2 目视评价用装置(见图3)

箱内用色温为6 000 K～6 500 K的荧光灯垂直置于观察砖的表面上，照度约为300 lx，箱体尺寸为610 mm×610 mm，箱内刷有自然灰色，观察时应避免光源直接照射。

5.3 干燥箱：工作温度110℃±5℃。

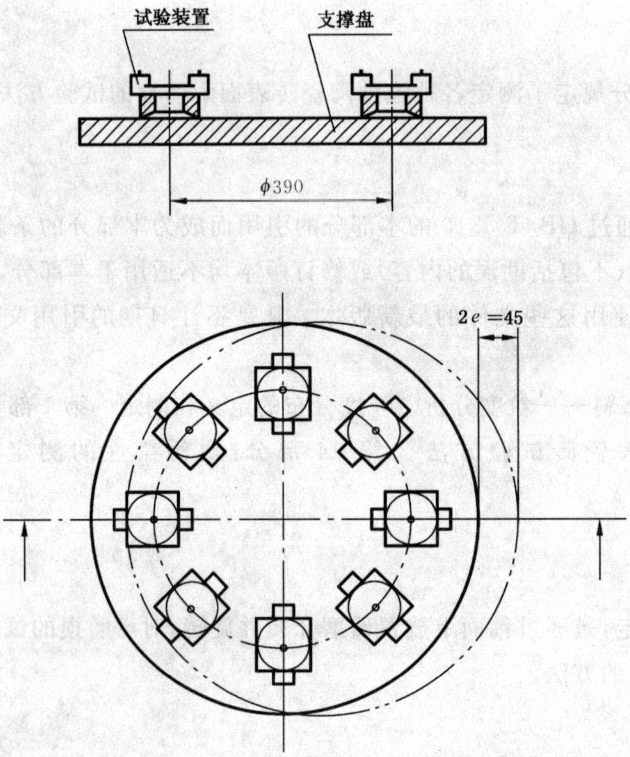

图1 耐磨试验机

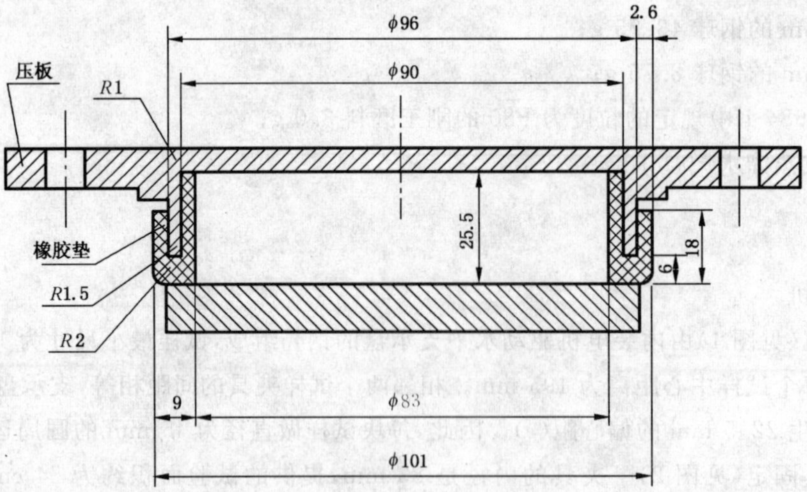

图2 试样夹具

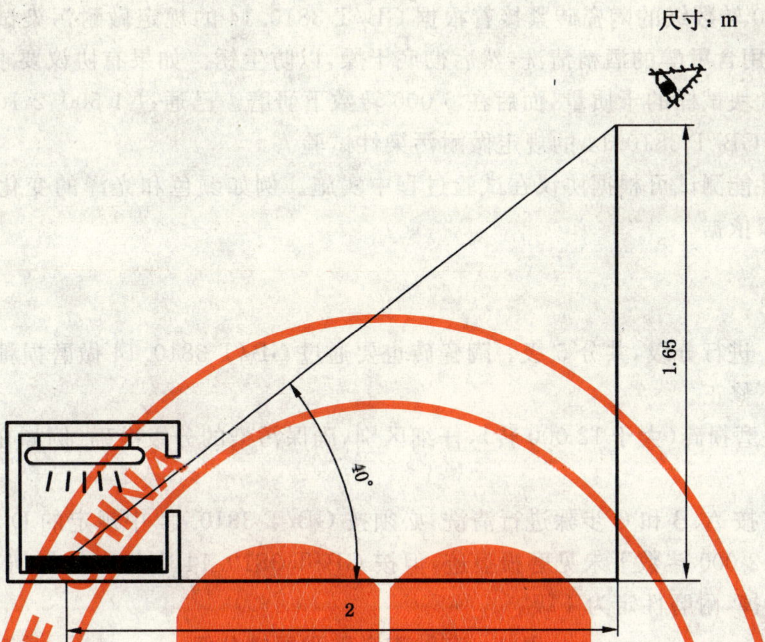

图 3 目测评价用装置

5.4 天平(要求做磨耗时使用)。

6 试样

6.1 试样的种类

试样应具有代表性,对于不同颜色或表面有装饰效果的陶瓷砖,取样时应注意能包括所有特色的部分。

试样的尺寸一般为 100 mm×100 mm,使用较小尺寸的试样时,要先把它们粘紧固定在一适宜的支承材料上,窄小接缝的边界影响可忽略不计。

6.2 试样的数量

试验要求用 11 块试样,其中 8 块试样经试验供目视评价用。每个研磨阶段要求取下一块试样,然后用 3 块试样与已磨损的样品对比,观察可见磨损痕迹。

6.3 准备

样品釉面应清洗并干燥。

7 步骤

只是偶尔需要校准设备或对试验结果的准确性有怀疑时,才进行校准。一种可行的校准方法见附录 A(规范性附录)。

将试样釉面朝上夹紧在金属夹具下,从夹具上方的加料孔中加入研磨介质,盖上盖子防止研磨介质损失,试样的预调转数为 100,150,600,750,1 500,2 100,6 000 和 12 000 转。达到预调转数后,取下试样,在流动水下冲洗,并在 110℃±5℃的烘箱(5.3)内烘干。如果试样被铁锈污染,可用体积分数为 10%的盐酸擦洗,然后立即用流动水冲洗、干燥。将试样放入观察箱中,用一块已磨试样,周围放置三块同型号未磨试样,在 300 lx 照度下,距离 2 m,高 1.65 m,用眼睛(平时戴眼镜的可戴眼镜)观察对比未磨和经过研磨后的砖釉面的差别。注意不同的转数研磨后砖釉面的差别,至少需要三种观察意见。

在观察箱内目视比较(见图 3)当可见磨损在较高一级转数和低一级转数比较靠近时,重复试验检查结果,如果结果不同,取两个级别中较低一级作为结果进行分级。

已通过 12 000 转数级的陶瓷砖紧接着根据 GB/T 3810.14 的规定做耐污染试验。试验完毕,钢球用流动水冲洗,再用含甲醇的酒精清洗,然后彻底干燥,以防生锈。如果有协议要求做釉面磨耗试验,则应在试验前先称 3 块试样的干质量,而后在 6 000 转数下研磨。已通过 1 500、2 100 和 6 000 转数级的陶瓷砖,进而根据 GB/T 3810.14 的规定做耐污染性试验。

其他有关的性能测试可根据协议在试验过程中实施。例如颜色和光泽的变化,协议中规定的条款不能作为砖的分级依据。

8 结果分级

试样根据表 1 进行分级,共分 5 级。陶瓷砖也要通过 GB/T 3810.14 做磨损釉面的耐污染试验,但对此标准进行如下修正。

(1) 只用一块磨损砖(大于 12 000 转),仔细区别,确保污染的分级准确(例如在做耐污染试验前,切下部分磨损的砖)。

(2) 如果没有按 A、B 和 C 步骤进行清洗,必须按 GB/T 3810.14 中规定的 D 步骤进行清洗。

如果试样在 12 000 转数下未见磨损痕迹,但按 GB/T 3810.14 中列出的任何一种方法(A、B、C 或 D),污染都不能擦掉,耐磨性定为 4 级。

表 1 有釉陶瓷砖耐磨性分级

可见磨损的研磨转数	级别
100	0
150	1
600	2
750,1 500	3
2 100,6 000,12 000	4
>12 000	5
通过 12 000 转试验后必须根据 GB/T 3810.14 做耐污染性试验	—

9 试验报告

试验报告应包括以下内容:

a) 依据 GB/T 3810 的本部分;

b) 试样的描述,包括准备试样的方式;

c) 根据第 8 条分级;

d) 可见磨痕的研磨转数;

e) 根据协议,4 级耐磨砖为耐污染级;

f) 磨耗、颜色变化、光泽变化或其他性能测试,根据协议而定。

附 录 A
(规范性附录)
用浮法玻璃校准耐磨试验机

A.1 基准材料

基准材料为 6 mm 的浮法玻璃。

合适的基准材料的资料可从国家标准学会获得。

A.2 浮法面的确定

玻璃浮法面的确定,可从下列方法获得。

A.2.1 化学方法

A.2.1.1 试剂

A.2.1.1.1 腐蚀液:10V 浓盐酸,

10V 蒸馏水,

8V 体积分数为 40%的氢氟酸,完全充分混合。

A.2.1.1.2 体积分数为 0.1%的卡可西林蒸馏水溶液。

A.2.1.2 步骤

在玻璃表面上滴 2 或 3 滴的腐蚀液,然后再滴 1 或 2 滴卡可西林溶液。

浮法面:在 5 s～10 s 内,将显示紫色;溶液显示黄色。

A.2.2 UV 方法(紫外线法)

当从暗室的这个角度按照图 A.1 观察时,浮法面显示荧光。

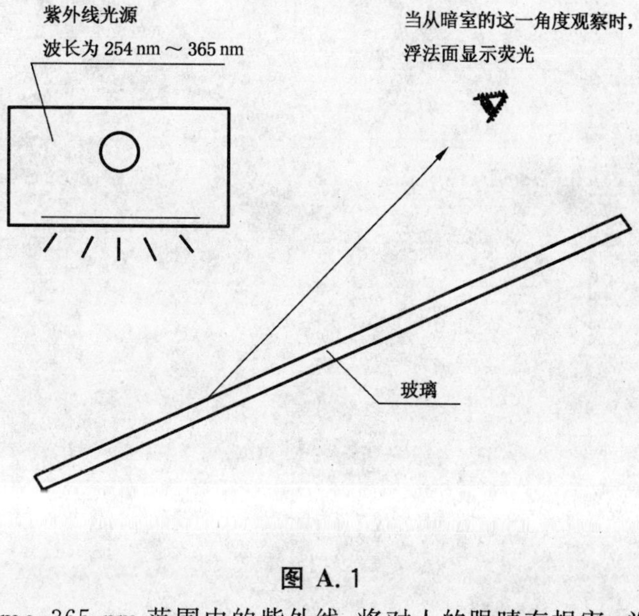

图 A.1

注意:在波长 254 nm～365 nm 范围内的紫外线,将对人的眼睛有损害,必须戴上防护紫外线的护目镜。

A.2.3 EDA 方法(能量分散分析法)

玻璃两个面的比较。用能量分散分析法,含锡的浮法面可以很快显示出来,而在另一面却不能显示。

A.3 步骤

A.3.1 概述

校准耐磨试验机用 A.3.2 或 A.3.3 中的任何一种方法进行。将 8 块 100 mm×100 mm 已称重的浮法玻璃试样，加入第 4 章研磨介质进行研磨。

A.3.2 磨耗

试样在 110℃±5℃下干燥，称每块试样的质量，在 6 000 转数下研磨，然后在 110℃±5℃下干燥，测量每块试样的质量损耗并计算平均磨损值，测量每块试样的磨损面积。如果质量的平均损耗是磨损面积的 0.032 mg/mm^2±0.002 mg/mm^2，磨耗试验机是令人满意的。

A.3.3 光泽变化

先在每块样品中心的浮法面上，测量 60°镜面光泽，然后在 1 000 转数下研磨，样品取下后放在背面衬以黑背衬(如黑丝绒)上，然后擦净干燥试样，并且测量 60°镜面光泽。计算每块样品光泽损失百分数和平均值。

如果在磨损面的中心的光泽损耗是 50%±5%，磨损设备是令人满意的。

注意：如果在磨损区域中心不易获得稳定的光泽度初始值，则将玻璃放入 75℃±5℃的、含有微量清洁剂的水中，浸泡至少 1 h，随后用温水冲洗干净。

ICS 91.100.25
Q 31

中华人民共和国国家标准

GB/T 3810.8—2006/ISO 10545-8:1994
代替 GB/T 3810.8—1999

陶瓷砖试验方法 第8部分:线性热膨胀的测定

Test methods of ceramic tiles—Part 8:Determination of linear thermal expansion

(ISO 10545-8:1994 ceramic tiles—Part 8:Determination of linear thermal expansion,IDT)

2006-02-07 发布　　　　2006-09-01 实施

中华人民共和国国家质量监督检验检疫总局
中国国家标准化管理委员会　发布

前 言

GB/T 3810《陶瓷砖试验方法》分为16个部分：

——第1部分：抽样和接收条件；

——第2部分：尺寸和表面质量的检验；

——第3部分：吸水率、显气孔率、表观相对密度和容重的测定；

——第4部分：断裂模数和破坏强度的测定；

——第5部分：用恢复系数确定砖的抗冲击性；

——第6部分：无釉砖耐磨深度的测定；

——第7部分：有釉砖表面耐磨性的测定；

——第8部分：线性热膨胀的测定；

——第9部分：抗热震性的测定；

——第10部分：湿膨胀的测定；

——第11部分：有釉砖抗釉裂性的测定；

——第12部分：抗冻性的测定；

——第13部分：耐化学腐蚀性的测定；

——第14部分：耐污染性的测定；

——第15部分：有釉砖铅和镉溶出量的测定；

——第16部分：小色差的测定。

本部分为GB/T 3810的第8部分。

本部分等同采用ISO 10545-8:1994《陶瓷砖——第8部分：线性热膨胀的测定》(英文版)。

为便于使用，本部分做了下列编辑性修改：

a) “ISO 10545的本部分”修改为“GB/T 3810的本部分”；

b) 删除国际标准的前言。

本部分代替GB/T 3810.8—1999《陶瓷砖试验方法　第8部分：线性热膨胀的测定》。

本部分与GB/T 3810.8—1999相比主要变化如下：

——将公式“$\alpha_1=\frac{l}{L_0}\times\frac{\Delta L}{\Delta t}$”中“$\frac{1}{L_0}$”修改为“$\frac{1}{L_0}$”；

——将第6章中“温度升值”修改为“温度升高值”。

本部分由中国建筑材料工业协会提出。

本部分由全国建筑卫生陶瓷标准化技术委员归口。

本部分负责起草单位：咸阳陶瓷研究设计院。

本部分参加起草单位：佛山石湾鹰牌陶瓷有限公司、广东蒙娜丽莎陶瓷(集团)有限公司、佛山市兴辉陶瓷有限公司、杭州诺贝尔集团有限公司。

本部分主要起草人：刘幼红、刘继武、钟应洲、张旗康、陈洪再、李莹。

本部分所代替标准的历次发布情况为：

——GB/T 3810.8—1999。

陶瓷砖试验方法
第8部分:线性热膨胀的测定

1 范围

GB/T 3810的本部分规定了陶瓷砖线性热膨胀系数的试验方法。

2 原理

从室温到100℃的温度范围内,测定线性热膨胀系数。

3 仪器

3.1 热膨胀仪:加热速率为5℃/min±1℃/min,以便使试样均匀受热,且能在100℃下保持一定的时间。

3.2 游标卡尺或其他合适的测量器具。

3.3 干燥箱:能在110℃±5℃温度下工作;也可使用能获得相同检测结果的微波、红外或其他干燥系统。

3.4 干燥器。

4 试样

从一块砖的中心部位相互垂直地切取两块试样,使试样长度适合于测试仪器。试样的两端应磨平并互相平行。

如果有必要,试样横断面的任一边长应磨到小于6 mm,横断面的面积应大于10 mm^2。试样的最小长度为50 mm。对施釉砖不必磨掉试样上的釉。

5 步骤

试样在110℃±5℃干燥箱中干燥至恒重,既相隔24 h先后两次称量之差小于0.1%,然后将试样放入干燥器(3.4)内冷却至室温。

用游标卡尺(3.2)测量试样长度,精确到0.1 mm。

将试样放入热膨胀仪(3.1)内并记录此时的室温。

在最初和全部加热过程中,测定试样的长度,精确到0.01 mm。测量并记录在不超过15℃间隔的温度和长度值。加热速率为5℃/min±1℃/min。

6 结果表示

线性热膨胀系数α_1用10^{-6}每摄氏度表示(10^{-6}/℃),精确到小数点后第一位,按下式表示。

$$\alpha_1 = \frac{1}{L_0} \times \frac{\Delta L}{\Delta t}$$

式中:

L_0——室温下试样的长度,mm;

ΔL——试样在室温和100℃之间的增长,mm;

Δt——温度的升高值,℃。

7 试验报告

试验报告应包括以下内容：

a) 依据 GB/T 3810 本部分；

b) 试样的描述(包括试样的制备)；

c) 两块试样的线性热膨胀系数。

ICS 91.100.25
Q 31

中华人民共和国国家标准

GB/T 3810.9—2006/ISO 10545-9:1994
代替 GB/T 3810.9—1999

陶瓷砖试验方法
第9部分:抗热震性的测定

Test methods of ceramic tiles—
Part 9: Determination of resistance to thermal shock

(ISO 10545-9:1994 ceramic tiles—
Part 9: Determination of resistance to thermal shock, IDT)

2006-02-07 发布　　　　2006-09-01 实施

中华人民共和国国家质量监督检验检疫总局
中国国家标准化管理委员会　发布

前　　言

GB/T 3810《陶瓷砖试验方法》分为16个部分：

——第1部分：抽样和接收条件；

——第2部分：尺寸和表面质量的检验；

——第3部分：吸水率、显气孔率、表观相对密度和容重的测定；

——第4部分：断裂模数和破坏强度的测定；

——第5部分：用恢复系数确定砖的抗冲击性；

——第6部分：无釉砖耐磨深度的测定；

——第7部分：有釉砖表面耐磨性的测定；

——第8部分：线性热膨胀的测定；

——第9部分：抗热震性的测定；

——第10部分：湿膨胀的测定；

——第11部分：有釉砖抗釉裂性的测定；

——第12部分：抗冻性的测定；

——第13部分：耐化学腐蚀性的测定；

——第14部分：耐污染性的测定；

——第15部分：有釉砖铅和镉溶出量的测定；

——第16部分：小色差的测定。

本部分为GB/T 3810的第9部分。

本部分等同采用ISO 10545-9:1994《陶瓷砖——第9部分：抗热震性的测定》(英文版)。

为便于使用，本部分做了下列编辑性修改：

a) “ISO 10545的本部分”修改为“GB/T 3810的本部分”；

b) 删除国际标准的前言；

c) 将所引用的国际标准用采用该国际标准的国家标准代替。

本部分代替GB/T 3810.9—1999《陶瓷砖试验方法　第9部分：抗热震性的测定》。

本部分与GB/T 3810.9—1999相比主要变化如下：

——将3中“抗热震性的测定是用整砖在15℃和145℃两种温度之间进行10次循环试验”修改为“通过试样在15℃和145℃之间的10次循环来测定整砖的抗热震性”；

——将4.1中“可盛15℃±5℃流动凉水的低温水槽”修改为“可保持15℃±5℃流动水的低温水槽”；

——将吸水率的表示由“x%”修改为“X%(质量分数)”；

——将6.2中“低气孔率砖”修改为“陶瓷砖”；

——在第5章“试样”中，增加对于大规格(即边长大于300 mm的)砖的注。

本部分由中国建筑材料工业协会提出。

本部分由全国建筑卫生陶瓷标准化技术委员会归口。

本部分负责起草单位：咸阳陶瓷研究设计院。

本部分参加起草单位：佛山石湾鹰牌陶瓷有限公司、广东蒙娜丽莎陶瓷(集团)有限公司、佛山市兴辉陶瓷有限公司、杭州诺贝尔集团有限公司。

本部分主要起草人：刘幼红、刘继武、钟应洲、张旗康、陈洪再、李莹。

本部分所代替标准的历次版本发布情况为：

——GB/T 2581—1993；

——GB/T 3810.9—1999。

陶瓷砖试验方法
第9部分:抗热震性的测定

1 范围

GB/T 3810的本部分规定了在正常使用条件下各种类型陶瓷砖抗热震性的试验方法。

除经许可,应根据吸水率的不同采用不同的试验方法(浸没或非浸没试验)。

2 规范性引用文件

下列文件中的条款通过GB/T 3810的本部分的引用而成为本部分的条款。凡是注日期的引用文件,其随后所有的修改单(不包括勘误的内容)或修订版均不适用于本部分,然而,鼓励根据本部分达成协议的各方研究是否可使用这些文件的最新版本。凡是不注日期的引用文件,其最新版本适用于本部分。

GB/T 3810.3 陶瓷砖试验方法 第3部分:吸水率、显气孔率、表观相对密度和容重的测定(GB/T 3810.3—2006,ISO 10545-3:1995,MOD)

3 原理

通过试样在15℃和145℃之间的10次循环来测定整砖的抗热震性。

4 设备

4.1 低温水槽

可保持15℃±5℃流动水的低温水槽。例如水槽长55 cm,宽35 cm,深20 cm。水流量为4 L/min。也可使用其他适宜的装置。

浸没试验:用于按GB/T 3810.3的规定检验吸水率不大于10%(质量分数)的陶瓷砖。水槽不用加盖,但水需有足够的深度,使砖垂直放置后能完全浸没。

非浸没试验:用于按GB/T 3810.3的规定检验吸水率大于10%(质量分数)的陶瓷砖。在水槽上盖上一块5 mm厚的铝槽,并与水面接触。然后将粒径为0.3 mm到0.6 mm的铝粒覆盖在铝槽底板上,铝粒层厚度约为5 mm。

4.2 干燥箱:工作温度为145℃到150℃。

5 试样

至少用5块整砖进行试验。

注:对于超大的砖(即边长大于400 mm的砖),有必要进行切割,切割尽可能大的尺寸,其中心应与原中心一致。在有疑问时,用整砖比用切割过的砖测定的结果准确。

6 步骤

6.1 试样的初检

首先用肉眼(平常带眼镜的可戴上眼镜)在距砖25 cm到30 cm,光源照度约300 lx的光照条件下观察试样表面。所有试样在试验前应没有缺陷,可用亚甲基蓝溶液(6.4)对待测试样进行测定前的检验。

6.2 浸没试验

吸水率不大于10%(质量分数)的陶瓷砖,垂直浸没在15℃±5℃的冷水中,并使它们互不接触。

6.3 非浸没试验

吸水率大于10%(质量分数)的有釉砖,使其釉面朝下与15℃±5℃的低温水槽(4.1)上的铝粒接触。

6.4 对上述两项步骤,在低温下保持5 min后,立即将试样移至145℃±5℃的烘箱(4.2)内重新达到此温度后保持20 min后,立即将试样移回低温环境中。

重复进行10次上述过程。

然后用肉眼(平常戴眼镜的可戴上眼镜),在距试样25 cm到30 cm,光源照度约300 lx的条件下观察试样的可见缺陷。为帮助检查,可将合适的染色溶液(如含有少量湿润剂的1%亚甲基蓝溶液)刷在试样的釉面上,1 min后,用湿布抹去染色液体。

7 试验报告

试验报告应包括以下内容:

a) 依据GB/T 3810本部分;

b) 试样的描述;

c) 试样的吸水率;

d) 试验类型(浸没试验或非浸没试验);

e) 可见缺陷的试样数。

ICS 91.100.25
Q 31

中华人民共和国国家标准

GB/T 3810.10—2006/ISO 10545-10:1995
代替 GB/T 3810.10—1999

陶瓷砖试验方法
第10部分:湿膨胀的测定

Test methods of ceramic tiles—
Part 10: Determination of moisture expansion

(ISO 10545-10:1995, Ceramic tiles—
Part 10: Determination of moisture expansion, IDT)

2006-02-07 发布　　2006-09-01 实施

中华人民共和国国家质量监督检验检疫总局
中国国家标准化管理委员会　发布

前　言

GB/T 3810《陶瓷砖试验方法》分为16个部分：

——第1部分：抽样和接收条件；

——第2部分：尺寸和表面质量的检验；

——第3部分：吸水率、显气孔率、表面相对密度和容重的测定；

——第4部分：断裂模数和破坏强度的测定；

——第5部分：用恢复系数确定砖的抗冲击性；

——第6部分：无釉砖耐磨深度的测定；

——第7部分：有釉砖表面耐磨性的测定；

——第8部分：线性热膨胀的测定；

——第9部分：抗热震性的测定；

——第10部分：湿膨胀的测定；

——第11部分：有釉砖抗釉裂性的测定；

——第12部分：抗冻性的测定；

——第13部分：耐化学腐蚀性的测定；

——第14部分：耐污染性的测定；

——第15部分：有釉砖铅和镉溶出量的测定；

——第16部分：小色差的测定。

本部分为GB/T 3810的第10部分。

本部分等同采用ISO 10545《陶瓷砖——第10部分：湿膨胀的测定》(1995年英文版)。

为便于使用，本部分做了下列编辑性修改：

a)　"ISO 10545的本部分"修改为"GB/T 3810的本部分"；

b)　删除国际标准的前言。

本部分代替GB/T 3810.10—1999《陶瓷砖试验方法　第10部分：湿膨胀的测定》。

本部分与GB/T 3810.10—1999相比主要变化如下：

——增加了平均值计算方法的描述。

——将2.1中"试样经浸入沸水中处理前后的长度之差"修改为"将砖浸入沸水中加热使膨胀加速产生的膨胀比"。

——将3中"将砖浸入沸水中在加热以促进湿膨胀后测量其长度变化的比例"修改为"通过将砖浸入沸水中加热以加速湿膨胀发生，并测定其长度变化比"。

——将附录A中"提示的附录　陶瓷砖湿膨胀的评述"修改为"资料性附录　陶瓷砖湿膨胀的建议"；

将附录A中"当陶瓷砖正确铺贴时，大多数上釉砖和无釉砖…可以忽略不计"修改为"大多数有釉砖和无釉砖都有很小的自然湿膨胀，当正确铺贴时，不会引起铺贴问题"，

将"陶瓷砖在不满足…不超过0.06%"修改为"在采用不规范的铺贴方式或在某些气候条件下，特别是当砖直接铺贴到陈旧的混凝土基础上时，湿膨胀可能会加重。在这种情况下，建议采用本试验方法所测得的湿膨胀最大值不超过0.06%"

本部分的附录A是资料性附录。

本部分由中国建筑材料工业协会提出。

本部分由全国建筑卫生陶瓷标准化技术委员会归口。

本部分负责起草单位:咸阳陶瓷研究设计院。

本部分参加起草单位:佛山石湾鹰牌陶瓷有限公司、广东蒙娜丽莎陶瓷(集团)有限公司、佛山市兴辉陶瓷有限公司、杭州诺贝尔集团有限公司。

本部分主要起草人:刘幼红、尹坚、钟应洲、张旗康、陈洪再、李莹。

本部分所代替标准的历次版本发布情况为:

——GB/T 6954—1986;

——GB/T 3810.10—1999。

陶瓷砖试验方法
第10部分:湿膨胀的测定

1 范围

GB/T 3810的本部分规定了陶瓷砖湿膨胀的试验方法。

2 定义

湿膨胀 **moisture expansion**
将砖浸入沸水中加热使膨胀加速发生的膨胀比。

3 原理

通过将砖浸入沸水中加热以加速湿膨胀发生,并测定其长度变化比。

4 设备

4.1 测量装置,带有刻度盘的千分表测微器或类似装置,至少精确到0.01 mm。
4.2 镍钢(镍铁合金)标准块,长度与试样长度近似,与隔热夹具配套使用。
4.3 焙烧炉,能以150℃/h的升温速率升到600℃,且控制温度偏差不超过±15℃。
4.4 游标卡尺,或其它合适的用于长度测量的装置,精确到0.5 mm。
4.5 煮沸装置,使所测试样在煮沸的去离子水或蒸馏水中保持24 h。

5 试样

试样由5块整砖组成,如果测量装置没有整砖长,应从每块砖的中心部位切割试样,最小长度为100 mm,最小宽度35 mm,厚度为砖的厚度。

对挤压砖来说,试样长度应沿挤压方向。

按照测量装置(4.1)的要求准备试样。

6 步骤

6.1 重烧

将试样放入焙烧炉(4.3)中,以150℃/h升温速率重新焙烧,升至(550±15)℃,在(550±15)℃保温2 h。让试样在炉内冷却。当温度降至(70±10)℃时,将试样放入干燥器中,在室温下保持(24～32)h。如果试样在重烧后出现开裂,另取试样以更慢的加热和冷却速率重新焙烧。

测量每块试样相对镍钢标准块(4.2)的初始长度,精确到0.5 mm。3 h后再测量试样一次。

6.2 沸水处理

将装有去离子水或蒸馏水的容器(4.5)加热至沸,将试样浸入沸水中,应保持水位高度超过试样至少5 cm,使试样之间互不接触,且不接触容器的底和壁,连续煮沸24 h。

从沸水中取出试样并冷却至室温,1 h后测量试样长度,过3 h后再测量一次。按6.1记录测量结果。

对于每个试样,计算沸水处理前的两次测量值的平均数,沸水处理后两次测量的平均数,然后计算二个平均值之差。

7 结果表示

湿膨胀用毫米/每米表示时，由下式计算：

$$\frac{\Delta L}{L} \times 1000$$

式中：

ΔL——是沸水处理前后两个平均值之差，单位为毫米(mm)；

L——是试样的平均初始长度，单位为毫米(mm)。

湿膨胀以百分比表示时，可由下式计算：

$$\frac{\Delta L}{L} \times 100$$

8 试验报告

试验报告应包括以下内容：

a) 依据 GB/T 3810 本部分；

b) 砖的描述和试样的尺寸；

c) 每块测试样品的湿膨胀，在测得的最大值下画线；

d) 砖的湿膨胀平均值。

附 录 A
（资料性附录）
陶瓷砖湿膨胀的建议

大多数有釉砖和无釉砖都有很小的自然湿膨胀，当正确铺贴时，不会引起铺贴问题。

但是，在采用不规范的铺贴方式或在某些气候条件下，特别是当砖直接铺贴到陈旧的混凝土基础上时，湿膨胀可能会加重。在这种情况下，建议采用本试验方法所测得的湿膨胀最大值不超过 0.06%。

ICS 91.100.25
Q 31

中华人民共和国国家标准

GB/T 3810.11—2006/ISO 10545-11:1994
代替 GB/T 3810.11—1999

陶瓷砖试验方法
第11部分:有釉砖抗釉裂性的测定

Test methods of ceramic tiles—
Part 11:Determination of crazing resistance for glazed tiles

(ISO 10545-11:1994,Ceramic tiles—
Part 11:Determination of crazing resistance for glazed tiles,IDT)

2006-02-07 发布 2006-09-01 实施

中华人民共和国国家质量监督检验检疫总局
中国国家标准化管理委员会
发布

前　言

GB/T 3810《陶瓷砖试验方法》分为16个部分：

——第1部分：抽样和接收条件；

——第2部分：尺寸和表面质量的检验；

——第3部分：吸水率、显气孔率、表观相对密度和容重的测定；

——第4部分：断裂模数和破坏强度的测定；

——第5部分：用恢复系数确定砖的抗冲击性；

——第6部分：无釉砖耐磨深度的测定；

——第7部分：有釉砖表面耐磨性的测定；

——第8部分：线性热膨胀的测定；

——第9部分：抗热震性的测定；

——第10部分：湿膨胀的测定；

——第11部分：有釉砖抗釉裂性的测定；

——第12部分：抗冻性的测定；

——第13部分：耐化学腐蚀性的测定；

——第14部分：耐污染性的测定；

——第15部分：有釉砖铅和镉溶出量的测定；

——第16部分：小色差的测定。

本部分为GB/T 3810的第11部分。

本部分等同采用ISO 10545-11:1994《陶瓷砖——第11部分：有釉砖抗釉裂性的测定》。

为便于使用，本部分做了下列编辑性修改：

a) “ISO 10545的本部分”修改为“GB/T 3810的本部分”；

b) 删除国际标准的前言。

本部分代替GB/T 3810.11—1999《陶瓷砖试验方法　第11部分：有釉砖抗釉裂性的测定》。

本部分与GB/T 3810.11—1999相比主要变化如下：

——增加了定义的英文对照。

本部分由中国建筑材料工业协会提出。

本部分由全国建筑卫生陶瓷标准化技术委员会归口。

本部分负责起草单位：咸阳陶瓷研究设计院。

本部分参加起草单位：佛山石湾鹰牌陶瓷有限公司、广东蒙娜丽莎陶瓷（集团）有限公司、佛山市兴辉陶瓷有限公司、杭州诺贝尔集团有限公司。

本部分主要起草人：刘幼红、温伟明、钟应洲、张旗康、陈洪再、李莹。

本部分所代替标准的历次版本发布情况为：

——GB/T 11949—1989；

——GB/T 3810.11—1999。

陶瓷砖试验方法
第11部分:有釉砖抗釉裂性的测定

1 范围

GB/T 3810的本部分规定了测定各种有釉陶瓷砖抗釉裂性的试验方法,不包括作为装饰效果而特有的釉裂。

2 术语和定义

釉裂 craze

呈细发丝状的裂纹,仅限于砖的釉面。

3 原理

抗釉裂性是使整砖在蒸压釜中承受高压蒸汽的作用,然后使釉面染色来观察砖的釉裂情况。

4 设备

蒸压釜:具有足够大的容积,以便使试验用的5块砖之间有充分的间隔。蒸汽由外部汽源提供,以保持釜内500 kPa±20 kPa的压力,即蒸汽温度为159℃±1℃,保持2 h。

也可以使用直接加热式蒸压釜。

5 试样

5.1 至少取5块整砖进行试验。

5.2 对于大尺寸砖,为能装入蒸压釜中,可进行切割,但对所有切割片都应进行试验。切割片应尽可能的大。

6 步骤

6.1 首先用肉眼(平常戴眼镜的可戴上眼镜),在300 lx的光照条件下距试样25 cm~30 cm处观察砖面的可见缺陷,所有试样在试验前都不应有釉裂。可用6.3中所述的亚甲基蓝溶液作釉裂检验。除了刚出窑的砖,作为质量保证的常规检验外,其他试验用砖应在500℃±15℃的温度下重烧,但升温速率不得大于150℃/h,保温时间不少于2 h。

6.2 将试样放在蒸压釜(4)内,试样之间应有空隙。使蒸压釜中的压力逐渐升高,1 h内达到500 kPa±20 kPa、159℃±1℃,并保持压力2 h。然后关闭汽源,对于直接加热式蒸压釜则停止加热,使压力尽可能快地降低到试验室大气压,在蒸压釜中冷却试样0.5 h。将试样移出到试验室大气中,单独放在平台上,继续冷却0.5 h。

6.3 在试样釉面上涂刷适宜的染色液,如含有少量润湿剂的1%亚甲基蓝溶液。1 min后用湿布擦去染色液。

6.4 检查试样的釉裂情况,注意区分釉裂与划痕及可忽略的裂纹。

7 试验报告

试验报告应包括以下内容:

a) 依据 GB/T 3810 本部分；

b) 试样的描述；

c) 试样的数量；

d) 釉裂的试样数量；

e) 对釉裂的描述(书面描述、绘图或照片见图 1)。

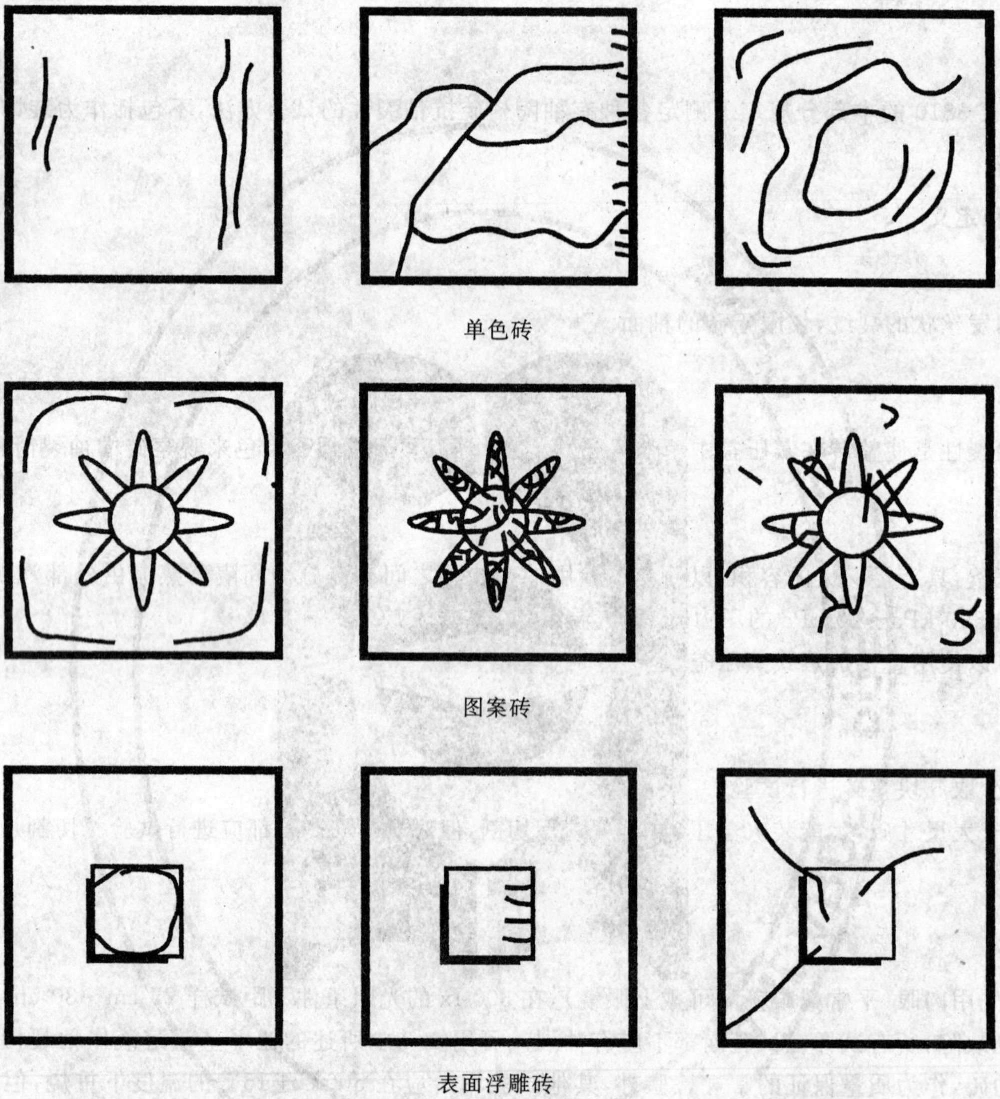

注：任何类似釉裂都纯属偶然。

图 1 釉裂的图例

ICS 91.100.25
Q 31

中华人民共和国国家标准

GB/T 3810.12—2006/ISO 10545-12:1995
代替 GB/T 3810.12—1999

陶瓷砖试验方法
第12部分:抗冻性的测定

Test methods of ceramic tiles—
Part 12:Determination of frost resistance

(ISO 10545-12:1995,Ceramic tiles—
Part 12:Determination of frost resistance,IDT)

2006-02-07 发布　　　　2006-09-01 实施

中华人民共和国国家质量监督检验检疫总局
中国国家标准化管理委员会　发布

前　言

GB/T 3810《陶瓷砖试验方法》分为 16 个部分：

——第 1 部分：抽样和接收条件；

——第 2 部分：尺寸和表面质量的检验；

——第 3 部分：吸水率、显气孔率、表观相对密度和容重的测定；

——第 4 部分：断裂模数和破坏强度的测定；

——第 5 部分：用恢复系数确定砖的抗冲击性；

——第 6 部分：无釉砖耐磨深度的测定；

——第 7 部分：有釉砖表面耐磨性的测定；

——第 8 部分：线性热膨胀的测定；

——第 9 部分：抗热震性的测定；

——第 10 部分：湿膨胀的测定；

——第 11 部分：有釉砖抗釉裂性的测定；

——第 12 部分：抗冻性的测定；

——第 13 部分：耐化学腐蚀性的测定；

——第 14 部分：耐污染性的测定；

——第 15 部分：有釉砖铅和镉溶出量的测定；

——第 16 部分：小色差的测定。

本部分为 GB/T 3810 的第 12 部分。

本部分等同采用 ISO 10545-12:1995《陶瓷砖——第 12 部分：抗冻性的测定》(英文版)，该标准 1995 年出版，1997 年出版技术勘误 ISO 10545-12:1995/Cor.1:1997(E)。技术勘误中把 4.2 中"小于 0.01%"用"小于 0.1%"代替；把 5.1 中"(60±2.6)kPa"用"(40±2.6)kPa"代替。

为便于使用，本部分做了下列编辑性修改：

a)　"ISO 10545 的本部分"修改为"GB/T 3810 的本部分"；

b)　删除国际标准的前言；

本部分代替 GB/T 3810.12—1999《陶瓷砖试验方法　第 12 部分：抗冻性的测定》。

本部分与 GB/T 3810.12—1999 相比主要变化如下：

——将 3.1 中"干燥箱，能在 10℃±5℃条件下工作"修改为"干燥箱，能在 110℃±5℃条件下工作"；

——将 3.3 中"能用真空泵抽真空后注入水的装置，能使装砖容器内的压力降低到 60 kPa±2.6 kPa的真空度"修改为"抽真空装置：抽真空后注入水使砖吸水饱和的装置：通过真空泵抽真空能使该装置内压力至 40 kPa±2.6 kPa"；

——在 4.1 中增加"对于大规格的砖，为能装入冷冻机，可进行切割，切割片应尽可能的大"的内容；

——将 4.2 中"0.01%"修改为"0.1%"；

——将 5.1 中"…，抽到压力低于 60 kPa±2.6 kPa"修改为"…抽真空至 40 kPa±2.6 kPa"。

本部分由中国建筑材料工业协会提出。

本部分由全国建筑卫生陶瓷标准化技术委员会归口。

本部分负责起草单位：咸阳陶瓷研究设计院。

本部分参加起草单位：佛山石湾鹰牌陶瓷有限公司、广东蒙娜丽莎陶瓷(集团)有限公司、佛山市兴辉陶瓷有限公司、杭州诺贝尔集团有限公司。

本部分主要起草人：刘幼红、张江锋、钟应洲、张旗康、陈洪再、李莹。

本部分所代替标准的历次版本发布情况为：

——GB/T 6955—1986；

——GB/T 3810.12—1999。

陶瓷砖试验方法
第12部分:抗冻性的测定

1 范围

GB/T 3810的本部分规定了所有在浸水和冰冻条件下使用的陶瓷砖抗冻性的试验方法。

2 原理

陶瓷砖浸水饱和后,在5℃和－5℃之间循环。砖的各表面须经受至少100次冻融循环。

3 设备和材料

3.1 干燥箱:能在110℃±5℃的温度下工作;也可使用能获得相同检测结果的微波、红外或其他干燥系统。

3.2 天平:精确到试样质量的0.01%。

3.3 抽真空装置:抽真空后注入水使砖吸水饱和的装置:通过真空泵抽真空能使该装置内压力至40 kPa±2.6 kPa。

3.4 冷冻机:能冷冻至少10块砖,其最小面积为0.25 m^2,并使砖互相不接触。

3.5 麂皮。

3.6 水,温度保持在20℃±5℃。

3.7 热电偶或其他合适的测温装置。

4 试样

4.1 样品

使用不少于10块整砖,并且其最小面积为0.25 m^2,对于大规格的砖,为能装入冷冻机,可进行切割,切割试样应尽可能的大。砖应没有裂纹、釉裂、针孔、磕碰等缺陷。如果必须用有缺陷的砖进行检验,在试验前应用永久性的染色剂对缺陷做记号,试验后检查这些缺陷。

4.2 试样制备

砖在110℃±5℃的干燥箱(3.1)内烘干至恒重,即每隔24 h的两次连续称量之差小于0.1%。记录每块干砖的质量(m_1)。

5 浸水饱和

5.1 砖冷却至环境温度后,将砖垂直地放在抽真空装置(3.3)内,使砖与砖、砖与该装置内壁互不接触。抽真空装置接通真空泵,抽真空至40 kPa±2.6 kPa。在该压力下将水(3.6)引入装有砖的抽真空装置中浸没,并至少高出50 mm。在相同压力下至少保持15 min,然后恢复到大气压力。

用手把浸湿过的麂皮(3.5)拧干,然后将麂皮放在一个平面上。依次将每块砖的各个面轻轻擦干,称量并记录每块湿砖的质量 m_2。

5.2 初始吸水率 E_1 用质量分数(%)表示,由式(1)求得:

$$E_1 = \frac{m_2 - m_1}{m_1} \times 100 \qquad \cdots\cdots(1)$$

式中:

m_2——每块湿砖的质量,单位为克(g);

m_1——每块干砖的质量，单位为克(g)。

6 步骤

在试验时选择一块最厚的砖，该砖应视为对试样具有代表性。在砖一边的中心钻一个直径为3 mm的孔，该孔距边最大距离为 40 mm，在孔中插一支热电偶(3.7)，并用一小片隔热材料(例如多孔聚苯乙烯)将该孔密封。如果用这种方法不能钻孔，可把一支热电偶放在一块砖的一个面的中心，用另一块砖附在这个面上。将冷冻机(3.4)内欲测的砖垂直地放在支撑架上，用这一方法使得空气通过每块砖之间的空隙流过所有表面。把装有热电偶的砖放在试样中间，热电偶的温度定为试验时所有砖的温度，只有在用相同试样重复试验的情况下这点可省略。此外，应偶尔用砖中的热电偶作核对。每次测量温度应精确到±0.5℃。

以不超过 20℃/h 的速率使砖降温到－5℃以下。砖在该温度下保持 15 min。砖浸没于水中或喷水(3.6)直到温度达到 5℃以上。砖在该温度下保持 15 min。

重复上述循环至少 100 次。如果将砖保持浸没在 5℃以上的水中，则此循环可中断。称量试验后的砖质量(m_3)，再将其烘干至恒重，称量试验后砖的干质量(m_4)。最终吸水率 E_2 用质量分数(%)表示，由式(2)求得：

$$E_2 = \frac{m_3 - m_4}{m_4} \times 100 \qquad \cdots\cdots\cdots\cdots (2)$$

式中：

m_3——试验后每块湿砖的质量，单位为克(g)；

m_4——试验后每块干砖的质量，单位为克(g)。

100 次循环后，在距离 25 cm～30 cm 处、大约 300 lx 的光照条件下，用肉眼检查砖的釉面、正面和边缘。对通常戴眼镜者，可以戴眼镜检查。在试验早期，如果有理由确信砖已遭到损坏，可在试验中间阶段检查并及时作记录。记录所有观察到砖的釉面、正面和边缘损坏的情况。

7 试验报告

试验报告应包括以下内容：

a) 依据 GB/T 3810 的本部分；

b) 经鉴别的合格砖，如需要砖的背面也要检查；

c) 试样的数量；

d) 初始吸水率 E_1；

e) 最终吸水率 E_2；

f) 记录试验前的缺陷及冻融试验后砖的釉面、正面和边缘的所有损坏情况；

g) 100 次循环试验后试样的损坏数量。

ICS 91.100.25
Q 31

GB

中华人民共和国国家标准

GB/T 3810.13—2006/ISO 10545-13：1995
代替 GB/T 3810.13—1999

陶瓷砖试验方法
第13部分：耐化学腐蚀性的测定

Test methods of ceramic tiles—
Part 13：Determination of chemical resistance

(ISO 10545-13：1995，Ceramic tiles—
Part 13：Determination of chemical resistance，IDT)

2006-02-07 发布　　2006-09-01 实施

中华人民共和国国家质量监督检验检疫总局
中国国家标准化管理委员会　发布

前　言

GB/T 3810《陶瓷砖试验方法》分为 16 个部分：
——第 1 部分：抽样和接收条件；
——第 2 部分：尺寸和表面质量的检验；
——第 3 部分：吸水率、显气孔率、表观相对密度和容重的测定；
——第 4 部分：断裂模数和破坏强度的测定；
——第 5 部分：用恢复系数确定砖的抗冲击性；
——第 6 部分：无釉砖耐磨深度的测定；
——第 7 部分：有釉砖表面耐磨性的测定；
——第 8 部分：线性热膨胀的测定；
——第 9 部分：抗热震性的测定；
——第 10 部分：湿膨胀的测定；
——第 11 部分：有釉砖抗釉裂性的测定；
——第 12 部分：抗冻性的测定；
——第 13 部分：耐化学腐蚀性的测定；
——第 14 部分：耐污染性的测定；
——第 15 部分：有釉砖铅和镉溶出量的测定；
——第 16 部分：小色差的测定。

本部分为 GB/T 3810 的第 13 部分。

本部分等同采用 ISO 10545-13:1995《陶瓷砖——第 13 部分：耐化学腐蚀性的测定》(英文版)。

为便于使用，本部分做了下列编辑性修改：

a) “ISO 10545 的本部分”修改为“GB/T 3810 的本部分”；

b) 删除国际标准的前言。

本部分代替 GB/T 3810.13—1999《陶瓷砖试验方法　第 13 部分：耐化学腐蚀性的测定》。

本部分与 GB/T 3810.13—1999 相比主要变化如下：
——增加了规范性引用文件；
——将 3.2 中的“由约含 13%活性氯的次氯酸钠配制”修改为 4.2 中的“由约含质量分数为 0.13 活性氯的次氯酸钠配制”；
——将 3.3.1 中的“体积分数为 3%的盐酸溶液”修改为 4.2.1 中的“体积分数为 0.03 的盐酸溶液”；
——将 3.3.2 的 a)中的“体积分数为 18%的盐酸溶液”修改为 4.3.2 的 a)中的“体积分数为 0.18 的盐酸溶液”；
——将 3.3.2 的 b)中的“体积分数为 5%的乳酸溶液”修改为 4.3.2 的 b)中“体积分数为 0.05 的乳酸溶液”；
——将 5.1 中的“…，试验时必须注意所包含的每个不同部位”修改为 6.1 中的“…，试验时必须注意应尽可能把这些不同部位包含在内”；
——将 7.2.3.1、7.2.3.2、7.2.3.3 中的“表观有轻微变化”修改为 8.2.3.1、8.2.3.2、8.2.3.3 中的“表面有明显变化”，“表面部分或全部有变化”修改为“原来的表面部分或全部有损坏”。

本部分由中国建筑材料工业协会提出。

本部分由全国建筑卫生陶瓷标准化技术委员会归口。

本部分负责起草单位：咸阳陶瓷研究设计院。

本部分参加起草单位：佛山石湾鹰牌陶瓷有限公司、广东蒙娜丽莎陶瓷（集团）有限公司、佛山市兴辉陶瓷有限公司、杭州诺贝尔集团有限公司。

本部分主要起草人：刘幼红、张卫星、钟应洲、张旗康、陈洪再、李莹。

本部分所代替标准的历次版本发布情况为：

——GB/T 13478—1992；

——GB/T 3810.13—1999。

陶瓷砖试验方法
第13部分:耐化学腐蚀性的测定

1 范围

GB/T 3810的本部分规定了在室温条件下测定陶瓷砖耐化学腐蚀性的试验方法。

本部分适用于各种类型的陶瓷砖。

2 规范性引用文件

下列文件中的条款通过GB/T 3810的本部分的引用而成为本部分的条款。凡是注日期的引用文件,其随后所有的修改单(不包括勘误的内容)或修订版本均不适用于本部分,然而,鼓励根据本部分达成协议的各方研究是否使用这些文件的最新版本。凡是不注日期的引用文件,其最新版本适用于本部分。

ISO 3585 硅硼玻璃3.3——特性

3 原理

试样直接受试液的作用,经一定时间后观察并确定其受化学腐蚀的程度。

4 水溶性试液

4.1 家庭用化学药品

氯化铵溶液:100 g/L。

4.2 游泳池盐类

次氯酸钠溶液20 mg/L(由约含质量分数为0.13活性氯的次氯酸钠配制)。

4.3 酸和碱

4.3.1 低浓度(L)

a) 体积分数为0.03的盐酸溶液,由浓盐酸(ρ=1.19 g/mL)配制。

b) 柠檬酸溶液:100 g/L。

c) 氢氧化钾溶液:30 g/ L。

4.3.2 高浓度(H)

a) 体积分数为0.18的盐酸溶液,由浓盐酸(ρ=1.19 g/mL)制得。

b) 体积分数为0.05的乳酸溶液。

c) 氢氧化钾溶液:100 g/ L。

5 设备

5.1 带盖容器,用硅硼玻璃(ISO 3585)或其他合适材料制成。

5.2 圆筒,用硅硼玻璃(ISO 3585)或其他合适材料制成的带盖圆筒。

5.3 干燥箱,工作温度为110℃±5℃;也可使用能获得相同检测结果的微波、红外或其他干燥系统。

5.4 麂皮。

5.5 由棉纤维或亚麻纤维纺织的白布。

5.6 密封材料(如橡皮泥)。

5.7 天平，精度为0.05 g。

5.8 铅笔，硬度为HB(或同等硬度)的铅笔。

5.9 灯泡，40 W，内面为白色(如硅化的)。

6 试样

6.1 试样的数量

每种试液使用5块试样。试样必须具有代表性。试样正面局部可能具有不同色彩或装饰效果，试验时必须注意应尽可能把这些不同部位包含在内。

6.2 试样的尺寸

6.2.1 无釉砖：试样尺寸为50 mm×50 mm，由砖切割而成，并至少保持一个边为非切割边。

6.2.2 有釉砖：必须使用无损伤的试样，试样可以是整砖或砖的一部分。

6.3 试样的准备

用适当的溶剂(如甲醇)，彻底清洗砖的正面。有表面缺陷的试样不能用于试验。

7 无釉砖试验步骤

7.1 试液的应用

将试样放入干燥箱(5.3)在110℃±5℃下烘干至恒重。即连续两次称量的差值小于0.1 g。然后使试样冷却至室温。采用4.1、4.2、4.3.1及4.3.2所列的试液进行试验。

将试样垂直浸入盛有试液的容器(5.1)中，试样浸深25 mm。试样的非切割边必须完全浸入溶液中。盖上盖子(5.1)在20℃±2℃的温度下保持12天。

12天后，将试样用流动水冲洗5天，再完全浸泡在水中煮30 min后从水中取出，用拧干但还带湿的麂皮(5.4)轻轻擦拭，随即在110℃±5℃的干燥箱中烘干。

7.2 试验后的分级

在日光或人工光源约300 lx的光照条件下(但应避免直接照射)，距试样25 cm～30 cm，用肉眼(平时带眼镜的可戴上眼镜)观察试样表面非切割边和切割边浸没部分的变化。砖可划分为下列等级。

7.2.1 对于4.1和4.2所列的试液：

UA级：无可见变化[1)]。

UB级：在切割边上有可见变化。

UC级：在切割边上、非切割边上和表面上均有可见变化。

7.2.2 对于4.3.1所列的试液：

ULA级：无可见变化[1)]。

ULB级：在切割边上有可见变化。

ULC级：在切割边上、非切割边上和表面上均有可见变化。

7.2.3 对于4.3.2所列的试液：

UHA级：无可见变化[1)]。

UHB级：在切割边上有可见变化。

UHC级：在切割边上、非切割边上和表面上均有可见变化。

8 有釉砖试验步骤

8.1 试液的应用

在圆筒(5.2)的边缘上涂一层3 mm厚的密封材料(5.6)，然后将圆筒(5.2)倒置在有釉表面的干净

---

1) 如果色彩有轻微变化，则不认为是化学药品腐蚀。

部分，并使其周边密封。

从开口处注入试液，液面高为 20 mm±1 mm，试液必须是 4.1、4.2 和 4.3.1 所列溶液中的任何一种；如果必要，还可采用 4.3.2 所列的各种溶液。将试验装置放于 20℃±2℃的温度下保存。

试验耐家庭用化学药品、游泳池盐类和柠檬酸的腐蚀性时，使试液与试样接触 24h，移开圆筒并用合适的溶剂彻底清洗釉面上的密封材料。

试验耐盐酸和氢氧化钾腐蚀性时，使试液与试样接触 4 天，每天轻轻摇动装置一次，并保证试液的液面不变。2 天后更换溶液，再过 2 天后移开圆筒并用合适的溶剂彻底清洗釉面上的密封材料。

8.2 试验后的分级

8.2.1 概述

经过试验的表面在进行评价之前必须完全干燥。为确定铅笔试验(8.2.2.2)是否适用，在釉面的未处理部分用铅笔(5.8)划几条线并用湿布(5.5)擦拭线痕。如果铅笔线痕擦不掉，这些砖将记录为"不适于标准分级法"，只能用目测分级法(8.2.3)进行评价，而图 1 所示的分级系统不适用。

8.2.2 标准分级法

对于通过铅笔试验的砖，则继续按照 8.2.2.1、8.2.2.2 和 8.2.2.3 所列步骤进行评价，并按图 1 所示分级系统进行分级。

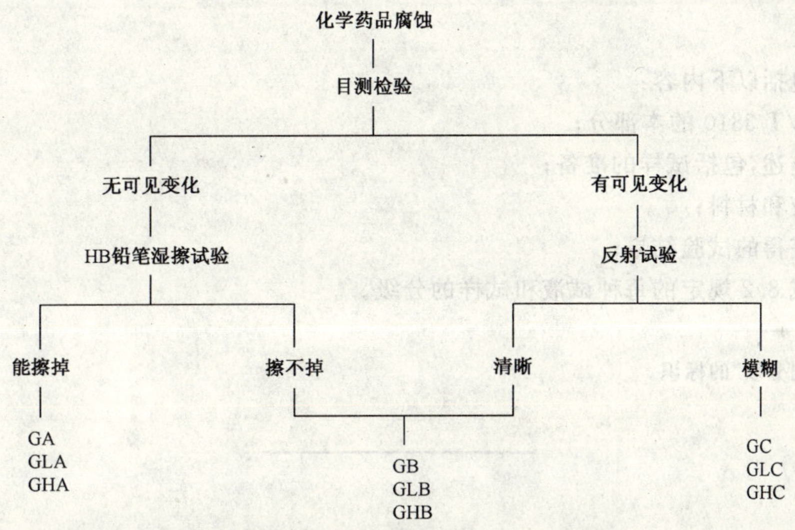

图 1 有釉耐腐蚀级别划分表

8.2.2.1 目测初评

用肉眼(平时带眼镜的可戴上眼镜)以标准距离 25 cm 的视距从各个角度观察被测表面与未处理表面有何表观差异，如反射率或光泽度的变化。

光源可以是日光或人工光源(约为 300 lx)，但避免日光直接照射。

观测后如未发现可见变化，则进行铅笔试验(8.2.2.2)。如有可见变化，即进行反射试验(8.2.2.3)。

8.2.2.2 铅笔试验

在试验表面和非处理表面上用铅笔(5.8)划几条线。用软质湿布(5.5)擦拭铅笔线条，如果可以擦掉，则为 A 级；如果擦不掉，则为 B 级。

8.2.2.3 反射试验

将砖摆放在这样的装置，即能使灯泡(5.9)的图像反射在非处理表面上。灯光在砖表面上的入射角约为 45°，砖和光源的间距为 350 mm±100 mm。

评价的参数为反射清晰度，而不是砖表面的亮度。调整砖的位置，使灯光同时落在处理和非处理面上，检查处理面上的图像是否较模糊。此试验对某些釉面是不适合的。特别是对无光釉面。如果反射清晰,则定为B级。如果反射模糊,则定为C级。

8.2.3 **目测分级**

对于不能用铅笔试验的砖,称之为“不适于标准分级法”,应采用下列方法分级。

8.2.3.1 对于4.1和4.2所列的试液:

GA (V)级:无可见变化[2)]。

GB (V)级:表面有明显变化。

GC (V)级:原来的表面部分或全部有损坏。

8.2.3.2 对于4.3.1所列的试液:

GLA (V)级:无可见变化[2)]。

GLB (V)级:表面有明显变化。

GLC (V)级:原来的表面部分或全部有损坏。

8.2.3.3 对于4.3.2所列的试液:

GHA (V)级:无可见变化[2)]。

GHB (V)级:表面有明显变化。

GHC (V)级:原来的表面部分或全部有损坏。

9 试验报告

试验报告应包括以下内容:

1) 依据GB/T 3810的本部分;

2) 对砖的描述,包括试样的准备;

3) 试验溶液和材料;

4) 试验后获得的试验结果;

5) 按7.2或8.2规定的每种试液和试样的分级。

2) (V)为“目测分级”的标识。

ICS 91.100.25
Q 31

GB

中华人民共和国国家标准

GB/T 3810.14—2006/ISO 10545-14:1995
代替 GB/T 3810.14—1999

陶瓷砖试验方法 第14部分:耐污染性的测定

**Test methods of ceramic tiles—
Part 14:Determination of resistance to stains**

(ISO 10545-14:1995,Ceramic tiles—
Part 14:Determination of resistance to stains,IDT)

2006-02-07 发布　　　　2006-09-01 实施

中华人民共和国国家质量监督检验检疫总局
中国国家标准化管理委员会　发布

前　言

GB/T 3810《陶瓷砖试验方法》分为16个部分：

——第1部分：抽样和接收条件；

——第2部分：尺寸和表面质量的检验；

——第3部分：吸水率、显气孔率、表观相对密度和容重的测定；

——第4部分：断裂模数和破坏强度的测定；

——第5部分：用恢复系数确定砖的抗冲击性；

——第6部分：无釉砖耐磨深度的测定；

——第7部分：有釉砖表面耐磨性的测定；

——第8部分：线性热膨胀的测定；

——第9部分：抗热震性的测定；

——第10部分：湿膨胀的测定；

——第11部分：有釉砖抗釉裂性的测定；

——第12部分：抗冻性的测定；

——第13部分：耐化学腐蚀性的测定；

——第14部分：耐污染性的测定；

——第15部分：有釉砖铅和镉溶出量的测定；

——第16部分：小色差的测定。

本部分为GB/T 3810的第14部分。

本部分等同采用ISO 10545-14:1995《陶瓷砖——第14部分：耐污染性的测定》(英文版)。该标准1995年出版，1997年出版技术勘误ISO 10545-14:1995/Cor.1:1997(E)。技术勘误中把5.1.4.1中的“盐酸，3+97(V/V)”用“体积分数为0.03的盐酸溶液，由浓盐酸(ρ=1.19 g/mL)盐酸，按照3+97配制”代替。该技术勘误已列入本部分并用垂直双线标识在它们所涉及条款的页边空白处。

为便于使用，本部分做了下列编辑性修改：

a) “ISO 10545的本部分”修改为“GB/T 3810的本部分”；

b) 删除国际标准的前言；

c) 将所引用的国际标准用采用该国际标准的国家标准代替。

本部分代替GB/T 3810.14—1999《陶瓷砖试验方法　第14部分：耐污染性的测定》。

本部分与GB/T 3810.14—1999相比主要技术变化如下：

——将文本中的“污染物”修改为“污染剂”；

——将4中的“试验溶液和材料”修改为“污染剂”，并对污染剂增加注解a)；

——将4.2中的“留有化学氧化反应的污染物”修改为“可发生氧化反应的污染剂”；

——将5.1.2、5.1.3中的“腐蚀成分”修改为“磨料”；

——将5.1.3中的“清洗剂不含氢和氟及其化合物”修改为“清洗剂不含氢氟酸及其化合物”；

——将5.1.4.1中的“盐酸，3+97(V/V)”修改为“体积分数为0.03的盐酸溶液，由浓盐酸(ρ=1.19 g/mL)盐酸，按照3+97配制”；

——将6中的“半块砖”修改为“切割后的砖”，“转速为600 r/min”修改为“转数为600转”；并对“彻底地清洗砖”增加注解b)；

——将8、9中的“无磨损，如果双方同意，无釉砖可在磨损以后进行”修改为“经双方同意，无釉砖可在无磨损或磨损以后进行”。

本部分的附录A、附录B为规范性附录。

本部分由中国建筑材料工业协会提出。

本部分由全国建筑卫生陶瓷标准化技术委员会归口。

本部分负责起草单位:咸阳陶瓷研究设计院。

本部分参加起草单位:佛山石湾鹰牌陶瓷有限公司、广东蒙娜丽莎陶瓷(集团)有限公司、佛山市兴辉陶瓷有限公司、杭州诺贝尔集团有限公司。

本部分主要起草人:刘幼红、张卫星、钟应洲、张旗康、陈洪再、李莹。

——GB/T 3810.14—1999。

陶瓷砖试验方法
第 14 部分:耐污染性的测定

1 范围

GB/T 3810 的本部分规定了陶瓷砖表面耐污染性的测定方法。

2 规范性引用文件

下列文件中的条款通过 GB/T 3810 的本部分的引用而成为本部分的条款。凡是注日期的引用文件,其随后所有的修改单(不包括勘误的内容)或修订版本均不适用于本部分,然而,鼓励根据本部分达成协议的各方研究是否使用这些文件的最新版本。凡是不注日期的引用文件,其最新版本适用于本部分。

GB/T 3810.7 陶瓷砖试验方法 第 7 部分:有釉砖表面耐磨性的测定(GB/T 3810.7—2006,ISO 10545-7:1996,IDT)

3 原理

将试液和材料(污染剂)与砖正面接触,使其作用一定时间,然后按规定的清洗方法清洗砖面,观察砖表面的可见变化来确定砖的耐污染性。

4 污染剂[1)]

4.1 易产生痕迹的污染剂(膏状物)

4.1.1 轻油中的绿色污染剂,符合附录 A 的规定。

4.1.2 轻油中的红色污染剂(仅对绿色表面的砖),符合附录 B 的规定。

4.2 可发生氧化反应的污染剂

4.2.1 质量浓度为 13 g/L 的碘酒。

4.3 能生成薄膜的污染剂

4.3.1 橄榄油。

5 清洗

5.1 清洗剂

5.1.1 热水,温度为 55℃±5℃。

5.1.2 弱清洗剂、商业试剂,不含磨料,pH=6.5～7.5。

5.1.3 强清洗剂、商业清洗剂,含磨料,pH=9～10。

清洗剂不含氢氟酸及其化合物。

5.1.4 合适的溶剂

5.1.4.1 体积分数为 0.03 的盐酸溶剂,由浓盐酸(ρ=1.19 g/mL),按照 3+97 配制。

5.1.4.2 氢氧化钾溶液,200 g/L。

5.1.4.3 丙酮。

1) 这里列出的仅是污染剂的基本例子。经相关各方的同意,一些其他的污染剂也可按照 GB/T 3810 的本部分规定的测定方法进行试验。

如果使用其他指定的溶剂,必须在试验报告中详细说明。

5.2 清洗程序和设备

5.2.1 程序 A

用流动热水(5.1.1)清洗砖面 5 min,然后用湿布擦净砖面。

5.2.2 程序 B

用普通的不含磨料的海绵或布在弱清洗剂(5.1.2)中人工擦洗砖面,然后用流动水冲洗,用湿布擦净。

5.2.3 程序 C

用机械方法在强清洗剂(5.1.3)中清洗砖面,例如可用下述装置清洗:

用硬鬃毛制成直径为 8 cm 的旋转刷,刷子的旋转速度大约为 500 r/min。盛清洗剂的罐带有一个合适的喂料器与刷子相连。将砖面与旋转刷子相接触,然后从喂料器加入清洗剂进行清洗,清洗时间为 2 min。清洗结束后用流动水冲洗并用湿布擦净砖面。

5.2.4 程序 D

试样在合适的溶剂中(5.1.4)浸泡 24 h,然后使砖面在流动水下冲洗,并用湿布擦净砖面。

若使用任何一种溶剂(5.1.4)能将污染物除去,则认为完成清洗步骤。

5.3 辅助设备

干燥箱:工作温度为 110℃±5℃;也可使用能获得相同检测结果的微波、红外或其他干燥系统。

6 试样

每种污染剂需 5 块试样。使用完好的整砖或切割后的砖。试验砖的表面应足够大,以确保可进行不同的污染试验。若砖面太小,可以增加试样的数量。彻底地清洗砖面[2],然后在 110℃±5℃的干燥箱(5.3.1)中干燥至恒重,即连续两次称量的质量相差小于 0.1g,将试样在干燥器中冷却至室温。

当对磨损后的无釉砖做试验时,样品应按照 GB/T 3810.7 规定进行试验,转数为 600 转。

7 试验步骤

7.1 污染剂的使用

在被试验的砖面上涂 3 至 4 滴 4.1.1 或 4.1.2 中的膏状物,在砖面上相应的区域各滴 3 至 4 滴 4.2.1和 4.3.1 中的试剂,并保持 24 h。为使试验区域接近圆形,放一个直径约为 30 mm 的中凸透明玻璃筒在试验区域的污染剂上。

7.2 清除污染剂

把按 7.1 处理的试样按 5.2(程序 A、程序 B、程序 C 和程序 D)的清洗程序进行清洗。

试样每次清洗后在 110℃±5℃的干燥箱(5.3.1)中烘干,然后用眼睛观察砖面的变化(通常戴眼镜的可戴眼镜观察),眼睛距离砖面 25 cm～30 cm,光线大约为 300 lx 的日光或人造光源,但避免阳光的直接照射。如使用 4.1 中的污染剂,只报告色彩可见的情况。如果砖面未见变化,即污染能去掉,根据图 1 记录可清洗级别。如果污染不能去掉,则进行下一个清洗程序。

8 结果分级

按 7.1.和 7.2 处理的结果,陶瓷砖表面耐污染性分为 5 级,见图 1。

记录每块试样与每种污染剂作用所产生的结果(经双方同意,无釉砖可在无磨损或磨损以后进行)。第 5 级对应于最易于将规定的污染剂从砖面上清除。第 1 级对应于任何一种试验步骤在不破坏砖面的情况下无法清除砖面上的污染剂。

2) 对于表面经过防污处理的砖,应采用合适的方法去除砖表面的防污剂。

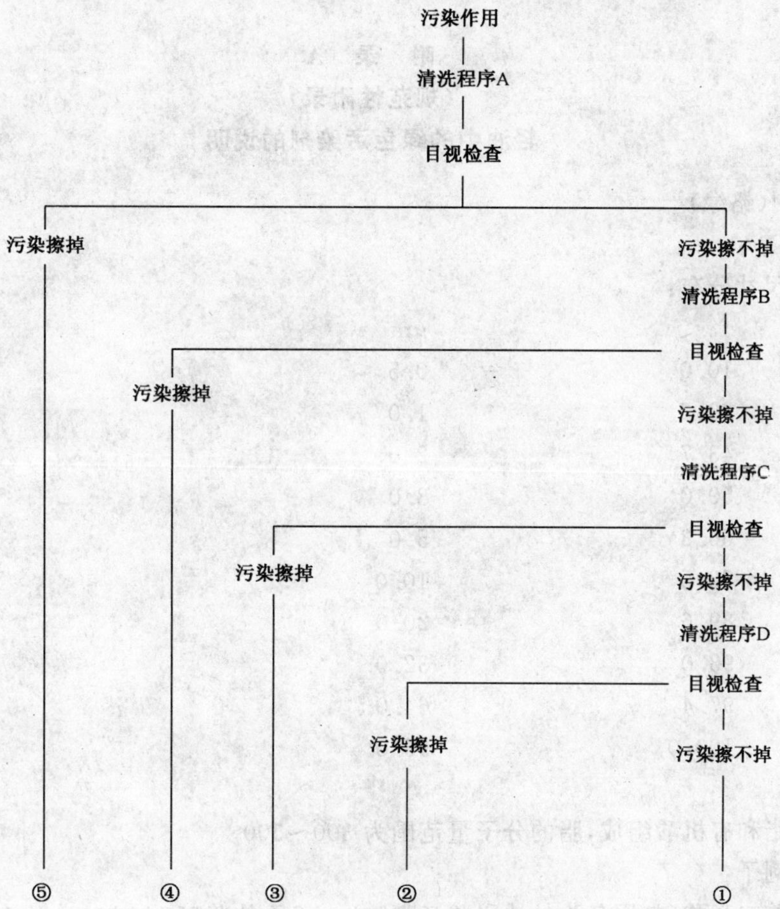

图 1 耐污染性试验结果的分级

9 试验报告

试验报告应包括以下内容：

a) 依据 GB/T 3810 的本部分；

b) 试样的说明，包括试样的制备方法；

c) 污染剂和清洗剂；

d) 每块试样针对每种污染剂根据图 1 的分级结果(经双方同意，无釉砖可在无磨损或磨损以后进行)。

附 录 A
（规范性附录）
轻油中的绿色污染剂的说明

A.1 绿色污染剂(铬绿)

化学式：Cr_2O_3

典型的粒子尺寸分布：

%<	μm
10.0	0.5
29.2	1.0
43.7	2.0
50.0	3.0
66.3	5.0
78.8	10.0
89.6	20.0
93.0	32.0
97.4	64.0
100.0	96.0

A.2 轻油

轻油由甘油脂和有机酸组成，脂的分子量范围为300～500。

下面是两个例子：

a) 甘油癸酸二辛酸(常用名为甘油癸酸辛酰胺)。商品名为 Myritol 318，从 Henkel KGaA D4000 Dusseldorf1 中获得。用 ISO 10545 的本部分能方便地得到这一资料，不能选用以 ISO 命名注册的产品，除非它们能证明产品相同的结果，才可以用这种相同的产品。

b) 甘油三丁醇(常用名为甘油丁酸脂和三丁酸甘油脂，由化学实验室提取)。

A.3 试验膏含有质量分数为 0.40 的 Cr_2O_3。试验膏应混合均匀以保证分散性。

附 录 B
（规范性附录）
轻油中的红色污染剂的说明

B.1 红色污染剂

化学式：Fe_2O_3

典型的粒子尺寸分布：

%<	μm
51.3	1.0
53.9	2.0
71.0	5.0
82.2	10.0
88.3	15.0
88.8	20.0
96.5	25.0
96.5	41.0
100.0	64.0

B.2 轻油

轻油由甘油脂和有机酸组成，脂的分子量范围为 300～500。

下面是两个例子：

a) 甘油癸酸二辛酸（常用名为甘油癸酸辛酰胺）。商品名为 Myritol 318，从 Henkel KGaA D4000 Dusseldorf1 中获得。用 ISO 10545 的本部分能方便地得到这一资料，不能选用以 ISO 命名注册的产品，除非它们能证明产品相同的结果，才可以用这种相同的产品。

b) 甘油三丁醇（常用名为甘油丁酸脂和三丁酸甘油脂，由化学实验室提取）。

B.3 试验膏含有质量分数为 0.40 的 Fe_2O_3。试验膏应混合均匀以保证分散性。

ICS 91.100.25
Q 31

中华人民共和国国家标准

GB/T 3810.15—2006/ISO 10545-15:1995
代替 GB/T 3810.15—1999

陶瓷砖试验方法
第15部分:有釉砖铅和镉溶出量的测定

Test methods of ceramic tiles—
Part 15: Determination of lead and cadmium given off by glazed tiles

(ISO 10545-15:1995, Ceramic tiles—
Part 15: Determination of lead and cadmium given off by glazed tiles, IDT)

2006-02-07 发布　　2006-09-01 实施

中华人民共和国国家质量监督检验检疫总局
中国国家标准化管理委员会　发布

前　言

GB/T 3810《陶瓷砖试验方法》分为16个部分：
——第1部分：抽样和接收条件；
——第2部分：尺寸和表面质量的检验；
——第3部分：吸水率、显气孔率、表观相对密度和容重的测定；
——第4部分：断裂模数和破坏强度的测定；
——第5部分：用恢复系数确定砖的抗冲击性；
——第6部分：无釉砖耐磨深度的测定；
——第7部分：有釉砖表面耐磨性的测定；
——第8部分：线性热膨胀的测定；
——第9部分：抗热震性的测定；
——第10部分：湿膨胀的测定；
——第11部分：有釉砖抗釉裂性的测定；
——第12部分：抗冻性的测定；
——第13部分：耐化学腐蚀性的测定；
——第14部分：耐污染性的测定；
——第15部分：有釉砖铅和镉溶出量的测定；
——第16部分：小色差的测定。

本部分为GB/T 3810的第15部分。

本部分等同采用ISO 10545-15:1995《陶瓷砖——第15部分：有釉砖铅和镉溶出量的测定》(英文版)。

为便于使用，本部分做了下列编辑性修改：

a) “ISO 10545的本部分”修改为“GB/T 3810的本部分”；

b) 删除国际标准的前言。

本部分代替GB/T 3810.15—1999《陶瓷砖试验方法　第15部分：有釉砖铅和镉溶出量的测定》。

本部分与GB/T 3810.15—1999相比主要变化如下：

——将6.1中“整批砖最少试验三块”改为“至少取三块整砖进行试验”；

——将7.1中“…，并且在硅酮密封胶条状物所形成的容积中充满同样温度的测量过容积的乙酸溶液V”改为“用量筒(5.6)将定量的试液V(4.1)注满由硅酮密封胶条状物所形成的容器中”；

——将7.2中“…，用试验试剂和水计算铅和镉的含量。例如，用空白测定法”改为“考虑到试验所用的试剂和水中微量的铅和镉，应带试剂的空白测定”；

——将8中“在试验中单位砖表面 $\rho_A(M)$ 溶出的铅(Pb)和镉(Cd)，其结果用 mg/dm^2 表示如下”改为“单位面积 $\rho_A(M)$ 的铅(Pb)和镉(Cd)溶出量用 mg/dm^2 表示，其计算公式如下”；

——将8中“a)参照本标准；b)试验砖的说明；c)以mg/L表示铅溶出的浓度 $\rho(Pb)$ 和以 mg/dm^2 表示的单位表面积溶出的铅含量 $\rho_A(Pb)$；d)以mg/L表示镉溶出的浓度 $\rho(Cd)$ 和以 mg/dm^2 表示的单位表面积镉溶出量 $\rho_A(Cd)$”改为“a)依据GB/T 3810本部分；b)试样的描述；c)以mg/L表示铅溶出量 $\rho(Pb)$ 和以 mg/dm^2 表示的单位表面积铅溶出量 $\rho_A(Pb)$；d)以mg/L表示镉溶出量 $\rho(Cd)$ 和以 mg/dm^2 表示的单位表面积镉溶出量 $\rho_A(Cd)$。

本部分由中国建筑材料工业协会提出。

本部分由全国建筑卫生陶瓷标准化技术委员会归口。

本部分负责起草单位:咸阳陶瓷研究设计院。

本部分参加起草单位:佛山石湾鹰牌陶瓷有限公司、广东蒙娜丽莎陶瓷(集团)有限公司、佛山市兴辉陶瓷有限公司、杭州诺贝尔集团有限公司。

本部分主要起草人:刘幼红、温伟明、钟应洲、张旗康、陈洪再、李莹。

本部分所代替标准的历次版本发布情况为:

——GB/T 3810.15—1999。

陶瓷砖试验方法
第15部分:有釉砖铅和镉溶出量的测定

1 范围

本部分规定了测定陶瓷砖釉中铅和镉溶出量的方法。

2 规范性引用文件

下列文件中的条款通过本部分的引用而成为本部分的条款。凡是注日期的引用文件,其随后所有的修改单(不包括勘误的内容)或修订版均不适用于本部分,然而,鼓励根据本部分达成协议的各方研究是否可使用这些文件的最新版本。凡是不注日期的引用文件,其最新版本适用于本部分。

ISO 3696:1987 分析实验室用水规格和试验方法

ISO 6353-2:1983 化学试剂 第2部分 要求 第一系列

3 原理

陶瓷砖有釉的表面与乙酸溶液相接触。用适当的方法测定溶出于溶液中的铅和镉的含量。

4 试剂

在分析试验时,除另有规定外,仅使用ISO 6353-2中指定的试剂,如未指定,则使用分析纯和符合ISO 3696的水配制的二级试剂。

4.1 试液:4%(体积分数)乙酸溶液。将40 mL冰醋酸(符合ISO 6353-2规定)加入到960 mL二级蒸馏水中。

5 设备和材料

5.1 原子吸收分光光度计或其他适用的仪器,用于测定铅和镉溶出量。

5.2 装在软管或给料器中的硅酮密封胶,使之能够形成近似6 mm直径。

5.3 防渗盖,玻璃或塑料的。

5.4 去污剂。

5.5 白色棉布或白色亚麻布。

5.6 量筒。

6 试样

6.1 试样的数量。至少取三块整砖进行试验。

6.2 试样的制备

洗净试验的砖表面,使之没有可能影响试验性能的油脂或其他物质。为了保证洁净,砖应用现成的含有少量去污剂(5.4)的水充分地洗涤,并用二级蒸馏水漂洗,然后沥干或用柔软的清洁布(5.5)揩干。洗净以后,应注意避免触摸釉的表面。

把6 mm宽的硅酮密封胶(5.2)涂于围绕釉表面的整个周边。保证用肉眼看条状物是完整的,并与围绕釉表面的整个周边相接触。同样地应保证条状物足够的高度,使加入的乙酸溶液(4.1)能有足够的体积。硅酮密封胶的最小高度应在釉面以上4 mm。使密封胶干燥一个晚上。

以平方分米为单位测量和计算试验的表面积 A。

7 步骤

7.1 乙酸萃取

在温度(20±2)℃的房间内,将试样放置在水平表面上,用量筒(5.6)将定量的试液 V(4.1)注满由硅酮密封胶条状物所形成的容器中。

将防渗盖(5.3)置于试样上以防止污染和蒸发。这样做的一种方便的方法见图1。

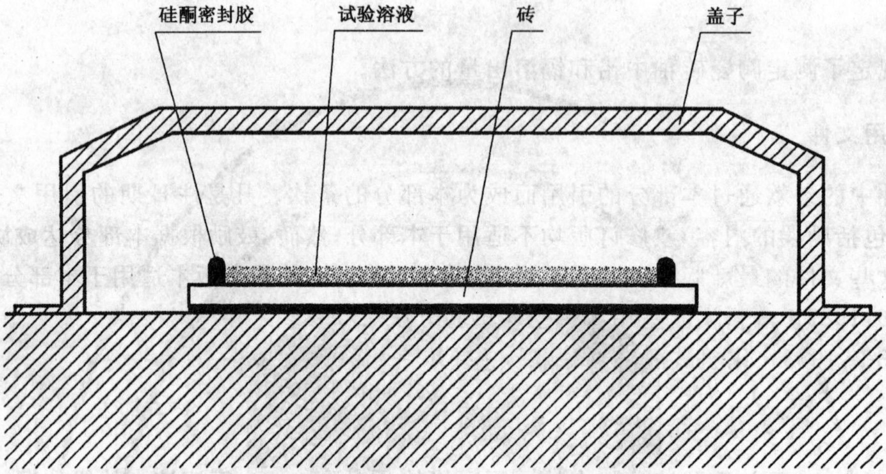

图1 试验期间覆盖砖的一种方便方法

在试验期间,房间的温度应保持在(20±2)℃,并避免试验装置被太阳直接照射或接近其他热源。

24 h以后,取掉防渗盖,将乙酸全部汲出以保证溶液的均匀性,并取出部分溶液用于分析。

7.2 铅和镉的测定

采用适当的方法测定铅和镉溶出量。原子吸收分光光度法就是一种适当的方法。考虑到试验所用的试剂和水中微量的铅和镉,应带试剂的空白测定。

8 结果表示

单位面积 $\rho_A(M)$ 的铅(Pb)和镉(Cd)溶出量用 mg/dm^2 表示,其计算公式如下:

$$\rho_A(M) = \rho(M) \times \frac{V}{1\,000} \times \frac{1}{A}$$

式中:

$\rho_A(M)$——金属溶出量(铅或镉);

$\rho(M)$——金属 M 在提取液中的浓度,单位为毫克每升(mg/L),由7.2测得;

V——加在砖上的乙酸体积,单位为毫升(mL);

A——试验的表面面积,单位为平方分米(dm^2)。

9 试验报告

试验报告应包括以下内容:

a) 依据GB/T 3810本部分;

b) 试样的描述;

c) 以mg/L表示铅溶出量 $\rho(Pb)$ 和以 mg/dm^2 表示的单位表面积铅溶出量 $\rho_A(Pb)$;

d) 以mg/L表示镉溶出量 $\rho(Cd)$ 和以 mg/dm^2 表示的单位表面积镉溶出量 $\rho_A(Cd)$。

ICS 91.100.25
Q 31

中华人民共和国国家标准

GB/T 3810.16—2006/ISO 10545-16:1999
代替 GB/T 3810.16—1999

陶瓷砖试验方法 第16部分:小色差的测定

**Test methods of ceramic tiles—
Part 16:Determination of small colour differences**

(ISO 10545-16:1999,ceramic tiles—
Part 16:Determination of small colour differences,IDT)

2006-02-07 发布　　2006-09-01 实施

中华人民共和国国家质量监督检验检疫总局
中国国家标准化管理委员会　发布

前　言

GB/T 3810《陶瓷砖试验方法》分为16个部分：

——第1部分：抽样和接收条件；

——第2部分：尺寸和表面质量的检验；

——第3部分：吸水率、显气孔率、表观相对密度和容重的测定；

——第4部分：断裂模数和破坏强度的测定；

——第5部分：用恢复系数确定砖的抗冲击性；

——第6部分：无釉砖耐磨深度的测定；

——第7部分：有釉砖表面耐磨性的测定；

——第8部分：线性热膨胀的测定；

——第9部分：抗热震性的测定；

——第10部分：湿膨胀的测定；

——第11部分：有釉砖抗釉裂性的测定；

——第12部分：抗冻性的测定；

——第13部分：耐化学腐蚀性的测定；

——第14部分：耐污染性的测定；

——第15部分：有釉砖铅和镉溶出量的测定；

——第16部分：小色差的测定。

本部分为GB/T 3810的第16部分。

本部分等同采用ISO 10545-16:1999《陶瓷砖试验方法——第16部分：小色差的测定》(英文版)。

为便于使用，本部分做了下列编辑性修改：

a) "ISO 10545的本部分"修改为"GB/T 3810的本部分"；

b) 删除国际标准的前言。

本部分代替GB/T 3810.16—1999《陶瓷砖试验方法　第16部分：小色差的测定》。

本部分与GB/T 3810.16—1999相比主要变化如下：

——将6.1.1中"被测样品"修改为"参照试样"；

——将6.1.2中"试验样品"修改为"被测试样"；

——将7.2中"被测试样"修改为"被测试样"；将7.2中"参照标准试样"修改为"参照试样"。

本部分的附录A为资料性附录。

本部分由中国建筑材料工业协会提出。

本部分由全国建筑卫生陶瓷标准化技术委员会归口。

本部分负责起草单位：咸阳陶瓷研究设计院。

本部分参加起草单位：佛山石湾鹰牌陶瓷有限公司、广东蒙娜丽莎陶瓷(集团)有限公司、佛山市兴辉陶瓷有限公司、杭州诺贝尔集团有限公司。

本部分主要起草人：刘幼红、白战英、钟应洲、张旗康、陈洪再、李莹。

本部分所代替标准的历次版本发布情况为：

——GB/T 3810.16—1999。

陶瓷砖试验方法
第16部分:小色差的测定

1 范围

GB/T 3810 的本部分规定了采用颜色测量仪器测定要求为颜色均匀一致表面平整的单色釉面瓷砖间小色差的方法。本方法采用一个最大可接受值作为允许色差的宽容度,该值仅取决于颜色匹配的相近程度,而与所涉及的颜色及色差的本质无关。

本标准不涉及为艺术目的而形成的颜色变化。

注:本试验只适用于颜色均匀一致、表面平整的单色釉面瓷砖,本规定非常重要。

2 规范性引用文件

下列文件中的条款通过 GB/T 3810 的本部分的引用而成为本部分的条款。凡是注日期的引用文件,其随后所有的修改单(不包括勘误的内容)或修订版本均不适用于本部分,然而,鼓励根据本部分达成协议的各方研究是否使用这些文件的最新版本。凡是不注日期的引用文件,其最新版本适用于本部分。

CIE 公布的 No. 15.2:1986 物体色的测量方法

ISO 105-J03:1995 纺织品——色牢度试验——J03 部分:色差的计算

3 术语和定义

下列术语和定义适用于 GB/T 3810 的本部分:

3.1

彩度 chroma

某种颜色偏离与其具有相同明度的灰色的程度。

注:某种颜色偏离灰色越多则彩度越高。

3.2

明度 lightness

与颜色相对应的一个从白到黑的连续灰标尺。

3.3

CIE[1)]1976$L^*a^*b^*$ 值 CIE[1] 1976$L^*a^*b^*$

CIELAB 值

依据 CIE 公布的 No. 15.2:1986 测得的三刺激值计算所得的 CIE[1)] 1976$L^*a^*b^*$(CIELAB)色空间的色度坐标。

3.4

CMC[2)] 色差 CMC colour difference

ΔE_{CMC}

一组色差方程,该方程利用被测样品与参照标准试样间计算的 CIELAB(ΔL^*、ΔC^*_{ab}、ΔH^*_{ab})值以确定包括所有与参考标准试样比较视觉上可接受的颜色得椭圆的边界。

1) 国际照明委员会。

2) 染色家协会(SDC)所属颜色测量委员会。

3.5

贸易系数 commercial factor cf

为确定色差 ΔE_{cmc} 的可接受性，由有关各方达成的宽容度或陶瓷工业通用的宽容度。

注：对釉面陶瓷砖普遍使用的 cf 值为 0.75。

4 原理

对参照标准试样及具有相同颜色的被测试样进行色度测量，并计算其色差。

将被测样品的 CMC 色差 ΔE_{cmc} 与某参考值比较，以确定颜色匹配的可接受性。该参考值可以是预先达成的贸易系数 cf 或是陶瓷工业通用的 cf 值。

注：色度学描述了颜色差异而非外貌差异的度量，只有在被测样品与参照标准试样间具备相同光泽和纹理时，计算才是有效的。

5 试验装置

用于颜色测量的仪器应为反射光谱光度计或三刺激值式色度计。仪器的几何条件应与 CIE 规定的四种照明与观察条件中的一种一致。仪器的几何条件按惯例表示为照明条件/观察条件。四种允许的几何条件以及它们的缩写为 45/垂直(45/0)，垂直/45(0/45)、漫射/垂直(d/0)和垂直/漫射(0/d)。如采用漫射几何条件的仪器(d/0 或 0/d)，测量应包括镜面反射成份。0/d 条件下的样品法线与照明光束间的夹角以及 d/0 条件下的样品法线与观察光束之间的夹角不应超过 10°。

6 步骤

6.1 试样

6.1.1 参照试样

取一块或多块包含相同颜料或颜料组合和陶瓷砖作为试样样品，以避免同色异谱的影响。一般至少应取五块有代表性的样品。但如果砖的数量有限，应使用最具代表性的。

6.1.2 被测试样

应使用统计方法确定随机选取有代表性砖的数量，不得少于五块样品。

6.1.3 试样制备

用粘有化学纯级异丙醇的湿布清洁被测样品表面，用不起毛的干布或不含荧光增白剂(FWAs)的纸巾将表面擦干。

6.2 试验步骤

按仪器说明书操作仪器，允许一定的预热时间，按 6.1.3 制备被测样品及参照标准试样。连续交替地快速测量参考标准试样及被测样品，每块砖测得三个读数。记录上述读数，并使用每块砖三次测量的平均值计算色差。

7 计算及结果判定

7.1 计算

7.1.1 CIELAB 值

7.1.1.1 按 ISO 105-J03 给出的公式，通过 X、Y、Z 值计算每一试样的 CIELAB 的 L^*、a^*、b^*、C^*_{ab} 及 H_{ab} 值。

7.1.1.2 按 ISO 105-J03 给出的公式计算 CIELAB 色差 ΔL^*、Δa^*、Δb^*、ΔC^*_{ab} 及 ΔH^*_{ab}。

7.1.2 CMC 色差

按 ISO 105-J03 中的步骤计算被测试样与参照试样间的 CMC 分色差值 ΔL_{cmc}、ΔC_{cmc} 和 ΔH_{cmc}。

7.1.3 **ΔE_{cmc}值**

按 ISO 105-J03:1995 中 3.3 给出的公式计算以 CMC(1∶c)为单位的 CMC 色差。使用 CMC 色差时,必须保证由 CMC 公式所决定的明度彩度比[CMC(1∶c)]是可接受的。CMC 允许使用者改变明度彩度比(1∶c),对高光泽光滑表面的釉面陶瓷砖常用的明度彩度比为 1.5∶1。

7.2 结果判定

为判定可接受性,应选择有关各方达成的“宽容度”(cf)。假如未事先达成某个宽容度,则应使用通用的工业宽容度,对釉面陶瓷砖来说为 0.75。当被测试样与参照试样之间计算的 ΔE_{cmc} 与该宽容度相比时,即可确定被测试样与参照试样之间是否是可接受的匹配。与参照试样相比较,被测试样包括两类:其 ΔE_{cmc} 值小于或等于达成的宽容度,则可接受(合格),其 ΔE_{cmc} 值大于达成的宽容度则不可接受(不合格)。

代表性的试验数据及软件单参见 ISO 105-J03:1995 的附录 B 及附录 C。

8 试验报告

试验报告应包括下述内容:

a) 依据 GB/T 3810 本部分;

b) 试样的描述;

c) 仪器的详细情况和特定的测量条件;

d) ΔL^*、ΔC^*_{ab} 及 ΔH^*_{ab} 成分;

e) 达成的宽容度 cf;

f) 被测样与参照样间平均的 CMC 色差 ΔE_{cmc}。

ICS 29.260.20
K 35

中华人民共和国国家标准

GB 3836.9—2006/IEC 60079-18:2004
代替 GB 3836.9—1990

爆炸性气体环境用电气设备
第9部分:浇封型"m"

Electrical apparatus for explosive gas atmospheres—
Part 9:Encapsulation "m"

(IEC 60079-18:2004,IDT)

2006-12-01 发布　　2007-06-01 实施

中华人民共和国国家质量监督检验检疫总局
中国国家标准化管理委员会　发布

前言

本部分的全部技术内容为强制性。

GB 3836《爆炸性气体环境用电气设备》分为若干部分:

——第 1 部分:通用要求;

——第 2 部分:隔爆型“d”;

——第 3 部分:增安型“e”;

——第 4 部分:本质安全型“i”;

……

本部分是 GB 3836 的第 9 部分,等同采用 IEC 60079-18:2004(第二版)。

本部分对 IEC 60079-18:2004 做了下列编辑性修改:

——删除了 IEC 60079-18:2004 的前言;

——增加了国家标准的前言。

本部分代替 GB 3836.9—1990《爆炸性气体环境用电气设备　第 9 部分:浇封型电气设备“m”》。

本部分与 GB 3836.9—1990 相比主要变化如下:

——在 IEC 60079-18:2004(第二版)基础上增加了一个规范性附录(附录 B:试样分配)和资料性附录(附录 A:“m”型设备用复合物的基本要求),本部分的附录 C(规范性附录)代替原附录 A。

——在规范性引用文件中,增加了 GB 9364(全部)、GB/T 1408.1—1999、GB/T 16935.1—1997、GB 9816—1998、GB/T 17571—1998、ANSI/UL 248-1 等内容;

——在“术语和定义”方面,增加了“自由表面”、“正常运行”、“孔隙”、“净空间”、“开关触点”等术语,删除了“埋封”、“罐封”、“灌封”、“浇封的完整性”、“浇封间距”等术语,将“浇封剂”定义为“复合物”;

——在技术内容方面:增加了第 4 章;对复合物的要求中,增加了对部件进行预先除锈和酸洗处理,以使复合物与部件正确粘接;设备在最高温度时的绝缘强度根据 IEC 60243-1 测定;属于外壳部分以外的“m”型设备的复合物应满足 GB/T 11026.1 和 IEC 60216-2 的要求,温度指数 *TI* 值符合 IEC 60079-0 中 7.1.2 的规定,也可以采用其他等效标准;用作试验样品的复合物的颜色的变换将影响复合物的性能;在第 6 章温度中增加了通则、温度极限、极限温度测定、试样的最高表面温度、复合物中元件的温度等内容;第 7 章对于可能故障的测定内容进行了充实,细划为故障检查、可靠部件、可靠隔离距离等内容;对于浇封间距,内容有所增加,更为具体,额定电压的范围 0～10 000 V,另外对通过固体绝缘的间距、浇封型中的自由间隙等都做了详细规定;增加了表 2“净空间对应的复合物最小厚度”,对于保护等级“ma”、“mb”做了具体规定;增加了表 3“自由表面和部件/导线之间的复合物厚度”;表 4 和表 5“复合物的隔板和或自由表面与部件/导线之间的复合物厚度”,增加了带金属外壳的“m”设备、带塑料外壳的“m”设备、电机绕组等内容;此外,对“电池和蓄电池部分”,内容也有所增加,增加了开关触点、外部连接、保护装置要求等内容。

本部分的附录 A 为资料性附录,附录 B、附录 C 为规范性附录。

本部分由中国电器工业协会提出。

本部分由全国防爆电气设备标准化技术委员会(SAC/TC 9)归口。

本部分由南阳防爆电气研究所、国家防爆电气产品质量监督检验中心、上海自动化仪表研究所、煤科总院抚顺分院、煤科总院重庆分院、天津化工研究设计院、佳木斯防爆电机研究所、浙江创正防爆电器有限公司、飞策防爆电器有限公司等单位负责起草。

本部分主要起草人:穆大玉、徐建平、邓永林、章平谊、刘晓波、刘兵、高国喜、赵红宇。

本部分于 1990 年首次发布。

爆炸性气体环境用电气设备
第9部分:浇封型“m”

1 范围

本部分规定了浇封型“m”电气设备、电气设备部件及Ex元件在结构和试验方面的具体要求。

本部分仅适用于额定电压不超过10 kV,相对公差10%的浇封型电气设备、浇封型电气设备部件及浇封Ex元件(下文也称“m”设备)。

该部分是对GB 3836.1通用要求的补充。

2 规范性引用文件

下列文件中的条款通过GB 3836的本部分的引用而成为本部分的条款。凡是注日期的引用文件,其随后所有的修改单(不包括勘误的内容)或修订版均不适用于本部分,然而,鼓励根据本部分达成协议的各方研究是否可使用这些文件的最新版本。凡是不注日期的引用文件,其最新版本适用于本部分。

GB/T 1408.1—2006 固体绝缘材料电气强度试验方法 第1部分:工频下的试验(IEC 60243-1:1998,IDT)

GB 3836.1—2000 爆炸性气体环境用电气设备 第1部分:通用要求(eqv IEC 60079-0:1998)

GB 3836.3—2000 爆炸性气体环境用电气设备 第3部分:增安型“e”(eqv IEC 60079-7:1990)

GB 3836.4—2000 爆炸性气体环境用电气设备 第4部分:本质安全型“i”(eqv IEC 60079-11:1999)

GB/T 8897.1—2003 原电池 第1部分:总则(IEC 60086-1:2000,IDT)

GB 9364(全部) 小型熔断器(GB 9364.1—1997,idt IEC 60127-1:1988;GB 9364.2—1997,idt IEC 60127-2:1989;GB 9364.3—1997,idt IEC 60127-3:1988;GB 9364.4—2006,IEC 60127-4:1996,IDT;GB 9364.6—2001,idt IEC 60127-6:1994)

GB 9816—1998 热熔断体的要求和应用导则(idt IEC 60691:1993)

GB/T 16935.1—1997 低压系统内设备的绝缘配合 第一部分:原理、要求和试验(idt IEC 60664-1:1992)

GB/T 17571—1998 碱性二次电池和电池组 扣式密封镉镍可充整体电池组(idt IEC 61150:1992)

IEC 60079-0:2004 爆炸性气体环境用电气设备 第0部分:通用要求

IEC 60079-26 爆炸性气体环境用电气设备 第26部分:用于0区电气设备的结构、试验和标志的特殊要求

IEC 60622 含碱性和其他非酸性电极的二次电池和电池组 密封铬镍棱柱可充单体电池

IEC 61558-2-6 电力变压器、电源装置及类似设备的安全 第2部分:一般用途安全隔离变压器的特殊要求

IEC 61951-1 碱性或非酸性二次电池和电池组 便携式密封再充单体电池 第1部分:镍镉

IEC 61951-2 碱性或非酸性二次电池和电池组 便携式密封再充单体电池 第2部分:镍金属氢化物

IEC 61960-1 便携式二次锂电池和电池组 第1部分:二次锂电池

IEC 62326-4-1 印刷电路板 第4部分:层间连接的刚性多层电路板分规范 第1节:能力详细规

范　性能水平 A、B 和 C

ISO 62　塑料:吸水性测定

ANSI/UL 248-1　低压熔断器标准　第 1 部分:通用要求

3　术语和定义

下列术语和定义适用于 GB 3836 的本部分。

3.1

浇封型"m"　encapsulation "m"

电气设备的一种防爆型式。这种型式是将可能产生点燃爆炸性混合物的火花或过热的部分封入复合物中,使它们在运行或安装条件下不能点燃爆炸性气体环境。

3.2

复合物　compounds

热固性的、热塑性的环氧树脂或有、无填充剂和/或添加剂的弹性物质的固化状态。

3.3

复合物的温度范围　temperature range of the compound

无论运行或是贮藏,复合物的性能都能符合本部分要求的温度范围。

3.4

复合物的连续运行温度(*COT*)　continuous operating temperature (*COT*) of the compound

根据复合物制造厂的资料,在设备预计寿命周期运行时,复合物能满足本部分要求的温度范围。

3.5

浇封　encapsulation

采用适合的方法将电气装置用复合物封闭起来的工艺过程。

3.6

自由表面　free surface

暴露于爆炸性环境的复合物表面。

3.7

正常运行　normal operation

设备在电气和机械方面的运行符合其设计规范,并且在制造厂规定的限制范围内使用。

注 1:制造厂规定的限制可以包括持续的运行条件,如工作制周期运行的电机。

注 2:在规定限制范围内,电源的变化及其他一些操作容差都属于正常运行。

3.8

孔隙　void

浇封过程中无意产生的空间。

3.9

净空间　free space

有意设计的元件周围的空间或元件内部的空间。

3.10

开关触点　switching contact

用来接通和断开电路的机械接触。

4　总则

4.1　设备分类及温度组别

如果需要,"m"设备应按照 GB 3836.1—2000 的第 4 章和第 5 章进行分组和分类。

4.2 保护等级

浇封型电气设备应分为"ma"保护等级或"mb"保护等级。

除非另有说明，该标准的要求应适用于这两种保护等级。

如果使用符合 GB 9364 或 GB 9816—1998 的非自动复位保护装置进行保护，则对于这两种保护等级，仅需一只保护装置即可。

4.3 "ma"保护等级

在下列条件下，"ma"保护等级的"m"设备在以下条件下不应导致点燃：

a) 正常操作和安装条件下；

b) 任意特定的非正常条件；

c) 规定的故障条件下。

对于"ma"保护等级，电路中任意一点的工作电压不应超过 1 kV。

对于"ma"保护等级，仅当元件在任何故障条件下不会对设备产生机械的或热的破坏时，才可以不对它们采取附加的保护。

或者，当内部元件的故障导致的温度升高可能使浇封系统失效时，应符合 6.2 的要求。

注：某些元件按照该标准"mb"保护等级的要求允许使用，由于内部作用的结果产生机械的或热的损害可能使保护措施浇封失效。对于"ma"保护等级的设备，这种危险宜被排除。

4.4 "mb"保护等级

在下列条件下，"mb"保护等级的"m"设备不应导致点燃：

a) 正常运行和安装条件下；

b) 规定的故障条件下。

4.5 电源技术要求

应规定电源限值（额定电压和预期的短路电流）以确保在相关的"ma"或"mb"保护等级下不超过限制的温度。所使用的保护装置应符合 7.9 的要求。

5 对复合物的要求

5.1 通则

文件应规定所使用的复合物和浇封的操作方法。

至少应提供用于浇封型"m"的复合物的特性。

选择浇封材料应作出适宜的考虑，以允许在正常操作和出现允许的故障时复合物的变形。

5.2 技术说明

制造厂应对保证材料符合复合物的技术说明承担责任。

技术说明应包括：

a) 复合物制造厂的名称和地址；

b) 材料的资料应准确完整，如果包括填充剂和其他添加剂的话，应标明其百分比、混合物比例及牌号；

c) 如果适用，复合物表面的任何处理方法，如涂漆；

d) 如果适用，为使复合物与元件正确粘接，对元件进行预处理的要求，如清洁、酸洗；

e) 如果适用，按照 8.1 要求进行的吸水性试验的试验结果。如没有进行吸水性试验，设备上应根据 GB 3836.1—2000 的 27.2 9)标记符号"X"，指出特殊使用条件；

f) 在设备根据 8.2.2 测定的最高温度下，GB/T 1408.1—2006 所规定的绝缘介电强度；

g) 复合物的温度范围（连续运行的上限和下限温度）；

h) 对于"m"设备，在复合物是外壳的一部分的情况下，IEC 60079-0:2004 中 7.1.3d) 所定义的温度指数 *TI*。作为 *TI* 的另外一种选择，也可根据 ANSI/UL 746B《聚合材料——长期性能评

价》确定相对热指数(RTI-机械冲击);

i) 当颜色的变化将影响复合物性能时,用作试验样品的复合物的颜色。

6 温度

6.1 通则

在正常运行期间,温度不应超过最高表面温度和复合物连续运行温度的最大值。"m"型设备应采取保护措施,使在规定的故障条件下,"m"设备的浇封不受影响。

6.2 温度极限

基于安全考虑要求采用保护装置限定温度时,保护装置应该是一种内部的或外部的,电的或热的非自动复位装置。"mb"保护等级要求一个保护装置,"ma"保护等级要求两个保护装置。必须保证保护装置与被监控部件之间充分热耦合。出于功能的原因,"m"型设备也可以安装一个附加的自动复位保护装置。

如果非自动复位保护装置符合 GB 9364 或 GB 9816—1998,则对于两种保护等级仅需一个保护装置。

当设备可能出现故障,见 7.2.1,或存在温度上升的可能性时,例如,根据 7.2.1 输入的不利电压或不适合的负载时,应考虑确定极限温度。

6.3 极限温度测定

6.3.1 试样的最高表面温度

最高表面温度应根据 4.5 规定的电源条件,使用 8.2.2 规定的试验方法测定,应利用该温度确定温度组别。

6.3.2 复合物中部件的温度

应测定最热的部件。靠近最热部件的复合物中的最高温度应使用 8.2.2 规定的对于正常运行的试验方法测定。

注:可以通过计算或参考制造厂参数或浇封部件之前的实际测试确定最热的部件。

7 结构要求

7.1 通则

当浇封是外部壳体的一部分时,应符合对非金属外壳和外壳的非金属部件的要求。

如果用户为满足本标准要求需要辅助保护措施,如辅助机械保护,应根据 GB 3836.1—2000 的 27.2 9)对该设备加"X"符号,并且提供必要的说明。应采取适当的措施,调节部件在正常运行和出现 7.2 所述的故障时产生膨胀现象。

在 7.2~7.9 中,对复合物是否粘附在外壳上有不同要求。进行粘接的目的是阻止爆炸性气体和潮气进入界面(如:外壳与复合物的界面,复合物与未完全埋入复合物的部件,例如印刷电路板和接线端子等的界面)。如果要求对界面进行附加处理以确保粘接,则应将该要求写在制造厂的文件中。

如果粘接要求保持防爆型式,则在完成所有规定试验之后粘接应保持防爆型式完好。

注:具体应用的复合物的选择与每种复合物所起的作用有关。通常,对复合物进行一次试验不能满足浇封"m"的全面应用。

7.2 故障的确定

7.2.1 故障检查

即使在不利的输入条件(但是在额定参数的 90% 和 110% 之间)和不利的输出负载及任何内部电气故障(对于"mb"保护等级为一个故障,对于"ma"保护等级为两个故障)情况下,应保证浇封的防爆性能,例如在发生了下述情况时:

——部件短路;

——部件出故障；

——印刷电路出故障。

可靠部件和可靠隔离的距离应视为不会发生故障。

一些部件的故障会导致不稳定情况，例如高电阻和低电阻的更换。在此情况下，导致最大功率的情况应予以考虑。

如果一个故障导致一个或多个后续故障的发生，例如，由于部件过载，则初始故障和后续故障应认为是一个故障。

7.2.2 可靠部件

下列部件按本部分要求浇封，当其运行在规定的温度范围内，并且不超过制造厂对每个部件规定的额定电压、额定电流和额定功率的2/3时，应认为是可靠的：

- 电阻器，如果它们符合GB 3836.4的8.4的规定；
- 螺旋形单层线圈绕组；
- 塑料金属箔电容器；
- 纸质电容器；
- 陶瓷电容器；
- 半导体，如果按GB 3836.4—2000的8.6使用。

当用半导体装置限制电流时，单个装置适用于"mb"保护等级，两个装置适用于"ma"保护等级。

注：根据GB 3836.4—2000与带有"ia"保护等级的本质安全型设备要求相反，没有必要禁止使用有源的半导体调节电路，因为短期暂态波动对浇封设备的影响是微不足道的。

下列隔离不同回路的部件应认为是可靠的：

a) 光耦合器和继电器，如果额定绝缘电压符合($2U_N$+1 000 V)或者1 500 V(a.c.)，取两者之间最大值，(U_N为两回路额定均方根电压之和)；

b) 变压器，符合IEC 61558-2-6或者GB 3836.4—2000要求；

c) 符合GB 3836.3—2000要求的线圈、变压器和电动机绕组，包括具有直径小于0.25 mm的导线，如果能防止产生不允许的内部温度，认为是可靠的。

7.2.3 可靠隔离距离

如果出现下述情况之一的裸露带电部件之间的距离符合7.2.3.1的要求，则没有必要考虑发生7.2.1所述的电压击穿故障的可能性，并且也适用于符合7.2.3.2的情况：

——相同回路；或

——回路和接地的金属零件；或

——两个独立回路(电压之和作为表1的电压；如一个电压小于另一个电压的20%，则此电压可以忽略)。

7.2.3.1 通过复合物的间距

如果在浇封之前机械安装的间距符合表1数值，则应认为通过复合物的间隔距离是可靠的。

表1 通过复合物的距离

电压U/V r.m.s或d.c.(见注)	最小间距/mm
≤63	0.5
≤400	1
≤500	1.5
≤630	2
≤1 000	2.5

表 1(续)

电压 U/V r.m.s 或 d.c.(见注)	最小间距/mm
≤1 600	4
≤3 200	7
≤6 300	12
≤10 000	20
注：所示电压来自 GB/T 16935.1—1997。对于所有电压，实际工作电压可以大于表中规定值的 10%，这是根据 GB/T 16935.1—1997 表 3b 规定的电源电压的合理处理。	

7.2.3.2　通过固体绝缘的间距

如果固体绝缘的最小厚度为 0.1 mm，并且满足 8.2.4 的绝缘介电强度试验，则通过固体绝缘的间距应该认为不出故障。

7.3　浇封中的净空间

复合物应无孔隙。

净空间总和不应超过：

对于"mb"保护等级为 100 cm^3；

对于"ma"保护等级为 10 cm^3。

复合物厚度的补充要求见表 2。

表 2　净空间对应的复合物最小厚度

保护等级	复合物的最小厚度从净空间到	净空间≤1 cm^3	10 cm^3≥净空间>1 cm^3	100 cm^3≥净空间>10 cm^3
"ma"	净空间或自由表面	3 mm	3 mm(压力试验按照 8.2.6)	不允许
	塑料或具有附着层金属外壳(见注)	3 mm(外壳+复合物)	3 mm(外壳+复合物)(压力试验按照 8.2.6)	不允许
	塑料或不具有附着层金属外壳	3 mm	3 mm(压力试验按照 8.2.6)	不允许
"mb"	净空间或自由表面	1 mm	3 mm	3 mm(压力试验按照 8.2.6)
	塑料或具有附着层金属外壳(见注)	1 mm(外壳+复合物)	3 mm(外壳+复合物)	3 mm(外壳+复合物)(压力试验按照 8.2.6)
	塑料或不具有附着层金属外壳	1 mm	3 mm	3 mm(压力试验按照 8.2.6)
注：塑料或具有最小厚度为 1 mm 附着层金属外壳到外部的壁厚≥1 mm。				

7.4　复合物的厚度

7.4.1　概述

如果复合物的表面全部或部分被外壳包围，并且外壳是保护措施的一部分，则外壳或外壳部件应该符合 GB 3836.1—2000 的要求。

如果适用，带或不带包围外壳的复合物的最小厚度应符合 7.4.2～7.4.4 的要求。

在任何情况下，浇封材料还需另外承受 8.2.4 的绝缘介电强度试验。

7.4.2　有自由表面的"m"型设备

复合物的自由表面与部件或浇封中的导体之间的复合物的厚度应符合表 3 的规定，如图 1 所示。

表 3　自由表面与部件或导体之间的复合物厚度

“ma”保护等级	“mb”保护等级
$a \geqslant 3$ mm	自由表面≤2 cm^2 a≥表 1 间距，但不小于 1 mm
	自由表面>2 cm^2 a≥表 1 间距，但不小于 3 mm
c≥表 1 间距	c≥表 1 间距
$b \geqslant 3$ mm	$b \geqslant 1$ mm

注：
a——部件和自由表面之间的间距；
b——非载流部件和自由表面之间的间距；
c——部件与浇封内部非载流部件之间的间距。

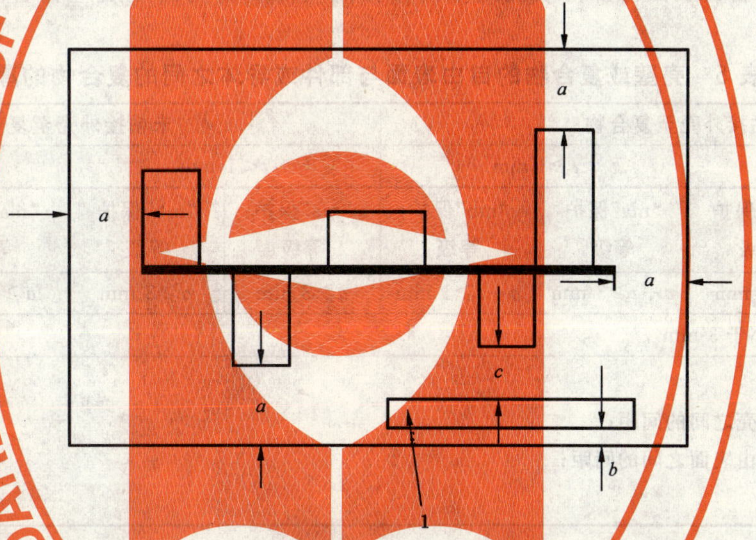

1——非载流部件。

图 1　复合物自由表面与部件或导体之间的距离

7.4.3　带金属外壳的“m”设备

壳壁或复合物自由表面与部件或浇封中的导体之间的复合物的厚度应符合表 4 的规定，如图 2 所示。

表 4　壳壁或复合物自由表面与部件或导体之间的复合物的厚度

“ma”保护等级	“mb”保护等级
$a \geqslant 3$ mm	$a \geqslant 1$ mm
$b \geqslant 3$ mm	b≥表 1 间距，但不小于 3 mm

注：
a——部件和外壳内壁之间的间距；
b——部件和自由表面之间的间距。

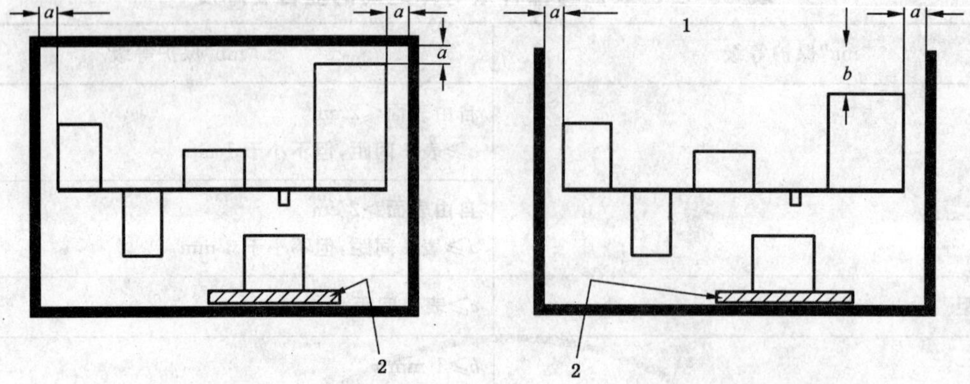

封闭的金属外壳　　　　非封闭的金属外壳

1——自由表面；

2——固体绝缘材料，见 7.2.3.2。

图 2　壳壁或复合物自由表面与部件或导体之间的距离

7.4.4　带塑料外壳的"m"设备

壳壁或复合物自由表面与部件或浇封中的导体之间的复合物的厚度应符合表 5 的规定。如图 3 所示。

表 5　壳壁或复合物的自由表面与部件或导体之间的复合物的厚度

粘接外壳至复合物				未粘接外壳至复合物			
$t<1$ mm		$t\geqslant1$ mm		$t<1$ mm		$t\geqslant1$ mm	
"ma"保护等级	"mb"保护等级	"ma"保护等级	"mb"保护等级	"ma"保护等级	"mb"保护等级	"ma"保护等级	"mb"保护等级
$a\geqslant3$ mm	$a\geqslant1$ mm	$a+t\geqslant3$ mm	$a+t\geqslant1$ mm	$a\geqslant3$ mm	$a\geqslant3$ mm	$a\geqslant3$ mm	$a\geqslant1$ mm
$b\geqslant$表 1 间距，但不小于 3 mm							
注： a——部件和外壳之间的间距； b——部件和自由表面之间的间距； t——壁厚。							

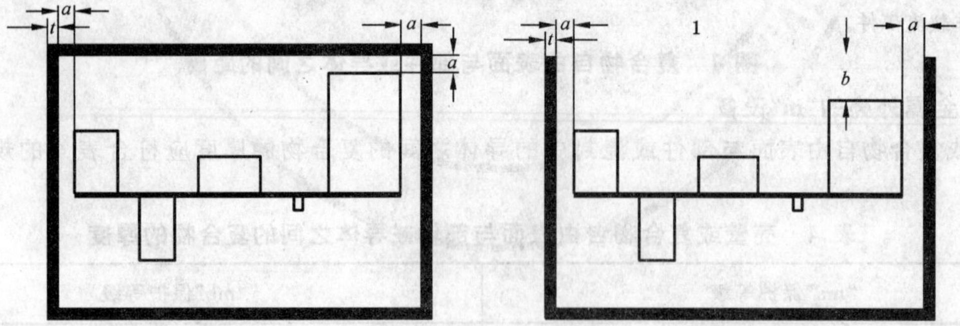

封闭塑料外壳　　　　非封闭塑料外壳

1——自由表面。

图 3　壳壁或复合物自由表面与部件或导体之间的距离

7.4.5　电机用绕组

对于槽中有绕组的电机，其固体槽绝缘应具有：

a)　"ma"保护等级的槽绝缘，其最小厚度应有 0.1 mm，并且伸出槽外至少 5 mm。

b) “mb”保护等级的槽绝缘，对最小厚度或延伸不作要求。

对于“ma”与“mb”两种保护等级，槽的端部和绕组端部应用符合 7.4.1 要求的最小厚度的复合物进行保护并通过 $U=2U_N+1\ 000$ V 至少 1 500 V 的交流电压进行介电强度试验。

7.4.6 刚性的、贯穿连接的多层印刷电路板

7.4.6.1 通则

符合 IEC 62326-4-1 要求，性能指标为 C，具有 7.4.6.2 规定的最小间距，工作电压小于或等于500 V的多层印刷电路板，应考虑被浇封以符合 7.4.6.2 的要求。

7.4.6.2 最小间距

敷铜板(芯)和覆膜的绝缘应符合 7.2.3.2 的要求。

印刷电路导体和多层印刷电路板边缘或者其中任何孔之间的最小间距至少为 3 mm。如果边缘/孔利用从边沿/孔沿板表面延伸至少 1 mm 的金属或者绝缘材料保护，则印刷电路导体的间距可以缩短到 1 mm。绝缘材料应符合 GB 3836.4—2000 保护涂层要求。金属镀层最小厚度应为 35 μm，参见图 4 和表 6。

表 6 多层印刷电路板的最小距离

距离	“ma”保护等级	“mb”保护等级
a	3 mm	0.5 mm
b	3 mm	3 mm
c	3 mm	1 mm
d	0.1 mm，见 7.2.3.2	0.1 mm，见 7.2.3.2
e	符合表 1 的距离	符合表 1 的距离

注：
a——载流部件与外表面之间通过覆盖层的距离；
b——载流部件与外表面之间沿着覆盖层的距离；
c——从边缘或孔沿着板的表面延伸的金属或绝缘的长度；
d——覆膜或芯的厚度；
e——多层(印刷电路板)内侧两电路间的距离。

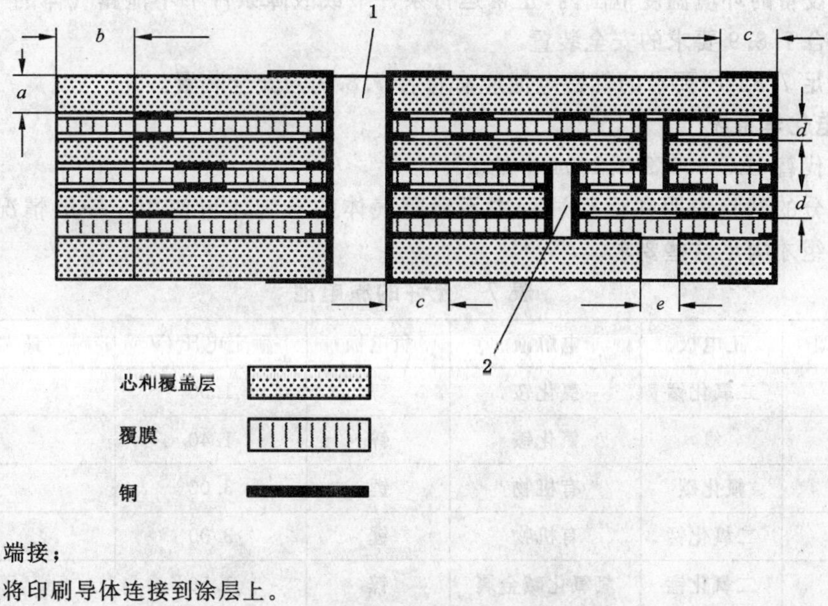

1——通过触点端接；
2——通过触点将印刷导体连接到涂层上。

图 4 多层印刷电路板的最小距离

7.5 开关触点

7.5.1 “ma”保护等级

“ma”保护等级中不允许有开关触点。

7.5.2 “mb”保护等级

浇封之前，开关触点应配置一附加外壳。如果开关电流大于元件制造厂声明的额定电流的 2/3，或者电流超过 6 A，附加外壳应用无机材料制成。

7.6 外部连接

所有进入复合物的电气导体，包括电缆的引入装置应设计为在正常运行条件下或规定的故障条件下都能够阻止爆炸性气体进入“m”设备的结构。为此，可将裸露导体埋入复合物中至少 5 mm。通过硬质复合物时，应采用适当的方式对连接电缆的护套进行保护，防止受到损害。如果引入装置为电缆形式与“m”设备永久性连接，则应按照 8.2.5 的要求进行拔脱试验。

7.7 对裸露带电部件的保护

穿过复合物表面的裸露带电部件应采用下列方式进行保护：

a) 对于“ma”保护等级，IEC 60079-26 中列出的保护型式之一；

b) 对于“mb”保护等级，GB 3836.1—2000 中列出的保护型式之一，“n”型保护除外。

7.8 电池和电池组

7.8.1 通则

根据可能产生的气体评定电池组控制方案时，应考虑全部运行温度范围、内部电阻和电压。应假定电池组能够变得不平衡，对电阻和电压可忽略不计的电池可以不予考虑。

对于“ma”保护等级，只允许使用符合 GB 3836.4—2000 的电池组。

7.8.2 防止气体外溢

在正常运行过程中会释放气体的电化学系统不允许使用。如果不能排除在故障状态下出现气体，应采用符合 7.8.9 要求的安全装置减少气体外溢。用蓄电池时，采用的安全装置不仅在充电时起作用，在放电时也应起作用，这也适用于在危险场所之外的充电。

应特别注意：

a) 不能使用通风电池。

b) 不能使用阀控密封电池。

c) 在电气设备的环境温度范围内，正常运行条件下或故障条件下不泄露气体的气密电池，可以不采用符合 7.8.9 要求的安全装置。

d) 不能满足 7.8.2c)要求的气密电池应有符合 7.8.9 的安全装置。

7.8.3 允许的电化学系统

该条要求应代替 IEC 60079-0:2004 中的 23.2。

只有经过充分的试验表明在运行过程中不泄露气体的系统才可使用。一般情况下，只有表 7 和表 8 列举的电池组才满足这些要求。

表 7 允许的原电池

IEC 60086-1 类型	正电极	电解液	负电极	额定电压/V	最大开路电压/V
—	二氧化锰	氯化铵	锌	1.50	1.73
A	氧	氯化铵	锌	1.40	1.55
B	氟化碳	有机物	锂	3.00	3.70
C	二氧化锰	有机物	锂	3.00	3.70
L	二氧化锰	氢氧化碱金属	锌	1.50	1.65

表 7(续)

IEC 60086-1 类型	正电极	电解液	负电极	额定电压/V	最大开路电压/V
P	氧	氢氧化碱金属	锌	1.40	1.68
S	氧化银	氢氧化碱金属	锌	1.55	1.63
T	氧化银	氢氧化碱金属	锌	1.55	1.87

表 8 允许的蓄电池

IEC 类型	类型	电解液	额定电压/V	最大开路电压/V
K 型 GB/T 17571 IEC 60622 IEC 61951-1	镍-镉	钾/钠溶液	1.20	1.55
IEC 61951-2	镍-金属-氢化物	钾溶液	1.20	1.50
IEC 61960-1	锂	有机盐	3.60	a

a 数据在准备中。

7.8.4 防止出现不允许的温度和对电池造成损害

在最不利负载下的电池组应符合 a)或 b)的要求。

a) 在正常使用条件下，电池的表面温度不应超过电池或电池组制造厂规定的温度，或在设备最高环境温度时，不超过 80℃，最大充电和放电电流不应超过制造厂规定的安全值；或

b) 为了防止浇封内部出现不允许的过热或气体外溢，电池组应配置 7.8.5～7.8.9 规定的一个或多个安全装置。

7.8.5 反向电流

如果在同一个外壳内有另一个电压源，应对浇封电池组及其相关电路进行保护，防止被设计规定的电路以外的电路充电。例如，对于能够造成反向电流的最高电压，采用表 1 规定的间隔距离，把电池组及其关联电路与所有其他电压源隔离开。

7.8.6 电流限值

最高表面温度额定值应使用设备制造厂规定的最大负载下所允许的最大放电电流来确定，或由保护装置规定的最大放电电流来确定，见 7.9，例如用 1.7 倍熔断器的额定值来确定，或者如果没有规定的负载或保护装置时，用在短路状态下的最大放电电流来确定。

对于电池或电池组制造厂规定的安全电流，可用符合 GB 9364 或等效标准的电阻、限流装置或熔断器限制，如果用可更换熔断器，需要标记出额定值和功能。

7.8.7 防止电池极性转换和过度放电

3 个以上的电池串联时，需要监控电池电压。在放电过程中，如果电压低于电池或电池组制造厂规定的电池电压的限值，安全装置应断开电池。

注：如果几个电池串联连接，由于电池组中每一电池的容量各不相同，在放电过程中电池会改变极性。这些"转换了"极性的电池会产生不允许的气体外溢。

如果安装有过度放电保护电路，防止在放电过程中电池反极性充电，最小断开电压应为电池或电池组制造厂规定的值。负载断开后，电流应不大于 1 000 h 额定放电容量。

注：如果太多电池串联连接，由于单个电池电压和过放电保护电路的差别，可能是无安全保护。通常串联电池不超过 6 个，并且还要用一个过放电保护电路加以保护。

7.8.8 电池组充电

充电电路应完全视为设备的一部分。充电系统应为：

a） 在充电系统出现一个故障的条件下，充电器的电压和电流不超过制造厂规定的限值；或

b） 如果在充电过程中可能超过电池或电池组制造厂规定的电池电压或放电电流的限值，则应提供一符合7.9的单独安全装置，防止气体泄露及出现制造厂提供的最大的额定电池温度。

7.8.9 对电池和电池组安全装置的要求

如果有要求，安全装置应成为控制系统的安全关联部件。制造厂负责评定控制系统的安全整体性符合本标准规定的安全等级，并应记录在制造厂提供的文件中。

注：符合EN 954-1第3类“控制系统机械-安全关联部件的安全　第1部分：设计的通用原则”要求的安全关联部件，符合上述要求。

7.9 保护装置

7.9.1 通则

如果“m”设备不能承受“mb”保护等级的一个故障或“ma”保护等级的二个故障但没有超过浇封剂的连续运行温度或设备的温度组别，那么在设备外部应有一个保护装置，或者保护装置直接安装在设备内部。

保护装置应能断开其安装电路的最大故障电流。保护装置的额定电压应至少相当于工作电压。

对电池或电池组及安全装置进行浇封以防止过热（见7.8.6）。也可将安全装置作为保护装置防止相同浇封内部的所有其他元件的温度超过浇封剂的连续运行温度或设备的温度组别。

7.9.2 电气保护装置

7.9.2.1 通则

熔断器的额定电压应不小于电源电路的额定电压，并且断路电流应不小于电源出现的短路电流。

除非另有规定，应假定熔断器能够承受连续通过1.7倍的标称电流，熔断器的电流—时间特性曲线应保证不能超过浇封剂的连续运行温度或设备的温度组别。按照GB 9364或ANSI/UL248-1的规定，熔断器的电流—时间特性值应由熔断器制造厂规定。

注：对于额定电压不超过250 V的电源网络，预期的短路电流通常是1 500 A。

7.9.2.2 与“m”设备连接的保护装置

如果浇封不能承受1个故障，则“m”设备可以连接到单独的保护装置上。在这种情况下设备应按照GB 3836.1—2000的27.29标志符号“X”。

如果用外部保护装置或者保护电路控制，把电压、电流和电源正确施加到“ma”等级设备上，外部保护装置或保护电路的性能应等效于符合GB 3836.4—2000的“ib”的限制装置或电路的性能。允许的电源、电流和电源由浇封设备的热特性确定，而不是由本质安全要求确定。

7.9.3 热保护装置

6.2的要求适用于热保护装置。应用热保护装置保护浇封剂不受局部加热，如由故障部件和/或由超过最大允许的表面温度（温度组别）造成的损坏。

只能使用非自动复位的热保护装置。这种保护装置不能自动复位，并且在暴露于高于给定的动作温度后能永久地断开电路。部件和被监控的热保护装置之间应用充分的热导连接。应规定保护装置断开能力，并且不能小于电路最大可能的负载。

注：由于功能方面的原因，可使用自动复位装置。如果使用这样的装置，它应在低于热保护装置动作温度下动作。

7.9.4 内置保护装置

与“m”型设备制成一体的保护装置，其封闭型式应达到浇封过程中复合物不能进入。

预定目的保护装置的适用性由下列条件确定：

a） 制造厂声明；或者

b） 样品的检验。

注：用玻璃、塑料、陶瓷或者其他方式密封的装置视为封闭型式。

8 型式试验

8.1 复合物吸水性试验

只有在潮湿环境运行的浇封型电气设备才应在复合物的样品上应进行该试验。

应在3个干燥的复合物样品上进行该试验，见ISO 62。样品应是直径为50 mm±1 mm、厚度为3 mm±0.2 mm的圆形。样品在称重后浸入温度为23℃$^{+2}_{0}$ K的水中24 h，然后从水中取出擦干，再称其质量，增加的质量不得超过1%。

8.2 对设备的试验

8.2.1 试验顺序

试验顺序和样品数量见附录B。

8.2.2 最高温度

“m”型电气设备样品应承受型式试验以保证：

——在正常运行时的温度不超过6.1规定的极限温度；

——在7.2.1规定的故障条件下不超过最高表面温度。

对于无外部负载的“m”型电气设备，则按GB 3836.1—2000中23.4.6.1的规定进行试验，但应考虑4.5给出的供电规定。对于有外部负载的“m”型电气设备，应把电流调整到不会引起保护装置动作的最大值。

当温升速率不超过2 K/h时，认为达到了最终温度。

8.2.3 耐热耐寒试验

8.2.3.1 耐热试验

该试验应按GB 3836.1—2000中第23.4.7.3的要求进行。

用于试验的温度应为：

a) 试验样品的最高表面温度加至少20 K，见8.2.2；或

b) 复合物中元件表面的最高温度加至少20 K，见6.3.2。

如果使用a)项的温度，试验样品经受耐热试验和热循环试验，见8.2.3.3；对b)项，没有热循环试验要求。

8.2.3.2 耐寒试验

应按GB 3836.1—2000中23.4.7.4进行。

8.2.3.3 热循环试验

样品应配置一个或多个温度传感器，传感器放置在复合物中最热点上。如果样品有线圈，温度可根据这些线圈的电阻变化测定。

注：下列试验程序在附录C中用图解表示。

试验应在样品断电状态下开始。该样品应处于温度21℃±2 K的环境中。

将样品置于($T_{a\max}$+10)℃±2 K的条件下最短持续时间为1 h，其中$T_{a\max}$是规定的样品运行中的最高环境温度，直至样品内外部之间温差小于2 K。然后样品按照4.5的规定供电，电压为给出的最不利条件，除非样品内有一个或多个内部热保护装置。在这种情况下给样品通电以在非自动复位的热保护装置上产生一个不高于最高跳闸温度2 K的温度。试验时，内部热保护装置可以跨接。

观察内部温度变化，直到达到稳定的温度分布为止，此时样品内部温度变化率小于2 K/h。

内部温度应不超过复合物的连续工作温度。

样品断电，从($T_{a\max}$+10)℃的环境移出，并冷却到21℃±2 K。然后样品置于($T_{a\min}$−5)℃±2 K的条件下，其中$T_{a\min}$是规定的最低环境温度。直到样品内外部之间的温差小于2 K为止。

样品按照4.5的规定供电，电压为电气设备最不利条件下给出的电压。

观察内部温度变化，直至达到稳定的温度分布为止，此时内部温度变化率小于2 K/h。

然后样品断电，冷却到($T_{a\,min}-5$)℃±2 K。冷却的最短持续时间为 30 min，除非 2 K 温度差要求较长的时间。

重复进行通电和断电循环。进行三个完整周期试验后，将样品从($T_{a\,min}-5$)℃环境中取出，并使其温度达到室温。

8.2.3.4　验收标准

对每个试验样品应进行目测，肉眼观察样品复合物不得有明显影响防爆性能的损坏，例如：复合物的裂缝、浇封件的暴露、粘着性损坏、不允许的收缩、变色、膨胀、分解或软化。复合物的表面变色是允许的(例如：环氧树脂氧化)。

此外，涉及安全的与保护装置功能有关的电气参数应按照制造厂提供的文件进行检验。

8.2.4　绝缘介电强度试验

8.2.4.1　试验程序

试验应在下列电路间进行：

a)　与设备外部有连接的独立电路之间；

b)　与设备外部有连接的每一电路和所有对地部件之间；

c)　与设备外部有连接的每一电路和复合物表面或塑料外壳之间，必要时可用导电金属箔覆盖浇封表面。

对于 a)项，所采用的电压 U 是两个被试电路额定电压的总和，对于 b)项和 c)项为被试验电路的额定电压。

对于电源电压的总和不超过 90 V 峰值的设备，试验电压为 500 V r.m.s；如果电源电压超过 90 V 峰值时，试验电压为 $2U_N+1\,000$ V，但最低为 1 500 V、48 Hz～62 Hz 交流电压；如果交流试验电压将会损坏浇封中的电子元件，则试验电压应为 $2U_N+1\,400$ V(d.c.)，但最低为 2 100 V(d.c.)。

试验电压应在不小于 10 s 时间内稳定升高直至达到规定值，然后维持至少 60 s。

注：如果电气设备由于电磁兼容原因含有连接到外壳的元件以抑制干扰脉冲，并且在试验时可能损坏，则可考虑进行局部放电试验。

8.2.4.2　验收标准

如果在试验时没有出现闪络或击穿，则认为试验合格。

8.2.5　电缆拔脱试验

8.2.5.1　通则

该试验不应在"Ex"部件上进行。

8.2.5.2　试验程序

该试验在一个预先没有应力的样品上和温度在 21℃±2 K 时进行。

另一个试验样品应在按照 8.2.3.1 试验测得的引入电缆的最高温度下进行电缆拔脱试验。

施加拉力(牛顿)值是电缆直径(mm)的 20 倍或是"m"型电气设备重量的 5 倍，两者取较小值。在永久安装的情况下，该数值可降低到要求数值的 25%。应在电缆引入复合物的轴向施加拉力，最小拉力 1 N，持续时间最短 1 h。

8.2.5.3　验收标准

在进行拔脱试验时，肉眼观察不能有影响防爆性能的位移。试验后，样品应进行肉眼检查并且观察不到对削弱防爆性能的复合物的损坏，例如复合物裂缝，浇封元件的暴露、粘着性损坏。

8.2.6　压力试验

8.2.6.1　试验程序

对于具有任何单独自由空间在 1 cm^3 和 10 cm^3 之间的"ma"型电气设备和具有任何单独净空间在 10 cm^3 和 100 cm^3 之间的"mb"型电气设备，应准备压力连接的试验样品。如果多于 1 个试验要求的净空间，则所有的净空间应同时加压。

压力试验应在已准备好提交耐热试验的样品上进行。

应用表 9 压力进行至少 10 s 的试验。

表 9 试验压力

最低环境温度/℃	试验压力/kPa
≥−20(见注)	1 000
≥−30℃	1 370
≥−40℃	1 450
≥−50℃	1 530
≥−60℃	1 620
注：包括 GB 3836.1—2000 规定的标准环境温度范围用设备。	

8.2.6.2 验收标准

试验之后应肉眼观察样品，目视检查复合物不得有明显削弱防爆性能的损坏，例如：复合物裂缝、浇封元件的暴露、粘着性损坏。

9 例行检验和试验

9.1 目检

“m”设备的每一个部件应目视检查。样品没有明显损坏，例如：复合物裂缝、浇封部件暴露、剥落、不允许的收缩、膨胀、分解、粘着性受损或软化。

9.2 绝缘介电强度试验

用介电强度试验来测定独立电路之间、独立电路和外表面或外壳之间的介电性能。该试验应采用 8.2.4 规定的电压等级进行。

施加试验电压的时间应至少为 1 s。

作为替代，可以施加 1.2 倍的试验电压，并且保持至少 100 ms。

注：在某些情况下，当具有大的分布电容的样品可能需要一些补充时间来达到实际的试验电压时，实际试验时间可能明显地比 100 ms 时间长。

如果试验时不出现击穿或闪络则认为试验合格。

与上述相反，蓄电池组的介电强度试验应按 GB 3836.3—2000 的 6.6.1 要求进行。

10 标志

作为 GB 3836.1—2000 要求的补充，标志应包括：

——额定电压；

——额定电流或额定功率(功率因数不同的设备，二者都应标志)；

——外部电源的预期短路，电流如果不是 1 500 A 时；

——特殊设备安全运行所需的其他必要数据。

附 录 A
（资料性附录）
“m”型设备用复合物的基本要求

“m”型设备用复合物的基本要求见图 A.1。

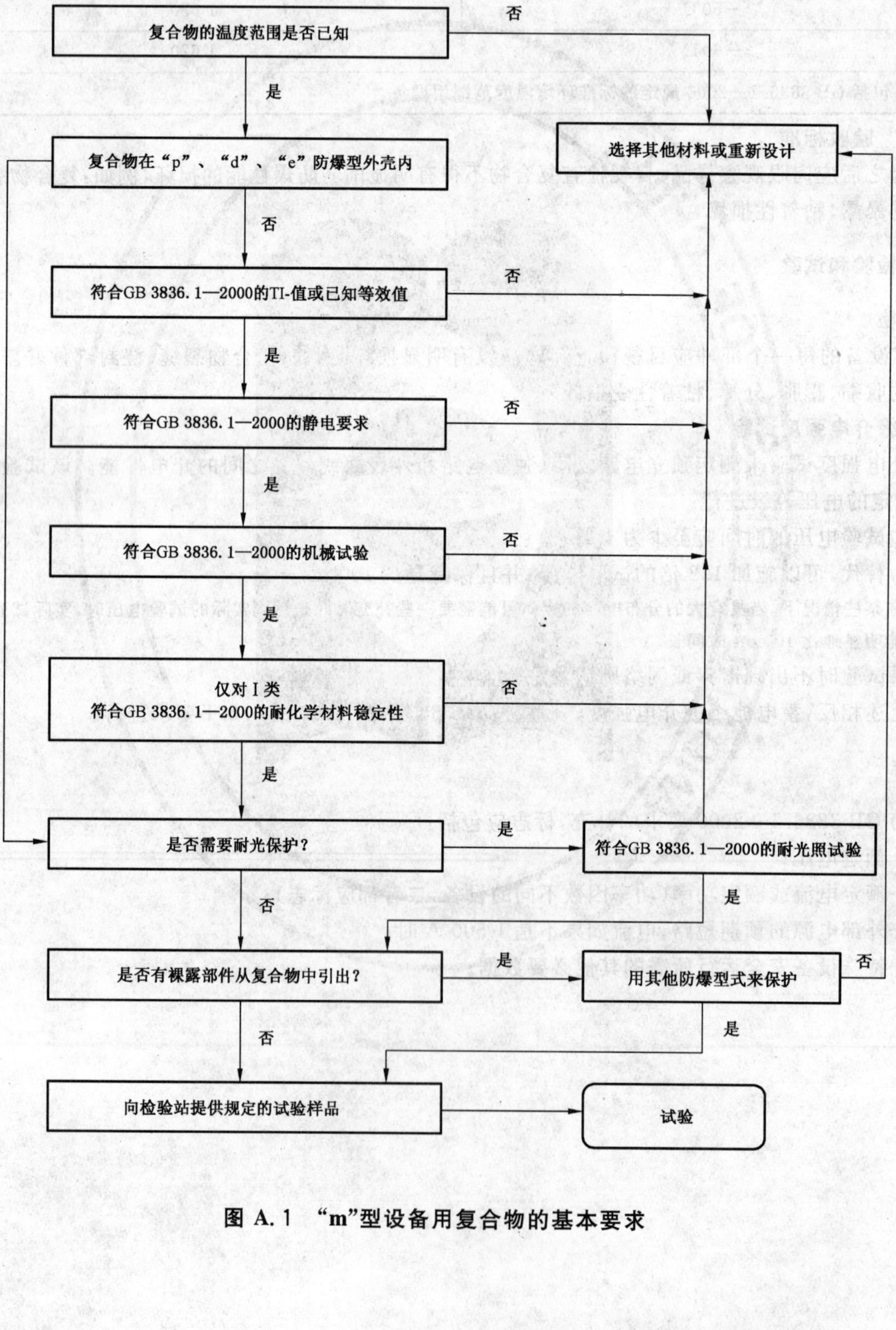

图 A.1 “m”型设备用复合物的基本要求

附 录 B
（规范性附录）
试样分配

试样分配见表 B.1。

表 B.1 试样分配

标准试验		补充试验	
试样 1	试样 2	试样 3	试样 4
确定符合 6.3 的温度限制			
		在空温条件下在新试样上进行符合 8.2.5 的电缆拔脱试验（必要时）	在引入电缆测量的最高温度下贮存，时间按照 8.2.3.1（必要时）
符合 8.2.3.1 的耐热试验	符合 8.2.3.1 的耐热性		
符合 8.2.3.2 的耐寒试验	符合 8.2.3.2 的耐寒性		
符合 8.2.3.3 的热循环试验（必要时）	符合 8.2.3.3 的热循环试验（必要时）		符合 8.2.5 的电缆拔脱试验
符合 8.2.4 的介电强度试验	符合 8.2.4 的介电强度试验		
符合 8.2.6 的压力试验（必要时）	符合 8.2.6 的压力试验（必要时）		
符合 GB 3836.1—2000 的机械试验（必要时）	符合 GB 3836.1—2000 的机械试验（必要时）		
注：各试样按表中所列顺序进行试验。			

附　录　C
（规范性附录）
热循环试验期间的试验程序

热循环试验期间的试验程序见图 C.1。

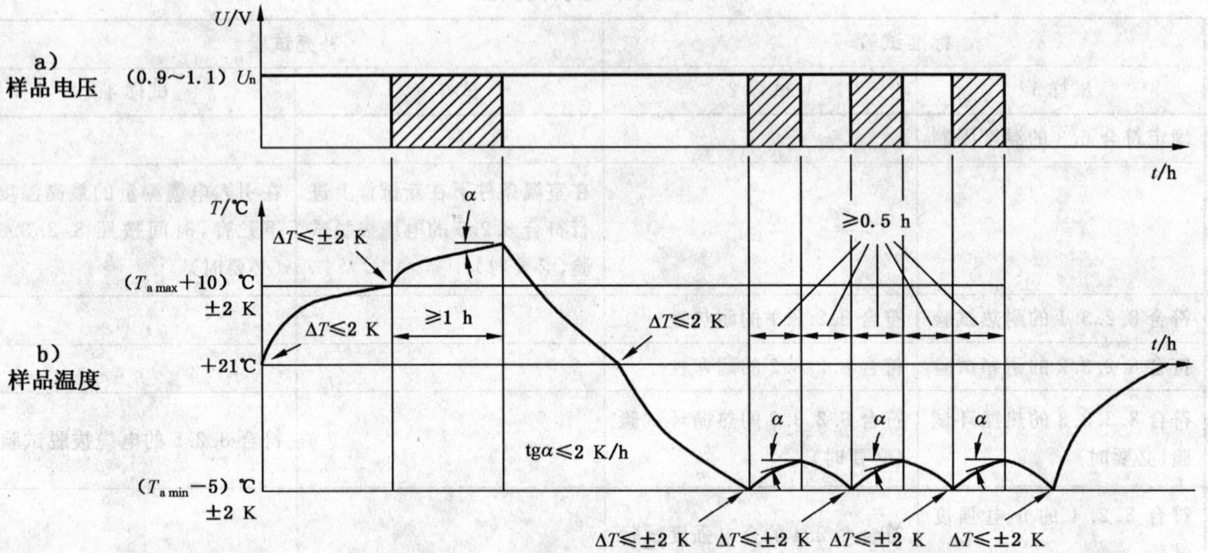

$T_{a\,max}$——运行中规定的最高环境温度；

$T_{a\,min}$——运行中规定的最低环境温度；

U_n——额定电压；

tgα——温度梯度；

ΔT——样品内外间的温度变化。

图 C.1　热循环试验期间的试验程序

ICS 29.260.20
K 35

中华人民共和国国家标准

GB 3836.16—2006/IEC 60079-17:2002

爆炸性气体环境用电气设备 第16部分：电气装置的检查和维护（煤矿除外）

Electrical apparatus for explosive gas atmospheres—Part 16: Inspection and maintenance of electrical installation (other than mines)

(IEC 60079-17:2002, Electrical apparatus for explosive gas atmospheres—Part 17: Inspection and maintenance of electrical installation in hazardous areas (other than mines), IDT)

2006-04-30 发布 2007-01-01 实施

中华人民共和国国家质量监督检验检疫总局
中国国家标准化管理委员会 发布

前　言

本部分的全部技术内容为强制性的。

GB 3836《爆炸性气体环境用电气设备》分为若干部分：

——第1部分：通用要求；

——第2部分：隔爆型“d”；

——第3部分：增安型“e”；

——第4部分：本质安全型“i”；

……

——第15部分：危险场所电气安装(煤矿除外)。

本部分为GB 3836的第16部分，等同采用IEC 60079-17:2002《爆炸性气体环境用电气设备　第17部分：电气装置的检查与维护(煤矿除外)》(英文版)。

本部分对IEC 60079-17:2002做了下列编辑性修改：

——删除了IEC 60079-17:2002的前言；

——增加了国家标准前言；

——增加了附录B，摘录IEC 60079-14 :1996《爆炸性环境用电气设备　第14部分：危险场所电气安装(煤矿除外)》10.1固体障碍物的内容，对应于本部分表1的B13引用IEC 60079-14的内容。

本部分的附录A和附录B是资料性附录。

本部分由中国电器工业协会提出。

本部分由全国防爆电气设备标准化技术委员会归口。

本部分起草单位：南阳防爆电气研究所、国家防爆电气产品质量监督检验中心、天津化工研究院、上海自动化仪表研究所、中国石化工程建设公司、上海宝钢设备检测公司、佳木斯防爆电机研究所、煤科院上海分院、煤科院重庆分院、中美防爆电机电器有限公司、沈阳市中兴防爆电器总厂等。

本部分主要起草人：李合德、徐刚、徐建平、王维越、王其坤、漆刚、李书朝、黎万超、王宗景、肇桂林。

IEC 引　言

危险场所中的电气装置在结构上具有特殊性，适用于在这种环境中运行。出于对危险场所的安全考虑，在这些装置的整个寿命期间保持其特性的完整性是重要的。因此，需要按照本部分对电气装置进行初始检查并且符合以下两者之一：

a)　随后的定期检查，或

b)　由专业人员进行连续监督。

并在必要时进行维护。

注：危险场所装置的正确操作并不意味着且不应理解为保持了上述特性的完整性。

爆炸性气体环境用电气设备　第16部分：电气装置的检查与维护(煤矿除外)

1　范围

GB 3836的本部分的规定适用于用户,它所包含的内容直接与仅用于危险场所的电气装置的检查和维护有关,它既不包括电气设备的一般要求,也不包括电气设备的试验和认证。

本部分不包括Ⅰ类设备(用于含甲烷的矿井)。

本部分是对GB 16895.23—2005要求的补充。

2　规范性引用文件

下列文件中的条款通过GB 3836的本部分的引用而成为本部分的条款。凡是注日期的引用文件,其随后所有的修改单(不包括勘误的内容)或修订版不适用于本部分,然而,鼓励根据本部分达成协议的各方研究是否可使用这些文件的最新版本。凡不注日期的引用文件,其最新版本适用于本部分。

GB 3836.1—2000　爆炸性气体环境用电气设备　第1部分:通用要求(eqv IEC 60079-0:1998)

GB 3836.2—2000　爆炸性气体环境用电气设备　第2部分:隔爆型"d"(eqv IEC 60079-1:1990)

GB 3836.3—2000　爆炸性气体环境用电气设备　第3部分:增安型"e"(eqv IEC 60079-7:1990)

GB 3836.4—2000　爆炸性气体环境用电气设备　第4部分:本质安全型"i"(eqv IEC 60079-11:1999)

GB 3836.5—2004　爆炸性气体环境用防爆电气设备　正压外壳型"p"(IEC 60079-2:2001,MOD)

GB 3836.8—2003　爆炸性气体环境用电气设备　第8部分:"n"型电气设备(IEC 60079-15:2001,MOD)

GB 3836.14—2000　爆炸性气体环境用电气设备　第14部分:危险场所分类(idt IEC 60079-10:1995)

GB 3836.15—2000　爆炸性气体环境用电气设备　第15部分:危险场所电气安装(煤矿除外)(eqv IEC 60079-14:1996)

GB 16895.23—2005　建筑物电气装置　第6-61部分:校验——初验(IEC 60364-6-61:2001,IDT)

3　术语和定义

本部分使用下列术语和定义。

3.1

爆炸性环境　explosive atmosphere

在大气条件下,气体、蒸气、薄雾或粉尘可燃物质与空气形成混合物,点燃后,燃烧将传至全部未燃烧混合物的环境。

3.2

爆炸性气体环境　explosive gas atmosphere

在大气条件下,气体、蒸气或薄雾状的可燃物质与空气形成混合物,点燃后,燃烧将传至全部未燃烧混合物的环境。

3.3

危险区域　hazardous area

爆炸性气体环境大量出现或预期可能大量出现，以致要求对电气设备的结构、安装和使用采取专门措施的区域。

注：本部分所述的区域为三维区域或空间。

3.4

非危险区域　non-hazardous area

爆炸性气体环境预期不会大量出现，以致不要求对电气设备的结构、安装和使用采取专门措施的区域。

3.5

维护　maintenance

将产品保持在或恢复到符合有关技术条件要求的状态，并实现其要求功能的综合性活动。

3.6

检查　inspection

为了获取设备运行安全可靠的结论而采取的不拆卸或局部拆卸设备，并辅以一些测试措施而进行的详细检查活动。

3.6.1

目视检查　visual inspection

用肉眼而不用检测设备或工具来识别明显缺损的检查，如螺栓丢失等。

3.6.2

一般检查　close inspection

包括目视检查以及使用检测设备，如活梯（必要的地方）和工具才能识别明显缺损的检查，如螺栓松动。

注：一般检查一般不要求打开外壳或设备断电。

3.6.3

详细检查　detailed inspection

包括一般检查以及只有打开外壳和/或（必要时）采用工具和检测设备才能识别明显缺损的检查，如接线端子松动。

3.6.4

初始检查　initial inspection

对所有电气设备、系统和安装在投入运行前进行的检查。

3.6.5

定期检查　periodic inspection

对所有电气设备、系统和安装进行的例行检查。

3.6.6

抽样检查　sample inspection

对部分电气设备、系统和安装进行的检查。

3.7

连续监督　continuous supervision

由在专业安装及使用环境方面有经验的专业技术人员对电气装置进行的经常保养、检查、管理、监控和维修，以便保持装置的防爆性能处于良好状态。

3.8

专业人员　skilled personel

符合4.2规定条件的有资质的人员。

3.9

具有行政职能的技术人员　technical person with executive function

执行技术管理的专业技术人员，有足够防爆领域方面知识、熟悉本地条件、熟悉安装，并且对危险场所用电气设备检查体系负有全部责任和管理职能的技术人员。

3.10

关联设备　associated apparatus

装有本质安全电路和非本质安全电路，且结构使非本质安全电路不能对本质安全电路产生不利影响的电气设备。

注：关联设备通常连接在本质安全电路和非本质安全电路之间，且通常安装在非危险区域。关联设备可以是并联二极管安全栅或电隔离器。

4　通用要求

4.1　文件

为了检查与维护，应提供下列最新的文件：

a)　危险场所分类(见 GB 3836.14—2000)；

b)　设备级别和温度组别；

c)　能够使被维护的防爆电气设备符合其防爆型式的记录(见 GB 3836.1—2000)(例如，设备清单和设备的配置、备件、技术资料和制造商的使用说明书)。

4.2　人员资格

对电气装置的检查与维护应由有经验人员进行。这些人员应经过包括各种防爆型式、安装实践、相关规章和规程，以及危险场所分类的一般原理等在内的业务培训。这些人员还应接受适当的继续教育或定期培训，并具备相关经验和经过培训的资质证书。

4.3　检查

4.3.1　通则

整套装置或设备在投入运行前应对它们进行初始检查。

为保证电气装置处于良好状态，可在危险场所长期使用，应进行以下所述的两种检查之一：

a)　定期检查；

b)　由专业人员连续监督。

并且，必要时应进行维护。

之后的任何更换、修理、修改或调整，其有关项目应按照表 1、表 2 和表 3 中详细检查列的说明进行检查。

任何时候，如果危险场所的分类有了改变或电气设备位置发生了变化，则应进行检查，以保证其防爆型式、设备类别和温度组别与已改变的条件相适应。

如果装置或设备在检查期间需要拆卸，在重新组装时，应采取措施确保整体防爆型式不受损坏。

注：造成设备劣化的主要因素包括：易受腐蚀、暴露在化学药品或溶剂中、可能堆积粉尘或污物、可能进水、暴露在过高环境温度中、机械损坏、受到剧烈的振动、工作人员的培训和经验、未经批准的修改或调整、不适当的维护，例如，未按制造商的建议进行维护。

4.3.2　检查类型

a)　初始检查是用来检查所选的防爆型式和其安装要求是否相适应。它们被细分为表 1、表 2 和表 3 所示的检查等级。

注：如果制造商已进行了同等的检查，并且安装过程不可能影响到被制造商检查过的那些零部件，就不要求全部的初始检查。例如：不要求隔爆型电机内部隔爆接合面的初始详细检查。但是，为方便现场布线而拆下的接线盒盖在装配后宜进行检查。

b)　定期检查，可如表 1、表 2 和表 3 所示相应的目视检查或一般检查。

定期的目视检查或一般检查可能会需要进一步的详细检查。

检查等级和定期检查的时间间隔的确定应考虑设备型式、制造商的说明书(如果有的话)、影响损坏程度的因素(见4.3.1注)、使用的区域和以前的检查结果。当建立了类似设备、装置和环境的检查等级和时间间隔时,应利用这些经验确定检查方案。

在未征求专家意见的情况下,定期检查的时间间隔一般不应超过3年。

移动式(手提式、便携式和可移动式)电气设备特别易于受损或误用,因此定期检查的时间间隔可根据实际需要缩短。移动式电气设备至少每12个月进行一次一般检查,经常打开的外壳(例如电池盖)应进行详细检查。此外,这类设备在使用前由用户进行目视检查,以保证该设备无明显损坏。

c) 抽样检查可以是目视、一般或详细检查,所有样品的规格和结构应根据检查的目的确定。

注:不宜期望通过抽样检查来发现一些随机性的故障,如连接松动等,但宜通过抽样检查来监控环境条件、振动、设计的内在缺陷等产生的影响。

d) 连续监督按照4.5的要求使用表1、表2和表3列出的相应目视检查或一般检查。当装置故障超出连续监督能力时,应进行定期检查。

初始、定期和抽样检查的所有结果应做记录。对由专业人员连续监督的记录要求详见4.5.5。

4.3.3 检查等级

检查等级是目视检查、一般检查或详细检查,表1、表2和表3详细列出了对这3种检查等级所要求的特殊检查项目。

目视检查和一般检查可以在设备带电时进行,详细检查时一般要求设备断电。

4.4 定期检查

定期检查要求专业人员:

a) 具有场所划分知识和足够技术知识来判断现场的实际情况;

b) 具有技术知识和理解危险场所用电气设备理论及实践要求的知识;和

c) 理解所安装的设备有关的目视检查、一般检查或详细检查的所有要求。

应给予这些人员在进行检查活动方面充分的独立性,以免他们所报告的检查结果带有偏见。

注:不要求此类人员是外部独立组织的成员。

准确地预测合适的定期检查时间间隔可能不太容易,但考虑到预期的损坏,这一时间间隔应固定(见4.3.1)。

一旦检查时间间隔固定,应对装置进行临时抽样检查,以便验证时间间隔的正确性。同样,需要确定检查等级,并且可以再次使用抽样检查来验证检查等级的正确性。需要对检查结果进行规定的评审来调整检查的时间间隔和检查等级。

典型的检查程序见附录A。

当在类似的环境中安装大量的类似器件,如照明装置、分线盒等时,如果对抽样数目以及检查次数进行规定的评审认为是合适的,那么定期检查可以以抽样检查为基础。但是,对所有的器件至少进行目视检查。

4.5 专业人员连续监督

4.5.1 方案

如果在正常工作中装置由专业人员经常巡视,那么专业人员除符合4.4 a)、b)和c)要求之外,还须:

a) 了解装置中特殊设备的损坏过程和环境影响;并且

b) 要求将目视检查和/或一般检查作为其正常工作计划的一部分,详细检查作为符合4.3.1的任何更换、修理、修改或调整的一部分,此后就不必进行例行定期检查,而是专业人员经常进行维护来保证设备的完善运行。

注1:由专业人员连续监督并不取消初始检查和抽样检查的要求。

注2：连续监督不适用于不能进行这类监督的电气设备(如移动式设备)，也见4.5.4。

4.5.2 目的

连续监督的目的是将出现的故障能够早期检测出来，并且对其进行随后的修理。利用现有的装置，值班专业人员在正常工作期间(如安装、更换零部件、检查、维护、故障调整、清理、控制运行、开关操作、终端连接和断开、设定和调整、功能测试、计量等)可以早期检测出故障和变化。

4.5.3 职责

4.5.3.1 具有行政职能的技术人员

具有行政职能的技术人员应对每台装置进行识别，并行使以下职权：

a) 根据人员的能力、技术水平、工效和所掌握的具体装置的经验来评价连续监督方案的有效性。

b) 在考虑环境条件、维护频次、专业知识、作业流程和设备位置的情况下，决定实施连续监督设备的范围。

c) 确定检查次数、检查等级和报告内容以便能合理地分析设备性能。

d) 保证4.1及4.5.5所指的文件有效。

e) 保证专业人员熟悉：
   1) 连续监督方案及需要的任何报告或分析；
   2) 所参加的安装工程；
   3) 防爆电气设备的清单。

f) 安排验证：
   1) 是否遵守连续监督程序；
   2) 是否给专业人员足够的时间进行检查；
   3) 专业人员是否接受过适当的培训和进修；
   4) 文件编制是否正确完整；
   5) 专业人员是否能够有效地获得足够的技术支持；
   6) 电气安装的状态是否已知。

4.5.3.2 专业人员

专业人员应熟悉连续监督的方案及需要任何报告或分析，这可以包括适用于专用设备的连续监督方法。

承担装置和设备连续监督任务的专业人员应考虑安装条件及可能发生的任何变化。

4.5.4 检查频率

应确定支持连续监督的维护和检查频度，同时考虑与设备损坏有关的特殊装置的环境(见4.3.1)、使用和经验。

注1：可以认为，如果含有防爆系统重要设备的部分装置被巡视的次数每周不超过一次，那么该装置作为连续监督方案的一部分是不合适的，经验表明相反时除外。

在专业人员已经注明环境条件改变的地方(如溶剂浸入或振动增加)，受这些改变影响的防爆设备的器件宜更频繁地进行检查。

注2：因此，经验表明不容易受到变化影响的防爆设备器件，专业人员可以减少检查频次。

4.5.5 文件

装置的文件应提供足够的信息：

a) 提供维护活动的记录及其维护原因，和

b) 验证连续监督方法的有效性。

记录应包括发现的缺陷和采取的补救措施。

注1：文件可以是正常维护文件的一部分，但是，对系统的质询必须符合以上方案。

注2：培训计划中给出了专业人员需要了解连续监督方案的必要性的实例。这种教育形式的其他实例也是可能的。

4.5.6 培训

除4.2的要求之外，应为专业人员提供足够的培训，使之能够熟悉所维护的设备的状况，这种培训应包括任何装置、设备、需要了解的与设备防爆有关的运行条件或环境条件。当任何更换或改变影响到工艺过程或装置时，应将这些信息提供给专业人员，这在某种意义上作为连续监督过程的一部分支持专业人员的工作。

必要时，对连续监督人员的培训应与进修或强化的专题讲座同时进行。

对具有行政职能的技术人员的知识要求应包括全面掌握GB 3836.14—2000和GB 3836.15—2000中规定的与危险场所分类、设备选型和安装有关的内容。

4.6 维护要求

4.6.1 补救措施和设备更换

所有设备应按4.3的要求注明一般条件，必要时应采取一些适当的补救措施。应注意保持设备防爆型式的完整性，这可以要求与制造商协商。更换零部件应按照有关安全文件的要求进行。

安全文件中规定的对设备安全性能产生不利影响的零部件，未经有关部门同意不应进行更换。

注1：应注意避免与制造商降低静电影响的措施发生冲突。

注2：更换照明装置的灯泡时，应采用正确的灯泡额定值和型号，否则可能造成温度过高。

注3：透明件的刻蚀、涂漆或遮挡，或者照明装置安装不正确均能导致温度过高。

4.6.2 软电缆的维护

软电缆、挠性管及其终端连接容易损坏，应按规定的时间间隔进行检查，出现损坏或缺损时应更换。

4.6.3 停机

如果在维护时必须将电气设备等装置停机，应将裸露的导线：

a) 正确端接到适当外壳内的端子上；或

b) 与所有供电电源断开，并使其绝缘；或

c) 与所有供电电源断开并接地。

如果电气设备永久地停止使用，与之相关的所有供电电源的导线均应被断开、拆除，或者正确端接到适当外壳内的端子上。

4.6.4 紧固件和工具

在需要特殊螺栓、其他紧固件或专用工具的地方，应备有并使用这些物品。

4.7 环境条件

危险场所中的电气设备可能会受到使用环境条件的不利影响，必须考虑一些主要因素，如腐蚀、环境温度、紫外线辐射，水的进入、粉尘或砂粒的堆积、机械和化学作用。

金属腐蚀或化学品（特别是溶剂）对塑料或弹性部件的作用可影响设备的防爆型式和防护等级。如果外壳或部件严重腐蚀，该部件就应更换。塑料外壳可能会出现影响外壳整体性能的表面裂纹。设备的金属外壳，必要时应采用适当的保护涂层进行处理作为防腐措施。这类处理的频次和方法根据环境条件而定。

应验证所设计的电气设备能否承受可能遇到的最高和最低环境温度。

注：如果防爆电气设备的标志未能标明环境温度范围，则设备宜用于−20℃～+40℃范围内，如果指明温度范围，设备宜用于该范围。

装置的所有部件应保持清洁，并无可能引起温度上升的粉尘和类似有害物的堆积。

应注意确保维持电气设备的气候防护性能。损坏了的衬垫应更换。

抗凝露器件，如呼吸元件、排水元件或加热元件均应进行检查以保证正确运行。

如果受到振动应特别注意设备螺栓和电缆引入装置的紧固性。

在清理非金属电气设备时须注意避免产生静电。

4.8 设备的隔离

4.8.1 除本安电路之外的装置

a) 内部有非本质安全型带电部件并且安装在危险场所的电气设备，当未与所有输入连接隔离，并且存在中性导线对地电压，需要与输出连线、包括中型导线隔离时，设备不得开盖（项 b）或项 c）规定的除外）。这里隔离的意思是指拔掉熔断器和熔丝，或断开隔离器、开关，直到有足够的时间使表面温度或储存的电能降至不能引起点燃时，才能打开外壳。

b) 在计划工作所需的时间内，如果对此区域负责的部门或人员能够保证不形成爆炸性环境，并对这种情况做出了书面认可，那么在采取常规安全措施后，可以进行必要的裸露带电部件的基本操作。

c) 如果有关的法规和规程允许，对项 a）和项 b）的要求只有在 2 区内才可放松。如果经安全评估证明满足下列条件，那么在采取非危险场所安全措施后，可以进行操作：

1) 在带电设备上进行计划的操作不会产生点燃火花；

2) 电路具有防止产生火花的结构；

3) 危险场所内的电气设备和关联电路不含有可能引起点燃的热表面。

如果能符合这些条件，那么只有在采取非危险场所安全措施后，才能进行计划的操作。

安全评估的结果应记录在文件中，其中含有以下信息：

——在带电设备上计划操作的形式；

——评估结果，包括评估时所做的试验结果；

——评估中要求与带电设备维护有关的任何条件。

设备的评估人员应：

——熟悉所有有关标准、实施法规的要求和现行的说明材料；

——获取进行评估时所需的各种材料；

——必要时，使用与国家检验单位类似的试验设备和试验程序。

4.8.2 本质安全型装置

符合下列条件可对带电设备进行维护：

a) 危险场所中的维护工作

任何维护工作应仅限于下列情况：

1) 断开、拆卸或更换一些电气设备的元件和电缆；

2) 调整电气设备或系统校准所需的控制装置；

3) 拆卸并更换插接元件或组件；

4) 使用有关文件中规定的检测仪器。在有关文件中没有规定检测仪器时，只能采用检测时不会影响电路本安性能的仪器；

5) 有关文件特别允许的其他维护行为。

履行上述这些职能的人员，应保证在完成这些工作后，本安系统或配套的本安电气设备符合有关文件的要求。

b) 非危险场所中的维护工作

非危险场所中的关联电气设备和部分本安电路的维护，当这类电气设备或电路部分仍然是与危险场所中安装的本安系统部分保持相互连接时，应仅限于 a）项中所述的内容。

在断开危险场所的电路之前，不应拆卸安全栅的接地连接，为便于检测接地电阻，设有双重接地装置可以拆卸单个接地时除外。

仅仅在电气设备或电路部分与危险场所中的电路断开后，才可以对非危险场所中的关联设备或本安电路部分进行其他维护工作。

4.9 接地和等电位连接

应该注意保证在危险场所中接地和等电位连接处于良好状态（见表 1 的 B6 项、表 2 的 B6 项和 B7

项、表 3 的 B3 项)。

4.10 使用条件

如果安全使用的特殊条件适用于通过防爆检验的任何防爆型式的电气设备,则防爆合格证编号后加上标志符号"X"或其他的符号。应研究防爆检验文件以确定使用条件。

4.11 移动式电气设备及其连线

应注意确保移动式(携带式,可运输式和手提式)电气设备仅使用于与其防爆型式、气体类别和温度组别相适应的场所。

注:普通工业用移动式电气设备、焊接设备等不适用于危险场所,除非它们是在一定控制程序下使用,并对其具体位置进行评估,以保证没有危险环境出现。

4.12 检查一览表

见表 1～表 3。

4.12.1 设备对危险场所分类的适用性

见 GB 3836.15—2000 中 5.2。

4.12.2 正确的电气设备类别

见 GB 3836.15—2000 中 5.4。

4.12.3 正确的电气设备最高表面温度

见 GB 3836.15—2000 中 5.3。

4.12.4 设备电路的识别

本要求的目的就是保证设备在任何工作结束后应被正确地隔离,可以通过下列各种方法达到此目的,例如:

a) 给设备配置一个标明供电电源的永久性标牌。

b) 给设备配置一个标牌号,或给电缆配置一个与设备相连的电缆编号。电源可以参照标牌号或电缆编号从图纸一览表中查出。

c) 图纸上清楚明显地标示出器件,电源可直接或间接地从一览表中查出。

出于安全考虑,必须在初始检查时确定所有设备资料正确无误。在定期检查时,应检查所有设备所需资料的有效性。当电路被隔离进行其他的逐项核查时,为使核对数据正确无误,应按详细检查的要求进行。

4.12.5 电缆引入装置

在一般检查电缆引入装置的紧密性时可以用手进行,而无需拆掉气候防护带或保护罩。避免过分用力,因为那样可能会破坏内部导线。详细检查可以拆卸电缆引入装置。

4.12.6 电缆型号的适用性

见 GB 3836.15—2000 中 9.2 和 9.3。

4.12.7 密封

线槽、管道、管线和/或导管的密封良好。

见 GB 3836.15—2000 中 9.1.6。

4.12.8 故障回路电抗或接地电阻

接地的完整性应在初始检查中通过测量电阻进行,测量可使用本安电阻测量仪(在制造商规定的程序内),随后的抽样检查也可使用本安电阻测量仪。

在可能出现潜在点燃火花的场所,如果对此区域负责的部门或人员能够保证不出现爆炸性环境,则可以使用非本安测量仪。

4.12.9 绝缘电阻

对于电压在 500 V 以下的设备和相关电缆的绝缘电阻(不包括 SELV)应在 500 V d.c. 下进行测量,测量的绝缘电阻应至少为 0.5 MΩ。

4.12.10 过载

关于旋转电机的检查见 GB 3836.15—2000 中第 7 章和 11.2 的规定。

以下情况有必要进行检查：

——保护装置的额定电流 I_N 整定值(在初始检查和详细检查时)；

——保护装置的特性是在 1.20 倍整定(额定)电流时 2 h 或在更短时间内动作，并在 1.05 倍整定(额定)电流时 2 h 内不动作(在初始检查时)。

5 检查一览表附加要求

5.1 隔爆型“d”

见表 1 和 GB 3836.2—2000。

5.1.1 隔爆接合面

见 GB 3836.2—2000 中的 5.4。

当重新装配隔爆外壳时，所有的接合面应完全清洗，并且涂敷合适的油脂，以防止腐蚀及增加气候保护。螺栓不透孔不应涂润滑油脂，清理法兰时只能采用非金属刮刀和非腐蚀性清洗液(见 GB 3836.15—2000 中的 10.3)。

止口、转轴、操纵杆和螺纹接合面的径隙一般可以不检查，有磨损、变形、腐蚀或其他损坏迹象时除外，这时应参照制造商的文件规定。

不能拆卸的接合面一般不必按照表 1 的项 A10 和项 A11 进行检查。

注：与防爆类型有关的螺栓、螺钉和类似零部件只能使用按照制造商设计所规定的相似零部件进行更换。

5.2 增安型“e”

见表 1 和 GB 3836.3—2000。

5.2.1 过载

增安型电动机的绕组采用合适的保护装置，以确保运行时不会超过极限温度(包括堵转时)。

因此，必须核对所选择的保护装置，对应于被保护电动机的启动电流比 I_A/I_N，从保护装置延时特性中查到的冷态跳闸时间，不超过电动机铭牌上规定的 t_E 时间(见初始检查)。

根据经验，在初始检查和/或定期检查时，可用或不必用电流注入法测试跳闸时间，实际运行时的跳闸时间应与从延时特性曲线上所得的跳闸时间相同，其最大误差为＋20%。

5.3 本质安全型“i”

见表 2 和 GB 3836.4—2000。

5.3.1 通则

如果智能系统允许对仪表回路的状态进行频繁监控，可放弃部分检查程序。例如：如果装置能通过检查唯一的序列号确定专用仪表的存在，此时就没有必要定期查阅标牌。

5.3.2 文件

涉及表 2 中的文件，至少应包括下列细节：

a) 电路安全文件，如适用的话；

b) 制造商、设备类型、合格证号、类别、设备级别和温度组别；

c) 适当的电气参数，如电容、电感等，电缆长度、型号和走线；

d) 设备合格证的特殊要求，以及在特殊安装时符合这些要求的一些具体方法；

e) 每个项目在总装设备上的实际位置。

5.3.3 标牌

各种标牌应进行检查，确保它们清晰并符合有关文件的要求，保证实际安装的电气设备是规定的设备。

5.3.4 未获批准的修改

检查"是否有未经批准的修改"的要求会出现一些问题,例如很难测出印刷电路板的改变。尽管如此,有些未批准修改的可能性应当给予适当考虑。

注:也许会出现这样的情况,与多数修理/改动关系相关的焊接不是同一类型,或与原始的质量不一样。原始电路板的图片资料,电路安全所依赖的关键元件的列表可能会有用。

5.3.5 本安电路和非本安电路之间关联设备(安全接口)

应检查关联设备,保证正确选择符合系统文件规定的型号和额定值。如果关联装置是分流二极管安全栅,应检查整体装置的安全接地连接件(也见 5.3.9)。

5.3.6 电缆

应检查各装置以保证所用电缆符合文件的要求。对含有多个本安电路的多芯电缆,如果使用备用芯线时须特别注意,并且对本安系统电缆和其他电缆在同一管线、管道内或电缆支架上穿过时提供的防护措施也应特别注意。

5.3.7 电缆屏蔽

应按照相关文件检查各装置以保证电缆屏蔽接地。应特别注意使用含有一个以上本安系统的多芯电缆的装置。

5.3.8 点与点连接

只有在初始检查时要求检查。

5.3.9 非电流隔离电路的接地连续性

初始检查时应测试本安电路和接地点之间的电阻。

如果接地电阻的测量包括危险场所进行的电气试验,或者非危险场所进行的可能损坏木安电路的试验,那么应使用专门用于本安电路的试验仪器,除非对本安型电路的影响只存在于试验期间,而且在试验期间能保证所负责的危险场所不出现爆炸性气体环境。

负责人员应选择有代表性的连线样品定期进行测量,以确定连线的连续完整性。

5.3.10 保持本质安全完整性的接地连接

对于保持本安系统完整性所必须的接地连接的电阻(例如:变压器的屏蔽接地、安全栅继电器框架的接地),应按 5.3.9 的规定测量。

除对一般室内控制仪器因防止电气冲击而要求测量接地回路电阻外,对与本安电路有关的电源设备的接地回路电阻不要求测量。因为在一些设备内,本安接地是内部连接到设备的底座上,其电阻的测量应采用专门用于本安电路的专用测量仪器进行(例如:插头的接地脚和设备框架之间,或设备框架和控制盘之间)。

5.3.11 本安电路的接地和/或绝缘

无论原设计要求哪些条件,本安电路的绝缘试验,需确定其是否接地,或者是否对地完全绝缘。如果接地故障是自显示,这一要求可不需要,例如:当电路"失去安全"是由接地故障引起,或电路使用接地漏电监控装置时。

本安系统或电路的绝缘试验只能采用经专门认可的用于这些电路上的试验装置进行。

为了进行这些试验,应断开连接到一组安全栅上的共用接地连接线,试验仅在装置处于非危险场所,或电源从共用接地连接的所有电路上完全断开时才能进行。本试验只要求在一个样品上进行。

5.3.12 本安电路和非本安电路间的隔离

应检查带有关联设备的分线盒和接线盒,保证它们只包含文件规定的导线,并且与穿过接线盒的其他系统相适应。也见 GB 3836.15—2000 中 12.2 和 12.3 的规定。

5.4 正压外壳型"p"

见表 3 和 GB 3836.5—2004。

见 GB 3836.15—2000 中的 13 章。

5.5 用于2区的电气设备

防爆电气设备应按表1、表2和表3中相应栏目内的要求进行检查。

符合GB 3836.15—2000第5章规定被视为适用于2区的其他设备，应按照表1中Ex“n”栏的要求进行检查。

5.5.1 限制呼吸外壳

进行过出厂例行检查的限制呼吸外壳应每隔6个月或根据经验规定更长周期进行定期的压力测试（见GB 3836.15—2000）。

5.6 浇封型“m”、油浸型“o”和充砂型“q”

表中没有给出对“m”、“o”和“q”型电气设备检查要求的实例。表1宜作适当的修改，使之这些防爆类型的保护外壳和内容的专门检查。

表1 Ex“d”、Ex“e”和Ex“n”装置检查一览表

（D——详细检查，C——一般检查，V——目视检查）

检查		Ex“d”			Ex“e”			Ex“n”		
		检查等级								
		D	C	V	D	C	V	D	C	V
A	设备									
1	电气设备适合于危险场所分类	×	×	×	×	×	×	×	×	×
2	电气设备类别正确	×	×		×	×		×	×	
3	电气设备温度组别正确	×	×		×	×		×	×	
4	电气设备电路标识正确	×			×			×		
5	电气设备电路标识清晰	×	×	×	×	×	×	×	×	×
6	外壳、透明件及透明件与金属密封垫和/或胶粘剂符合要求	×	×	×	×	×	×	×	×	×
7	不存在未经批准的修改	×			×			×		
8	不存在可见的未经批准的修改		×	×		×	×			×
9	螺栓、电缆引入装置（直接或间接引入）和堵板的类型正确并完整和紧固									
	——物理检查	×	×		×	×		×	×	
	——目视检查			×			×			×
10	法兰表面清洁、无损坏，衬垫良好	×								
11	法兰间隙尺寸在允许的最大尺寸范围内	×	×							
12	灯具光源额定值、型号和位置正确	×			×			×		
13	电气连接牢固				×			×		
14	外壳衬垫状态良好				×			×		
15	封闭式断路装置和气密型装置无损坏							×		
16	限制呼吸外壳良好							×		
17	电动机风扇与外壳和/或外罩之间有足够的间距	×			×			×		
18	呼吸和排水装置合格	×	×		×	×		×	×	
B	安装									
1	电缆型号合适	×						×		
2	电缆无明显损坏	×	×	×	×	×	×	×	×	×

表 1（续）

检　查		Ex“d”			Ex“e”			Ex“n”		
		检查等级								
		D	C	V	D	C	V	D	C	V
3	线槽、管道、管线和/或导管密封良好	×	×	×	×	×	×	×	×	×
4	填料盒和电缆盒正确地填充	×								
5	保持导管系统及与混合系统的连接完整	×			×			×		
6	接地连接，包括对附加的屏蔽接地连接良好（例如：连接牢固、导线截面足够）									
	——物理检查	×			×			×		
	——目视检查		×	×		×	×		×	×
7	故障回路电阻（TN 制）或接地电阻（IT 制）满足要求	×			×			×		
8	绝缘电阻满足要求	×			×			×		
9	电气自动保护装置在允许范围内动作	×			×			×		
10	电气自动保护装置整定正确（不能自动复位）	×			×			×		
11	符合特殊使用条件（如果适用）	×			×			×		
12	不用的电缆准确断开电气连接	×			×			×		
13	接近隔爆法兰接合面的障碍符合规定（见附录 B）	×	×	×						
14	各种电压和频率符合文件要求	×	×		×	×		×	×	
C	环境									
1	电气设备适应防腐、气候防护、防止振动和其他不利条件	×	×	×	×	×	×	×	×	×
2	无粉尘和污物的过度堆积	×	×	×	×	×	×	×	×	×
3	电气绝缘清洁干燥				×			×		

注 1：通用：对于利用两种防爆型式“e”和“d”电气设备的检查将是两栏目的组合。

注 2：项 B7 和 B8：当使用电气检查设备时要考虑设备附近可能出现爆炸性环境。

表 2　Ex“i”装置检查一览表

检　查		检查等级		
		详细检查	一般检查	目视检查
A	设备			
1	电路和/或电气设备的文件符合危险场所分类	×	×	×
2	安装的电气设备是文件所规定的设备—仅仅指固定式设备	×	×	
3	电路和/或电气设备类别和组别正确	×	×	
4	设备温度组别正确	×	×	
5	装置标牌清楚	×	×	
6	不存在未经批准的修改	×		
7	不存在可见的未经批准修改		×	×
8	安全栅、继电器和其他限能装置为批准的类型，按证书的要求安装，需要的地方安全接地	×	×	

表 2（续）

检　查	检查等级		
	详细检查	一般检查	目视检查
9　电气连接牢固	×		
10　印刷电路板清洁无损坏	×		
B　安装			
1　电缆按文件要求安装	×		
2　电缆屏蔽按文件要求接地	×		
3　电缆无明显损坏	×	×	×
4　线槽、管道、管线和/或导管密封良好	×	×	×
5　点与点的连接均正确	×		
6　接地的连续性良好（例如：连接牢固，导线截面足够）	×		
7　接地连接件保持防爆类型的完整性	×	×	×
8　本安电路对地绝缘或只在某一点接地（参考文件）	×		
9　在公用的配线盒或继电器盒内本安电路和非本安电路之间需保持隔离	×		
10　如果适用，电源短路保护符合文件要求	×		
11　符合特殊使用条件（如适合）	×		
12　不用的电缆准确断开电气连接	×	×	×
C　环境			
1　电气设备适应防腐、气候防护、防止振动和其他不利条件	×	×	×
2　外部无粉尘和污物的过度堆积	×	×	×

表 3　Ex"p"装置检查一览表

（正压或连续稀释）

检　查	检查等级		
	详细检查	一般检查	目视检查
A　设备			
1　电气设备适合于危险场所分类	×	×	×
2　电气设备类别正确	×	×	
3　电气设备温度组别正确	×	×	
4　设备电路标识正确	×		
5　设备电路标识示清晰	×	×	×
6　外壳、透明件及透明件与金属密封垫和/或胶粘剂满足要求	×	×	×
7　不存在未经批准的修改	×		
8　不存在可见的未经批准的修改	×	×	×
9　灯具光源的额定值、型号和位置正确	×		
B　安装			
1　电缆型号合适	×		
2　电缆无明显损坏	×	×	×

表 3（续）

检　　查	检查等级		
	详细检查	一般检查	目视检查
3　接地连接、包括附加的屏蔽接地连接良好，例如：连接牢固、导线截面足够			
——物理检查	×		
——目视检查		×	×
4　故障回路电阻（TN 制）或接地电阻（IT 制）满足要求	×		
5　电气自动保护装置在允许范围内动作	×		
6　电气自动保护装置整定正确	×		
7　惰性保护气体温度低于规定的最高值	×		
8　管道、管线和外壳状态良好	×	×	×
9　保护气体基本未受污染	×	×	×
10　保护气体压力和/或流量合适	×	×	×
11　压力和/或流量指示仪、报警器和联锁装置功能正常	×		
12　预先换气时间合适	×		
13　危险场所排气管道中火花和火花颗粒挡板状态良好	×		
14　符合特殊使用条件（如果适用）	×		
C　环境			
1　电气设备适应防腐、气候防护、防止振动和其他不利条件	×	×	×
2　无粉尘、脏物的过度堆积	×	×	×

附　录　A
（资料性附录）
定期检查的典型检查程序（见 4.4）

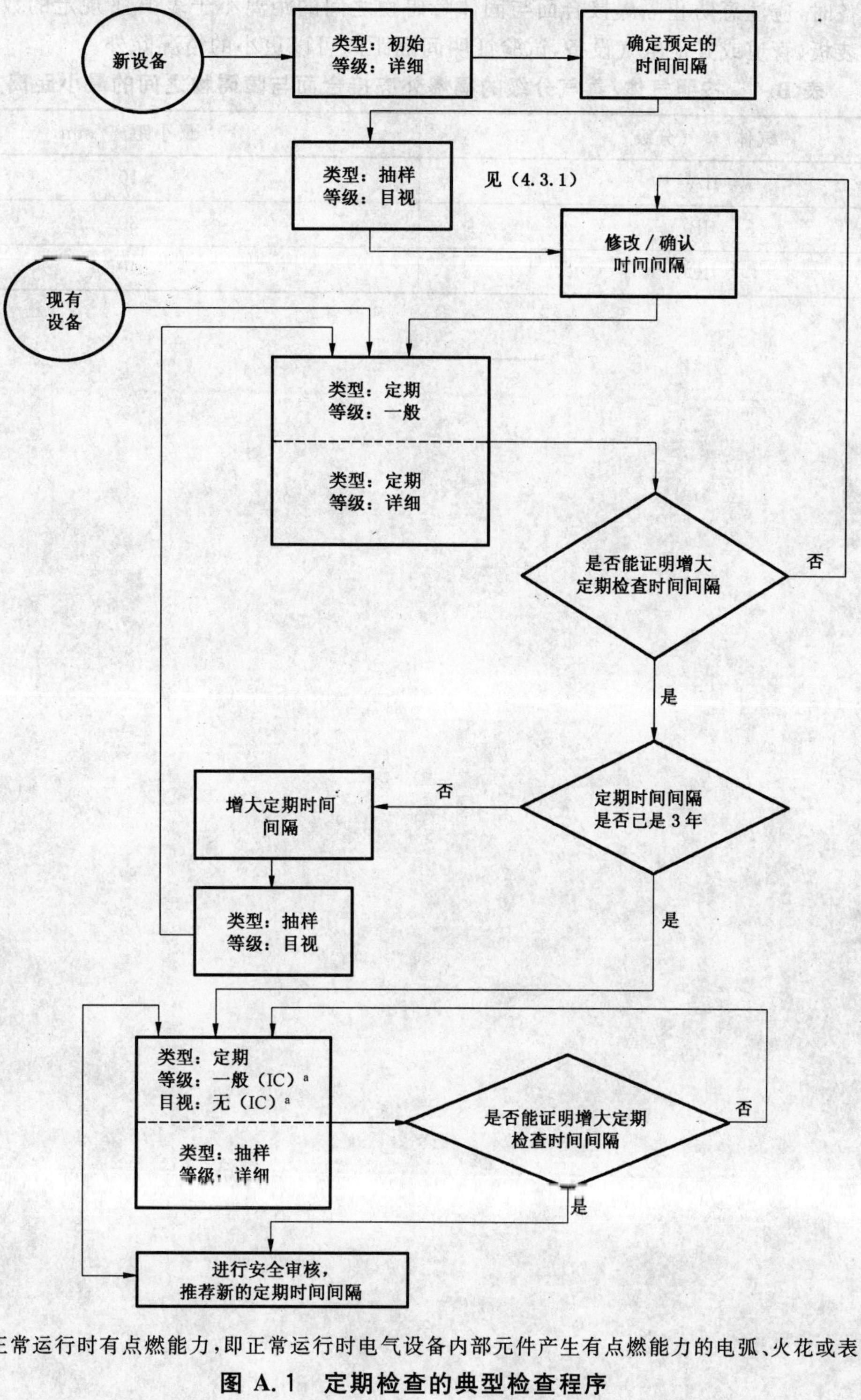

a　IC——正常运行时有点燃能力，即正常运行时电气设备内部元件产生有点燃能力的电弧、火花或表面温度。

图 A.1　定期检查的典型检查程序

附 录 B
（资料性附录）
接近隔爆法兰接合面的障碍物

安装设备时，应注意防止隔爆接合面与固体障碍物之间的距离小于表 B.1 规定的数值，例如钢架、墙、护套、安装板、管道或其他电气设备，试验证明间隔距离可以更小的情况除外。

表 B.1 按照气体/蒸气分级的隔爆外壳接合面与障碍物之间的最小距离

气体/蒸气分级	最小距离/mm
IIA	10
IIB	30
IIC	40

ICS 71.100.60
X 44

GB

中华人民共和国国家标准

GB 3862—2006
代替 GB 3862—1983

食品添加剂 天然薄荷脑

Food additive—Natural menthol

2006-09-01 发布 2007-04-01 实施

中华人民共和国国家质量监督检验检疫总局
中国国家标准化管理委员会 发布

前言

本标准中 4.2、4.3、4.7、4.8 为强制性条款,其余为推荐性条款。

本标准是对 GB 3862—1983《食品添加剂　天然薄荷脑》的修订。

本标准自实施之日起,代替 GB 3862—1983。

本标准技术指标修改采用食品法典委员会(CAC)下属的食品添加剂联合专家委员会(JECFA)制定的《天然薄荷脑》(代号为 JECFA 427),检验方法则采用香料通用试验方法,该通用试验方法绝大部分修改采用 ISO 相关标准。

本标准由中国轻工业联合会提出。

本标准由全国香料香精化妆品标准化技术委员会归口。

本标准由上海香料研究所和江苏省南通薄荷厂负责起草。

本标准主要起草人:徐易、金其璋、王建兵。

本标准于 1983 年 9 月首次发布,本次为第一次修订。

食品添加剂　天然薄荷脑

1　范围

本标准规定了食品添加剂天然薄荷脑的要求、试验方法、检验规则和标志、包装、运输、贮存等内容。

本标准适用于对用冷冻法从薄荷油中经结晶分离的天然薄荷脑的质量进行分析评价。

2　规范性引用文件

下列文件中的条款通过本标准的引用而成为本标准的条款。凡是注日期的引用文件，其随后所有的修改单(不包括勘误的内容)或修订版均不适用于本标准，然而，鼓励根据本标准达成协议的各方研究是否可使用这些文件的最新版本。凡是不注日期的引用文件，其最新版本适用于本标准。

GB/T 5009.74　食品添加剂中重金属限量试验

GB/T 5009.76　食品添加剂中砷的测定

GB/T 14454.2　香料　香气评定法

GB/T 14454.5　香料　旋光度的测定

GB/T 14454.6　香料　蒸发后残留物含量的评估

GB/T 14457.1　单离及合成香料　乙醇中溶解度测定法

GB/T 14457.3　单离及合成香料　熔点测定法

3　产品化学名称、分子式、结构式、相对分子质量

化学名称：*l*-1-甲基-4-异丙基环己醇-3。

分子式：$C_{10}H_{20}O$。

结构式：

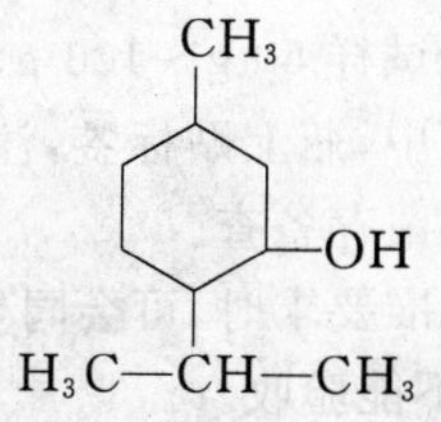

相对分子质量：156.27(按1987年国际原子量)。

4　要求

4.1　色状：无色透明棱柱状或针状晶体。

4.2　香气：具有愉快的薄荷样香气。

4.3　熔点：41.5℃～44.0℃。

4.4　蒸发后残留物含量：≤0.05 %。

4.5　溶解度(25℃)：1 g 试样全溶于 5 mL90%(体积分数)乙醇中。

4.6　比旋度(25℃)：−50°～ −49°。

4.7　砷含量：≤3 mg/kg。

4.8　重金属含量[以铅(Pb)计]：≤10 mg/kg。

5 试验方法

5.1 色状的检定

将试样置于比色管内，用目测法观察。

5.2 香气的评定

按 GB/T 14454.2 规定执行。

5.3 熔点的测定

按 GB/T 14457.3 规定执行。

5.4 蒸发后残留物含量的测定

按 GB/T 14454.6 规定执行。

5.5 溶解度的测定

按 GB/T 14457.1 规定执行。

5.6 比旋度的测定

按 GB/T 14454.5 规定执行。

5.7 砷含量的测定

按 GB/T 5009.76 规定执行。

5.8 重金属含量[以铅(Pb)计]的测定

按 GB/T 5009.74 规定执行。

6 检验规则

6.1 天然薄荷脑应由生产厂质量检验部门负责检验，生产厂应保证出厂产品都符合本标准的要求，每批出厂产品都应附有质量合格证书。色状、香气、熔点、溶解度、比旋度为出厂检验项目，而蒸发后残留物含量、砷含量、重金属含量[以铅(Pb)计]为型式检验项目，每半年检验一次。

6.2 验收单位有权按照本标准的各项规定检验所收到的产品质量是否符合本标准的要求，每一批号作一次验收，不同批号分别验收。

6.3 取样方法：每批的包装单位 1 个～2 个，全抽；3 个～100 个抽取 2 个；100 个以上增加部分再抽取 3%。用取样器从每个包装单位中均匀抽取试样 50 g～100 g，将所抽取的试样全部置于混样器内充分混匀，分别装入两个清洁干燥具塞的玻璃瓶中，瓶上贴标签，注明：生产厂厂名、产品名称、生产日期、批号、数量及取样日期，一瓶作检验用，另一瓶留存备查。

6.4 如验收结果中有一项指标不符合本标准要求时，可会同生产厂重新加倍抽取试样复验。如复验结果仍有指标不合格，则判该批产品不合格，不能验收。

6.5 当供需双方对产品质量发生异议时，可由双方协议解决或由法定检验机构进行仲裁。

7 标志、包装、运输、贮存

7.1 标志

产品包装外应注明："食品添加剂"字样、产品名称、生产厂厂名和地址、商标、批号、净含量、生产日期和保质期、卫生许可证号、生产许可证号及本标准编号。订货单位如有特殊要求，可与生产厂另订协议。

7.2 包装

天然薄荷脑应装于清洁无杂味的衬有聚乙烯袋的纸板桶或马口铁听内，或按顾客要求包装。

7.3 运输

在运输过程中应轻装轻卸，防止日晒雨淋，不得与有毒、有害物质混装、混运，并应符合有关部门的规定。

7.4 贮存

本产品应贮存在阴凉、干燥、通风的仓库内，避免杂气污染，远离火源。

7.5 保质期

在符合规定的贮运条件、包装完整、未经启封的情况下，本产品保质期为一年。

ICS 65.060.10
T 61

中华人民共和国国家标准

GB/T 3871.1—2006
代替 GB/T 3871.1—1993

农业拖拉机 试验规程
第1部分:通用要求

Agricultural tractors—Test procedures—
Part 1: General requirements

2006-02-06 发布 2006-04-01 实施

中华人民共和国国家质量监督检验检疫总局
中国国家标准化管理委员会 发布

前　言

GB/T 3871《农业拖拉机　试验规程》分为19部分：

——第1部分：通用要求；
——第2部分：整机参数测量；
——第3部分：动力输出轴功率试验；
——第4部分：后置三点悬挂装置提升能力；
——第5部分：转向圆和通过圆直径；
——第6部分：农林车辆制动性能的确定；
——第7部分：驾驶员的视野；
——第8部分：噪声测量；
——第9部分：牵引功率试验；
——第10部分：低温起动；
——第11部分：高温性能试验；
——第12部分：使用试验；
——第13部分：排气烟度测量；
——第14部分：非机械式传输的部分功率输出动力输出轴；
——第15部分：质心；
——第16部分：轴功率测定；
——第17部分：发动机空气滤清器；
——第18部分：拖拉机与机具接口处液压功率；
——第19部分：轮式拖拉机转向性能。

本部分是GB/T 3871的第1部分。

本部分代替GB/T 3871.1—1993《农业轮式和履带拖拉机试验方法　第1部分：通用要求》。本部分与GB/T 3871.1—1993相比主要变化如下：

——标准名称中由原来的“农业轮式和履带拖拉机试验方法”改为“农业拖拉机 试验规程”；
——规范性引用文件引用了最新版本的标准；
——增加附录A，试验报告格式移到附录A中；
——取消6.3.4结束语一条。

本部分的附录A为规范性附录。

本部分由中国机械工业联合会提出。

本部分由全国拖拉机标准化技术委员会归口。

本部分起草单位：洛阳拖拉机研究所、国家拖拉机质量监督检验中心、第一拖拉机股份有限公司。

本部分主要起草人：李京中、赵电昭、柳玲文、李乐臣。

本部分所代替标准的历次版本发布情况为：

——GB/T 3871.1—1983、GB/T 3871.1—1993。

农业拖拉机　试验规程
第1部分:通用要求

1　范围

GB/T 3871的本部分规定了农业轮式和履带拖拉机试验样机的验收、磨合、试验通用要求和试验报告编写格式。

本部分适用于农业轮式和履带拖拉机。

2　规范性引用文件

下列文件中的条款通过GB/T 3871本部分的引用而成为本部分的条款。凡是注日期的引用文件,其随后所有的修改单(不包括勘误的内容)或修订版均不适用于本部分,然而,鼓励根据本部分达成协议的各方研究是否可使用这些文件的最新版本。凡是不注日期的引用文件,其最新版本适用于本部分。

GB/T 3871.2～3871.19　农业拖拉机　试验规程

JB/T 7282　拖拉机用油品种、规格的选用

JB/T 9830　农业拖拉机　说明书技术规格格式

3　验收

3.1　提交试验的拖拉机,在试验前,应由试验负责单位根据随机技术文件的要求进行验收。

3.2　下列各项必须与随机技术文件相符:

a)　拖拉机机型及出厂编号;

b)　拖拉机各总成、附件及选装件的技术规格;

c)　拖拉机所用燃油、润滑油、冷却液及其他工作液体。

3.3　检查拖拉机外部,紧固件应连接牢固。如有松动,应予以紧固,并记入试验报告中。

3.4　检查各操纵机构动作情况,如有异常,应予以排除,并记入试验报告中。

4　磨合

4.1　新出厂的拖拉机为降低零部件的磨损程度、延长使用寿命,应按使用说明书或经协商制造厂同意的磨合规范进行磨合。

4.2　磨合期间,除按使用说明书的规定进行维护保养外,一般不允许做其他调整与换修。如确有需要,应经试验负责单位同意,并在其监督下进行,详情记入报告中。

4.3　各项试验时,应按不同试验要求进行试验前磨合,以达到GB/T 3871.1～3871.19各项试验程序中规定的工作状态。

5　通用试验要求

5.1　各项试验中,拖拉机的装备状态应保持与验收时相同(配重除外)。

5.2　试验期间,必须按照使用说明书的要求进行维护保养与调整,试验用燃油应为标准柴油。加注的润滑油、冷却液、液压油及其他工作液体应符合JB/T 7282的有关规定。在每项试验开始前,各种工作液体均应被加注到规定的液面高度。

5.3　除另有规定外,被试拖拉机的轮距及其他可调整安装位置的外部零件,均为符合使用说明书规定

的常用状态。

5.4 除另有规定外，被试拖拉机所装用的轮胎应为使用说明书规定的轮胎；轮胎气压应符合使用说明书的规定，但轮胎负载不应超过其承载能力限定值。各项试验开始时，轮胎胎纹高度应不低于新轮胎的65%；履带拖拉机的履带节距变化不应超过新履带节距的3%。

5.5 试验所用仪器设备，试验前应进行标定检查，其精度应符合测量要求。

5.6 对拖拉机行驶或发动机运转中进行的各项试验，试验前均应预热达到正常工作温度。

5.7 试验期间出现的一切异常和故障，均需排除，并记入报告中。

6 试验报告

6.1 封面

封面形式、内容及尺寸见图 A.1，试验报告名称应根据试验内容或试验性质来确定。

6.2 扉页

扉页形式及内容见图 A.2。

6.3 正文

6.3.1 目录

6.3.2 拖拉机主要技术参数

如拖拉机进行本部分中各项试验，应列出 JB/T 9830 所规定的内容。如进行单项或某几项试验，可以省略其中无关内容。

6.3.3 拖拉机试验状态参数

试验时，拖拉机调整状态的一些参数。如发动机转速、轮胎气压、油温等。

6.3.4 试验结果

根据试验内容，依次列出被试拖拉机验收和磨合结果及 GB/T 3871.2～GB/T 3871.19 中所规定的各项试验结果，或针对某一项（或某几项）试验结果记入报告中。

6.3.5 附件

附 录 A
(规范性附录)
试验报告格式

单位为毫米

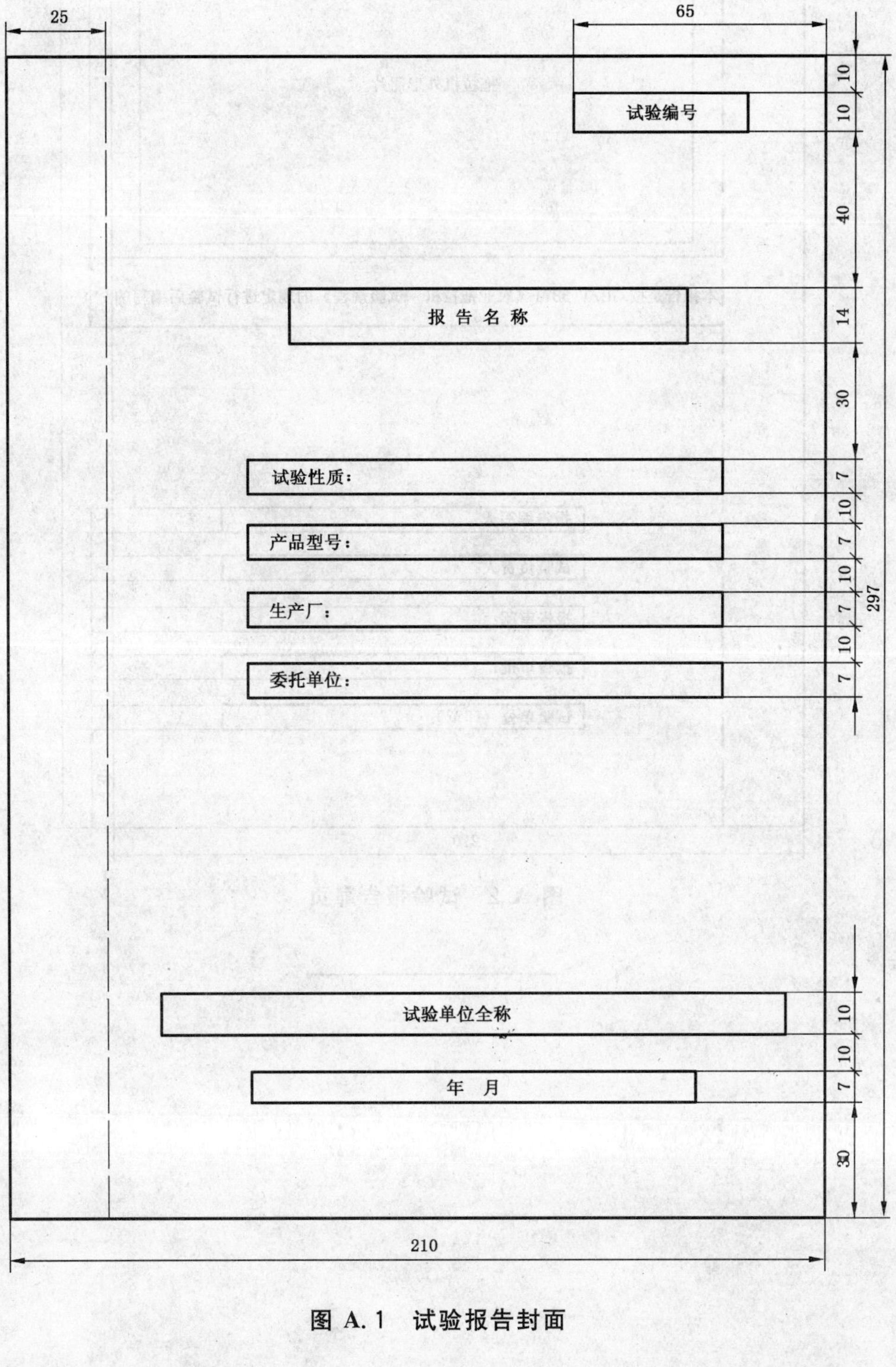

图 A.1 试验报告封面

单位为毫米

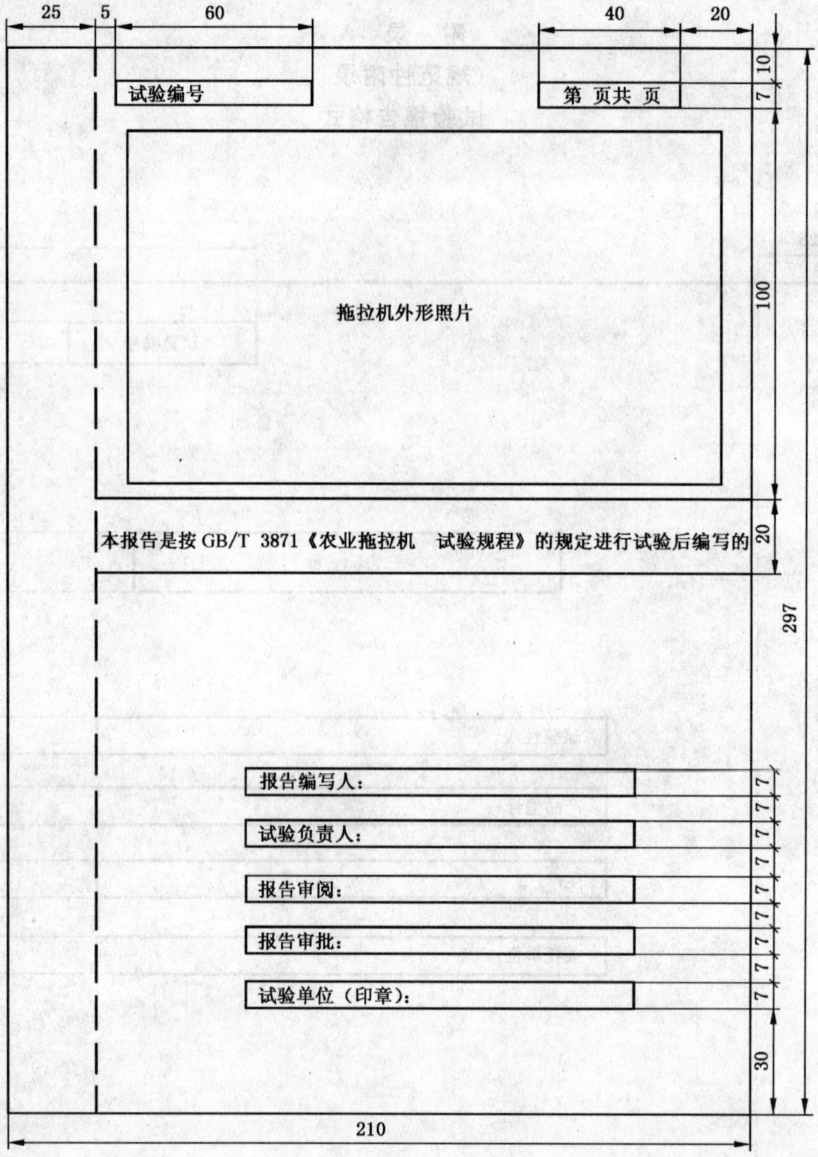

图 A.2　试验报告扉页

ICS 65.060.10
T 61

中华人民共和国国家标准

GB/T 3871.2—2006
代替 GB/T 3871.2—1993

农业拖拉机 试验规程 第2部分:整机参数测量

Agricultural tractors—Test procedures—Part 2:Measurements of tractor parameters

2006-02-06 发布 2006-04-01 实施

中华人民共和国国家质量监督检验检疫总局
中国国家标准化管理委员会 发布

前　言

GB/T 3871《农业拖拉机　试验规程》分为19部分：

——第1部分：通用要求；

——第2部分：整机参数测量；

——第3部分：动力输出轴功率试验；

——第4部分：后置三点悬挂装置提升能力；

——第5部分：转向圆和通过圆直径；

——第6部分：农林车辆制动性能的确定；

——第7部分：驾驶员的视野；

——第8部分：噪声测量；

——第9部分：牵引功率试验；

——第10部分：低温起动；

——第11部分：高温性能试验；

——第12部分：使用试验；

——第13部分：排气烟度测量；

——第14部分：非机械式传输的部分功率输出动力输出轴；

——第15部分：质心；

——第16部分：轴功率测定；

——第17部分：发动机空气滤清器；

——第18部分：拖拉机与机具接口处液压功率；

——第19部分：轮式拖拉机转向性能。

本部分是GB/T 3871的第2部分。

本部分代替GB/T 3871.2—1993《农业轮式和履带拖拉机试验方法　第2部分：整机参数测量》。修订时除作了编辑性修改外，本部分与GB/T 3871.2—1993相比主要变化如下：

——标准名称中由原来的“农业轮式和履带拖拉机试验方法”改为“农业拖拉机　试验规程”；

——规范性引用文件中引用了最新版本的标准；

——取消了原标准中第3章术语和农艺地隙项目的测量；

——“试验条件”改为“一般要求”，并将测量误差调整到该章中；

——代替驾驶员重块质量由65 kg改为75 kg；

——增加了质量测量时前后或左右支承总和不等于总质量时，分配质量之和与总质量有差异时确定总质量的方法；

——取消了原标准中质心的测量方法；

——质量测量时增加了刃性支承距离，履带拖拉机整机尺寸增加了履带宽度；

——将原标准中拖拉机整机参数测量结果汇总表改为附录A拖拉机整机参数试验报告。

本部分的附录A为规范性附录。

本部分由中国机械工业联合会提出。

本部分由全国拖拉机标准化技术委员会归口。

本部分起草单位：洛阳拖拉机研究所、国家拖拉机质量监督检验中心、山东时风(集团)有限责任公司。

本部分主要起草人:闫小方、林连华、杨吉生、吴振斌、柳玲文。

本部分所代替标准的历次版本发布情况为:

——GB/T 3871.2—1983、GB/T 3871.2—1993。

农业拖拉机 试验规程
第2部分：整机参数测量

1 范围

GB/T 3871 的本部分规定了测量农业轮式和履带拖拉机整机参数的试验程序。

本部分适用于农业轮式和履带拖拉机。

2 规范性引用文件

下列文件中的条款通过 GB/T 3871 的本部分的引用而成为本部分的条款。凡是注日期的引用文件，其随后所有的修改单(不包括勘误的内容)或修订版均不适用于本部分，然而，鼓励根据本部分达成协议的各方研究是否可使用这些文件的最新版本。凡是不注日期的引用文件，其最新版本适用于本部分。

GB/T 3871.1 农业拖拉机 试验规程 第1部分：通用要求

GB/T 3871.15 农业拖拉机 试验规程 第15部分：质心(GB/T 3871.15—2006，ISO 789-6：1982，MOD)

3 试验设备

称量装置、带刀口支承的平板、钢直尺、钢卷尺、水平仪、铅锤、容器和轮胎气压表。

4 一般要求

4.1 被试拖拉机的技术状态和试验通用要求均应符合 GB/T 3871.1 的有关规定。

4.2 被试拖拉机所带配重(包括前后配重及轮胎所充的液体配重)，应为制造厂规定的最大质量。

4.3 测量时，被试拖拉机应停放在坚硬水平地面上，并处于直线行驶位置，下拉杆处于水平状态。

4.4 驾驶座应调整至中间位置，在驾驶座正中放置代替驾驶员质量的 75 kg 重块。

4.5 进行测试时，使用下列测量单位和允许误差：

a) 距离： mm， ±0.5 %；

b) 质量： kg， ±0.5 %；

c) 力： N， ±1.0 %；

d) 轮胎气压： kPa， ±5.0 %。

5 试验规程

5.1 整机尺寸测量

拖拉机在带配重状态下进行测量。

在平行于拖拉机纵向中心平面方向上测量纵向尺寸，在平行于前后轮(轴)线方向上测量横向尺寸，在垂直方向上测量高度尺寸(履带拖拉机不包括履刺高)，测量项目见图1及附录A表A.1。

5.2 灌注量测量

测量附录A表A.2中所列的各部件的灌注量时，用清洁容器接收各被测部件及其管路中所能放出的全部液体，然后分别测出其质量。

5.3 质量测量

拖拉机分别在不带配重和带配重的两种状态下进行测量，测量项目见附录A表A.3。

拖拉机质量可以用称量装置直接测出(见图 2)。在用地磅测量时,由于地磅平台与周围地面之间在水平面上有微小的差异,前、后部或左、右侧载荷的总和有可能不等于拖拉机总质量。这时可用左、右轮(或履带)载荷的总和来确定拖拉机总质量,但需在每侧测量时,使拖拉机跨在地磅上的距离尽可能相等的方法将误差减至最小。

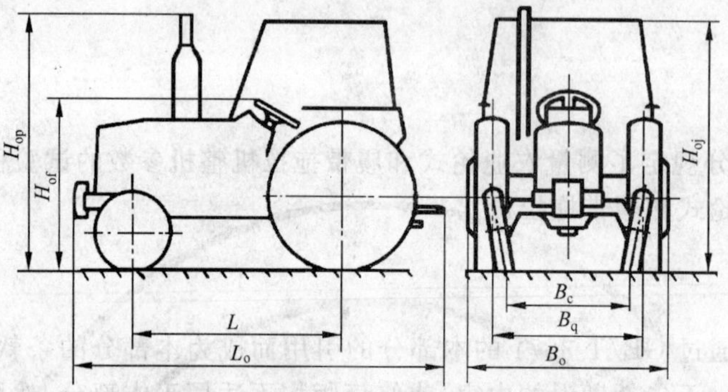

图 1　整机尺寸测量示意图

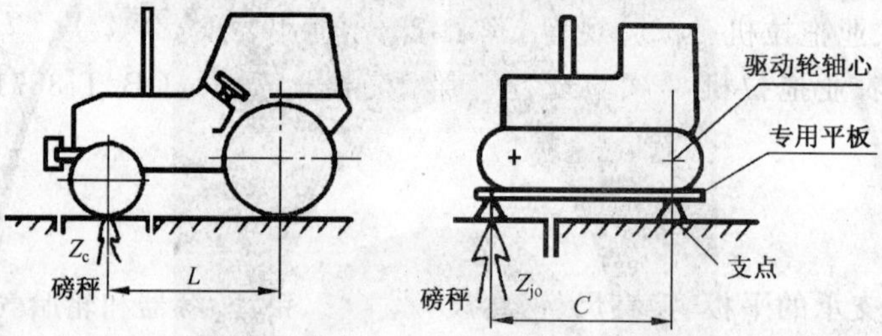

图 2　整机质量测量示意图

5.4　质心座标确定

质心座标确定见 GB/T 3871.15,其中垂直座标为选做项目。

6　试验结果及报告

将各项测量结果记入附录 A。

附　录　A
（规范性附录）
拖拉机整机参数试验报告

A.1　拖拉机

制造厂名称和地址______________________

拖拉机型式______________　　型号______________

出厂编号______________

轮胎气压：前轮______________kPa　后轮______________kPa

轮胎规格：前轮______________　　后轮______________

A.2　整机尺寸测量结果

表 A.1　整机尺寸参数　　　单位为毫米

测量项目			数　值
外形尺寸	长 L_o		
	宽 B_o		
	高	至驾驶室顶或防护装置顶 H_{oj} 或转向盘顶 H_{of}	
		至排气管顶 H_{op}	
轮距	前轮 B_c		
	后轮 B_q		
轴距　L			
轨距			
履带接地长			
履带板宽度			
最小离地间隙　H_d			
最小离地间隙 H_d 的受限部位：			

A.3　灌注量测量结果

表 A.2　灌注量测量　　　单位为千克

测量项目	灌注量	测量项目	灌注量
燃油		最终传动润滑油	
冷却液		前驱动桥润滑油	
发动机润滑油		转向系润滑油	
传动箱润滑油		液压系用油	

A.4 质量测量结果

表 A.3 质量测量

单位为千克

项目		无配重	有配重	配重质量	
质量	前轮(前支承)			前端	
	后轮(后支承)			前轮轴	
	左轮(左履带)			后轮轴	
	右轮(右履带)			液体	
	总质量			总质量	
注：履带拖拉机质量是在刀口支承点间距离 C 为____ mm 时测得的。					

ICS 65.060.10
T 61

中华人民共和国国家标准

GB/T 3871.3—2006
代替 GB/T 3871.3—1993

农业拖拉机　试验规程
第3部分：动力输出轴功率试验

Agricultural tractors—Test procedures—
Part 3: Power tests for power take-off

(ISO 789-1:1990, MOD)

2006-02-06 发布　　　　2006-04-01 实施

中华人民共和国国家质量监督检验检疫总局
中国国家标准化管理委员会　发布

前　言

GB/T 3871《农业拖拉机　试验规程》分为19部分：

——第1部分：通用要求；

——第2部分：整机参数测量；

——第3部分：动力输出轴功率试验；

——第4部分：后置三点悬挂装置提升能力；

——第5部分：转向圆和通过圆直径；

——第6部分：农林车辆制动性能的确定；

——第7部分：驾驶员的视野；

——第8部分：噪声测量；

——第9部分：牵引功率试验；

——第10部分：低温起动；

——第11部分：高温性能试验；

——第12部分：使用试验；

——第13部分：排气烟度测量；

——第14部分：非机械式传输的部分功率输出动力输出轴；

——第15部分：质心；

——第16部分：轴功率测定；

——第17部分：发动机空气滤清器；

——第18部分：拖拉机与机具接口处液压功率；

——第19部分：轮式拖拉机转向性能。

本部分是GB/T 3871的第3部分。

本部分修改采用ISO 789-1：1990《农业拖拉机　试验规程　第1部分：动力输出轴功率试验》(英文版)。

为便于使用，本部分作了下列修改：

——"ISO 789这一部分"一词改为"本部分"；

——删除了国际标准的前言；

——试验用油改为符合JB/T 7282的规定，取消了ISO 789-1资料性附录B、附录C、附录D、附录E；

——增加了发动机台架试验。

为与我国标准协调一致，本部分在采用国际标准时进行了修改，这些技术差异用垂直线标识在它们所涉及的条款的页面空白处。

本部分代替GB/T 3871.3—1993《农业轮式和履带拖拉机试验方法　第3部分：动力输出轴功率试验》。修订时除作了编辑性修改外，本部分与GB/T 3871.3—1993相比主要变化如下：

——标准名称中由原来的"农业轮式和履带拖拉机试验方法"改为"农业拖拉机 试验规程"；

——取消了3.1、4.1、6.1、6.2、6.3；

——GB/T 3871.3—1993中的5.2和5.3合并为6.1.4；

——最大功率试验增加了没有装备能传输发动机全部功率的动力输出轴的拖拉机的试验程序，以指导试验；

——试验结果的表示方法中增加了燃油消耗率(质量)同功率的曲线关系;使得燃油耗同功率的关系更加直观,以便于可靠性试验中对负荷系数的查定;

——增加了皮带或皮带轮轴功率试验(选做)。

本部分的附录A为规范性附录。

本部分由中国机械工业联合会提出。

本部分由全国拖拉机标准化技术委员会归口。

本部分起草单位:洛阳拖拉机研究所、国家拖拉机质量监督检验中心、宁波中策拖拉机有限公司、江苏悦达盐城拖拉机制造有限公司。

本部分主要起草人:解志桥、钱琴飞、吴俊卿、陈兰芳、柳玲文。

本部分所代替标准的历次版本发布情况为:

——GB/T 3871.3—1983、GB/T 3871.3—1993。

农业拖拉机　试验规程
第3部分:动力输出轴功率试验

1　范围

GB/T 3871的本部分规定了农业轮式和履带拖拉机在动力输出轴(PTO)上以及在皮带或皮带轮轴处有效功率的试验程序。

动力输出轴(PTO)的标定功率按6.3规定。

2　规范性引用文件

下列文件中的条款通过GB/T 3871的本部分的引用而成为本部分的条款。凡是注日期的引用文件,其随后所有的修改单(不包括勘误的内容)或修订版均不适用于本部分,然而,鼓励根据本部分达成协议的各方研究是否可使用这些文件的最新版本。凡是不注日期的引用文件,其最新版本适用于本部分。

GB/T 1592　农业拖拉机后置动力输出轴1、2和3型(GB/T 1592—2003,ISO 500:1991,IDT)

JB/T 7282　拖拉机用油品种、规格的选用

3　术语和定义

下列术语和定义适用于GB/T 3871的本部分。

3.1

发动机标定转速　rated engine speed

拖拉机制造厂规定的发动机持续满负荷运转时的转速。

3.2

动力输出轴功率　PTO power

测功器连接到拖拉机厂设计的用于功率输出的任一轴上(拖拉机静止状态)所测得的功率。

注:拖拉机的动力输出轴不止一个时,应予注明(见6.3)。

3.3

皮带轮功率　belt power

在皮带测功机上所测得的功率。

3.4

燃油消耗率　specific fuel consumption

单位功所消耗的燃油量。

4　测量单位和允许测量误差

本部分使用下列单位和允许测量误差:

转速:	r/min,	±0.5%;
时间:	s,	±0.2 s;
距离:	m或mm,	±0.5%;
力:	N,	±1%;
转矩:	N·m,	±1%;

质量：	kg，	±0.5%；
油耗：	kg/h，	±1%；
大气压力：	kPa，	±0.2 kPa；
温度：	℃，	±2 ℃；
干/湿球计温度：	℃，	±0.5 ℃。

5 通用要求

5.1 技术要求

被试拖拉机应与试验报告中的技术规格相符(见附录 A)，并应在制造厂推荐的正常使用状态下进行试验。

5.2 预热和初调

拖拉机试验前应进行预热。对于可调节油气混合比的火花点燃式发动机，试验时发动机化油器的油气混合比应调整到正常使用条件下制造厂推荐的调整位置。发动机应在标定转速、油门全开的状态下进行预热。

5.3 燃油和润滑油

压燃式发动机(柴油机)和火花点燃式发动机试验时所用燃油应符合 JB/T 7282 的规定。

试验用的润滑油应符合制造厂规定的润滑油的类型和黏度级别。如果使用其他种类的润滑油，应明确说明它们使用的部位(如发动机、传动系等)。

5.4 辅助设备

所有试验，凡驾驶员在常规操作中按照使用说明书不用工具就能脱开的附件，如液压泵或空气压缩机等，均应脱开。否则，应使它们在最小负荷下运转。

如果拖拉机装有能产生可变的附加功率损耗装置，如可变速的冷却风扇、间歇式液压或电子装置等，该装置不应断开或改动。如果使用说明书中允许驾驶员脱开上述装置，试验时应将其脱开，并记入试验报告中。

如果试验中由这些装置引起的功率误差超过±5%，则试验报告中应记录功率偏离平均值的百分比。

5.5 环境条件

转矩或功率等测量值不必进行环境状态或其他因素方面的修正。大气压力应不低于 96.6 kPa。如受海拔条件限制不能达到要求的气压时，允许调整化油器和燃油泵，并应详细记录在报告中。环境温度应为 23℃± 7℃。

在每种试验工况开始测量前，拖拉机都应达到稳定运转状态。

5.6 燃油消耗

安装油耗测量装置，应使化油器或输油泵处的油压相当于拖拉机油箱一半油时所具有的油压。燃油油温应相当于拖拉机全负荷运转 2 h 后油箱出口的燃油温度。

用容积法测量燃油消耗时，应按某一温度的燃油比重来计算单位功的油耗质量。通常用 15℃时的燃油比重来计算容积值。

用质量法测量燃油消耗时，用 15℃时燃油密度(比重)来计算容积值。

6 试验规程

6.1 动力输出轴试验

对所有装有符合 GB/T 1592 所规定动力输出轴的拖拉机，应对拖拉机厂所给定的一根或多根动力输出轴进行试验。当其中一根动力输出轴能传输发动机全部功率时，还应包括对该动力输出轴的试验。

6.1.1 总则

各种试验通常应连续进行。

拖拉机动力输出轴同测功机之间的连接轴的歪斜度应不大于2°。

如果试验场使用废气排放装置,它不得影响发动机的性能。

6.1.2 功率

6.1.2.1 最大功率

发动机预热达到稳定运转工况后,在动力输出轴最大功率工况下,拖拉机进行2 h试验,测量转速、转矩和油耗等。

在试验报告里所提供的最大功率,应是2 h试验期间以均匀的时间间隔,进行至少6次测量所得结果的平均值。如果某一测得功率与平均值比较功率变化超过2 %,则试验应重做。结果同上,则应报告这个偏差。

对于没有装备能传输发动机全部功率的动力输出轴的拖拉机,则应在工厂给定的功率下进行2 h试验。如有可能,应每隔5 min在功率增大20%时运转1 min。如果发动机发出的功率不能增大20%,则进行发动机全负荷间歇性试验。略去在6.1.3和6.1.4中所述的试验。

6.1.2.2 发动机标定转速下最大功率(选做)

如果在发动机标定转速下不能产生最大功率,可按6.1.2.1中规定的试验程序进行任选附加1 h试验。

6.1.3 全负荷下变速试验

在全负荷下以约10%的转速递减间隔,测定每一转速下的功率、转矩和油耗,试验的最低转速应达到最大转矩时的转速。如果可能,试验时应达到比最大转矩转速低15%的转速。

6.1.4 发动机标定转速和PTO标准转速下最大功率时变负荷试验

调速器调到最大功率处。首先发动机在标定转速下运行,然后在接近PTO设计的(或者在540 r/min或1 000 r/min:见GB/T 1592)标准转速下,于下列转矩值时测量转矩、转速和油耗等:

a) 发动机在标定转速下和PTO标准转速下最大有效功率时的转矩;

b) a)项所得转矩的85%;

c) b)项所得转矩的75%;

d) b)项所得转矩的50%;

e) b)项所得转矩的25%;

f) 空负荷[如果测功机剩余转矩大于b)项规定转矩的5%,则应将测功机脱开]。

6.1.5 发动机台架试验

对无动力输出轴或不宜做动力输出轴功率试验的小型拖拉机,动力输出轴功率试验改为发动机台架试验。

试验时,将发动机曲轴直接与测功机相连,并应在发动机规定位置处装上拖拉机正常工作时所应带的发动机附件(如空气滤清器、排气消声器和水箱等),然后参照6.1.2～6.1.4(除PTO标准转速下最大功率时变负荷试验外)所规定的各项进行试验。

6.1.6 试验结果的表示方法

从6.1.1～6.1.4的试验结果,应以表格的形式记录。如果以曲线图的形式表达(任选),则应包括所试验的整个发动机转速范围内的下列各曲线关系:

——功率同转速的曲线关系;

——转矩同转速的曲线;

——油耗(质量)和燃油消耗率(质量)同转速的曲线关系;

——燃油消耗率(质量)同功率的曲线关系。

记录发动机空载最高转速。

6.1.7 **辅助测量**

除上述规定的性能测量外，还应记录下列数据：

——在拖拉机前或侧面约 2 m，在拖拉机风扇进气口的前方，距地面高约 1.5 m 处有代表性的点测量环境温度。当拖拉机装有向前鼓风的风扇时，该点应设在拖拉机后约 2 m，并离地高 1.5 m 处；

——在空气滤清器进口处 5 cm 迎风面气流中测量发动机进气口处温度，温度感应头应有防辐射热装置；

——大气压力；

——大气相对湿度；

——在发动机出水口处测量冷却液温度（如用风冷发动机时，在有代表性的一些点测量气缸体温度）；

——汽化器或喷油泵进口处燃油温度；

——在发动机油底壳内油液面深度一半处测量发动机机油温度。

6.2 **皮带或皮带轮轴试验（选做）**

按制造厂要求，测量拖拉机的皮带或皮带轮（如果装有）上可利用的功率。

用一根挠性的并具有适当的功率和转矩传输性能的皮带，将拖拉机的皮带轮和测功机的皮带轮连起来，当用下面公式计算时，皮带打滑率不应超过 2%，在此前提下皮带的张紧度应尽可能小。

用下面公式测定皮带打滑率：

$$\delta = \frac{100(n_0 - n_1)}{n_0} \qquad \cdots\cdots\cdots\cdots(1)$$

式中：

δ——打滑率，%；

n_0——从动皮带轮没有打滑时的转速，单位为转每分(r/min)；

n_1——从动皮带轮在负荷下的转速，单位为转每分(r/min)。

除在动力输出轴标准转速下及动力输出轴不能传输发动机全部功率的拖拉机上做试验的条款外，所有主动力输出轴试验项目都应用于皮带或皮带轮轴试验。

如果发动机的标定转速与皮带标准速度不一致，则按 15.75 m/s±0.25 m/s 的皮带标准速度时的发动机转速，检测发动机性能。

6.3 **标定功率**

拖拉机标定功率应规定为在某一能传输发动机全部功率的后动力输出轴上测得的最大功率，如果拖拉机未装有能传输发动机全功率的后动力输出轴，可使用在其他动力输出轴位置处所测得的功率，但必须在试验报告中标明。

附 录 A
(规范性附录)
动力输出轴试验报告

A.1 位置

拖拉机制造厂名称和地址:______

磨合地点:______

磨合持续时间:______

A.2 拖拉机技术规格

拖拉机

型号:______ 产品编号:______

发动机

牌号:______ 型号:______

型式:______ 产品编号:______

标定转速:______ r/min

气缸

缸数:______ 缸径:______ mm

冲程:______ mm 排量:______ L

燃油和供油系统

油箱容量:______ L

喷油泵的牌号、型式和型号:______

制造厂调整的喷油量:______

喷油嘴的牌号、型式和型号:______

磁电机、点火线圈和分电器的牌号、型式和型号:______

汽化器的牌号、型式和型号:______

点火或供油提前角(手动或自动):______

空气滤清器

型号:______ 型式:______

粗滤器(如装有):

型号:______ 型式:______

冷却系统

型式:连续/间断

如果间断,试验期间的型号:______

动力输出轴

位置:______ 尺寸:______ mm

驱动型式:______ 花键数目:______

离地面高度:______ mm

转速:______ r/min 相应的发动机转速:______ r/min

(如果动力输出轴不止一个,则每个都按上述各项重填)

皮带轮

位置：______ 尺寸：______ mm(直径和宽度)

驱动型式：______

皮带轮线速度：______ km/h

相应的发动机转速：______ r/min

离地高度：______ mm

离拖拉机中心线：______ mm

A.3 燃油和润滑油技术规格——室内试验

燃油

牌号：______ 辛烷值(RON[1])数：______

辛烷值和十六烷值：______ 15℃时的比重：______

型号：______

发动机润滑油

牌号：______ 型号：______

黏度等级：______

传动系润滑油

牌号：______ 型号：______

黏度等级：______

A.4 试验结果汇总表

动力输出轴功率试验结果汇总表见表 A.4。

1) RON 研究辛烷值数。

表 A.4 动力输出轴功率试验结果汇总表

试验地点:______________ 试验日期:______________

测功器型号:______________ 燃油类型及密度(15°):______________

功率/kW	转速/(r/min)		油耗			
	发动机	PTO	L/h	kg/h	g/(kW·h)	kW·h/L
最大功率试验(6.1.2.1)						
全负荷下的变速试验(6.1.3)						
发动机标定转速下最大功率时变负荷试验						
a)						
b)						
c)						
d)						
e)						
f)						
PTO标准转速下最大功率时变负荷试验(6.1.4)						
a)						
b)						
c)						
d)						
e)						
f)						

空载发动机最高转速:______________ r/min

发动机标定转速下等效曲轴转矩:______________ N·m

最大等效曲轴转矩:______________ N·m;最大等效曲轴转矩时发动机转速:______ r/min

转矩储备系数 μ:______________ %

最大等效曲轴转矩时转速与发动机标定转速比:______________ %

动力输出轴变负荷平均燃油消耗 g_{dp}:______________ g/kW·h

试验时平均大气状况:环境温度:__________ ℃ 大气压力:______________ kPa

进气温度:__________ ℃ 相对湿度:______________ %

试验时最高温度:燃油:__________ ℃ 冷却液最高温度:______________ ℃

进气:__________ ℃ 发动机润滑油:______________ ℃

注:表 A.4 经过适当修改也可用于记录皮带试验和皮带轮轴试验结果。

ICS 65.060.10
T 61

中华人民共和国国家标准

GB/T 3871.4—2006
代替 GB/T 3871.4—1993

农业拖拉机　试验规程
第4部分:后置三点悬挂装置提升能力

Agricultural tractors—Test procedures
—Part 4：Rear three-point linkage lifting capacity

(ISO 789-2:1993,MOD)

2006-02-06 发布　　2006-04-01 实施

中华人民共和国国家质量监督检验检疫总局
中国国家标准化管理委员会　发布

前　言

GB/T 3871《农业拖拉机　试验规程》分为19部分：

——第1部分：通用要求；

——第2部分：整机参数测量；

——第3部分：动力输出轴功率试验；

——第4部分：后置三点悬挂装置提升能力；

——第5部分：转向圆和通过圆直径；

——第6部分：农林车辆制动性能的确定；

——第7部分：驾驶员的视野；

——第8部分：噪声测量；

——第9部分：牵引功率试验；

——第10部分：低温起动；

——第11部分：高温性能试验；

——第12部分：使用试验；

——第13部分：排气烟度测量；

——第14部分：非机械式传输的部分功率输出动力输出轴；

——第15部分：质心；

——第16部分：轴功率测定；

——第17部分：发动机空气滤清器；

——第18部分：拖拉机与机具接口处液压功率；

——第19部分：轮式拖拉机转向性能。

本部分为GB/T 3871的第4部分。

本部分修改采用ISO 789-2:1993《农业拖拉机　试验规程　第2部分：后置三点悬挂装置提升能力》(英文版)。

为符合我国的标准编写规定及与我国标准相协调，本部分在采用国际标准时进行了修改。这些技术差异用垂直线标识在它们所涉及的条款的页边空白处。具体的技术性差异如下：

——"本国际标准"一词改为"本部分"；

—— 删除了国际标准的前言；

——删除了范围中的注；

——规范性引用文件中用国家标准和行业标准代替了国际标准，增加了0类悬挂装置的标准；

——用小数点"."代替作为小数点的逗号","；

——压力的测量单位由kPa改为MPa；

本部分代替GB/T 3871.4—1993《农业轮式和履带拖拉机试验方法　第4部分：液压提升能力和输出功率试验》。修订时除作了编辑性修改外，与GB/T 3871.4—1993相比主要变化如下：

——标准名称中由原来的"农业轮式和履带拖拉机试验方法"改为"农业拖拉机 试验规程"；

——如果拖拉机具有一个以上的悬挂类别，试验选用的悬挂类别由原来的"选用与该机(被试拖拉机)牵引功率相适应的标准类别进行试验"改为"试验用类别由制造厂选定"；

——规范性引用文件中引用了最新版本的标准；

——取消了提升时间、提升行程和操纵力的测量项目；

——取消了液压输出功率试验；

——取消了加载框架示意图；

——取消了最大提升力和转矩的计算公式；

——取消了悬挂机构位置尺寸测量项目；

——增加了提升力测量时的环境温度要求；

——静沉降试验时的载荷由最大提升力的90%改为最大提升力。

本部分的附录A为规范性附录。

本部分由中国机械工业联合会提出。

本部分由全国拖拉机标准化技术委员会归口。

本部分起草单位：洛阳拖拉机研究所、国家拖拉机质量监督检验中心、中国洛阳宏宣机械制造有限公司。

本部分主要起草人：闫小方、张宣、尚项绳、刘华。

本部分所代替标准的历次版本发布情况为：

GB/T 3871.4—1983、GB/T 3871.4—1993。

农业拖拉机　试验规程
第4部分:后置三点悬挂装置提升能力

1　范围

GB/T 3871的本部分规定了测定农业拖拉机后置三点悬挂装置下悬挂点处最大提升力、悬挂点后610 mm处最大提升力和静沉降的试验程序。

本部分适用于农业轮式拖拉机后置式三点悬挂装置。

2　规范性引用文件

下列文件中的条款通过GB/T 3871的本部分的引用而成为本部分的条款。凡是注日期的引用文件,其随后所有的修改单(不包括勘误的内容)或修订版均不适用于本部分,然而,鼓励根据本部分达成协议的各方研究是否可使用这些文件的最新版本。凡是不注日期的引用文件,其最新版本适用于本部分。

GB/T 1593.1　农业轮式拖拉机后置式三点悬挂装置　第1部分:1、2、3和4类(GB/T 1593.1—1996,eqv ISO 730-1:1994)

GB/T 1593.2　农业轮式拖拉机后置式三点悬挂装置　第2部分:1N类(GB/T 1593.2—2003,ISO 730-2:1979,NEQ)

GB/T 1593.4　农业轮式拖拉机后置式三点悬挂装置　第4部分:0类

GB/T 3141　工业液体润滑剂　ISO黏度分类(GB/T 3141—1994,eqv ISO 3448:1992)

3　术语和定义

下列术语和定义适用于GB/T 3871的本部分。

3.1

农业拖拉机　agricultural tractor

具有至少两根轴的自走式轮式或履带式机器,主要用于牵引、推动、运载和驱动机具从事农业作业(包括林业作业),该机器可以配备有可拆卸的平台。

3.2

发动机标定转速　rated engine speed

拖拉机制造厂规定的发动机持续满负荷运转时的转速。

4　测量单位和允许误差

GB/T 3871的本部分使用下列测量单位和允许误差:

a)　转速:　r/min,　±0.5 %;

b)　时间:　s,　±0.2 s;

c)　距离:　m或mm,　±0.5 %;

d)　力:　N,　±1 %;

e)　质量:　kg,　±0.5 %;

f)　压力:　MPa,　±2 %;

g)　温度:　℃,　±0.5 ℃。

5 通用要求

5.1 技术规格

被试验拖拉机应与试验报告(见附录A)上的技术规格一致,并按制造厂推荐的正常使用状态使用。

5.2 磨合和初调

5.2.1 试验前拖拉机应进行磨合。

5.2.2 试验应用制造厂推荐的液压油,液压油的类型和黏度应符合GB/T 3141的规定。

5.2.3 发动机的调速机构应置于最大转速位置。

5.2.4 压力表应安装在紧临拖拉机的外部接头处。

5.3 试验期间的要求

5.3.1 每项试验开始时应测量并记录油箱内液压油的温度,油温应达到65℃±5℃。如果达不到这一温度,如由于系统中有冷却器,则应在试验报告中记录试验期间测量的温度。

5.3.2 试验期间的环境温度应为23℃±7℃。

6 试验程序

6.1 液压提升试验

6.1.1 一般要求

6.1.1.1 将不带配重的拖拉机固定在水平位置,使拖拉机轮胎受到动力提升的反作用力时不发生变形。

6.1.1.2 带或不带框架试验时,悬挂杆件应调整到6.1.1.2.1～6.1.1.2.5规定的典型的和可重复的状态。

6.1.1.2.1 调整悬挂杆件,使动力提升行程和下悬挂点离地高度满足GB/T 1593.1、GB/T 1593.2、GB/T 1593.4规定的要求。对动力提升行程达不到标准要求的拖拉机,应在所能达到的最大动力提升行程内测量提升力。如果拖拉机达不到规定的动力提升行程和下悬挂点离地高度,应在试验报告中说明。

6.1.1.2.2 上拉杆长度应调整到:当下拉杆处于水平位置时,框架的立柱处于垂直位置。

6.1.1.2.3 当上铰接点或下铰接点不止一个时,所用的铰接点由制造厂选定,并在试验报告中说明。

6.1.1.2.4 提升杆与下拉杆的挂接点不止一个时,所用的挂接点由制造厂选定,并在试验报告中说明。

6.1.1.2.5 这些初始调整应尽可能使立柱从垂直位置到框架处于最高位置时,立柱至少转过10°。如果达不到这一要求,应在试验报告中说明。

6.1.2 下悬挂点的提升力

6.1.2.1 在连接两个下悬挂点的水平杆上施加一个能够测量的垂直向下的力。该力应位于拖拉机纵向中心平面内,并在整个提升范围内保持垂直。

为确保测量精度,应注意避免在力作用下出现的扭转现象。

6.1.2.2 有效提升力和相应的液压压力应在整个提升范围内间隔大致相等的至少6点处测定,包括最高点和最低点两个极限位置。每点的力应为克服静载荷所发挥的最大值。此外,应测量提升行程。

试验时记录的压力应超过安全阀最小调定压力。

6.1.2.3 将测得的提升力最小值修正到相当于液压提升系统安全阀最小调定压力的90%时的对应值,该修正值即为整个提升范围内的最大提升力。

注:假定提升力和压力成正比。

6.1.3 框架上的提升力

6.1.3.1 将具有下列特征的框架连接到三点悬挂杆件上:

a) 立柱高度和下悬挂点到拖拉机中心线的距离应符合GB/T 1593.1、GB/T 1593.2、

GB/T 1593.4规定的拖拉机的悬挂类别。如果拖拉机的悬挂类别不止一个时，试验用类别由制造厂选定；

b) 质心应在下悬挂点后 610 mm、与立柱垂直的两下悬挂点的中心线上。

6.1.3.2 在悬挂框架质心处施加一可测量的垂直向下的力，将框架质量与所施加的力相加作为提升力。

6.1.3.3 有效提升力和相应的液压压力应在整个提升范围内间隔大致相等的至少 6 点处测定，包括最高点和最低点两个极限位置。每点的力应为克服静载荷所发挥的最大值。此外，应测量提升行程。

试验时记录的压力应超过最小安全阀调定压力。

6.1.3.4 将测得的提升力最小值修正到相当于液压提升系统安全阀最小调定压力的 90%时的对应值，该修正值即为整个提升范围内的最大提升力。

6.1.4 试验报告

试验报告应记录下列内容：

a) 下悬挂点和框架质心处修正的最大提升力(6.1.2.3 和 6.1.3.4)，整个提升范围内各点相对于下拉杆水平位置时的提升高度；

b) 整个提升范围内加载点的垂直移动量(6.1.2.2 和 6.1.3.3)；

c) 相当于液压提升系统最小安全阀调定压力 90%的压力；

d) 下悬挂点在最低位置、无载荷时离地高度；

e) 最高提升位置时立柱角度；

f) 试验时，包括框架立柱高度在内的主要悬挂杆件相对于后轮中心的尺寸(用图表示)；

g) 每项试验开始时的液压油温度；

h) 整个提升范围内框架质心处最大提升力相对于后轴产生的力矩。

注：试验报告格式参见附录 A。

6.2 静沉降试验

注：该项试验为选做项目，在制造厂提出要求时进行。

6.2.1 按 6.1.1 的要求固定拖拉机。

6.2.2 在框架质心处施加一个垂直向下的载荷，其大小为 6.1.3 确定的整个提升范围内的最大提升力，并在整个试验期间保持该载荷不变。

6.2.3 将液压提升装置和操纵机构置于制造厂推荐的农具运输状态下的位置，发动机熄火，测量加载点的垂直高度。

6.2.4 在 30 min 内，每间隔 5 min 测量一次加载点的垂直高度。

6.2.5 试验报告应记录下列测量内容：

a) 施加在框架上的载荷；

b) 每间隔 5 min 后加载点的下降高度；

c) 测量开始时的环境温度。

附 录 A
（规范性附录）
三点悬挂提升能力试验报告格式

A.1 试验地点

制造厂名称和地址：________________

试验日期和试验地点：________________

A.2 拖拉机技术规格

拖拉机

型号：________________ 编号：________________

质量（油箱加满、不带配重和驾驶员）：________________ kg

发动机

制造厂：________________ 型号：________________

型式：________________ 编号：________________

标定转速：________________ r/min

试验用液压油

类型：________________ 黏度：________________ mm^2/s

注：$1\ mm^2/s = 1\ cSt$

黏度指数：________________

液压系统型式：________________

A.3 液压提升力试验（6.1）

	最低位置处下悬挂点离地高度/mm	垂直移动量/mm	整个提升范围内的最大提升力/kN	压力[a]/MPa	对后轴产生的力矩/(kN·m)	最高提升位置时立柱倾角/°
悬挂点处						
框架上						

[a] 安全阀最小调定压力的90%。

相对于下拉杆水平位置的提升高度/mm	悬挂点处修正的提升力/kN	框架上修正的提升力/kN

液压油温度：________________ ℃

试验时主要杆件的尺寸（附图说明）。

A.4 静沉降试验(6.2)

施加在框架上的载荷：________________________ kN

测量开始时环境温度：________________________ ℃

时间/min	下降高度/mm
5	
10	
15	
20	
25	
30	

ICS 65.060.10
T 61

中华人民共和国国家标准

GB/T 3871.5—2006/ISO 789-3:1993
代替 GB/T 3871.5—1993

农业拖拉机 试验规程
第5部分:转向圆和通过圆直径

Agricultural tractors—Test procedures
—Part 5:Turning and clearance diameters

(ISO 789-3:1993,IDT)

2006-02-06 发布 2006-04-01 实施

中华人民共和国国家质量监督检验检疫总局
中国国家标准化管理委员会 发布

前　言

GB/T 3871《农业拖拉机　试验规程》分为19部分：

——第1部分:通用要求；

——第2部分:整机参数测量；

——第3部分:动力输出轴功率试验；

——第4部分:后置三点悬挂装置提升能力；

——第5部分:转向圆和通过圆直径；

——第6部分:农林车辆制动性能的确定；

——第7部分:驾驶员的视野；

——第8部分:噪声测量；

——第9部分:牵引功率试验；

——第10部分:低温起动；

——第11部分:高温性能试验；

——第12部分:使用试验；

——第13部分:排气烟度测量；

——第14部分:非机械式传输的部分功率输出动力输出轴；

——第15部分:质心；

——第16部分:轴功率测定；

——第17部分:发动机空气滤清器；

——第18部分:拖拉机与机具接口处液压功率；

——第19部分:轮式拖拉机转向性能。

本部分是GB/T 3871的第5部分。

本部分等同采用ISO 789-3:1993《农业拖拉机　试验规程　第3部分:转向圆和通过圆直径》(英文版)。

为便于使用,本部分做了下列编辑性修改：

——"本国际标准"一词改为"本部分"；

——用小数点"."代替作为小数点的逗号","；

——删除了国际标准的前言；

——标准中的图按我国的制图习惯作了修改。

本部分代替GB/T 3871.5—1993《农业轮式和履带拖拉机试验方法　第5部分:转向和离合器操纵试验》。修订时除作了编辑性修改外,本部分与GB/T 3871.5—1993相比主要变化如下：

——标准名称中由原来的"农业轮式和履带拖拉机试验方法"改为"农业拖拉机 试验规程"；

——增加了一种转向圆直径和通过圆直径的计算方法；

——取消了原标准中引用标准；

——取消了原标准中转向操纵力和离合器操纵的测量方法。

本部分的附录A为规范性附录。

本部分由中国机械工业联合会提出。

本部分由全国拖拉机标准化技术委员会归口。

本部分起草单位:洛阳拖拉机研究所、国家拖拉机质量监督检验中心、江苏悦达盐城拖拉机制造有限公司。

本部分主要起草人:范建华、吴俊卿、陈兰芳、尚项绳、吴 琦。

本部分所代替标准的历次版本发布情况为:

——GB/T 3871.5—1983、GB/T 3871.5—1993。

农业拖拉机 试验规程
第5部分:转向圆和通过圆直径

1 范围

GB/T 3871的本部分规定了农业拖拉机转向圆和通过圆直径的测量方法。

本部分适用于农业轮式和履带拖拉机,其他用途的拖拉机可参照采用。

2 术语和定义

下列术语和定义适用于GB/T 3871的本部分。

2.1

农业拖拉机 agricultural tractor

具有至少两根轴的自走式轮式或履带式机器,主要用于牵引、推动、运载和驱动机具从事农业(包括林业)作业,该机器可以配备有可拆卸的平台。

2.2

轮距 track(tread) of wheeled tractor

轨距

拖拉机处于水平直线行驶状态,与拖拉机纵向中心面平行、通过两接地轮胎中心平面的两个平面之间的距离(见图1)。

如果拖拉机装双胎,轮距为通过双胎中心平面的两个平面之间的距离。

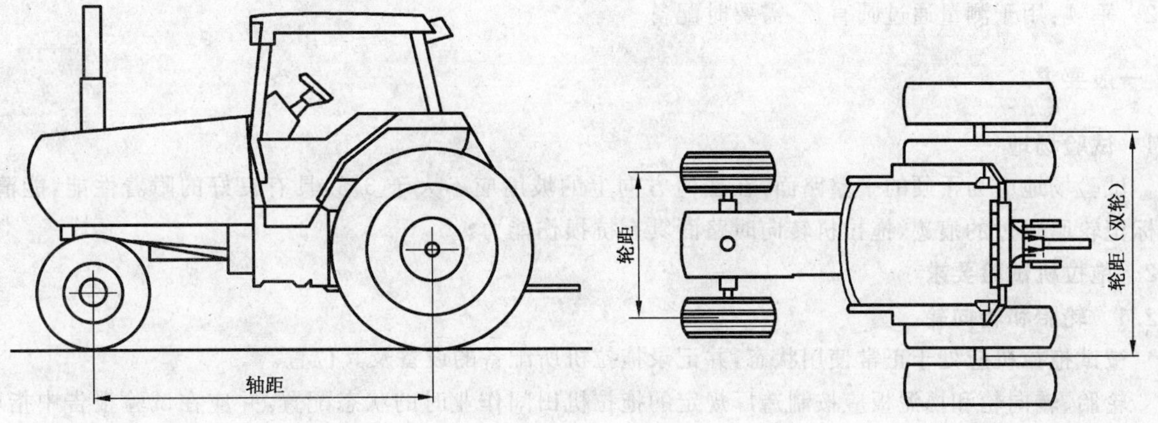

图1 轴距和轮距

2.3

轴距 wheelbase

拖拉机处于水平直线行驶状态时,通过拖拉机前、后轮中心的两个垂直平面之间的距离(见图1)。

如果拖拉机装有后履带,轴距为通过前轮中心平面和履带两个轮轴中心平面之间的距离。

2.4

转向圆直径 turning diameter

在5.1所述的试验条件下,拖拉机进行极限转向试验时,轮胎中心在试验场地上划出的最大圆形路径的直径(见图2)。

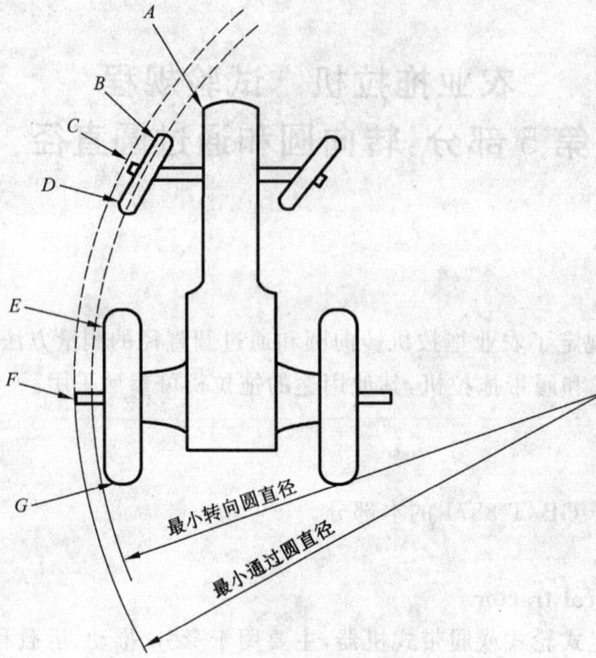

图 2　转向示意图

2.5

通过圆直径　clearance diameter

拖拉机进行极限转向试验时，能包容拖拉机及其设备上最外点最小圆的直径(见图 2)。

3　试验设备

3.1　卷尺:长度应大于被测拖拉机的通过圆直径和转向圆直径。误差在±0.5%以内。

3.2　垂规:用于测量通过圆直径，需要时配备。

4　一般要求

4.1　试验场地

试验场地应为干硬的平整路面，在任何方向上的坡度应不大于 3%，具有良好的附着性能，能清晰地标记轮胎碾过的痕迹，拖拉机转向时路面具有抗损伤能力。

4.2　拖拉机试验要求

4.2.1　轮胎和转向轮

被试拖拉机应处于正常使用状态，并记录拖拉机所配备的设备及其位置。

轮胎、转向轮和挡泥板应按制造厂规定的拖拉机田间作业时的状态配置，并应在试验报告中指明。如果不是制造厂规定的唯一的技术状态，一般不对双轮胎拖拉机或带配重的拖拉机进行试验。轮胎气压、拖拉机配重和前或后双胎应记入试验报告中。如果转向限位块和/或摇摆轴限位块以及挡泥板是拖拉机标准配置的一部分，则这些零部件应位于制造厂规定的位置。

4.2.2　轮距(轨距)的调整

拖拉机轮距(轨距)应调整为(1 500±25) mm。如果达不到该数值，应将其调整到制造厂规定的最接近该数值的轮距。制造厂规定的其他轮距应另外测量。前、后轮距应尽可能调整一致，并记入试验报告中。

4.2.3　其他调整

四轮转向拖拉机，能脱开其中一根轴或两根轴都能脱开的拖拉机，应在每种使用条件下进行试验。

记录每种使用条件下的试验结果。

具有一根以上驱动轴的拖拉机，具有能脱开任何一根轴动力的装置，则应在每种使用条件下进行试验。

记录每种使用条件下的试验结果。

5 试验程序

5.1 不使用制动器时右转向试验

5.1.1 操纵转向机构使其保持在右转向的极限位置，使拖拉机以不超过 2 km/h 的速度向前作右转行驶，拖拉机至少转一个完整的圆圈，直至出现最小转向圆。

5.1.2 继续使拖拉机在相同的操纵极限位置以不超过 2 km/h 的速度做圆周运动，每隔一定的时间间隔，在地面上标出轮胎与其接触的标记点，这些标记点与最外侧车轮的轮胎与地面的接触面为同心圆。在接触面后立即作出标记，通过轮胎圆周上尽可能接近地面的胎痕宽度的中点垂直投影确定每个标记点的位置。

做标记时，拖拉机可以停下来，也可以不停。这些断断续续的标记点所形成的圆即为转向圆。

5.1.3 在 5.1.2 所述转向过程中，停下拖拉机，从拖拉机上能划出最大圆的最外端垂下一垂规，垂规正下方的地面上出现清晰的标记点，这些标记点位于拖拉机通过圆上。

5.1.4 在转向圆上间隔大约相同的至少 3 处测量转向圆(见 5.1.2)直径，计算其平均值，作为“不使用制动器，右转向时的最小转向圆直径”。转向圆直径也可以选择图 3 所示的方法计算，并将其记入试验报告中。

$$D=\frac{2ABC}{\sqrt{2(A^2B^2+A^2C^2+B^2C^2)-(A^4+B^4+C^4)}}$$

图 3 在大约等分的 3 个周长点计算测量后的直径

5.1.5 测量并记录拖拉机通过圆(见 5.1.3)和转向圆(见 5.1.2)半径差。该尺寸的 2 倍加上最小转向圆直径即为试验报告中的“不使用制动器，右转向时的最小通过圆直径”。

5.2 不使用制动器时左转向试验

重复5.1规定的试验程序，即操纵转向机构使其保持在左转向的极限位置，使拖拉机向前作左转行驶。试验报告记录的结果即为“不使用制动器，左转向时的最小转向圆直径和最小通过圆直径”。

5.3 使用制动器时右转向试验

适用时，踩下内侧不转向车轮的制动器，使该侧车轮完全制动住不转，重复5.1规定的试验程序。制动踏板上施加的最大操纵力为600 N。

试验报告中记录的结果为“使用制动器，右转向时的最小转向圆直径和通过圆直径”。

5.4 使用制动器时左转向试验

适用时，操纵转向机构使其保持在左转向的极限位置，重复5.3规定的试验程序。

6 试验报告

试验报告的格式见附录A。试验报告应记录下列内容：

a) 制造厂名称和地址；

b) 拖拉机型式和型号；

c) 拖拉机是否安装配重和前挡泥板；

d) 轮胎规格和气压，单位：kPa；

e) 拖拉机轴距，单位：mm；

f) 拖拉机前、后轮距(轨距)，单位：mm；

g) 转向圆直径和通过圆直径，单位：m，精确到小数点后两位：

——不使用制动器时右转向；

——不使用制动器时左转向；

——使用制动器时右转向；

——使用制动器时左转向；

——其他试验情况(见4.2.3)；

h) 拖拉机上决定最小通过圆直径的点，即图2中A点～G点中的一点。

附 录 A
(规范性附录)
试验报告格式

A.1 拖拉机

制造厂名称和地址：____________________

拖拉机型式：__________ 型号：__________ 试验日期：__________

试验拖拉机的质量：____________________ kg

配重描述：____________________

A.2 拖拉机轮(轨)距调整

正常	实际前轮(轨)距	实际后轮(轨)距	轴距
mm	mm	mm	mm
mm	mm	mm	mm

A.3 驱动轮

两轮(后)：__________

四轮驱动(前后轮相同)__________ (前后轮不同)__________

前挡泥板:有/无

摇摆轴限位块位置：____________________

A.4 轮胎和车轮

	前	后
轮胎规格：		
双胎或是单胎：		
轮胎气压：	kPa	kPa
车轮型式：		

A.5 转向圆和通过圆直径

注：拖拉机上确定通过圆直径的点见图 2 中的 A～G 点。

轮距(轨距)正常	最小转向圆直径				最小通过圆直径			
	使用制动器		不使用制动器		使用制动器		不使用制动器	
	左	右	左	右	左	右	左	右

备注：____________________

试验人：

ICS 65.060.10
T 61

中华人民共和国国家标准

GB/T 3871.6—2006/ISO 5697:1982
代替 GB/T 3871.6—1993

农业拖拉机　试验规程
第6部分:农林车辆制动性能的确定

Agricultural tractors—Test procedures—
Part 6: Determination of braking performance

(ISO 5697:1982, Agricultural and forestry vehicles—
Determination of braking performance, IDT)

2006-02-06 发布　　2006-04-01 实施

中华人民共和国国家质量监督检验检疫总局
中国国家标准化管理委员会　发布

前 言

GB/T 3871《农业拖拉机　试验规程》分为19部分：

——第1部分：通用要求；

——第2部分：整机参数测量；

——第3部分：动力输出轴功率试验；

——第4部分：后置三点悬挂装置提升能力；

——第5部分：转向圆和通过圆直径；

——第6部分：农林车辆制动性能的确定；

——第7部分：驾驶员的视野；

——第8部分：噪声测量；

——第9部分：牵引功率试验；

——第10部分：低温起动；

——第11部分：高温性能试验；

——第12部分：使用试验；

——第13部分：排气烟度测量；

——第14部分：非机械式传输的部分功率输出动力输出轴；

——第15部分：质心；

——第16部分：轴功率测定；

——第17部分：发动机空气滤清器；

——第18部分：拖拉机与机具接口处液压功率；

——第19部分：轮式拖拉机转向性能。

本部分是GB/T 3871的第6部分。

本部分等同采用ISO 5697:1982《农林车辆　制动性能的确定》(英文版)。

为便于使用，本部分做了下列编辑性修改：

——“本国际标准”一词改为“本部分”；

——用小数点“.”代替作为小数点的逗号“,”；

——删除了国际标准的前言；

——标准中的图按我国的制图习惯做了修改。

本部分代替GB/T 3871.6—1993《农业轮式和履带拖拉机试验方法　第6部分：制动试验》。修订时除作了编辑性修改外，本部分与GB/T 3871.6—1993相比主要变化如下：

——标准名称中由原来的“农业轮式和履带拖拉机试验方法”改为“农业拖拉机 试验规程”；

——增加了名词术语和定义；

——规范性引用文件中引用了最新版本的标准；

——增加了速度超过35 km/h车辆的试验方法；

——增加了附录A、附录B；

——增加了恢复试验——3类、衰减试验——2类和选做项目的恢复试验——3类的试验内容；

——增加了挂车和牵引车机组的制动性能试验方法。

本部分的附录A、附录B为规范性附录。

本部分由中国机械工业联合会提出。

本部分由全国拖拉机标准化技术委员会归口。

本部分起草单位:农业部农机试验鉴定总站、国家拖拉机质量监督检验中心、洛阳拖拉机研究所。

本部分主要起草人:焦刚、李京忠、徐志坚、郎志中、尚项绳、石国权。

本部分所代替标准的历次版本发布情况为:

——GB/T 3871.6—1983、GB/T 3871.6—1993。

农业拖拉机　试验规程
第6部分:农林车辆制动性能的确定

1　范围

GB/T 3871 的本部分规定了农业拖拉机和自走式农业车辆以及挂车和牵引式农业机械制动性能的试验方法。

本部分适用于农业拖拉机、自走式农业车辆、挂车和牵引式农业机械。

2　规范性引用文件

下列文件中的条款通过 GB/T3871 的本部分的引用而成为本部分的条款。凡是注日期的引用文件,其随后所有的修改单(不包括勘误的内容)或修订版均不适用于本部分,然而,鼓励根据本部分达成协议的各方研究是否可使用这些文件的最新版本。凡是不注日期的引用文件,其最新版本适用于本部分。

ISO 3965 农业轮式拖拉机　最高行驶速度的确定方法

3　术语和定义

下列术语和定义适用于 GB/T 3871 的本部分。

3.1

农业拖拉机　agricultural tractor

具有至少两根轴的自走式轮式或履带式机器,主要用于牵引、推动、运载和驱动机具从事农业(包括林业)作业,该机器可以配备有可拆卸的平台。

3.2

自走式农用车辆　self-propelled agricultural vehicle

除拖拉机外,本身具有驱动装置,用于农业或林业作业,或完成固定作业的任何车辆。

此类车辆可能用于拖动农具和挂车,另外此类车辆可能有安装农具、需要完成作业的机具以及工作过程中产生或/和需要存料的中间装置。

3.3

农用挂车　agricultural trailer

用于农业或林业作业的运输车辆,可以与农业拖拉机和自走式车辆连接。

术语"农用挂车"包括仅部分质量由挂车轮轴支撑的半挂车。

3.4

农机具　agricultural machine or implement

用于农业和林业作业的拖挂式车辆,按它的设计和装在其上的装置完成预定的作业。

另外,它可能有安装作业机具以及工作过程中产生或/和需要存料的中间装置。

3.5

空载质量　unladen mass

空车的质量。

3.6

空车　unladen vehicle

车辆处于运转状态,注满燃油、冷却液、润滑液和 75 kg 重的驾驶员,但不包括乘员质量、选装的附件及载荷。

3.7

满载车辆　laden vehicle

加载到最大质量的车辆,另有说明的除外。

3.8

最大轴载荷　maximum axle load

制造厂规定的每根车轴技术上允许的载荷(最大轴载荷的总和可能大于车辆技术上允许的最大质量)。

3.9

最大质量　maximum mass

制造厂规定的车辆技术上允许的最大质量(该质量高于国家行政当局核准的最大质量)。

3.10

制动装置　braking device

由几部分组成的系统,其作用是降低车辆的运动速度或使车辆停住或使已经停止的车辆保持静止不动。制动系统包括制动操纵装置、制动传递装置和制动器。

3.10.1

制动操纵装置　braking device control

由驾驶员直接操纵,向制动传递装置施加制动器工作所需能量的零件。

3.10.2

制动传递装置　braking device transmission

连接制动操纵装置和制动器的所有零件的组合。

该传递装置可以是机械的、液压的、气动的、电动的或混合式的。如果制动能量来源于或借助于独立的动力源,但不是由驾驶员操纵,则装置中的能量贮存部分被看作是传递装置的一部分。

3.10.3

制动器　brake

产生与运动方向或运动趋势相反的力的元件。

3.11

行车制动器　service braking device

使运动车辆减速或使其停止运动的装置。

3.12

驻车制动器　parking braking device

即使在斜坡上无人操纵的情况下使车辆保持其停止不动状态的装置。

3.13

减速器　retarder

一种辅助行车制动器或降低速度,但不使车辆停止运动的装置。

3.14

惯性制动器　over-run (inertia)

一种制动装置,产生制动力的能量由被牵引的挂车向牵引车的相对运动所产生的。

3.15

弹簧制动器　spring brake

制动所需的能量由一个或多个作为贮能器的弹簧提供的制动器。

3.16

制动操纵输入力　brake control input force

驾驶员制动操纵装置施加的力的和。对于脚踏板,操纵力的测量沿加载点和驾驶员髋关节的连线;

对手操纵件，操纵力的测量沿加载点和肩关节的连线。

3.17

刹车距离 stopping distance

制动操纵装置开始动作到车辆完全停下来车辆行驶的距离。

3.18

平均减速度 mean deceleration

由刹车距离和初始速度用下列公式计算的减速度：

$$a = \frac{v^2}{2s} \qquad \cdots\cdots(1)$$

其中：

a——平均减速度，单位为米每平方秒(m/s^2)；

v——初速度，单位为米每秒(m/s)；

s——刹车距离，单位为米(m)。

3.19

实测的减速度 measured deceleration

记录在减速计上的持续减速度的平均值。

3.20

释放压力 release pressure

液压或气动释放弹簧制动器传递系统内完全释放制动器所需的压力。

3.21

释放力 release force

机械式释放弹簧制动器操纵装置上完全释放制动器所需的力。

3.22

最大设计速度 maximum design speed

见 ISO 3965。

4 一般要求

按本部分规定的试验方法进行试验时应遵守下列一般要求。

4.1 如果挂车制动装置影响牵引车的制动性能，则牵引车应装有制造厂规定的操纵挂车制动装置的一些构件。

4.2 车辆的状况，就质量而言，应符合每种试验类型规定的要求，并记录在试验报告中。

4.3 试验场地应为干燥、干净的混凝土、沥青路面或等效路面，其附着系数不低于0.75。

4.4 试验时的风速应低于10 m/s。

4.5 环境温度应在－10℃到＋35℃范围内，并记入试验报告中。

4.6 制动轴上应安装有车辆制造厂规定的直径最大的轮胎，轮胎充气压力为车辆制造厂的规定值。

4.7 进行系列试验前，制动器应进行充分磨合，并按制造厂规定进行调整。然后在同一系列试验中不能再对制动器做进一步的手工调整。

每次试验前，制动器应为冷态。满足下列条件之一的就认为制动器为冷态：

a) 制动盘上或制动鼓外的测量温度低于100℃；

b) 全封闭式制动器，包括油浴式制动器，外壳上测量的温度低于50℃，或在制造厂规定的温度范围内；

c) 制动器在1 h以上没有使用。

4.8 行车制动器的性能在车轮不抱死情况下，等到车辆完全停下之前才能进行测量。

4.9 试验时测量单位和允许测量误差如下：

a) 行使速度： km/h 或 m/s，±3%；

b) 车辆质量： kg， ±3%；

c) 减速度： m/s^2， ±3%；

d) 刹车距离： m， ±1%；

e) 制动操纵件输入力： N， ±5%；

f) 轮胎充气压力： kPa， ±5%；

g) 制动系统液体(气体)压力： kPa， ±5%。

5 行车制动性能的确定

5.1 简介

本部分规定了基于测量的减速度(5.2)或测量的制动距离(5.3)确定行车制动性能的测量方法。

在两种试验方法中，如果需要一种以上的试验，则应按下列试验顺序进行：

a) 冷态性能试验——0类(见5.2.1.2,5.2.2.2,5.3.1.2和5.3.2.2)；

b) 衰减试验——1类(见5.2.1.3,5.2.2.3,5.3.1.3和5.3.2.3)；

c) 恢复试验——3类(5.2.1.4,5.2.2.4,5.3.1.4和5.3.2.4)；

d) 衰减试验——2类(必要时)(见5.2.1.5,5.2.2.5,5.3.1.5和5.3.2.5)；

注：本试验仅适用于最大设计速度超过35 km/h和质量超过12 000 kg。

e) 恢复试验——3类(选做项目)(见5.2.1.6,5.2.2.6,5.3.1.6和5.3.2.6)。

5.2 基于测量减速度的试验方法

5.2.1 农业拖拉机和自走式农业车辆的试验程序

5.2.1.1 一般要求

车辆传动系和最终传动装置的温度应符合制造厂规定。

5.2.1.2 冷态试验——0类

5.2.1.2.1 试验条件

试验场地的表面纵向倾斜度应不超过1%，侧向倾斜度不超过3%。制动试验期间，如果非制动轴能分离，则非制动轴不应和制动轴相连。

车辆在负载的情况下，非制动轴上的载荷应为其最大载荷。对轮式车辆，制动轴上车轮应安装该类车辆制造厂规定的最大直径的轮胎。对于全轮制动车辆，前轴载荷应为技术上允许的最大轴载荷。

注：对自走式农业车辆，其质量和轴载为制造厂规定的运输状态的载荷。

5.2.1.2.2 试验程序

负载车辆以稳定的最大设计速度或 50^{+5}_{0} km/h(如果设计速度大于50 km/h时)，使发动机和驱动轴分离，发动机和离合器不能分离时将发动机调速装置置于最低速度位置。

注：试验时不使用辅助减速器、变速比驱动装置或其他辅助制动装置，除非在制动器操纵装置动作时这些装置同时发挥作用，或其制动功能与正常的制动步骤一起发挥作用。试验报告中应对辅助装置及其使用情况进行说明。

立即在制动操纵装置上施加一恒定作用力直至车辆停下来，测量减速度。

在制动操纵装置上施加以不同的作用力重复该试验程序，直至达到不使车轮抱死时的最大力。或只要被制动车轮不抱死，脚动制动操纵装置上操纵力达到600 N，手动制动操纵装置上的操纵力达到400 N。

在只有一名驾驶员的车辆上重复试验，如果必要，车上可有一人负责监视测量结果。

5.2.1.2.3 试验报告

负载车辆和空载车辆的试验报告中均应以图或表的形式表示出作用于制动操纵装置上的输入力和减速度之间的关系(见附录A)。

5.2.1.3 衰减试验——1类

5.2.1.3.1 一般要求

进行该项试验的所有车辆应完成5.2.1.2的0类试验。

5.2.1.3.2 试验程序

5.2.1.3.2.1 最大设计速度不超过35 km/h的车辆

如果可能，将发动机和驱动轮脱开，按5.2.1.2规定的载荷，在坡度为10%的坡面上行驶1 km加热行车制动器，行驶时输入的能量相当于车辆以试验规定的速度的(80±5)%行驶时产生的能量。

在制动器处于热态时，立即重复负载车辆的0类试验。施加的输入力为0类试验中产生最大减速度的作用力。

5.2.1.3.2.2 最大设计速度超过35 km/h的车辆

车辆的负载状态按5.2.1.2的规定，按下列步骤连续制动和松开制动器：

a) 制动时的初速度 v_1 为最大速度的(80±5)%，但不超过60 km/h；

b) 制动结束时的速度 v_2 为初始速度的一半($0.5v_1$)；

c) 制动次数：总共20次加热周期；

d) 制动周期：两次制动开始时的时间间隔(Δt)，60 s；

如果由于车辆本身的特征而无法达到规定的制动周期(Δt)，则制动周期可以增加。

在每个周期内，除必要的制动和减速的时间外，车辆应以 v_1 的稳定速度行驶10 s。

e) 作用于操纵装置上的力：相应于0类负载车辆减速试验中最大减速度的60%的减速度值时的操纵力，误差为±5%，每次试验施加的作用力相同；

f) 加速至初速度(v_1)：尽可能的快。

制动器加热时间不超过3 min，然后立即对已经加热的制动器重复负载车辆的0类试验，施加的输入力应为5.2.1.2.3报告中减速度为最大值时的操纵力。

5.2.1.3.3 试验报告

试验报告中记录按照5.2.1.3.2.1或5.2.1.3.2.2施加的作用力和本试验测量的减速度(见附录A)。

如果加热周期超过60s，则应将其记入试验报告中。

5.2.1.4 恢复试验——3类(选做项目)

选做的恢复试验应在制动器冷却到冷态后重复负载车辆的0类试验，施加的作用力所产生的减速度为5.2.1.2.3的报告中最大值。

5.2.1.5 衰减试验——2类

5.2.1.5.1 一般要求

所有进行该项试验的车辆应完成5.2.1.3规定的1类试验。

5.2.1.5.2 试验程序

车辆负载情况如5.2.1.2.1的规定，输入的能量相当于同一时间内以30 km/h平均速度在6%的坡面上运行6 km，如果装有减速器的话应使用减速器，挂接的挡位应使发动机转速不超过制造厂规定的最大值。

对于仅由发动机制动作用来吸收能量的车辆，平均速度应允许有±5%的公差。挂接的挡位应使车辆沿6%的坡面下行时稳定速度最接近30 km/h的挡位。

重复负载车辆的0类试验，施加的输入力所产生的减速度为5.2.1.2.3试验报告中最大值。

5.2.1.5.3 试验报告

试验报告应记录施加的力和试验中测量的减速度(见附录A)。

5.2.1.6 恢复试验——3类(选做项目)

选做的试验按5.2.1.4规定进行。

5.2.2 挂车试验程序

5.2.2.1 一般要求

挂车行车制动性能试验期间,挂车应与制造厂规定的牵引车辆相连。

5.2.2.2 冷态试验——0类

5.2.2.2.1 试验条件

试验场地纵向坡度不超过1%,侧向坡度不超过3%。

对于满载挂车,非制动车轴的负载为最大轴载。具有一根以上车轴,并且全轮制动的挂车,前轴载荷为其承受的最大载荷。

5.2.2.2.2 如果挂车行车制动器操纵装置独立于牵引车的行车制动器操纵装置,则仅对挂车制动器施加操纵力。

5.2.2.2.3 如果制动装置的传递系统为非机械式的,每次制动时应测量一个适当的传动参数,如液体压力,以便于测量结果不受制动系统动态参数的干扰。

5.2.2.2.4 在制动装置上施加一系列作用力,车轮不锁死时施加的最大作用力,或只要车轮不锁死,脚操纵最大输入力可达600 N,手操纵最大输入力可达400 N。

5.2.2.2.5 如果挂车有惯性制动器或挂车行车制动器操纵装置与牵引车制动器操纵装置相关联,应对牵引车按5.2.1.2的程序进行0类试验。使用的质量与和挂车相连时相同的质量,施加的操纵力按5.2.2.2.4的规定。

5.2.2.2.6 对于施加于制动装置上的每一作用力,用下列任一公式计算挂车制动力,单位为N:

a) 如果仅使用挂车制动器时:

$$F_2 = (m_1 + m_2)a_3 \quad \cdots\cdots(2)$$

式中:

F_2——挂车制动力,单位为牛顿(N);

m_1——牵引车质量,单位为千克(kg);

m_2——挂车质量,单位为千克(kg);

a_3——测量的牵引车和挂车机组的减速度,单位为米每平方秒(m/s^2)。

b) 如果挂车制动器和牵引车制动器同时发挥作用:

$$F_2 = (m_1 + m_2)a_3 - m_1 a_1 \quad \cdots\cdots(3)$$

式中:

F_2、m_1、m_2 和 a_3 与式(2)中相同;

a_1——施加在牵引车制动操纵装置上的作用力与使牵引车和挂车机组产生 a_3 的减速度时施加在牵引车制动操纵装置上作用力相同时测量的牵引车的减速度,单位为米每平方秒(m/s^2)。

5.2.2.2.7 对于每个制动力 F_2 值,用下列公式计算挂车相应的减速度 a_2,单位为米每平方秒(m/s^2):

$$a_2 = \frac{F_2}{m_2} \quad \cdots\cdots(4)$$

5.2.2.2.8 使挂车在空负荷的情况下重复试验。

5.2.2.2.9 试验报告

试验报告应记录挂车在满载和空载两种情况下减速度和相应的作用于制动操纵装置上的作用力的关系,用图或表其中一种形式表示(见附录B)。

如果制动系统的传递为非机械式的,应以图或表的形式记录相当的减速度和适当的传递参数,如液体压力。

5.2.2.3 衰减试验——1类

5.2.2.3.1 一般要求

所有进行本试验的车辆应完成5.2.2.2的0类试验。

5.2.2.3.2 试验程序

5.2.2.3.2.1 最大设计速度不超过 35 km/h 的车辆

试验时车辆的负载为 0 类试验规定的最大质量，加热制动器输入的能量为相同的时间内车辆被拖着、以最大设计速度的(80±5)%恒定速度运行 1 km，制动器的制动力使牵引车上产生的牵引力相当于挂车上装载最大载质量时的总载荷的 10%(以 kN 为单位)。

在制动器热的状态下，立即重复满载车辆的 0 类试验，施加的输入力使挂车产生本试验最大的测量减速度。

5.2.2.3.2.2 最大设计速度超过 35 km/h 的车辆

试验时车辆的负载为 0 类试验规定的最大质量，加热制动器输入的能量为相同的时间内车辆被拖着、以 40 km/h 的恒定速度运行 1.7 km，制动器的制动力使牵引车上产生的牵引力相当于挂车上装载最大载质量时总载荷的 7%(以 kN 为单位)。

在制动器热的状态下，立即重复满载车辆的 0 类试验，施加的输入力使挂车产生本试验最大的测量减速度。

5.2.2.3.3 试验报告

使用的输入力和根据 5.2.2.2.6 和 5.2.2.2.7 的计算公式计算的当量减速度。

5.2.2.4 恢复试验——3 类(选做项目)

选做项目的恢复试验应在制动器处于冷态的状况下重复满载车辆的 0 类试验，施加的输入力为记录的 5.2.2.2.3 中产生最大减速度的输入力。

5.2.2.5 衰减试验——2 类

5.2.2.5.1 一般要求

所有进行本项试验的车辆必须完成 5.2.2.3 的 1 类试验。

5.2.2.5.2 试验程序

运行车辆，加热行车制动器，车辆的负载符合 5.2.2.2.1 的规定，输入的能量相当于同一记录时间内车辆被拖着、以平均 30 km/h 的速度运行 6 km，挂车制动器的制动力使牵引车产生的牵引力相当于挂车上装载最大载质量的 6%的载荷时牵引车施加的力。

在制动器热的状态下，立即满载车辆的 0 类试验，施加的输入力应为记录的 5.2.2.2.3 中产生最大减速度的输入力。

5.2.2.5.3 试验报告

记录所用的输入力和根据 5.2.2.2.6 和 5.2.2.2.7 的计算公式计算的当量减速度。

5.2.2.6 恢复试验——3 类(选做项目)

选做的恢复试验可以按 5.2.2.4 的规定进行。

5.3 基于测量的制动距离的试验方法

5.3.1 农业拖拉机和自走式农业车辆试验程序

5.3.1.1 一般要求

车辆的传动系和最终传动的温度应符合制造厂的规定运输状态时的温度。

5.3.1.2 冷态性能试验——0 类

5.3.1.2.1 试验条件

试验场地表面纵向坡度不超过 1%，侧向坡度不超过 3%。制动试验期间，如果非制动轴能脱开，应将非制动轴和制动轴脱开。

对于满载车辆，非制动轴的负载应为其最大轴载。对于轮式车辆，制动轴上安装的轮胎应为制造厂规定的该类型车辆上应安装的最大直径的轮胎。对于全轮制动车辆，前轴负载应为其技术上允许的最大载荷。

注：自走式农业车辆的质量和轴载应为制造厂规定的运输状态的值。

5.3.1.2.2 **试验程序**

满载车辆以稳定的最大设计速度,或如果设计速度超过 50 km/h,则以 50^{+5}_{0} km/h 的稳定速度行驶。将发动机和驱动轴分离,如果不能分离,将发动机调速操纵装置置于最小转速位置。

注:制动试验时不应使用辅助减速器、变速比驱动装置或其他辅助制动装置,除非这些装置与制动操纵装置同时起作用,或这样的减速装置在正常制动过程中自动起作用。试验报告中应对这些装置及其使用情况进行描述。

在制动操纵装置上施加一系列不同的作用力,测量制动距离,根据 3.18 的公式(1)计算相应的平均减速度。

在制动操纵装置上施加一系列不同的作用力,直至车轮不锁死为止的最大作用力,如果制动轮不能被锁死,则脚制动踏板上施加 600 N 或手制动操纵件上施加 400 N 的作用力为止,重复上述试验程序。

车辆空载,只有驾驶员,如果需要时,带一名观测试验结果的人员,重复上述试验。

5.3.1.2.3 **试验报告**

试验报告应以图或表格的形式记录车辆空载和满载时制动距离和制动操纵装置上施加的作用力之间的关系(见附录 A)。

试验报告还应以图或表格的形式记录车辆空载和满载时计算的平均减速度和制动操纵装置上施加的作用力之间的关系(见附录 A)。

5.3.1.3 **衰减试验——1 类**

5.3.1.3.1 **一般要求**

进行该项试验的车辆必须完成 5.3.1.2 的 0 类试验。

5.3.1.3.2 **试验程序**

5.3.1.3.2.1 **最大设计速度不超过 35 km/h 的车辆**

如果可能,将发动机和驱动轮脱开,加热制动器时车辆的载荷按 5.3.1.2.1 的规定,输入的能量相当于车辆在制动状态下以 0 类试验规定的速度的(80±5)%的稳定速度,在 10%的坡道上运行 1 km 的时间内的能量。

在制动器加热后不超过 3 min 的时间内立即重复 0 类试验,施加的作用力应能使制动距离最小。

5.3.1.3.2.2 **最大设计速度超过 35 km/h 的车辆**

车辆的负载按 5.3.1.2.1 的规定,按下列程序连续不断地制动和放松制动器:

a) 制动器开始制动时的初速度 v_1 为最大速度的(80±5)%,但不超过 60 km/h;

b) 制动结束时的速度 v_2 为初速度的一半($0.5v_1$);

c) 制动次数:总数为 20 个加热循环;

d) 制动周期间隔:两个制动循环之间的时间间隔(Δt),60 s;

   如果车辆的特性达不到规定的制动周期间隔,则该制动周期间隔时间可以增加。

e) 施加于操纵件上的作用力:相应于满载车辆 0 类试验测量的最大减速度的 60%的持续减速度的作用力,误差为该力的±5%,并且每次制动试验时保持制动力恒定不变;

f) 加速至初速度(v_1):尽可能的快。

制动器处于热态时立即重复满载车辆的 0 类试验,施加的输入力使制动距离最短。

5.3.1.3.3 **试验报告**

试验报告应记录本试验施加的作用力和制动距离(用于计算平均减速度)(见附录 A)。

5.3.1.4 **恢复试验——3 类(选做项目)**

选做的恢复试验应等到制动器处于冷态后重复满载车辆的 0 类试验,施加的作用力为 5.3.1.2.3 试验报告中的作用力或产生最小制动距离的作用力。

5.3.1.5 **衰减试验——2 类**

5.3.1.5.1 **一般要求**

进行本试验的车辆应完成 5.3.1.3 的 1 类试验。

5.3.1.5.2 试验程序

加热制动器时车辆的负载按5.3.1.2.1的规定，输入的能量相当于车辆以30 km/h的平均速度，在6%的坡道上行驶6 km的时间内的能量，使用减速器(如果有)，挂接的挡位使发动机的转速不超过制造厂规定的最大值。

对于能量仅由发动机的的制动作用吸收的车辆，行驶时的平均速度允许有±5%的误差，挂接的挡位应为车辆在6%的下坡道上行驶时最接近30 km/h的挡位。

重复满载车辆的0类试验，施加的作用力为5.3.1.2.3报告记录的产生最小制动距离(最高计算减速度)的作用力。

5.3.1.5.3 试验报告

试验报告中应记录本试验中施加的作用力和制动距离(计算的平均减速度)，见附录A。

5.3.1.6 恢复试验——3类(选做项目)

按5.3.1.4的规定进行选做项目的恢复试验。

5.3.2 挂车的试验程序

5.3.2.1 一般要求

行车制动性能试验期间，挂车应与制造厂推荐使用的牵引车相连。

5.3.2.2 冷态性能试验——0类

5.3.2.2.1 试验条件

试验场地表面的纵向坡度应不超过1%，侧向坡度应不超过3%。

对于满载挂车，非制动轴的负荷应为其最大轴载。对于具有一根以上的轴，且全轮制动的挂车，前轴载荷应为其最大轴载。

5.3.2.2.2 试验程序

5.3.2.2.2.1 牵引车和满载挂车以稳定的最大设计速度(但不超过50 km/h)行驶，在制动操纵装置上施加一系列不同的作用力，测量制动距离，按3.18规定计算相应的平均减速度。

5.3.2.2.2.2 如果挂车行车制动器操纵件独立于牵引车制动器操纵件，则仅在挂车制动器操纵件上施加作用力。

5.3.2.2.2.3 如果制动系动力传递为非机械式的，则每次制动试验时应测量适当的传递参数，如液体压力，以便使测量结果不受制动系统动态特性的影响。

5.3.2.2.2.4 在制动装置操纵件施加一系列不同的作用力，直至制动轮不锁死时的最大作用力为止，或脚制动踏板的操纵力达到600 N，手制动操纵件的操纵力达到400 N为止，重复试验程序。

5.3.2.2.2.5 如果挂车具有惯性制动器或如果挂车行车制动器操纵装置不是独立于牵引车制动操纵装置，按5.3.1.2的规定进行0类试验。牵引车的质量与和挂车相连时的质量相同，制动操纵装置上的作用力与5.3.2.2.2.4规定的作用力相同。

5.3.2.2.2.6 对于施加在制动操纵装置上的每一个作用力，用下面其中的一个合适的公式计算挂车的制动力：

a) 如果仅对挂车制动器施加作用力时：

$$F_2 = (m_1 + m_2)a_3 \qquad \cdots\cdots(5)$$

式中：

F_2——挂车制动力，单位为牛顿(N)；

m_1——牵引车质量，单位为千克(kg)；

m_2——挂车质量，单位为千克(kg)；

a_3——牵引车和挂车机组的平均减速度，单位为米每平方秒(m/s^2)。

b) 如果对牵引车和挂车制动器都施加作用力时：

$$F_2 = (m_1 + m_2)a_3 - m_1a_1 \qquad \cdots\cdots(6)$$

式中：

F_2、m_1、m_2 和 a_3 与式(5)中意义相同；

a_1——牵引车制动操纵装置上施加与机组产生 a_3 减速度时所施加的作用力相同的作用力时牵引车的平均减速度，单位为米每平方秒(m/s^2)。

5.3.2.2.2.7 对于每一个制动力 F_2，用下列公式计算挂车的当量平均减速度：

$$a_2 = \frac{F_2}{m_2} \qquad \cdots\cdots(7)$$

5.3.2.2.2.8 对于每一个当量平均减速度 a_2，用下列公式计算当量制动距离 s_2：

$$s_2 = \frac{v_2}{2a_2} \qquad \cdots\cdots(8)$$

式中：

v_2——测量的挂车初速度，单位为米每秒(m/s)。

5.3.2.2.2.9 挂车空载状态重复进行该项试验。

5.3.2.2.3 试验报告

试验报告应以图或表格的方式记录挂车满载时和空载时输入力、制动距离和平均减速度之间的关系(见附录 B)。

如果制动系动力传递为非机械式，试验报告应记录制动距离、平均减速度和适当的传递参数如液压压力之间的关系(见附录 B)。

5.3.2.3 衰减试验——1 类

5.3.2.3.1 一般要求

所有进行本项试验的车辆应完成 5.3.2.2 的 0 类试验。

5.3.2.3.2 试验程序

5.3.2.3.2.1 最大设计速度不超过 35 km/h 的车辆

行车制动性能试验时，车辆负载为 0 类试验规定的最大载荷，加热制动器输入的能量相当于车辆被拖着、以最大设计速度的(80±5)%的恒定速度行驶 1 km 的时间内，制动器制动产生的阻力相当于挂车负载最大质量的 10%时牵引车的牵引力。

在制动器热的状态下，立即进行满载车辆的 0 类试验，施加的输入力为 0 类试验中产生最小当量制动距离(最大减速度)的力。

5.3.2.3.2.2 最大设计速度超过 35 km/h 的车辆

行车制动试验时，车辆为 0 类试验规定的最大载荷，加热制动器输入的能量相当于车辆被拖着、以 40 km/h 的恒定速度行驶 1.7 km 的时间内，制动器制动产生的阻力相当于挂车负载最大质量的 7%时牵引车的牵引力。

在制动器热的状态下，立即进行满载车辆的 0 类试验，施加的输入力为 0 类试验中产生最小当量制动距离(最大减速度)的力。

5.3.2.3.3 试验报告

试验报告中应记录施加的输入力和产生的当量制动距离和减速度，按 5.3.2.2.2.1、5.3.2.2.2.6、5.3.2.2.2.7 和 5.3.2.2.2.8 的规定。

5.3.2.4 恢复试验——3 类(选做项目)

选做项目的恢复试验在制动器处于冷态后，重复满载车辆的 0 类试验，施加的作用力为 5.3.2.2.3 记录的产生最小制动距离的力。

5.3.2.5 衰减试验——2 类

5.3.2.5.1 一般要求

所有进行本项试验的车辆，应完成 5.3.2.3 规定的 1 类试验。

5.3.2.5.2 试验程序

加热制动器时车辆负载情况按5.3.2.2.1规定，输入的能量相当于同一时间内车辆处于制动状态，沿6%的下坡道、以30 km/h的平均速度行驶6 km。

在制动器处于热的状态时，立即重复满载车辆的0类试验，施加的输入力为5.3.2.2.3记录的能产生最小当量制动距离的力。

5.3.2.5.3 试验报告

试验报告中应记录施加的输入力、产生的当量制动距离和按5.3.2.2.2.1、5.3.2.2.2.6、5.3.2.2.2.7和5.3.2.2.2.8规定计算的减速度。

5.3.2.6 恢复试验——3类(选做项目)

选做项目的恢复试验按5.3.2.4的规定进行。

6 驻车制动性能的确定

6.1 试验方法

6.1.1 试验条件

6.1.1.1 试验时车辆应满载。

6.1.1.2 如果制动器为弹簧制动器，应在零释放压力或作用力时测量。

6.1.2 试验程序

6.1.2.1 重力试验

使用驻车制动器使车辆沿上坡或下坡方向静止停放在规定的坡道上，测量施加在制动操纵装置上的作用力。

如果为使车辆静止停放在坡道上需要数次操纵制动器，则应记录最大操纵力。

试验应在车辆沿上、下坡两个方向上进行。

6.1.2.2 重力模拟试验

如果没有满足规定的坡度，试验应在4.3规定的水平平面上进行，在车辆前进和倒退两个方向上施加持续、恒定的当量重力。

6.1.2.3 弹簧制动器的释放力

应测量弹簧制动器的释放力或压力。

6.1.3 试验报告

试验报告中应记录车辆沿上、下坡制动试验和重力模拟试验的下列项目：

a) 坡度或当量坡度：

上坡________________%

下坡________________%

b) 制动装置操纵力：

上坡________________N

下坡________________N

或释放力：

上坡________________N

下坡________________N

c) 车辆技术规格

制造厂________________

型号________________

型式________________

编号________________

附　录　A
（规范性附录）
农业拖拉机和自走式农业车辆试验报告格式

制造厂名称和地址：______

送交试验单位：______

车辆技术规格

制造厂：______　　型号：______

型式：______　　编号：______

空载质量______kg　　满载最大质量______kg

试验时每根轴的负载______kg　　每根轴技术上允许的最大质量______kg

轮胎

每根轴上轮胎规格______

每根轴上轮胎充气压力______kPa

制动器技术规格

制造厂：______

型式：______

试验结果

环境温度______℃

冷态性能试验——0类

制动前速度______km/h

最大质量	输入力/N							
	平均减速度/(m/s²)							
	制动距离/m							
空载	输入力/N							
	平均减速度/(m/s²)							
	制动距离/m							

衰减试验——1类

输入力______N

测量的减速度______m/s^2

制动距离______m

平均减速度______m/s^2

衰减试验——2 类

输入力________________________ N

测量的减速度____________________ m/s²

制动距离________________________ m

平均减速度______________________ m/s²

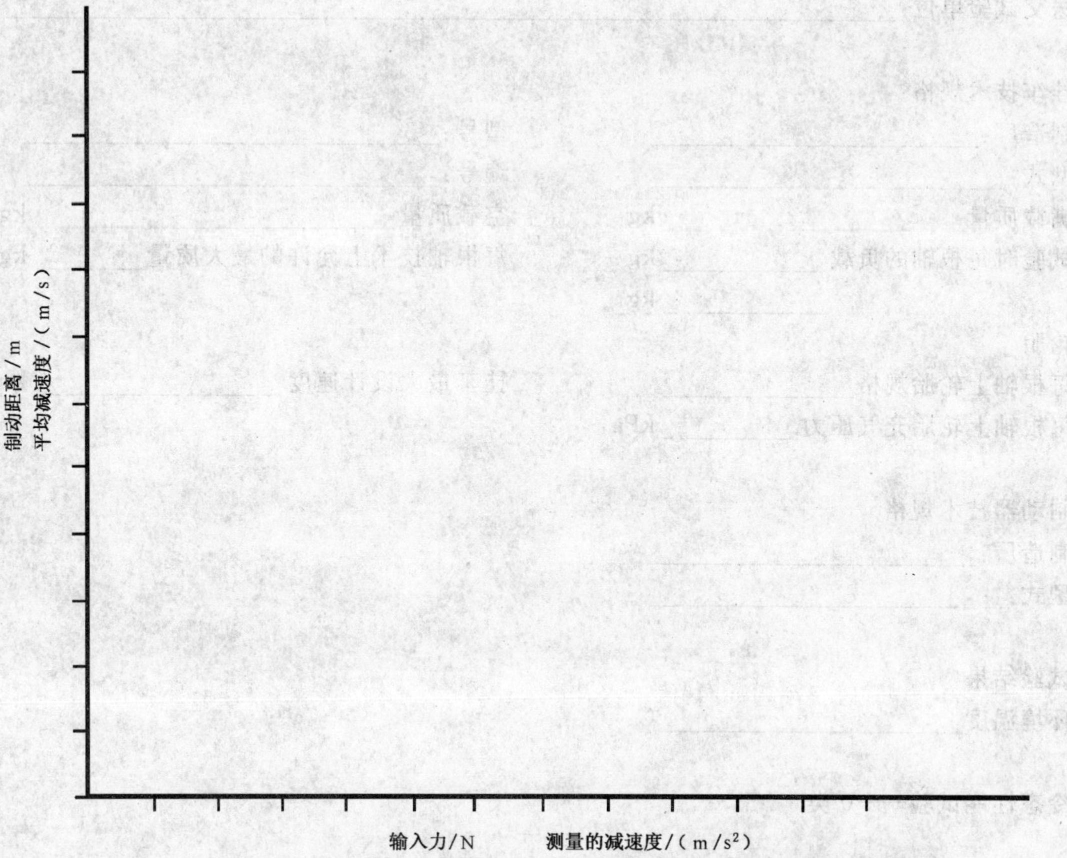

图 A.1 农业拖拉机和自走式农业车辆试验结果图形表示法

附　录　B
（规范性附录）
挂车试验报告格式

制造厂名称和地址：________________

送交试验单位：________________

挂车技术规格

制造厂：________________　　型号：________________

型式：________________　　编号：________________

满载质量________________kg　　空载质量________________kg

试验时每根轴的负载________________kg　　每根轴技术上允许的最大质量________________kg

________________kg

轮胎

每根轴上轮胎规格________________　　挂车最大设计速度________________km/h

每根轴上轮胎充气压力________________kPa

制动器技术规格

制造厂：________________

型式：________________

试验结果

环境温度________________℃

冷态性能试验——0类

最大质量	输入力/N						
	动力传递压力/kPa						
	当量平均减速度/(m/s^2)						
	当量制动距离/m						
空载	输入力/N						
	动力传递压力/kPa						
	当量平均减速度/(m/s^2)						
	当量制动距离/m						

衰减试验——1类

输入力________________N

测量的减速度________________m/s^2

制动距离________________m

平均减速度________________m/s^2

衰减试验——2类

输入力____________________N

测量的减速度____________________m/s^2

制动距离____________________m

平均减速度____________________m/s^2

图 B.1 挂车试验结果图形表示法

ICS 65.060.10
T 61

中华人民共和国国家标准

GB/T 3871.7—2006
代替 GB/T 3871.7—1993

农业拖拉机　试验规程
第7部分:驾驶员的视野

**Agricultural tractors—Test procedures—
Part 7:Operator's field of vision**

(ISO 5721:1989,Tractors for agriculture—
Operator's field of vision,MOD)

2006-02-06 发布　　2006-04-01 实施

中华人民共和国国家质量监督检验检疫总局
中国国家标准化管理委员会　发布

前　　言

GB/T 3871《农业拖拉机　试验规程》分为19部分：

——第1部分：通用要求；

——第2部分：整机参数测量；

——第3部分：动力输出轴功率试验；

——第4部分：后置三点悬挂装置提升能力；

——第5部分：转向圆和通过圆直径；

——第6部分：农林车辆制动性能的确定；

——第7部分：驾驶员的视野；

——第8部分：噪声测量；

——第9部分：牵引功率试验；

——第10部分：低温起动；

——第11部分：高温性能试验；

——第12部分：使用试验；

——第13部分：排气烟度测量；

——第14部分：非机械式传输的部分功率输出动力输出轴；

——第15部分：质心；

——第16部分：轴功率测定；

——第17部分：发动机空气滤清器；

——第18部分：拖拉机与机具接口处液压功率；

——第19部分：轮式拖拉机转向性能。

本部分是GB/T 3871的第7部分。

本部分修改采用ISO 5721:1989《农业拖拉机　驾驶员的视野》(英文版)。

本部分根据ISO 5721:1989重新起草。

为与我国标准相协调，本部分在采用国际标准时进行了修改。在本部分第2章"规范性引用文件"和第5章"眼睛位置"中将引用标准ISO 5353:1978《土方机械、农林拖拉机和机械　座位标志点》改为引用ISO 5353:1995；在本部分第2章"规范性引用文件"和第8章"试验报告"中增加了GB/T 3871.1—2006《农业拖拉机　试验规程　第1部分：通用要求》；增加了附录A(规范性附录)《视野测定结果汇总表》。这些技术差异用垂直线标识在它们所涉及的条款的页边空白处。

为便于使用，本部分做了下列编辑性修改：

——本部分按GB/T 1.1—2000和GB/T 20000.2—2001的规定进行编排；

——"本国际标准"一词改为"本部分"；

——用小数点"."代替作为小数点的逗号","；

——删除国际标准的前言。

本部分代替GB/T 3871.7—1993《农业轮式和履带拖拉机试验方法　第7部分：视野测定》。修订时除作了编辑性修改外，本部分与GB/T 3871.7—1993相比主要变化如下：

——标准名称由原来的"农业轮式和履带拖拉机试验方法　第7部分：视野测定"改为"农业拖拉机　试验规程　第7部分：驾驶员的视野"；

——第1章"范围"增加了"本部分不考虑可拆卸的机具和联接件，例如：前装载装置、托架等。"；

——在第3章“术语和定义”增加了3.1“视野”；
——原标准第4章“试验仪器设备及参数测量准确度”，在本部分中改为“允许测量误差”；
——本部分中增加了第5章“眼睛位置”；
——原标准中的第5章“试验条件”和第6章“试验方法”，在本部分中改为第6章“实测方法”。
——本部分取消了原标准中视野半圆为固定12 m的要求；
——本部分增加了6.2.1 a)“垂直的墙壁或屏幕，……”
——本部分增加了6.2.2对视野半圆中心位置的确定方法和建议；
——本部分增加了6.3.1和6.3.2对拖拉机试验状态的描述；
——本部分6.2.1 b)中增加了“双轴重合的观测仪器(瞄准装置)和照相机”二项测量驾驶员眼睛位置视野的测量方法供选择；
——原标准中的“遮蔽阴影”为测试过程中双光源同时打开时的阴影，本部分中的“遮蔽阴影”为测试过程中两个点光源分别打开时的阴影的重叠部分；
——本部分中增加了第7章“数学方法”来确定遮蔽阴影；
——原标准中的第7章“试验结果及报告”，在本部分中改为第8章“试验报告”，其具体内容亦有所改变。

本部分的附录A为规范性附录。

本部分由中国机械工业联合会提出。

本部分由全国拖拉机标准化技术委员会归口。

本部分起草单位：洛阳拖拉机研究所、国家拖拉机质量监督检验中心、宁波中策拖拉机有限公司。

本部分主要起草人：陈志强、钱琴飞、徐惠娟、朱爱芳。

本部分所代替标准的历次版本发布情况为：

——GB/T 3871.7—1983、GB/T 3871.7—1993。

农业拖拉机 试验规程
第7部分:驾驶员的视野

1 范围

GB/T 3871的本部分规定了坐在农业拖拉机驾驶座上的驾驶员朝前、向后和向上看时，障碍物的遮蔽对驾驶员视角影响程度的实测方法和数学方法。

本部分不考虑可拆卸的机具和联接件，例如：前装载装置、托架等。

本部分适用于农业轮式和履带拖拉机。

2 规范性引用文件

下列文件中的条款通过GB/T 3871本部分的引用而成为本部分的条款。凡是注日期的引用文件，其随后所有的修改单(不包括勘误的内容)或修订版均不适用于本部分，然而，鼓励根据本部分达成协议的各方研究是否可使用这些文件的最新版本。

GB/T 3871.1—2006 农业拖拉机 试验规程 第1部分:通用要求

ISO 5353:1995 土方机械、农林拖拉机和机械 座位标志点

3 术语和定义

下列术语和定义适用于本部分。

3.1

视野 field of vision

从坐着的驾驶员眼睛位置处所能看到的范围。

3.2

眼睛位置 eye position

确定驾驶员视野时规定的理论眼睛位置(见第5章)。

3.3

前视野半圆 semi-circle of vision to the front

在拖拉机下方的水平地面上，以眼睛位置的垂直投影点为圆心绘制的半圆。当面向前进方向时，此半圆位于拖拉机的前方，而且设半圆边界界线直径与拖拉机纵向中心平面垂直(见图1)。

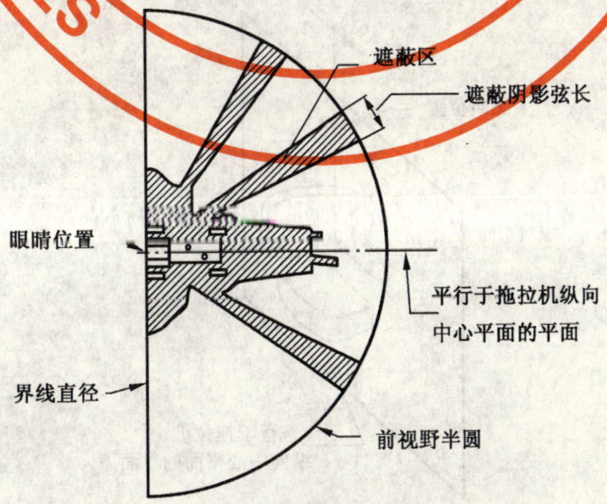

图1 前视野半圆(示出典型的遮蔽物)

3.4

后视野半圆　semi-circle of vision to the rear

在拖拉机下方的水平地面上以眼睛位置垂直投影点为圆心绘制的半圆。当面向正常前进方向时，此半圆位于拖拉机之后，而且它的界线直径与拖拉机纵向中心平面垂直。(见图2)

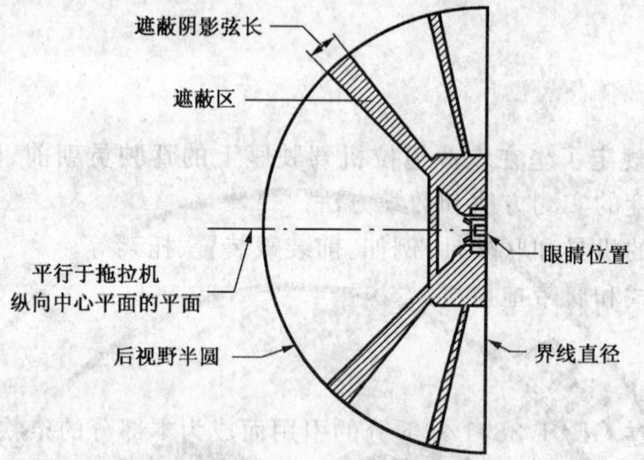

图2　后视野半圆(示出典型的遮蔽物)

3.5

上视野角　angle of vision upwards

通过眼睛位置的水平面和由眼睛位置向上通过遮挡住视线的构件(而不是按3.6定义的遮蔽阴影)切平面之间的夹角。

3.6

遮蔽阴影弦长　masking effects

在视野半圆中，由于构件(例如：顶棚柱、排气管等)的遮挡，从驾驶员眼睛位置处不能见到的扇形面的弦长。

4　允许测量误差

进行实际测量所用的仪器及设备的允许测量误差应在±2%以内。

5　眼睛位置

如图3所示，眼睛位置应位于座位标志点上方670 mm、正前方10 mm处。座位标志点的确定应按ISO 5353:1995的规定。

单位为毫米

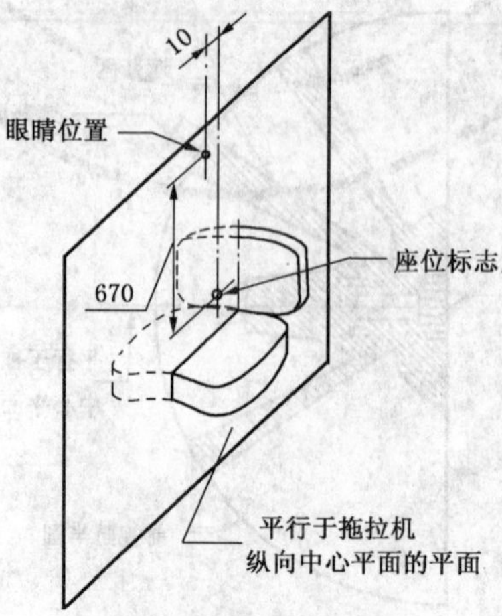

图3　眼睛位置的确定

6 实测方法

6.1 试验场地

6.1.1 试验场地应足够暗，以便使光源[见 6.2.1b)]能投射出清晰的阴影；或应有足够的亮度，能够摄影或使用观测仪器(瞄准装置)。

6.1.2 试验场地应足够大，使其能容纳为特殊试验用所规定的视野半圆，最好大到能容纳前、后两个视野半圆共用同一中心点。

6.1.3 试验场地表面应平整光滑，其最大坡度为1%。在以视野半圆中心点为圆心的任一条半径线上，地面的平面度偏差应在±25 mm/m 以内。地面亦应足够坚实，防止拖拉机在地面造成可测量出的下陷。

6.1.4 应将地面标出 1 m 见方的永久性方格。

6.1.5 试验所用的墙壁或屏幕应与地面构成垂直的圆柱形表面[见 6.2.1a)]，且应标出 1 m 见方的方格。

6.2 试验设备

6.2.1 试验设备应包括下列内容：

a) 垂直的墙壁或屏幕，应由地平面伸出足够高(例如 500 mm 高)，使其在视野半圆处能测出阴影。它们的内表面应为可擦除标记符号的材料或者是可更换的，并且墙壁应满足下列条件之一：

——圆柱内表面半径等于特定试验中所规定的视野半圆的半径；

——与通过眼睛位置的垂轴为同心轴、能够渐次加大的半圆形成的表面。

b) 按照要求可采用下列单项或多项的组合：

——双点光源，应具有足够的亮度，能在地面上和垂直在屏幕或墙壁上投射出清晰的映像；

——双轴重合的观测仪器(瞄准装置)，例如测量人员用的经纬仪；

——照相机。

c) 一个坚固的支架，将双点光源、观测仪器(瞄准装置)或相机支撑在相距 65 mm 的两个位置上，并能满足下列条件：

——围绕通过眼睛位置(两光源间的中点)的垂直轴线转动 360°；

——在垂直平面内，能通过光源的水平面向上或向下至少转动 45°；

——被夹持在任意选定的垂直和水平位置。

6.2.2 为便于将被试拖拉机置于所要求的位置，即使眼睛位置处在视野半圆中心的正上方，特别是当测定无驾驶室的拖拉机时，建议采用下列附加项目：

——用绳索悬吊的铅锤或其他刚性元件通过固定在天花板上的滑轮，应处于视野半圆中心点的正上方。

6.3 拖拉机

6.3.1 被试拖拉机应无负载和无配重。

6.3.2 安装在拖拉机上的轮胎应为制造厂推荐的新轮胎，轮胎气压为制造厂推荐的运输状态时的轮胎气压。

6.4 试验程序

6.4.1 前/后视野角

6.4.1.1 将仪器安装在眼睛位置处。

6.4.1.2 将拖拉机停在试验场地上，使眼睛位置处于相应视野半圆中心点的正上方。

6.4.1.3 将光源、观测仪器(瞄准装置)或照相机放置在相应的眼睛位置处。在放置照相机时，与眼睛位置相对的基准点应是其光学轴线与焦平面的交点。

6.4.1.4 调整支架，使其两个光源的连线垂直于眼睛位置和前(后)视野半圆内遮蔽物的连线。

6.4.1.5　依次打开每一光源，并进行下列各项：

a)　在垂直的墙壁或屏幕上，记下遮蔽阴影的弦长和位置。

b)　按制造厂选择或规定，确定和记录重叠阴影在地面上所遮蔽的面积(见图 2 和图 3)。

6.4.1.6　每一遮蔽物，按 6.4.1.4 和 6.4.1.5 规定的程序进行试验。并将其依次编号，若受场地限制，可分别测出前、后视野半圆。

6.4.2　上视野角

6.4.2.1　放置确定眼睛位置的仪器。

6.4.2.2　在下列 4 个位置确定上视野角的两限定平面间的角度。

a)　通过眼睛位置平行于拖拉机纵向中心平面的向前的垂直平面内；

b)　在 a)项规定的向后的垂直平面内；

c)　与 a)项规定的平面正交通过眼睛位置的左侧的垂直平面内；

d)　在 c)项确定的平面的右侧的垂直平面内。

7　数学方法

对于 6.4.1 中规定的程序来说另一种可供选用的方案是用数学方法确定单个构件的遮蔽阴影弦长。

如图 4 所示，对于一个瞳孔间距离为 65 mm 的双目(镜)观察可由公式(1)计算出一个构件的遮蔽阴影弦长 x：

$$x=\frac{r(b-65)}{a}+65 \qquad \cdots\cdots(1)$$

式中：

x——一个构件的遮蔽阴影弦长，单位为毫米(mm)；

a——为图 4 所示遮蔽物与眼睛之间的距离(即从眼睛位置处沿视野半径方向到在视野半圆范围内的遮蔽物中心点的距离)，单位为毫米(mm)。

b——在垂直于视力半径的水平方向测量的遮蔽物宽度，单位为毫米(mm)。

r——为所规定的视野半圆半径，单位为毫米(mm)。

注：此公式是建立在假设图 4 中的尺寸 c 等于 r 的基础上。

单位为毫米

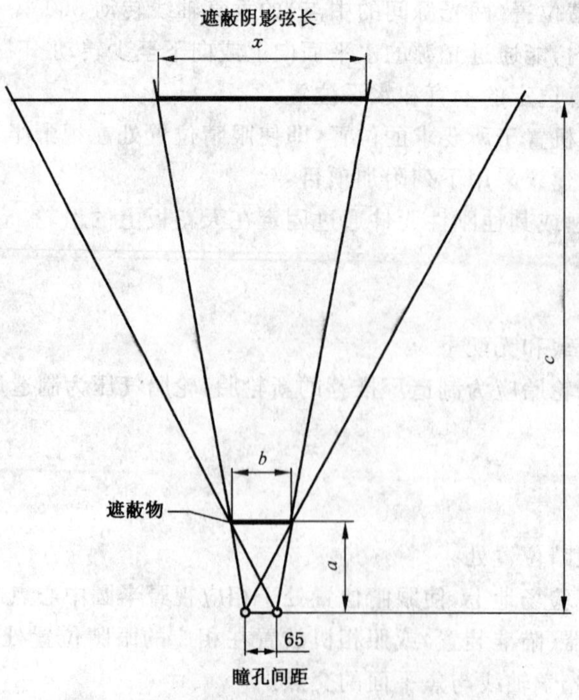

图 4　确定遮蔽阴影弦长的数学方法

8 试验报告

按照 GB/T 3871.1—2006 的有关规定,编写单项性能试验报告。

8.1 拖拉机

a) 制造厂;

b) 型号;

c) 出厂编号;

d) 驾驶室或防护装置的制造厂和型号;

e) 轮胎规格和型式;

f) 驾驶座制造厂和型号。

8.2 视野角

a) 按比例绘制出视野半圆的半径及遮蔽阴影(前和/或后)的相对位置和尺寸图;

b) 如果需要,可按比例绘制地面上的阴影图。为进一步说明试验数据,还应包括拖拉机的俯视图;

c) 确定上视野的4个角度。

附 录 A
（规范性附录）
视野测定结果汇总表

制造厂______________________拖拉机型号________________

拖拉机编号__________样品状态__________试验地点__________

仪器设备名称(型号)______________编号__________使用时间__________h

试验依据______________________试验日期________________

	遮蔽构件编号	构件宽度/mm	构件距眼睛位置的距离 L/mm	遮蔽阴影弦长/mm
前视野半圆				
后视野半圆				
上视野角/(°)	前		后	
	左		右	

整机外形阴影轮廓尺寸(m)：__________ __________ __________ __________

注：表中“构件宽度”为垂直于视力半径的水平方向测量的遮蔽物宽度。

ICS 65.060.10
T 61

中华人民共和国国家标准

GB/T 3871.8—2006
代替 GB/T 3871.8—1993

农业拖拉机 试验规程 第8部分:噪声测量

Agricultural tractors—Test procedures—Part 8: Noise measurement

(OECD R5:2002, Noise measurement at the driver's position(s) on agricultural and forestry tractors, MOD)

2006-02-06 发布 2006-04-01 实施

中华人民共和国国家质量监督检验检疫总局
中国国家标准化管理委员会 发布

前　言

GB/T 3871《农业拖拉机 试验规程》分为19部分：

——第1部分：通用要求；

——第2部分：整机参数测量；

——第3部分：动力输出轴功率试验；

——第4部分：后置三点悬挂装置提升能力；

——第5部分：转向圆和通过圆直径；

——第6部分：农林车辆制动性能的确定；

——第7部分：驾驶员的视野；

——第8部分：噪声测量；

——第9部分：牵引功率试验；

——第10部分：低温起动；

——第11部分：高温性能试验；

——第12部分：使用试验；

——第13部分：排气烟度测量；

——第14部分：非机械式传输的部分功率输出动力输出轴；

——第15部分：质心；

——第16部分：轴功率测定；

——第17部分：发动机空气滤清器；

——第18部分：拖拉机与机具接口处液压功率；

——第19部分：轮式拖拉机转向性能。

本部分是GB/T 3871的第8部分。

本部分修改采用OECD R5:2002(欧洲经济合作与发展组织农业和林业拖拉机官方试验标准　规则5,2002年版)《驾驶员操作位置处的(耳旁)噪声测量方法》(英文版)。

本部分根据OECD R5:2002重新起草。

为符合我国的标准编写规定及与我国标准相协调,本部分在采用国际标准时进行了修改。这些技术差异用垂直线标识在它们所涉及的条款的页边空白处。具体的技术性差异如下：

——本部分按GB/T 1.1—2000的规定增加了第1章“范围”；

——OECD R5:2002的2.2.1中“使用的声级计精度应符合国际电工委员会标准（IEC 60651:1979声级计)+(Amd1:1993)(截止2003年12月31日前)或(IEC 60651:1979)+(Amd1:1993)+(Amd2:2000)的要求”在本部分4.6.1中改为“使用的声级计精度应符合国际电工委员会标准（IEC60651:1979)+(Amd1:1993)+(Amd2:2000)的要求”；

增加了5.1“动态环境噪声测量”；

——在本部分4.6.1中增加了“动态环境噪声测量时,时间计权置于快响应档”。

为便于使用,本部分作了下列编辑性修改：

——本部分按GB/T 1.1—2000和GB/T 20000.2—2001的规定进行编排；

——“本OECD标准”、“本规则”改为“本部分”；

——标准中的图按我国的制图习惯作了修改；

——OECD R5:2002的2.1.3.1中“当官方指定机构提交重新试验的拖拉机试验报告时”,在本部分 4.1.2.1 中为“当试验站提交重新试验的拖拉机试验报告时”；

——测量单位“dm^3/h”改为“ L/min”，“rev/min”改为“r/min”；

——OECD R5:2002 的试验报告格式的 1 中“防护装置没有获 OECD 拖拉机试验规则组织的批准。防护装置已获 OECD 拖拉机试验规则组织的批准”，在本部分 A.1 中为“防护装置没有通过相关的符合国家标准或行业标准的拖拉机试验。防护装置通过相关的符合国家标准或行业标准的拖拉机试验”；

——OECD R5:2002 的试验报告格式的 3 中“ 如果防护装置没有被 OECD 拖拉机试验规则组织批准，按照规则 3、规则 4、规则 5、规则 7 和规则 8 中的试验报告格式中 2.1～2.7 的要求对其进行完整的描述。如果防护装置已获得 OECD 拖拉机试验规则组织批准”，在本部分 A.3 中为“如果防护装置没有通过相关的符合国家标准或行业标准的拖拉机试验，则应按对应的试验报告格式中的要求对其进行完整的描述。如果防护装置通过相关的符合国家标准或行业标准的拖拉机试验”。

本部分代替 GB/T 3871.8—1993《农业轮式和履带拖拉机试验方法　第 8 部分：噪声测量》。修订时除作了编辑性修改外，本部分与 GB/T 3871.8—1993 相比主要变化如下：

——标准名称由原来的“农业轮式和履带拖拉机试验方法　第 8 部分：噪声测量”改为“农业拖拉机试验规程　第 8 部分：噪声测量”；

——第 1 章“范围”由原来的“本部分规定了测定农业轮式和履带拖拉机噪声的方法。本部分适用于农业轮式和履带拖拉机”改为“本部分规定了农业和林业拖拉机的驾驶员操作位置处的(耳旁)噪声和动态环境噪声测量方法。本部分适用于农业和林业拖拉机驾驶员操作位置处的(耳旁)噪声和动态环境噪声测量”；

——取消了“引用标准”一章；

——增加了第 2 章“术语和定义”；

——增加了第 4 章“规则和说明”。并且第 4 章中的“测量设备”、“测试条件”。测量方法与原标准中的“试验设备”、“试验条件”、“试验方法”有所不同；

——原标准第 6 章中的“试验结果与报告”在本部分改为附录 A“试验报告格式”；

——增加了附录 A。

本部分的附录 A 为规范性附录。

本部分由中国机械工业联合会提出。

本部分由全国拖拉机标准化技术委员会归口。

本部分起草单位：洛阳拖拉机研究所、国家拖拉机质量监督检验中心、江苏悦达盐城拖拉机制造有限公司。

本部分主要起草人：郎志中、吴俊卿、陈兰芳、王丹玲、徐惠娟、高波。

本部分所代替标准的历次版本发布情况为：

——GB/T 3871.8—1983、GB/T 3871.8—1993。

农业拖拉机　试验规程
第 8 部分：噪声测量

1　范围

GB/T 3871 的本部分规定了农业和林业拖拉机的驾驶员操作位置处的(耳旁)噪声和动态环境噪声测量方法。

本部分适用于农业和林业拖拉机驾驶员操作位置处的(耳旁)噪声和动态环境噪声测量。

2　术语和定义

下列术语和定义适用于本部分。

2.1

农业和林业拖拉机　agricultural and forestry tractor

具有至少两根轴的自走式轮式或履带式机器，主要用于牵引、推动、运载和驱动机具从事农业作业(包括林业作业)，该机器可以配备有可拆卸的平台。

2.2

座位参考点　seat reference point

试验时座椅的位置及调整　seat location and adjustment for test

2.2.1

座位参考点　seat reference point

2.2.1.1　座位参考点是用一种如图 1 所示模拟驾驶员装置得到。该装置由座椅盆板和靠背板组成，下靠背板铰接于驾驶员的髋部(A)和腰部(B)处，铰链点(B)的高度可调。

2.2.1.2　座位参考点是靠背下部的切平面与一个水平面相交线在座椅纵向中心面内的交点。这个水平面在上述切线前 150 mm 处与座椅盆板下表面相交。

2.2.1.3　将测量装置置于座椅上，在铰接点(A)前 50 mm 处，施加 550 N 的力，将靠背板的两部分切向轻压在靠背上。

2.2.1.4　如果不能同靠背区域切向接触(腰部上/下)，则应按下列步骤进行：

——如果背板下面一部分不可能同座椅下面区域切向接触，将靠背板下面部分垂直压向靠背；

——如果背板上面一部分不可能同座椅上面区域切向接触，则应将铰接点(B)固定于座椅盆板下表面之上 230 mm 处，靠背板垂直于座椅盆板。然后将靠背板的两部分轻轻地切向压在靠背上。

2.2.2

试验时座椅的位置及调整　seat location and adjustment for test

2.2.2.1　若座椅位置可调，座椅应置于或尽可能靠近其水平调节和垂直调节范围的中间位置；

2.2.2.2　任何悬架式的座椅都应调至其动态范围的中点；

2.2.2.3　若座椅位置仅能沿纵向和垂直方向调整，则通过座位参考点的纵轴应平行于通过转向盘中心的拖拉机的纵向垂直平面，并且与该平面的距离不超过 100 mm。

2.3

发动机标定转速　rated engine speed

拖拉机制造厂规定的发动机持续满负荷运转时的转速。

单位为毫米

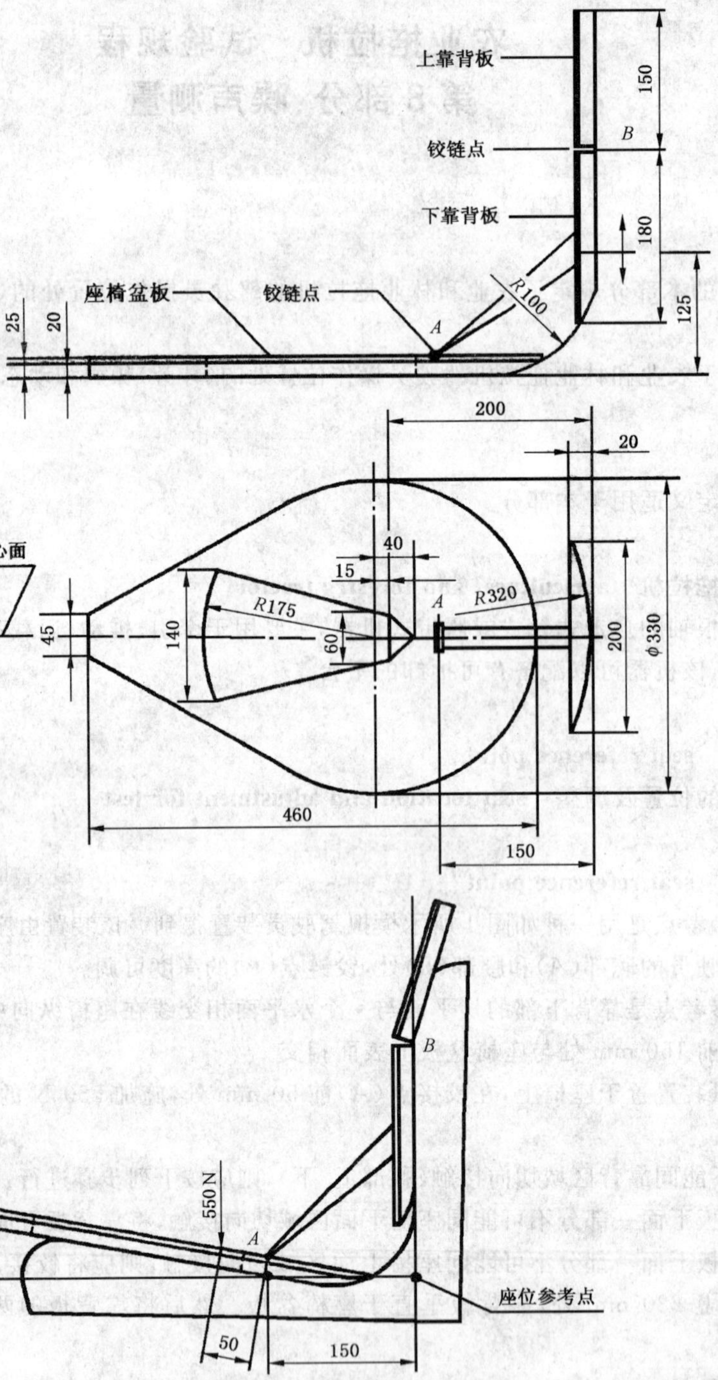

图 1 座位参考点的测量装置示意图

2.4

动力输出(轴)功率 power take -off power

在能够传递拖拉机全部功率的轴上测得的功率。如果没有能够传递拖拉机全部功率的动力输出轴,则从拖拉机厂指定的用作输出动力的任何一个轴上测量。

2.5

无配重质量 unballasted mass

拖拉机无配重时的质量。如为装充气轮胎的拖拉机,轮胎内应无液体配重。拖拉机处于使用状态,燃油箱、管路和散热器均应充满，且正常使用所要求的防护装置应有的包覆材料和行走装置或前驱动轮的附加部件均应包括在内。但驾驶员的质量不包括在内。

3 测量单位和允许误差

本部分使用下列测量单位和允许误差：

a) 转速：	r/min，	±0.5%；
b) 时间：	s，	±0.2 s；
c) 距离：	m，	±0.5%；
d) 力：	N，	±1.0%；
e) 质量：	kg，	±0.5%；
f) 大气压力：	kPa，	±0.2 kPa；
g) 轮胎气压：	kPa，	±5.0%。

4 规则和说明

4.1 通用规则

4.1.1 样机的选择

提交试验用的拖拉机应是制造厂批量生产的现行产品机型，并且应与制造厂提供的样机说明和技术参数严格相符，样机说明必须准确地描绘被试的机型。试验时应对功率及转速进行核对。

在特殊情况下，允许对准备投产的拖拉机进行试验。如遇此类情况，在发布报告时，试验站必须在报告中申明，批量生产的拖拉机的技术参数与被试拖拉机的技术参数相符。

试验报告中应说明被试拖拉机是如何选择的。

4.1.2 重新试验

4.1.2.1 如果拖拉机进行了改进，其性能受到影响、使原来的噪声试验无效时，试验站才会对其重新试验。

当试验站提交重新试验的拖拉机试验报告时，该试验报告必须明示并且应说明新试验的修改处。

4.1.2.2 由于市场原因对拖拉机的外观如颜色、贴花、牌号或型号的名称进行的较小改变等，出具原试验报告的试验站应出具一个“较小改进证明”，在不做进一步试验的情况下，陈述所有的改进并确认这些改进对噪声试验无影响。

4.2 磨合和初调

提交试验的拖拉机应是全新的，试验前制造厂应与试验站合作按使用说明书的规定负责对拖拉机进行磨合。如果拖拉机是进口的，上述磨合程序不适用，只有获得制造厂或其代理人授权后，试验站才可以负责对其进行磨合。此时制造厂或其代理人仍然对磨合负责。

化油器、喷油泵和调速器的调整应符合制造厂的技术参数。

试验前，制造厂可以按产品技术条件或说明书调整拖拉机。试验期间，不能对拖拉机进行调整。

试验报告中应说明磨合的地点和时间。

4.3 辅助设备

除指定的特殊试验项目外，对于驾驶员按照使用说明书规定、不用任何工具，在工作中进行常规操作就能断开的附件，如液压提升油泵或空气压缩机等，试验时应将其断开，否则，应使其保持联接状态并以最小负荷运转。

4.4 工作条件

不必因大气条件或其他因素对试验结果进行修正。

大气压力不应低于96.6 kPa。如受海拔高度的限制而达不到这个要求时，可以调整喷油泵，详细情况应记入试验报告。报告中应注明大气压力。

在各种负荷下试验时，测量开始前应达到稳定运转工况。

4.5 检查发动机功率和转速

应按图2的规定，在最大功率时发动机转速至空负荷时发动机转速(最高空转转速)之间检查发动机功率和转速。

发动机调速器操纵手柄(油门)全开。某些发动机在标定转速时能够发出最大功率，另一些转矩储备高的发动机，可能在比标定转速低的转速时达到最大功率，如图2所示。对每种情况，均应测定发动机标定转速下的动力输出轴功率。拖拉机在进行充分的预热后，再持续运转20 min，以使其功率稳定。标定转速时的功率值应是在20 min内至少测量5次的平均值。试验时，应记录功率、发动机转速，并测量喷油泵的供油量。空负荷时发动机的转速也应记入试验报告。

应检查功率曲线，必要时，调整调速器使发动机工作转速在制造厂规定的范围内。

发动机标定转速的允许偏差为0～+50 r/min，在同一转速点测得的功率变化应不超过生产厂规定值的±5%。

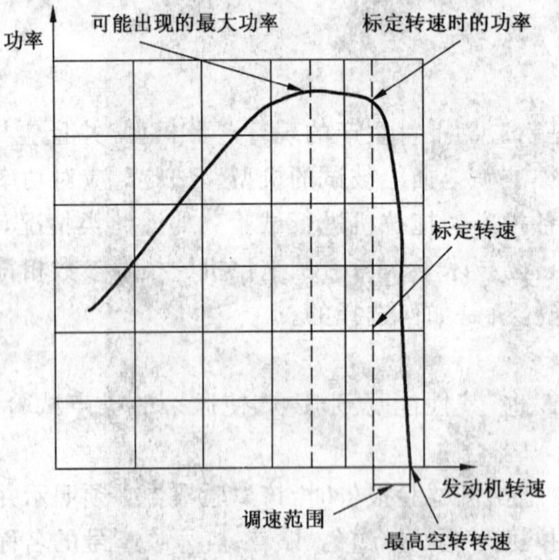

图2 检查发动机转速和功率

4.6 试验条件

4.6.1 测量设备

使用的声级计精度应符合国际电工委员会标准(IEC 60651:1979)+(Amd1:1993)+(Amd2:2000)的要求。测量时应采用IEC标准中要求的符合A曲线的频率计权网络。在驾驶员位置处的(耳旁)噪声测量时，时间计权置于慢响应档；动态环境噪声测量时，时间计权置于快响应档。

设备应经常校正，如可能，在每次测量前均应校正。

在试验报告中应对测量设备作充分的技术说明。

4.6.2 测试条件

4.6.2.1 噪声测量时，拖拉机无配重。测量应在一个足够宁静、开阔的场地上进行，例如可以是紧邻试验跑道至少有20m范围内是水平的开阔地。

4.6.2.2 试验跑道的路面不应使充气轮胎产生过大的噪声，跑道路面应是由混凝土、沥青或类似的材料构成。路面上不得覆盖有粉状雪、杂草、碎土及灰碴。

4.6.2.3 测量应在微风或无风的良好天气下进行，环境噪声和风噪声应比被测噪声至少低10 dB(A)。记录时，任何与被测噪声无关的外界干扰噪声均不予考虑。

4.6.2.4 对拖拉机施加牵引负荷时，负荷车(加载装置)应远离拖拉机，以消除对拖拉机噪声场的干扰。

4.6.2.5 当拖拉机装有驾驶室时，所有通道如门、窗均应关闭。如果门、窗在开启位置对拖拉机的正常使用不会造成危险，试验可以在打开的状态下重复一次。风挡玻璃必须置于关闭的位置。

4.7 根据轮胎的动力半径指数，计算在发动机标定转速下对应的拖拉机的理论速度。

5 试验规程

5.1 动态环境噪声测量(仅用于轮式拖拉机)

5.1.1 试验场地的布置如图3所示。在地面上标出跑道中心线 CC、测区中心点 M，测区起始线 AA 和终止线 BB、仪器安放点 P_1 和 P_2。

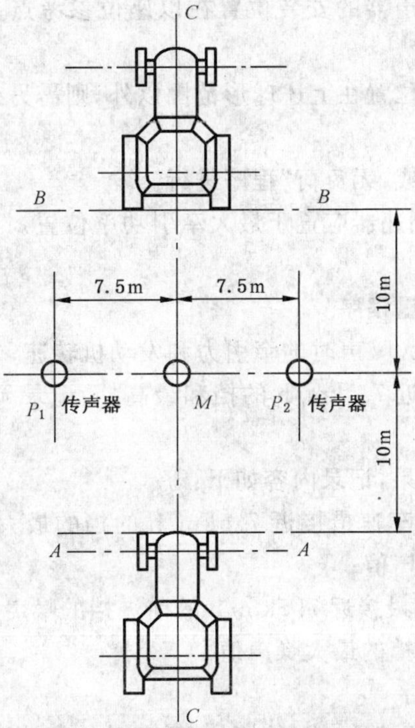

图3 动态环境噪声测试场地的布置

5.1.2 在 P_1、P_2 处，分别用三角架固定一个声级计，它的传声器膜片置于 P_1、P_2 点离地高 1.2 m 处且朝向 CC 线，传声器的轴线垂直于 CC 线、并同地面平行。

5.1.3 测量时的稳定行驶速度应相当于运输作业时最高挡位所能达到的最高行驶速度的 3/4。

5.1.4 如果被试拖拉机在 AA 线至 BB 线之间行驶时，未达到最高行驶速度，则将 AA 线到 M 点距离延长 1 m，重新试验。如果拖拉机后端到达 BB 线时，仍未达到最高行驶速度，则再次将 AA 线到 M 点距离延长 1 m，重新试验，依次类推。

试验往返各进行 2 次，在拖拉机噪声大的一侧，连续 2 次测量结果之差应不大于 2 dB(A)，否则应重测。

5.1.5 试验时，拖拉机应挂最高挡空负载沿跑道中心线 CC 行驶，按 5.1.3 规定的油门位置使拖拉机匀速行驶至 AA 线。当拖拉机的前端抵达 AA 线时，立即将油门加到最大，并保持至拖拉机后端离开 BB 线后，立即将油门减到尽可能小的位置，记录拖拉机通过测区时声级计的最大读数和拖拉机前端抵达 AA 线、后端离开 BB 线时发动机转速及拖拉机的行驶速度，并在测区内实时监控。

5.1.6 对四轮驱动拖拉机，如果使用说明书规定运输作业应将前轮驱动脱开，则应在两轮驱动状态下进行试验。否则，试验应分别在两轮驱动(若能脱开)和四轮驱动两种状态下进行。

5.2 驾驶员位置处(耳旁)噪声测量

5.2.1 测量方法

5.2.1.1 在测量期间，传声器膜片应面向前进方向，传声器应放置在噪声级大的一侧，传声器的中心距离座椅中心平面 250 mm，座位参考点上方 790 mm，前方 150 mm 处。

5.2.1.2 测量时，调速器操纵手柄(油门)置于全开位置。带有负荷测量时，应从空负载开始逐级加载，直至测得最大噪声值。每次加载后，应保持一定的时间使噪声稳定，然后再进行测量。加载条件必须使发动机处于调速器的控制之下。

5.2.2 选装座椅

对于能够安装选装座椅的拖拉机：

5.2.2.1 传声器的安装位置应与座位参考点相对应。座位参考点从选装座椅在拖拉机上可安装范围内选取。

5.2.2.2 测量结果也适用于以传声器的安装位置在以座位参考点为圆心、半径为 50mm 的球形范围内所安装的座椅。

5.2.2.3 如果座椅传声器的安装位置在上述球形范围以外，则需另行处理。

5.2.3 测量程序

噪声测量可以按“有负荷”和/或“无负荷”程序进行。

通用要求：在整个试验期间，调速器应置于最大牵引功率位置。试验时，前进挡的速度不应超过测试装置的安全极限。

5.2.3.1 有负荷试验条件下的测量程序

5.2.3.1.1 记录各前进挡产生最大噪声时的牵引力和发动机转速；

5.2.3.1.2 在理论前进速度最接近 7.5km/h 的挡和最高挡，记录无牵引负荷时的噪声值和相应的发动机转速。

5.2.3.1.3 用 dB(A)给出测量结果，记录内容如下：

a) 有牵引负荷条件下，理论车速最接近 7.5km/h 的挡的最大噪声值或以及比该挡最大噪声值至少高 1dB(A)的任何挡的最大噪声值；

b) 无牵引负荷时，理论车速最接近 7.5km/h 的前进挡的噪声值；

c) 无牵引负荷时，最高前进挡的最大噪声值。

5.2.3.2 无牵引负荷时的测量程序

5.2.3.2.1 记录理论速度最接近 7.5 km/h 的挡位，无牵引负荷时的噪声值和相应的发动机转速。

5.2.3.2.2 用 dB(A)给出测量结果，记录下列内容：

给出理论速度最接近 7.5 km/h 的前进挡在无牵引负荷条件下的噪声值。

5.2.3.3 四轮驱动拖拉机

5.2.3.3.1 四轮驱动的拖拉机的噪声测量应在两轮驱动和四轮驱动两种状态下分别进行。

5.2.3.3.2 如果四轮驱动拖拉机有两轮驱动变型，根据生产厂的意愿可以仅进行四轮驱动的噪声试验，而将该噪声测量结果延伸到适用于四轮驱动变型的两轮驱动的拖拉机上。将四轮驱动的拖拉机在前驱动桥接合和脱开两种状态下的两个测量记录中的最大值作为两轮驱动变型拖拉机的噪声测量结果。

5.2.3.4 双向操纵位置的拖拉机

如果拖拉机有双向操纵位置，则按生产厂产品使用说明书规定的操作方法按第 5 章的方法在反向位置重复噪声测量试验。带有反向驾驶位置的拖拉机的风挡玻璃的状态应符合 4.6.2.5 的规定，风挡玻璃必须关闭。

附 录 A
（规范性附录）
试验报告格式

——拖拉机制造厂的名称和地址：

——防护装置制造厂的名称和地址：

——申请试验的单位：

——抽样单位：

——防护装置的牌号：

——防护装置的型号：

——防护装置的型式：驾驶室、框架式、后置式防翻架、整体框架式驾驶室等等。

——试验日期和地点：

——声级计的牌号、型号、型式：

——跑道类型：

A.1 强度试验报告证明

试验报告应按下列两种陈述中的一种：

防护装置没有通过相关的符合国家标准或行业标准的拖拉机试验。

防护装置通过相关的符合国家标准或行业标准的拖拉机试验。（在这种情况下，应填写 A.1.1）

A.1.1 通过的相关的符合国家标准或行业标准的拖拉机试验报告编号

——报告编号

——批准日期

——防护装置试验地点

A.1.2 用于计算能量和压垮力的参考质量、轴距和惯性矩

——质量： kg

——轴距： mm

——惯性矩： $kg \cdot m^2$

A.2 拖拉机技术参数

A.2.1 安装防护装置的被试拖拉机的识别

A.2.1.1 拖拉机的牌号、型号和型式

——拖拉机牌号：[1)]

——型号（商品名）：

——型式：两轮驱动拖拉机或四轮驱动拖拉机；橡胶履带拖拉机或钢履带拖拉机（如果有）；折腰转向四轮驱动拖拉机或双胎折腰转向四轮驱动拖拉机（如果有）。

A.2.1.2 编号

——出厂总编号或样机编号：

——出厂编号：

---

1) 可能与拖拉机制造厂的厂名不同。

A.2.1.3 其他技术规格(如果有)

——其他国家使用的型号名称:

——传动箱型式或变速挡数:

——速度范围:0～30 km/h 或 0～40 km/h:

——制造厂的识别号或技术型式编号:

A.2.2 带防护装置、无驾驶员、无配重时拖拉机的质量

表 A.1 带防护装置、无驾驶员、无配重时拖拉机的质量

前轮	kg
后轮	kg
总计	kg

A.2.3 最小轮距和轮胎规格

表 A.2 最小轮距和轮胎规格

前/后轮	最小轮距	轮胎规格
前轮	mm	
后轮	mm	

A.2.4 拖拉机座椅

——拖拉机是否有可双向驾驶的操作位置(座椅和方向盘可调转 180°):　　是/否

——试验时所使用的座位参考点(该点与试验时的实际座位参考点(SRP)的位置可能有差别,对选装座椅,见 5.2.3.4)

——座位标志点(当强度试验没有通过时,如果需要,应给予说明)

——噪声试验用座椅的牌号/型号/型式,座位参考点位置的测定

——选装座椅的牌号/型号/型式和座位参考点的位置

[座椅 1 及其座位参考点(SRP)位置的描述]

[座椅 2 及其座位参考点(SRP)位置的描述]

[座椅　及其座位参考点(SRP)位置的描述]

A.2.5 排气系统

——牌号/型号/型式:

——排气管的位置:

A.2.6 传动系

——传动系简要说明:

——总传动比和行驶速度:

表 A.3 传动系

主变速挡位	副变速挡位	驱动轮每转一圈(转)时对应的发动机转数	发动机在标定转速 r/min 拖拉机的理论行驶速度[a] km/h

[a] 用轮胎的动力半径指数计算。

A.2.7 发动机调整

表 A.4 发动机调整

发动机	调整值	复核值
发动机标定转速和满负荷时喷油泵的供油量	L/min	L/min
发动机标定转速下动力输出轴功率	kW	kW
发动机最大功率时对应的发动机转速	r/min	r/min
发动机最高空转转速	r/min	r/min

A.3 防护装置技术参数

如果防护装置没有通过相关的符合国家标准或行业标准的拖拉机试验，则应按对应的试验报告格式中的要求对其进行完整的描述。

如果防护装置通过相关的符合国家标准或行业标准的拖拉机试验，应填写下面的A.3.1和A.3.2。

A.3.1 简要说明

防护装置构成的简要说明：

——结构型式：

——安装支架的说明：

——覆盖件和衬垫说明：

——进出及紧急逃生的方式：

——附加框架：　有/没有

A.3.2 防护装置隔音材料详细说明

A.3.2.1 内衬填料

——顶部：　(材料和尺寸)

——车门：　(材料和尺寸)

——地板：　(材料和尺寸)

——前隔板：　(材料和尺寸)

——后隔板：　(材料和尺寸)

——侧隔板：　(材料和尺寸)

——仪表板和方向杆(上部)：　(材料和尺寸)

A.3.2.2 玻璃：　(部位—型式—厚度)

A.3.2.3 百页窗：　(材料和尺寸)

A.3.2.4 暖风机和通风机：　(牌号和型式)

A.3.2.5 刮雨器：　(牌号和型式)

A.3.2.6 方向指示器：　(牌号和型式)

A.4 噪声试验结果

A.4.1 动态环境噪声测量结果

表 A.5 动态环境噪声测量结果

驱动型式	挡位	拖拉机行驶速度/(km/h)			发动机转速/(r/min)			环境噪声级/dB(A)	背景噪声级/dB(A)
		最高速度	初速度	离开 *BB* 线时	规定状态时	到达 *AA* 线时	离开 *BB* 线时		
两轮驱动									
四轮驱动									

A.4.2 有牵引负荷条件下的测量结果

表 A.6 有牵引负荷条件下的测量结果

	所有门窗和通道	挡位	牵引力/kN	发动机转速/(r/min)	实际行驶速度/(km/h)	驱动轮数目(2 和/或 4)	噪声值/dB(A)	延伸到适用于两轮驱动变型的噪声值/dB(A)
在有牵引负荷条件下拖拉机最大噪声试验(在车速最接近 7.5 km/h挡或比该挡噪声至少增加 1 dB(A)的任何挡):	均关闭					2		
						4		
	均打开					2		
						4		
车速最接近 7.5 km/h 挡无牵引负荷时噪声试验	均关闭					2		
						4		
	均打开					2		
						4		
最高车速无牵引负荷时噪声试验	均关闭					2		
						4		
	均打开					2		
						4		

A.4.3 无牵引负荷时的测量结果

表 A.7 无牵引负荷条件下的测量结果

	所有门窗和通道	挡位	牵引力/kN	发动机转速/(r/min)	实际行驶速度/(km/h)	驱动轮数目(2 和/或 4)	噪声值/dB(A)	延伸到适用于两轮驱动变型的噪声值/dB(A)
车速最接近 7.5 km/h 挡无牵引负荷时噪声试验	均关闭					2		
						4		
	均打开					2		
						4		

A.4.4 备注

A.4.5 配备安全防护装置的拖拉机

表 A.8 配备安全防护装置的拖拉机

试验报告编号:										
牌号	型号	型式	其他技术规格	质量			可倾翻	轴距	轮距最小值	
		2/4 轮驱动,等等	适用时	前轮/kg	后轮/kg	总计/kg	是/否	mm	前轮/mm	后轮/mm

ICS 65.060.10
T 61

中华人民共和国国家标准

GB/T 3871.9—2006
代替 GB/T 3871.9—1993

农业拖拉机　试验规程
第9部分：牵引功率试验

Agricultural tractors—Test procedures—
Part 9: Power tests for drawbar

(ISO 789-9:1990,MOD)

2006-02-06 发布　　2006-04-01 实施

中华人民共和国国家质量监督检验检疫总局
中国国家标准化管理委员会　发布

前　言

GB/T 3871《农业拖拉机　试验规程》分为19部分：

——第1部分：通用要求；

——第2部分：整机参数测量；

——第3部分：动力输出轴功率试验；

——第4部分：后置三点悬挂装置提升能力；

——第5部分：转向圆和通过圆直径；

——第6部分：农林车辆制动性能的确定；

——第7部分：驾驶员的视野；

——第8部分：噪声测量；

——第9部分：牵引功率试验；

——第10部分：低温起动；

——第11部分：高温性能试验；

——第12部分：使用试验；

——第13部分：排气烟度测量；

——第14部分：非机械式传输的部分功率输出动力输出轴；

——第15部分：质心；

——第16部分：轴功率测定；

——第17部分：发动机空气滤清器；

——第18部分：拖拉机与机具接口处液压功率；

——第19部分：轮式拖拉机转向性能。

本部分是GB/T 3871的第9部分。

本部分修改采用ISO 789-9:1990《农业拖拉机　试验规程　第9部分：牵引功率试验》(英文版)。

本部分根据ISO 789-9:1990重新起草。

考虑到我国国情，在采用ISO 789-9:1990时，本部分做了一些修改。有关技术性差异已编入正文中并在它们所涉及的条款的页边空白处用垂直单线标识。在附录C中给出了这些技术性差异及其原因的一览表以供参考。

为便于使用，本部分做了下列编辑性修改：

——本部分按GB/T 1.1—2000和GB/T 20000.2—2001的规定进行编排；

——"ISO 789的本部分"一词改为"本部分"；

——用小数点"."代替作为小数点的逗号","；

——删除国际标准的前言。

本部分代替GB/T 3871.9—1993《农业轮式和履带拖拉机试验方法　第9部分：牵引功率试验》。修订时除作了编辑性修改外，本部分与GB/T 3871.9—1993相比主要变化如下：

——标准名称由原来的"农业轮式和履带拖拉机试验方法　第9部分：牵引功率试验"改为"农业拖拉机　试验规程　第9部分：牵引功率试验"；

——增加了第3章"术语和定义"；

——原标准第3章"试验仪器设备及参数测量准确度"，在本部分中改为第4章"测量单位和允许误差"；

——原标准中的第 4 章“试验条件”和第 5 章“试验方法”，在本部分中改为第 5 章“通用要求”和第 6 章“试验规程”；

——在本部分第 6 章“试验规程”中和原标准 GB/T 3871.9—1993 相比，减去了五工况试验，将试验分为拖拉机带配重和不带配重情况下的各挡牵引功率试验。增加 10 h 试验(在发动机标定转速下最大牵引功率时对应牵引力的 75%的负荷下试验 5 h 和 15%滑转率(金属轮或金属履带拖拉机为 7%)对应的牵引力负荷下试验 5 h 试验；

——本部分中增加了附录 A、附录 B、附录 C。

本部分的附录 A、附录 B 为规范性附录，附录 C 为资料性附录。

本部分由中国机械工业联合会提出。

本部分由全国拖拉机标准化技术委员会归口。

本部分起草单位：洛阳拖拉机研究所、国家拖拉机质量监督检验中心、第一拖拉机股份有限公司。

本部分主要起草人：李京忠、郭志强、范建华、高波、徐惠娟。

本部分所代替标准的历次版本发布情况为：

——GB/T 3871.9—1983、GB/T 3871.9—1993。

农业拖拉机　试验规程
第9部分:牵引功率试验

1　范围

GB/T 3871的本部分规定了测定农业轮式拖拉机、履带式或半履带式拖拉机牵引功率的试验规程。

本部分适用于农业轮式和履带拖拉机。

2　规范性引用文件

下列文件中的条款通过GB/T 3871本部分的引用而成为本部分的条款。凡是注日期的引用文件，其随后所有的修改单(不包括勘误的内容)或修订版均不适用于本部分,然而,鼓励根据本部分达成协议的各方研究是否可使用这些文件的最新版本。

GB/T 3871.3—2006　农业拖拉机　试验规程　第3部分:动力输出轴功率试验(ISO 789-1:1990,MOD)

JB/T 7282　拖拉机用油品种、规格的选用

3　术语和定义

下列术语和定义适用于GB/T 3871的本部分。

3.1

轴距　wheelbase

分别通过拖拉机同侧前、后车轮接地中心点并垂直于纵向中心面和支承面的两平面间的距离。

3.2

拖拉机质量　tractor mass

3.2.1

拖拉机基本质量(无负载拖拉机)　basic tractor mass(unladen tractor)

拖拉机按规定加注各种油、冷却液,在工作状态下的拖拉机质量。不包括选装的前、后配重、轮胎配重、拖拉机驾驶员、悬挂的农具、挂结的设备或任何专用部件的质量。

3.2.2

带配重拖拉机质量(带负载拖拉机)　ballasted tractor mass(laden tractor)

按5.7的要求进行6规定的性能试验的带配重的拖拉机质量。

3.3

发动机标定转速　rated engine speed

拖拉机制造厂规定的发动机持续满负荷运转时的转速。

3.4

牵引功率　drawbar power

在牵引杆上测得并至少维持20s或可持续行驶20m距离的时间(取两者中时间较长者)的功率。

3.5

最大牵引力　maximum drawbar pull

按5.7、6.1和6.2的规定,由制造厂推荐的牵引挂结点上,拖拉机在其纵轴方向上所能保持的最大

水平牵引力。

3.6

比油耗　specific fuel consumption

单位功所消耗的燃油量。

3.7

动力半径指数　dynamic radius index

拖拉机无牵引负载，以大约 3.5 km/h 的速度行驶时，与驱动轮转一圈所驶过的距离对应的有效半径(即该距离除以 2π)。

4　测量单位和允许误差

本部分使用下列测量单位和允许误差

a)　转速：	r/min，	±0.5%；
b)　时间：	s，	±0.2s；
c)　长度：	m 或 mm，	±0.5%；
d)　力：	N，	±1%；
e)　质量：	kg，	±0.5%；
f)　比油耗：	g/kW·h，	±2%；
g)　大气压力：	kPa，	±0.2kPa；
h)　轮胎气压：	kPa，	±5%；
i)　燃油等的温度：	℃，	±2℃；
j)　干/湿球温度计温度：	℃，	±0.5℃。

5　通用要求

5.1　技术要求

被试验拖拉机应与试验报告(见附录 A)中的技术规格一致，并应按制造厂推荐的操作方法试验。

5.2　预热和初调

拖拉机试验前应进行预热。对于可调节油气混合比的火花点燃式发动机，试验时发动机化油器的油气混合比应调整到正常使用条件下与动力输出轴试验时(见 GB/T 3871.3—2006)相同的调整位置。发动机应在标定转速、油门全开的状态下进行预热。

当用同一台拖拉机进行牵引试验和动力输出轴试验(见 GB/T 3871.3—2006)时，供燃油装置的位置应保持不变。

5.3　试验用燃油和润滑油

试验时，发动机所用燃油应符合 JB/T 7282 的规定。

试验用润滑油应符合制造厂或 JB/T 7282 规定的润滑油的类型和黏度级别。如果使用其他种的润滑油，应明确给出它们用在何处的详细信息(如使用在发动机、传动系等)。

如果润滑油符合其他国家标准或国际标准，应给出具体的参考标准。

5.4　辅助装置

对于全部试验，如果驾驶员在常规操作中，按照使用说明书、不使用工具(除特殊试验的规定外)就能脱开的辅助装置(如液压提升泵或空气压缩机)应置于脱开位置。否则，应使之在最小负荷下运转。

如果拖拉机装有产生易变寄生功率损失的装置，如变速冷却风扇、间歇性液压或电子装置等，则该装置试验时不应置于脱开状态或改变其状态。如果使用说明书中允许驾驶员脱开该装置，试验时将该装置处于脱开状态，但应记入试验报告中。

试验期间，这些装置引起的牵引功率变化超过±5%时，应在试验报告中记录功率偏离平均值的百分数。

5.5 试验条件

扭矩或功率等测值无需进行环境状态或其他因素方面的任何修正。大气压力应不低于 96.6 kPa。如受海拔条件限制不能达到要求的大气压,允许调整化油器或燃油泵,详情应记入试验报告中。

在每种工况开始测量前,拖拉机都应达到稳定的运转状态。

5.6 燃油消耗

调整燃油测量装置,使在化油器或喷油泵处的油压相当于拖拉机油箱一半燃油时所具有的油压。燃油温度应相当于拖拉机满负荷运转 2 h 后油箱出口的燃油温度,试验过程中应尽量限制油温的变化。测量燃油消耗率时,拖拉机应直线持续行驶至少 20 m 的距离或维持 20 s 的距离(取两者中时间较长者)。

用容积法测量燃油耗时,应按某一燃油温度的比重计算单位功的油耗质量。通常按 15℃时的燃油比重计算容积值。

用质量法测量燃油耗时,用 15℃时的燃油比重计算容积值。

5.7 配重和轮胎气压

市场上购得的拖拉机配重需经制造厂确认用于农业用途。对轮式拖拉机,也可以在轮胎内加液体配重。

每个轮胎承受的静载荷(包括轮胎内的液体配重和代替驾驶员的 75 kg 的重物)和轮胎气压均应在轮胎制造厂规定的限值内。测量气压时轮胎气门嘴应位于最低位置(轮胎内加液体配重的除外)。

6 试验规程

6.1 一般要求

拖拉机牵引性能应在下列路面之一的路面上进行:

a) 对轮式或橡胶履带拖拉机:清洁、水平、干燥,接缝应尽可能少的混凝土路面或柏油碎石路面;

b) 对于钢履带拖拉机:平坦、干燥、水平的茬地或草地,或具有相同附着性能的水平路面;

c) 移动路面(转鼓或转鼓试验台)上的试验结果应和上述路面上得到的结果具有可比性。

试验报告中应记录试验路面的类型。如果使用转鼓,则应记录转鼓直径。

拖拉机的前进速度超过试验设备的安全极限的挡次不进行试验。

牵引力应沿水平方向。牵引杆的高度相对于拖拉机应保持不变并应使拖拉机在整个试验期间不失去控制。对于轮式拖拉机,使用公式(1)计算牵引力的高度:

$$H_{\max} = \frac{0.8 \times W \times Z}{F} \qquad \cdots\cdots(1)$$

式中:

W——前轮作用于地面的静载荷,单位为牛顿(N);

Z——轴距,单位为毫米(mm);

F——牵引力,单位为牛顿(N);

$H_{\max}$——牵引力距离地面的静态高度,单位为毫米(mm)。

牵引试验开始时,在轮胎和履带的中心线处测得的轮胎或橡胶履带的胎纹高度应至少为全新轮胎或履带的 65%。应按附录 B 规定的方法和设备测量胎纹高。

拖拉机牵引试验时的环境温度应为 20℃±15℃。

如果拖拉机驱动轮没有用机械方式连锁在一起,则应记录每个驱动轮的转数并计算每个驱动轮的滑转率。如果各轮的滑转率差值超过 5%,则应检查原因并分别记录在试验报告中。

驱动轮或履带滑转率由公式(2)确定:

$$\delta=\frac{100(N_1-N_0)}{N_1} \quad \cdots\cdots(2)$$

式中：

δ——滑转率；

N_1——在给定距离内全部驱动轮或履带转过的总圈数；

N_0——拖拉机无牵引负载、以约 3.5 km/h 的速度行驶，在给定距离内全部驱动轮或履带转过的总圈数。

轮胎或橡胶履带的滑转率不能超过 15%，钢履带的滑转率不能超过 7%。

6.2 牵引功率试验

6.2.1 总则

最大牵引功率应至少在能发挥拖拉机最大牵引力、滑转率不超过 6.1 规定的滑转率限值的各个挡位上进行测定，找出发挥最大功率、但车速不超过 16 km/h 的挡。测量结果包括牵引功率、牵引力、速度、滑转率、油耗和环境状况。任何明显的轮胎跳动及相应的滑转率均应记入试验报告中。对于钢履带拖拉机，如果最大牵引力出现时滑转率超过 7%，则应在记录履带拖拉机牵引性能的表格下面以脚注的形式记录最大牵引力。

如果拖拉机装有可由驾驶员操纵的液力变矩器，则试验应分别在液力变矩器关闭和接通两种工况下进行。

如果拖拉机装有无级变速箱，试验应在 6 种差值大致相同的传动比的工况下进行，这 6 种传动比应包括能获得最大牵引功率的速比。记录表中记录以牵引力为函数的牵引功率、速度、轮胎或履带滑转率、燃油消耗等数据。

6.2.2 拖拉机不带配重

本试验测定不带配重的拖拉机在一定挡位范围内各挡在牵引杆上提供的有效功率。试验应至少在比拖拉机能发出最大牵引功率的挡位高一个挡位到比能发挥最大牵引力的挡位低一个挡位之间的各挡位进行。

6.2.3 拖拉机带配重

本试验测定带配重的拖拉机进行牵引功率试验，配重应与厂方提供的技术参数中的规定一致，试验挡位应覆盖从最低挡位到比能发挥出最大功率挡位还高一个挡位的所有前进挡。

6.3 10 h 试验

6.3.1 对按 6.3 规定带配重的拖拉机，应在厂方指定并经试验方同意的挡位上试验 5 h。该挡位应既是农田作业(如耕地)的常用挡位，但又距 6.3.2 试验尽可能远的一个挡位，施加的牵引负荷应是该挡位在发动机标定转速下最大牵引功率时对应的牵引力的 75%。报告中应给出牵引功率、牵引力、行驶速度、滑转率、燃油消耗量等。

对装有能由驾驶员操纵的液力变矩器的拖拉机，5 h 试验应在液力变矩器起作用的状态下进行，但应在生产厂正式出版的说明书规定的极限范围内。如果达到了极限条件，则试验应改在液力变矩器不起作用的状态下完成。试验报告中应分别说明两部分试验各自的时间和燃油消耗量。

6.3.2 完成上述 6.3.1 试验后，让拖拉机冷却一段时间，轮式拖拉机在 6.2.3 试验时测得的 15% 滑转率的牵引力下连续试验 5 h。试验所用挡位为发动机在调速区段工作能满足牵引力要求的最高工作挡。

为减少轮胎磨损及正常操纵拖拉机，可以增加配重，但配重的增加应在生产厂规定的负载范围内。记录牵引力、速度、温度及大气条件。

对装有能由驾驶员操纵的液力变矩器的拖拉机，应按上述 6.3.1 规定处理。

6.3.3 在上述两项试验的 10 h 内，应测量记录发动机机油消耗量，并以小时质量单位表示。

对按 6.3 规定带配重的拖拉机，应在厂方指定并经试验方同意的挡位上试验 5 h。

6.3.4 金属轮或金属履带拖拉机的 10 h 试验

对金属轮拖拉机和金属履带拖拉机，按 6.3.1、6.3.2 和 6.3.3 所规定的工况进行 10 h 试验。该项试验应在两个 5 h 内完成，其间应有一段冷却时间。

6.4 无动力输出轴或有动力输出轴但不能传递发动机全部功率的拖拉机所进行的补充牵引试验

6.4.1 无动力输出轴或有动力输出轴但不能传递发动机全部功率的拖拉机，可以按 GB/T 3871.3—2006 规定做发动机试验，如果没有做发动机试验，应进行下列不带配重条件下的拖拉机牵引试验。

6.4.1.1 最大功率 2 h 试验。由试验方选择在生产厂同意的挡位上进行，该挡位应是发挥发动机最大功率的最低挡位至试验方可控条件下实施牵引试验的最高挡之间的一个挡，同时该挡还应满足按 6.4.1.2的要求进行的试验，增加负荷降低速度至最大牵引力出现时，其车轮的滑转率不超过 15%。在试验期间应记录发动机转速、燃油消耗量、行驶速度、滑转率、牵引力及有关的温度和压力，至少每 10 min记录 1 次。此外，整个试验期间的燃油温度应保持稳定，最大牵引功率应是 2 h 试验期间记录的平均值。如果每次测量的功率值与平均值相比偏差超过 2%，则试验应重做，如果重做的试验结果依旧，则偏差应在报告中说明。

6.4.1.2 在进行满负荷条件下的发动机变速试验(也叫超负荷运转)时，拖拉机的所有调整应与正规的牵引试验和动力输出轴试验相同。驱动轮的滑转率应限制在 15%以内，记录的数据应与其他的牵引试验相同，试验的挡位应与 6.4.1.1 项使用的挡位一致。

6.4.1.2.1 试验应从发动机标定转速下最大牵引功率开始，牵引负荷逐渐增加，使得发动机转速以每分钟 100 转的速度逐级降低，试验应一直进行到获得最大牵引力为止，或者受到诸如发动机或变矩器(如装有)的冷却能力的限制，或者由制造厂说明的其他限制而使试验不能继续进行下去时为止，若拖拉机带有锁定装置的变矩器或增矩器，试验应在其起作用和不起作用两种状态下进行。若拖拉机带有自动换挡系统，试验一直进行到自动减挡发生时。

6.4.1.2.2 部分负荷试验，以发动机标定转速下牵引力的 75%。

6.4.1.2.3 部分负荷试验，以发动机标定转速下牵引力的 50%。

6.5 功率的标定

拖拉机功率的标定通常以动力输出轴功率(GB/T 3871.3—2006 中的 6.3)表示。如果拖拉机的动力输出轴不能传递发动机的全部功率，拖拉机功率的标定应以测得的牵引功率表示。

附　录　A
（规范性附录）
牵引试验报告格式

A.1　试验地点

拖拉机制造厂名称和地址：＿＿＿＿＿＿＿＿＿＿

磨合地点：＿＿＿＿＿＿＿＿＿＿

磨合时间：＿＿＿＿＿＿＿＿＿＿

A.2　拖拉机技术规格

拖拉机

型号：＿＿＿＿＿＿＿＿　编号：＿＿＿＿＿＿＿＿

发动机

制造厂：＿＿＿＿＿＿＿＿　型号：＿＿＿＿＿＿＿＿

型式：＿＿＿＿＿＿＿＿　编号：＿＿＿＿＿＿＿＿

标定转速：＿＿＿＿＿＿＿＿ r/min

汽缸

汽缸数量：＿＿＿＿＿＿＿＿　缸径：＿＿＿＿＿＿＿＿ mm

行程：＿＿＿＿＿＿＿＿ mm　排量：＿＿＿＿＿＿＿＿ L

燃油和喷射系统

油箱容积：＿＿＿＿＿＿＿＿ L

燃油泵制造厂、型式和型号：＿＿＿＿＿＿＿＿

制造厂设定的喷油量：＿＿＿＿＿＿＿＿ L/h

喷油器制造厂、型式和型号：＿＿＿＿＿＿＿＿

磁电机、线圈和分配器的制造厂、型式和型号：＿＿＿＿＿＿＿＿

化油器制造厂、型式和型号：＿＿＿＿＿＿＿＿

喷油或喷油正时(手动或自动)：＿＿＿＿＿＿＿＿

空气滤清器

制造厂和型号：＿＿＿＿＿＿＿＿　型式：＿＿＿＿＿＿＿＿

粗滤器

制造厂和型号：＿＿＿＿＿＿＿＿　型式：＿＿＿＿＿＿＿＿

传动箱

离合器

型式：＿＿＿＿＿＿＿＿　离合器摩擦片直径：＿＿＿＿＿＿＿＿ mm

挡位

挡　　位						
发动机标定转速下用 3.7 规定的动力半径指数计算的名义行驶速度/(km/h)						

牵引装置

型式：______

离地高度，最大：______ mm；最小：______ mm

与动力输出轴的距离：______ mm

转向系

型式：______

（如人力转向、动力转向或动力助力转向）

转向盘

转向盘位置：______

转向装置

转向轮胎制造厂 ：______　　型式：______

（如子午线轮胎或横线轮胎）

规格：______

最大允许载荷：______ kg；当量帘布层数(层级) ______

轮距(轨距)，最大 ______ mm；最小 ______ mm

充气压力：______ kPa

驱动装置

驱动轮位置：______

转向轮胎制造厂：______　　型式：______

（如子午线轮胎或横线轮胎）

规格：______

最大允许载荷：______ kg；当量帘布层数(层级) ______

轮距(轨距)，最大 ______ mm；最小 ______ mm

充气压力：______ kPa

轴距：

______ mm

履带

型式：______　　履带板数量：______

履带板宽度：______ mm

质量(注满油、水,无驾驶员)

单位为千克

质量	前	后	总计
无配重			
带配重			

A.3 燃油和润滑油技术规格

燃油

牌号:________________ 辛烷值(RON):________________

辛烷值或十六烷值:________________ 15℃时的密度________________

型号:________________

发动机机油

牌号:________________ 型号:________________

黏度级别:________________

传动箱机油

牌号:________________ 型号:________________

黏度级别:________________

A.4 牵引力和速度

牵引力/kN						
速度/(km/h)						
牵引功率/kW						
发动机转速/(r/min)						
轮胎或履带滑转率						

履带拖拉机最大牵引力

最大值:________________ kN 履带滑转率:________________ %

A.5 牵引试验

试验日期:________________

路面类型(或转鼓直径):________________

牵引杆离地高度:________________ mm

挡位	速度/(km/h)	功率/kW	牵引力/kN	发动机转速/(r/min)	轮胎或履带滑转率	车轮明显跳动(有/无)	比油耗		温度/℃			环境状况		
							kg/kW·h	kW·h/L	燃油	冷却液	润滑油	温度/℃	相对湿度/%	大气压力/kPa
被试验挡位最大牵引功率试验(拖拉机不带配重)														
1														
2														
3														
等														
被试验挡位最大牵引功率试验(拖拉机带配重)														
1														
2														
3														
等														
在发动机标定转速下最大牵引功率时对应牵引力的75%的负荷下试验5 h														
15%滑转率(履带滑转率7%)对应的牵引力负荷条件下试验5 h														

在6.3.1、6.3.2和6.3.3试验期间润滑机油的消耗量： g/h

附 录 B
(规范性附录)
牵引试验——轮胎和履带胎纹的测量

轮胎或橡胶履带胎纹高度(见 6.1)的测量应使用三点规测量仪。每只测量支脚的端部限制在半径为 5 mm 的半球顶部。测量仪应横跨且与胎纹方向垂直,尽可能靠近轮胎或橡胶履带中心线。三点规的两只支脚应置于轮胎胎纹的基部(胎体与轮胎胎纹到胎体间的切点),第三只支脚应位于轮胎胎纹的中点。

轮胎胎纹高度为测量仪两只外支点与中心支点的高度差。采用这种方法测量时,应在轮胎圆周至少等距离测量 4 个位置,然后取 4 次测量的平均值。测量的数值应与同制造厂、同规格、相同充气压力的新轮胎用同样方法测量的数值进行比较。

附 录 C
(资料性附录)
本部分与 ISO 789-9:1990 技术性差异及其原因

表 C.1 给出了本部分与 ISO 789-9:1990 技术性差异及其原因的一览表。

表 C.1 本部分与 ISO 789-9:1990 技术性差异及其原因

本部分的章条编号	技术性差异	原因
2、3.1	取消了引用标准“ISO 612:1978 道路车辆 机动车和挂车尺寸 术语和定义”	因为 ISO 612:1978 与我国标准不完全一致
2、3.7	取消了引用标准“ISO 4251-1:1988 农业拖拉机和机械轮胎和轮辋系列 第 1 部分:轮胎规格和尺寸”	因为 ISO 612:1978 与我国标准不完全一致
2、5.3	增加引用标准 JB/T 7282《拖拉机用油品种、规格的选用》,取消 ISO 789-9:1990 中的附录 C、附录 D、附录 E	因为 ISO 789-9:1990 中的附录 C、附录 D、附录 E 提及的用油品种与我国现用的用油品种不完全相同
第 4 章 f)	比油耗允许的测量误差由±1%改为±2%	为符合我国国情
6.2	标题由“传动系性能试验”改为“牵引功率试验”	根据该条内容,用后者更贴切
6.2.2、6.2.3、6.3、6.4	增加了 OECD《农业和林业拖拉机官方试验标准规则 1》的部分内容	使本部分具有更好的可操作性
A.5	增加了该条表的部分内容	更符合试验的要求

ICS 65.060.10
T 61

中华人民共和国国家标准

GB/T 3871.10—2006
代替 GB/T 3871.10—1993

农业拖拉机 试验规程
第10部分：低温起动

Agricultural tractors—Test procedures—
Part 10：Low temperature starting

(ISO 789-12：2000，MOD)

2006-02-06 发布

2006-04-01 实施

中华人民共和国国家质量监督检验检疫总局
中国国家标准化管理委员会 发布

前　言

GB/T 3871《农业拖拉机　试验规程》分为19部分：

——第1部分：通用要求；

——第2部分：整机参数测量；

——第3部分：动力输出轴功率试验；

——第4部分：后置三点悬挂装置提升能力；

——第5部分：转向圆和通过圆直径；

——第6部分：农林车辆制动性能的确定；

——第7部分：驾驶员的视野；

——第8部分：噪声测量；

——第9部分：牵引功率试验；

——第10部分：低温起动；

——第11部分：高温性能试验；

——第12部分：使用试验；

——第13部分：排气烟度测量；

——第14部分：非机械式传输的部分功率输出动力输出轴；

——第15部分：质心；

——第16部分：轴功率测定；

——第17部分：发动机空气滤清器；

——第18部分：拖拉机与机具接口处液压功率；

——第19部分：轮式拖拉机转向性能。

本部分是GB/T 3871的第10部分。

GB/T 3871的本部分是修改采用ISO 789-12:2000《农业拖拉机　试验规程　第12部分：低温起动》(英文版)。

本部分是根据ISO 789-12:2000重新起草。

为与其他标准协调一致，本部分在采用国际标准时进行了修改。这些技术差异用垂直线标识在它们所涉及的条款的页边空白处。主要差异：

——扩大了适用范围，增加了起动类型；

——试验温度稳定24 h后再进行试验改为拖拉机的燃油、防冻液、发动机润滑油三者温度的平均值和4个测点处的温度的温差应不大于1℃；

——从起动机开始起动时开始计时改为从起动机带动发动机曲轴运转开始计时。

为便于使用，GB/T 3871的本部分做了下列编辑性修改：

——“本国际标准”一词改为“本部分”；

——删除了国际标准的前言。

本部分代替GB/T 3871.10—1993《农业轮式和履带拖拉机试验方法　第10部分：低温起动试验》。修订时除作了编辑性修改外，本部分与GB/T 3871.10—1993相比主要变化如下：

——标准名称中由原来的“农业轮式和履带拖拉机试验方法”改为“农业拖拉机　试验规程”；

——规范性引用文件中引用了最新版本的标准；

——取消了原标准中的3、5.5、5.6、6.1、6.2、6.4、7章；

——试验报告格式作为规范性附录纳入附录A。

本部分的附录A为规范性附录。

本部分由中国机械工业联合会提出。

本部分由全国拖拉机标准化技术委员会归口。

本部分起草单位:洛阳拖拉机研究所、国家拖拉机质量监督检验中心、农业部农机试验鉴定总站。

本部分主要起草人:任越光、刘 宪、郑志刚、柳玲文。

本部分所代替标准的历次版本发布情况为:

——GB/T 3871.10—1983、GB/T 3871.10—1993。

农业拖拉机 试验规程
第10部分:低温起动

1 范围

GB/T 3871的本部分规定了农业拖拉机低温起动性能试验规程。

本部分适用于电起动和手起动的农业拖拉机低温起动试验。汽油机起动(包括二级起动型汽油机)、反冲起动(小型汽油机为动力的机型)等拖拉机亦可参照执行。

2 规范性引用文件

下列文件中的条款通过GB/T 3871本部分的引用而成为本部分的条款。凡是注日期的引用文件,其随后所有的修改单(不包括勘误的内容)或修订版均不适用于本部分,然而,鼓励根据本部分达成协议的各方研究是否可使用这些文件的最新版本。凡是不注日期的引用文件,其最新版本适用于本部分。

GB/T 1884—2000 原油和液体石油产品密度实验室测定法(密度计法)(eqv ISO 3675:1998)

GB/T 3871.1 农业拖拉机 试验规程 第1部分:通用要求

ISO 3016:1994 石油产品 倾点

ISO 5163:1990 车用和航空型燃油 爆震特性的测定 马达法

ISO 5164:1990 车用燃油 爆震特性的测定 研究法

ISO 5165:1998 柴油 点火质量的测定 辛烷法

3 测量单位和允许误差

本部分使用下列测量单位和允许误差:

时间:	s,	±1%;
长度:	m或mm,	±0.5%;
力:	N,	±1%;
质量:	kg,	±0.5%;
大气压:	kPa,	±0.2 kPa;
油温:	℃,	±2℃;
干/湿球温度:	℃,	±0.5℃。

4 试验条件

4.1 燃油

将拖拉机发动机的整个燃油系统内的燃油换成适合发动机在试验温度下工作的燃油,如果试验前发动机使用的是其他品种燃油,则应更换新的燃油滤清器,并放尽燃油系统各部件内原来的燃油,充入试验用燃油,然后起动并运转发动机以确保燃油系统内没有空气并排尽原来的燃油。

记录燃油的下列一些数据(见附录A中的试验报告格式):

——型式;

——15℃时的密度(见GB/T 1884—2000的规定);

——十六烷值或辛烷值(ISO 5163:1990,ISO 5164:1990和ISO 5165:1998的规定);

——倾点(见ISO 3016:1994)。

4.2 润滑油

发动机和传动系应使用制造厂推荐的适合试验温度下使用的润滑油，如果试验前使用的是其他级别的润滑油则应注意放尽原来的润滑油，换成适合试验温度下使用的润滑油。起动并运转发动机几分钟后，检查润滑油油面高度，需要时在试验前将油面加注到规定的上限。记录试验时所用润滑油的级别。

4.3 电起动系统

4.3.1 试验前和试验期间，蓄电池为拖拉机允许使用的唯一能源。

4.3.2 拖拉机上原有的蓄电池和同一型号规格的备用蓄电池应在室温条件下充足电，在冷透前将其装到拖拉机上。应检查蓄电池的接线柱和导线使其处于良好的工作状态。

4.3.3 如果制造厂将蓄电池的加热毯作为必要的辅助起动装置，则允许在冷透过程中使用加热毯。

4.4 冷却系统

水冷系统应在冷却液中加防冻液。

4.5 起动辅助措施

试验前应检查所有的起动辅助设施处于良好的工作状态，起动试验时应使用制造厂推荐的辅助措施，并应记录在试验报告中。

5 试验程序

5.1 温度

5.1.1 拖拉机应放置在设定的试验温度的环境中直至各处的温度稳定，在 1 h 内温度变化小于 2℃时即认为温度稳定不变。

5.1.2 试验过程应重复进行直至确定出发动机能够起动的最低温度。如果制造厂没有要求试验起始时的温度，则试验应从－15℃开始做起。需要时，随后的试验应在原始起动温度±2.5℃的条件下进行。

5.1.3 燃油的温度在燃油箱装满油的情况下在油箱的中部测量，燃油箱不满时在燃油箱油液深度的中部测量。发动机和传动系润滑油的温度在油面达到推荐的油面高度时在油箱的中部测量，冷却液的温度在散热器的上部测量。

5.1.4 环境温度应在拖拉机周围约 1 m 远的 4 个点处测量，测点应尽可能位于拖拉机和墙之间距离的中点，高度在曲轴中心处。拖拉机的燃油、防冻液、发动机润滑油三者温度的平均值和 4 个测点处的温度的温差应不大于 1℃。

5.1.5 试验备用蓄电池应与被试拖拉机一同冷却到试验温度，并持续至试验结束。

如果没有备用蓄电池，每次试验结束后应将试验用蓄电池移到临时环境中充足电后，再与拖拉机一同冷却到新的试验温度。

5.2 起动

5.2.1 用制造厂推荐的正常的起动程序起动拖拉机。从起动机带动发动机曲轴运转开始计时，30 s 内能通过速度操纵装置控制发动机运转转速，认为起动成功，期间不能用制造厂推荐以外的任何起动辅助措施。试验过程中，在 5 min 内允许起动 5 次，但不能给蓄电池充电或更换蓄电池。

5.2.2 如果起动 5 次没有成功，应适当回升环境温度使拖拉机起动并至少运行 15 min。然后试验在较高的一个试验温度条件下进行。同样如果发动机在某一试验温度下起动成功，则试验应在下一个较低的试验温度条件下进行。试验是否需要进行下去及进行试验的温度由拖拉机制造厂自己决定。

5.3 低温起动的试验报告

在每次起动试验中，至少应记录试验报告中所要求的各参数，并记录起动过程曲线。

试验报告应记录下列内容：

—— 起动时间；

—— 环境温度。

附录 A 为试验报告的格式。

附　录　A
（规范性附录）
试验报告实例

A.1　试验地点

拖拉机制造厂名称及地址：________
试验地点：________
试验持续的时间：________

A.2　拖拉机技术规格

拖拉机
　型号：________　编号：________
发动机
　制造厂：________　型号：________
　型式：________　编号：________
　排量：________
　起动机型号：________　功率：________　电压：________
　蓄电池型号：________　容量：________　电压：________
燃油和喷油系统
　油箱容量：________
　喷油泵（或化油器）制造厂、型式和型号：________
　产品出厂设置：________

A.3　燃油和润滑油的技术规格

燃油
　商标名：________　辛烷值号：________
　辛烷值或十六烷值数：________　15℃时的比重：________
　类　型：________
发动机机油
　商标名：________　类　型：________
　黏　度：________
传动系润滑油
　商标名：________　类　型：________
　黏　度：________
液压系统机油
　商标名：________　类　型：________
　黏　度：________

A.4　起动试验结果

A.4.1　第一次起动试验

初次试验温度，t=　　　℃	起　动　次　数				
	1	2	3	4	5
起动时间/s					
环境温度/℃					

A.4.2　第二次起动试验

试验温度 ＝(t±2.5)℃	起　动　次　数				
	1	2	3	4	5
起动时间/s					
环境温度/℃					

注：如果还进行更多次数，记录形式同上。

A.4.3　起动过程曲线图

极限冷起动温度试验成功和低于该温度未起动成功的起动过程曲线图见图 A.1。

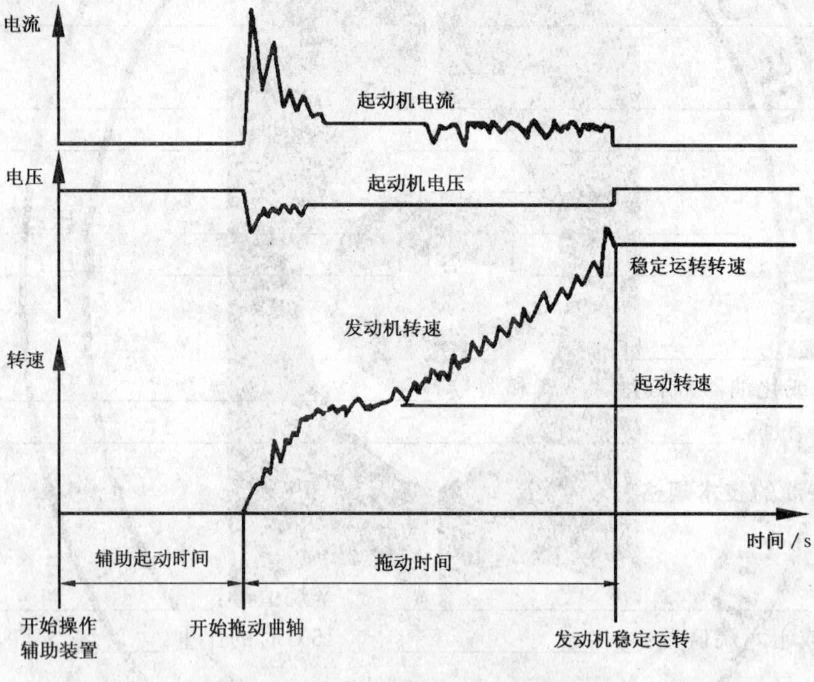

图 A.1　拖拉机低温起动过程曲线

A.4.4　试验期间所有的辅助措施

ICS 65.060.10
T 61

中华人民共和国国家标准

GB/T 3871.13—2006

农业拖拉机　试验规程
第13部分：排气烟度测量

Agricultural tractors—Test procedures—
Part 13: Measurement of exhaust smoke

(ISO 789-4:1986, MOD)

2006-02-06 发布　　2006-04-01 实施

中华人民共和国国家质量监督检验检疫总局
中国国家标准化管理委员会　发布

前　言

GB/T 3871《农业拖拉机　试验规程》分为19部分：

——第1部分：通用要求；

——第2部分：整机参数的测量；

——第3部分：动力输出轴功率试验；

——第4部分：后置三点悬挂装置提升能力；

——第5部分：转向圆和通过圆直径；

——第6部分：农林车辆制动性能的确定；

——第7部分：驾驶员的视野；

——第8部分：噪声测量；

——第9部分：牵引功率试验；

——第10部分：低温起动；

——第11部分：高温性能试验；

——第12部分：使用试验；

——第13部分：排气烟度测量；

——第14部分：非机械式传输的部分功率输出动力输出轴；

——第15部分：质心；

——第16部分：轴功率测定；

——第17部分：发动机空气滤清器；

——第18部分：拖拉机与机具接口处液压功率；

——第19部分：轮式拖拉机转向性能。

本部分是GB/T 3871的第13部分。

本部分修改采用ISO 789-4:1986《农业拖拉机　试验规程　第4部分：排气烟度的测量》（英文版）。

本部分与ISO 789-4:1986不同点是：取消了5.3。

为便于使用，本部分做了下列编辑性修改：

——"本国际标准"一词改为"本部分"；

——用小数点"."代替作为小数点的逗号","；

——删除了国际标准的前言。

本部分的附录A、附录B、附录C和附录D为规范性附录。

本部分由中国机械工业联合会提出。

本部分由全国拖拉机标准化技术委员会归口。

本部分起草单位：国家拖拉机质量监督检验中心、洛阳拖拉机研究所、江苏省农业机械试验鉴定站、洛阳出入境检验检疫局。

本部分主要起草人：李京中、张庚乾、孔华祥、韩庚琳。

农业拖拉机　试验规程
第13部分：排气烟度测量

1　范围

GB/T 3871的本部分规定了农业拖拉机用发动机在稳定转速时的排气烟度的测量方法。

本部分适用于农业轮式和履带拖拉机。

2　规范性引用文件

下列文件中的条款通过GB/T 3871的本部分的引用而成为本部分的条款。凡是注日期的引用文件，其随后所有的修改单(不包括勘误的内容)或修订版均不适用于本部分，然而，鼓励根据本部分达成协议的各方研究是否可使用这些文件的最新版本。凡是不注日期的引用文件，其最新版本适用于本部分。

GB/T 3871.3　农业拖拉机　试验规程　第3部分：动力输出轴功率试验(GB/T 3871.3—2006，ISO 789-1:1990，MOD)

3　试验设备

需要下列试验仪器设备。

3.1　测功机。

3.2　不透光烟度计：按照附录A的要求和附录B的说明安装和使用。

4　试验条件

4.1　试验室

试验室的温度和气压按下式计算时，因子 f_a(大气因子)应大于0.98但小于1.02：

$$F=\left(\frac{750}{P}\right)^{0.65}\times\left(\frac{T}{298}\right)^{0.5} \qquad \cdots\cdots(1)$$

式中：

P——试验室内大气压力，单位为千帕(kPa)；

T——试验室气温，以绝对温度计。

4.2　发动机或拖拉机

进行试验的发动机或拖拉机应具有良好的技术状况，发动机应进行磨合。

发动机应装备GB/T 3871.3中所规定的附件进行试验。

发动机上的各项调整应符合制造厂和GB/T 3871.3的规定。

排气管道上应没有任何通孔，防止发动机排气烟度变淡。

发动机应在制造厂规定的正常状况下工作，特别是冷却水温度和机油温度均应控制在制造厂规定的范围内。

4.3　燃油

如果可能，应使用标准燃油(见附录C的规定)。如果不使用标准燃油，则应按附录C的格式列出燃油的参数，试验报告应记录燃油的牌号。

5 试验程序

5.1 试验可在发动机上或拖拉机上进行。

5.2 发动机排气的烟度应在发动机最大负荷的稳定转速下进行测定。在下述a)、b)区间均匀间隔地选定6个测量点：

a) 相应于最大功率的转速；

b) 下列两种转速中的较大者：

——最大功率点转速的55%；

——1 000 r/min。

注：最大负荷是指对应6个不同发动机转速时的最大扭矩。

测量区的两个端点应位于上述规定的转速区间的两个极限点。

5.3 对于增压柴油发动机来说，由于供油量随之增加，要测定带增压器和不带增压器两种工况下的试验数据。

对于每一个转速测量点，应取两次测量值中的较大者。

5.4 测定发动机6种转速中的每一个转速的烟度时，发动机的名义进气流量 q 以L/s表示，并按下列公式计算。

a) 对于两冲程发动机：

$$q = \frac{v \times n}{60} \quad \cdots\cdots(2)$$

b) 对于四冲程发动机：

$$q = \frac{v \times n}{120} \quad \cdots\cdots(3)$$

式中：

v——发动机气缸总排量，单位为升(L)；

n——测量烟度时发动机转速，单位为转每分(r/min)。

6 试验报告(见附录D)

试验报告应记录下列内容：

a) 拖拉机制造厂名称和地址；

b) 拖拉机型号和出厂编号；

c) 发动机制造厂名称和地址；

d) 测得的吸收值；

e) 不透光烟度计制造厂名称和不透光烟度计型式；

f) 试验用燃油的详细资料。

附 录 A
（规范性附录）
不透光烟度计的特性

A.1 基本规格

A.1.1 被测气体应封闭在一个内表面不反光的容器内。

A.1.2 确定通过气体的光通道的有效长度时，应考虑光源和光电池防护装置可能产生的影响。这个有效长度应在仪器上标明。

A.1.3 不透光烟度计的显示仪表应有两种计量单位，一种为绝对光吸收单位，从 0～∞(m^{-1})，另一种为线性分度单位，从 0～100。两种计量单位的量程，均应以光线全部通过时为 0，全遮挡时为满量程。

A.2 结构要求

A.2.1 概述

不透光烟度计的设计应保证在发动机稳态转速下，充入烟室内的烟气其不透光的程度是均匀的。

A.2.2 烟室和不透光烟度计室

A.2.2.1 由于内部反射或漫射作用产生的漫反射光对光电池的影响应减少至最低程度（亦即可用无光泽的黑色装饰内表面，并采用合适的总体布置）。

A.2.2.2 烟室的光学特性应为：当烟室充满光吸收系数接近 1.7 m^{-1} 的烟气时，漫射和反射的综合作用应不超过线性分度的一个单位。

A.2.3 光源

光源应为一个具有色温为 2 800 K～3 250 K 的白炽灯泡。

A.2.4 接收器

A.2.4.1 接收器应由光电池组成，其光谱响应曲线应类似于人眼的光适应曲线（最大响应在 550 μm～570 μm，在波长小于 430 μm 或大于 680 μm 时，其响应应小于该最大响应的 4%）。

A.2.4.2 包括显示仪表的测量电路，应保证在光电池的整个工作温度范围内，光电池的输出电流与所接收的光强度成线性关系。

A.2.5 测量刻度

A.2.5.1 光线吸收系数 k 应用下列公式计算：

$$\Phi = \Phi_0 \times e^{-kL} \quad \cdots\cdots\cdots\cdots (A.1)$$

式中：

L——通过被测气体的光通道的有效长度；

Φ_0——入射光通量；

Φ——出射光通量。

如果一种不透光烟度计的有效长度 L 不能直接从它的几何形状估计的话，则可用下列方法中的一种来确定。

a) 用 A.3 规定的方法；

b) 用另一种已知有效长度的不透光烟度计的对应关系求出。

A.2.5.2 线性分度0～100与光吸收系数 k 之间的关系如下：

$$k=-\frac{1}{L}\ln\left(1-\frac{N}{100}\right) \quad \cdots\cdots\cdots\cdots\cdots\cdots(A.2)$$

式中：

N——线性分度单位的读数。

A.2.5.3 不透光烟度计显示仪表应保证光吸收系数为1.7 m^{-1}时，其读数精度为0.025 m^{-1}。

A.2.6 测量仪器的调试

A.2.6.1 光电池和显示仪表的电路应是可调的，以便在光束通过充满清洁空气的烟室，或具有相同特性的腔室时，可将指针重新调至零位。

A.2.6.2 当关掉灯泡，断开或短路测量电路时，光吸收系数的读数应为∞，而当测量电路重新连接好时，读数仍应维持在∞。

A.2.6.3 不透光烟度计在使用期间应用一块吸光系数 k 为1.6 m^{-1}～1.8 m^{-1}之间的色板（如A.2.5.1中所述方法测定）插进烟室来进行检验。k 值必须已知，其精度在0.025 m^{-1}的范围内。本检查在于检验当遮光屏插入光源和光电池之间时，不透光烟度计显示仪上的读数与此值相差不超过0.05 m^{-1}。

A.2.7 被测气体的压力和扫气压力

A.2.7.1 烟室中被测气体的压力与周围环境的大气压力的差值不得大于735 Pa。

A.2.7.2 对于光吸收系数为1.7 m^{-1}的气体，被测气体和清扫空气的压力波动引起的光吸收系数的变化应不大于0.05 m^{-1}。

A.2.7.3 在不透光烟度计的烟室中应装备合适的测压装置。

A.2.7.4 仪器制造厂应标明烟室中气体和清扫空气的压力波动极限。

A.2.8 被测废气的温度

A.2.8.1 测量时，烟室中各采样点的温度应在70℃至烟度计制造厂规定的最高温度之间，这样，当烟室中充满光吸收系数为1.7 m^{-1}的气体时，在此温度范围内读数的变化将不超过0.1 m^{-1}。

A.2.8.2 不透光烟度计应安装有测量烟室中温度的装置。

A.3 不透光烟度计的有效长度 L

A.3.1 概述

A.3.1.1 有些型式的不透光烟度计，光源和光电池之间，或在保护光源和光电池的透明部件之间的气体，其不透光度不是恒定的。在这种情况下，有效长度 L 应等于具有均匀不透光度的气柱的有效长度。该气柱对光的吸收程度与该气体正常地引入不透光烟度计时所获得的相同。

A.3.1.2 光通道的有效长度 L 可通过比较 N 和 N_0 而得到。N 是不透光烟度计正常工作时的读数，N_0 是对不透光烟度计进行更改后，试验气体充满长度为 L_0 的柱腔而获得的读数。

A.3.1.3 为确定由于零点漂移所需的修正，需要快速连续地读取用作比较的读数。

A.3.2 试验程序

A.3.2.1 试验气体应为不透光度恒定的排气，或者是一种与排气比重相近的吸收光线的气体。

A.3.2.2 确定不透光烟度计的长度 L_0。在该长度的柱腔内能够均匀地充满试验气体，柱腔的两端与光通道基本上垂直。其长度 L_0 应和不透光烟度计的有效长度接近。

A.3.2.3 测量烟室中试验气体的平均温度。

A.3.2.4 如有必要，可以把设计紧凑而又有充分缓冲能力的稳压筒接到尽可能接近采样探头的管路上。也可以安装一个冷却装置。附加的稳压筒和冷却装置不应改变废气成分。

A.3.2.5 确定有效长度的试验时，应将试验样气交替地通过正常工作的不透光烟度计以及A.3.1.2所规定的更改后的相同仪表。

A.3.2.5.1 试验期间不透光烟度计的读数应用记录仪连续记录下来，记录仪的响应时间应等于或小于不透光烟度计的响应时间。

A.3.2.5.2 不透光烟度计正常工作时，不透光度线性分度单位的读数为 N，气体平均温度为 T(K)。

A.3.2.5.3 在已知长度 L_0 的柱腔中充满同样的试验气体，不透光度线性分度单位读数为 N_0，气体平均温度读数 T_0(K)。

A.3.2.6 有效长度用下列公式计算：

$$L = L_0 \times \frac{T}{T_0} \times \frac{\ln\left(1-\frac{N}{100}\right)}{\ln\left(1-\frac{N_0}{100}\right)} \qquad \cdots\cdots\cdots\cdots(\text{A.3})$$

A.3.2.7 本试验应至少采用 4 种试验气体来反复进行，这 4 种气体给出的线性分度单位读数应在 20～80 之间均匀分布。

A.3.2.8 不透光烟度计的有效长度 L 等于按 A.3.2.6 规定的方法对每种气体试验所求得的有效长度 L 的算术平均值。

附 录 B
（规范性附录）
不透光烟度计的安装和使用

B.1 取样检验型不透光烟度计

B.1.1 采样探头横断面的面积和排气管的横断面面积的比值应不小于0.05。排气管中采样探头入口处的背压不超过735 Pa。

B.1.2 采样探头是一根安装在排气管（或一根延长管）中心线上，其开口端正逆着排气气流的管子。探头应置于排烟分布大致均匀的地方。为此，采样探头应放在排气管（或排气管的延长管）的直管部分下游尽可能远的地方。如果排气管的出口直径为 D，那么取样点上游直管长度至少为 $6D$，取样点下游的直管长度至少为 $3D$。如果排气管上接了一根延长管，则接头处不允许漏气。

B.1.3 排气管中的压力和取样管中的压降特性应该使从取样管收集的试样和用等动态取样法所得的试样基本相当。

B.1.4 如果需要的话，可以把设计紧凑、而又有充分缓冲能力的稳压筒接到尽可能接近采样探头的管路上。也可以安装一个冷却装置，附加的稳压筒和冷却装置应不至于过度干扰废气成分。

B.1.5 可以在排气管上距采样探头下游至少 $3D$ 处装一个蝶形阀或其他增加取样压力的装置。

B.1.6 为满足附录A中A.2.7和A.2.8所述压力和温度要求，采样探头、冷却装置、稳压筒（如果需要的话）和烟度计之间的连接管路应尽可能的短。由取样点到烟度计的管路应向上倾斜，并避免出现会使碳烟积聚的弯管。如果烟度计上不带旁路装置，则在烟度计的上游处应接入一个旁通阀。

B.1.7 在试验期间，应进行检查以保证满足附录A中A.2.7规定的压力和A.2.8规定的温度要求。

B.2 全流型不透光烟度计

应注意下列一般性预防措施。

B.2.1 排气管与不透光烟度计之间的连接管接头处不得有空气从外渗入。

B.2.2 如同取样型不透光烟度计一样，所有连接烟度计的管路应尽可能的短。由排气管到烟度计的管路系统应向上倾斜，并应避免会使碳烟积聚的急弯。在烟度计的上游处可装一个旁通阀，以便在不作烟度测定时作旁通之用。

B.2.3 在烟度计的上游处需装设一个冷却系统。

附 录 C
（规范性附录）
用于验收试验和确定能否投产的标准燃油技术规格

用于验收试验和确定能否投产的标准燃油技术规格。

注：该燃油应以蒸馏提取，含与不含氢和硫均可，但不应含添加剂。

性 能	规 格	试验方法
在15℃时的比重	(0.830±0.005) g/mL	ASTM D1298-67
馏程 —50% —90%	 245℃ min (330±10)℃	ASTM D86-67
终馏点	370℃ max	
十六烷指数	54±3	ASTM D976-67
在100 ℉(38℃)时运动黏度	(3±0.5)cSt[a]	ASTM D445-65
苯胺点	(69±5)℃	ASTM D611-64
10%蒸馏残渣的残碳净热值[b]	0.2%(*m*/*m*)max (10 250±100)kcal/kg[c] (18 450±180)Btu/lb[d]	ASTM D524-64 ASTM D2-68 (附件Ⅵ)

a 1 St=10^{-4} m/s(准确数)；

b 比内能；

c 1 kcal=4.184 kJ/kg；

d 1 Btu/lb=2326 J/kg。

附 录 D
（规范性附录）
试验报告样本

1. 制造厂名称和地址：……………………………………………
2. 拖拉机型式：……………………………………………
   型号：……………………………………………
3. 出厂编号：……………………………………………
4. 发动机：……………………………………………
   牌号：………………………… 型号：…………………………
   型式：………………………… 出厂编号：…………………………
   牌号：………………………… 型号：…………………………
   标定转速：…………………………………………… r/min
5. 排放水平

发动机转速(r/min)	名义流量(L/s)	测得的吸收值(m^{-1})
1 ……………	……………	……………
2 ……………	……………	……………
3 ……………	……………	……………
4 ……………	……………	……………
5 ……………	……………	……………
6 ……………	……………	……………

6. 不透光烟度计的牌号和型式：……………………………………………
7. 燃油(如果不使用标准燃油请附附录C所列参数)
8. 意见……………………………………………
9. 试验日期………………………… 测定人员…………………………

ICS 65.060.10
T 61

中华人民共和国国家标准

GB/T 3871.14—2006/ISO 789-5:1983

农业拖拉机 试验规程
第14部分:非机械式传输的部分功率输出动力输出轴

Agricultural tractors—Test procedures—
Part 14: Partial power PTO—Non-mechanically transmitted power

(ISO 789-5:1983,IDT)

2006-02-06 发布　　2006-04-01 实施

中华人民共和国国家质量监督检验检疫总局
中国国家标准化管理委员会　发布

前　言

GB/T 3871《农业拖拉机　试验规程》分为19部分：

——第1部分：通用要求；

——第2部分：整机参数测量；

——第3部分：动力输出轴功率试验；

——第4部分：后置三点悬挂装置提升能力；

——第5部分：转向圆和通过圆直径；

——第6部分：农林车辆制动性能的确定；

——第7部分：驾驶员的视野；

——第8部分：噪声测量；

——第9部分：牵引功率试验；

——第10部分：低温起动；

——第11部分：高温性能试验；

——第12部分：使用试验；

——第13部分：排气烟度测量；

——第14部分：非机械式传输的部分功率输出动力输出轴；

——第15部分：质心；

——第16部分：轴功率测定；

——第17部分：发动机空气滤清器；

——第18部分：拖拉机与机具接口处液压功率；

——第19部分：轮式拖拉机转向性能。

本部分是GB/T 3871的第14部分。

本部分等同采用ISO 789-5:1983《农业拖拉机　试验规程　第5部分：非机械式传输的部分功率输出动力输出轴》(英文版)。

为便于使用，本部分作了下列编辑性修改：

——"本国际标准"一词改为"本部分"；

——用小数点"."代替作为小数点的逗号","；

——删除了国际标准的前言；

——删除了范围中的注。

本部分的附录A为规范性附录。

本部分由中国机械工业联合会提出。

本部分由全国拖拉机标准化技术委员会归口。

本部分起草单位：国家拖拉机质量监督检验中心、江苏悦达盐城拖拉机制造有限公司。

本部分主要起草人：郭清臣、党国军、吴俊卿、陈兰芳。

农业拖拉机　试验规程
第14部分:非机械式传输的部分功率输出动力输出轴

1　范围

GB/T 3871的本部分规定了农业轮式、履带式、半履带式拖拉机动力输出系统测定功率的试验方法,在该动力输出系统中,动力不是通过机械连接而直接传输的。

本部分适用于农业拖拉机,其他用途的拖拉机可参照采用。

2　规范性引用文件

下列文件中的条款通过GB/T 3871的本部分的引用而成为本部分的条款,凡是注日期的引用文件,其随后所有的修改单(不包括勘误的内容)或修订版均不适用于本部分,然而,鼓励根据本部分达成协议的各方研究是否可使用这些文件的最新版本。凡是不注日期的引用文件,其最新版本适用于本部分。

GB/T 3871.3—2006　农业拖拉机　试验规程　第3部分:动力输出轴功率试验(ISO 789-1:1990,MOD)

3　术语和定义

下列术语和定义适用于GB/T 3871的本部分。

3.1

非机械式传动系统　non-mechanical drive system

发动机和动力输出轴之间为非机械式连接的系统。液压或电能传输系统可认为是非机械式的,包括冷却元件。

3.2

PTO转速偏差　deviation from rated PTO speed

单位时间内PTO转速与其标准转速的偏差量。

4　允许测量偏差

见GB/T 3871.3—2006中的第4章。

5　一般要求

5.1　测量

5.1.1　温度测量

测量装置应能测量从发动机到动力输出轴之间非机械式传输部件的温度。

5.1.2　燃油

见GB/T 3871.3—2006。

5.2　技术规格

5.2.1　被试拖拉机

被试拖拉机的技术规格应与试验报告上的技术规格相同,并应符合制造厂推荐的正常使用状态时的技术规格。

5.2.2 **燃油和润滑油**

按 GB/T 3871.3—2006 的规定。

5.2.3 **辅助装置**

按 GB/T 3871.3—2006 的规定。

5.2.4 **配重和轮胎气压**

按 GB/T 3871.3—2006 的规定。

5.3 **拖拉机的准备**

5.3.1 **预热与初调**

拖拉机试验前应进行预热,对于可调节油气混合比的火花点燃式发动机,试验时发动机化油器的油气混合比应调整到正常使用条件下制造厂推荐的调整位置。

化油器或喷油泵的调整应符合制造厂的规定。

供油操纵装置应置于标定转速时最大功率的位置。

5.3.2 **运转状态**

按 GB/T 3871.3—2006 的规定。

6 试验程序

6.1 将拖拉机发动机油门全开,对动力输出系统以标定功率运转,直至达到稳定的工作状态,但不超过 2 h。每隔 10 min 测定非机械传输部件的温度,连续测量的温差不超过 1℃时,认为 PTO 系统处于稳定工作状态。

6.2 发动机在 6.1 规定的转速下运行 1 h,测定 PTO 最大功率,记录 GB/T 3871.3—2006 规定的数据,计算 6.2.1 和 6.2.2 的偏差。

6.2.1 记录 PTO 转速与标准转速的偏差值。

6.2.2 记录发动机最高转速和最低转速与 6.2 中计算的平均转速的偏差值。

6.2.3 记录 PTO 系统主要部件的温度。

6.3 在 6.2 测得的 PTO 功率的基础上,将发动机转速调整到能维持动力输出轴标定转速下能发挥最大有效功率的最低转速,进行不少于 1 h 的动力输出功率试验。记录 6.2 规定的试验数据。

6.4 在 6.3 确定的发动机转速下进行部分载荷动力输出轴功率试验。加载工况如下:

6.4.1	最大功率时转矩的 85%	20 min;
6.4.2	转矩为 0	20 min;
6.4.3	最大功率时转矩的 85%的一半	20 min;
6.4.4	最大功率	20 min;
6.4.5	最大功率时转矩的 85%的 1/4	20 min;
6.4.6	最大功率时转矩的 85%的 3/4	20 min;

记录每种工况下运行 20 min 时 6.2 中规定的试验数据。

7 试验报告

7.1 **动力输出试验**

试验报告的格式见附录 A。

7.2 **异常现象**

试验期间出现的任何异常现象均应记录在试验报告中。

注:如果试验数据与有关动力输出轴工作情况的国际标准不符,则认为出现异常现象。

附 录 A
（规范性附录）
试验报告格式

表 A.1 动力输出轴功率试验报告格式

功率/kW	发动机转速（计算平均值）/(r/min)	PTO 转速（计算平均值）(r/min)	燃油消耗[a]			温度/℃				试验站气压计压力/kPa
			L/h	kg/(kW·h)	kW·h/L	PTO 系统[b]（主要件）	发动机冷却介质	湿球温度	干球温度	
PTO 标定转速(540 或 1 000 r/min)——发动机油门最大位置——1 h										
PTO 标定转速(1 000 r/min)——油门最小位置(PTO 标定转速油门位置)——1 h										
变负荷试验——油门最小位置(PTO 标定转速油门位置)——2 h										

a 燃油应注明相对比重和温度，并应与制造厂推荐值一致。

b 应确定并记录动力输出系统主要部位的温度。

表 A.2 测定的转速变化表

载荷	供油位置	发动机转速变化量/(r/min)		PTO 转速变化量/(r/min)	
		min	max	min	max
全负荷	最大				
全负荷	最小(PTO 标定转速油门位置)				
85%	最小(PTO 标定转速油门位置)				
3/4×85%	最小(PTO 标定转速油门位置)				
1/2×85%	最小(PTO 标定转速油门位置)				
1/4×85%	最小(PTO 标定转速油门位置)				

ICS 65.060.10
T 61

中华人民共和国国家标准

GB/T 3871.15—2006

农业拖拉机 试验规程
第15部分:质心

Agricultural tractors—Test procedures—Part 15: Centre of gravity

(ISO 789-6:1982,MOD)

2006-02-06 发布 2006-04-01 实施

中华人民共和国国家质量监督检验检疫总局
中国国家标准化管理委员会 发布

前　言

GB/T 3871《农业拖拉机　试验规程》分为19部分：

——第1部分：通用要求；

——第2部分：整机参数测量；

——第3部分：动力输出轴功率试验；

——第4部分：后置三点悬挂装置提升能力；

——第5部分：转向圆和通过圆直径；

——第6部分：农林车辆制动性能的确定；

——第7部分：驾驶员的视野；

——第8部分：噪声测量；

——第9部分：牵引功率试验；

——第10部分：低温起动；

——第11部分：高温性能试验；

——第12部分：使用试验；

——第13部分：排气烟度测量；

——第14部分：非机械式传输的部分功率输出动力输出轴；

——第15部分：质心；

——第16部分：轴功率测定；

——第17部分：发动机空气滤清器；

——第18部分：拖拉机与机具接口处液压功率；

——第19部分：轮式拖拉机转向性能。

本部分是GB/T 3871的第15部分。

本部分修改采用ISO 789-6:1982《农业拖拉机　试验规程　第6部分：质心》及修正案1:1996(英文版)。

本部分根据ISO 789-6:1982及修正案1:1996重新起草。本部分在采用国际标准时进行了修改。这些技术性差异用垂直单线标识在它们所涉及的条款的页边空白处。

本部分与国际标准相比，主要变化如下：

——"ISO 789这一部分"一词改为"本部分"；

——删除了国际标准的前言和引言，将引言中关于可以使用其他测定质心方法的说明调整到范围中；

——为了与其他部分协调一致，轮(轨)距符号由dt改为B；轴距符号由d改为L；

——规范性引用文件中用国家标准GB/T 6960.1代替国际标准ISO 612；

——术语和定义中直接给出了"农业拖拉机"和"轴距"的定义；

——用小数点"."代替作为小数点的逗号","；

——试验时轮胎气压增加了可选择按制造厂和试验负责单位协商的规定。

本部分的附录A为规范性附录。

本部分由中国机械工业联合会提出。

本部分由全国拖拉机标准化技术委员会归口。

本部分起草单位：洛阳拖拉机研究所、国家拖拉机质量监督检验中心、山东省农机研究所。

本部分主要起草人：闫小方、郎志中、尚项绳、韩红梅。

农业拖拉机　试验规程
第15部分:质心

1　范围

GB/T 3871的本部分规定了测定农业拖拉机质心位置的试验程序。其他能确定出相对基准面的质心位置,并且在允许的误差范围内的试验程序,亦可以采用。

本部分适用于至少有两根轴的农业轮式拖拉机和履带拖拉机。

2　规范性引用文件

下列文件中的条款通过GB/T 3871的本部分的引用而成为本部分的条款。凡是注日期的引用文件,其随后所有的修改单(不包括勘误的内容)或修订版均不适用于本部分,然而,鼓励根据本部分达成协议的各方研究是否可使用这些文件的最新版本。凡是不注日期的引用文件,其最新版本适用于本部分。

GB/T 6960.1　拖拉机术语　整机

3　术语和定义

下列术语和定义适用于GB/T 3871的本部分。

3.1

农业拖拉机　agricultural tractor

具有至少两根轴的自走式轮式或履带式机器,主要用于牵引、推动、运载和驱动机具从事农业作业(包括林业作业),该机器可以配备有可拆卸的平台。

3.2

轴距　wheelbase

拖拉机处于水平直线行驶状态时,通过拖拉机前轮中心和后轮中心的两个垂直平面之间的距离。

如果拖拉机装有后履带,轴距为通过前轮中心平面和履带两个轮轴中心平面之间的距离。

3.3

拖拉机质量　tractor mass

提交试验的拖拉机质量。

3.4

基准面　reference planes

3.4.1

垂直基准面　vertical reference planes

a)　横向平面　transverse plane

——轮式拖拉机:通过后轴中心线的垂直平面;

——履带式拖拉机:通过履带驱动轮轴中心线的垂直平面。

b)　纵向中心平面(或纵向对称平面)　median longitudinal plane

通过前后主轴,位于两侧履带或两侧轮子中心线的垂直平面(见GB/T 6960.1)。

3.4.2

水平基准面　horizontal reference plane

地平面(假定为硬性接触)。

3.5

质心坐标　coordinates of the centre of gravity

3.5.1

水平纵向坐标($\bar{x}$)　horizontal fore -and-aft coordinate

横向基准面到质心的水平距离。

3.5.2

垂直坐标($\bar{h}$)　vertical coordinate

水平基准面到质心的垂直距离。

3.5.3

横坐标($\bar{y}$)　lateral coordinate

拖拉机的纵向中心平面(见 GB/T 6960.1)到质心的水平距离。

4 试验设备

GB/T 3871 的本部分使用下列设备。

4.1　地磅或测力计;

4.2　吊车;

4.3　带刃形支承的平板;

4.4　水平仪;

4.5　铅锤;

4.6　直角尺;

4.7　划线板

划线板为刚性构件,最小尺寸为高 600 mm、宽 450 mm,以其上的一个光整平面固定于拖拉机的适当位置,垂直且平行于拖拉机侧面或其他适当平面;

4.8　划线用具;

4.9　卷尺。

5　一般要求

拖拉机应清洗干净,并在正常工作状态下或者在制造厂与试验负责单位商定的状态下试验。

5.1　水箱、油底壳、液压油箱和其他储液器应加注到规定的工作液面。燃油箱应加满或放空,或者按制造厂与试验单位商定的状态。

5.2　随车工具、备用轮胎和散装的附件和装置应保持出厂时的完整数量,并应置于正常的存放位置。

5.3　轮胎气压应符合制造厂说明书规定,如果轮胎气压规定的是一个范围,则用最高的推荐压力,或按制造厂与试验负责单位商定的轮胎气压进行试验。当拖拉机装用充液轮胎时,则应按制造厂说明书规定进行充液。

5.4　铰接式拖拉机通常应锁定在直线状态下试验,但必要时也可使铰接装置在最大角或任何中间角进行试验。

5.5　弹性悬架拖拉机进行试验时,不必采取任何措施锁定悬架装置。

5.6　本部分采用下列测量单位和允许误差:

距离:	mm,	±0.5%;
质量:	kg,	±0.5%;
轮胎气压:	kPa,	±5 %。

6 试验程序

6.1 一般原则

质心采用吊挂和地面反作用力法测定。在下列状态下测定拖拉机支承反力：

a) 在水平位置；

b) 吊起一端，呈倾斜状态；

c) 吊起另一端，呈倾斜状态。

根据测定结果计算质心与接地点间的水平距离，并在固定于拖拉机的划线板(4.7)上划出垂线。垂线的交点即为质心。

6.2 水平纵向坐标 $\bar{x}$ 的测定

6.2.1 履带拖拉机[见图1a)]

在地磅上测量整机质量 m。

测量刀口装置质量和部分平板的质量在刀口处产生的反作用力 F_1。

将拖拉机开到平板上，它的一部分质量由地磅支承，测量拖拉机、刀口装置和平板的质量在前刀口处产生的反作用力(F_1+F_2)。用减法算出仅由拖拉机质量产生的前刀口处反作用力 F_2。

测量刀口间的距离 L。

由下式得出水平纵向坐标

$$\bar{x}=\frac{L\cdot F_2}{m} \qquad \cdots\cdots(1)$$

6.2.2 轮式拖拉机[见图1b)]

对轮式拖拉机，不必用平板和刀口支承。松开制动器，测量轴荷，用6.2.1项给出的公式(1)由拖拉机质量和轴距(此时 L 值为轴距)算出 $\bar{x}$。

6.3 垂直坐标 $\bar{h}$ 的测定(见图2)

6.3.1 将拖拉机的一端吊起使之与水平面成20°～25°的角度，另一端支撑在地磅上，对有些拖拉机，不可能实现或出于安全考虑，吊起角度可以适当减小，但不能小于15°。

本方法对轮式或履带式拖拉机均可适用，其主要差别在于确定接地作用点的准确位置。对轮式拖拉机，不应使用制动器，其作用点在车轴的正下方。对履带式拖拉机，需调整到两侧履带的履刺呈一条接地线 BB' 为止，或者通过调整刀口支承使之在接地线 BB' 上接触。在所有情况下，悬吊的钢绳用铅锤检查应该是垂直的。

6.3.2 在地磅上测量接地点反作用力 F_3。

6.3.3 测量接地点到悬吊线的水平距离 d。

6.3.4 由下式计算质心到悬吊线的水平距离 C

$$C=\frac{F_3\cdot d}{m} \qquad \cdots\cdots(2)$$

式中 m 为拖拉机质量。

6.3.5 在划线板上距悬吊线 C 处画一垂线。

6.3.6 从另一端吊拖拉机，重复6.3.1～6.3.5中规定的程序。两端吊起的角度不必相同。

6.3.7 按6.3.5和6.3.6的规定在划线板上画出的两条线的交点，即为质心的垂直坐标($\bar{h}$)。

注1：拖拉机应能方便地开到用粉笔画出方格的地磅上去，这将有助于作图。对履带拖拉机，如果履刺不在接地线 BB' 上(见图2)，则必须沿不同路线开动拖拉机，用试凑的办法达到所要求的结果。

注2：另一种方法是用倾斜可调式平台和测力计分别测量。

6.4 水平横向坐标 $\bar{y}$ 的确定(见图3)

测量左侧轮子(或履带)载荷 F_4 和右侧轮子(或履带)载荷 F_5。以轨距或轮距(B)作力臂计算质心偏移量 b,

即:

$$b=\frac{F_5\cdot B}{m} \qquad \cdots\cdots(3)$$

由下式得出水平横向坐标:

$$\bar{y}=\frac{B}{2}-b \qquad \cdots\cdots(4)$$

注:由于地磅平台与周围地面之间在水平上有微小的差异,往往发现右侧和左侧载荷的总和不正好等于拖拉机总质量。这可通过在每侧称量时使拖拉机跨在地磅上距离尽可能相等的方法将误差减至最小。

可以用左、右轮(或履带)载荷的总和来确定拖拉机质量 m。

7 试验报告(见附录A)

7.1 试验报告应包括拖拉机的验收和试验参数,以及下列质心坐标:

a) 水平纵向坐标 $\bar{x}$:至垂直基准面的距离;

b) 垂直坐标 $\bar{h}$:在水平地面上的高度;

c) 水平横向坐标 $\bar{y}$:通过前后主轴线的纵向中心平面的偏移量。

7.2 质心位置对3个基准面的距离应以毫米表示。

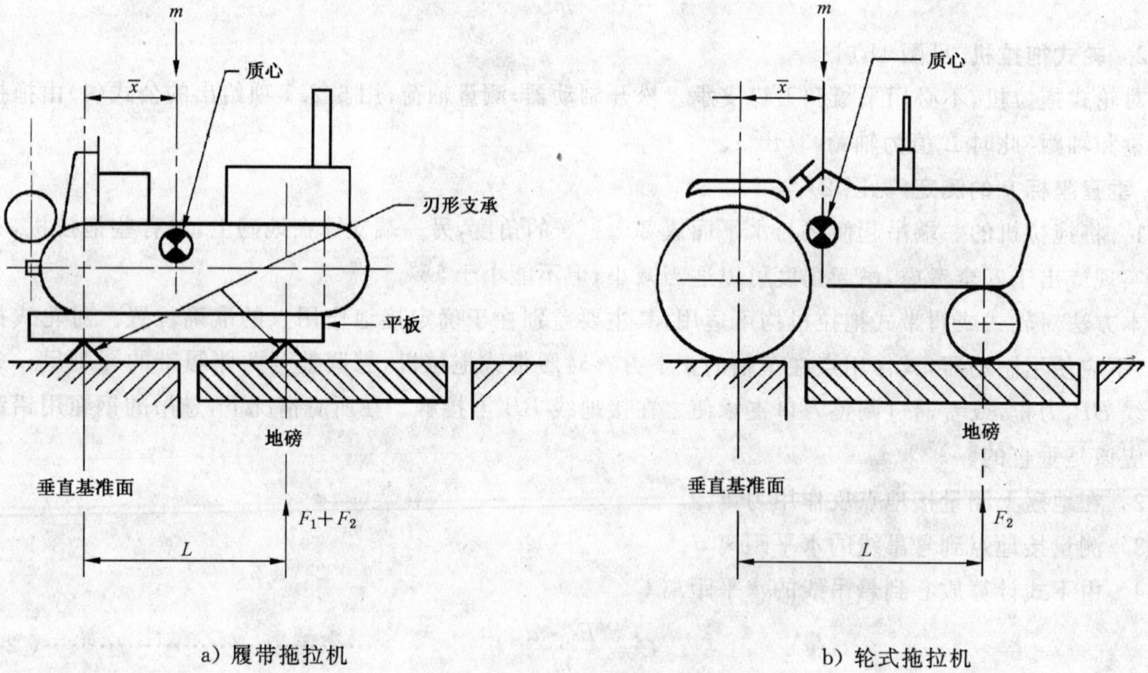

a) 履带拖拉机　　　　b) 轮式拖拉机

图1 水平纵向坐标 $\bar{x}$ 的确定

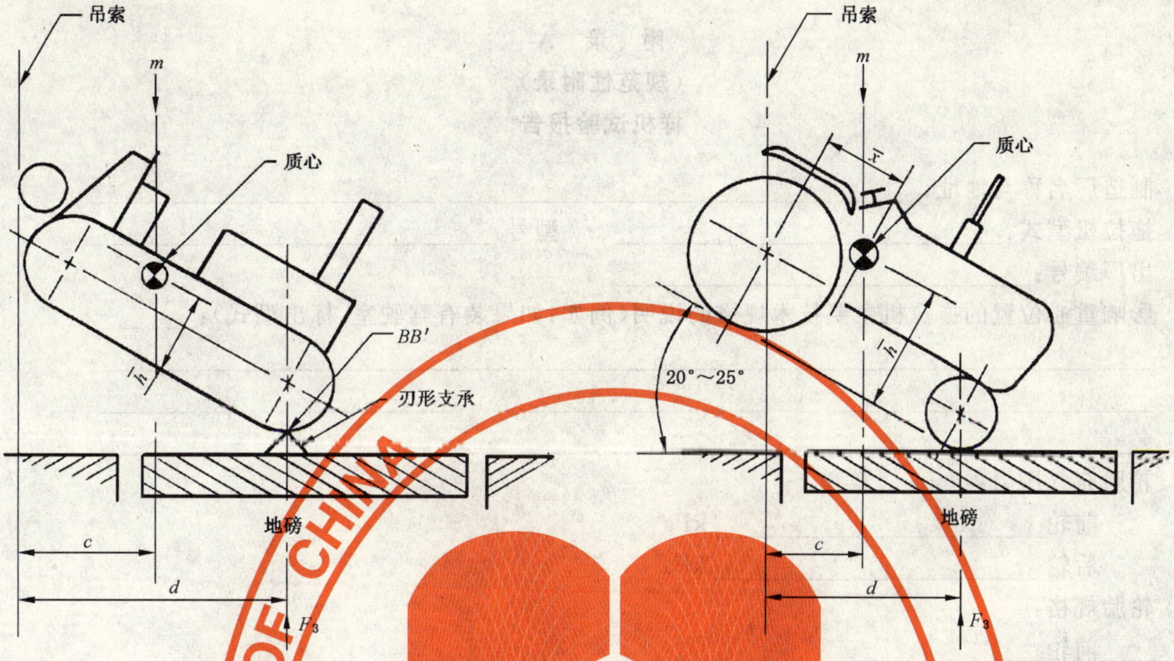

a) 履带拖拉机　　　　b) 轮式拖拉机

图 2　垂直坐标 $\bar{h}$ 的确定

图 3　在水平面内的横向坐标 $\bar{y}$ 的确定

附 录 A
（规范性附录）
样机试验报告

制造厂名称与地址：________________

拖拉机型式：________________ 型号：________________

出厂编号：________________

影响重心位置的拖拉机主要技术规格的说明（例如：如果装有驾驶室，标出型式）：________________

____

____

____

轮胎充气压力：

前轮________________ kPa

后轮________________ kPa

轮胎规格：

前轮________________

后轮________________

拖拉机质量(m)：

前轮________________ kg } 对轮式拖拉机

后轮________________ kg }

总计________________ kg

质心的坐标：

$\bar{x}$ ________________ mm

$\bar{h}$ ________________ mm

记录相对水平的角度__________(°)

$\bar{y}$ ________________ mm

ICS 65.060.10
T 61

中华人民共和国国家标准

GB/T 3871.16—2006

农业拖拉机 试验规程 第16部分:轴功率测定

Agricultural tractors—Test procedures—Part 16: Axle power determination

(ISO 789-7:1991,MOD)

2006-02-06 发布 2006-04-01 实施

中华人民共和国国家质量监督检验检疫总局
中国国家标准化管理委员会 发布

前　言

GB/T 3871《农业拖拉机 试验规程》分为19部分：

——第1部分：通用要求；

——第2部分：整机参数测量；

——第3部分：动力输出轴功率试验；

——第4部分：后置三点悬挂装置提升能力；

——第5部分：转向圆和通过圆直径；

——第6部分：农林车辆制动性能的确定；

——第7部分：驾驶员的视野；

——第8部分：噪声测量；

——第9部分：牵引功率试验；

——第10部分：低温起动；

——第11部分：高温性能试验；

——第12部分：使用试验；

——第13部分：排气烟度测量；

——第14部分：非机械式传输的部分功率输出动力输出轴；

——第15部分：质心；

——第16部分：轴功率测定；

——第17部分：发动机空气滤清器；

——第18部分：拖拉机与机具接口处液压功率；

——第19部分：轮式拖拉机转向性能。

本部分是GB/T 3871的第16部分。

本部分修改采用ISO 789-7:1991《农业拖拉机　试验规程　第7部分：轴功率测定》(英文版)。

本部分根据ISO 789-7:1991重新起草。为便于使用，本部分与ISO 789-7:1991存在以下差异：

——本部分按GB/T 1.1—2000和GB/T 20000.2—2001的规定进行编排；

——“ISO 789的本部分”一词改为“本部分”；

——用小数点“.”代替作为小数点的逗号“,”；

——删除国际标准的前言。

——增加了规范性引用文件JB/T 7282—2004《拖拉机用油品种、规格的选用》。

本部分的附录A为规范性附录。

本部分由中国机械工业联合会提出。

本部分由全国拖拉机标准化技术委员会归口。

本部分起草单位：洛阳拖拉机研究所、国家拖拉机质量监督检验中心。

本部分主要起草人：郎志中、李京中、徐惠娟。

农业拖拉机　试验规程
第16部分：轴功率测定

1　范围

GB/T 3871的本部分规定了测定具有一个或两个驱动轴的农业轮式拖拉机、履带拖拉机的轴功率试验规程。

本部分适用于农业轮式和履带拖拉机。

2　规范性引用文件

下列文件中的条款通过GB/T 3871的本部分的引用而成为本部分的条款。凡是注日期的引用文件，其随后所有的修改单(不包括勘误的内容)或修订版均不适用于本部分，然而，鼓励根据本部分达成协议的各方研究是否可使用这些文件的最新版本。凡是不注日期的引用文件，其最新版本适用于本部分。

GB/T 2979　农业轮胎系列(GB/T 2979—1999,eqv ISO 4251-1:1992,ISO 4251-2:1992,ISO 4251-4:1992,ISO 4251-5:1992)

GB/T 3141　工业液体润滑剂　ISO黏度分类(GB/T 3141—1994,eqv ISO 3448:1992)

JB/T 7282—2004　拖拉机用油品种、规格的选用

3　术语和定义

下列术语和定义适用于GB/T 3871的本部分。

3.1

发动机标定转速　rated engine speed

拖拉机制造厂规定的发动机持续满负荷运转时的转速。

3.2

轴功率　axle power

在所有驱动轴处测得的功率总和。

3.3

允许的最大转矩　maximum permissible torque

制造厂根据本试验的目的规定的驱动轴可承受的最大转矩。

3.4

燃油消耗率　specific fuel consumption

单位功所消耗的燃油量。

4　测量单位和允许误差

本部分使用下列测量单位和允许误差：

a)　转速：　r/min，　±0.5%；

b)　时间：　s，　±0.2s；

c)　长度：　m或mm，　±0.5%；

d)　力：　N，　±1%；

e) 转矩： N·m， ±1%；

f) 质量： kg， ±0.5%；

g) 油耗： g/kW·h， ±1%；

h) 大气压力： kPa， ±0.2 kPa；

i) 燃油等的温度： ℃， ±2℃；

j) 干/湿球温度计温度： ℃， ±0.5℃。

5 通用要求

5.1 技术要求

被试验拖拉机应与试验报告(见附录A)中的技术规格一致，并应按制造厂推荐的操作方法试验。

5.2 预热和初调

拖拉机试验前应进行预热。对于可调节油气混合比的火花点燃式发动机，试验时发动机化油器的油气混合比应调整到正常使用条件下制造厂推荐的调整位置。发动机应在标定转速、油门全开的状态下进行预热。

5.3 试验用燃油和润滑油

试验时，发动机所用燃油应为制造厂推荐的燃油，类型和黏度应符合JB/T 7282—2004的规定。

试验用润滑油应符合制造厂或GB/T 3141规定的润滑油的类型和黏度级别。如果使用其他种的润滑油，应明确给出它们用在何处的详细信息(使用在发动机、传动系等)。

如果润滑油符合其他国家标准或国际标准，应给出具体的参考标准。

5.4 辅助装置

所有试验凡驾驶员在常规操作中，按照使用说明书、不用工具就能脱开的如液压泵或空气压缩机等附件，均应脱开。否则，应使它们在最小负荷下运转。

如果拖拉机装有能产生可变的附加功率损耗装置，如可变速的冷却风扇、间歇式液压或电子装置等，该装置不应断开或改动。如果使用说明书中允许驾驶员脱开上述装置，试验时应将其脱开，并记入试验报告中。

如果试验中由这些装置引起的功率误差超过±5%，则试验报告中应记录功率偏离平均值的百分比。

5.5 试验条件

转矩或功率等测值无需进行环境状态或其他因素方面的任何修正。大气压力应不低于96.6 kPa。如受海拔条件限制不能达到要求的大气压，允许调整化油器或燃油泵，详情应记入试验报告中。

环境温度应保证在23℃±7℃的范围内。

在每种工况开始测量前，拖拉机都应达到稳定的运转状态。

5.6 燃油消耗

调整燃油测量装置，使在化油器或喷油泵处的油压相当于拖拉机油箱一半燃油时所具有的油压。燃油温度应相当于拖拉机满负荷运转2 h后油箱出口的燃油温度。

用容积法测量燃油耗时，应按某一燃油温度的比重计算单位功的油耗质量。通常按15℃时的燃油密度计算容积值。

用质量法测量燃油耗时，用15℃时的燃油密度计算容积值。

6 试验规程

6.1 一般要求(总则)

将拖拉机上的所有驱动轴与测功机相联接。所有测量均应在发动机调速装置置于发动机最高转速下进行。

正常情况下，各项试验应连续进行。

驱动轴和测功机之间的连接轴的倾斜度应不大于2°。

如果试验场所用了废气排放装置，它不得影响发动机的性能。

6.2 传动比的选择

测量选择的传动比应在由制造厂推荐的田间工作时的最低和最高行驶速度之间，即在3 km/h和16 km/h之间。应使用6个传动比中最小的一个，传动比的选择应尽可能评估各种变速装置的效率。

如果拖拉机装有可由驾驶员操纵的液力变矩器，应分别在液力变矩器关闭和接通两种工况下进行试验。

如果拖拉机装有无级变速箱，应在6种差值大致相同的传动比工况下进行试验。

对具有两个驱动桥的拖拉机，应在两个驱动桥均啮合的工况下进行试验。

6.3 速度和转矩的控制

对同一驱动桥下的两个驱动轮应施加相同的转矩和转速。在差速器锁定情况下，驱动桥不能进行试验，应控制施加在同桥每个驱动轮上的转矩，使得两轮的转速差小于5%。

在拖拉机具有两个驱动桥，且其间仅有的一个差速器不能被锁定的情况下，应控制施加在每个驱动桥的转矩，使得前后轮的平均圆周速度差值小于5%。按GB/T 2979的规定确定轮胎的动力半径指数。

在拖拉机具有两个驱动桥，且其间无一个差速器的情况下，驱动桥上的总功率应按各驱动桥功率分配进行测量。对每个给定的传动比，在制造厂规定的可承受较高许用转矩的驱动桥上增加转矩直至达到发动机标定转速或该驱动桥最高许用转矩。如未达到发动机标定转速，应在第二驱动桥上增加转矩，直至达到发动机标定转速或该第二驱动桥最高许用转矩。如仍未达到发动机标定转速，则应停止对应的传动比测试。

如达到了发动机标定转速，应通过在第一驱动桥上从首次测量值开始，以每次减少20%的差值驱动转矩重复多次测试以在第二桥上获得最大许用转矩。如第二驱动桥达到了最大许用转矩，应在第一驱动桥上增加转矩以达到发动机标定转速。

应记录每次测量的每个驱动轮的转速、施加在每个驱动轮上的转矩、发动机转速和油耗，并计算轴功率。

6.4 附加测量

除测量上述规定的性能外，还应记录下列数据：

a) 在拖拉机前面约2 m、距地面高约1.5 m具有代表性的点处测量环境空气温度（在拖拉机装有前吹式鼓风机处，环境空气温度测量点应选择一个适当的位置）；
b) 发动机进气口处空气温度；
c) 大气压力；
d) 相对空气湿度；
e) 冷却液最高温度（如用风冷发动机时，在具有代表性的点处测量气缸缸体温度）；
f) 化油器或喷油泵进口处燃油温度；
g) 发动机机油温度；
h) 传动箱机油温度。

附 录 A
（规范性附录）
轴功率试验报告格式

A.1 试验地点

拖拉机制造厂名称和地址：________________

磨合地点：________________

磨合时间：________________

A.2 拖拉机技术规格

拖拉机

型号：________ 编号：________

发动机

制造厂：________ 型号：________

型式：________ 编号：________

标定转速：________r/min

汽缸

汽缸数量：________ 缸径：________mm

行程：________mm 排量：________L

燃油和喷射系统

油箱容积：________________L

燃油泵制造厂、型式和型号：________________

制造厂设定的喷油量：________________L/h

喷油器制造厂、型式和型号：________________

磁电机、线圈和分配器的制造厂、型式和型号：________________

化油器制造厂、型式和型号：________________

喷油或喷油正时（手动或自动）：________________

空气滤清器

制造厂和型号：________ 型式：________

粗滤器

制造厂和型号：________ 型式：________

传动箱

离合器

型式：________ 离合器摩擦片直径：________mm

名义行驶速度

挡　　位					
后轮					
轮胎规格					
动力半径指数[a]					
驱动轴转速，r/min[b]					
名义行驶速度，km/h[b]					
前轮(如果为驱动轮)					
轮胎规格					
动力半径指数[a]					
驱动轴转速，r/min[b]					
名义行驶速度，km/h[b]					

a 参见 GB/T 2979。

b 发动机标定转速下。

转向系

型式：____

(如人力转向、动力转向或动力助力转向)

转向盘

转向盘位置：____

前轮

轮胎制造厂：____________________　　型式：____________________

(如子午线轮胎或横线轮胎)

规格：____

前轴是否为驱动轴(是/否)：　　当量帘布层数(层级)____________________

动力半径指数：____________________

后轮

制造厂：____________________　　型式：____________________

(如子午线轮胎或横线轮胎)

规格：____

当量帘布层数(层级)：____

轴距：

____ mm

履带

型式：____________________　　履带板数量：____________________

履带板宽度：____________________ mm

质量(注满油、水,无驾驶员)

单位为千克

质　量	前	后	总计
无配重			
带配重			

A.3　燃油和润滑油技术规格

燃油

牌号:________________　辛烷值(RON):________________

辛烷值或十六烷值:________________　15℃时的密度:________________

型号:________________

发动机机油

牌号:________________　型号:________________

黏度级别:________________

传动箱机油

牌号:________________　型号:________________

黏度级别:________________

最高温度

冷却液:________________℃

发动机机油:________________℃

燃油:________________℃

发动机进气:________________℃

传动箱机油:________________℃

表 A.1 结论表

试验日期：

大气条件：
温度： ℃
相对湿度： %
大气压力： kPa

挡位	后驱动轴					前驱动轴					总功率/kW	燃油消耗	
	左端		右端		功率/kW	左端		右端		功率/kW		比油耗/[kg/(kW·h)]	小时油耗/(L/h)
	转矩/(N·m)	速度/(r/min)	转矩/(N·m)	速度/(r/min)		转矩/(N·m)	速度/(r/min)	转矩/(N·m)	速度/(r/min)				

注：如测量超过 6 个传动比，重复使用此表。

ICS 65.060.10
T 61

GB

中华人民共和国国家标准

GB/T 3871.17—2006/ISO 789-8:1991

农业拖拉机　试验规程
第17部分:发动机空气滤清器

Agricultural tractors—Test procedures—
Part 17:Engine air cleaner

(ISO 789-8:1991,IDT)

2006-02-06 发布　　2006-04-01 实施

中华人民共和国国家质量监督检验检疫总局
中国国家标准化管理委员会　发布

前　言

GB/T 3871《农业拖拉机　试验规程》分为19部分：

——第1部分：通用要求；

——第2部分：整机参数测量；

——第3部分：动力输出轴功率试验；

——第4部分：后置三点悬挂装置提升能力；

——第5部分：转向圆和通过圆直径；

——第6部分：农林车辆制动性能的确定；

——第7部分：驾驶员的视野；

——第8部分：噪声测量；

——第9部分：牵引功率试验；

——第10部分：低温起动；

——第11部分：高温性能试验；

——第12部分：使用试验；

——第13部分：排气烟度测量；

——第14部分：非机械式传输的部分功率输出动力输出轴；

——第15部分：质心；

——第16部分：轴功率测定；

——第17部分：发动机空气滤清器；

——第18部分：拖拉机与机具接口处液压功率；

——第19部分：轮式拖拉机转向性能。

本部分是GB/T 3871的第17部分。

本部分等同采用ISO 789-8:1991《农业拖拉机　试验规程　发动机空气滤清器》(英文版)。

为便于使用，本部分作了下列编辑性修改：

——本部分按GB/T 1.1—2000和GB/T 20000.2—2001的规定进行编排；

——“ISO 789-8的本部分”一词改为“GB/T 3871的本部分”；

——用小数点“.”代替作为小数点的逗号“,”；

——删除国际标准的前言；

——为与标准相协调，本部分将原ISO 789-8:1991中的“初滤”、“预滤”改为“粗滤”，“标定气流量”改为“额定空气流量”。

本部分中的附录A为规范性附录。

本部分由中国机械工业联合会提出。

本部分由全国拖拉机标准化技术委员会归口。

本部分起草单位：洛阳拖拉机研究所、国家拖拉机质量监督检验中心、山东时风(集团)有限责任公司。

本部分主要起草人：部文国、林连华、池建美、杨红梅、徐惠娟。

农业拖拉机　试验规程
第17部分:发动机空气滤清器

1　范围

GB/T 3871的本部分规定了农业拖拉机用发动机空气滤清器的试验规程,该试验规程是ISO 5011规定以外的附加试验规程。由于装在农业拖拉机上的发动机工作条件的特殊性而需要进行的附加试验。

本部分适用于农业拖拉机。

2　规范性引用文件

下列文件中的条款通过GB/T 3871的本部分的引用而成为本部分的条款。凡是注日期的引用文件,其随后所有的修改单(不包括勘误的内容)或修订版均不适用于本部分,然而,鼓励根据本部分达成协议的各方研究是否可使用这些文件的最新版本。凡是不注日期的引用文件,其最新版本适用于本部分。

ISO 5011:1988　内燃机和压缩机进气滤清装置　性能试验

3　术语和定义

ISO 5011:1988附录A中以及下列的术语和定义适用于GB/T 3871的本部分。

3.1

安全元件　safety element

安装在粗滤下游的栅格型元件,其功能是在粗滤元件失效或保养期间拆除粗滤后阻隔灰尘。

4　测量单位和允许测量误差

4.1　允许测量误差应符合ISO 5011:1988第4章的规定。

4.2　测量的振动加速度的误差在2 %的范围内,振幅误差在3 %的范围内,频率的误差在5 %的范围内。

4.3　测量的角度误差范围为1°。

5　试验材料和试验条件

除另有声明外,试验材料和试验条件应符合ISO 5011:1988第5章的规定。

6　抗振试验

6.1　简介

6.1.1　本部分规定了空气滤清器总成抗发动机振动或安装振动性能的试验方法。

6.1.2　记录的试验数值作为使用指南,可以随空气滤清器供货商、拖拉机制造厂意见或获得拖拉机实际振动数据后而改变。

6.2　试验的工作特性

试验确定了空气滤清器在预先确定循环次数情况下,在3个垂直平面内抗振动的能力。

6.3　试验装置

6.3.1　机-电式振动器

包括正弦震荡器和频率控制器、放大器和显示器，以便显示位移、速度和加速度。

6.3.2　两台加速仪中的最小者

线性校准范围为$-100\ m/s^2 \sim +100\ m/s^2$。

6.3.3　试验用空气滤清器

包括进气管和防雨帽（或安装有粗滤器和固定带或适用的安装夹座），应包括可装灰尘的贮尘器。

6.3.4　刚性连接板和连接座

用以将空气滤清器总成安装在三维振动器上。

6.4　试验前的准备和试验要求

6.4.1　将空气滤清器安装到刚性连接板或其中的一个连接座上(6.3.4)。

6.4.2　刚性地将连接板或连接座安装到振动器上，确保激振轴线与空气滤清器总成三轴平面中的一个垂直。

6.4.3　将一个加速仪(6.3.2)连接到刚性连接板或连接座上记录输入信号，将另一个加速仪在空气滤清器直径方向面对连接板或连接座安装在空气滤清器壳体上记录输出信号。其他的加速仪可以连接到总成的任何部位以监测试验期间的共振情况。应注意粗滤帽/防雨帽和空气滤清器的内部零件有无异常现象和声响。

6.4.4　按下列步骤搜寻共振频率，直至激振频率达到200Hz为止：

a)　振幅为±0.6 mm时，频率0～13 Hz；

b)　速度为50 m/s时，频率13 Hz～94 Hz；

c)　加速度为下式计算值时，频率94 Hz～200 Hz：

$$a = 30 + 0.3(f - 100) \qquad (1)$$

式中：

a——加速度，单位为米每平方秒(m/s^2)；

f——频率，单位为赫兹(Hz)。

如果共振出现在一个频率处，则试验应在上述搜寻的频率和振幅、速度或加速度的条件下进行。如果共振出现的频率多于一个，则试验应以出现最大振幅时的频率进行。

如果在200 Hz以下没有出现共振现象，则试验应在频率为60 Hz，加速度为25 m/s^2的条件下进行。

6.4.5　在空气滤清器不出现失效的情况下需进行10^7次循环试验。试验的频率和加速度应按6.4.4的规定。

由于整个试验过程中总成的共振频率可能发生变化，每进行2.5×10^6循环后应将加速度重新调整到6.4.4确定的加速度。

6.4.6　如果完成10^7次循环后没有出现明显的失效现象，拆掉空气滤清器总成，检查有无任何可见的外部损伤。

6.4.7　将空气滤清器安装在其他两个平面内，重复6.4.1～6.4.6的试验步骤。每次试验时，加速仪的极轴应与激振轴线在一条直线上。

6.4.8　做完抗振试验后，保持总成的试验状况，将空气滤清器从振动器上拆下来，按照ISO 5011:1988中7.5和8.5的规定进行全寿命效率试验和滤清能力试验。

在征得空气滤清器供货商和拖拉机制造商同意的情况下，振动试验和性能试验可以同时进行。

6.5　记录的结果

试验报告（本部分的第13章）应至少包含下列内容：

a)　振动频率和振幅；

b) 失效模式和位置(如果失效时);

c) 试验开始和结束时施加在试验设备上的转矩;

d) 失效时的循环次数或完成的循环次数;

e) 全寿命效率和滤清能力试验结果。

7 干式空气滤清器维护的影响

7.1 试验目的

本部分规定的试验方法用于确定空气滤清器元件是否在经过制造厂认可的维护次数后,性能的下降程度是否可以接受。

7.2 试验程序

按照 ISO 5011:1988 中 7.5 的规定进行全寿命效率和滤清能力试验,按照制造厂使用说明书对空气滤清器进行维护,然后重复试验,继续维护程序,直至达到制造厂推荐的更换滤清元件前的最大维护次数。记录每次试验结果,以显示性能的逐渐恶化情况。

8 抗纤维材料试验

8.1 目的

本试验的目的是确定纤维材料对空气滤清器的影响,即纤维材料对粗滤器叶片、栅格或其他小缝隙堵塞情况。该试验适用于干式或油浴式空气滤清器。

8.2 纤维材料

试验时使用下列两种纤维材料:

a) 干的、熟透的、猫荚(豆)形、用手从秆上剥下的纤维材料(也被认为是灯芯草属窄叶植物);

b) 干皮棉,纤维长度从 3 mm～30 mm,湿度小于 10%,可以从摘棉机的发动机散热器进气口或棉花剥离机上收集。用这种方法收集的皮棉中包含有其他材料如树叶碎片和灰尘,但这样的内含物是允许的。

8.3 纤维材料的准备

纤维材料在使用前,应梳理满足试验要求的足量的纤维,使其起毛,并在温度为 25℃±5℃,相对湿度为 55%±15%的环境中放置 2 h。

8.4 试验程序

8.4.1 试验应确定压力损失和能力特性。

8.4.2 称出空气滤清器制造厂和用户同意使用的纤维材料的质量。

8.4.3 启动气流,使其通过试验台,并使空气流速稳定在试验要求的流速范围内。测量并记录压力损失。

8.4.4 在每立方米气流中喂入(10±1.5) g 的纤维材料。

8.4.5 当压力损失达到空气滤清器制造厂和用户商定值时停止喂入纤维材料,或空气滤清器进入的纤维材料的数量达到了试验要求的数量。

8.4.6 称出剩余纤维材料的质量,确定气流中喂入的纤维材料的质量。

8.4.7 试验完成后,检查空气滤清器,确定纤维材料是否积聚在滤芯的进气流处,如果是,记录纤维材料的积聚位置。

9 干式滤芯抗潮湿性试验

9.1 试验目的

本试验的目的是为了确定潮湿对空气滤清器的滤清性能的影响。

9.2 试验方法

9.2.1 试验程序

9.2.1.1 在 ISO 5011:1988 中 6.3 规定的空气流量条件下,测量空气滤清器总成的压力损失。

9.2.1.2 拆下要进行试验的滤芯进行称重。

9.2.1.3 将滤芯浸入与周围环境温度相同的干净的水中约 12 h。

9.2.1.4 用 15 min 使滤芯滴干,然后轻轻抖掉滤芯上的水滴,进行称重。

9.2.1.5 将空气滤清器重新组装后,增加通过滤芯的空气流量,使压力损失达到 1×10^4 Pa 或达到额定空气流量。拆下滤芯,检查滤芯任何元件有无损坏或空气滤清器的完整性。

9.2.1.6 将空气滤清器重新组装后装在试验设备上,以额定空气流量通过空气滤清器,直至压力损失或其质量达到 9.2.1.1 或 9.2.1.2 规定值,如果达不到该规定值,继续使系统运转,直至滤芯质量稳定。

9.2.1.7 称出滤芯质量

9.2.1.8 按 ISO 5011:1988 中 7.5 的规定进行储尘能力和总成滤清效率试验。

9.2.2 试验结果的记录

试验报告应记录下列内容:

a) 原始质量;

b) 潮湿时的质量;

c) 存留的湿气质量;

d) 干燥后质量。

10 安全元件

10.1 简介

安全元件要求能很快阻断粗滤出现的泄漏,使滤清过程中通过的灰尘量最少。为评估安全元件的性能,应进行渗透试验。空气滤清器在正常滤清过程和矫正过程中,希望安全元件在一个或多个粗滤工作时不发生堵塞。为评估堵漏性能,应对安全元件进行堵塞试验。该试验可以作为 ISO 5011:1988 中 7.5 规定的全寿命效率试验和滤清能力试验的一部分。

10.2 特定的渗透试验

10.2.1 试验的准备

用平常使用的壳体固定安全元件,准备一个模拟粗滤滤芯,即只缺少滤网的完整的滤清器骨架,包括涡旋叶片,将安全元件和模拟粗滤元件安装在壳体内。

10.2.2 试验程序

试验按照 ISO 5011:1988 中 7.5 规定的全寿命试验和滤清能力试验的程序进行,试验时的技术要求如下:

10.2.2.1 通过壳体的气流压力损失为 1×10^4 Pa 时停止喂入纤维材料。

10.2.2.2 试验所使用的灰尘应为精密级,具有粗滤器时,应用粗灰进行另外的试验。

10.2.2.3 通过的气流应为空气滤清器制造厂和用户商定的额定空气流量。

10.2.2.4 试验时喂入的灰尘浓度为 1 g/m^3,如果试验时间少于 0.5 h,则试验时喂入灰尘浓度为 0.1 g/m^3。

10.2.2.5 可能时,应满足 ISO 5011:1988 中 7.8.1 和 7.8.1.1(拆除粗滤器)的要求。

本试验中,粗滤器的滤清效率稍微低于正常使用时的效率。如果效率降低过大,应检查原因,并记入试验报告中。

10.2.2.6 试验结束时,在测量滤清效率前,应增大空气流量,使通过壳体的压力降至 1.25×10^4 Pa。安全元件在这些试验条件下不应发生破裂。

10.2.3 计算和要求

为评估试验结果，应用公式(2)计算特定灰尘穿透率(SDP)：

$$SDP = \frac{m}{q_v} \qquad \cdots\cdots(2)$$

式中：

m——通过系统的灰尘的质量，单位为克(g)；

q_v——空气流量，单位为立方米每分钟(m^3/min)。

该计算值应不大于 0.7 g/(m^3/min)。

10.3 安全元件堵塞试验

10.3.1 试验准备

在正常使用的空气滤清器壳体内装上干净的粗滤滤芯和安全元件，以确定在试验环境中放置 24 h 后安全元件的质量。

10.3.2 试验程序

10.3.2.1 按照 ISO 5011:1988 中 6.3 的规定对空气滤清器进行试验，测量并记录标定气流时的节流损失/压力损失。更换粗滤滤芯，保留原来的滤芯以便后面进行比较。

10.3.2.2 按照 ISO 5011:1988 中 7.5 的规定进行全寿命效率试验和滤清能力试验。

10.3.2.3 更换上本试验开始时留作比较的滤芯，重复 10.3.2.1 规定的节流损失和压力损失试验。记录试验结果。

10.3.2.4 拆下安全元件，按照 10.3.1 规定再次进行称重。

10.3.3 试验结果的表示

空气滤清器节流损失/压力损失的增加值应按照 10.3.2.1 和 10.3.2.3 以及安全元件质量的增加值计算。

11 油浴式空气滤清器工作角度

按照 ISO 5011:1988 中 8.4.7 的规定进行试验，空气滤清器的安装位置相对于车辆前后倾斜 ±25°，左右倾斜 ±17°。

12 自动排尘装置

自动排尘装置工作的满意程度只能通过装在发动机空气滤清器上(同时包括附加的粗滤器和防雨帽)，发动机在实际灰尘的环境中工作时才能进行评价。

13 试验报告

试验报告的格式见附录 A 和 ISO 5011:1988 的附录 E、附录 F 和附录 G，并注明试验条件。

附 录 A
（规范性附录）
试验报告

合适时应使用 ISO 5011:1988 中的附录 E 的试验报告格式，并增加下列内容：

抗振动性

振幅＿＿＿＿＿＿＿＿ mm

频率＿＿＿＿＿＿＿＿ Hz

失效位置＿＿＿＿＿＿＿＿

失效模式＿＿＿＿＿＿＿＿

固定转矩

开始时＿＿＿＿＿＿＿＿ N·m

结束时＿＿＿＿＿＿＿＿ N·m

失效/完成试验时试验的循环次数＿＿＿＿＿＿＿＿

干式滤芯抗潮湿性

原始质量＿＿＿＿＿＿＿＿ g

潮湿时质量＿＿＿＿＿＿＿＿ g

存留的湿气质量＿＿＿＿＿＿＿＿ g

干燥后质量＿＿＿＿＿＿＿＿ g

ICS 65.060.10
T 61

GB

中华人民共和国国家标准

GB/T 3871.18—2006

农业拖拉机　试验规程
第18部分：拖拉机与机具接口处液压功率

Agricultural tractors—Test procedures—
Part 18: Hydraulic power at tractor/implement interface

(ISO 789-10:1996, MOD)

2006-02-06 发布　　　　2006-04-01 实施

中华人民共和国国家质量监督检验检疫总局
中国国家标准化管理委员会　发布

前言

GB/T 3871《农业拖拉机　试验规程》分为19部分：

——第1部分：通用要求；
——第2部分：整机参数测量；
——第3部分：动力输出轴功率试验；
——第4部分：后置三点悬挂装置提升能力；
——第5部分：转向圆和通过圆直径；
——第6部分：农林车辆制动性能的确定；
——第7部分：驾驶员的视野；
——第8部分：噪声测量；
——第9部分：牵引功率试验；
——第10部分：低温起动；
——第11部分：高温性能试验；
——第12部分：使用试验；
——第13部分：排气烟度测量；
——第14部分：非机械式传输的部分功率输出动力输出轴；
——第15部分：质心；
——第16部分：轴功率测定；
——第17部分：发动机空气滤清器；
——第18部分：拖拉机与机具接口处液压功率；
——第19部分：轮式拖拉机转向性能。

本部分是GB/T 3871的第18部分。

本部分修改采用ISO 789-10:1996《农业拖拉机　试验规程　拖拉机与机具接口处液压功率》(英文版)。

本部分根据ISO 789-10:1996重新起草。本部分在采用国际标准时进行了修改。这些技术性差异用垂直单线标识在它们所涉及的条款的页边空白处。

本部分与ISO 789-10:1996主要差异如下：

——本部分按GB/T 1.1—2000和GB/T 20000.2—2001的规定进行编排；
——“本国际标准”一词改为“本部分”；
——用小数点“.”代替作为小数点的逗号“,”；
——删除国际标准的前言；
——压力的测量误差由国际标准中的±0.002%改为±2%。

本部分中的附录A为规范性附录。

本部分由中国机械工业联合会提出。

本部分由全国拖拉机标准化技术委员会归口。

本部分起草单位：洛阳拖拉机研究所、国家拖拉机质量监督检验中心。

本部分主要起草人：闫小方、徐惠娟、解志桥。

农业拖拉机　试验规程
第18部分:拖拉机与机具接口处液压功率

1　范围

GB/T 3871的本部分规定了测定农业拖拉机与机具联接处外部液压输出装置上液压压力和最大有效液压功率的试验程序。

本部分适用于具有外部液压输出装置的农业拖拉机。

2　规范性引用文件

下列文件中的条款通过GB/T 3871的本部分的引用而成为本部分的条款。凡是注日期的引用文件,其随后所有的修改单(不包括勘误的内容)或修订版均不适用于本部分,然而,鼓励根据本部分达成协议的各方研究是否可使用这些文件的最新版本。凡是不注日期的引用文件,其最新版本适用于本部分。

GB/T 1593.1　农业轮式拖拉机后置式三点悬挂装置　第1部分：1、2、3和4类(GB/T 1593.1—1996,eqv ISO 730-1:1994)

GB/T 3141　工业液体润滑剂　ISO黏度分类(GB/T 3141—1994,eqv ISO 3448:1992)

GB/T 5862—2004　农用拖拉机与机具　通用液压快换接头(ISO 5675:1992,IDT)

ISO 6149-1:1993　流体传动及一般用途接头　带有符合ISO 261的螺纹及O型密封圈的液压油口与螺塞　第1部分:壳体上带有O型密封圈的液压油口

ISO 6149-2:1993　流体传动及一般用途接头　带有符合ISO 261的螺纹及O型密封圈的液压油口与螺塞　第2部分:重载荷(S系列)的螺塞　尺寸、型式、试验方法及技术条件

ISO 6149-3:1993　流体传动及一般用途接头　带有符合ISO 261的螺纹及O型密封圈的液压油口与螺塞　第3部分:轻载荷(L系列)的螺塞　尺寸、型式、试验方法及技术条件

ISO 10448:1994　农业拖拉机　供农具用液压压力

3　术语和定义

下列术语和定义适用于GB/T 3871的本部分。

3.1

农业拖拉机　agricultural tractor

具有至少两根轴的自走式轮式或履带式机器,主要用于牵引、推动、运载和驱动机具从事农业作业(包括林业作业),该机器可以配备有可拆卸的平台。

3.2

发动机标定转速　rated engine speed

拖拉机厂规定的发动机持续满负荷运转时的转速。

3.3

外部液压输出装置　external hydraulic service

由农业拖拉机液压系统提供,供与拖拉机相连接的机具使用的液压动力源(ISO 10448:1994)。

3.4

液压接头对　coupler pair

装于农业拖拉机上并与液压系统相连接的一对阴液压接头。可与GB/T 5862—2004中规定的阳

接头相配合，允许油液从一个接头流至另一个接头（ISO 10448:1994）。

3.5

有效压差　available differential pressure

机具上与拖拉机相连的两个阳接头之间的稳态液压压力差（ISO 10448:1994）。

3.6

最大压力　maximum pressure

与液压接头对相联接的任一阳接头上的最大稳态液压压力（ISO 10448:1994）。

3.7

环路最大回流压力　maximum loop return pressure

回油路上阳接头处的最大稳态液压压力。通过该阳接头可以改变液流方向(ISO 10448:1994)。

3.8

油箱最大回流压力　maximum sump return pressure

a）带液压接头：油液直接流回油箱的阳接头上的最大稳态液压压力。

b）不带液压接头：油液直接流回油箱的回油接头上的最大稳态液压压力。该回油接头的尺寸应与 ISO 6149-1:1993 、ISO 6149-2:1993 或 ISO 6149-3:1993 中规定的 M22×1.5 或 M27×2 螺纹相一致（ISO 10448:1994）。

3.9

额定最大压力　rated maximum hydraulic pressure

拖拉机制造厂所规定的最大压力。

3.10

峰值压力　peak pressure

与一液压接头对相联结的任一阳接头上的最大瞬时液压压力（ISO 10448:1994）。

4　测量单位和误差

GB/T 3871 的本部分使用下列测量单位和允许误差：

a）转速：　r/min，　±0.5%；

b）时间：　s，　±0.2 s；

c）温度：　℃，　±2℃(适用于实际的读数值)；

d）压力：　MPa，　±2%；

e）流量：　L/min，±2%。

5　通用要求

5.1　技术规格

被试拖拉机应与试验报告(见附录 A)上的技术规格一致，并按制造厂推荐的正常使用状态使用。

5.2　预热和初调

5.2.1　试验前拖拉机应进行预热。

5.2.2　试验应用制造厂推荐的液压油，液压油的类型和黏度应符合 GB/T 3141 的规定。

5.2.3　调节发动机调速机构，使发动机以标定转速运转。但在试验时，如果制造厂提出特定部分试验在发动机标定转速外的其他转速下进行，则应将试验时的发动机转速连续记录下来。

5.2.4　每项试验开始时应测量并记录油箱内液压油的温度，油温应达到 65℃±5℃。如果达不到这一温度，如由于系统中有冷却器，则应在试验报告中记录试验期间测量的温度。

5.2.5　应调节拖拉机上所有的流量控制装置，以获得最大流量。

6 有效液压压力试验

6.1 稳定状态

6.1.1 试验条件

最大压力、最小有效压差、环路最大回流压力和油箱最大回流压力测定时，应满足下列试验条件：

a) 测量装置应在一对液压接头对之间连成回路。测量装置包括：一个每端带有符合 GB/T 5862—2004 规定的规格为 12.5 的阳接头、公称内径不小于 ϕ10 mm 的液压软管，安装在紧挨每个液压接头处的两个压力表，一个用于改变流量的流量调节阀和一个流量计（见图 1）。

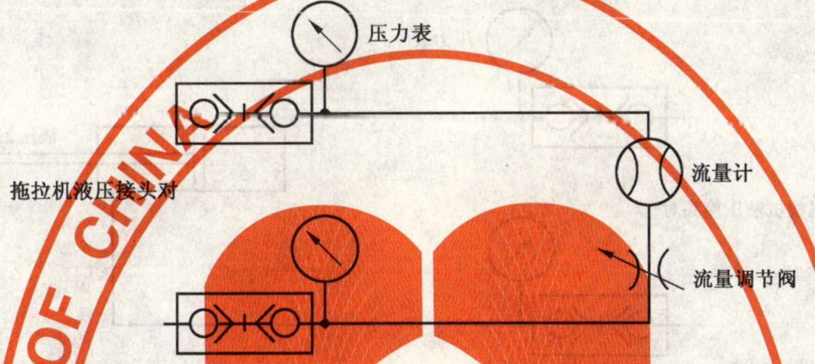

图 1 稳定状态下的测量装置

b) 当测定带液压接头的油箱最大回流压力时，测量装置的一端应连接到直接与拖拉机油箱相连的液压接头上或与拖拉机制造厂所规定的油箱回油口相连，另一端则应与液压接头对的另一个相连。

c) 当测定不带液压接头的最大油箱回流压力时，则应拆下油箱回油端的液压接头，换上合适的接头，直接连接在油箱的回油口上。

6.1.2 试验程序

6.1.2.1 油液通过一对液压接头对

启动拖拉机的外部液压输出装置，使液压油通过测量装置。调整流量调节阀或发动机转速，达到规定的标准流量输出状态，对 GB/T 1593.1 规定的悬挂类别为 1 类的拖拉机：流量输出为 30 L/min；2 或3 类的拖拉机：流量输出为 50 L /min。测量并记录液压油输出拖拉机时所在的液压接头附近的压力、液压油重新进入拖拉机时所在的液压接头前的压力、流量以及油箱的油温。

3.7 中规定的环路最大回流压力为液压油进入拖拉机时所在的液压接头附近的压力。

有效压差等于液压油输出拖拉机时所在的液压接头附近的压力与液压油重新进入拖拉机时所在的液压接头附近的压力之差。

关闭流量调节阀，将液压油输出拖拉机时所在的液压接头附近的压力记录下来，以确定最大压力。

6.1.2.2 油液流入带液压接头的油箱回油口

启动拖拉机的外部液压输出装置，使液压油通过测量装置。调整流量调节阀或发动机转速，达到规定的标准流量输出状态，对 GB/T 1593.1 规定的悬挂类别为 1 类的拖拉机：流量输出为 30 L/min；2 或3 类的拖拉机：流量输出为 50 L /min。测量并记录液压油输出拖拉机时所在的液压接头附近的压力，液压油重新进入拖拉机时所在的液压接头附近的压力、流量以及油箱的油温。

6.1.2.3 油液流入不带液压接头的油箱回油口

启动拖拉机的外部液压输出装置，使液压油通过测量装置。调整流量调节阀或发动机转速，达到规定的标准流量输出状态，对 GB/T 1593.1 规定的悬挂类别为 1 类的拖拉机：流量输出为 30 L/min；2 或3 类的拖拉机：流量输出为 50 L /min。测量并记录液压油输出拖拉机时所在的液压接头附近的压力，液压油重新进入拖拉机时所在的液压接头附近的压力，流量以及油箱的油温。

6.2 峰值压力

6.2.1 试验条件

峰值压力的测定在图2所示的回路中进行。该测量装置应包括：一个不带减振器的双作用液压缸，一对每端带有符合 GB/T 5862—2004 规定的规格为 12.5 的阳接头、长为 2500 mm±100 mm、公称内径为 ϕ10mm 的液压软管，压力传感器和记录装置。液压缸的缸径为 ϕ80mm±5mm、活塞杆直径为 ϕ30 mm±5 mm，活塞行程为 200 mm±10 mm；压力传感器和记录装置与液压缸相连的阳接头的距离应不超过 100 mm，压力传感器和记录装置应能指示出 700 MPa/s 的压力升高率。

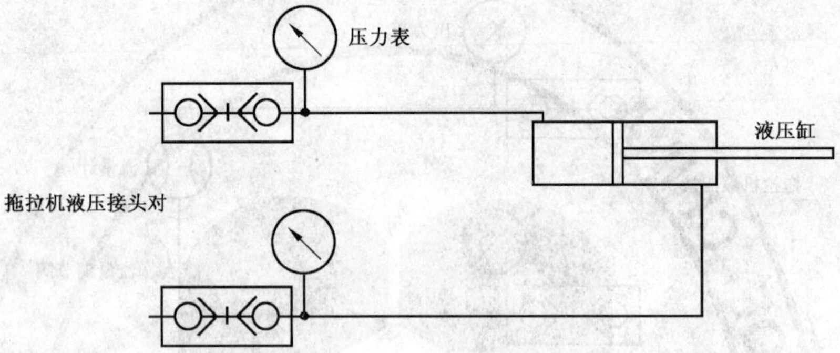

图2 峰值压力测量装置

6.2.2 试验程序

启动拖拉机外部液压输出装置，使液压缸全行程伸缩15个循环。

记录液压缸在15个工作循环中伸长期间所观测到的最大压力，该压力作为峰值压力。

6.3 有效液压压力试验报告

试验报告的格式见附录A。试验报告应包括下列内容：

a) 最大压力和峰值压力；

b) 对于标准流量为 30 L/min 的1类拖拉机和标准流量为 50 L/min 的2或3类拖拉机，油液通过一对液压接头对的有效压差；

c) 环路最大回流压力；

d) 带或不带液压接头的油箱最大回流压力；

e) 用测得的最低温度和最高温度表示油温范围。

7 最大有效液压功率试验

7.1 试验条件

最大有效液压功率测量时，应满足下列试验条件：

a) 测量装置应在一对或数对液压接头对之间连成回路。测量装置应包括：一个每端带有符合 GB/T 5862—2004 规定的规格为 12.5 的阳接头、公称内径为 ϕ12 mm 的液压软管，两个分别距每个液压接头 100 mm 范围内的压力表，一个流量调节阀和一个流量计（见图3）。处于全开状态的流量调节阀和流量计在流量为 60 L/min 时的组合压力降应小于 0.2 MPa。

b) 如果要测量所有液压接头对的液压功率，则应将第二组阳接头并联地接上去（见图3）。

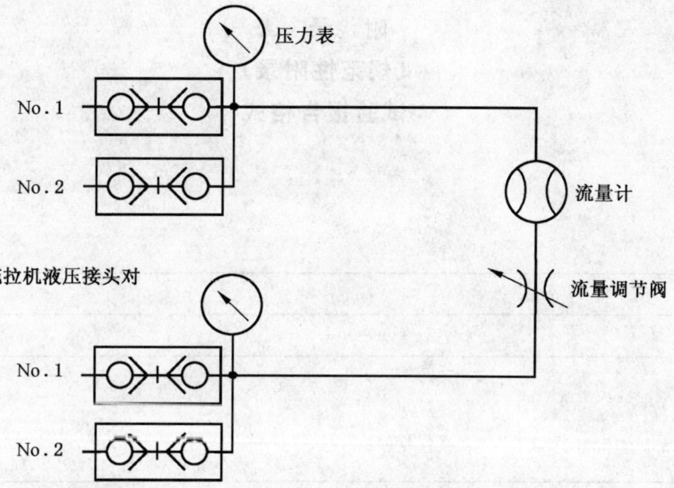

当测量一对液压接头对的液压功率时,仅连接1号液压接头对。

当测量所有液压接头对的液压功率时,则应连接1号、2号或更多的液压接头对。

图3 最大液压功率测量装置

7.2 试验程序

7.2.1 通过一对液压接头对的最大有效液压功率

启动拖拉机的外部液压输出装置,使液压油通过测量装置。调整流量调节阀,使其缓慢地从全开状态至全闭状态,同时记录在全开与全闭状态下的压力及流量。测定最大有效液压功率时,如果未使用连续记录装置,则应按足够小的增值对流量调节阀进行调整。

通过一对液压接头对的最大有效液压功率 P,按式(1)进行计算:

$$P = \frac{(P_1 - P_2) \times q}{60} \quad \cdots\cdots(1)$$

式中:

P——通过一对液压接头对的有效液压功率,单位为千瓦(kW);

P_1——液压油输出拖拉机时所在的液压接头附近的压力,单位为兆帕(MPa);

P_2——液压油重新进入拖拉机时所在的液压接头附近的压力,单位为兆帕(MPa);

q——所测流量,单位为升每分钟(L/min)。

7.2.2 通过所有液压接头对的最大有效液压功率

当测量装置与所有液压接头对相连时,启动拖拉机外部液压输出装置,使液压油通过测量装置。按7.2.1完成剩余的试验。

7.3 有效液压功率试验报告

有效液压功率试验报告的格式见附录A。试验报告应包括下列内容:

a) 通过一对液压接头对和所有液压接头对时,流量调节阀全开状态下的流量;

b) 通过一对液压接头对和所有液压接头对时的最大有效液压功率、相应的流量及压差。

附 录 A
（规范性附录）
试验报告格式

A.1 试验地点

试验者：________________

试验地点：________________

试验日期：________________

A.2 拖拉机

制造厂名称：________________

制造厂地址：________________

拖拉机型号：________________ 编号：________________

发动机标定转速：________________ r/min 额定最大液压压力：________________ MPa

A.3 试验使用的液压油

类型：________________

65℃时的黏度：________________ mm^2/s 黏度指数：________________

A.4 有效液压压力试验

表 A.1 有效液压压力

名　　称	压力/MPa	液压油流量/(L/min)	发动机转速(非标定转速时)/(r/min)	油箱的油温/℃	
				min	max
最大压力					
峰值压力					
最大压差					
环路最大回流压力					
带液压接头油箱最大回流压力					
不带液压接头油箱最大回流压力					

A.5 有效液压功率试验

通过一对液压接头对时：

最大有效流量______ L/min　平均试验温度______℃　发动机转速______ r/min

最大有效液压功率______ kW　流量______ L/min　压差______ MPa

同时使用所有液压接头对时：

最大有效流量______ L/min　平均试验温度______℃　发动机转速______ r/min

最大有效液压功率______ kW　流量______ L/min　压差______ MPa

备注：________________

ICS 65.060.10
T 61

GB

中华人民共和国国家标准

GB/T 3871.19—2006/ISO 789-11:1996

农业拖拉机 试验规程
第19部分：轮式拖拉机转向性能

Agricultural tractors—Test procedures—
Part 19:Steering capability of wheeled tractors

(ISO 789-11:1996,IDT)

2006-02-06 发布 2006-04-01 实施

中华人民共和国国家质量监督检验检疫总局
中国国家标准化管理委员会 发布

前　言

GB/T 3871《农业拖拉机　试验规程》分为19部分：

——第1部分：通用要求；

——第2部分：整机参数测量；

——第3部分：动力输出轴功率试验；

——第4部分：后置三点悬挂装置提升能力；

——第5部分：转向圆和通过圆直径；

——第6部分：农林车辆制动性能的确定；

——第7部分：驾驶员的视野；

——第8部分：噪声测量；

——第9部分：牵引功率试验；

——第10部分：低温起动；

——第11部分：高温性能试验；

——第12部分：使用试验；

——第13部分：排气烟度测量；

——第14部分：非机械式传输的部分功率输出动力输出轴；

——第15部分：质心；

——第16部分：轴功率测定；

——第17部分：发动机空气滤清器；

——第18部分：拖拉机与机具接口处液压功率；

——第19部分：轮式拖拉机转向性能。

本部分是GB/T 3871的第19部分。

本部分等同采用ISO 789-11:1996《农业拖拉机　试验规程　第11部分：轮式拖拉机转向性能》(英文版)。

为便于使用，本部分做了下列编辑性修改：

——“ISO 789这一部分”一词改为“本部分”；

——删除了国际标准的前言。

本部分的附录A为规范性附录。

本部分由中国机械工业联合会提出。

本部分由全国拖拉机标准化技术委员会归口。

本部分起草单位：洛阳拖拉机研究所、国家拖拉机质量监督检验中心。

本部分主要起草人：陈志强、徐惠娟、刘惠。

农业拖拉机 试验规程
第19部分:轮式拖拉机转向性能

1 范围

GB/T 3871的本部分规定了具有至少两轴的农业轮式拖拉机在正常和紧急情况下转向状态的试验规程。

本部分不适用于履带和滑差转向的农业拖拉机。

2 规范性引用文件

下列文件中的条款通过GB/T 3871本部分的引用而成为本部分的条款。凡是注日期的引用文件,其随后所有的修改单(不包括勘误的内容)或修订版均不适用于本部分,然而,鼓励根据本部分达成协议的各方研究是否可使用这些文件的最新版本。凡是不注日期的引用文件,其最新版本适用于本部分。

GB/T 19040 农业轮式拖拉机转向要求(GB/T 19040—2003,ISO 10998:1995,IDT)

3 术语和定义

下列术语和定义适用于GB/T 3871的本部分。

3.1

转向圆直径 turning diameter

轮胎面中心与试验地面接触所形成的最大圆周的轨迹圆直径。

3.2

转向圆半径 turning radius

轮胎面中心与试验地面接触所形成的最大圆周的轨迹圆半径(参见GB/T 19040)。

3.3

转向力 steering effort

拖拉机转向时,由驾驶员施加在转向盘外圆上的切向力(参见GB/T 19040)。

4 仪器、测量单位和测量误差

4.1 仪器

4.1.1 测量转向圆半径仪器;

4.1.2 测量转向力仪器;

4.1.3 测量(共用)时间仪器。

4.2 测量单位和误差

本部分使用下列测量单位和允许误差:

a) 时间: s, ± 0.2 s;

b) 距离: m或mm, ± 0.5%;

c) 力: N, ±1%;

d) 质量: kg, ±0.5%;

e) 压力: kPa, ±2%。

5 通用要求

5.1 试验场地

试验场地应是一个压实土壤或干燥混凝土的地面，并可提供良好的轮胎附着力和显示清晰的轮辙。试验场地应表面平坦，其在任何方向的坡度不大于3%。试验场地应足够大以保证对被试拖拉机的测试。

5.2 被试拖拉机轮胎和车轮装置

在转向试验时，当改变拖拉机方向时，轮胎、车轮和挡泥板会对转向装置(由制造厂规定)造成最高的载荷。通常(但不总是)不使用最大直径的轮胎。

按试验拖拉机试验报告里规定(见附录A)对试验用的轮胎、车轮和挡泥板装置应进行说明，并记录轮胎气压、拖拉机配重、前后轮是否使用双轮及每个轴的质量。

6 试验

6.1 被试验拖拉机规格

与转向性能有关的所有部件均应符合使用说明书的规定。被试拖拉机应根据最大转向力的需要选装不同规格的轮胎，即制造厂规定的在最高设计速度下具有最大承载能力的轮胎。

拖拉机应加配重至使用说明书规定的整机使用质量，配重分布应满足使用说明书中的规定。

轮胎气压应在使用说明书规定的范围内。对四轮驱动拖拉机，测量应分别在两轮和四轮状态下(若能脱开)进行。轴间差速锁应处于分离状态，但若为自动差速锁，应保持在自动模式。

6.2 试验程序

拖拉机以10 km/h±2 km/h速度以直线状态开始进入起点并使外前轮沿螺旋线行驶。到达起点时开始计时和转向，在方向盘上施加转向力使拖拉机沿螺旋线行驶，直到与半径为12 m的转向圆相交，如图1所示。记录达到该位置时的时间和转向过程中的最大转向力。

测量分别在左转向和右转向两种情况下各进行一次，向左转时应沿另一条与图1对称的路线行驶，拖拉机如装有GB/T 19040规定的动力源，应模拟动力源失效来断开动力源并重复该试验。转向圆半径可通过划线规或实测转向圆直径来测量。

7 试验报告

附录A是相应的试验报告格式，试验报告应包括以下内容：

a) 制造厂名称和地址；

b) 拖拉机牌号和型号；

c) 拖拉机质量和配重种类；

d) 拖拉机驱动型式；

e) 拖拉机轮胎规格和压力，kPa；

f) 转向特征；

g) 试验条件；

h) 有关转向力和达到12 m转向半径时的时间等参数。

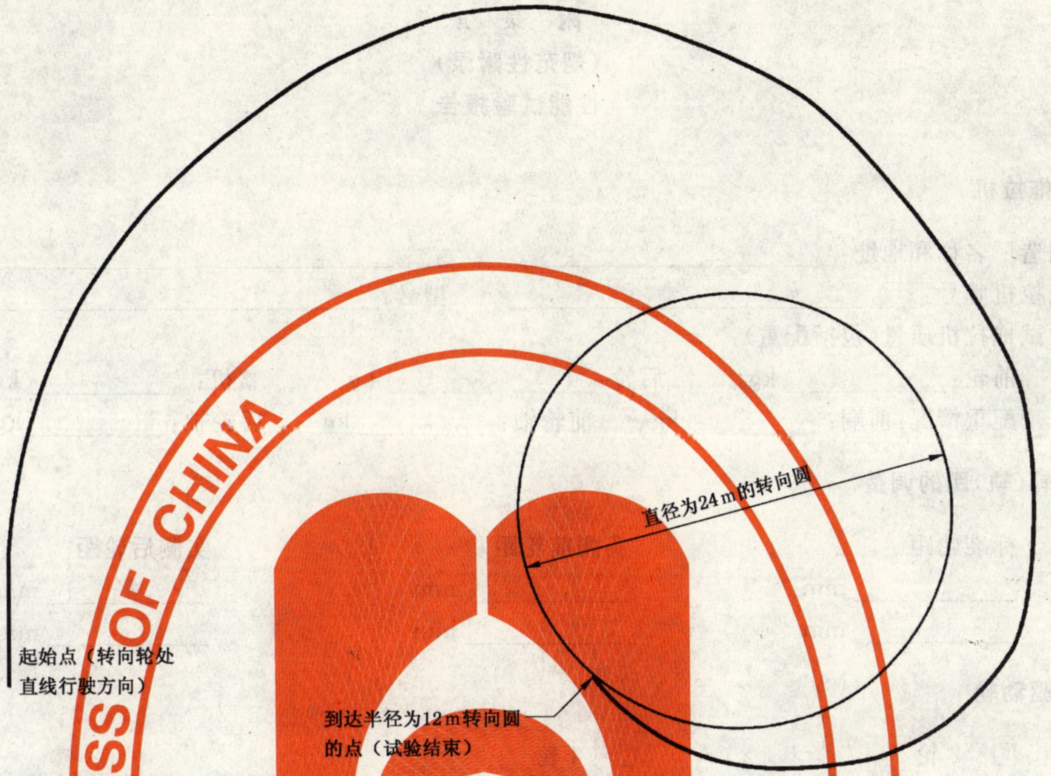

图 1　转向测试行驶路线

附　录　A
（规范性附录）
性能试验报告

A.1　拖拉机

制造厂名称和地址：____

拖拉机牌号：____________________　　型号：____________________

被试拖拉机质量(包括配重)：

前轮：__________kg　　后轮：__________kg　　整机：__________kg

配重情况：前端：__________kg　　前轮轴：__________kg　　后轮轴：__________kg

A.2　轮(轨)距的调整

标准轮距	实测前轮距	实测后轮距
________mm	________mm	________mm
________mm	________mm	________mm

A.3　驱动轮

□　2轮　　□　4轮

□　其他(描述)：____________________

A.4　轮胎和车轮

	前	后
轮胎尺寸：	________	________
单轮或双轮：	________	________
轮胎气压：	________kPa	________kPa

A.5　操纵装置

□　(阿克曼)前轮转向

□　折腰

专用装置：____________________

转向类型

□　机械　　□　液压助力　　□　静液压转向

其他(描述)：____________________

A.6　试验地面

□　混凝土　　□　压实土壤

A.7 转向操纵力和以 10 km/h 速度达到半径 12 m 的转向圆时的时间

拖拉机状态	转向操纵力/N	时间/s
发动机运转时 左转： 右转：		
模拟拖拉机动力源失效时 左转： 右转：		

备注：______

试验人员：______

试验地点：______

试验日期：______

ICS 77.150.99
H 63

中华人民共和国国家标准

GB/T 3875—2006
代替 GB/T 3875—1983

钨板

Tungsten sheet

2006-09-26 发布　　2007-02-01 实施

中华人民共和国国家质量监督检验检疫总局
中国国家标准化管理委员会　发布

前 言

本标准代替 GB/T 3875—1983《钨板》。

本标准与 GB/T 3875—1983 相比，主要变化如下：

——增大了钨板的厚度、宽度和长度规格范围；

——调整和增加了钨板的厚度组距，并提高了部分厚度组距的厚度允许偏差精度；

——提高了产品的不平度要求；

——修改了钨板的剪切及缺角的要求；

——增加了厚度＞6 mm 的钨板的密度测定方法；

——修改了钨板不平度的测量方法，采用了 ASTM B760-86(1999)的方法。

本标准由中国有色金属工业协会提出。

本标准由全国有色金属标准化技术委员会归口。

本标准由宝钛集团有限公司(宝鸡钛业股份有限公司)负责起草。

本标准由西部金属材料股份有限公司参加起草。

本标准主要起草人：张平辉、张明祥、黄永光、贾东明、王韦琪、张江峰、赵鸿磊。

本标准由全国有色金属标准化技术委员会负责解释。

本标准所代替标准的历次版本发布情况为：

——GB/T 3875—1983。

钨　板

1　范围

本标准规定了钨板的要求、试验方法、检验规则和标志、包装、运输、贮存及订货单内容等。

本标准适用于粉末冶金坯条或板坯经轧制生产的钨板。

2　规范性引用文件

下列文件中的条款通过本标准的引用而成为本标准的条款。凡是注日期的引用文件，其随后所有的修改单(不包括勘误的内容)或修订版均不适用于本标准，然而，鼓励根据本标准达成协议的各方研究是否可使用这些文件的最新版本。凡是不注日期的引用文件，其最新版本适用于本标准。

GB/T 3850　致密烧结金属材料与硬质合金密度测定方法

GB/T 4193　电真空器件及电光源用细钨丝、钼丝和薄带密度的测量方法

GB/T 4324(所有部分)　钨化学分析方法

3　要求

3.1　产品分类

3.1.1　牌号、状态、规格

钨板的牌号、状态、规格应符合表1的规定。

表1

牌　号	状　态	规格/mm		
		厚　度	宽　度	长　度
W1	消除应力状态(m)	0.10～0.20	30～300	50～1 000
		>0.20～1.0	50～400	50～1 000
	热轧状态(R) 消除应力状态(m)	>1.0～4.0	50～400	50～1 000
		>4.0～6.0	50～400	50～800
		>6.0	50～300	50～800
注：经供需双方协商，可供应其他规格的钨板。				

3.1.2　标记示例

用W1制造、消除应力状态、厚度为0.20 mm、宽度为200 mm、长度为400 mm的钨板，标记为：

板 W1-m-0.20×200×400　GB/T 3875—2006

3.2　化学成分

钨板的化学成分应符合表2的规定。

表2

%

牌号	W	杂质含量，不大于									
		Al	Ca	Fe	Mg	Mo	Ni	Si	C	N	O
W1	余量	0.002	0.005	0.005	0.003	0.010	0.003	0.005	0.008	0.003	0.005

3.3 尺寸及其允许偏差

3.3.1 钨板的厚度、宽度、长度及其允许偏差应符合表 3 的规定。当合同中未注明厚度偏差等级时，按Ⅱ级偏差供货。

表 3

单位为毫米

名义厚度	厚度允许偏差		宽度	宽度允许偏差	长度	长度允许偏差
	Ⅰ级	Ⅱ级				
0.10～0.20	±0.02	±0.03	30～300	±3	50～1 000	±3
>0.20～0.30	±0.025	±0.035	50～400	±3	50～1 000	±3
>0.30～0.40	±0.03	±0.04	50～400	±3	50～1 000	±3
>0.40～0.60	±0.04	±0.05	50～400	±4	50～1 000	±4
>0.60～1.0	±0.06	±0.10	50～400	±4	50～1 000	±4
>1.0～2.0	±0.10	±0.20	50～400	±5	50～1 000	±5
>2.0～4.0	±0.20	±0.30	50～400	±5	50～1 000	±5
>4.0～6.0	±0.30	±0.40	50～400	±5	50～800	±5
>6.0	±6%	±8%	50～300	—	50～800	—
注：厚度大于 6 mm 的产品，其宽度和长度允许偏差由供需双方协商。						

3.3.2 钨板应平整，不平度应符合表 4 的规定。

表 4

板材厚度/mm	不平度，不大于/%
≤2.0	8
>2.0～6.0	5
注：厚度大于 6.0 mm 的产品，不平度由供需双方协商确定。	

3.4 物理性能

钨板的密度应符合表 5 的规定。

表 5

板材厚度/mm	密度/(g/cm³)
≤3.0	≥19.20
>3.0～6.0	≥19.15
注：厚度大于 6.0 mm 的钨板，其密度要求由双方协商。	

3.5 表面质量

3.5.1 钨板以清洗表面或热轧表面状态供货，当需方要求并在合同中注明时，也可以磨削等机加表面状态供货。

3.5.2 钨板表面不允许有裂纹、起皮、折叠、金属或非金属压入等缺陷。

3.5.3 钨板表面允许有轻微擦伤、辊印、凹坑和麻点，允许经过修磨，但修磨后其厚度应不超出钨板的最小允许厚度。

3.5.4 钨板边部应剪切整齐，无裂口，允许有轻微的剪切缺陷。厚度大于 2.0 mm 的钨板，经供需双方协商后可不切边交付。

3.5.5 钨板不允许缺角。但对于冲圆等其他用途的板材，经需方同意后，允许有不影响需方使用的部分缺角产品。

3.6 其他要求

钨板不应有分层和夹杂。

4 试验方法

4.1 化学成分分析方法

钨板的化学成分分析方法按 GB/T 4324 的规定进行。

4.2 尺寸测量方法

4.2.1 钨板的尺寸采用相应精度的量具测量。厚度测量在距钨板边部不小于 10 mm 处进行。

4.2.2 钨板的不平度测量参见图 1，其不平度(%)按式(1)计算：

$$\text{不平度} = \frac{H}{L} \times 100 \qquad (1)$$

式中：

H——钨板与平面之间的最大间距，单位为毫米(mm)。

L——钨板和平面的切线与钨板最大高度之间的最小距离，单位为毫米(mm)。

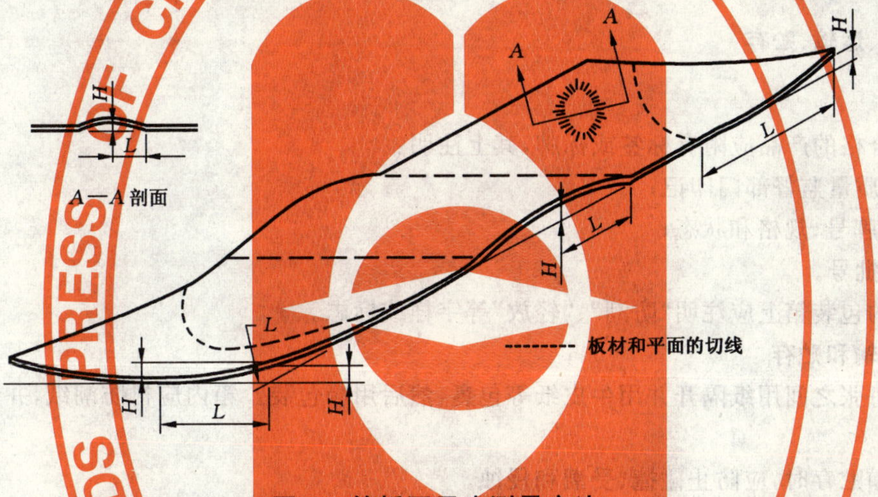

图 1 钨板不平度测量方法

4.3 物理性能检验方法

厚度不超过 6 mm 的钨板，密度测定按 GB/T 4193 进行；厚度大于 6 mm 的钨板，其密度测定按 GB/T 3850 进行。经双方协商并在合同中注明后，也可用其他方法测量整块钨板的密度。

4.4 表面质量检验方法

钨板的表面质量用目视检查。

5 检验规则

5.1 检查和验收

5.1.1 钨板应由供方质量监督部门进行检验，保证产品质量符合本标准的规定，并填写质量证明书。

5.1.2 需方可对收到的产品按本标准的规定进行复验。复验结果与本标准或订货合同的规定不符时，应以书面形式向供方提出，由供需双方协商解决。属于表面质量及尺寸偏差的异议，应在收到产品之日起一个月内提出，属于其他性能的异议，应在收到产品之日起三个月内提出。如需仲裁，仲裁取样应由供需双方共同进行。

5.2 组批

钨板应成批提交验收，每批应由同一牌号、同一粉末批号、同一规格、同一制造方法和同一状态的钨板组成。

5.3　**检验项目**

5.3.1　钨板应进行化学成分、外形尺寸、表面质量的检验。

5.3.2　当需方要求并在合同中注明时，钨板应进行密度检测。

5.4　**取样位置和取样数量**

5.4.1　每批产品取一份试样进行化学成分分析，允许供方以原坯料的分析结果报出。

5.4.2　每批产品任取两个试样进行密度检测。

5.4.3　钨板应逐张检查外形尺寸及表面质量。

5.5　**检验结果的判定**

5.5.1　化学成分不合格时，应加倍取样进行该不合格项目的分析，若仍有一个试样不合格，判该批产品不合格。

5.5.2　产品外形尺寸偏差、表面质量不合格时，判该件产品不合格。

5.5.3　钨板密度的检测结果中，有试样不合格时，则应从该批产品中另取双倍数量的试样进行重复试验。重复试验结果全部合格，则判该批产品合格。若重复试验结果仍有试样不合格，则整批产品不合格，但允许供方对其余产品逐件进行检验，合格者交货。

6　标志、包装、运输、贮存

6.1　**标志**

6.1.1　检验合格的产品应附有标签或标牌，其上注明：

a)　供方质量监督部门印记；

b)　产品牌号、规格和状态；

c)　产品批号。

6.1.2　钨板的包装箱上应注明“防潮”、“轻放”等字样或标志。

6.2　**包装、运输和贮存**

6.2.1　板材每张之间用纸隔开并用牛皮纸等包裹，然后用箱包装。箱内应衬防潮纸，并用软物填实、塞紧，以防窜动。

6.2.2　运输和贮存时，应防止碰撞、受潮和侵蚀。

6.3　**质量证明书**

每批产品应附有质量证明书，其上注明：

a)　供方名称、地址；

b)　产品名称；

c)　产品牌号、规格和状态；

d)　批号；

e)　净重和件数；

f)　各项分析检验结果和质量监督部门印记；

g)　本标准编号；

h)　检验日期(或包装日期)。

7　合同(或订货单)内容

订购本标准所列材料的合同(或订货单)应包括下列内容：

a)　产品名称；

b)　牌号、规格和状态；

c)　表面状态；

d)　尺寸允许偏差的精度等级；

e） 产品净重或张数；

f） 特殊的包装要求；

g） 按本标准要求的协商结果等；

h） 本标准编号；

i） 增加本标准以外内容时的协商结果等。

ICS 77.150.99
H 63

中华人民共和国国家标准

GB/T 3877—2006
代替 GB/T 3877—1983

钼箔

Molybdenum foil

2006-09-26 发布　　　　2007-02-01 实施

中华人民共和国国家质量监督检验检疫总局
中国国家标准化管理委员会　发布

前 言

本标准代替 GB/T 3877—1983《钼箔》。

本标准与 GB/T 3877—1983 相比，主要变化如下：

——增加了纯钼牌号 Mo2 和添加稀土元素的钼合金牌号 MoLa，并补充了化学成分要求；

——扩大了箔材的厚度范围，厚度与 ASTM B386-03 的规定一致；

——扩大了箔材的宽度范围，并对尺寸允许偏差进行适当补充和调整；

——增加了退火(m)供应状态；

——引用 ASTM B386-03 的相关指标，补充了 Mo1 牌号产品的力学性能要求；

——引用 ASTM B386-03 的相关指标，补充了工艺性能要求；

——推荐了退火态的软化温度。

本标准由中国有色金属工业协会提出。

本标准由全国有色金属标准化技术委员会归口。

本标准由宝钛集团有限公司(宝鸡钛业股份有限公司)负责起草。

本标准主要起草人：张明祥、张平辉、黄永光、贾东明、李献军、张江峰。

本标准由全国有色金属标准化技术委员会负责解释。

本标准所代替标准的历次版本发布情况为：

——GB/T 3877—1983。

钼　箔

1　范围

本标准规定了钼及钼合金箔材的要求、试验方法、检验规则和标志、包装、运输、贮存及订货单内容。

本标准适用于粉末冶金条坯或板坯经锻造、轧制生产的用于照明器材、电真空器件、烧结用舟、隔热屏等厚度小于 0.13 mm 的钼及钼合金箔材。

2　规范性引用文件

下列文件中的条款通过本标准的引用而成为本标准的条款。凡是注日期的引用文件，其随后所有的修改单(不包括勘误的内容)或修订版均不适用于本标准，然而，鼓励根据本标准达成协议的各方研究是否可使用这些文件的最新版本。凡是不注日期的引用文件，其最新版本适用于本标准。

GB/T 228　金属材料　室温拉伸试验方法

GB/T 4325(所有部分)　钼化学分析方法

3　要求

3.1　产品分类

3.1.1　牌号、状态和规格

产品的牌号、状态和规格应符合表 1 的规定。

表 1

牌号	品种	状态	厚度×宽度×长度/mm
Mo1 Mo2 MoLa	箔材	冷轧(Y) 退火(m)	(0.01～0.03)×(50～120)×(≥200) (>0.03～<0.13)×(50～240)×(≥200)

3.1.2　标记示例

用 Mo1 制造的、冷轧状态的、厚度为 0.03 mm、宽度为 200 mm 的箔材标记为：

箔　Mo1-Y-0.03×200　GB/T 3877—2006

3.2　化学成分

3.2.1　产品的化学成分应符合表 2 的规定。

表 2

%

牌号	Mo	杂质含量，不大于									稀土 La_2O_3 名义添加量
		Al	Ca	Fe	Mg	Ni	Si	C	N	O	
Mo1	余量	0.002	0.002	0.010	0.002	0.005	0.01	0.01	0.003	0.008	—
Mo2	余量	0.005	0.004	0.015	0.005	0.005	0.01	0.02	0.003	0.020	—
MoLa	余量	0.002	0.002	0.015	0.005	0.005	0.01	0.02	0.005	—	0.1～1.8
注：MoLa 牌号的 O 含量可根据需方要求报实测值。											

3.3　尺寸及其允许偏差

3.3.1　产品的厚度、宽度和长度及其允许偏差应符合表 3 的规定。产品厚度允许偏差的级别应在合同中注明，未注明时以Ⅱ级偏差供货。

表 3

单位为毫米

厚度	厚度允许偏差		宽度	宽度允许偏差	长度
	Ⅰ级	Ⅱ级			
0.01～0.02	±0.002	±0.004	50～120	±2	≥200
>0.02～0.03	±0.003	±0.005	50～120	±2	≥200
>0.03～0.04	±0.004	±0.006	50～240	±3	≥200
>0.04～0.06	±0.005	±0.007	50～240	±3	≥200
>0.06～0.09	±0.006	±0.008	50～240	±3	≥200
>0.09～<0.13	±0.008	±0.01	50～240	±3	≥200

3.3.2 产品应平直，允许有边浪存在，但卷成直径为 50 mm～60 mm 的圆筒时，边浪应消失。

3.3.3 产品的边部应平齐。切边的产品应切齐，无裂口、分层、卷边，允许有轻微的毛刺，侧边的弯曲度应不大于 5 mm/m。允许不切边交货。

3.3.4 经供需双方协商，可提供其他尺寸或尺寸允许偏差的产品。

3.4 力学性能

3.4.1 Mo1 箔材的推荐软化退火温度为 800℃～850℃。

3.4.2 当需方要求并在合同中注明时，Mo1 箔材的纵向室温力学性能应符合表 4 的规定，厚度小于 0.10 mm的产品，其室温力学性能由双方协商确定。

表 4

牌号	状态	厚度/mm	抗拉强度 R_m/MPa	规定非比例延伸强度 $R_{p0.2}$/MPa	断后伸长率 A_{50}/%
Mo1	m	0.10～<0.13	≥700	≥550	≥5

3.5 工艺性能

箔材弯曲试验在室温下进行，手工弯曲，试样应能承受不小于 90°的弯曲，在弯曲处不发生断裂。

3.6 表面质量

3.6.1 产品表面应光洁。

3.6.2 产品表面不允许有裂纹、折叠、起皮、穿透性针孔、金属或非金属压入缺陷。

3.6.3 产品表面允许有局部轻微的擦伤和辊印，允许有润滑油迹及清洗痕迹。退火态的产品，允许有因除油造成的轻微的擦伤和皱褶。

4 试验方法

4.1 化学成分仲裁分析方法

产品的化学成分仲裁分析方法按 GB/T 4325 进行。

4.2 尺寸测量方法

产品的尺寸测量用相应精度的量具进行。

4.3 力学性能试验方法

室温拉伸试验按 GB/T 228 进行，拉伸试样参照 GB/T 228 中的 P5 试样的要求。

4.4 工艺性能试验方法

产品的弯曲试验在室温用手工进行，其试样应无毛刺，试样宽度为 12 mm～15 mm。

4.5 表面质量检查方法

产品的表面质量用目视检查。

5 检验规则

5.1 检查和验收

5.1.1 产品应由供方质量监督部门进行检验,保证产品质量符合本标准的规定,并填写质量证明书。

5.1.2 需方应对收到的产品按本标准的规定进行复验。复验结果与本标准或订货合同的规定不符时,应以书面形式向供方提出,由供需双方协商解决。属于表面质量及尺寸偏差的异议,应在收到产品之日起一个月内提出,属于其他性能的异议,应在收到产品之日起三个月内提出。如需仲裁,仲裁取样应由供需双方共同进行。

5.2 组批

产品应成批提交验收。每批应由同一牌号、同一厚度规格、同一制造方法、同一状态、同一热处理炉次的产品组成。

5.3 检验项目

每批产品均应进行化学成分、尺寸、工艺性能和表面质量的检验,需方有要求时应进行力学性能检验。

5.4 取样位置和取样数量

5.4.1 化学成分允许供方以原坯料的分析结果报出。

5.4.2 力学性能试验,每批产品应任取两卷(张),每卷(张)各取一个纵向试样。

5.4.3 工艺性能试验,每批产品应任取两卷(张),每卷(张)按测试项目各取一个横向试样。

5.4.4 尺寸偏差和表面质量应逐卷(张)进行检查。

5.5 检验结果判定

5.5.1 化学成分不合格时,应加倍取样对不合格项目进行分析,若仍有一个试样不合格,判该批产品不合格。

5.5.2 产品外形尺寸偏差、表面质量不合格时,判该卷(张)产品不合格。

5.5.3 在力学性能及工艺性能检验中,如果有一个试样的试验结果不合格,则应从该批产品中取双倍试样,进行该不合格项目的重复试验。若重复试验结果仍有一个试样不合格,则判该批产品不合格,但允许逐卷(张)对不合格项目进行检验,合格者重新组批交付。

6 标志、包装、运输、贮存

6.1 产品标志

在检验合格的产品上应贴标签(或标牌)进行如下标记:

a) 牌号、规格;

b) 供应状态;

c) 批号。

6.2 包装、标志、运输、贮存

6.2.1 成卷交货的钼箔应卷在芯轴上,裹以软纸或塑料薄膜;不成卷交货的钼箔每张衬以软纸或塑料薄膜,每叠用硬纸板夹紧、捆牢,然后用箱包装。箱内衬防潮纸,并用软纸填实、塞紧,以防窜动。箱外标明"防潮"、"轻放"等字样或标志。

6.2.2 运输和贮存时,要防止碰撞、受潮和侵蚀。

6.3 质量证明书

每批产品应附有质量证明书,注明:

a) 供方名称、地址;

b) 产品名称;

c) 产品牌号、规格和状态;

d) 批号；
e) 产品净重和件数；
f) 各项分析检验结果及质量监督部门印记；
g) 本标准编号；
h) 检验日期(或包装日期)。

7 合同(或订货单)要求

订购本标准所列材料的合同(或订货单)应包括下列内容：
a) 产品名称；
b) 产品牌号；
c) 产品状态；
d) 尺寸、精度等级；
e) 重量；
f) 性能要求；
g) 包装要求；
h) 本标准编号。

ICS 77.150.10
H 61

中华人民共和国国家标准

GB/T 3880.1—2006
代替 GB/T 3880—1997、GB/T 8544—1997、GB/T 16501—1996

一般工业用铝及铝合金板、带材 第1部分:一般要求

Wrought aluminium and aluminium alloy plates,sheets and strips for general engineering—Part 1:Technical conditions of delivery

2006-09-26 发布 2007-02-01 实施

中华人民共和国国家质量监督检验检疫总局
中国国家标准化管理委员会 发布

前　言

GB/T 3880《一般工业用铝及铝合金板、带材》分为三个部分：

——第 1 部分：一般要求；

——第 2 部分：力学性能；

——第 3 部分：尺寸偏差。

本部分为 GB/T 3880 的第 1 部分。

本部分参考 ISO 6361-1：1986《变形铝及铝合金薄板、带、厚板　第 1 部分：验收和交货的技术条件》。

本部分代替 GB/T 3880—1997《铝及铝合金轧制板材》、GB/T 8544—1997《铝及铝合金冷轧带材》和 GB/T 16501—1996《铝及铝合金热轧带材》。

本部分与 GB/T 3880—1997、GB/T 8544—1997、GB/T 16501—1996 相比，主要变化如下：

——删除了拉伸性能、尺寸偏差的具体指标内容，拉伸性能、弯曲性能引用 GB/T 3880.2 的规定，尺寸偏差引用 GB/T 3880.3 规定；

——板材部分增加了 1235、3102、3104、3005、3105、5082、5182、6061、6063、6082、8011A 等 11 个牌号，删除了 1070A、2A12、2A14、3A21、5A02、7A04、7A09 等 7 个牌号；

——带材部分增加了 1145、1050A、1235、3102、3104、2A11、3005、8A06、8011A、5182、5A03、5A05、5A06 共 13 个牌号；

——根据板、带材的加工特点，将铝及铝合金划分为 A、B 两类。

本部分由中国有色金属工业协会提出。

本部分由全国有色金属标准化技术委员会归口并负责解释。

本部分负责起草单位：西南铝业(集团)有限责任公司。

本部分参加起草单位：东北轻合金责任公司、中铝瑞闽铝板带有限公司、华北铝业有限公司、兰州铝业股份有限公司西北铝加工分公司、重庆铝制品加工厂、中国有色金属工业标准计量质量研究所。

本部分主要起草人：游江海、唐登毅、葛立新、吕新宇、王华春、黄瑞银、孔祥鹏、孙玮、罗正勤、王正安、李瑞山。

本部分所代替标准的历次版本发布情况为：

——GB/T 3880—1983、GB/T 3193—1982、GB/T 10568—1989、GB/T 10569—1989、GB/T 3880—1997；

——GB/T 8544—1987、GB/T 8544—1997；

——GB/T 16501—1996。

一般工业用铝及铝合金板、带材 第1部分:一般要求

1 范围

本部分规定了一般工业用铝及铝合金板、带材的要求、试验方法、检验规则、标志、包装、运输、贮存及合同内容。

本部分适用于一般工业用铝及铝合金轧制板、带材,不适用于深冲、涂漆、阳极氧化及幕墙、PS版基等特殊用途和军工用铝及铝合金板、带材。

2 规范性引用文件

下列文件中的条款通过本部分的引用而成为本部分的条款。凡是注日期的引用文件,其随后所有的修改单(不包括勘误的内容)或修订版均不适用于本部分,然而,鼓励根据本部分达成协议的各方研究是否可使用这些文件的最新版本。凡是不注日期的引用文件,其最新版本适用于本部分。

GB/T 228 金属材料 室温拉伸试验方法

GB/T 232 金属弯曲试验方法

GB/T 3190 变形铝及铝合金化学成分

GB/T 3199 铝及铝合金加工产品包装、标志、运输、贮存

GB/T 3246.1 变形铝及铝合金制品显微组织检验方法

GB/T 3880.2 一般工业用铝及铝合金板、带材 第2部分:力学性能

GB/T 3880.3 一般工业用铝及铝合金板、带材 第3部分:尺寸偏差

GB/T 6987(所有部分) 铝及铝合金化学分析方法

GB/T 7999 铝及铝合金光电(测光法)发射光谱分析方法

GB/T 16865 变形铝、镁及其合金加工制品拉伸试验用试样

GB/T 17432 变形铝及铝合金化学成分分析取样方法

3 术语、定义、符号

3.1

板材 plate and sheet

横断面呈矩形,厚度均匀并大于0.20 mm的轧制产品。通常边部经过剪切或锯切,并以平直状外形交货。厚度不超过宽度的1/10。

3.2

带材 strip

横断面呈矩形,厚度均匀并大于0.20 mm的轧制产品。通常边部经过纵切,并成卷交货。厚度不超过宽度的1/10。

4 要求

4.1 产品分类

4.1.1 铝及铝合金划分为A、B两类,如表1所示。

表 1

牌号系列	铝或铝合金类别	
	A	B
1×××	所有	—
2×××	—	所有
3×××	Mn 的最大规定值不大于 1.8%，Mg 的最大规定值不大于 1.8%，Mn 的最大规定值与 Mg 的最大规定值之和不大于 2.3%	A 类外的其他合金
4×××	Si 的最大规定值不大于 2%	A 类外的其他合金
5×××	Mg 的最大规定值不大于 1.8%，Mn 的最大规定值不大于 1.8%，Mg 的最大规定值与 Mn 的最大规定值之和不大于 2.3%	A 类外的其他合金
6×××	—	所有
7×××	—	所有
8×××	不可热处理强化的合金	可热处理强化的合金

4.1.2 板、带材的尺寸偏差等级划分如表 2 所示。

表 2

尺寸偏差	偏差等级	
	板材	带材
厚度偏差	冷轧板材：高精级、普通级 热轧板材：不分级	冷轧带材：高精级、普通级 热轧带材：不分级
宽度偏差	剪切板材：高精级、普通级 其他板材：不分级	高精级、普通级
长度偏差	不分级	不分级
不平度	高精级、普通级	不分级
侧边弯曲度	高精级、普通级	高精级、普通级
对角线	高精级、普通级	不分级

4.1.3 板、带材的牌号、相应的铝或铝合金类别、状态及厚度规格应符合表 3 的规定。与厚度对应的宽度和长度应符合表 4 规定。需要其他牌号、状态、规格的板材时，应双方商定后，在合同中注明。

表 3

牌号	类别	状态	板材厚度/mm	带材厚度/mm
1A97、1A93、1A90、1A85	A	F	>4.50～150.00	—
		H112	>4.50～80.00	—
1235	A	H12、H22	>0.20～4.50	>0.20～4.50
		H14、H24	>0.20～3.00	>0.20～3.00
		H16、H26	>0.20～4.00	>0.20～4.00
		H18	>0.20～3.00	>0.20～3.00

表 3（续）

牌　　号	类别	状　　态	板材厚度/mm	带材厚度/mm
1070	A	F	＞4.50～150.00	＞2.50～8.00
		H112	＞4.50～75.00	—
		O	＞0.20～50.00	＞0.20～6.00
		H12、H22、H14、H24	＞0.20～6.00	＞0.20～6.00
		H16、H26	＞0.20～4.00	＞0.20～4.00
		H18	＞0.20～3.00	＞0.20～3.00
1060	A	F	＞4.50～150.00	＞2.50～8.00
		H112	＞4.50～80.00	—
		O	＞0.20～80.00	＞0.20～6.00
		H12、H22	＞0.50～6.00	＞0.50～6.00
		H14、H24	＞0.20～6.00	＞0.20～6.00
		H16、H26	＞0.20～4.00	＞0.20～4.00
		H18	＞0.20～3.00	＞0.20～3.00
1050、1050A	A	F	＞4.50～150.00	＞2.50～8.00
		H112	＞4.50～75.00	—
		O	＞0.20～50.00	＞0.20～6.00
		H12、H22、H14、H24	＞0.20～6.00	＞0.20～6.00
		H16、H26	＞0.20～4.00	＞0.20～4.00
		H18	＞0.20～3.00	＞0.20～3.00
1145	A	F	＞4.50～150.00	＞2.50～8.00
		H112	＞4.50～25.00	—
		O	＞0.20～10.00	＞0.20～6.00
		H12、H22、H14、H24、H16、H26、H18	＞0.20～4.50	＞0.20～4.50
1100	A	F	＞4.50～150.00	＞2.50～8.00
		H112	＞6.00～80.00	—
		O	＞0.20～80.00	＞0.20～6.00
		H12、H22	＞0.20～6.00	＞0.20～6.00
		H14、H24、H16、H26	＞0.20～4.00	＞0.20～4.00
		H18	＞0.20～3.00	＞0.20～3.00
1200	A	F	＞4.50～150.00	＞2.50～8.00
		H112	＞6.00～80.00	—
		O	＞0.20～50.00	＞0.20～6.00
		H111	＞0.20～50.00	—
		H12、H22、H14、H24	＞0.20～6.00	＞0.20～6.00
		H16、H26	＞0.20～4.00	＞0.20～4.00
		H18	＞0.20～3.00	＞0.20～3.00

表 3（续）

牌　号	类别	状　态	板材厚度/mm	带材厚度/mm
2017	B	F	>4.50～150.00	—
		H112	>4.50～80.00	—
		O	>0.50～25.00	>0.50～6.00
		T3、T4	>0.50～6.00	—
2A11	B	F	>4.50～150.00	—
		H112	>4.50～80.00	—
		O	>0.50～10.00	>0.50～6.00
		T3、T4	>0.50～10.00	—
2014	B	F	>4.50～150.00	—
		O	>0.50～25.00	—
		T6、T4	>0.50～12.50	—
		T3	>0.50～6.00	—
2024	B	F	>4.50～150.00	—
		O	>0.50～45.00	>0.50～6.00
		T3	>0.50～12.50	—
		T3(工艺包铝)	>4.00～12.50	—
		T4	>0.50～6.00	—
3003	A	F	>4.50～150.00	>2.50～8.00
		H112	>6.00～80.00	—
		O	>0.20～50.00	>0.20～6.00
		H12、H22、H14、H24	>0.20～6.00	>0.20～6.00
		H16、H26、H18	>0.20～4.00	>0.20～4.00
		H28	>0.20～3.00	>0.20～3.00
3004、3104	A	F	>6.30～80.00	>2.50～8.00
		H112	>6.00～80.00	—
		O	>0.20～50.00	>0.20～6.00
		H111	>0.20～50.00	—
		H12、H22、H32、H14	>0.20～6.00	>0.20～6.00
		H24、H34、H16、H26、H36、H18	>0.20～3.00	>0.20～3.00
		H28、H38	>0.20～1.50	>0.20～1.50
3005	A	O、H111、H12、H22、H14	>0.20～6.00	>0.20～6.00
		H111	>0.20～6.00	—
		H16	>0.20～4.00	>0.20～4.00
		H24、H26、H18、H28	>0.20～3.00	>0.20～3.00

表 3（续）

牌号	类别	状态	板材厚度/mm	带材厚度/mm
3105	A	O、H12、H22、H14、H24、H16、H26、H18	>0.20～3.00	>0.20～3.00
		H111	>0.20～3.00	—
		H28	>0.20～1.50	>0.20～1.50
3102	A	H18	>0.20～3.00	>0.20～3.00
5182	B	O	>0.20～3.00	>0.20～3.00
		H111	>0.20～3.00	—
		H19	>0.20～1.50	>0.20～1.50
5A03	B	F	>4.50～150.00	—
		H112	>4.50～50.00	—
		O、H14、H24、H34	>0.50～4.50	>0.50～4.50
5A05、5A06	B	F	>4.50～150.00	—
		O	>0.50～4.50	>0.50～4.50
		H112	>4.50～50.00	—
5082	B	F	>4.50～150.00	—
		H18、H38、H19、H39	>0.20～0.50	>0.20～0.50
5005	A	F	>4.50～150.00	>2.50～8.00
		H112	>6.00～80.00	—
		O	>0.20～50.00	>0.20～6.00
		H111	>0.20～50.00	—
		H12、H22、H32、H14、H24、H34	>0.20～6.00	>0.20～6.00
		H16、H26、H36	>0.20～4.00	>0.20～4.00
		H18、H28、H38	>0.20～3.00	>0.20～3.00
5052	B	F	>4.50～150.00	>2.50～8.00
		H112	>6.00～80.00	—
		O	>0.20～50.00	>0.20～6.00
		H111	>0.20～50.00	—
		H12、H22、H32、H14、H24、H34	>0.20～6.00	>0.20～6.00
		H16、H26、H36	>0.20～4.00	>0.20～4.00
		H18、H38	>0.20～3.00	>0.20～3.00
5086	B	F	>4.50～150.00	—
		H112	>6.00～50.00	—
		O/H111	>0.20～80.00	—
		H12、H22、H32、H14、H24、H34	>0.20～6.00	—
		H16、H26、H36	>0.20～4.00	—
		H18	>0.20～3.00	—

表 3（续）

牌号	类别	状态	板材厚度/mm	带材厚度/mm
5083	B	F	>4.50～150.00	—
		H112	>6.00～50.00	—
		O	>0.20～80.00	>0.50～4.00
		H111	>0.20～80.00	—
		H12、H14、H24、H34	>0.20～6.00	—
		H22、H32	>0.20～6.00	>0.50～4.00
		H16、H26、H36	>0.20～4.00	—
6061	B	F	>4.50～150.00	>2.50～8.00
		O	>0.40～40.00	>0.40～6.00
		T4、T6	>0.40～12.50	—
6063	B	O	>0.50～20.00	—
		T4、T6	0.50～10.00	—
6A02	B	F	>4.50～150.00	—
		H112	>4.50～80.00	—
		O、T4、T6	>0.50～10.00	—
6082	B	F	>4.50～150.0	—
		O	0.40～25.00	—
		T4、T6	0.40～12.50	—
7075	B	F	>6.00～100.00	—
		O(正常包铝)	>0.50～25.00	—
		O(不包铝或工艺包铝)	>0.50～50.00	—
		T6	>0.50～6.00	—
8A06	A	F	>4.50～150.00	>2.50～8.00
		H112	>4.50～80.00	—
		O	0.20～10.00	—
		H14、H24、H18	>0.20～4.50	—
8011A	A	O	>0.20～3.00	>0.20～3.00
		H111	>0.20～3.00	—
		H14、H24、H18	>0.20～3.00	>0.20～3.00

表 4

单位为毫米

板、带材厚度	板材的宽度和长度		带材的宽度和内径	
	板材的宽度	板材的长度	带材的宽度	带材的内径
>0.20～0.50	500～1 660	1 000～4 000	1 660	ϕ75、ϕ150、ϕ200、ϕ300、ϕ405、ϕ505、ϕ610、ϕ650、ϕ750
>0.50～0.80	500～2 000	1 000～10 000	2 000	
>0.80～1.20	500～2 200	1 000～10 000	2 200	
>1.20～8.00	500～2 400	1 000～10 000	2 400	
>1.20～150.00	500～2 400	1 000～10 000	—	—
注：带材是否带套筒及套筒材质，由供需双方商定后在合同中注明。				

4.1.4 标记示例

产品标记按产品名称、牌号、状态、规格及标准编号的顺序表示。标记示例如下：

示例 1：

用 3003 合金制造的、状态为 H22、厚度为 2.00 mm，宽度为 1 200 mm，长度为 2 000 mm 的板材，标记为：

板 3003-H22　2.0×1 200×2 000　GB/T 3880.1—2006

示例 2：

用 5052 合金制造的、供应状态为 O、厚度为 1.00 mm，宽度为 1 050 mm 的带材，标记为：

带 5052-O　1.0×1 050　GB/T 3880.1—2006

4.2 化学成分

3102、3104、8011A 合金的化学成分应符合表 5 的规定，其他牌号板、带材的化学成分应符合 GB/T 3190的规定。用来制作食品器皿的带材应在合同中注明“食用”字样，且铅、镉、砷每个元素的含量不得超过 0.01%。

表 5

牌号	质量分数/%												
	Si	Fe	Cu	Mn	Mg	Cr	Zn	Ga	V	Ti	其他杂质[a]		Al[b]
											单个	合计	
3102	≤0.40	≤0.7	≤0.10	0.05～0.40	—	—	≤0.30	—		≤0.10	≤0.05	≤0.15	余量
3104	≤0.6	≤0.8	0.05～0.25	0.8～1.4	0.8～1.3	—	≤0.25	≤0.05	≤0.05	≤0.10	≤0.05	≤0.15	余量
8011A	0.40～0.8	0.50～1.0	≤0.10	≤0.10	≤0.10	≤0.10	≤0.10			≤0.05	≤0.05	≤0.15	余量

a　其他杂质指表中未列出或未规定数值的金属元素。

b　铝的质量分数为 100% 与等于或大于 0.010% 的所有金属元素总和的差值，求和前各元素数值要表示到 0.0x%。

4.3 包覆层

需包覆的板材应进行双面包覆，其包铝分类、基体合金和包覆材料牌号及轧制后的板材状态、厚度及包覆层厚度应符合表 6 的规定。工艺包铝板材允许供方不包铝供货。

表 6

包铝分类	基体合金牌号	包覆材料牌号	板材状态	板材厚度/mm	每面包覆层厚度占板材厚度的百分比不小于
正常包铝	2A11、2017、2024	1A50	0、T3、T4	0.50～1.60	4%
				>1.60～10.00	2%
	7075	7A01	0、T6	0.50～1.60	4%
				>1.60～10.00	2%
工艺包铝	2A11、2014、2024、2017、5A06	1A50	所有	所有	≤1.5%
	7075	7A01	所有	所有	≤1.5%
注：需方有特殊要求时，需与供方商定后，在合同中注明。					

4.4 尺寸允许偏差

板、带材的尺寸偏差应符合 GB/T 3880.3 的规定。需要某个尺寸偏差采用高精级时，应在合同中注明，未注明时按普通级供货。

4.5 室温拉伸性能

板、带材的室温拉伸性能应符合 GB/T 3880.2 的规定。

4.6 弯曲性能

板、带材的弯曲性能应符合 GB/T 3880.2 的规定。

4.7 显微组织

淬火状态板材的显微组织不允许有过烧。

4.8 外观质量

4.8.1 合金板、带材的表面缺陷深度不应超出板、带材厚度的允许负偏差值之半，并不应使板材的厚度偏差超出允许范围；纯铝板、带材及热轧板、带材表面缺陷深度不应超出板、带材的允许负偏差值，并不应使板材的厚度偏差超出允许范围。

4.8.2 板、带材表面缺陷允许用 400 号砂纸进行检验性修磨，其修磨深度不应超出板、带材厚度允许的负偏差值，并不应使板、带材的厚度偏差超出允许范围。

4.8.3 板材在有效宽度范围内的外观质量应符合表 7 的规定，在带材有效宽度范围内出现的、不符合表 7规定的缺陷，总长度应不超过该卷带材总长度的 1%。

表 7

缺陷名称	冷轧板材		冷轧带材		热轧板、带材
	厚度<0.5 mm 的板材及厚度为 0.5 mm ～ 1.0 mm、宽度≤1 660 mm 的 A 类板材	其他板材	厚度<2.0 mm、宽度≤1 660 mm 的 A 类带材	其他带材	
硝盐痕	—	不允许	—	不允许	不允许
压折	不允许	轻微的	不允许	轻微的	轻微的
氧化色	—	轻微的	—	轻微的	轻微的
油痕	退火状态板材允许有轻微的	退火状态板材允许有轻微的	退火状态带材允许有轻微的	退火状态带材允许有轻微的	

表 7（续）

缺陷名称	冷轧板材		冷轧带材		热轧板、带材
	厚度＜0.5 mm 的板材及厚度为 0.5 mm ～ 1.0 mm、宽度≤1 660 mm的 A 类板材	其他板材	厚度＜2.0 mm、宽度≤1 660 mm 的 A 类带材	其他带材	
错层	—	—	成品道次切边带材错层不大于 3 mm，非成品道次切边带材供需双方协商。不切边带材错层不大于 10 mm。（带材错层内 5 圈和外 2 圈除外）		切边带材错层不大于 5 mm（带材错层内 5 圈和外 2 圈除外）
塔形	—	—	成品道次切边带材塔形不大于 5 mm，非成品道次切边带材供需双方协商。不切边带材塔形不大于 20 mm。（带材塔形内 5 圈和外 2 圈除外）		切边带材塔形不大于30 mm。（带材塔形内 5 圈和外 2 圈除外）
裂纹、裂边、腐蚀、穿通气孔、起皮、毛刺	不允许				
压过划痕、擦伤、划伤、粘伤、印痕、松树枝状花纹、金属及非金属压入物、矫直辊印、油污、乳液痕、色差、顺压延方向的暗条	轻微的				
扩散斑点	厚度大于 0.6 mm 的板、带材表面上不允许存在				
气泡	不包铝的板、带材不允许存在。正常包铝板、带材每平方米表面上气泡总面积应不大于 80 mm²，每个气泡的面积应不大于 30 mm²。工艺包铝板、带允许有表面气泡				
包覆层脱落	正常包铝板、带材不允许有包覆层脱落。工艺包铝板、带允许有包覆层的脱落				

5 试验方法

5.1 化学成分分析方法

板、带材的化学成分分析方法可采用 GB/T 6987 或 GB/T 7999，仲裁分析方法应符合 GB/T 6987 的规定。

5.2 包覆层厚度的测量方法

按照 GB/T 3246.1，采用金相法测量包覆层厚度。

5.3 尺寸测量方法

5.3.1 厚度的测量

用精度为 0.01 mm 的千分尺（或相同精度的测量工具）进行测量。板材的厚度应在长边距板角不小于 115 mm，距板材边缘不小于 25 mm 的范围内进行测量；带材的厚度应在二侧距边部不小于 25 mm

处及端头中部测量。尺寸测量值不允许修约。

5.3.2 长度、宽度的测量

用精度为1 mm的钢卷尺或相应精度的工具。尺寸测量值不允许修约。

5.3.3 不平度的测量

将板材自由置于平台上，待其平衡稳定时，测量板与平台的最大间隙，即不平度值。当一张板片同时存在几个波浪时，应测量其中最大的一个。边缘波浪可用塞尺进行测量。板材不平度仲裁检测宜用测波仪进行。尺寸测量值不允许修约。

5.3.4 侧边弯曲度的测量

5.3.5 沿板材侧边头、尾两端点(带材沿侧边任意选取相距2 000 mm的两点)之间拉一直线，再用直尺(或三角尺)测量板或带材侧边到直线之间的最大垂直距离。尺寸测量值不允许修约。

5.3.6 对角线偏差的测量

用精度为1 mm的钢卷尺测量。尺寸测量值不允许修约。

5.4 室温拉伸试验方法

板、带材的室温拉伸试验按GB/T 228进行。

5.5 弯曲性能试验方法

板、带材的弯曲试验按GB/T 232进行。

5.6 显微组织检验方法

板材的显微组织检验按GB/T 3246.1进行。

5.7 外观质量的检验

5.7.1 硝盐痕的检验方法

5.7.1.1 配制二苯胺硫酸溶液：取0.5 g二苯胺，倒入用10 mL的蒸馏水和25 mL硫酸($\rho=1.84$)配制的溶液中，待二苯胺溶解后，加入同种硫酸使溶液达到100 mL。

5.7.1.2 滴一滴二苯胺硫酸溶液(5.7.1.1)在板或带材表面上，若滴定处10 s～15 s后急剧变蓝，则表明该处有硝盐存在。试验后用滤纸吸干滴液，受检部分用水仔细冲洗擦干。

5.7.2 其他缺陷的检验方法

其他缺陷以目视检验。必要时，可借用尺寸测量工具界定缺陷大小，通过修磨测定缺陷深度。

6 检验规则

6.1 检验和验收

6.1.1 板、带材应由供方技术监督部门进行检验，保证产品质量符合本部分的规定，并填写质量证明书。

6.1.2 需方应对收到的产品按本部分的规定进行复验。复验结果与本部分及订货合同的规定不符时，应以书面形式向供方提出，由供需双方协商解决。属于外观质量及尺寸偏差的异议，应在收到产品之日起一个月内提出，属于其他性能的异议，应在收到产品之日起三个月内提出。如需仲裁，仲裁取样应由供需双方共同进行。

6.2 组批

板、带材应成批提交验收，每批应由同一合金牌号、状态和规格组成。

6.3 计重

板、带材检斤计重。

6.4 检验项目

每批产品出厂前应进行化学成分、尺寸偏差、室温拉伸性能和外观质量的检验。淬火制品还应进行显微组织检验。包覆层厚度和板、带材的弯曲性能由供方工艺保证，不作出厂检验，当需方在合同中注明检验包覆层厚度或板、带材的弯曲性能等项目的要求时，供方应按合同规定执行相应检验。

6.5 取样

产品的取样应符合表 8 的规定。

表 8

检验项目	取样规定	要求的章条号	试验方法的章条号
化学成分	按 GB/T 17432 的规定进行。带包覆层的合金应去掉包覆层	4.2	5.1
包覆层	每批至少取 3 张进行检验	4.3	5.2
尺寸偏差	板材每批至少取 3 张进行检验,带材逐卷进行检验	4.4	5.3
拉伸性能	带材每批取卷数的 2%,但每批(炉)不少于 1 个卷,每卷取 2 个试样;板材取样数量应符合表 9 的规定,每批取试样数量的 10%(不少于 2 个试样)测定规定非比例延伸强度。其他要求应符合 GB/T 16865的规定	4.5	5.4
弯曲性能	带材每批取卷数的 2%,但每批(炉)不少于 1 个卷,每卷取 2 个横向试样。板材每批取 3 张板材,每张取 2 个横向试样	4.6	5.5
显微组织	每炉(批)取 2 张	4.7	5.6
外观质量	逐张(卷)检验	4.8	5.7

表 9

牌号	状态	每批所取板材张数/% 不少于	试样数量/个 不少于
1×××、8×××	O、HX2、HX4、HX6、HX8	厚度不大于 0.50 mm 的板材和 H1X 状态的板材,取样数量为 0.1%,其余为 1%	2
	H112	2	2
3×××、5005、5052	O、HX2、HX4、HX6、HX8	2	2
	H112	5	2
5A03、5A05、5A06、5083、5086、5082、5182	O、HX2、HX4、HX6、HX8	10	2
6A02、2014	H112	5	2
2A11、2017	O、T42	2	2
	T3、T4、H112	5	2
2024	所有	5	2
7075	O、T6、T62	10	2
	H112	5	2

6.6 检验结果的判定

6.6.1 化学成分不合格时,产品能区分熔次的判该熔次不合格,其他熔次依次检验,合格者交货。不能区分熔次的判该批不合格。

6.6.2 包覆层厚度不合格时,判该批不合格。

6.6.3 板材尺寸偏差不合格时,判该批板材不合格,其余板材逐张检验,合格者交货;带材尺寸偏差不合格时，判该卷不合格。

6.6.4 室温拉伸试验结果不合格时，应从该批中(含原检验不合格者)另取双倍数量的试样进行重复试验，重复试验合格，判整批产品合格。若重复试验仍有不合格者时，则判该批产品不合格。但允许供方逐张(卷或炉次)检验，合格者交货。也允许供方进行重复热处理，重新取样检验。

6.6.5 弯曲性能不合格时，应从该批中(含原检验不合格者)另取双倍数量的试样进行重复试验，重复试验合格，判整批产品合格。若重复试验仍有不合格者时，则判该批产品不合格。但允许供方逐张(卷或炉次)检验，合格者交货。也允许供方进行重复热处理，重新取样检验。

6.6.6 显微组织不合格时，产品能区分热处理炉次的判该炉次不合格，不能区分炉次的判该批不合格。

6.6.7 外观质量不合格时，判该张板材或该卷带材不合格。

7 标志、包装、运输、贮存

7.1 标志

7.1.1 在验收合格的板垛上、下各三张板材上和每卷带材上应有如下标志：

a) 供方技术监督部门的检印；

b) 牌号；

c) 状态；

d) 规格；

e) 产品批号。

7.1.2 产品的包装箱标志应符合 GB/T 3199 的规定。

7.2 包装、运输、贮存

板材不涂油，板间不垫纸包装。需方要求涂油或垫纸时，应在合同中注明。带材包装方式在合同中注明。其他包装、运输、贮存的要求按 GB/T 3199 规定。

7.3 质量证明书

每批板、带材应附有产品质量证明书，其上注明：

a) 供方名称、地址、电话、传真；

b) 产品名称；

c) 牌号、状态及规格；

d) 批号；

e) 净重；

f) 各项分析项目的检验结果和技术监督部门的印记；

g) 本部分编号；

h) 包装日期(或出厂日期)。

8 合同内容

订购本部分所列产品的合同(或订货单)内应包括下列内容：

a) 产品名称；

b) 牌号；

c) 状态；

d) 规格；

e) 重量(或张数)；

f) 包铝分类(未注明按工艺包铝)；

g) 尺寸偏差等级(未能注明按普通级);

h) 以“O”或“F”状态供货的板(带)材是否需要 T42 状态或 T62 状态的试样性能应在合同中注明,并注明试样状态;

i) 本部分编号;

j) 其他特殊要求。

ICS 77.150.10
H 61

中华人民共和国国家标准

GB/T 3880.2—2006

一般工业用铝及铝合金板、带材 第2部分:力学性能

Wrought aluminium and aluminium alloy plates, sheets and strips for general engineering—Part 2: Mechanical properties

2006-09-26 发布　　2007-02-01 实施

中华人民共和国国家质量监督检验检疫总局
中国国家标准化管理委员会　发布

前　言

GB/T 3880《一般工业用铝及铝合金板、带材》分为三个部分：

——第1部分：一般要求；

——第2部分：力学性能；

——第3部分：尺寸偏差。

本部分为 GB/T 3880 的第2部分。

本部分是以 GB/T 3880—1997《铝及铝合金轧制板材》、GB/T 8544—1997《铝及铝合金冷轧带材》和 GB/T 16501—1997《铝及铝合金热轧带材》中的“力学性能”要求为基础，参考 ISO 6361-2：1990《变形铝及铝合金薄板、带、厚板　第2部分：力学性能》、ASTMB 209M-2002《铝及铝合金板材》、EN 485.2—1993《铝及铝合金板、带材　第2部分：力学性能》和 JIS H 4000-2000《铝及铝合金板材》制定的。

本部分由中国有色金属工业协会提出。

本部分由全国有色金属标准化技术委员会归口并负责解释。

本部分起草单位：西南铝业(集团)有限责任公司。

本部分参加起草单位：中铝瑞闽铝板带有限公司、东北轻合金责任公司、兰州铝业股份有限公司西北铝加工分公司、重庆铝制品加工厂、华北铝业有限公司、中国有色金属工业标准计量质量研究所。

本部分主要起草人：唐登毅、黎勇、黄清录、陈杰、张华、段瑞芬、王里进、曹建峰、林林、司开田、王学锋、李瑞山。

一般工业用铝及铝合金板、带材
第2部分：力学性能

1 范围

本部分规定了一般工业用铝及铝合金板、带材的力学性能。

本部分适用于一般工业用铝及铝合金轧制板、带材。

2 力学性能

板、带材的室温拉伸试验结果应符合表1的规定。弯曲性能试验执行的弯曲半径参见表1。表1未规定的板、带材，其力学性能应附实测结果。

表1

牌号	包铝分类	供应状态	试样状态	厚度[a]/mm	抗拉强度[b] R_m/MPa	规定非比例延伸强度[b] $R_{p0.2}$/MPa	断后伸长率/%		弯曲半径[d]
							A_{50mm}	$A_{5.65}$[c]	
					不小于				
1A97 1A93	—	H112	H112	>4.50～80.00	附实测值				—
		F	—	>4.50～150.00	—				—
1A90 1A85	—	H112	H112	>4.50～12.50	60	—	21	—	—
				>12.50～20.00	60	—	—	19	—
				>20.00～80.00	附实测值				—
		F	—	>4.50～150.00	—				—
1235	—	H12 H22	H12 H22	>0.20～0.30	95～130	—	2	—	—
				>0.30～0.50			3	—	—
				>0.50～1.50			6	—	—
				>1.50～3.00			8	—	—
				>3.00～4.50			9	—	—
		H14 H24	H14 H24	>0.20～0.30	115～150	—	1	—	—
				>0.30～0.50			2	—	—
				>0.50～1.50			3	—	—
				>1.50～3.00			4	—	—
		H16 H26	H16 H26	>0.20～0.50	130～165	—	1	—	—
				>0.50～1.50			2	—	—
				>1.50～4.00			3	—	—
		H18	H18	>0.20～0.50	145	—	1	—	—
				>0.50～1.50			2	—	—
				>1.50～3.00			3	—	—

表 1(续)

牌号	包铝分类	供应状态	试样状态	厚度[a]/mm	抗拉强度[b] R_m/MPa	规定非比例延伸强度[b] $R_{p0.2}$/MPa	断后伸长率/% A_{50mm}	断后伸长率/% $A_{5.65}$[c]	弯曲半径[d]
					不小于				
1070	—	0	0	>0.20~0.30	55~95	—	15	—	0t
				>0.30~0.50			20	—	0t
				>0.50~0.80			25	—	0t
				>0.80~1.50		15	30	—	0t
				>1.50~6.00			35	—	0t
				>6.00~12.50			35	—	—
				>12.50~50.00			—	30	—
		H12 H22	H12 H22	>0.20~0.30	70~100	—	2	—	0t
				>0.30~0.50			3	—	0t
				>0.50~0.80			4	—	0t
				>0.80~1.50		55	6	—	0t
				>1.50~3.00			8	—	0t
				>3.00~6.00			9	—	0t
		H14 H24	H14 H24	>0.20~0.30	85~120	—	1	—	0.5t
				>0.30~0.50			2	—	0.5t
				>0.50~0.80			3	—	0.5t
				>0.80~1.50		65	4	—	1.0t
				>1.50~3.00			5	—	1.0t
				>3.00~6.00			6	—	1.0t
		H16 H26	H16 H26	>0.20~0.50	100~135	—	1	—	1.0t
				>0.50~0.80			2	—	1.0t
				>0.80~1.50		75	3	—	1.5t
				>1.50~4.00			4	—	1.5t
		H18	H18	>0.20~0.50	120	—	1	—	—
				>0.50~0.80			2	—	—
				>0.80~1.50			3	—	—
				>1.50~3.00			4	—	—
		H112	H112	>4.50~6.00	75	35	13	—	—
				>6.00~12.50	70	35	15	—	—
				>12.50~25.00	60	25	—	20	—
				>25.00~75.00	55	15	—	25	—
		F	—	>2.50~150.00	—				—

表 1(续)

牌号	包铝分类	供应状态	试样状态	厚度[a]/mm	抗拉强度[b] R_m/MPa	规定非比例延伸强度[b] $R_{p0.2}$/MPa	断后伸长率/%		弯曲半径[d]
							A_{50mm}	$A_{5.65}$[c]	
					不小于				
1060	—	0	0	>0.20~0.30	60~100	15	15	—	—
				>0.30~0.50			18	—	—
				>0.50~1.50			23	—	—
				>1.50~6.00			25	—	—
				>6.00~80.00			25	22	—
		H12 H22	H12 H22	>0.50~1.50	80~120	60	6	—	—
				>1.50~6.00			12	—	—
		H14 H24	H14 H24	>0.20~0.30	95~135	70	1	—	—
				>0.30~0.50			2	—	—
				>0.50~0.80			2	—	—
				>0.80~1.50			4	—	—
				>1.50~3.00			6	—	—
				>3.00~6.00			10	—	—
		H16 H26	H16 H26	>0.20~0.30	110~155	75	1	—	—
				>0.30~0.50			2	—	—
				>0.50~0.80			2	—	—
				>0.80~1.50			3	—	—
				>1.50~4.00			5	—	—
		H18	H18	>0.20~0.30	125	85	1	—	—
				>0.30~0.50			2	—	—
				>0.50~1.50			3	—	—
				>1.50~3.00			4	—	—
		H112	H112	>4.50~6.00	75	—	10		—
				>6.00~12.50	75		10	—	—
				>12.50~40.00	70		—	18	—
				>40.00~80.00	60		—	22	—
		F	—	>2.50~150.00	—				—

表 1(续)

牌号	包铝分类	供应状态	试样状态	厚度[a]/mm	抗拉强度[b] R_m/MPa	规定非比例延伸强度[b] $R_{p0.2}$/MPa	断后伸长率/% A_{50mm}	断后伸长率/% $A_{5.65}$[c]	弯曲半径[d]
					不小于				
1050	—	O	O	>0.20～0.50	60～100	—	15	—	0t
				>0.50～0.80			20	—	0t
				>0.80～1.50		20	25	—	0t
				>1.50～6.00			30	—	0t
				>6.00～50.00			28	28	—
		H12 H22	H12 H22	>0.20～0.30	80～120	—	2	—	0t
				>0.30～0.50			3	—	0t
				>0.50～0.80			4	—	0t
				>0.80～1.50		65	6	—	0.5t
				>1.50～3.00			8	—	0.5t
				>3.00～6.00			9	—	0.5t
		H14 H24	H14 H24	>0.20～0.30	95～130	—	1	—	0.5t
				>0.30～0.50			2	—	0.5t
				>0.50～0.80			3	—	0.5t
				>0.80～1.50		75	4	—	1.0t
				>1.50～3.00			5	—	1.0t
				>3.00～6.00			6	—	1.0t
		H16 H26	H16 H26	>0.20～0.50	120～150	—	1	—	2.0t
				>0.50～0.80		85	2	—	2.0t
				>0.80～1.50			3	—	2.0t
				>1.50～4.00			4	—	2.0t
		H18	H18	>0.20～0.50	130	—	1	—	—
				>0.50～0.80			2	—	—
				>0.80～1.50			3	—	—
				>1.50～3.00			4	—	—
		H112	H112	>4.50～6.00	85	45	10	—	—
				>6.00～12.50	80	45	10	—	—
				>12.50～25.00	70	35	—	16	—
				>25.00～50.00	65	30	—	22	—
				>50.00～75.00	65	30	—	22	—
		F	—	>2.50～150.00	—				—

表 1(续)

牌号	包铝分类	供应状态	试样状态	厚度[a]/mm	抗拉强度[b] R_m/MPa	规定非比例延伸强度[b] $R_{p0.2}$/MPa	断后伸长率/% A_{50mm}	断后伸长率/% $A_{5.65}$[c]	弯曲半径[d]
					不小于				
1050A	—	0	0	>0.20~0.50	>65~95	20	20	—	0t
1050A	—	0	0	>0.50~1.50	>65~95	20	22	—	0t
1050A	—	0	0	>1.50~3.00	>65~95	20	26	—	0t
1050A	—	0	0	>3.00~6.00	>65~95	20	29	—	0.5t
1050A	—	0	0	>6.00~12.50	>65~95	20	35	—	—
1050A	—	0	0	>6.00~50.00	>65~95	20		32	
1050A	—	H12	H12	>0.20~0.50	>85~125	65	2	—	0t
1050A	—	H12	H12	>0.50~1.50	>85~125	65	4	—	0t
1050A	—	H12	H12	>1.50~3.00	>85~125	65	5	—	0.5t
1050A	—	H12	H12	>3.00~6.00	>85~125	65	7	—	1.0t
1050A	—	H22	H22	>0.20~0.50	>85~125	55	4	—	0t
1050A	—	H22	H22	>0.50~1.50	>85~125	55	5	—	0t
1050A	—	H22	H22	>1.50~3.00	>85~125	55	6	—	0.5t
1050A	—	H22	H22	>3.00~6.00	>85~125	55	11	—	1.0t
1050A	—	H14	H14	>0.20~0.50	>105~145	85	2	—	0t
1050A	—	H14	H14	>0.50~1.50	>105~145	85	3	—	0.5t
1050A	—	H14	H14	>1.50~3.00	>105~145	85	4	—	1.0t
1050A	—	H14	H14	>3.00~6.00	>105~145	85	5	—	1.5t
1050A	—	H24	H24	>0.20~0.50	>105~145	75	3	—	0t
1050A	—	H24	H24	>0.50~1.50	>105~145	75	4	—	0.5t
1050A	—	H24	H24	>1.50~3.00	>105~145	75	5	—	1.0t
1050A	—	H24	H24	>3.00~6.00	>105~145	75	8	—	1.5t
1050A	—	H16	H16	>0.20~0.50	>120~160	100	1	—	0.5t
1050A	—	H16	H16	>0.50~1.50	>120~160	100	2	—	1.0t
1050A	—	H16	H16	>1.50~4.00	>120~160	100	3	—	1.5t
1050A	—	H26	H26	>0.20~0.50	>120~160	90	2	—	0.5t
1050A	—	H26	H26	>0.50~1.50	>120~160	90	3	—	1.0t
1050A	—	H26	H26	>1.50~4.00	>120~160	90	4	—	1.5t
1050A	—	H18	H18	>0.20~0.50	140	120	1	—	1.0t
1050A	—	H18	H18	>0.50~1.50	140	120	2	—	2.0t
1050A	—	H18	H18	>1.50~3.00	140	120	2	—	3.0t
1050A	—	H112	H112	>4.50~12.50	75	30	20	—	—
1050A	—	H112	H112	>12.50~75.00	70	25	—	20	—
1050A	—	F	—	>2.50~150.00	—	—	—	—	—

表 1(续)

牌号	包铝分类	供应状态	试样状态	厚度[a]/mm	抗拉强度[b] R_m/MPa	规定非比例延伸强度[b] $R_{p0.2}$/MPa	断后伸长率/% A_{50mm}	断后伸长率/% $A_{5.65}$[c]	弯曲半径[d]
					不小于				
1145	—	0	0	>0.20～0.50	600～100	—	15	—	—
				>0.50～0.80			20	—	—
				>0.80～1.50		20	25	—	—
				>1.50～6.00			30	—	—
				>6.00～10.00			28	—	—
		H12 H22	H12 H22	>0.20～0.30	80～120	—	2	—	—
				>0.30～0.50			3	—	—
				>0.50～0.80			4	—	—
				>0.80～1.50		65	6	—	—
				>1.50～3.00			8	—	—
				>3.00～4.50			9	—	—
		H14 H24	H14 H24	>0.20～0.30	95～125	—	1	—	—
				>0.30～0.50			2	—	—
				>0.50～0.80			3	—	—
				>0.80～1.50		75	4	—	—
				>1.50～3.00			5	—	—
				>3.00～4.50			6	—	—
		H16 H26	H16 H26	>0.20～0.50	120～145	—	1	—	—
				>0.50～0.80		85	2	—	—
				>0.80～1.50			3	—	—
				>1.50～4.50			4	—	—
		H18	H18	>0.20～0.50	125	—	1	—	—
				>0.50～0.80			2	—	—
				>0.80～1.50			3	—	—
				>1.50～4.50			4	—	—
		H112	H112	>4.50～6.50	85	45	10	—	—
				>6.50～12.50	85	45	10	—	—
				>12.50～25.00	70	35	—	16	—
		F	—	>2.50～150.00	—				—

表 1(续)

牌号	包铝分类	供应状态	试样状态	厚度[a]/mm	抗拉强度[b] R_m/MPa	规定非比例延伸强度[b] $R_{p0.2}$/MPa	断后伸长率/% A_{50mm}	断后伸长率/% $A_{5.65}$[c]	弯曲半径[d]
					不小于				
1100	—	0	0	>0.20～0.30	75～105	25	15	—	0t
				>0.30～0.50			17	—	0t
				>0.50～1.50			22	—	0t
				>1.50～6.00			30	—	0t
				>6.00～80.00			28	25	0t
		H12 H22	H12 H22	>0.20～0.50	95～130	75	3	—	0t
				>0.50～1.50			5	—	0t
				>1.50～6.00			8	—	0t
		H14 H24	H14 H24	>0.20～0.30	110～145	95	1	—	0t
				>0.30～0.50			2	—	0t
				>0.50～1.50			3	—	0t
				>1.50～4.00			5	—	0t
		H16 H26	H16 H26	>0.20～0.30	130～165	115	1	—	2t
				>0.30～0.50			2	—	2t
				>0.50～1.50			3	—	2t
				>1.50～4.00			4	—	2t
		H18	H18	>0.20～0.50	150	—	1	—	—
				>0.50～1.50			2	—	—
				>1.50～3.00			4	—	—
		H112	H112	>6.00～12.50	90	50	9		—
				>12.50～40.00	85	40	—	12	—
				>40.00～80.00	80	30	—	18	—
		F	—	>2.50～150.00	—				—

表 1(续)

牌号	包铝分类	供应状态	试样状态	厚度[a]/mm	抗拉强度[b] R_m/MPa	规定非比例延伸强度[b] $R_{p0.2}$/MPa	断后伸长率/% A_{50mm}	断后伸长率/% $A_{5.65}$[c]	弯曲半径[d]
					不小于				
1200	—	0 H111	0 H111	>0.20～0.50	75～105	25	19	—	0t
				>0.50～1.50			21	—	0t
				>1.50～3.00			24	—	0t
				>3.00～6.00			28	—	0.5t
				>6.00～12.50			33	—	1.0t
				>12.50～50.00			—	30	—
		H12	H12	>0.20～0.50	95～135	75	2	—	0t
				>0.50～1.50			4	—	0t
				>1.50～3.00			5	—	0.5t
				>3.00～6.00			6	—	1.0t
		H14	H14	>0.20～0.50	115～155	95	2	—	0t
				>0.50～1.50			3	—	0.5t
				>1.50～3.00			4	—	1.0t
				>3.00～6.00			5	—	1.5t
		H16	H16	>0.20～0.50	130～170	115	1	—	0.5t
				>0.50～1.50			2	—	1.0t
				>1.50～4.00			3	—	1.5t
		H18	H18	>0.20～0.50	150	130	1	—	1.0t
				>0.50～1.50			2	—	2.0t
				>1.50～3.00			2	—	3.0t
		H22	H22	>0.20～0.50	95～135	65	4	—	0t
				>0.50～1.50			5	—	0t
				>1.50～3.00			6	—	0.5t
				>3.00～6.00			10	—	1.0t
		H24	H24	>0.20～0.50	115～155	90	3	—	0t
				>0.50～1.50			4	—	0.5t
				>1.50～3.00			5	—	1.0t
				>3.00～6.00			7	—	1.5t
		H26	H26	>0.20～0.50	130～170	105	2	—	0.5t
				>0.50～1.50			3	—	1.0t
				>1.50～4.00			4	—	1.5t
		H112	H112	6.00～12.50	85	35	16	—	—
				>12.50～80.00	80	30	—	16	—
		F	—	>2.50～150.00	—				—

表 1(续)

牌号	包铝分类	供应状态	试样状态	厚度[a]/mm	抗拉强度[b] R_m/MPa	规定非比例延伸强度[b] $R_{p0.2}$/MPa	断后伸长率/% A_{50mm}	断后伸长率/% $A_{5.65}$[c]	弯曲半径[d]
					不小于				
2017	正常包铝或工艺包铝	O	O	>0.50～1.50	≤215	≤110	12	—	0.5t
				>1.50～3.00					1.0t
				>3.00～6.00					1.5t
				>12.50～25.00			—	12	—
			T42[e]	>0.50～1.50	355	195	15	—	—
				>1.50～3.00			17	—	—
				>3.00～6.50			15	—	—
				>6.50～12.50	335	185	12	—	—
				>12.50～25.00		185	—	12	—
		T3	T3	>0.50～1.50	375	215	15	—	2.5t
				>1.50～3.00			17	—	3t
				>3.00～6.00			15	—	3.5t
		T4	T4	>0.50～1.50	355	195	15	—	2.5t
				>1.50～3.00			17	—	3t
				>3.00～6.00			15	—	3.5t
		H112	T42	>4.50～6.50	355	195	15	—	—
				>6.50～12.50		185	12	—	—
				>12.50～25.00		185	—	12	—
				>25.00～40.00	330	195	—	8	—
				>40.00～70.00	310	195	—	6	—
				>70.00～80.00	285	195	—	4	—
		F	—	>4.50～150.00	—	—	—	—	—
2A11	正常包铝或工艺包铝	O	O	>0.50～3.00	≤225	—	12	—	—
				>3.00～10.00	≤235	—	12	—	—
			T42[e]	>0.50～3.00	350	185	15	—	—
				>3.00～10.00	355	195	15	—	—
		T3	T3	>0.50～1.50	375	215	15	—	—
				>1.50～3.00			17	—	—
				>3.00～10.00			15	—	—
		T4	T4	>0.50～3.00	360	185	15	—	—
				>3.00～10.00	370	195	15	—	—
		H112	T42	>4.50～10.00	355	195	15	—	—
				>10.00～12.50	370	215	11	—	—
				>12.50～25.00	370	215	—	11	—
				>25.00～40.00	330	195	—	8	—
				>40.00～70.00	310	195	—	6	—
				>70.00～80.00	285	195	—	4	—
		F	—	>4.50～150.00	—				—

表 1(续)

牌号	包铝分类	供应状态	试样状态	厚度[a]/mm	抗拉强度[b] R_m/MPa	规定非比例延伸强度[b] $R_{p0.2}$/MPa	断后伸长率/% A_{50mm}	$A_{5.65}$[c]	弯曲半径[d]
					不小于				
2014	工艺包铝或不包铝	0	0	>0.50~12.50	≤220	≤110	16	—	—
				>12.50~25.00	≤220	—	—	9	—
			T62[e]	>0.50~1.00	440	395	6	—	—
				1.00~6.00	455	400	7	—	—
				6.00~12.50	460	405	7	—	—
				>12.50~25.00	460	405	—	5	—
			T42[e]	>0.50~12.50	400	235	14	—	—
				>12.50~25.00	400	235	—	12	—
		T6	T6	>0.50~1.00	440	395	6	—	—
				>1.00~6.00	455	400	7	—	—
				>6.00~12.50	460	405	7	—	—
		T4	T4	>0.50~6.00	405	240	14	—	—
				>6.00~12.50	400	250	14	—	—
		T3	T3	>0.50~1.00	405	240	14	—	—
				>1.00~6.00	405	250	14	—	—
		F	—	>4.50~150.00	—	—	—	—	—
	正常包铝	0	0	>0.50~12.50	≤205	≤95	16	—	—
				>12.50~25.00	≤220	—	—	9	—
			T62[e]	>0.50~1.00	425	370	7	—	—
				1.00~12.50	440	395	8	—	—
				>12.50~25.00	460	405	—	5	—
			T42[e]	>0.50~1.00	370	215	14	—	—
				>1.00~12.50	395	235	15	—	—
				>12.50~25.00	400	235	—	12	—
		T6	T6	>0.50~1.00	425	370	7	—	—
				>1.00~12.50	440	395	8	—	—
		T4	T4	>0.50~1.00	370	215	14	—	—
				>1.00~6.00	395	235	15	—	—
				>6.00~12.50	395	250	15	—	—
		T3	T3	>0.50~1.00	380	235	14	—	—
				>1.00~6.00	395	240	15	—	—
		F	—	>4.50~150.00	—				—

表 1(续)

牌号	包铝分类	供应状态	试样状态	厚度[a]/mm	抗拉强度[b] R_m/MPa	规定非比例延伸强度[b] $R_{p0.2}$/MPa	断后伸长率/% A_{50mm}	$A_{5.65}$[c]	弯曲半径[d]
					不小于				
2024	不包铝	0	0	>0.50～12.50	≤220	≤95	12	—	—
				>12.50～45.00	≤220	—	—	10	—
			T42[e]	>0.50～6.00	425	260	15	—	—
				>6.00～12.50	425	260	12	—	—
				>12.50～25.00	420	260	—	7	—
			T62[e]	>0.50～12.50	440	345	5	—	—
				>12.50～25.00	435	345	—	4	—
		T3	T3	>0.50～6.00	435	290	15	—	—
				>6.00～12.50	440	290	12	—	—
		T4	T4	>0.50～6.00	425	275	15	—	—
		F	—	>4.50～150.00		—			—
	正常包铝或工艺包铝	0	0	>0.50～1.50	≤205	≤95	12	—	—
				>1.50～12.50	≤220	≤95	12	—	—
				>12.50～45.00	220	—	—	10	—
			T42[e]	>0.50～1.50	395	235	15	—	—
				>1.50～6.00	415	250	15	—	—
				>6.00～12.50	415	250	12	—	—
				>12.50～25.00	420	260	—	7	—
				>25.00～40.00	415	260	—	6	—
			T62[e]	>0.50～1.50	415	325	5	—	—
				>1.50～12.50	425	335	5	—	—
		T3	T3	>0.50～1.50	405	270	15	—	—
				>1.50～6.00	420	275	15	—	—
				>6.00～12.50	425	275	12	—	—
		T4	T4	>0.50～1.50	400	245	15	—	—
				>1.50～6.00	420	275	15	—	—
		F	—	>4.50～150.00		—			—

表 1(续)

牌号	包铝分类	供应状态	试样状态	厚度[a]/mm	抗拉强度[b] R_m/MPa	规定非比例延伸强度[b] $R_{p0.2}$/MPa	断后伸长率/%		弯曲半径[d]
							A_{50mm}	$A_{5.65}$[c]	
					不小于				
3003	—	0	0	>0.20~0.50	95~140	35	15	—	0t
				>0.50~1.50			17	—	0t
				>1.50~3.00			20	—	0t
				>3.00~6.00			23	—	1.0t
				>6.00~12.50			24	—	1.5t
				>12.50~50.00			—	23	—
		H12	H12	>0.20~0.50	120~160	90	3	—	0t
				>0.50~1.50			4	—	0.5t
				>1.50~3.00			5	—	1.0t
				>3.00~6.00			6	—	1.0t
		H14	H14	>0.20~0.50	145~195	125	2	—	0.5t
				>0.50~1.50			2	—	1.0t
				>1.50~3.00			3	—	1.0t
				>3.00~6.00			4	—	2.0t
		H16	H16	>0.20~0.50	170~210	150	1	—	1.0t
				>0.50~1.50			2	—	1.5t
				>1.50~4.00			2	—	2.0t
		H18	H18	>0.20~0.50	190	170	1	—	1.5t
				>0.50~1.50			2	—	2.5t
				>1.50~4.00			2	—	3.0t
		H22	H22	>0.20~0.50	120~160	80	6	—	0t
				>0.50~1.50			7	—	0.5t
				>1.50~3.00			8	—	1.0t
				>3.00~6.00			9	—	1.0t
		H24	H24	>0.20~0.50	145~195	115	4	—	0.5t
				>0.50~1.50			4	—	1.0t
				>1.50~3.00			5	—	1.0t
				>3.00~6.00			6	—	2.0t
		H26	H26	>0.20~0.50	170~210	140	2	—	1.0t
				>0.50~1.50			3	—	1.5t
				>1.50~4.00			3	—	2.0t
		H28	H28	>0.20~0.50	190	160	2	—	1.5t
				>0.50~1.50			2	—	2.5t
				>1.50~3.00			3	—	3.0t
		H112	H112	>6.00~12.50	115	70	10	—	—
				>12.50~80.00	100	40	—	18	—
		F	—	>2.50~150.00	—				—

表 1(续)

牌号	包铝分类	供应状态	试样状态	厚度[a]/mm	抗拉强度[b] R_m/MPa	规定非比例延伸强度[b] $R_{p0.2}$/MPa	断后伸长率/% A_{50mm}	断后伸长率/% $A_{5.65}$[c]	弯曲半径[d]
					不小于				
3004 3104	—	0 H111	0 H111	>0.20~0.50	155~200	60	13	—	0t
				>0.50~1.50			14	—	0t
				>1.50~3.00			15	—	0t
				>3.00~6.00			16	—	1.0t
				>6.00~12.50			16	—	2.0t
				>12.50~50.00			—	14	—
		H12	H12	>0.20~0.50	190~240	155	2	—	0t
				>0.50~1.50			3	—	0.5t
				>1.50~3.00			4	—	1.0t
				>3.00~6.00			5	—	1.5t
		H14	H14	>0.20~0.50	220~265	180	1	—	0.5t
				>0.50~1.50			2	—	1.0t
				>1.50~3.00			2	—	1.5t
				>3.00~6.00			3	—	2.0t
		H16	H16	>0.20~0.50	240~285	200	1	—	1.0t
				>0.50~1.50			1	—	1.5t
				>1.50~3.00			2	—	2.5t
		H18	H18	>0.20~0.50	260	230	1	—	1.5t
				>0.50~1.50			1	—	2.5t
				>1.50~3.00			2	—	—
		H22 H32	H22 H32	>0.20~0.50	190~240	145	4	—	0t
				>0.50~1.50			5	—	0.5t
				>1.50~3.00			6	—	1.0t
				>3.00~6.00			7	—	1.5t
		H24 H34	H24 H34	>0.20~0.50	220~265	170	3	—	0.5t
				>0.50~1.50			4	—	1.0t
				>1.50~3.00			4	—	1.5t
		H26 H36	H26 H36	>0.20~0.50	240~285	190	3	—	1.0t
				>0.50~1.50			3	—	1.5t
				>1.50~3.00			3	—	2.5t
		H28 H38	H28 H38	>0.20~0.50	260	220	2	—	1.5t
				>0.50~1.50			3	—	2.5t
		H112	H112	>6.00~12.50	160	60	7	—	—
				>12.50~40.00			—	6	—
				>40.00~80.00			—	6	—
		F	—	>2.50~80.00	—				—

表 1(续)

牌号	包铝分类	供应状态	试样状态	厚度[a]/mm	抗拉强度[b] R_m/MPa	规定非比例延伸强度[b] $R_{p0.2}$/MPa	断后伸长率/% A_{50mm}	断后伸长率/% $A_{5.65}$[c]	弯曲半径[d]
					不小于				
3005	—	0 H111	0 H111	>0.20～0.50	115～165	45	12	—	0*t*
				>0.50～1.50			14	—	0*t*
				>1.50～3.00			16	—	0.5*t*
				>3.00～6.00			19	—	1.0*t*
		H12	H12	>0.20～0.50	145～195	125	3	—	0*t*
				>0.50～1.50			4	—	0.5*t*
				>1.50～3.00			4	—	1.0*t*
				>3.00～6.00			5	—	1.5*t*
		H14	H14	>0.20～0.50	170～215	150	1	—	0.5*t*
				>0.50～1.50			2	—	1.0*t*
				>1.50～3.00			2	—	1.5*t*
				>3.00～6.00			3	—	2.0*t*
		H16	H16	>0.20～0.50	195～240	175	1	—	1.0*t*
				>0.50～1.50			2	—	1.5*t*
				>1.50～4.00			2	—	2.5*t*
		H18	H18	>0.20～0.50	220	200	1	—	1.5*t*
				>0.50～1.50			2	—	2.5*t*
				>1.50～3.00			2	—	—
		H22	H22	>0.20～0.50	145～195	110	5	—	0*t*
				>0.50～1.50			5	—	0.5*t*
				>1.50～3.00			6	—	1.0*t*
				>3.00～6.00			7	—	1.5*t*
		H24	H24	>0.20～0.50	170～215	130	4	—	0.5*t*
				>0.50～1.50			4	—	1.0*t*
				>1.50～3.00			4	—	1.5*t*
		H26	H26	>0.20～0.50	195～240	160	3	—	1.0*t*
				>0.50～1.50			3	—	1.5*t*
				>1.50～3.00			3	—	2.5*t*
		H28	H28	>0.20～0.50	220	190	2	—	1.5*t*
				>0.50～1.50			2	—	2.5*t*
				>1.50～3.00			3	—	—

表 1(续)

牌号	包铝分类	供应状态	试样状态	厚度[a]/mm	抗拉强度[b] R_m/MPa	规定非比例延伸强度[b] $R_{p0.2}$/MPa	断后伸长率/%		弯曲半径[d]
							A_{50mm}	$A_{5.65}$[c]	
					不小于				
3105	—	0 H111	0 H111	>0.20～0.50	100～155	40	14	—	0t
				>0.50～1.50			15	—	0t
				>1.50～3.00			17	—	0.5t
		H12	H12	>0.20～0.50	130～180	105	3	—	1.5t
				>0.50～1.50			4	—	1.5t
				>1.50～3.00			4	—	1.5t
		H14	H14	>0.20～0.50	150～200	130	2	—	2.5t
				>0.50～1.50			2	—	2.5t
				>1.50～3.00			2	—	2.5t
		H16	H16	>0.20～0.50	175～225	160	1	—	—
				>0.50～1.50			2	—	—
				>1.50～3.00			2	—	—
		H18	H18	>0.20～3.00	195	180	1	—	—
		H22	H22	>0.20～0.50	130～180	105	6	—	—
				>0.50～1.50			6	—	—
				>1.50～3.00			7	—	—
		H24	H24	>0.20～0.50	150～200	120	4	—	2.5t
				>0.50～1.50			4	—	2.5t
				>1.50～3.00			5	—	2.5t
		H26	H26	>0.20～0.50	175～225	150	3	—	—
				>0.50～1.50			3	—	—
				>1.50～3.00			3	—	—
		H28	H28	>0.20～1.50	195	170	2	—	—
3102	—	H18	H18	>0.20～0.50	160	—	3	—	—
				>0.50～3.00			2	—	—
5182	—	0 H111	0 H111	>0.20～0.50	255～315	110	11	—	1.0t
				>0.50～1.50			12	—	1.0t
				>1.50～3.00			13	—	1.0t
		H19	H19	>0.20～0.50	380	320	1	—	—
				>0.50～1.50			1	—	—

表 1(续)

牌号	包铝分类	供应状态	试样状态	厚度[a]/mm	抗拉强度[b] R_m/MPa	规定非比例延伸强度[b] $R_{p0.2}$/MPa	断后伸长率/%		弯曲半径[d]
							A_{50mm}	$A_{5.65}$[c]	
					不小于				
5A03	—	0	0	>0.50~4.50	195	100	16	—	—
		H14、H24 H34	H14、H24 H34	>0.50~4.50	225	195	8	—	—
		H112	H112	>4.50~10.00	185	80	16	—	—
				>10.00~12.50	175	70	13	—	—
				>12.50~25.00	175	70	—	13	—
				>25.00~50.00	165	60	—	12	—
		F	—	>4.50~150.00	—	—	—	—	—
5A05	—	0	0	0.50~4.50	275	145	16	—	—
		H112	H112	>4.50~10.00	275	125	16	—	—
				>10.00~12.50	265	115	14	—	—
				>12.50~25.00	265	115	—	14	—
				>25.00~50.00	255	105	—	13	—
		F	—	>4.50~150.00	—	—	—	—	—
5A06	工艺包铝	0	0	0.50~4.50	315	155	16	—	—
		H112	H112	>4.50~10.00	315	155	16	—	—
				>10.00~12.50	305	145	12	—	—
				>12.50~25.00	305	145	—	12	—
				>25.00~50.00	295	135	—	6	—
		F	—	>4.50~150.00	—	—	—	—	—
5082	—	H18 H38	H18 H38	>0.20~0.50	335	—	1	—	—
		H19 H39	H19 H39	>0.20~0.50	355	—	1	—	—
		F	—	>4.50~150.00	—	—	—	—	—
5005	—	0 H111	0 H111	>0.20~0.50	100~145	35	15	—	0t
				>0.50~1.50			19	—	0t
				>1.50~3.00			20	—	0t
				>3.00~6.00			22	—	1.0t
				>6.00~12.50			24	—	1.5t
				>12.50~50.00			—	20	—

表 1(续)

牌号	包铝分类	供应状态	试样状态	厚度[a]/mm	抗拉强度[b] R_m/MPa	规定非比例延伸强度[b] $R_{p0.2}$/MPa	断后伸长率/%		弯曲半径[d]
							A_{50mm}	$A_{5.65}$[c]	
					不小于				
5005	—	H12	H12	>0.20～0.50	125～165	95	2	—	0*t*
				>0.50～1.50			2	—	0.5*t*
				>1.50～3.00			4	—	1.0*t*
				>3.00～6.00			5	—	1.0*t*
		H14	H14	>0.20～0.50	145～185	120	2	—	0.5*t*
				>0.50～1.50			2	—	1.0*t*
				>1.50～3.00			3	—	1.0*t*
				>3.00～6.00			4	—	2.0*t*
		H16	H16	>0.20～0.50	165～205	145	1	—	1.0*t*
				>0.50～1.50			2	—	1.5*t*
				>1.50～3.00			3	—	2.0*t*
				>3.00～4.00			3	—	2.5*t*
		H18	H18	>0.20～0.50	185	165	1	—	1.5*t*
				>0.50～1.50			2	—	2.5*t*
				>1.50～3.00			2	—	3.0*t*
		H22 H32	H22 H32	>0.20～0.50	125～165	80	4	—	0*t*
				>0.50～1.50			5	—	0.5*t*
				>1.50～3.00			6	—	1.0*t*
				>3.00～6.00			8	—	1.0*t*
		H24 H34	H24 H34	>0.20～0.50	145～185	110	3	—	0.5*t*
				>0.50～1.50			4	—	1.0*t*
				>1.50～3.00			5	—	1.0*t*
				>3.00～6.00			6	—	2.0*t*
		H26 H36	H26 H36	>0.20～0.50	165～205	135	2	—	1.0*t*
				>0.50～1.50			3	—	1.5*t*
				>1.50～3.00			4	—	2.0*t*
				>3.00～4.00			4	—	2.5*t*
		H28 H38	H28 H38	>0.20～0.50	185	160	1	—	1.5*t*
				>0.50～1.50			2	—	2.5*t*
				>1.50～3.00			3	—	3.0*t*
		H112	H112	>6.00～12.50	115	—	8	—	—
				>12.50～40.00	105		—	10	—
				>40.00～80.00	100		—	16	—
		F	—	>2.50～150.00	—	—	—	—	—

表 1(续)

牌号	包铝分类	供应状态	试样状态	厚度[a]/mm	抗拉强度[b] R_m/MPa	规定非比例延伸强度[b] $R_{p0.2}$/MPa	断后伸长率/% A_{50mm}	断后伸长率/% $A_{5.65}$[c]	弯曲半径[d]
					不小于				
5052	—	O H111	O H111	＞0.20～0.50	170～215	65	12	—	0t
				＞0.50～1.50			14	—	0t
				＞1.50～3.00			16	—	0.5t
				＞3.00～6.00			18	—	1.0t
				＞6.00～12.50			19	—	2.0t
				＞12.50～50.00			—	18	—
		H12	H12	＞0.20～0.50	210～260	160	4	—	—
				＞0.50～1.50			5	—	—
				＞1.50～3.00			6	—	—
				＞3.00～6.00			8	—	—
		H14	H14	＞0.20～0.50	230～280	180	3	—	—
				＞0.50～1.50			3	—	—
				＞1.50～3.00			4	—	—
				＞3.00～6.00			4	—	—
		H16	H16	＞0.20～0.50	250～300	210	2	—	—
				＞0.50～1.50			3	—	—
				＞1.50～3.00			3	—	—
				＞3.00～4.00			3	—	—
		H18	H18	＞0.20～0.50	270	240	1	—	—
				＞0.50～1.50			2	—	—
				＞ 1.50～3.00			2	—	—
		H22 H32	H22 H32	＞0.20～0.50	210～260	130	5	—	0.5t
				＞0.50～1.50			6	—	1.0t
				＞1.50～3.00			7	—	1.5t
				＞3.00～6.00			10	—	1.5t
		H24 H34	H24 H34	＞0.20～0.50	230～280	150	4	—	0.5t
				＞0.50～1.50			5	—	1.5t
				＞1.50～3.00			6	—	2.0t
				＞3.00～6.00			7	—	2.5t
		H26 H36	H26 H36	＞0.20～0.50	250～300	180	3	—	1.5t
				＞0.50～1.50			4	—	2.0t
				＞1.50～3.00			5	—	3.0t
				＞3.00～4.00			6	—	3.5t
		H38	H38	＞0.20～0.50	270	210	3	—	—
				＞0.50～1.50			3	—	—
				＞1.50～3.00			4	—	—
		H112	H112	＞6.00～12.50	190	80	7	—	—
				＞12.50～40.00	170	70	—	10	—
				＞40.00～80.00	170	70	—	14	—
		F	—	＞2.50～150.00	—				—

表 1(续)

牌号	包铝分类	供应状态	试样状态	厚度[a]/mm	抗拉强度[b] R_m/MPa	规定非比例延伸强度[b] $R_{p0.2}$/MPa	断后伸长率/% A_{50mm}	断后伸长率/% $A_{5.65}$[c]	弯曲半径[d]
					不小于				
5083	—	0 H111	0 H111	>0.20~0.50	275~350	125	11	—	0.5t
				>0.50~1.50			12	—	1.0t
				>1.50~3.00			13	—	1.0t
				>3.00~6.00			15	—	1.5t
				>6.00~12.50			16	—	2.5t
				>12.50~50.00			—	15	—
				>50.00~80.00	270~345	115	—	14	—
		H12	H12	>0.20~0.50	315~375	250	3	—	—
				>0.50~1.50			4	—	—
				>1.50~3.00			5	—	—
				>3.00~6.00			6	—	—
		H14	H14	>0.20~0.50	340~400	280	2	—	—
				>0.50~1.50			3	—	—
				>1.50~3.00			3	—	—
				>3.00~6.00			3	—	—
		H16	H16	>0.20~0.50	360~420	300	1	—	—
				>0.50~1.50			2	—	—
				>1.50~3.00			2	—	—
				>3.00~4.00			2	—	—
		H22 H32	H22 H32	>0.20~0.50	305~380	215	5	—	0.5t
				>0.50~1.50			6	—	1.5t
				>1.50~3.00			7	—	2.0t
				>3.00~6.00			8	—	2.5t
		H24 H34	H24 H34	>0.20~0.50	340~400	250	4	—	1.0t
				>0.50~1.50			5	—	2.0t
				>1.50~3.00			6	—	2.5t
				>3.00~6.00			7	—	3.5t
		H26 H36	H26 H36	>0.20~0.50	360~420	280	2	—	—
				>0.50~1.50			3	—	—
				>1.50~3.00			3	—	—
				>3.00~4.00			3	—	—
		H112	H112	>6.00~12.50	275	125	12	—	—
				>12.50~40.00	275	125	—	10	—
				>40.00~50.00	270	115	—	10	—
		F	—	>4.50~150.00	—	—	—	—	—

表 1(续)

牌号	包铝分类	供应状态	试样状态	厚度[a]/mm	抗拉强度[b] R_m/MPa	规定非比例延伸强度[b] $R_{p0.2}$/MPa	断后伸长率/% A_{50mm}	断后伸长率/% $A_{5.65}$[c]	弯曲半径[d]
					不小于				
5086	—	0 H111	0 H111	>0.20~0.50	240~310	100	11	—	0.5t
				>0.50~1.50			12	—	1.0t
				>1.50~3.00			13	—	1.0t
				>3.00~6.00			15	—	1.5t
				>6.00~12.50			17	—	2.5t
				>12.50~80.00			—	16	—
		H12	H12	>0.20~0.50	275~335	200	3	—	—
				>0.50~1.50			4	—	—
				>1.50~3.00			5	—	—
				>3.00~6.00			6	—	—
		H14	H14	>0.20~0.50	300~360	240	2	—	—
				>0.50~1.50			3	—	—
				>1.50~3.00			3	—	—
				>3.00~6.00			3	—	—
		H16	H16	>0.20~0.50	325~385	270	1	—	—
				>0.50~1.50			2	—	—
				>1.50~3.00			2	—	—
				>3.00~4.00			2	—	—
		H18	H18	>0.20~0.50	345	290	1	—	—
				>0.50~1.50			1	—	—
				>1.50~3.00			1	—	—
		H22 H32	H22 H32	>0.20~0.50	275~335	185	5	—	0.5t
				>0.50~1.50			6	—	1.5t
				>1.50~3.00			7	—	2.0t
				>3.00~6.00			8	—	2.5t
		H24 H34	H24 H34	>0.20~0.50	300~360	220	4	—	1.0t
				>0.50~1.50			5	—	2.0t
				>1.50~3.00			6	—	2.5t
				>3.00~6.00			7	—	3.5t
		H26 H36	H26 H36	>0.20~0.50	325~385	250	2	—	—
				>0.50~1.50			3	—	—
				>1.50~3.00			3	—	—
				>3.00~4.00			3	—	—
		H112	H112	>6.00~12.50	250	105	8	—	—
				>12.50~40.00	240	105	—	9	—
				>40.00~50.00	240	100	—	12	—
		F	—	>4.50~150.00	—	—	—	—	—

表 1(续)

牌号	包铝分类	供应状态	试样状态	厚度[a]/mm	抗拉强度[b] R_m/MPa	规定非比例延伸强度[b] $R_{p0.2}$/MPa	断后伸长率/% A_{50mm}	断后伸长率/% $A_{5.65}$[c]	弯曲半径[d]
					不小于				
6061	—	0	0	0.40～1.50	≤150	≤85	14	—	0.5t
				>1.50～3.00			16	—	1.0t
				>3.00～6.00			19	—	1.0t
				>6.00～12.50			16	—	2.0t
				>12.50～25.00			—	16	—
			T42[e]	0.40～1.50	205	95	12	—	1.0t
				>1.50～3.00			14	—	1.5t
				>3.00～6.00			16	—	3.0t
				>6.00～12.50			18	—	4.0t
				>12.50～40.00			—	15	—
			T62[e]	0.40～1.50	290	240	6	—	2.5t
				>1.50～3.00			7	—	3.5t
				>3.00～6.00			10	—	4.0t
				>6.00～12.50			9	—	5.0t
				>12.50～40.00			—	8	—
		T4	T4	0.40～1.50	205	110	12	—	1.0t
				>1.50～3.00			14	—	1.5t
				>3.00～6.00			16	—	3.0t
				>6.00～12.50			18	—	4.0t
		T6	T6	0.40～1.50	290	240	6	—	2.5t
				>1.50～3.00			7	—	3.5t
				>3.00～6.00			10	—	4.0t
				>6.00～12.50			9	—	5.0t
		F	F	>2.50～150.00	—	—	—	—	—
6063	—	0	0	0.50～5.00	≤130	—	20	—	—
				>5.00～12.50			15	—	—
				>12.50～20.00			—	15	—
			T62[e]	0.50～5.00	230	180	—	8	—
				>5.00～12.50	220	170	—	6	—
				>12.50～20.00	220	170	6	—	—
		T4	T4	0.50～5.00	150	—	10	—	—
				5.00～10.00	130		10	—	—
		T6	T6	0.50～5.00	240	190	8		
				>5.00～10.00	230	180	8	—	—
6A02	—	0	0	>0.50～4.50	≤145	—	21	—	—
				>4.50～10.00			16	—	—
			T62[e]	>0.50～4.50	295	—	11	—	—
				>4.50～10.00			8	—	—

表 1(续)

牌号	包铝分类	供应状态	试样状态	厚度[a]/mm	抗拉强度[b] R_m/MPa	规定非比例延伸强度[b] $R_{p0.2}$/MPa	断后伸长率/%		弯曲半径[d]
							A_{50mm}	$A_{5.65}$[c]	
					不小于				
6A02	—	T4	T4	>0.50~0.80	195	—	19	—	—
				>0.80~3.00			21	—	—
				>3.00~4.50			19	—	—
				>4.50~10.00	175		17	—	—
		T6	T6	>0.50~4.50	295	—	11	—	—
				>4.50~10.00			8	—	—
		H112	T62[e]	>4.50~12.50	295	—	8	—	—
				>12.50~25.00	295		—	7	—
				>25.00~40.00	285		—	6	—
				>40.00~80.00	275		—	6	—
			T42[e]	>4.50~12.50	175	—	17	—	—
				>12.50~25.00	175		—	14	—
				>25.00~40.00	165		—	12	—
				>40.00~80.00	165		—	10	—
		F	—	>4.50~150.00	—	—	—	—	—
6082	—	0	0	0.40~1.50	≤150	≤85	14	—	0.5t
				>1.50~3.00			16	—	1.0t
				>3.00~6.00			18	—	1.5t
				>6.00~12.50			17	—	2.5t
				>12.50~25.00	≤155	—	—	16	—
			T42[e]	0.40~1.50	205	95	12	—	1.5t
				>1.50~3.00			14	—	2.0t
				>3.00~6.00			15	—	3.0t
				>6.00~12.50			14	—	4.0t
				>12.50~25.00			—	13	—
			T62[e]	0.40~1.50	310	260	6	—	2.5t
				>1.50~3.00			7	—	3.5t
				>3.00~6.00			10	—	4.5t
				>6.00~12.50	300	255	9	—	6.0t
				>12.50~25.00	295	240	—	8	—
		T4	T4	0.40~1.50	205	110	12	—	1.5t
				>1.50~3.00			14	—	2.0t
				>3.00~6.00			15	—	3.0t
				>6.00~12.50			14	—	4.0t
		T6	T6	0.40~1.50	310	260	6	—	2.5t
				>1.50~3.00			7	—	3.5t
				>3.00~6.00			10	—	4.5t
				>6.00~12.50	300	255	9	—	6.0t
		F	F	>4.50~150.00	—	—	—	—	—

表 1(续)

牌号	包铝分类	供应状态	试样状态	厚度[a]/mm	抗拉强度[b] R_m/MPa	规定非比例延伸强度[b] $R_{p0.2}$/MPa	断后伸长率/% A_{50mm}	断后伸长率/% $A_{5.65}$[c]	弯曲半径[d]
					不小于				
7075	正常包铝	0	0	>0.50~1.50	≤250	≤140	10	—	—
				>1.50~4.00	≤260	≤140	10	—	—
				>4.00~12.50	≤270	≤145	10	—	—
				>12.50~25.00	≤275	—	—	9	—
			T62[e]	>0.50~1.00	485	415	7	—	—
				>1.00~1.50	495	425	8	—	—
				>1.50~4.00	505	435	8	—	—
				>4.00~6.00	515	440	8	—	—
				>6.00~12.50	515	445	9	—	—
				>12.50~25.00	540	470	—	6	—
		T6	T6	>0.50~1.00	485	415	7	—	—
				>1.00~1.50	495	425	8	—	—
				>1.50~4.00	505	435	8	—	—
				>4.00~6.00	515	440	8	—	—
		F	—	>6.00~100.00	—	—	—	—	—
	不包铝或工艺包铝	0	0	>0.50~12.50	≤275	≤145	10		—
				>12.50~50.00	≤275			9	—
			T62[e]	>0.50~1.00	525	460	7	—	—
				>1.00~3.00	540	470	8	—	—
				>3.00~6.00	540	475	8	—	—
				>6.00~12.50	540	460	9	—	—
				>12.50~25.00	540	470	—	6	—
				>25.00~50.00	530	460	—	5	—
		T6	T6	>0.50~1.00	525	460	7	—	—
				>1.00~3.00	540	470	8	—	—
				>3.00~6.00	540	475	8	—	—
		F	—	>6.00~100.00	—	—	—	—	—

表 1(续)

牌号	包铝分类	供应状态	试样状态	厚度[a]/mm	抗拉强度[b] R_m/MPa	规定非比例延伸强度[b] $R_{p0.2}$/MPa	断后伸长率/% A_{50mm}	断后伸长率/% $A_{5.65}$[c]	弯曲半径[d]
					不小于				
8A06	—	0	0	>0.20~0.30	≤110	—	16	—	—
				>0.30~0.50			21	—	—
				>0.50~0.80			26	—	—
				>0.80~10.00			30	—	—
		H14 H24	H14 H24	>0.20~0.30	100	—	1	—	—
				>0.30~0.50			3	—	—
				>0.50~0.80			4	—	—
				>0.80~1.00			5	—	—
				>1.00~4.50			6	—	—
		H18	H18	>0.20~0.30	135	—	1	—	—
				>0.30~0.80			2	—	—
				>0.80~4.50			3	—	—
		H112	H112	>4.50~10.00	70	—	19	—	—
				>10.00~12.50	80		19	—	—
				>12.50~25.00	80		—	19	—
				>25.00~80.00	65		—	16	—
		F	—	>2.50~150.00	—	—	—	—	—
8011A	—	0 H111	0 H111	>0.20~0.50	80~130	30	19	—	—
				>0.50~1.50			21	—	—
				>1.50~3.00			24	—	—
		H14	H14	>0.20~0.50	125~165	110	2	—	—
				>0.50~3.00			3	—	—
		H24	H24	>0.20~0.50	125~165	100	3	—	—
				>0.50~1.50			4	—	—
				>1.50~3.00			5	—	—
		H18	H18	>0.20~0.50	165	145	1	—	—
				>0.50~3.00			2	—	—

表 1(续)

牌号	包铝分类	供应状态	试样状态	厚度[a]/mm	抗拉强度[b] R_m/MPa	规定非比例延伸强度[b] $R_{p0.2}$/MPa	断后伸长率/%		弯曲半径[d]
							A_{50mm}	$A_{5.65}$[c]	
					不小于				

a 厚度大于 40 mm 的板材,表中数值仅供参考。当需方要求时,供方提供中心层试样的实测结果。

b 1050、1060、1070、1035、1235、1145、1100、8A06 合金的抗拉强度上限值及规定非比例伸长应力极限值对 H22、H24、H26 状态的材料不适用。

c $A_{5.65}$表示原始标距(L_0)为 5.65 $\sqrt{S_0}$ 的断后伸长率。

d 3105、3102、5182 板、带材弯曲 180°,其他板、带材弯曲 90°。t 为板或带材的厚度。

e 2×××、6×××、7×××系合金以 0 状态供货时,其 T42、T62 状态性能仅供参考。

ICS 77.150.10
H 61

中华人民共和国国家标准

GB/T 3880.3—2006
代替 GB/T 3194—1998

一般工业用铝及铝合金板、带材 第3部分：尺寸偏差

Wrought aluminium and aluminium alloy plates, sheets and strips for general engineering—Part 3: Tolerances on forms and dimensions

2006-09-26 发布　　2007-02-01 实施

中华人民共和国国家质量监督检验检疫总局
中国国家标准化管理委员会　发布

前　言

GB/T 3880《一般工业用铝及铝合金板、带材》分为三个部分：

——第1部分：一般要求；

——第2部分：力学性能；

——第3部分：尺寸偏差。

本部分为 GB/T 3880 的第3部分，本部分代替 GB/T 3194—1998《铝及铝合金板、带材的尺寸允许偏差》。本部分与 GB/T 3194—1998 相比，变化如下：

——冷轧板、带材厚度允许偏差的高精级修改采用 ISO 6361-3：1985《变形铝及铝合金薄板、带、厚板　第3部分：带材尺寸偏差》、ISO 6361-4：1988《变形铝及铝合金薄板、带、厚板　第4部分：板材尺寸偏差》、EN 485.4—1993《铝及铝合金板、带材　第4部分：冷轧产品尺寸偏差》，且略严于 EN 485.4。

——热轧板、带材的厚度允许偏差等同采用 EN 485.3—2003《铝及铝合金板、带材　第3部分：热轧产品尺寸偏差》。

——剪切板材宽度允许偏差的高精级修改采用 ISO 6361-4、EN 485.4，且相当于 EN 485.4。

——锯切板材的宽度允许偏差等同采用 ANSI H35.2(M)—2003《铝加工产品尺寸偏差》。

——带材宽度允许偏差的高精级等同采用 EN 485.4。

——锯切板材的长度允许偏差等同采用 ANSI H35.2(M)。

——板材不平度的高精级等同采用 EN 485.4。

——板、带材侧边弯曲度的高精级均等同采用 EN 485.4。

——A类合金板材对角线偏差的高精级修改采用 ISO 6361-4、EN 485.4，且略严于 EN 485.4。

本部分由中国有色金属工业协会提出。

本部分由全国有色金属标准化技术委员会归口并负责解释。

本部分起草单位：西南铝业(集团)有限责任公司。

本部分参加起草单位：中铝瑞闽铝板带有限公司、东北轻合金责任公司、重庆铝制品加工厂、华北铝业有限公司、兰州铝业西北铝加工分公司、中国有色金属工业标准计量质量研究所。

本部分主要起草人：唐登毅、陈昌云、苏元如、熊红林、王国军、魏小川、王淑芬、黄嵘、明文良、谢彦翠、李瑞山。

本部分所代替标准的历次版本发布情况为：

——GB/T 3194—1982、GB/T 3194—1998。

一般工业用铝及铝合金板、带材
第3部分:尺寸偏差

1 范围

本部分规定了一般工业用铝及铝合金板、带材的尺寸偏差。

本部分适用于一般工业用铝及铝合金轧制板、带材。

2 产品分类

2.1 铝及铝合金划分为A、B两类,如表1所示。

表1

牌号系列	铝或铝合金类别	
	A	B
1XXX	所有	—
2XXX	—	所有
3XXX	Mn的最大规定值不大于1.8%,Mg的最大规定值不大于1.8%,Mn的最大规定值与Mg的最大规定值之和不大于2.3% 例:3003、3004、3104、3005、3105、3102	A类外的其他合金
4XXX	Si的最大规定值不大于2%	A类外的其他合金
5XXX	Mg的最大规定值不大于1.8%,Mn的最大规定值不大于1.8%,Mg的最大规定值与Mn的最大规定值之和不大于2.3% 例:5005	A类外的其他合金 例:5A03、5A05、5A06、5082、5052、5182、5083、5086
6XXX	—	所有
7XXX	—	所有
8XXX	不可热处理强化的合金 例:8A06、8011A	可热处理强化的合金

2.2 板、带材的尺寸偏差等级划分如表2所示。某个尺寸需要采用高精级偏差时应在合同中注明,未注明时按普通级供货。

表2

尺寸偏差	偏差等级	
	板材	带材
厚度偏差	冷轧板材:高精级、普通级 热轧板材:不分级	冷轧带材:高精级、普通级 热轧带材:不分级
宽度偏差	剪切板材:高精级、普通级 其他板材:不分级	高精级、普通级
长度偏差	不分级	不分级
不平度	高精级、普通级	不分级
侧边弯曲度	高精级、普通级	高精级、普通级
对角线	高精级、普通级	不分级

3 厚度及允许偏差

3.1 冷轧板、带材的厚度允许偏差分为普通级和高精级。厚度≥4.00 mm 的 5A05、5A06 等含镁量大于 3%的合金，其厚度允许偏差普通级为名义厚度的±5%，其他板、带材的厚度允许偏差普通级符合表 3 的规定；冷轧板、带材的厚度允许偏差高精级应符合表 4 的规定。

表 3

单位为毫米

厚 度	规定的宽度									
	≤1 000		>1 000～1 250		>1 250～1 600		>1 600～2 000		>2 000～2 500	
	厚度允许偏差(±)									
	A类	B类	A类	B类	A类	B类	A类	B类	A类	B类
>0.20～0.40	0.03	0.05	0.05	0.06	0.06	0.06	—	—	—	
>0.40～0.50	0.05	0.05	0.06	0.08	0.07	0.08	0.08	0.09	0.12	
>0.50～0.60	0.05	0.05	0.07	0.08	0.07	0.08	0.08	0.09	0.12	
>0.60～0.80	0.05	0.06	0.07	0.08	0.07	0.08	0.09	0.10	0.13	
>0.80～1.00	0.07	0.08	0.08	0.09	0.08	0.09	0.10	0.11	0.15	
>1.00～1.20	0.07	0.08	0.09	0.10	0.09	0.10	0.11	0.12	0.15	
>1.20～1.50	0.09	0.10	0.12	0.13	0.12	0.13	0.13	0.14	0.15	
>1.50～1.80	0.09	0.10	0.12	0.13	0.12	0.13	0.14	0.15	0.15	
>1.80～2.00	0.09	0.10	0.12	0.13	0.12	0.13	0.14	0.15	0.15	
>2.00～2.50	0.12	0.13	0.14	0.15	0.14	0.15	0.15	0.16	0.16	
>2.50～3.00	0.13	0.15	0.16	0.17	0.16	0.17	0.17	0.18	0.18	
>3.00～3.50	0.14	0.15	0.17	0.18	0.17	0.18	0.22	0.23	0.19	
>3.50～4.00	0.15		0.18		0.18		0.23		0.24	
>4.00～5.00	0.23		0.24		0.24		0.26		0.28	
>5.00～6.00	0.25		0.26		0.26		0.26		0.28	
>6.00～8.00	0.28		0.29		0.29		0.30		0.35	
>8.00～10.00	0.30		0.30		0.30		0.30		0.35	
>10.00～12.00	0.48		0.50		0.50		0.62		0.70	
>12.00～15.00	0.50		0.50		0.50		0.68		0.76	
>15.00～20.00	0.57		0.66		0.68		0.72		0.81	
>20.00～25.00	0.60		0.69		0.72		0.75		0.84	
>25.00～30.00	0.68		0.75		0.80		0.83		0.90	
>30.00～40.00	0.75		0.83		0.87		0.90		0.99	
>40.00～50.00	0.83		0.90		0.95		0.98		1.05	

表 4 单位为毫米

厚　度	规定的宽度									
	≤1 000		>1 000～1 250		>1 250～1 600		>1 600～2 000		>2 000～2 500	
	厚度允许偏差(±)									
	A类	B类	A类	B类	A类	B类	A类	B类	A类	B类
>0.20～0.40	0.02	0.03	0.03	0.04	0.03	0.04	—	—	—	
>0.40～0.50	0.03	0.03	0.04	0.05	0.04	0.05	0.04	0.05	0.09	
>0.50～0.60	0.03	0.04	0.04	0.05	0.04	0.05	0.04	0.05	0.09	
>0.60～0.80	0.03	0.04	0.06	0.06	0.05	0.06	0.07	0.08	0.10	
>0.80～1.00	0.04	0.05	0.06	0.08	0.07	0.08	0.08	0.09	0.11	
>1.00～1.20	0.04	0.05	0.07	0.08	0.07	0.08	0.09	0.10	0.14	
>1.20～1.50	0.05	0.07	0.08	0.09	0.08	0.09	0.11	0.13	0.15	
>1.50～1.80	0.06	0.08	0.09	0.10	0.09	0.10	0.12	0.14	0.15	
>1.80～2.00	0.06	0.08	0.09	0.10	0.09	0.10	0.14	0.14	0.15	
>2.00～2.50	0.07	0.08	0.09	0.10	0.09	0.10	0.15	0.15	0.16	
>2.50～3.00	0.08	0.10	0.12	0.13	0.12	0.13	0.17	0.18	0.18	
>3.00～3.50	0.10	0.12	0.15	0.17	0.16	0.17	0.18	0.19	0.19	
>3.50～4.00	0.15		0.17		0.17		0.19		0.19	
>4.00～5.00	0.18		0.22		0.22		0.25		0.28	
>5.00～6.00	0.20		0.24		0.24		0.26		0.28	
>6.00～8.00	0.24		0.28		0.28		0.30		0.35	
>8.00～10.00	0.27		0.30		0.30		0.30		0.35	
>10.00～12.00	0.32		0.38		0.40		0.41		0.47	
>12.00～15.00	0.36		0.42		0.43		0.45		0.51	
>15.00～20.00	0.38		0.44		0.46		0.48		0.54	
>20.00～25.00	0.40		0.46		0.48		0.50		0.56	
>25.00～30.00	0.45		0.50		0.53		0.55		0.60	
>30.00～40.00	0.50		0.55		0.58		0.60		0.65	
>40.00～50.00	0.55		0.60		0.63		0.65		0.70	

3.2 热轧板、带材的厚度允许偏差应符合表 5 的规定。

表 5

单位为毫米

厚　度	规定的宽度			
	≤1 250	＞1 250～1 600	＞1 600～2 000	＞2 000～2 500
	厚度允许偏差(±)			
＞2.50～4.00	0.28	0.28	0.32	0.35
＞4.00～5.00	0.30	0.30	0.35	0.40
＞5.00～6.00	0.32	0.32	0.40	0.45
＞6.00～8.00	0.35	0.40	0.40	0.50
＞8.00～10.00	0.45	0.50	0.50	0.55
＞10.00～15.00	0.50	0.60	0.65	0.65
＞15.00～20.00	0.60	0.70	0.75	0.80
＞20.00～25.00	0.65	0.75	0.85	0.90
＞25.00～30.00	0.75	0.85	1.0	1.1
＞30.00～40.00	0.90	1.0	1.1	1.2
＞40.00～50.00	1.1	1.2	1.4	1.5
＞50.00～60.00	1.4	1.5	1.7	1.9
＞60.00～80.00	1.7	1.8	1.9	2.1
＞80.00～100.00	2.2	2.2	2.7	2.8
＞100.00～150.00	2.8	2.8	3.3	3.3

4 宽度允许偏差

4.1 板材的宽度允许偏差

4.1.1 剪切板材的宽度允许偏差

剪切板材的宽度允许偏差分为普通级和高精级。经盐浴炉热处理的、厚度≤4.5 mm 的板材，或长度＞4 000 mm 的大规格板，宽度允许偏差普通级为$^{+50}_{0}$ mm。其他剪切板材普通级应符合表 6 规定(当订购合同中要求宽度采用正负对称偏差时，其偏差值应为表中对应数值的一半)；剪切板材的宽度允许偏差高精级应符合表 7 规定(当订购合同中要求宽度采用正负对称偏差时，其偏差值应为表中对应数值的一半)。

表 6

单位为毫米

厚　度	规定的宽度			
	500	＞500～1 250	＞1 000～2 000	＞2 000～2 500
	宽度允许偏差(+)			
＞0.20～3.00	2	5	6	8
＞3.00～6.00	4	6	8	12
＞6.00～12.00	6	8	8	12

表 7

单位为毫米

厚　度	规定的宽度			
	500	＞500～1 250	＞1 250～2 000	＞2 000～2 500
	宽度允许偏差(＋)			
＞0.20～3.00	1	3	4	5
＞3.00～6.00	3	4	5	8
＞6.00～12.00	4	5	5	8

4.1.2　锯切板材的宽度允许偏差

锯切板材的宽度允许偏差应符合表 8 规定。

表 8

单位为毫米

厚　度	规定的宽度		
	≤1 000	＞1 000～2 000	＞2 000～2 500
	宽度允许偏差		
＞2.00～6.30	±3	±3	±4
＞6.30～150.00	＋6	＋7	＋8

4.1.3　不切边板材的宽度允许偏差

对于不切边板材，A 类合金为＋80 mm，B 类合金＋150 mm。

4.2　带材的宽度允许偏差

带材的宽度允许偏差分为普通级和高精级。非成品道次切边的带材，其普通级偏差由供需双方协商确定，其他带材的宽度允许偏差普通级应符合表 9 规定；带材的宽度允许偏差高精级应符合表 10 规定。当订购合同中要求宽度采用正负对称偏差时，其偏差值应为表 9 或表 10 中对应数值的一半。表 9 或表 10 规定范围之外的带材，供方一般不切边供货，若需方需要切边时，供需双方协商并在合同中注明。

表 9

单位为毫米

厚　度	规定的宽度					
	≤100	＞100～300	＞300～500	＞500～1 250	＞1 250～1 650	＞1 650～2 000
	宽度允许偏差(＋)					
＞0.20～0.60	0.5	0.6	1	3	4	5
＞0.60～1.00	0.5	0.8	1.5	3	4	5
＞1.00～2.00	0.6	1	2	3	4	5

表 10

单位为毫米

厚　度	规定的宽度					
	≤100	＞100～300	＞300～500	＞500～1 250	＞1 250～1 650	＞1 650～2 000
	宽度允许偏差(＋)					
＞0.20～0.60	0.3	0.4	0.6	1.5	2.5	3
＞0.60～1.00	0.3	0.5	1	1.5	2.5	3
＞1.00～2.00	0.4	0.7	1.2	2	2.5	3

5 板材的长度允许偏差

5.1 剪切板材长度允许偏差应符合表 11 规定。当订购合同中要求长度采用正负对称偏差时，其偏差值应为表中对应数值的一半。

表 11 单位为毫米

厚 度	规定的长度					
	≤1 000	>1 000～2 000	>2 000～3 000	>3 000～5 000	>5 000～7 500	>7 500～10 000
	长度允许偏差(+)					
>0.20～6.00	10	12	14	16	18	20
>6.00～10.00	30			40		
>10.00～40.00	40			50		

5.2 锯切板材长度的允许偏差应符合表 12 规定。

表 12 单位为毫米

厚 度	规定的长度						
	≤1 000	>1 000～2 000	>2 000～3 000	>3 000～4 000	>4 000～5 000	>5 000～7 500	>7 500～10 000
	长度允许偏差(±)						
>2.00～6.30	±3	±3	±4	±4	±5	±6	±7
>6.30～150.00	+6	+7	+8	+9	+10	+12	+14

6 板材的不平度

6.1 板材不平度分三类：纵向不平度 d(如图 1 所示)、横向不平度 d(如图 2 所示)、局部不平度 d(如图 3 所示)。

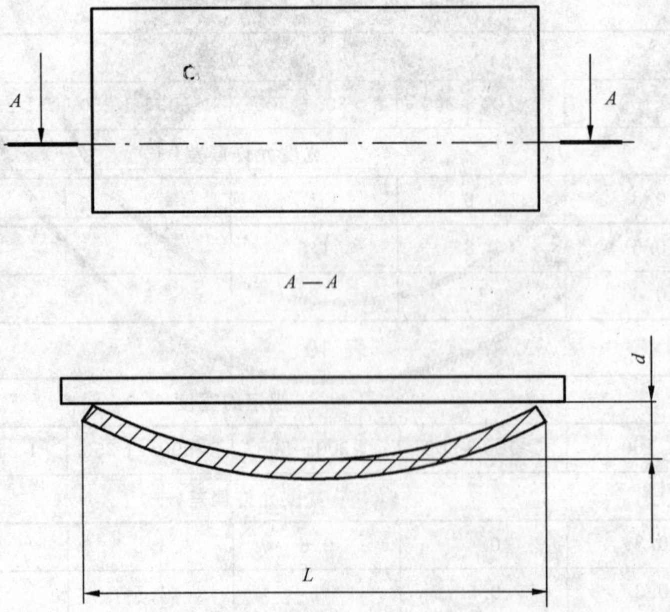

图 1

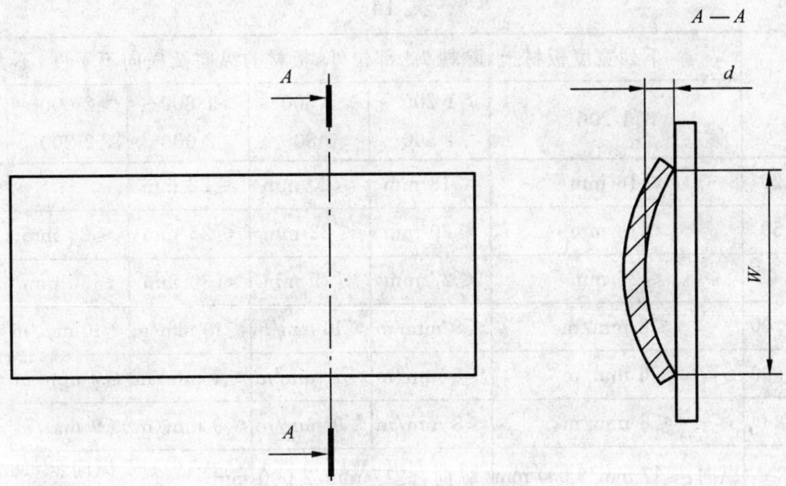

图 2

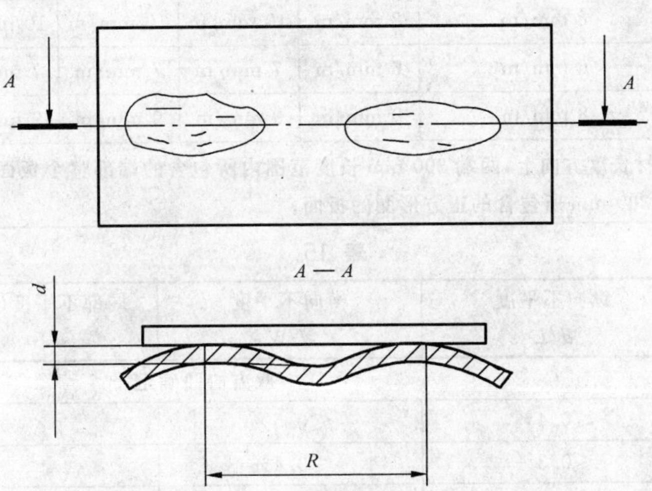

图 3

6.2 除 0、F、HX8 和 HX9 状态的板材外，其他状态板材的不平度分为普通级和高精级。A 类合金板材不平度的普通级应符合表 13 规定，B 类合金板材不平度的普通级应符合表 14 规定，A、B 两类合金板材不平度的高精级应符合表 15 规定。0、F、HX8 和 HX9 状态的板材要求不平度时，应双方协商并在合同中注明。

表 13

厚度/mm	下列宽度板材上，除端头[a]部位外，板材的纵向及横向不平度					端头[a]部位翘曲高度	局部不平度
	≤1 200	>1 200～1 500	>1 500～1 660	>1 660～2 000	>2 000～2 400		
>0.50～1.20	≤6 mm	≤8 mm	≤8 mm	≤10 mm	≤12 mm	≤20 mm	波距应大于 100 mm
>1.20～4.50	≤7 mm	≤9 mm	≤9 mm	≤12 mm	≤13 mm		
>4.50～10.00	≤8 mm	≤10 mm	≤12 mm	≤14 mm	≤14 mm		
>10.00～20.00	≤6 mm/m	≤7 mm/m	≤8 mm/m	≤8 mm/m	≤8 mm/m		
>20.00～150.00	≤5 mm/m	≤5 mm/m	≤6 mm/m	≤6 mm/m	≤6 mm/m		

a. 端头部位是指沿板材长度方向上，两端 300 mm 长度范围内所包含的端部整个板面。若板材为正方形，端头部位为靠边缘四周 300 mm 所包含的正方形圈的板面。

表 14

合金	厚度/mm	下列宽度板材上,除端头[a]部位外,板材的纵向及横向不平度,不大于						端头[a]部位翘曲高度
		≤1 200	>1 200~1 500	>1 500~1 800	>1 800~2 000	>2 000~2 200	>2 200~2 400	
含镁量平均值大于3%的高镁合金及可热处理强化合金	>0.50~1.20	≤16 mm	≤18 mm	≤20 mm	≤22 mm	—	—	≤30 mm
	>1.20~4.50	≤18 mm	≤20 mm	≤22 mm	≤25 mm	≤28 mm	≤30 mm	
	>4.50~10.00	≤25 mm	≤27 mm	≤29 mm	≤30 mm	≤30 mm	≤32 mm	
	>10.00~20.00	≤8 mm/m	≤8 mm/m	≤10 mm/m	≤10 mm/m	≤10 mm/m	≤10 mm/m	
	>20.00~80.00	≤6 mm/m	≤6 mm/m	≤7 mm/m	≤7 mm/m	≤7 mm/m	≤7 mm/m	
	>80.00~150.00	≤8 mm/m	≤8 mm/m	≤9 mm/m	≤9 mm/m	≤9 mm/m	≤9 mm/m	
其他B类合金	>0.50~4.50	纵向:≤17 mm/2 000 mm 横向:≤12 mm	纵向:≤17 mm/2 000 mm 横向:≤15 mm			纵向:≤18 mm/2 000 mm 横向:≤15 mm		≤40 mm
	>10.00~20.00	8 mm/m	8 mm/m	10 mm/m	10 mm/m	10 mm/m	10 mm/m	
	>20.00~80.00	6 mm/m	6 mm/m	7 mm/m	7 mm/m	7 mm/m	7 mm/m	
	>80.00~150.00	8 mm/m	8 mm/m	9 mm/m	9 mm/m	9 mm/m	9 mm/m	

[a] 端头部位是指沿板材长度方向上,两端 300 mm 长度范围内所包含的端部整个板面。若板材为正方形,端头部位为靠边缘四周 300 mm 所包含的正方形圈的板面。

表 15

厚度/mm	纵向不平度 d/L	横向不平度 d/W	局部不平度(弦长 R 不小于 300 mm) d/R
>0.20~0.50	双方协商确定		
>0.50~3.00	≤0.4%	≤0.5%	≤0.5%
>3.00~6.00	≤0.3%	≤0.4%	≤0.35%
>6.00~50.00	≤0.2%	≤0.4%	≤0.3%

注:L 为板材长度,W 为板材宽度,R 为任意弦长,d 为波高。

7 侧边弯曲度

7.1 板材的侧边弯曲度(如图 4 所示)分为普通级和高精级。高精级符合表 16 的规定,普通级对侧边弯曲度不要求,或供需双方协商确定侧边弯曲度,并在合同中注明具体规定。

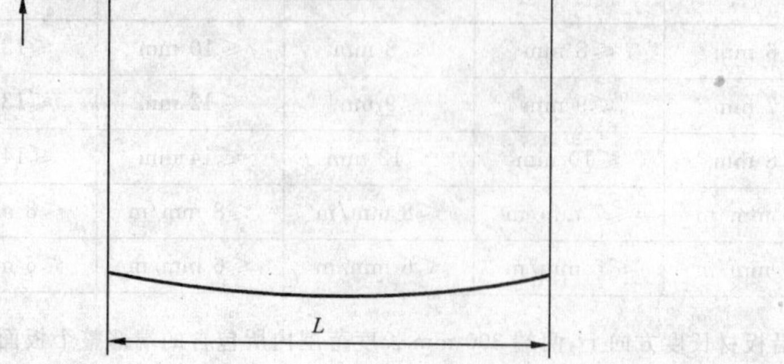

图 4

表 16

单位为毫米

宽　度	下列公称长度(*L* 米)上的侧边弯曲度				
	≤1 000	>1 000～2 000	>2 000～3 500	>3 500～5 000	>5 000～10 000
1 000	≤1	≤2	≤4	≤5	≤0.1%*L*
>1 000～2 000	—	≤2	≤4	≤5	
>2 000～2 500	—	—	≤4	≤5	

7.2　带材的侧边弯曲度(如图 4 所示)分为普通级和高精级。宽度小于 25 mm 的带材，其侧边弯曲度由供需双方协商确定，其他规格的带材侧边弯曲度高精级应符合表 17 规定，普通级对侧边弯曲度不要求，或供需双方协商确定侧边弯曲度，并在合同中注明具体规定。

表 17

单位为毫米

规定的宽度	带材的侧边弯曲度 不大于
≥25～100	8
>100～300	6
>300～600	5
>600～1 000	4
>1 000～2 000	3
>2 000～2 500	3

8　板材的对角线允许偏差

8.1　板材的对角线允许偏差，是指板材的两条对角线 *AA* 与 *BB* 的长度之差，如图 5 所示。板材的对角线允许偏差分为普通级和高精级。

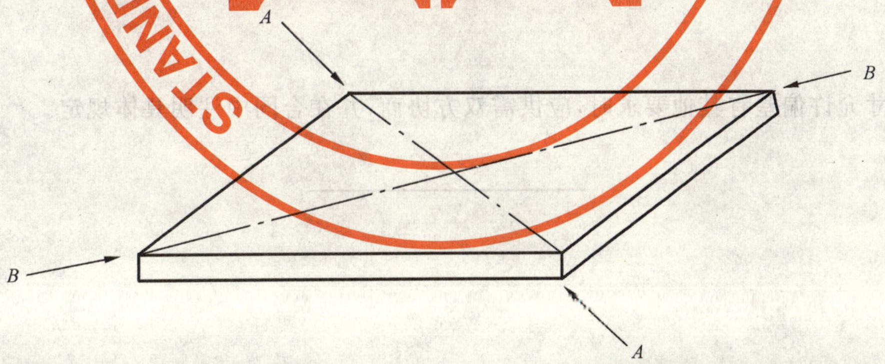

图 5

8.2　A 类合金板材的对角线允许偏差高精级应符合表 18 的规定，普通级不要求对角线偏差，或供需双方协商确定对角线偏差，并在合同中注明具体规定。

表 18

单位为毫米

长度	厚度	下列规定宽度板材上的对角线允许偏差 不大于			
		≤1 000	>1 000～1 500	>1 500～2 000	>2 000～2 500
≤1 000	≤6.00	4	—	—	—
	>6.00	5	—	—	—
>1 000～2 000	≤6.00	4	5	6	—
	>6.00	5	7	8	—
>2 000～3 000	≤6.00	5	5	7	8
	>6.00	7	7	9	10
>3 000～5 000	≤6.00	6	8	8	10
	>6.00	8	10	10	12
>5 000	≤6.00	10	10	12	12
	>6.00	12	12	15	15

8.3 B类合金板材的对角线允许偏差高精级应符合表 19 规定，普通级不要求对角线偏差，或供需双方协商确定对角线偏差，并在合同中注明具体规定。

表 19

单位为毫米

长度	下列规定宽度板材上的对角线允许偏差 不大于		
	>1 000～1 500	>1 500～2 000	>2 000～2 500
≤1 000	—	—	—
>1 000～2 000	11	14	—
>2 000～3 000	11	14	25
>3 000～3 500	11	14	25
>3 500～5 000	15	20	30

9 其他规定

对板材尺寸允许偏差有其他要求时，应供需双方协商，并在合同中注明具体规定。

ICS 29.240.10
K 43

中华人民共和国国家标准

GB 3906—2006
代替 GB 3906—1991

3.6 kV～40.5 kV 交流金属封闭开关设备和控制设备

Alternating-current metal-enclosed switchgear and controlgear for rated voltages above 3.6 kV and up to and including 40.5 kV

(IEC 62271-200:2003 Alternating-current metal-enclosed switchgear and controlgear for rated voltages above 1 kV and up to and including 52 kV, MOD)

2006-08-25 发布　　2007-03-01 实施

中华人民共和国国家质量监督检验检疫总局
中国国家标准化管理委员会　发布

前言

本标准的全部技术内容为强制性的。

本标准修改采用 IEC 62271-200:2003《额定电压 1 kV 以上 52 kV 及以下交流金属封闭开关设备和控制设备》(第一版、即 IEC 60298 的第四版)。本标准与 IEC 62271-200:2003 的主要差异如下:

——按 GB/T 1.1—2000 的规定,对标准的语言表述和格式做了修改;

——适用的电压范围,由 1 kV 以上 52 kV 及以下改为 3.6 kV～40.5 kV,并按照 GB/T 11022(或 GB 156)的规定修改其中与额定电压及其系列值相关的内容;

——根据我国的电网实际,适用的频率范围由 60 Hz 及以下改为 50 Hz 及以下,并删除了与 60 Hz 相关的内容;

——删除了国际标准的前言,增加了本标准的前言;

——删除了 5.10 的表 1 中的"说明书"一项,该内容对我国不适用;

——删除了 5.104 的注 1 及其内容,该内容对国家标准不适用。相应的注 2 改为注;

——联锁方面增加了下述内容:接地开关不论任何情况都应与隔离开关联锁,优先采用机械联锁(本版的 5.11 中的部分内容);

——根据我国的具体实际,增加了型式试验周期和型式试验报告有效期的要求(本版的 6.1);

——将"湿试验程序"由"不适用"改为"按 GB/T 11022 的 6.2.2 的规定"(本版的 6.2.2);

——出厂试验中增加了"出厂试验报告应随产品一起出厂"的规定(本版的第 7 章);

——根据我国的具体实际,在强制性型式试验、出厂试验的机械操作试验中增加了"机械特性测量"试验(本版的 6.102、7.102),还在适用时的强制性型式试验和出厂试验中分别增加了"充气隔室的气体状态测量"项目(本版的 6.103、7.103);

——为了方便使用,将 IEC 60932:1988《用于严酷气候条件下的 1 kV～72.5 kV 交流金属封闭开关设备和控制设备的附加要求》的内容作为附录 C 列入本标准,同时将适用电压范围由 1 kV～72.5 kV 改为 3.6 kV～40.5 kV。另考虑到我国的具体环境状况,还在 C.4.3 的 2 类设计的注 3 中增加了 2 类设计的爬电比距的推荐值;

——删除了"参考资料"中的 IEC 60724:2000《1 kV 和 3 kV 电缆的短路温度限值》,增加了相关内容的附录 D;

——由于本标准的 5.4 和 6.10 引用的对应内容尚未包含在国标 GB/T 11022—1999(eqv IEC 60694:1996)中,本标准直接引用 IEC 60694:2002 的 5.4 和 6.10,同时将 IEC 60694:2002 增加到了第 2 章的规范性引用文件中。

本标准代替 GB 3906—1991《3～35 kV 交流金属封闭开关设备》。本标准与 GB 3906—1991 相比,主要变化如下:

——将术语"金属封闭开关设备"修改为"金属封闭开关设备和控制设备"(1991 年版的 3.1,本版的 3.102);

——增加了金属封闭开关设备和控制设备新的分类方法(本版的 3.131 和附录 E),删除了旧的分类方法(1991 年版的 3.1);

——增加了"丧失运行连续性类别"概念(本版的 3.131),并增加了相关的内容;

——增加了"隔室类别"概念(本版的 3.107),并增加了相关的内容;

——增加了"隔板等级"概念(本版的 3.109),并增加了相关的内容;

——增加了“内部电弧级开关设备和控制设备(IAC)”概念(本版的3.132),并增加了相关的试验内容;

——增加了“电磁兼容性”的相关要求和试验(本版的5.18和6.9);

——将“充气体隔室”修改为“充流体隔室”(1991年版的3.6和本版的3.108);并增加了相关的要求和试验(本版的5.103.2);

——增加了防腐蚀要求(本版的5.106)和相关的验证试验(本版的6.107);

——“评价内部故障电弧效应的试验”和“电磁兼容性试验(EMC)”作为强制性的型式试验项目;选用的型式试验项目中增加了“电缆试验回路的绝缘试验”(本版的6.1);

——增加了“作为状态检查的电压试验”(本版的6.2.11);

——增加了“电缆绝缘试验的规定”(本版的6.2.101);

——增加了“外壳的防护等级不低于IP2X”要求(本版的6.7);

——增加了“辅助和控制回路的附加试验”(本版的6.10);

——增加了“关合和开断试验”项目的具体内容(本版的6.101的b)项);

——型式试验项目中删除“操作振动试验”内容(1991年版的7.11和附录G);

——“雷电冲击电压试验”的合格判据中增加了更合理的要求(本版的6.2.4);

——删除了“充气隔室零表压5 min的耐压试验”(1991年版的7.1.9);

——增加了“开关设备的选用导则”(本版的第8章);

——本标准对GB/T 11022—1999中已有规定的内容直接加以引用而不再重复(1991年版中的附录C和附录H等);

——删除了GB 3906—1991的附录D,其内容已包括在本标准的7.105中。

本标准应与GB/T 11022—1999一起使用,本标准的章节编号基本与GB/T 11022—1999对应,对本标准新增加的内容在同一章节下从101开始编号。

本标准的附录A、附录B、附录C、附录D为规范性附录,附录E为资料性附录。

本标准自实施之日起,同时代替GB 3906—1991。

本标准由中国电器工业协会提出。

本标准由全国高压开关设备标准化技术委员会SAC/TC 65归口。

本标准由全国高压开关设备标准化技术委员会负责解释。

本标准起草单位及成员:

负责单位:西安高压电器研究所:赵伯楠、李鹏、付朝娃、田恩文、严玉林。

参加单位:电力科学研究院高压开关研究所:袁大陆、崔景春;

北京北开电气股份有限公司:卢国平、茅建生;

天水长城开关厂:于庆瑞、孙壮丽;

北京科锐配电自动化技术有限公司:张重乐;

杭州欣美成套电器制造有限公司:丁心宝;

宁波耐吉集团有限公司:沈忠威;

宁波天安(集团)股份有限公司:刘清春;

陕西宝光集团有限公司:王典杰;

汕头正超电气有限公司:陈一卫;

上海通用电气广电有限公司:陈海文;

天宇电气股份有限公司福州第一开关厂:陈雅瑞;

温州市开元电气有限公司:王金方;

西电三菱电机开关设备有限公司：王志清；

上海森隆源电气有限公司：王庆福、夏阜；

金华电力开关有限公司：叶树新。

本标准主要起草人：李鹏、付朝娃、田恩文、严玉林、赵伯楠。

本标准所代替标准的历次版本发布情况为：GB 3906—1983、GB 3906—1991。

3.6 kV～40.5 kV 交流金属封闭开关设备和控制设备

1 概述

1.1 范围

本标准规定了工厂装配的、额定电压为 3.6 kV～40.5 kV、户内或户外安装的、频率为 50 Hz 及以下的交流金属封闭开关设备和控制设备的各项技术要求。外壳内可能装有固定式或可移开式的元件，并可能充有绝缘和/或开断用流体（液体或气体）。

注 1：本标准主要是针对三相系统，但也可用于单相或两相系统。

根据以下几点，本标准将金属封闭开关设备和控制设备划分为若干类。

——维修开关设备和控制设备时，电网运行的连续性；

——设备维修的需要和方便性。

注 2：设备的安全性取决于产品的设计、使用、调整、配合、安装和运行。

对于具有充气隔室的金属封闭开关设备和控制设备，设计压力不超过 0.3 MPa（相对压力）时本标准适用。

注 3：设计压力超过 0.3 MPa（相对压力）的充气隔室应按 GB 7674 进行设计和试验。

特殊用途的金属封闭开关设备和控制设备，例如用于易燃性气体、矿井中或船舶上，可能需要增加相应的技术要求。

装于金属封闭开关设备和控制设备中的各元件应按照各自标准的规定进行设计和试验。考虑到各个元件在成套开关设备和控制设备中的安装情况，本标准对单个元件的标准作了补充。

本标准不排除在同一外壳中使用其他设备，此时应考虑设备对成套开关设备和控制设备造成的影响。

注 4：具有绝缘外壳的成套开关设备和控制设备按 IEC 60466:1987 的规定；

注 5：额定电压 40.5 kV 以上的空气绝缘的金属封闭开关设备和控制设备，如果满足 GB/T 11022—1999 规定的绝缘水平，本标准也适用。

1.2 规范性引用文件

下列文件中的条款通过本标准的引用而成为本标准的条款。凡是注日期的引用文件，其随后所有的修改单（不包括勘误的内容）或修订版均不适用于本标准，然而，鼓励根据本标准达成协议的各方研究是否可使用这些文件的最新版本。凡是不注日期的引用文件，其最新版本适用于本标准。

GB/T 1408.1—1999 固体绝缘材料电气强度试验方法 工频下的试验（eqv IEC 60243-1:1988）

GB 1984—2003 高压交流断路器（IEC 62271-100:2001 MOD）

GB 1985—2004 高压交流隔离开关和接地开关（IEC 62271-102:2002 MOD）

GB/T 2423.17—1993 电工电子产品基本环境试验规程 第 17 部分 试验 Ka：盐雾试验方法（eqv IEC 60068-2-11:1981）

GB/T 2900.20—1994 电工术语 高压开关设备（neq IEC 60050(441)、IEC 60056 等）

GB 3804—2004 3.6 kV～40.5 kV 高压交流负荷开关（IEC 60265-1:1998 MOD）

GB 4208—1993 外壳防护等级（IP 代码）（eqv IEC 60529:1989）

GB/T 7354—2003 局部放电测量（IEC 60270:2000 IDT）

GB/T 8905—1996 六氟化硫电器设备中气体管理和检验导则（neq IEC 60480:1974）

GB/T 11022—1999 高压开关设备和控制设备标准的共用技术要求（eqv IEC 60694:1996）

GB/T 14808—2001　高压交流接触器和基于接触器的电动机起动器(eqv IEC 60470:1999)
GB 16926—1997　交流高压负荷开关——熔断器组合电器(eqv IEC 60420:1990)
GB/T 16927.1—1997　高电压试验技术　第一部分　一般试验要求(eqv IEC 60060-1:1989)
IEC 60466:1987　1 kV～38 kV 交流绝缘封闭开关设备和控制设备
IEC 60694:2002　高压开关设备和控制设备标准的共用技术要求
IEC 60909-0:2001　三相交流系统中的短路电流　第 0 部分　电流的计算
IEC 61634:1995　高压交流断路器——高压开关设备和控制设备中六氟化硫的使用与处理
ISO/IEC 导则 51:1999　安全性方面——适用于标准内容的导则

2　正常和特殊使用条件

按 GB/T 11022—1999 中第 2 章的规定，并做如下补充：

除本标准中另有规定外，金属封闭开关设备和控制设备是按正常使用条件设计的。

3　术语和定义

GB/T 2900.20—1994 和 GB/T 11022—1999 规定的以及下列术语和定义适用于本标准。

3.101

开关设备和控制设备　switchgear and controlgear

开关装置与相关控制、测量、保护和调节设备的组合、以及与相关的辅件、外壳和支持件及其内部连接所构成的设备的总称。

3.102

金属封闭开关设备和控制设备　metal-enclosed switchgear and controlgear

除外部连接外，全部装配完成并封闭在接地金属外壳内的开关设备和控制设备。

3.103

功能单元（总装的）　functional unit(of an assembly)

功能单元是金属封闭开关设备和控制设备的一部分，包括为满足单一功能的主回路和辅助回路的所有元件。

注：功能单元可以根据预定的功能来区分，例如：进线单元，出线单元等。

3.104

多层　multi-tier

两个或多个功能单元垂直布置在一个外壳内。

3.105

运输单元　transport unit

不需拆开便可以运输的金属封闭开关设备和控制设备的一部分。

3.106

外壳　enclosure

金属封闭开关设备和控制设备的一部分，它能够提供规定的防护等级，以保护内部设备不受外界影响，防止人员接近或触及带电部分，防止人员触及运动部分。

3.107

隔室　compartment

金属封闭开关设备和控制设备的一部分，除内部连接、控制或通风所必要的开孔外，其余均封闭。

隔室分为四种类型，其中三种可以打开，称为可触及隔室(见 3.107.1 到 3.107.3)，一种不能打开，称为不可触及隔室(见 3.107.4)。

注：隔室可以按内部安装的主要元件来进一步划分，见 5.103.1。

3.107.1

联锁控制的可触及隔室　interlock-controlled accessible compartment

内部装有高压部件，按制造厂的规定，可以打开进行正常操作和/或维护，触及受开关设备和控制设备总体设计控制的隔室。

注：安装、扩展和修理等不是正常的维护。

3.107.2

基于程序的可触及隔室　procedure-based accessible compartment

内部装有高压部件，按制造厂的规定，可以打开进行正常操作和/或维护，触及受适当的程序结合锁具控制的隔室。

注：安装、扩展和修理等不是正常的维护。

3.107.3

基于工具的可触及隔室　tool-based accessible compartment

内部装有高压部件，可以打开，但不是为了进行正常操作和维护，需要专用程序和工具才能打开的隔室。

3.107.4

不可触及隔室　unaccessible compartment

内部装有高压元件，不可以打开的隔室。打开会破坏隔室的完整性。隔室有不可打开的明显警示。

3.108

隔板　partition

金属封闭开关设备和控制设备的一个部件，它将一个隔室与另一个隔室隔开。

3.109

隔板的等级　partition class

根据隔离带电部分所用的是金属隔板还是非金属隔板，将其分类如下：

3.109.1

PM 级隔板　partition class PM

在打开的隔室和主回路的带电部件之间，金属封闭开关设备和控制设备具有的连续并接地的金属隔板和/或活门（如果适用时）。

3.109.2

PI 级隔板　partition class PI

在打开的隔室和主回路的带电部件之间，金属封闭开关设备和控制设备具有的一个或多个非金属隔板和/或活门。

3.110

活门　shutter

金属封闭开关设备和控制设备的一种部件，它具有两个可以转换的位置，一个位置是允许可移开部件的触头或隔离开关的动触头与固定触头接合，在另一个位置，它成为外壳或隔板的一部分，遮住固定触头。

3.111

分隔（导体的）　segregation（of conductors）

将接地的金属板插在导体之间的一种导体布置，这使得破坏性放电只能对地发生。

注：分隔可以建立在导体之间，也可以建立在开关装置打开的触头之间。

3.112

套管　bushing

能使一根或多根导体穿过外壳或隔板并使导体与外壳或隔板绝缘的一种构件，包括固定用的附件。

3.113

元件 component

金属封闭开关设备和控制设备主回路和接地回路中，具有特定功能的基本部件(例如，断路器、隔离开关、负荷开关、熔断器、互感器、套管、母线)。

3.114

主回路(总装的) main circuit(of an assembly)

金属封闭开关设备和控制设备中传送电能回路中的所有导电部分。

3.115

接地回路 earthing circuit

每个接地装置或接地点到设备用于与外部接地系统相连的端子间的连接。

3.116

辅助回路 auxiliary circuit

金属封闭开关设备和控制设备中用于控制、测量、信号指示和调节回路(非主回路)的所有导电部分。

注：金属封闭开关设备和控制设备的辅助回路包括开关装置的控制和辅助回路。

3.117

压力释放装置 pressure relief device

用于限制充流体隔室压力的装置。

3.118

充流体隔室 fluid-filled compartment

金属封闭开关设备和控制设备的一种隔室，其中充有绝缘和/或开断用流体，即气体(不是周围空气)或液体。

3.118.1

充气隔室 gas-filled compartment

见 GB/T 11022—1999 的 3.6.5.1。

3.118.2

充液体隔室 liquid-filled compartment

金属封闭开关设备和控制设备的一种隔室，其中充有液体，内部的压力为大气压力，或其压力由下列系统之一保持：

——可控压力系统；

——封闭压力系统；

——密封压力系统。

压力系统参见 GB/T 11022—1999 的 3.6.6。

3.119

相对压力 relative pressure

相对于标准大气压力 101.3 kPa 的压力。

3.120

最低功能水平(充流体隔室的) minimum functional level(of fluid-filled compartments)

气体压力值[相对压力，用 Pa(或密度)表示]或液体的质量，在此值及以上时，才能保证金属封闭开关设备和控制设备的额定值。

3.121

设计水平(充流体隔室的) design level (of fluid -filled compartments)

是指用于确定充气隔室设计的气体压力值[相对压力，用 Pa(或密度)表示]或充液隔室设计的液体质量。

3.122

设计温度(充流体隔室的) design temperature(of fluid -filled compartments)

在运行条件下,充流体隔室的气体或液体所能达到的最高温度。

3.123

周围空气温度(金属封闭开关设备和控制设备的) ambient air temperature(of metal-enclosed switchgear and controlgear)

在规定的条件下测得的金属封闭开关设备和控制设备外壳周围的空气温度。

3.124

可移开部件 removable part

金属封闭开关设备和控制设备中能够被完全移出并能被替换的连接到主回路的部件,即使功能单元的主回路带电也不例外。

3.125

可抽出部件 withdrawable part

金属封闭开关设备和控制设备的可移开部件,它可以移到使打开的触头之间形成一个隔离断口或分离,此时仍与外壳保持机械联系。

3.126

工作位置(接通位置) service position(connected position)

为完成预定的功能,可移开部件处于完全接通的位置。

3.127

接地位置 earthing position

可移开部件的位置或隔离开关的状态,此时,开关装置的合闸操作,使主回路短路并接地。

3.128

试验位置(可抽出部件的) test position(of a withdrawable part)

可抽出部件的位置,在此位置,主回路形成一个隔离断口或分隔,辅助回路是接通的。

3.129

隔离位置(可抽出部件的) disconnected position (of a withdrawable part)

可抽出部件的位置,在此位置,可抽出部件回路中形成一个隔离断口或分隔,但可抽出部件仍与外壳保持机械联系。

注:在高压金属封闭开关设备和控制设备中,辅助回路可以不断开。

3.130

移开位置(可移开部件的) removed position(of a removable part)

可移开部件的位置,可移开部件在外壳外面,且与外壳脱离了机械和电气联系。

3.131

运行连续性的丧失类别 loss of service continuity category (LSC)

根据主回路隔室打开时其他隔室和/或功能单元是否可继续带电划分的设备类别。

注1:LSC类别描述了当需要触及主回路隔室时开关设备和控制设备可以继续带电运行的范围。打开装有带电设备的主回路隔室的范围取决于多种因素(见8.2)。

注2:LSC类别不规定开关设备和控制设备的可靠性类别(见8.2)。

3.131.1

LSC2类开关设备和控制设备 category LSC2 switchgear and controlgear

有可触及隔室的金属封闭开关设备和控制设备。打开功能单元的任意一个可触及隔室,所有其他功能单元仍旧可以继续带电正常运行的金属封闭开关设备和控制设备。一种例外的情况是:打开单母线开关设备和控制设备的母线隔室时，不能连续运行。

单母线开关设备和控制设备的母线隔室除外。

又可划分两个分类：

LSC2B：打开功能单元的其他可触及隔室，该功能单元的电缆隔室仍旧可以带电的 LSC2 类金属封闭开关设备和控制设备。

LSC2A：除 LSC2B 外的 LSC2 类金属封闭开关设备和控制设备。

3.131.2

LSC1 类开关设备和控制设备　category LSC1 switchgear and controlgear

除 LSC2 类外的金属封闭开关设备和控制设备。

3.132

内部电弧级开关设备和控制设备(IAC)　internal arc classified switchgear and controlgear(IAC)

经试验验证能满足在内部电弧情况下保护人员规定要求的金属封闭开关设备和控制设备。

注：其他内容参考附录 A。

3.133

防护等级　degree of protection

外壳以及适用时的隔板或活门提供的、防止接近危险部件、防止固体外物进入和/或防止水的浸入，并由标准试验方法验证过的保护程度。

3.134

额定值　rated value

一般由制造厂对元件、装置、设备按规定的运行条件所指定的量值。

注：具体的额定值见第 4 章。

3.135

破坏性放电　disruptive discharge

在电场作用下伴随绝缘破坏而产生的一种现象，此时放电完全跨接了被试绝缘，使电极之间的电压降到零或接近于零。

注 1：该术语适用于在固体、液体和气体介质以及其组合中的放电；

注 2：固体介质中的破坏性放电，会导致永久地丧失绝缘强度(非自恢复绝缘)；而在液体和气体介质中可能仅是暂时丧失绝缘强度(自恢复绝缘)；

注 3：破坏性放电发生在气体或液体介质中时，叫做“火花放电”；破坏性放电发生在气体或液体介质中的固体介质表面时，叫做“闪络“；破坏性放电贯穿于固体介质时，叫做“击穿”。

4　额定值

金属封闭开关设备和控制设备的额定值如下：

a)　额定电压(U_r)和相数；

b)　额定绝缘水平；

c)　额定频率(f_r)；

d)　额定电流(I_r)(主回路的)；

e)　额定短时耐受电流(I_k)(主回路的和接地回路的)，如果适用；

f)　额定峰值耐受电流(I_p)(主回路的和接地回路的)，如果适用；

g)　额定短路持续时间(t_k)(主回路的和接地回路的)，如果适用；

h)　金属封闭开关设备和控制设备中各元件(包括它们的操动装置和辅助设备)的额定值；

i)　额定充入水平(充流体隔室的)。

4.1　额定电压(U_r)

按 GB/T 11022—1999 中 4.1 和 4.1.1 的规定。

注：对于金属封闭开关设备和控制设备的各组成元件，可按其有关标准具有各自的额定电压值。

4.2 额定绝缘水平

按 GB/T 11022—1999 中 4.2 的规定。

4.3 额定频率(f_r)

按 GB/T 11022—1999 中 4.3 的规定，并做如下补充：

金属封闭开关设备和控制设备的标准值为 50 Hz。

4.4 额定电流和温升

4.4.1 额定电流(I_r)

按 GB/T 11022—1999 中 4.4.1 的规定，并做如下补充：

金属封闭开关设备和控制设备的某些主回路(如母线、配电线路等)可以有不同的额定电流值。

4.4.2 温升

按 GB/T 11022—1999 中 4.4.2 的规定，并做如下补充：

金属封闭开关设备和控制设备中各元件的温升不包含在 GB/T 11022—1999 所规定的范围内，而是按照它们各自的技术条件，则其温升不得超过该元件标准规定的限值。

当考虑母线的最高允许温度或温升时，应根据工作情况，按触头、连接及与绝缘材料接触的金属部件的最高允许温度或温升确定。

可触及的外壳和盖板的温升不应超过 30 K。对可触及而在正常运行时毋需触及的外壳和盖板，如果公众不可触及，则其温升极限可增加 10 K。

4.5 额定短时耐受电流 (I_k)

按 GB/T 11022—1999 中 4.5 的规定，并做如下补充：

对接地回路也应规定额定短时耐受电流，其数值可以与主回路的不同。

4.6 额定峰值耐受电流(I_p)

按 GB/T 11022—1999 中 4.6 的规定，并做如下补充：

对接地回路也应规定额定峰值耐受电流，其数值可以与主回路的不同。

注：原则上，主回路的额定短时耐受电流和额定峰值耐受电流不能超过串联于该回路中最薄弱元件的相应额定值。但每一个回路或隔室都可以采用限制短路电流的器件，例如，使用限流熔断器、电抗器等。

4.7 额定短路持续时间(t_k)

按 GB/T 11022—1999 中 4.7 的规定，并做如下补充：

对接地回路也应规定额定短路持续时间，其数值可以与主回路的不同。

4.8 合、分闸装置和辅助、控制回路的额定电源电压(U_a)

按 GB/T 11022—1999 中 4.8 的规定。

4.9 合、分闸装置和辅助回路的额定电源频率

按 GB/T 11022—1999 中 4.9 的规定。

4.10 绝缘和/或操作用压缩气源的额定压力

按 GB/T 11022—1999 中 4.10 的规定。

4.101 额定充入水平(充流体隔室的)

制造厂规定的在投入运行前充入隔室的充气压力[相对于 20℃ 和 101.3 kPa 大气条件，用 MPa(相对压力)或密度表示]或充入液体的质量。

5 设计和结构

金属封闭开关设备和控制设备的设计应使得正常运行、检查、维护操作和主回路是否带电状态的确定，包括通常的相序检查、连接电缆的接地、电缆故障的定位、连接电缆或其他器件的电压试验以及消除危险的静电电荷均能够安全地进行。

类型、额定值和结构相同的所有可移开部件和元件在机械上和电气上应有互换性。

当这些可移开部件和元件以及隔室的设计在机械上允许互换时，可以安装相同或较大额定电流和绝缘水平的可移开部件和元件，以代替相同或者较小额定电流和绝缘水平的可移开部件和元件。这通常不适用于限流装置。

注：配装较高额定值的可移开部件或元件并不是必须提高功能单元的能力，或意味着功能单元能够运行在可移开部件或元件的额定值。

装于外壳内的各种元件都应满足各自的技术要求。

主回路有限流熔断器时，开关设备和控制设备制造厂可以规定熔断的短路电流。

5.1　对开关设备和控制设备中液体的要求

按 GB/T 11022—1999 中 5.1 的规定。

5.2　对开关设备和控制设备中气体的要求

按 GB/T 11022—1999 中 5.2 的规定，并做如下补充：

可使用满足 GB/T 8905—1996 规定的 SF_6 气体。

注：六氟化硫的处理见 IEC 61634:1995。

5.3　接地

接地回路的短时耐受电流值取决于使用设备的系统中性点的接地类型。

注 1：对用于中性点直接接地系统的设备，接地回路的短时耐受电流最大值可达到主回路的额定短时耐受电流。

注 2：对用于中性点非直接接地系统的设备，接地回路的短时耐受电流最大值可达到主回路的额定短时耐受电流的 87%（异相接地故障情况下的短路）。

接地回路通常设计成只能耐受一次短路故障。

5.3.1　主回路的接地

为了确保维护时的人员安全，规定或需要触及的主回路中的所有部件都应能事先接地，这不包括与开关设备和控制设备分离后变成可触及的可移开部件。

5.3.2　外壳的接地

按 GB/T 11022—1999 中 5.3 的规定，并做如下补充：

在最后安装时，应通过接地导体将运输单元相互连接，相邻运输单元之间的该连接应能承受接地回路的额定短时耐受电流和峰值耐受电流。

注 1：一般地，如果延伸到金属封闭开关设备和控制设备的整个长度的接地导体具有足够的截面积，则认为完全可以满足上述要求。

如果接地导体是铜质的，则在规定的接地故障条件下，当额定短路持续时间为 1 s 时，其中的电流密度不超过 200 A/mm^2；当额定短路持续时间 3 s 时，其中的电流密度不超过 125 A/mm^2。且其截面不得小于 30 mm^2。接地导体的末端应有合适的端子以便与设备的接地系统相连接。如果接地导体不是铜质的，则应满足等效的热效应和机械效应要求。

注 2：导体横截面积的计算方法参考附录 D。

每个功能单元的外壳都应连接到这个接地导体。固定在外壳上的小部件，只要直径不超过 12.5 mm，就不需要连接到这个接地导体，例如：螺母。除主回路和辅助回路外的所有要接地的金属零件都应直接或通过金属构件连接到接地导体。

通过框架、盖板、门、隔板或其他构件间的电气连续性确保功能单元内部相互之间的接地连接（例如：通过螺钉或焊接方法固定）。高电压隔室的门应采用适当的方法连接到框架。

注 3：外壳和门见 5.102。

5.3.3　接地装置的接地

当接地连接必须承受全部的三相短路电流值（如短路连接用于接地装置情况下）时，这些连接应选用相应的尺寸。

5.3.4　可抽出部件和可移开部件的接地

可抽出部件应接地的金属部分在试验位置和隔离位置以及所有的中间位置时均应保持接地。在所有位置，接地连接的载流能力不应小于对外壳的要求值(见5.102.1)。

插入时，通常接地的可移开部件的金属部分应在主回路的可移开部件与固定触头接触之前接地。

如果可抽出部件或可移开部件包括将主回路接地的其他接地装置，则应认为工作位置的接地连接是接地回路的一部分，具有相关的额定值(见4.5、4.6和4.7)。

5.4 辅助设备和控制设备

按IEC 60694:2002中5.4的规定。

5.5 动力操作

按GB/T 11022—1999中5.5的规定。

5.6 储能操作

按GB/T 11022—1999中5.6的规定。

5.7 不依赖人力的操作

按GB/T 11022—1999中5.7的规定。

5.8 脱扣器的操作

按GB/T 11022—1999中5.8的规定。

5.9 低压力闭锁、高压力闭锁和监视装置

按GB/T 11022—1999中5.9的规定。

5.10 铭牌

按GB/T 11022—1999中5.10的规定，并做如下补充：

金属封闭开关设备和控制设备的铭牌应耐久清晰、易识别，铭牌应包括表1规定的内容：

在正常运行期间，应能看清楚各功能单元的铭牌。若有可移开部件，它应有标明所属功能单元有关数据的单独铭牌，但仅要求在移开位置时能看清这些铭牌。

5.11 联锁装置

按GB/T 11022—1999中5.11的规定。并做如下补充：

为了防护和便于操作，设备的不同元件间应装设联锁。在设计时，应优先考虑机械联锁。下列规定对主回路是强制性的：

a) 具有可移开部件的金属封闭开关设备和控制设备

断路器、负荷开关或接触器只有处于分闸位置时才能抽出或插入。

断路器、负荷开关或接触器只有处在工作位置、隔离位置、移开位置、试验位置或接地位置时才能操作。

断路器、负荷开关或接触器只有在与自动分闸相关的辅助回路都已接通时才可以在工作位置合闸。相反地，断路器在工作位置处于合闸状态时辅助回路不能断开。

表1 铭牌参数

项　目	缩写	单位	a	条件：仅当需要时才标注
(1)	(2)	(3)	(4)	(5)
制造厂			×	
型号			×	
出厂编号			×	
制造年月			×	
适用的标准			×	
额定电压	U_r	kV	×	
额定频率	f_r	Hz	×	

表 1（续）

<table>
<tr><th colspan="2">项　　目</th><th>缩写</th><th>单位</th><th>a</th><th>条件：仅当需要时才标注</th></tr>
<tr><td colspan="2">额定雷电冲击耐受电压</td><td>U_p</td><td>kV</td><td>×</td><td></td></tr>
<tr><td colspan="2">额定短时工频耐受电压</td><td>U_d</td><td>kV</td><td>×</td><td></td></tr>
<tr><td colspan="2">额定电流</td><td>I_r</td><td>A</td><td>×</td><td></td></tr>
<tr><td colspan="2">额定短时耐受电流（主回路和接地回路的）</td><td>I_k</td><td>kA</td><td>×</td><td></td></tr>
<tr><td colspan="2">额定峰值耐受电流（主回路和接地回路的）</td><td>I_p</td><td>kA</td><td>Y</td><td>不是额定短时耐受电流的 2.5 倍时</td></tr>
<tr><td colspan="2">额定短路持续时间（主回路和接地回路的）</td><td>t_k</td><td>s</td><td>×</td><td></td></tr>
<tr><td colspan="2">绝缘用的额定充入水平</td><td>p_{re}</td><td>MPa 或 kg</td><td>(×)</td><td></td></tr>
<tr><td colspan="2">绝缘用的报警水平</td><td>p_{ae}</td><td>MPa 或 kg</td><td>(×)</td><td></td></tr>
<tr><td colspan="2">绝缘用的最低功能水平</td><td>P_{me}</td><td>MPa 或 kg</td><td>(×)</td><td></td></tr>
<tr><td rowspan="4">内部电弧试验特征</td><td>内部电弧等级</td><td>IAC</td><td></td><td>(×)</td><td></td></tr>
<tr><td>可触及的种类(代码)</td><td></td><td>A(F,L,R),
B(F,L,R),
C</td><td>(×)</td><td></td></tr>
<tr><td>电弧试验的电流</td><td></td><td>kA</td><td>(×)</td><td></td></tr>
<tr><td>电弧试验电流的持续时间</td><td></td><td>s</td><td>(×)</td><td></td></tr>
</table>

注 1：栏(2)中的缩写可以用来代替栏(1)中的术语。

注 2：采用栏(1)中的术语时，“额定”一词可以不出现。

a　×表示这些数值的标记是强制性的；

(×) 表示这些数值的标记是根据适用的情况；

Y 表示这些数值的标记是根据栏(5)的条件。

b)　装有隔离开关的金属封闭开关设备和控制设备

应装设联锁以防止在规定条件(见 GB 1985—2004)以外操作隔离开关。只有相关的断路器、负荷开关或接触器在分闸位置时才能操作隔离开关。

注 1：在双母线系统，若母线切换时不中断电流，则上述规定可以不考虑。

只有相关的隔离开关处于合闸位置、分闸位置或接地位置(如果有)时，断路器、负荷开关或接触器才能操作。

附加或替代联锁的规定，应根据制造厂与用户的协议。制造厂应提供与联锁的特性和功能相关的所有必要的资料。

接地开关与相关的隔离开关之间应加装联锁。

对于那些因操作不正确而可能引起损坏、或在检修时用于建立隔离断口的主回路元件，应装设锁定装置(例如，加装挂锁)。

如果回路通过与接地开关串联的主开关装置(断路器、负荷开关或接触器)接地，则接地开关应与主开关装置联锁。且应采取措施以防主开关装置意外分闸，例如：通过断开脱扣回路或阻塞机械脱扣。

注 2：除接地开关外，也可能是隔离开关处于接地位置。

如果有非机械联锁，则设计应使得在没有辅助电源时不会出现不适宜情况。但是，对于紧急控制，制造厂可给出没有联锁设施、手动操作的其他方法。在这种情况下，制造厂应明确地指明该设施，并规定操作程序。

5.12　位置指示

按 GB/T 11022—1999 中 5.12 的规定。

5.13　外壳的防护等级

按 GB/T 11022—1999 中 5.13 的规定。

5.14　爬电距离

按 GB/T 11022—1999 中 5.14 的规定。

5.15　气体和真空的密封

按 GB/T 11022—1999 中 5.15 的规定。并做如下补充：

见 5.103.2.3。

5.16　液体的密封

按 GB/T 11022—1999 中 5.16 的规定。并做如下补充：

见 5.103.2.3。

5.17　易燃性

按 GB/T 11022—1999 中 5.17 的规定。

5.18　电磁兼容性(EMC)

按 GB/T 11022—1999 中 5.18 的规定。

5.101　内部故障

满足本标准要求设计和制造的金属封闭开关设备和控制设备，原则上能够防止内部故障的出现。

用户也应根据电网特征、运行程序和使用条件(见 8.3)进行适当的选择。

如果按照制造厂的说明书安装、运行和维护开关设备，则在其整个使用期间出现内部电弧的概率是很小的，但不应完全忽视。

因产品缺陷、异常的使用条件或者误操作引起的外壳内部的故障可能导致内部电弧，如果现场有人员，会造成伤害。

经验表明：故障很可能出现在外壳内部的某些位置。第 8 章的表 2 列出了容易出现内部故障的部位、故障起因以及减小内部故障概率的措施。

可以采用其他措施使在内部电弧情况下对人员提供尽可能高等级的保护。这些措施的目的在于限制内部故障的对外影响。

例如以下措施：

——利用光传感器、压力传感器、热传感器或者母线差动保护快速切除故障，缩短故障时间；

——采用适当的熔断器与开关装置组合来限制允通电流和故障持续时间；

——利用快速传感、快速合闸装置(灭弧器)将电弧快速转移到金属短接回路快速消除电弧；

——遥控；

——压力释放装置；

——仅当前门关闭时，才把可抽出部件从工作位置移开到其他位置或由其他位置移到工作位置。

可用附录 A 的试验来检验设备在内部电弧情况下对人员提供规定防护等级的设计效果。成功通过试验验证的设计归为 IAC 类。

5.102　外壳

5.102.1　总则

除符合 5.102.4 的观察窗外，外壳应是金属的。只要金属隔板或活门完全封闭了高压部件，外壳也可以是绝缘材料的。金属封闭开关设备和控制设备安装完成后，其外壳至少要满足 GB/T 11022—1999 表 6 中的 IP2X 防护等级。为了确保防护，还应符合下述条件：

从外壳的金属件到规定的接地点通过 30 A(DC)时，其电压降最大为 3 V。地板表面，虽然不是金属的，但可认为是外壳的一部分。安装说明书中应给出为了获取地板表面提供的防护等级所采取的方法。

安装房间的墙壁不能作为外壳的一部分。

界定不可触及隔室的外壳部件应清楚地标明且不可拆除。

外壳的水平表面，例如顶板，通常设计成不支撑人员和除总装部件外的其他设备。如果制造厂声明在运行或维护时有必要站在开关设备和控制设备或在其上行走时，则相关的区域应设计成可以承载运行人员的重量而不出现过度变形并仍能适于运行。在这种情况下，设备上那些不能安全地站立或行走的区域，例如压力释放板，应清晰地标明。

5.102.2 盖板和门

作为外壳一部分的盖板和门应是金属的，如果高压部件由打算接地的金属隔板或活门封闭，盖板和门也可以是绝缘材料的。

当作为外壳一部分的盖板和门关闭后，应具有与外壳相同的防护等级。

盖板和门不应使用网状的金属编制物、拉制的金属及类似的材料制成。当盖板或门上有通风通道、通风口或观察窗时，参见5.102.4和5.102.5。

根据高压隔室的可触及类型，把盖板和门分成两类：

a) 导致触及基于工具的可触及隔室的盖板或门

在正常运行和维护时不需要打开的盖板(固定盖板)或门。若不使用工具，此类盖板和门应不能打开、拆下或移开；

注1：仅在采取了预防措施确保电气安全后方可打开这些盖板。

注2：应注意，作为维护程序的一部分，在门或盖板打开、主回路中没有电压/电流时，才能操作开关装置(如果需要)。

b) 导致触及联锁控制的可触及隔室或基于程序的可触及隔室的盖板或门

按制造厂的规定，日常工作和/或日常维护需要触及的隔室，应有盖板和门。这些盖板和门应不需要工具就能打开或移开，并有下列特征：

——联锁控制的可触及隔室

这些隔室应配有联锁装置以便使隔室里可触及的主回路部件在不带电且接地时或在隔离位置且相应的活门关闭后才可能打开该隔室；

——基于程序的可触及隔室

这些隔室应有上锁措施，例如挂锁。

注3：用户应提出适当的程序以保证基于程序的可触及隔室仅在隔室中可触及的主回路部件不带电且接地、或在隔离位置时且相应的活门关闭后才可能打开该隔室。该程序可以由设备的制造商或用户的安全规范规定。

5.102.3 作为外壳一部分的隔板或活门

如果可移开部件处于3.127到3.130规定的任意一个位置时隔板或活门都成为外壳的一部分，则它们应是金属的并接地且能提供对外壳规定的防护等级。

注1：如果在从3.127到3.130定义的任意一个位置可触及，且在从3.126到3.130定义的所有位置没有可以关闭的门，则隔板或活门应成为外壳的一部分。

注2：如果在从3.126到3.130定义的所有位置提供了能够关闭的门，则认为门后的隔板或活门不是外壳的一部分。

5.102.4 观察窗

观察窗至少应达到对外壳规定的防护等级。

观察窗应该使用机械强度与外壳相近的透明板遮盖。同时，应有足够的电气间隙或静电屏蔽等措施(例如，在观察窗的内侧加一个适当的接地金属编织网)，防止形成危险的静电电荷。

主回路带电部分与观察窗的可触及表面之间的绝缘，应能耐受GB/T 11022—1999中4.2规定的对地和极间的试验电压。

5.102.5 通风通道、通风口

通风通道和通风口的布置或防护，应使它具有与外壳相同的防护等级。通风通道和通风口可以使用网状编制物或类似的材料制造，但应具有足够的机械强度。

通风通道和通风口的布置,应考虑到在压力作用下排出的气体或蒸汽不致危及到操作人员。

5.103 隔室

5.103.1 概述

隔室应以其中的主要元件来命名,例如,断路器隔室,母线隔室,电缆隔室等。

当电缆终端和其他主要元件——断路器、母线等在同一隔室时,则命名应首先考虑其他主要元件。

注:隔室可以根据所封闭的几个元件进一步划分,例如,电缆/CT 隔室等。

隔室可以是各种形式的,例如:

——充液隔室;

——充气隔室;

——固体绝缘隔室。

只要满足 IEC 60466:1987 中规定的条件,单独嵌入在固体绝缘材料中的主要元件可以被看成隔室。

隔室间相互连接所必须的开孔应该用套管或其他等效方法加以封闭。

母线隔室可以延伸到几个功能单元而不采用套管或其他等效方法。但是,对于 LSC2 类开关设备和控制设备,每组母线应有独立的隔室,例如,双母线系统中以及可开合或隔离的母线段。

5.103.2 充流体(气体或液体)隔室

5.103.2.1 概述

隔室应能承受运行中的正常压力和瞬态压力。

当充气隔室在运行中长期持续承受压力时,它们所处的特殊的运行条件与压缩空气容器和类似的压力容器是不同的,这些不同的条件是:

——充气隔室通常充以非常干燥、稳定、惰性的无腐蚀性气体。由于维持这些气体的压力波动很小,所采取的措施是开关设备和控制设备运行的基础,且隔室的内壁不会遭受腐蚀,故在确定隔室的设计时,不需要考虑这些因素;

——设计压力小于或等于 0.3 MPa(相对压力)。

对户外设备,制造厂应考虑气候条件的影响。见 GB/T 11022—1999 的第 2 章。

5.103.2.2 设计

应根据流体的性质、本标准定义的设计温度和设计水平(如果适用)来设计充流体隔室。

充流体隔室的设计温度通常是在周围空气温度上升时导体中流过额定电流引起流体温度升高到的上限值。对于户外设备,应考虑其他可能的影响,例如太阳辐射。外壳的设计压力应不小于外壳在设计温度时内部能达到的压力的上限值。

对于充流体隔室,应考虑产生内部故障(见 5.101)的可能性以及下列因素:

——隔室壁或隔板两边可能的全部压力差,包括正常充气或维护时抽真空过程中可能出现的压力差。

——具有不同运行压力的相邻隔室间发生泄漏事件时引起的压力。

5.103.2.3 密封

制造厂应规定充流体隔室所采用的压力系统和允许泄漏率(按 GB/T 11022—1999 中 5.15 和 5.16 的规定)。

为了能够进入封闭压力系统的或可控压力系统的充流体隔室,如果用户要求,制造厂应规定透过隔板的允许泄漏量。

最低功能水平超过 0.1 MPa (相对压力)的充气隔室,当压力(+20℃时)下降到低于最低功能水平时,应给出指示(见 3.120)。

充气隔室与充液体隔室(例如电缆盒、电压互感器)之间的隔板,不应出现影响两种介质绝缘性能的任何泄漏。

5.103.2.4 充流体隔室的压力释放

当有压力释放装置或设计时，它们应这样布置：当操作者进行正常操作时，如果在压力作用下有气体或蒸汽逸出，应使操作者遭受到的危险降低到可接受的程度。压力释放装置在低于1.3倍设计压力时不应动作。压力释放装置可能是设计的薄弱区域(例如：隔室的)或自爆装置(例如：爆破盘)。

5.103.3 隔板和活门

5.103.3.1 概述

隔板和活门至少应达到GB/T 11022—1999中表6规定的IP2X防护等级。

当相邻隔室为常规气压时，隔板应能够提供机械防护(如果适用)。

应采用套管或其他等效方法使导体穿过隔板以满足要求的IP等级。

金属封闭开关设备和控制设备外壳上和隔室隔板上的开口(通过它可移开部件或可抽出部件和固定触头啮合)应采用在正常运行中操作的自动活门以便在3.126到3.130定义的所有位置确保对人员的防护。应采取措施确保活门的可靠动作，例如，通过机械驱动，此时活门的运动是由可移开部件或可抽出部件的运动正向驱动。

并不是在任何情况下从打开的隔室都能很容易地确定活门的状态(例如，电缆隔室打开但活门却在断路器隔室)。在这种情况下，可能需要进入第二个隔室或用可靠的指示装置或观察窗来确定活门的状态。

如果为了维护或试验需要打开活门触及一组或多组固定触头，则应有措施使每组活门能独立地锁定在关闭位置。如果维护或试验时，为了使活门保持在打开位置而使得活门不能自动关闭，则只有在活门恢复了自动动作功能后，开关装置才能够推回到工作位置。活门自动动作功能可以通过将开关装置推回到工作位置来恢复。

另外，插入临时隔板可能防止暴露带电的固定触头(见10.4)。

对于PM级，打开的隔室和主回路带电部件之间的隔板和活门应是金属的。否则，就是PI级(见3.109)。

5.103.3.2 金属隔板和活门

金属隔板和活门或它们的金属部件应连接到功能单元的接地点，且能够在承载30 A(DC)电流时到规定接地点的电压降不超过3 V。

根据IP2X的防护等级，金属隔板和关闭的活门中的间隙不应超过12.5 mm。

5.103.3.3 非金属隔板和活门

全部或部分由绝缘材料制成的隔板和活门应满足下述要求：

a) 主回路带电部分和绝缘隔板、活门的可触及的表面之间的绝缘，应能耐受GB/T 11022—1999中4.2规定的对地和极间试验电压；

b) 绝缘材料同样应耐受项a)中规定的工频试验电压。GB/T 1408.1—1999所规定的试验方法适用；

c) 主回路带电部分和绝缘隔板、活门的内表面之间，至少应能耐受150%的设备额定电压；

d) 如果通过绝缘表面的连续路径或通过被小的气体或液体间隙截断的路径而在绝缘的隔板和活门的可触及表面产生泄漏电流，在规定的试验条件(见6.104.2)下，此泄漏电流不应超过0.5 mA。

5.104 可移开部件

用以在高压导体之间形成隔离断口的可移开部件应符合GB 1985—2004的规定，但机械操作试验(见6.102和7.102)除外。该隔离装置只用于维护。

如果可移开部件打算用做隔离开关，或者与仅用于维护目的可移开部件相比，打算更加频繁地移开或更换，则试验应包括机械操作试验，并符合GB 1985—2004的规定。

应能判定隔离开关或接地开关的操作位置，如果满足下列条件之一，则认为满足此要求：

——隔离断口是可见的；

——可抽出部件相对于固定部分的位置是清晰可见的，并且可以清楚辨别完全接通和完全断开位置；

——可抽出部件的位置由可靠的指示器指示。

注：参见 GB 1985—2004。

任何可移开部件与固定部分的连接，在正常运行条件下，特别是在短路时，不会由于可能出现的力的作用而被意外地打开。

对 IAC 级开关设备和控制设备，在内部电弧情况下，可抽出部件推进到工作位置或由工作位置抽出都不应降低规定的防护等级。例如，可以通过仅在用于保护人员安全的盖板和门关闭时才能操作来实现。也可以采用防护水平等效的其他措施。所用设计的有效性应由试验验证(见 A.1)。

5.105 电缆绝缘试验的规定

绝缘试验时，如果电缆不能与金属封闭开关设备和控制设备断开，那些仍然和电缆连接的部件应能按照相关的电缆标准要求耐受制造厂规定的电缆试验电压。也就是说，当隔离断口一侧带有正常的系统对地电压时，在隔离断口的另一侧连接的电缆上进行试验。

见 6.2.101 规定的绝缘试验。

注：应注意这样一个事实：在某些情况下，金属封闭开关设备和控制设备的隔离断口的一侧施加电缆试验电压而另一侧仍然带电时，隔离断口之间的实际电压已经接近或超过其额定工频试验电压，断口之间的绝缘没有了安全裕度。

5.106 防腐蚀要求

在金属封闭开关设备和控制设备运行期间，应采取措施防止对设备的腐蚀。外壳的所有螺栓和螺钉都应易于拆卸。特别是对于具有充气隔室的设备，因为可能导致丧失密封性，接触的不同材料间的电镀腐蚀应予以考虑。考虑到螺栓和螺钉的腐蚀应保证接地回路的电气连续性。

6 型式试验

6.1 概述

按 GB/T 11022—1999 第 6 章的规定，并做如下补充：

装在金属封闭开关设备和控制设备内的元件，如果它们的技术要求超出 GB/T 11022—1999 的规定，则应符合各自的技术要求，并按这些要求进行试验，还应考虑到下述规定：

由于元件的类型、额定参数和它们的组合具有多样性，实际上不可能对金属封闭开关设备和控制设备的所有方案都进行型式试验，所以，型式试验只能在典型的功能单元上进行。任何一种具体布置方案的性能可用可比布置方案的试验数据来验证。

注：具有代表性的功能单元，可以采取一种可扩展单元的形式。必要时，可以由两个或者三个这样的单元拼装在一起。

包含有机绝缘材料的金属封闭开关设备和控制设备，除按下述规定进行试验外，还应按制造厂和用户之间的协议进行补充试验(如果有)。

型式试验的试品应与正式生产产品的图样和技术条件相符合，下列情况下，金属封闭开关设备和控制设备应进行型式试验：

a) 新试制的产品，应进行全部型式试验；

b) 转厂及异地生产的产品，应进行全部型式试验；

c) 当产品的设计、工艺或生产条件及使用的材料发生重大改变而影响到产品性能时，应做相应的型式试验；

d) 正常生产的产品每隔八年应进行一次温升试验、机械操作试验、短时耐受电流和峰值耐受电流试验以及关合和开断试验；

e) 不经常生产的产品(停产三年以上),再次生产时应进行 d)规定的试验;

f) 对系列产品或派生产品,应进行相关的型式试验,部分试验项目可引用相应的有效试验报告。

型式试验和验证项目包括:

——强制的型式试验:

a) 绝缘试验(6.2);

b) 温升试验和回路电阻的测量(6.5 和 6.4);

c) 短时耐受电流和峰值耐受电流试验(6.6);

d) 关合和开断能力的验证(6.101);

e) 机械操作和机械特性测量试验(6.102);

f) 防护等级检验(6.7.1);

g) 辅助和控制回路的附加试验(6.10)。

——适用时,强制的型式试验:

h) 非金属隔板和活门的试验(6.104);

i) 充气隔室的压力耐受试验和气体状态测量(6.103);

j) 密封试验(6.8);

k) 内部电弧试验(对 IAC 级开关设备和控制设备)(6.106);

l) 电磁兼容性试验(EMC)(6.9)。

——选用的型式试验(根据制造厂和用户之间的协议):

m) 气候防护试验(6.105);

n) 机械撞击试验(6.7.2);

o) 局部放电试验(6.2.9);

p) 人工污秽试验(6.2.8);

q) 电缆试验回路的绝缘试验(6.2.101);

r) 耐受腐蚀试验(6.107)。

型式试验可能有损于被试部件以后的正常使用,所以,如果没有制造厂和用户之间的协议,型式试验的试品不应投入使用。

6.1.1 试验的分组

按 GB/T 11022—1999 中 6.1.1 的规定,并做下述修改:

强制的型式试验项 k)和项 l)除外)最多在四台试品上完成。

6.1.2 确认试品用的资料

按 GB/T 11022—1999 中 6.1.2 的规定。

6.1.3 型式试验报告包括的资料

按 GB/T 11022—1999 中 6.1.3 的规定。

6.2 绝缘试验

按 GB/T 11022—1999 中 6.2 的规定。

6.2.1 试验时周围的大气条件

按 GB/T 11022—1999 中 6.2.1 的规定。

6.2.2 湿试验程序

户外金属封闭开关设备和控制设备进行湿绝缘试验时,按 GB/T 11022—1999 的 6.2.2 的规定。

6.2.3 绝缘试验时开关设备和控制设备的状态

按 GB/T 11022—1999 的 6.2.3 的规定,并做如下补充:

对用流体(液体和气体)绝缘的金属封闭开关设备和控制设备,进行绝缘试验时制造厂规定的绝缘流体应充至其最低功能水平。

6.2.4 通过试验的判据

——按 GB/T 11022—1999 的 6.2.4 的规定。但是，其中 b)项的第一段替换为：

若满足下列条件，则开关设备和控制设备通过了雷电冲击电压试验：

a) 非自恢复绝缘未发生破坏性放电；

b) 对每一个试验系列的 15 次冲击试验，破坏性放电应不超过两次，且最后五次冲击中破坏性放电应不超过一次。如果最后五次冲击试验中有一次破坏性放电，则应施加附加的五次试验验证且不应出现击穿。只要整个试验过程中放电总次数不超过两次，可以重复增加五次试验。这会导致每系列试验的次数最多达到 25 次。

注：对充流体隔室进行试验时，若试验套管不是开关设备和控制设备的一部分，则不考虑试验套管上出现的闪络。

6.2.5 试验电压的施加和试验条件

GB/T 11022—1999 的 6.2.5 不适用。

由于设计方案种类很多，要对主回路试验做出具体的规定是不现实的，但原则上应包括下列试验：

a) 对地和相间

试验电压值按 6.2.6 的规定。主回路的每相导体应依次与试验电源的高压接线端连接。主回路的其他导体和辅助回路应与接地导体或框架相连，并与试验电源的接地端子相连接。

如果各相导体是分离的，那么，仅进行对地试验。

应在所有的开关装置(接地开关除外)处于合闸位置，且所有的可移开部件处于工作位置的条件下进行绝缘试验。并应注意到下述可能的情况，即在开关装置处于分闸位置或可移开部件处于隔离位置、移开位置、试验位置或接地位置时，可能引起更为不利的电场条件时，试验应在该条件下重复进行。当可移开部件处于隔离位置、试验位置或移开位置时，其本身不进行这些耐压试验。

对这些试验，例如电流互感器、电缆终端和过流脱扣/指示器这些装置应按正常工作情况装设。如果不能确定最不利的情况，则需在其他布置方式重复试验。

为了检验是否符合本标准 5.102.4 和 5.103.3.3 的项 a)的要求，对操作和维护时可能触及的绝缘材料的观察窗、绝缘隔板和活门的可触及表面，在其绝缘强度最不利的位置覆盖一块接地的圆形或方形金属箔，其面积尽可能大些，但不超过 100 cm^2，当不能确定何处为最不利位置时，试验应在几个不同的位置重复进行。为便于试验，根据制造厂和用户的协议，可同时用几个金属箔，或用更大的金属箔覆盖于绝缘材料的可触及表面。

b) 隔离断口之间

主回路的各隔离断口应施以 6.2.6 所规定的试验电压，按 GB/T 11022—1999 的 6.2.5.2 规定的试验程序进行试验。

隔离断口可以是：

——打开的隔离开关；

——由可抽出或可移开的开关装置连接的主回路的两个部分之间的断口。

如果在隔离位置，有一个接地的金属活门插在被分开的触头之间形成一个分离，则在接地的金属活门与带电部分之间的距离仅应耐受对地的试验电压。

如果在隔离位置，固定部分与可抽出部件之间没有接地的金属活门或隔板，则应按下述要求施加规定的断口之间的试验电压：

——若可抽出部件的主回路导电部分可以被意外地触及，则试验电压应施加在固定触头与动触头之间；

——若可抽出部件的主回路导电部分不可能被意外地触及，则试验电压应施加在两侧的固定触头之间。如果可能，试验时可抽出部件的开关装置处于合闸位置；如果该开关装置在隔离位置不能合闸，则应在可抽出部件处在试验位置、其开关装置处于合闸位置时重复进行该试验。

c) 补充试验

为了检验是否符合 5.103.3.3 的项 c)规定的要求,应按上述 a)的规定,用一接地的金属箔覆盖于绝缘板或活门朝向带电体的表面,在主回路带电部分与绝缘隔板、活门内表面之间进行工频耐压试验,试验电压为 150%的额定电压,时间为 1 min。

6.2.6 金属封闭开关设备和控制设备的试验

试验时,施加 GB/T 11022—1999 表 1 规定的试验电压,对地和相间试验电压从栏(2)和栏(4)中选取,隔离断口间的试验电压应从栏(3)和栏(5)中选取。

6.2.6.1 工频电压试验

开关设备和控制设备应按照 GB/T 16927.1—1997 的规定承受短时工频耐受电压试验。对每一试验条件,升到试验电压并保持 1 min。

只进行工频电压干试验。

互感器、电力变压器或熔断器可以用能够再现高压连接电场分布情况的模拟品代替。过电压保护元件可以断开或移开。

进行工频电压试验时,试验变压器的一端应与金属封闭开关设备和控制设备的外壳相连并接地。但当按 6.2.5 的项 b)进行试验时,电源的中点或另一中间抽头接地并与外壳相连,以使得在任一带电部分和外壳之间的电压不超过 6.2.5 的项 a)规定的试验电压值。

如果不能这样,经制造厂同意,试验变压器的一端可以接地,必要时,外壳应与地绝缘。

6.2.6.2 雷电冲击电压试验

开关设备和控制设备只进行干燥状态下的雷电冲击电压试验。试验按 GB/T 16927.1—1997 中程序 B 的规定进行,应采用 1.2/50 μs 标准雷电冲击试验电压,对每一试验条件和正、负极性施加其额定耐受电压连续 15 次。

互感器、电力变压器或熔断器可以由可再现高压连接电场分布情况的模拟品代替。

过电压保护元件应断开或移开,电流互感器二次应短路并接地、也允许低变比的电流互感器一次侧短接。

进行雷电冲击电压试验时,冲击发生器的接地端子应与金属封闭开关设备和控制设备的外壳相连。但是,当按 6.2.5 的项 b)进行试验时,若有必要,可使外壳与地绝缘,以使带电部分和外壳之间的电压不超过 6.2.5 项 a)规定的试验电压值。

6.2.7 额定电压 245 kV 以上开关设备和控制设备的试验

不适用。

6.2.8 人工污秽试验

按制造厂和用户之间的协议,在凝露和污秽方面,使用条件严于本标准规定的正常使用条件的金属封闭开关设备和控制设备可按附录 C 进行试验。

6.2.9 局部放电试验

按附录 B 的规定,并做如下补充:

该试验按制造厂和用户之间的协议进行。

若进行该试验,应在雷电冲击电压试验和工频电压试验后进行,互感器、电力变压器或熔断器可以用能够再现高压连接电场分布情况的模拟品代替。

注 1:当成套设备由常规元件(例如:互感器、套管)组合而成,且这些元件可按各自标准的规定单独试验时,本试验的目的是检查这些元件在成套设备中的布置;

注 2:试验可以在成套设备或分装上进行。注意测量不要受到外部局部放电的影响。

6.2.10 辅助和控制回路的试验

按 GB/T 11022—1999 中 6.2.10 的规定。

电流互感器的二次绕组应短路并与地隔离,电压互感器的二次绕组应开路。

限压装置(如果有)应断开。

6.2.11 作为状态检查的电压试验

按 GB/T 11022—1999 中 6.2.11 的规定。

6.2.101 电缆试验回路的试验

为了在开关设备和控制设备运行时能够进行电缆的绝缘试验(见 5.105),应进行附加的工频耐受电压型式试验,以确认相关的隔离断口在另一侧仍然带电时耐受电缆试验电压的能力。

试验电压值按制造厂和用户之间的协议。

注:协议的试验电压值的选取应保证在金属封闭开关设备和控制设备的隔离断口的一侧施加例如直流电缆试验电压另一侧仍然带电时,隔离断口之间最终的电压和隔离断口的额定工频试验电压间具有安全裕度。

6.3 无线电干扰电压(r.i.v.)试验

不适用。

6.4 回路电阻的测量

6.4.1 主回路

按 GB/T 11022—1999 中 6.4.1 的规定,并做如下补充:

成套金属封闭开关设备和控制设备主回路两端之间的电阻值,它表明电流通路的正常状况。该电阻的测量值供出厂试验参考(见 7.3)。

6.4.2 辅助回路

按 GB/T 11022—1999 中 6.4.2 的规定。

6.5 温升试验

按 GB/T 11022—1999 中 6.5 的规定,并做如下补充:

如果设计具有多种元件或布置方案时,试验应在最苛刻条件的那些元件和布置方案上进行。具有代表性的功能单元应尽量按正常使用条件来安装,包括所有常规的外壳、隔板、活门等,并且在进行试验时应将盖板和门关闭。

应在规定的相数下,通以额定电流进行温升试验,电流从母线的一端流向与电缆连接的末端。

对单个功能单元进行试验时,其相邻的单元应通以电流,该电流所产生的功率损耗应与额定情况下相同。如果无法在实际条件下进行试验,则允许以加热或隔热的方法来模拟其等价条件。

如果外壳内还安装有其他的主要功能元件,它们应承载这样的电流,该电流产生的功率损耗与额定条件相对应。功率损耗相同的其他等效程序也可以接受。

各元件的温升,应以外壳外面的周围空气温度作为基准折算,各元件的温升不应超过各自标准的规定。如果周围空气温度不稳定,可在相同的环境条件下,取一个相同的外壳的表面温度作为试验时的环境温度。

6.5.1 受试金属封闭开关设备和控制设备的状态

按 GB/T 11022—1999 中 6.5.1 的规定。

6.5.2 设备的布置

按 GB/T 11022—1999 中 6.5.2 的规定。

6.5.3 温度和温升的测量

按 GB/T 11022—1999 中 6.5.3 的规定。

6.5.4 周围空气温度

按 GB/T 11022—1999 中 6.5.4 的规定。

6.5.5 辅助设备和控制设备的温升试验

按 GB/T 11022—1999 中 6.5.5 的规定。

6.5.6 温升试验的解释

按 GB/T 11022—1999 中 6.5.6 的规定。

6.6 短时耐受电流和峰值耐受电流试验

按 GB/T 11022—1999 中 6.6 的规定,并做如下补充:

a） 主回路试验

应在预定的安装和使用条件下对金属封闭开关设备和控制设备的主回路进行试验以验证其承受额定短时耐受电流和额定峰值耐受电流的能力，即应将主回路同所有影响其性能或改变短路电流的附属元件一起装在金属封闭开关设备和控制设备内进行试验。

对这些试验，认为到辅助装置（例如电压互感器、辅助变压器、避雷器、脉冲电容器、电压检测装置和类似装置）的短连接线不是主回路的一部分。

短时耐受电流试验应进行额定相数的试验。电流互感器和脱扣装置应按正常运行条件装设，但脱扣器不得动作。

没有限流装置的设备可在任一方便的电压下试验；有限流装置的设备应在开关设备和控制设备的额定电压下试验。若在施加的电压下产生的峰值电流和热效应大于或等于额定电压下的值，也可用其他的试验电压。

对于包含限流装置的设备，预期电流（峰值、有效值和持续时间）不应小于额定值。

如果装有带自脱扣的断路器，其脱扣值应整定到最大值。

如果装有限流熔断器，应按其规定的最大额定电流值装设熔体。

试验后，外壳内部的元件和导体，不应出现任何影响主回路良好运行的变形和损坏。

b） 接地回路试验

应对金属封闭开关设备和控制设备的接地导体、接地连接和接地装置进行试验来验证其耐受额定短时耐受电流和峰值耐受电流的能力。即它们应同有可能影响其性能或改变短路电流的所有附属元件一起装在金属封闭开关设备和控制设备上进行试验。

接地装置的短时耐受电流试验应进行额定相数的试验。为了验证接地装置和接地点之间连接回路的性能，需要进一步进行单相试验。

当有可移开接地装置时，应在接地故障条件下，对固定部分与可移开部件之间的接地连接进行试验。其接地故障电流应在固定部分的接地导体和可移开部件的接地点之间流过。如果开关设备和控制设备中的接地装置能在除正常工作位置外的另一位置进行操作，例如，在双母线开关设备和控制设备中，试验还应在另一位置进行。

试验后，允许接地导体、接地连接或接地装置有某些变形或损坏，但必须维持接地回路的连续性。

外观检查应足以判定是否已经保证了回路的连续性。

如果对某个接地连接的连续性有怀疑，则应从该接地连接到提供的接地点通以 30 A(DC)来验证，电压降应不超过 3 V。

6.6.1 开关设备和控制设备以及试验回路的布置

按 GB/T 11022—1999 中 6.6.1 的规定，并做如下补充：

被试设备的布置应能获得最严酷的条件：未支撑母线的最大长度、设备内连接和导体的布置。在开关设备和控制设备包含有双母线系统和/或多层设计的情况下，则试验应在开关装置处于最严酷的位置上进行。

到开关设备和控制设备端子连接的布置应避免端子承受不实际的应力或支撑。端子和开关设备和控制设备两侧导体的最近的支撑点之间的距离应符合制造厂的说明书，且应考虑到上述要求。

开关装置应处于合闸位置并装有洁净的新触头。

每次试验前应对机械性开关装置进行空载操作，除接地开关外，还应进行主回路电阻的测量。

试验报告中应注明试验的布置。

6.6.2 试验电流和持续时间

按 GB/T 11022—1999 中 6.6.2 的规定。

6.6.3 试验中开关设备和控制设备的表现

按 GB/T 11022—1999 中 6.6.3 的规定。

6.6.4 试验后开关设备和控制设备的状态

按 GB/T 11022—1999 中 6.6.4 的规定。

6.7 防护等级检验

6.7.1 IP 代码的检验

按 GB/T 11022—1999 中 6.7.1 的规定,并做如下补充:

金属封闭开关设备和控制设备的隔板、活门和外壳提供的防护等级最低应为 GB 4208—1993 中的 IP2X。更高的防护等级可以按照 GB 4208—1993 的规定。

6.7.2 机械撞击试验

按 GB/T 11022—1999 中 6.7.2 的规定。

6.8 密封试验

按 GB/T 11022—1999 中 6.8 的规定。

6.9 电磁兼容性试验(EMC)

除无线电干扰电压试验外,按 GB/T 11022—1999 中 6.9 的规定。

6.10 辅助和控制回路的附加试验

按 IEC 60694:2002 的 6.10.1、6.10.2 和 6.10.4 到 6.10.7 的规定。

6.10.3 接地金属部件的电气连续行试验

IEC 60694:2002 的 6.10.3 不适用。

如果证明设计是充分合理的,则通常不需要进行该试验。

但是,如果有怀疑,外壳的金属部件和/或金属隔板和活门以及它们的金属部件到提供的接地点应在 30 A(DC)的条件下进行试验,电压降应不超过 3 V。

6.101 关合和开断能力的验证

金属封闭开关设备和控制设备主回路中的开关装置和接地回路中的接地开关应按照相关标准并在适当的安装和使用条件下进行试验以验证其额定的关合和开断能力,即其安装条件应和在金属封闭开关设备和控制设备中的正常安装条件一样并在可能影响性能的相关附件(例如连接线、支撑件、通风设备等)的所有布置方式下进行试验。如果开关装置已经在安装条件更加严酷的金属封闭开关设备和控制设备中进行了试验,则不需要进行这些试验。

注:在判定何种附件可能影响到开关装置的性能时,应特别注意短路引起的机械力、电弧生成物的排出以及破坏性放电的可能性等。应认识到,在某些情况下这些影响可以完全忽略。

当多层结构的几层隔室不完全相同但又采用相同的开关装置时,则应按照相关标准的适当要求在每一层隔室重复下述试验/试验方式。

如果开关装置已经按照它们相关的标准在金属封闭开关设备的外壳内进行了短路性能试验,则不再需要进一步试验。

包含单层或多层设计和/或双母线系统的开关设备和控制设备,对用于验证它们的额定关合和开断能力以覆盖运行中可能出现的各种情况的试验程序需要特别加以重视。

因为不可能覆盖开关装置所有可能的布置和设计,应按照下述试验程序,根据开关装置的具体特征和位置来准确地确定试验组合:

a) 应在开关装置其中一个隔室中完成整个关合和开断电流试验系列。如果其他隔室的结构类似,且用于该隔室的开关装置完全相同,则上述试验对这些隔室也有效。
b) 如果隔室结构不相似但采用完全相同的开关装置,则应根据相关标准的要求,在其他每一个隔室中重复进行下述试验/试验方式:
   ——GB 1984—2003 的试验方式 T100s、T100a 和临界电流试验(如果有),适用时,应考虑该标准 6.103.4 对试验连接布置的要求;
   ——GB 1985—2004 的 E1 级或 E2 级短路关合操作(适用时);

——GB 3804—2004 的试验方式 1,10 次 CO 操作;

根据 E1 级、E2 级或 E3 级,进行试验方式 5,除非该负荷开关没有额定短路关合能力(适用时);

——GB 16926—1997 的试验方式 TD_{ISC}、TD_{IWmax} 和 $TD_{Itransfer}$;

——按照 GB/T 14808—2001 的 6.106 对 SCPD 进行的配合验证。

c) 如果某个隔室设计采用多种类型或设计的开关装置时,对每一种情况都应按照上述项 a)以及适用时的项 b)中的要求进行全部试验。

6.102 机械操作和机械特性测量试验

6.102.1 开关装置和可移开部件

开关装置及可抽出部件应按相关的技术要求操作 50 次,可移开部件应插入和移开各 25 次,以验证其操作性能良好。

如果可抽出或可移开部件要用做隔离开关,则试验应符合 GB 1985—2004 的规定。

对分体式开关装置(例如断路器、负荷开关、隔离开关、接地开关等),机械操作试验的操作次数和合格判据按该开关装置技术条件和相关标准的规定进行。

6.102.2 联锁

联锁装置应处于防止开关装置操作和可移开部件插入或抽出的位置。对开关装置试操作 50 次、对可移开部件应插入和抽出各 25 次的试操作。进行试验时,只应施加正常的操作力,不允许对开关装置、可移开部件及联锁装置进行调整。对手力操动装置,应使用正常的操作手柄进行试验。

如果满足下列条件,则认为联锁通过了试验:

a) 开关装置不能被操作;

b) 可移开部件的插入与抽出完全被阻止;

c) 开关装置、可移开部件及联锁装置工作情况良好,并且试验前后操作力基本相同。

6.102.3 机械特性测量试验

主回路和接地回路中所装的开关装置在规定的操作条件下的机械特性应符合开关装置各自技术条件的要求。

6.103 充气隔室的压力耐受试验和气体状态测量

6.103.1 具有压力释放装置的充气隔室的压力耐受试验

充气隔室的每种设计应按下述程序承受压力试验:

——应将相对压力升高到设计压力的 1.3 倍并保持 1 min。压力释放装置不应动作。

——然后将压力升高到设计压力的 3 倍。低于此压力时,压力释放装置可能动作,只要符合制造厂的设计,这是可以接受的。此打开压力释放装置的压力应记录在型式试验报告中。试验后,隔室可能变形,但不应破裂。

注:由于有压力释放装置或在隔室壁上有专门的压力释放区域,隔室可能耐受不到 3 倍的设计压力。

6.103.2 没有压力释放装置的充气隔室的压力耐受试验

充气隔室的每种设计都应按下述程序承受压力试验:

——应升高相对压力到隔室设计压力的 3 倍并持续 1 min。试验后,隔室可能变形,但不应破裂。

6.103.3 充气隔室的气体状态测量试验

应测量充气隔室的气体状态,并符合其相关标准和制造厂的技术要求。

6.104 非金属隔板和活门的试验

本规定仅适用于用于防止(直接或间接)接触带电部件的隔板和活门。如果这些隔板上安装有套管,试验应在适当的条件下进行,即套管的一次部分应断开且接地。

全部或部分由绝缘材料制成的非金属隔板和活门应按下述规定进行试验:

6.104.1 **绝缘试验**

a) 主回路带电部件与绝缘隔板和活门的可触及表面之间的绝缘应能耐受 GB/T 1102—1999 的 4.2 中规定的对地和极间试验电压。试验方法见 6.2.5 的项 a)。

b) 绝缘材料的典型样品应耐受项 a)中的工频试验电压。试验方法按照 GB/T 1408.1—1999 的规定。

c) 主回路带电部件和绝缘的隔板和活门面向这些带电部件的内表面间的绝缘应在 150%的设备额定电压下进行试验并保持 1 min。对于该试验，隔板或活门的内表面应通过位于最严酷点的至少 100 cm^2 的导电层接地。试验方法应按 6.2.5 项 a)的规定。

6.104.2 **泄漏电流测量**

当金属封闭开关设备和控制设备中有绝缘隔板或活门时，为了验证是否满足 5.103.3.3 项 d)规定的要求，应进行下列试验：

试验可按下述两种方法的任一种，主回路的一相接地，另外两相连接到电压等于金属封闭开关设备和控制设备额定电压的工频三相电源上；或者将主回路的带电部分连接在一起接到电压等于额定电压的单相电源上。对于三相试验，应在各相依次接地的不同情况下测量三次，对于单相试验则只需测量一次。

应将金属箔置于能防止触及带电部分的可触及的绝缘表面上的最不利的位置，若难于决定何处最不利，则试验应在不同的位置重复进行。

金属箔应接近于圆形或方形，其表面积应尽可能大，但不得超过 100 cm^2，金属封闭开关设备和控制设备的外壳和框架应接地。应在干燥的、洁净的绝缘体上测量经过金属箔流到地的泄漏电流。

如果测得的泄漏电流值超过 0.5 mA，则绝缘表面不能提供本标准所要求的防护。

根据 5.103.3.3 项 d)的规定，通过绝缘表面的电流路径如果被小的气隙或油隙隔断，则这些间隙应短接。但是，如果这些间隙是为了避免泄漏电流从带电部分流往绝缘隔板和各活门的可触及部分而设置的，则这些间隙应能耐受 GB/T 11022—1999 中 4.2 所规定的对地和相间试验电压。

如果接地金属部件布置适当，且能保证泄漏电流不会流经绝缘隔板和活门的可触及部分，则可不必测量泄漏电流。

6.105 **气候防护试验**

当制造厂和用户一致同意时，可对用于户外的金属封闭开关设备和控制设备进行气候防护试验。推荐的方法见 GB/T 11022—1999 的附录 C。

6.106 **内部电弧试验**

本试验适用于在出现内部电弧的情况下，在人员防护方面被认定为 IAC 级的金属封闭开关设备和控制设备。应按照附录 A 的规定，在有代表性功能单元上对包含主回路部件的每一个隔室进行试验(见 A.3)。

被经过型式试验的限流熔断器保护的隔室应在安装能够产生最大截止电流(允通电流)的熔断器时进行试验。电流实际流过的时间受熔断器的控制。把受试隔室称为“熔断器保护的隔室”。本试验应在设备的额定电压下进行。

注：用恰当的限流熔断器和开关装置的组合能够限制短路电流并缩小故障持续时间。已有大量文件说明此类试验中传递的电弧能量不能通过 I^2t 来预测。存在限流熔断器的情况下，最大电弧能量可能出现在电流值小于最大开断电流时。此外，限流装置通过烟火信号把电流转换到限流熔断器，在评估采用这些限流装置的设计时，必须考虑该装置的使用效果。

所有可能在试验的预期持续时间结束之前自动使回路脱扣的装置(如保护继电器)，在试验期间不应动作。如果隔室和功能单元配有通过其他方法(例如，把电流切换到金属短接回路)限制电弧持续时间的装置，则这些装置在试验期间不应动作，除非要对它们进行试验。在这种情况下，开关设备和控制设备的隔室可以在该装置工作的情况下进行试验。但是，应按照电弧的实际持续时间考核该隔室。试验电流的持续时间应为主回路的额定短路持续时间。

本试验包括在外壳或元件内的空气或其他绝缘流体(液体或气体)中出现故障导致电弧的情况,该元件的外壳在门或盖板处于正常运行条件要求的位置时成为外壳的一部分(见 A.1)。

试验程序也包括这样的特定情况:故障发生在金属封闭开关设备和控制设备现场安装所用的固体绝缘件中,该固体绝缘不包括经过型式试验的预装绝缘件(见 A.5.2)。

只要最初的试验更严酷且在下述方面能够认为和已经过试验的那台类似,则某个具体金属封闭开关设备和控制设备的功能单元的试验结果的有效性可以推广到另一台(见 6.1):

——尺寸;

——外壳的结构和强度;

——隔板的工艺;

——压力释放装置(如果有)的性能;

——绝缘系统。

6.107 耐受腐蚀试验

对于户外设备,或者用户的要求,应按本条款进行腐蚀验证试验。

6.107.1 试验程序

金属封闭开关设备和控制设备应按 GB/T 2423.17—1993 规定的方法进行环境试验 Ka(盐雾),试验的持续时间为 168 h。

此外,对于具有油漆表面的设备,还应按 ISO 3231 进行耐受包含二氧化硫的湿大气试验。

6.107.2 通过试验的判据

试验后,总装的拆卸不应受到影响。腐蚀(如果有)的程度应在试验报告中指明。如果是油漆的表面,不应观察到劣化的迹象。

7 出厂试验

应在制造厂内对每一个运输单元进行出厂试验,以保证出厂产品与通过型式试验的产品一致。出厂试验报告应随产品一起出厂。

按 GB/T 11022—1999 第 7 章的规定,并增加下述出厂试验项目:

——机械操作和机械特性测量试验(7.102);

——电气、气动和液压辅助装置的试验(7.104);

——充气隔室的压力试验(如果适用)和气体状态测量(7.103);

——局部放电测量(按制造厂与用户之间协议)(7.101);

——现场安装后的试验(7.105);

——现场充流体后的流体状态检查(7.106)。

注:额定值和结构相同的元件,可能有必要验证其互换性(见第 5 章)。

7.1 主回路的绝缘试验

按 GB/T 11022—1999 中 7.1 的规定,并做如下补充:

工频电压试验按 6.2.6.1 的规定进行。试验电压从 GB/T 11022—1999 表 1 栏(2)中选取。试验时,应依次将主回路每一相的导体与试验电源的高压端连接,同时,其他各相导体接地,并保证主回路的连通(例如,通过合上开关装置或其他方法)。

对于充气隔室,试验应在充以额定充入压力(或密度)的绝缘气体下进行(见 4.101)。

7.2 辅助和控制回路的绝缘试验

按 GB/T 11022—1999 中 7.2 的规定。

7.3 主回路电阻的测量

GB/T 11022—1999 不适用。本试验根据制造厂和用户间的协议进行,试验时应测量主回路每一相的直流压降或电阻，且测量条件应尽可能与相应的型式试验的条件一致。可用型式试验的测量值确定出厂试验电阻值的限值。

7.4 密封试验

按 GB/T 11022—1999 中 7.4 的规定。

7.5 设计检查和外观检查

按 GB/T 11022—1999 中 7.5 的规定。

7.101 局部放电测量

本试验根据制造厂和用户之间的协议进行。

局部放电测量适宜于作为出厂试验，以检测材料和制造上可能出现的缺陷，特别是对于采用有机绝缘材料的。推荐对充流体隔室进行该试验。

如果进行本试验，试验程序按附录 B 的规定。

7.102 机械操作和机械特性测量试验

7.102.1 机械操作试验

机械操作试验是为了证明开关装置和可移开部件能完成预定的操作，且机械联锁工作正常。

试验时主回路不通电，应对开关装置在其操动装置规定的操作电源电压和压力极限范围内的分、合动作的正确性进行验证。

每一个开关装置和每一个可移开部件应按 6.102 的规定进行试验，但把 50 次操作和试操作改为每个方向上的 5 次操作和 5 次试操作。

7.102.2 机械特性测量

机械特性测量按 6.102.3 的规定。

7.103 充气隔室的压力试验和气体状态测量

7.103.1 充气隔室的压力试验

应对制造好的所有充气隔室进行压力试验，每一隔室应能承受 1.3 倍设计压力 1 min。

该试验不适用于额定充气压力为 0.05 MPa(相对压力)及以下的密封隔室。

试验后，隔室不应出现可能影响开关设备运行的损坏或变形。

7.103.2 充气隔室的气体状态测量

应测量充气隔室中的气体状态，并应符合制造厂的技术要求。

7.104 电气、气动和液压辅助装置的试验

具有预定操作顺序的控制装置与电气、气动及其他联锁一起，应在辅助电源最不利的限值下，按规定的使用和操作条件连续试验 5 次。试验中不得调整。

如果辅助装置能正常地进行操作，试验后，它们应仍处于良好的工作状态，试验前后的操作力基本相同，则认为通过了试验。

7.105 现场安装后的试验

金属封闭开关设备和控制设备在安装后，应进行试验，以检验操作的正确性。

对于在现场装配的部件和在现场充气的充气隔室，建议进行下列试验：

a) 主回路的电压试验

如果制造厂和用户之间达成协议，现场安装后，按照 7.1 规定的出厂试验方式对金属封闭开关设备和控制设备的主回路进行干燥状态下的工频电压试验。

工频试验电压应为 7.1 中规定值的 80%，依次对主回路的每一相施加电压，其余相接地。试验时，试验变压器的一个端子和金属封闭开关设备和控制设备的外壳相连并接地。

如果用现场安装后的电压试验代替制造厂的出厂试验，则应施加全部的工频试验电压。

注：除非现场试验电压的频率足够高而不会导致电压互感器铁芯饱和，否则，现场试验期间电压互感器应给予断开。

b) 密封试验

按 7.4 的规定。

c）现场充流体后的流体状态测量

按7.106的规定。

7.106 现场充流体后的流体状态测量

应确定充流体隔室中的流体状态，并应符合制造厂的技术要求。

8 金属封闭开关设备和控制设备的选用导则

随着技术的进步和功能要求的扩展，金属封闭开关设备和控制设备的结构可能多种多样。金属封闭开关设备和控制设备的选择，主要包括确定运行设备的功能要求和最能满足这些要求的内部划分形式。GB 3906—1991和目前的一些其他实际情况相比较，分类变化的说明见附录E。

此类要求应考虑到适用的法规和用户的安全规程。

表3给出了选定开关设备和控制设备应考虑的主要内容。

8.1 额定值的选择

对给定的运行方式，选用金属封闭开关设备和控制设备时，其中各元件的额定值应满足在正常负载条件以及故障条件下的要求。金属封闭开关设备和控制设备总装的额定值可以与元件的额定值不同。

额定值的选择应符合本标准的规定，并考虑到系统的特点及其未来发展。额定值的清单列于第4章。

也应考虑其他参数，例如，当地的大气和气候条件，以及在海拔超过1 000 m的使用。

应计算出金属封闭开关设备和控制设备在系统中安装地点的故障电流，以确定故障引起的负荷。这方面可参考IEC 60909-0：2001。

8.2 设计和结构的选择

8.2.1 概述

金属封闭开关设备和控制设备通常根据其绝缘方式（例如：空气绝缘或气体绝缘）以及是固定式或可抽出式来确定。各个元件可抽出或移开的程度主要取决于维护的要求（如果有）和/或试验的规定。

随着少维护开关装置的发展，人们对某些部件承受电弧烧蚀的关注程度降低了。但是，仍然需要触及一些一次性元件（如熔断器），需要进行电缆的临时检查和试验。也可能需要进行机械部件的润滑和调整，因此，一些设计把可触及的机械部件置于高压隔室之外。

维护需要触及的范围和/或是否可以容许整个开关设备和控制设备停运可能决定了用户是选择空气绝缘的还是流体绝缘的，是选择固定式的还是可抽出式的。如果要求少维护，则应选用少维护的元件。固定式的总装，尤其是采用了少维护元件的总装是一种终生节约成本的方案。

不论是固定式还是可抽出式，在主回路隔室打开时，开关设备和控制设备的安全运行要求工作部件应与所有的电源隔离并接地。因此，用于隔离的开关装置应能确保安全并防止再次接通。

8.2.2 隔室的结构和可触及性

本标准中所定义的内部划分形式是在尝试解决运行连续性和可维护性之间的矛盾。在不同结构形式能够提供的可维护性方面，本条款给出了一些导则。

注1：在进行10.4指出的某些维护时，如果为了防止偶然触及带电部件，要求临时插入隔板。

注2：如果用户采用了其他的维护程序，例如设置安全距离和/或设置和使用临时隔板，这些就超出了本标准的范围。

开关设备和控制设备的完整描述应包括隔室的列表和类型（例如，母线隔室、断路器隔室等）、每个隔室的可触及性类型以及型式（可抽出型/非可抽出型）。

有四种类型隔室，其中三种隔室用户可触及，一种隔室用户不可触及。

可触及隔室：下面规定了三种控制可触及隔室打开的方法：

——首先是通过联锁来保证在打开隔室之前内部的所有带电部件不带电并接地，称为“联锁控制的可触及隔室”；

——其次是依赖于用户的程序和锁来保证安全，隔室提供有挂锁或等效的设施，称为“基于程序的可触及隔室”；

——第三种是不具有确保打开前内在性能的电气安全。需要工具才能打开的隔室，称为“基于工具的可触及隔室”。

前两种可触及隔室对用户皆适用，并可进行日常操作和维护。打开这两种类型可触及隔室的盖板和/或活门不需要工具。

如果隔室需要工具才能打开，通常应明确地指出用户应采取其他措施来保证安全，并尽可能保证性能的完好，例如：绝缘状态等。

不可触及隔室：用户不可触及，且打开隔室可能损坏隔室的完整性。应在隔室上标明“不可打开”或通过某个特征实现，例如：完全焊接的 GIS 箱壳。

8.2.3 开关设备的运行连续性

金属封闭开关设备和控制设备意图提供一定的防护水平，以防止人员触及危险部件，防止固体外物进入设备。采用适当的传感器和辅助装置，也可能对对地绝缘失效提供防护。

对于开关设备和控制设备，运行连续性的丧失类别(LSC)规定了当打开主回路的一个隔室时其他隔室和/或功能单元可以保持带电的范围。

LSC1 类：此类别在维护(如果需要)期间不能提供连续性运行，且在触及外壳内部之前，可能需要将开关设备和控制设备从系统上断开，并使其处于不带电状态。

LSC2 类：在触及开关设备和控制设备内部的隔室期间，此类别给电网提供了最高的连续性运行。

LSC2 类还可以细分为两类：

LSC2A：当触及一个功能单元的元件时，开关设备和控制设备的其他功能单元可以继续运行。

可抽出型 LSC2A 类示例：实际上，这意味着功能单元的进线高压电缆必须不带电并接地，且回路应从母线上隔离并分开(物理上和电气上)。母线可保持带电。此处用术语分开而不用分离是为了避免区分绝缘的隔板和活门和金属的隔板和活门(见 8.2.4)。

LSC2B：除上述运行连续性类别 LSC2A 外的，在 LSC2B 类中，功能单元的可触及的高压进线电缆可以保持带电。这意味着另有一处隔离和分开，即在开关装置和电缆之间。

可抽出型 LSC2B 类示例：如果 LSC2B 类开关设备和控制设备的每个功能单元的主开关装置安装在自己的可触及隔室内，则不需要使相应的电缆连接不带电就可以维护该主开关装置。所以，本例中的 LSC2B 类开关设备和控制设备的每个功能单元最少需要三个隔室：

——每一台主开关装置的隔室；

——连接到主开关装置一侧的元件的隔室，如馈电回路；

——连接到主开关装置另一侧的元件的隔室，如母线。在多于一组母线的场合，每组母线应有一个独立的隔室。

8.2.4 隔板的等级

隔板划分为两个等级，PM(3.109.1)和 PI(3.109.2)。

选择隔板等级时不需要考虑在相邻隔室出现内部电弧时对人员提供防护，见 A.1，也可见 8.3。

PM 级：打开的隔室被接地的金属隔板和/或活门包围。只要打开隔室的元件和相邻隔室的元件间已经隔离(3.111 的定义)，则打开的隔室中可以有或没有活门，见 5.103.3.1。

此要求的目的是在打开的隔室中没有电场且周围的隔室中不可能出现电场变化。

注：除活门改变位置的影响之外，该等级考虑到了打开的隔室不会因带电部件而有电场，且也不可能影响到带电部件周围的电场分布。

8.3 内部电弧等级的选择

选择金属封闭开关设备和控制设备时，为了对操作人员以及一般公众(适用时)提供可接受的保护水平，应考虑发生内部故障的可能性。

通过降低危险至可接受的水平可以达到此防护的目的。根据 ISO/IEC 导则 51，危险是危害出现的概率和危害的严酷度的组合(见 ISO/IEC 导则 51 的第 5 章关于安全性的定义)。

因此，有关内部电弧方面，选择合适的设备应受到获取可接受危险水平的程序的制约。此程序在ISO/IEC导则51的第6章中规定。该程序以用户在降低危险中所起的作用为前提。

作为导则，表2列出经验表明的最容易产生故障的部位、产生内部故障的原因以及降低内部故障发生概率的可能措施。如有必要，用户应履行那些适用于安装、交付使用、运行和维护的要求。

也可以采取其他措施来提供在内部电弧情况下对人员更高的防护。这些措施是为了限制此类事件的外部影响。

下面是这些措施的例子：

——通过光传感器、压力传感器、热传感器或者母线差动保护触发的快速故障排除；

——选用适当的熔断器与开关装置组合来限制允通电流和故障时间；

——通过快速传感器及快速合闸装置(灭弧器)把电弧转移到金属短接回路上来消除电弧；

——遥控；

——压力释放装置；

——仅当前门关闭时才允许可抽出部件移入和退出运行位置。

5.102.3考虑了活门在3.127到3.130的位置关闭时成为外壳一部分这一现实。从3.126移动到3.128的位置(以及反过来)时，没有检验状态的变化。

在可抽出部件沿轨道推进和抽出过程中可能出现故障。虽然这也是一种可能，但是由于关闭活门改变了电场，所以没有必要考虑此类故障。十分常见的故障是由于插头和/或活门的损坏或变形导致在推进过程中的对地闪络。

确定IAC级开关设备和控制设备时，必须考虑以下几点：

——不是所有的开关设备都是IAC级；

——不是所有的开关设备都是可抽出式的；

——不是所有的开关设备都装有在从3.126到3.128的所有位置都能够关闭的门。

表2　内部故障的部位、原因及降低内部故障概率的措施举例

易发生内部故障的部位(1)	内部故障可能发生的原因(2)	预防措施举例(3)
电缆室	设计不当	选择合适的尺寸、使用合适的材料。
	错误安装	避免电缆交叉连接；在现场进行质量检查；合适的力矩。
	固体或流体绝缘损坏(缺陷或泄漏)	工艺检查和/或现场绝缘试验，定期检查液面。
隔离开关、负荷开关、接地开关	误操作	加联锁(见5.11)，延时再分闸；不依赖人力操作；负荷开关和接地开关的关合能力，人员培训。
螺栓连接和触头	腐蚀	使用防腐蚀的覆盖层和/或油脂；采用电镀。如有可能则加以封闭。
	装配不当	采用适当的方法检查工艺。正确的力矩。适当上锁。
互感器	铁磁谐振	采用适当的回路设计，以避免此类现象的影响。
	电压互感器的低压侧短路	通过适当的措施，如保护盖、低压熔断器，以避免短路。
断路器	维护不良	按规程定期进行维护；人员培训。
所有的部位	工作人员的失误	用遮栏限制人员接近；用绝缘包裹带电部分；人员培训。
	电场作用下的老化	出厂做局部放电试验。
	污染、潮气、灰尘和小动物等的进入	采取措施保证达到规定的使用条件(见第2章)；采用充气隔室。
	过电压	防雷保护；合适的绝缘配合；现场进行绝缘试验。

在内部故障方面，怎样选择开关设备，可以采用下述判据：

——在产生的危险可以不计的场合：没有必要选择 IAC 级金属封闭开关设备和控制设备。

——在需要考虑产生的危险时：只能使用 IAC 级金属封闭开关设备和控制设备。

对第二种情况，选择时应考虑可预见的最大短路电流及其持续时间，并与被试设备的额定值进行比较。另外，还应根据制造厂的安装说明书（见第 10 章）。尤其重要的是内部电弧期间人员的位置。根据试验的布置，制造厂应指明开关设备和控制设备的那一侧是可触及的，用户应严格遵守说明书。人员进入未标明为可触及的区域可能会受到伤害。

在 A.1 中规定的正常运行条件下，IAC 级提供了经过试验检验的对人员的保护水平。这只涉及这一条件下的人员防护，既不涉及到维护状态下的人员防护，也不涉及到运行的连续性。

金属封闭开关设备和控制设备的技术要求、额定值和可选试验见表 3。

表 3　金属封闭开关设备和控制设备的技术要求、额定值和可选试验

资　料	本标准的条款号	适用时，用户提出的要求
系统的特点（不是设备的额定值）		
电压/kV		
频率/Hz		
相数		
中性点接地的类型		
开关设备的特性		
极数		
类别——户内，户外（或特殊使用条件）	2	
隔室的名称： 母线 主开关 电缆 电流互感器（CT） 电压互感器（PT）等	3.107（见 5.103.1）	母线隔室： 主开关隔室： 电缆隔室： CT 隔室： PT 隔室： 电缆/CT 隔室： 主开关/CT 隔室： 其他隔室（状态）：
隔室的类型（指明每个高压隔室的类型），适用时： 联锁控制的可触及隔室 基于程序的可触及隔室 基于工具的可触及隔室 不可触及的隔室	 3.107.1 3.107.2 3.107.3 3.107.4	
隔板等级： PM 级 PI 级	 3.109.1 3.109.2	
可抽出/不可抽出式（主开关装置的类型）	3.125	（可抽出/不可抽出）：
运行连续性的丧失类别（LSC） LSC2B LSC2A LSC1	 3.131.1 3.131.1 3.131.2	

表 3（续）

资　料	本标准的条款号	适用时，用户提出的要求
额定电压 U_r/kV 3.6;7.2;12;24;40.5 等 以及相数：1,2 或 3	4.1	
额定绝缘水平： 短时工频耐受电压 U_d 雷电冲击耐受电压 U_p	4.2	（通用值/隔离断口） a)　　/ b)　　/
额定频率 f_r	4.3	
额定电流 I_r 进线 母线 馈线	4.4	 a) b) c)
额定短时耐受电流 I_k 主回路(进线/母线/馈线) 接地回路	4.5	 a) b)
额定峰值耐受电流 I_p 主回路(进线/母线/馈线) 接地回路	4.6	 a) b)
额定短路持续时间 t_k 主回路(进线/母线/馈线) 接地回路	4.7	 a) b)
合闸和分闸装置以及辅助和控制回路的额定电源电压 U_a a) 合闸和脱扣 b) 指示 c) 控制	4.8	 a) b) c)
合闸和分闸装置以及辅助回路的额定频率	4.9	
低压力闭锁和高压力闭锁装置(规定的要求，例如，低压力指示的闭锁等	5.9	
联锁装置(按 5.11 规定的任何附加要求)	5.11	
外壳的防护等级(如果不是 IP2X)： 门关闭时 门打开时	5.13(见 5.102.1 和 5.102.3)	 a) b)
人工污秽试验	6.2.8	附加的凝露和污秽要求
局部放电试验	6.2.9	试验值与制造厂协商
电缆试验回路的绝缘试验	6.2.101	试验值与制造厂协商
气候防护试验	6.105	适用时，协商
局部放电测量	7.101	试验值与制造厂协商

表 3（续）

资　料	本标准的条款号	适用时，用户提出的要求
内部故障　IAC 开关设备/控制设备可触及性的类别（A 和 B，规定每一类别对应的侧面） A　仅限于授权的人员 B　未受限制的可触及性（包括公众） C　受设施的限制不可接触的可触及性 以 kA 表示的试验值和持续时间(s)	6.106 A.2 也可见 A.8 中的例子 A.3	Y/N 正面 F： 侧面 L： 后面 R：
其他资料： 例如，电缆试验的特殊要求。		

9　应随订货单、投标书和询问单一起提供的资料

9.101　应随订货单和询问单一起提供的资料

在询问或订购一套金属封闭开关设备和控制设备时，询问者应提供下列资料：

1）　系统的特征：

额定电压、频率、系统中性点接地方式。

2）　不同于本标准规定的使用条件（见第 2 章）：

最高和最低周围空气温度，所有超越正常的运行条件或影响设备良好运行的条件，例如：异常地暴露于蒸汽、潮气、烟雾、易爆气体、过量的灰尘或盐雾中、热辐射（如日照）、转运设备的外部原因引起的其他振动危险和地震危险。

3）　设备及其元件的特性：

a）　户内设备或户外设备；

b）　相数；

c）　母线组数，以单线图表示；

d）　额定电压；

e）　额定频率；

f）　额定绝缘水平；

g）　母线和馈电回路的额定电流；

h）　额定短时耐受电流（I_k）；

i）　额定短路持续时间（若不是 1 s）；

j）　额定峰值耐受电流（若不是 $2.5I_k$）；

k）　元件的额定值；

l）　外壳和隔板的防护等级；

m）　回路图；

n）　金属封闭开关设备和控制设备的类型（例如：LSC1、LSC2）；

o）　如果要求，各隔室的名称和类别的描述；

p）　隔板和活门的等级（PM 或 PI）；

q）　当适用时，IAC 级（如果要求），以及对应的 I_k，I_p，t 和 F、L、R、A、B、C。

4）　操动装置的特性

a）　操动装置的类型；

b）　额定电源电压（如果有）；

c) 额定电源频率(如果有);

d) 额定气源压力(如果有);

e) 特殊的联锁要求。

除这些项目外,查询者应指出可能影响到投标和订货的每一种情况,例如,特殊的装配和安装条件、外部高压引线的位置、有关压力容器的规程和电缆试验要求。

如果要求进行特殊的型式试验,应提供有关资料。

9.102 投标时应提供的资料

如果适用,制造厂应采用文字叙述加图形的方式给出下列资料:

1) 9.101 中的第 3)项所列举的额定值和特性;

2) 按要求,提供型式试验证书或报告;

3) 结构特征,例如:

a) 最重运输单元的质量;

b) 设备的外形尺寸;

c) 外部连线的布置;

d) 运输和安装的工具;

e) 安装规程;

f) 各隔室的名称和类别;

g) 可触及的侧面;

h) 运行和维护说明书;

i) 气体压力系统或液体压力系统的类型;

j) 额定充入水平和最低功能水平;

k) 不同隔室的液体体积,或液体或气体的质量;

l) 液体状态或气体状态的技术要求。

4) 操动装置的特性

a) 9.101 的第 4)项所列举的类型和额定值;

b) 操作电流或操作功率;

c) 动作时间;

d) 操作时的耗气量。

5) 用户应订购的推荐的备件清单。

10 运输、储存、安装、运行和维护规则

按 GB/T 11022—1999 第 10 章的规定。

10.1 运输、储存和安装时的条件

按 GB/T 11022—1999 中 10.1 的规定。

10.2 安装

按 GB/T 11022—1999 中 10.2 的规定,并在 10.2.3 的第 1 段后新增加下面内容:

对于 IAC 级开关设备和控制设备,应提供适应设备内部电弧情况的安全安装条件的导则。实际安装条件造成的危害应根据试验样品在内部电弧试验期间的安装条件(见 A.3)进行评估。认为这些条件是最低允许条件。认为试验覆盖了所有欠严的条件和/或提供更大空间的条件。

但是,如果用户认为危险没有关系,则开关设备和控制设备的安装可以不受制造厂指出的约束条件的限制。

10.3 运行

按 GB/T 11022—1999 中 10.3 的规定。

10.4 维护

按 GB/T 11022—1999 中 10.4 的规定，并做如下补充：

如果为了维护需要插入临时隔板来防止偶然触及带电部件，则：

——制造厂应提供所需的隔板或其方案；

——制造厂应给出维护程序和隔板使用的建议；

——按照制造厂的指导安装完后，防护等级应达到 GB 4208—1993 规定的 IP2X；

——这些隔板应满足 5.103.3 的要求；

——隔板及其支撑应有足够的机械强度以防偶然触及带电部件。

注：仅用做机械防护的隔板和支撑件不受本标准的约束。

运行中发生短路故障后应检查接地回路是否有潜在的损坏，如果需要，可全部或部分更换。

11 安全性

按 GB/T 11022—1999 第 11 章的规定，并做如下补充：

11.101 程序

用户应提出适当的程序，以保证基于程序的可触及隔室仅在可触及隔室中的主回路部件不带电并接地或者处于抽出位置且相应的活门关闭时才能打开。该程序可以由设备的制造商或用户的安全规程规定。

11.102 内部电弧方面

就人员防护而言，在内部电弧情况下，金属封闭开关设备和控制设备的正确性能不只是设备本身设计的问题，也与设备的状态和运行规程有关，示例见 8.3。

对户内设备，由于金属封闭开关设备和控制设备内部故障产生的电弧可能会导致开关设备安装房间内的过压力。其影响不在本标准的范围内，但设备设计时应予以考虑。

附　录　A
（规范性附录）
内部故障——
在内部故障电弧条件下金属封闭开关设备和控制设备试验的方法

A.1　概述

本附录适用于IAC级金属封闭开关设备和控制设备。本等级目的是在金属封闭开关设备和控制设备处于正常工作位置且内部出现电弧事件时，为正常运行条件的设备附近的人员提供了经过试验的保护水平。

对于本附录，正常运行条件意味着要求金属封闭开关设备和控制设备能够进行操作，例如，高压开关装置的分闸或合闸、接通或断开可抽出部件、读取测量仪器和设备的监控等等。因此，如果进行此类操作中的任何一种，所有盖板都得移开和/或所有门都得打开，在进行下述试验时应移开盖板和/或门。

不认为移开或更换运行元件（例如高压熔断器或任何其他可移开元件）以及要求的维护工作属于正常操作。

金属封闭开关设备和控制设备内的内部故障可能发生在多处且可能引起多种物理现象。例如，外壳内绝缘流体中电弧产生的电弧能量可以引起内部过压力和局部过热，进而对设备产生机械的和热的应力。此外，涉及到的材料可能产生热的分解物，可能向外壳外部释放出气体或蒸汽。

内部电弧等级IAC允许内部的过压力作用到盖板、门、观察窗、通风口等。它还考虑了电弧或弧根对外壳的热效应以及排出的热气体和灼热粒子，但是不会损坏在正常运行条件下不会触及的内部隔板和活门。

注：本标准不包括隔室间内部电弧的影响。

下述内部电弧试验用来验证在内部电弧情况下设计在人员防护方面的有效性。它不包括可能导致危害的所有效应，例如在故障后可能存在的潜在有毒气体。从此观点出发，要求在重新进入开关设备室内之前应立即排风和进一步通风。

内部电弧后火灾的蔓延对金属封闭开关设备和控制设备周围的可燃材料或设备造成的危害不包括在本试验内。

A.2　可触及性的类型

a）　非柱上安装的金属封闭开关设备和控制设备：

在设备现场，可能需要区分金属封闭开关设备和控制设备的两种可触及类型：

——A类可触及性：仅限于授权的人员；

——B类可触及性：不受限制的可触及性，包括一般公众的。

对应于这两类可触及性，A.3规定了两种不同的试验条件。

金属封闭开关设备和控制设备外壳的不同侧面可以具有不同的可触及性类型。

采用下述代码表示外壳的不同侧面（见A.7和A.8）：

F：前面

L：侧面

R：后面

前面应由制造厂明确规定。

b）　柱上安装的金属封闭开关设备和控制设备：

——C类可触及性：接触不到的设备限定的可触及性

设备的最低允许高度应由制造厂规定。

A.3 试验布置

A.3.1 概述

应观测下述几点：

——试验样品应装配完整。只要模型的体积及外部材料和元件的一样，且不影响主回路和接地回路，则内部元件允许使用模型。

——应对装有主回路元件的功能单元的每个隔室进行试验。在开关设备和控制设备由可扩展的(模块)独立单元组成时，试品应由和运行情况一样连接在一起的两个单元构成。试验至少应在靠近指示器的开关设备和控制设备末端的所有隔室中进行。但是，如果相邻单元的连接侧和构成开关板的末端侧之间强度存在巨大差异(由制造厂声明的)，则应采用三个单元，且在中间单元的不同隔室上应重复进行试验。

注：独立单元是可以包含在单独的公共外壳内的一个或多个水平和垂直布置(层)的功能单元的总装。

——对柱上安装的设备，试验样品应安装在制造厂规定的运行时的最低高度。如果有控制箱和/或与柱基的电气/机械联系，也都应安装。

——如果试验样品需要接地，则应在规定的点接地。

——试验应在事先没有经受过电弧的隔室中进行，或者，如果承受过电弧，则应在不影响试验结果的条件下进行。

——对于充流体(不是 SF_6)的隔室，试验应在充有额定充入条件(±10%)的原始流体上进行。允许在额定充入条件(±10%)下用空气替代 SF_6。

注：如果用空气替代 SF_6 进行试验，压力增高会不同。

A.3.2 空间模拟

a) 户内使用的金属封闭开关设备和控制设备

试验小室应由地板、天花板和互相垂直两堵墙壁组成。还应有模拟电缆进入的通道和/或排气管道。

天花板：

除非制造厂规定了更大的最小间距，否则，天花板应距试验样品上部 600 mm±100 mm。但是，天花板距地面最小 2 m。本规定适用于高度小于 1.5 m 的试验样品。

为了评估安装条件的判据，制造厂可以在与天花板较小的间距时进行附加的试验。

侧面的墙壁：

侧面的墙壁应距试验样品侧面 100 mm±30 mm。只要能够证明墙壁不会妨碍或限制试验样品侧面面板的任何永久变形，则间距可以选取得更小。

为了评估安装条件的判据，制造厂可以在与侧面的墙壁较大的间距时进行附加的试验。

后面的墙壁：

根据可触及性的类型，后面的墙壁应位于下述位置：

1) 不可触及的后面板：

除非制造厂规定了更大的间距，试验样品的后面板距离该墙壁 100 mm±30 mm。只要能够证明墙壁不会妨碍或限制试验样品后面板的任何永久变形，则间距可以选取得更小。

只要满足两个附加的条件(见 A.6 的判据 1)，认为靠墙壁较近的试验布置是有效的。

如果不能实现这些条件，或制造厂要求直接验证靠墙安装的设计，应在与墙壁没有间距的情况下进行特定的试验。但是，此试验的有效性不能推广到任何的其他安装条件。

如果在大于制造厂规定的与后墙壁距离的间距进行试验，则该间距应为安装说明书规定的最小允许间距。说明书还应包括关于防止人员进入这些区域所采取措施的职责方面的导则。

2) 可触及的后面板：

试验样品的后面板距离墙壁的标准距离为 800^{+100}_{0} mm。

为了验证开关设备和控制设备在缩小的空间里(例如：证明在后板不可触及的布置中设备靠近墙壁是合理的)能够正确运行，应在较小的间距下进行附加的试验。

如果在大于制造厂规定的与后墙壁距离的间距进行试验，则该间距应为安装说明书规定的最小允许间距。

特殊情况下，排气管道的使用：

如果制造厂声明设计需要用电缆进入通道和/或其他所有的排气管道来排出内部电弧期间产生的气体，则制造厂应规定其最小截面尺寸、位置和输出特性(挡板或网格及其特征)。应模拟这些排气管道进行试验。排气管道开口的末端距受试开关设备和控制设备至少 2 m，以防止对试验结果造成不利影响。

注：本标准不包括开关设备和控制设备室外热气的可能影响。

b) 户外使用的金属封闭开关设备和控制设备

如果对所有侧面(F、L、R)都规定了可触及性，则墙壁和天花板都不需要。如果必要，如上所述，应模拟电缆进入通道。

从内部电弧的观点出发，对于同样的可触及性要求，认为通过了试验的户内使用的金属封闭开关设备和控制设备可以用于户外。

在户外使用的开关设备和控制设备打算用于高于开关设备和控制设备 1.5 m 以下的遮板(例如，用于防雨)底下的场合，应考虑相应的天花板。

A.3.3 指示器(用于评估气体的热效应)

A.3.3.1 概述

指示器是切边不朝向试验样品的一块黑布。

根据可触及性的条件，指示器应采用黑色的印花棉布(棉纤维大约 150 g/m²)或者黑色的棉麻混纺布(大约 40 g/m²)。

应注意观察垂直布置的指示器不应互相点燃。这可以通过把它们固定在一个深度为 2×30 mm (0，-3 mm)的钢板框架中实现，见图 A.1。

对于水平指示器，应注意灼热粒子不应积聚。如果指示器的安装不用框架就可以满足这一要求。见图 A.2。

指示器的尺寸应为 150 mm×150 mm(+15 mm，0 mm)。

A.3.3.2 指示器的布置

指示器应安装在安装架上，布置在可触及的每一个侧面，与每一侧面的距离取决于可触及性的类型。

考虑到从受试表面喷出热气体的角度可能达到 45°，安装架每个边的长度应大于试验样品的长度。这意味着：对 B 类可触及性，安装架应比受试单元长 100 mm；对 A 类可触及性，安装架应比受试单元长 300 mm，只要不受到试验室模拟布置中的墙壁位置的限制。

注：在任何情况下，垂直安装的指示器到开关设备和控制设备的距离应从外壳的表面量起，不考虑凸出的元件(例如手柄、电器的框架等等)。如果开关设备的表面不规则，应根据可触及性的类型，在上述距离安装指示器，以尽可能实际地模拟人员通常在设备前所处的位置。

a) A 类可触及性(授权的人员)

应使用黑色印花棉布(棉纤维大约 150 g/m²)作为指示器。

指示器应垂直安装在金属封闭开关设备和控制设备的所有可触及的侧面，距离地面的高度为 2 m，且均匀分布在方格盘上，并占方格盘面积的 40%～50%(见图 A.3 和图 A.4)。

指示器到开关设备和控制设备的距离为 300 mm±15 mm。

应按图 A.3 和 A.4 的规定布置 2 m 高的水平指示器，该指示器伸出开关设备和控制设备 300 mm 到 800 mm。如果天花板位于地面上 2 m 处(见 A.3.2 的 a))，则不需要水平指示器。指示器应均匀分布在方格盘上，并占方格盘面积的 40%～50%(见图 A.3 和图 A.4)。

b) B类可触及性(一般公众)

应使用黑色的棉麻混纺布(大约 40 g/m^2)作为指示器。

指示器应垂直安装在金属封闭开关设备和控制设备的所有可触及的侧面，距离地面的高度为 2 m。如果样品的实际高度低于 1.9 m，则垂直指示器应比样品高 100 mm。

指示器应均匀分布在方格盘上，并占方格盘面积的 40%～50%(见图 A.3 和图 A.5)。

指示器距开关设备 100 mm±5 mm。

还应按图 A.5 所示，在规定的高度布置水平指示器，该指示器伸出开关设备和控制设备 100 mm 到 800 mm。如果样品的高度低于 2 m，则指示器应直接放在上盖板上，面对可触及的面，应放置在距离 100 mm±5 mm 处(见图 A.6)。指示器应均匀分布在方格盘上，并占方格盘面积的 40%～50%(见图 A.5 和图 A.6)。

c) 特殊的可触及性条件

应使用黑色的棉麻混纺布(大约 40 g/m^2)作为指示器。

不论开关设备和控制设备有多高，如果要求在设备正常运行时人员能够在上面站立或行走，则应按图 A.6 的规定把水平指示器布置在上可触及面上方。

d) C类可触及性——柱上安装的设备

应使用黑色的棉麻混纺布(大约 40 g/m^2)作为指示器。

指示器应水平布置在 2 m 高的位置，覆盖以柱为中心 3 m 见方的区域。应均匀分布在方格盘上，并占方格盘面积的 40%～50%(见图 A.7)。

A.4 施加的电压和电流

A.4.1 概述

应对金属封闭开关设备和控制设备进行三相试验(对于三相系统)。试验期间施加的短路电流为额定短时耐受电流。如果制造厂有规定，也可以低于该值。

在给定电压、电流和持续时间下进行的试验通常对所有较低的电压、电流和持续时间值有效。

注：较小的电流可能会影响压力释放装置的动作和烧穿特性。对于比试验电流小的短路电流，解释试验结果时应加以注意。

A.4.2 电压

试验回路的外施电压应等于金属封闭开关设备和控制设备的额定电压。但当试验站的能力达不到时，如果满足下列条件，也可以选取较低的电压值：

a) 通过数字记录装置测量得到的实际电流有效值符合 A.4.3 的规定；

b) 已经引燃电弧的所有相都不会提前熄灭。

A.4.3 电流

A.4.3.1 交流分量

金属封闭开关设备和控制设备内部电弧试验短路电流值的偏差应为$^{+5}_{0}$%。如果施加额定电压，该偏差值适合于预期电流；

该电流应维持恒定。如试验站的能力做不到这样，则应延长试验，直到电流交流分量积分值等于规定值，其允许偏差为$^{+10}_{0}$%。在这种情况下，至少在开始三个半波内电流应等于规定值，而在试验结束时的电流应不小于规定值的 50%。

A.4.3.2 峰值电流

选择合闸瞬间应使得流过一个边相电流的预期峰值(允许偏差为$^{+5}_{0}$%)等于 A.4.3.1 规定的交流

分量有效值的 2.5 倍，这使得电流的大半波出现在另一个边相。如果电压低于额定电压，通过被试金属封闭开关设备和控制设备的短路电流峰值应不低于预期峰值电流的 90%。

注：对其他较高的电网直流时间常数，额定值为交流分量有效值的 2.7 倍。

在引燃两相电弧的情况下，选择的合闸瞬间应使得产生最大可能的直流分量。

A.4.4 频率

当额定频率为 50 Hz 时，试验开始时的频率应在 48 Hz～52 Hz 之间。当在其他额定频率时，偏离额定值不应超过±10%。

当快速动作的保护装置依赖于频率动作时，试验应在这些装置的额定频率的±10%范围内进行。

A.4.5 试验持续时间

制造厂应规定试验持续时间。标准推荐 1 s、0.5 s 和 0.1 s。

注：当电流值不是试验中使用的电流时，一般来说，不可能计算该电流的允许电弧持续时间。试验过程中的最高压力通常不会在较短的燃弧时间内降低，所以，不存在随着试验电流的减小，电弧允许持续时间增加的这样一个通用法则。

A.5 试验程序

A.5.1 电源回路

除对具有分相的且分相的隔室间互不影响的开关设备和控制设备的试验外，如果适用，电源回路应是三相的。电源回路的中性点既可以绝缘也可以通过阻抗接地，这样使得最大接地电流小于 100 A。在这种情况下，回路的布置包括了所有的中性点情况。

注：中性点直接接地的内部故障的严酷程度较低。

当对分相的开关设备和控制设备的部件进行试验时，电源应是单相的，并一端接地。试验电流为 A.4.3.1 规定的三相电流值。

注意不要因接线改变了试验条件。

送电的方向应如下：

——对于电缆隔室：从母线供电，通过主开关装置。

——对于母线隔室：电源的接线不应使受试的隔室打开。如果母线隔室对整个开关板是公共的，且隔板安装在功能单元间形成了独立的母线隔室，则电源应通过隔板或者通过位于开关板一个末端的主开关装置供电。

——对于主开关装置隔室：从母线供电，主开关装置处于合闸位置。

——对于包含几个主回路元件的隔室：通过一组合适的进线套管供电，除接地开关（如果有，应处于分闸位置）外，所有的开关装置都处于合闸位置。

A.5.2 电弧的引燃

用直径大约为 0.5 mm 的金属线在所有的相间引燃电弧。对于分相导体，在一相和地之间引燃。

引燃点应位于受试隔室内距电源最远的可触及位置。

在带电部件采用固体绝缘包覆的功能单元内，电弧应在相邻的两相间引燃，电流值为额定值的 87%。对于分相导体，在一相和地之间的下述位置引燃：

a) 在绝缘包覆部件的绝缘之间的间隙或连接表面；

b) 如果没有采用预装的绝缘件，通过在现场制造的绝缘连接上打孔。

除 b)的情况外，不应对固体绝缘打孔。电源回路应是三相的以使故障能够发展为三相故障（如果适用）。

对于通过插入式连接器连接的电缆隔室，不论连接有屏蔽还是没有屏蔽，或者是现场制作的固体绝缘，受试的两相应装有未绝缘的接入连接，且第三相装有运行中所用插入式连接器，且能够带电。

注：经验证明故障一般不会发展成三相故障；因此，选择安装第三相并不关键。

在所有的相间故障情况下，试验电流应按照 A.4.3 确定的三相电源回路的相对相故障电流。除非发展成三相故障，否则，就意味着实际的电流值降到了内部电弧耐受电流规定值的 87%。

在直接接地电力系统中(非悬浮中性点)，或在有接地故障保护的电力系统中，单一的相对地短路电流通常小于两相故障电流，且会被迅速切断。对仅为这种限定用途设计的高压开关设备和控制设备，相应地也可以接受除上述规定的两相试验外的试验。单相对地引燃电弧，其他相带电以使得电弧发展为三相。试验时施加规定的内部故障耐受电流单相值。

A.6 合格判据

如果满足下述判据，就是 IAC 级金属封闭开关设备和控制设备(按照相关的可触及性类型)：

判据 1：

安全的门和盖板没有打开。只要没有部件到达每一侧指示器或墙壁的位置(不管哪个是最近的)，变形是可以接受的。试验后，开关设备和控制设备没有必要满足其规定的 IP 代码。

把这一合格判据推广到比受试设备(见 A.3.2 的 a))更靠近墙壁的设施，应满足两个附加条件：

——永久的变形小于预期到墙壁的距离；

——排出的气体没有直接朝向墙壁。

判据 2：

在试验规定的时间内外壳没有开裂。

喷射出的小件单个质量不超过 60 g 是可以接受的。

判据 3：

电弧在高度不超过 2 m 的可触及面上没有形成孔洞。

判据 4：

热气体没有点燃指示器。

如果有证据证明点燃是由灼热粒子而不是热气体所引起的，试验期间开始的燃烧，可以认为满足了评估的判据。实验室可以采用高速摄影机、摄像或任何其他适合的方法获得的照片可以作为证据。

不包括油漆和粘贴物的燃烧导致的指示器的燃烧。

判据 5：

外壳仍旧和接地点相连。外观检查通常足以判定是否满足。如有怀疑，应检查接地连接的连续性，见 6.6 的 b)。

A.7 试验报告

试验报告中应给出下述资料：

——标明试验单元主要尺寸的图纸，试验单元的额定值及描述，机械强度的细节，压力释放板的布置以及金属封闭开关设备和控制设备与地面和/或墙壁的固定方法。对于柱上安装的金属封闭开关设备和控制设备，应给出柱子的特征以及固定到柱子上的方法；

——试验连接的布置；

——内部故障的引燃方法和引燃点；

——根据可触及性的类型(A、B 或 C)、侧面(F、L 和 R)和设备条件，给出试验布置草图(模拟室、试验样品和指示器的安装架)。

——施加的电压和频率；

——对于预期电流和试验电流：

a) 前三个半波期间交流分量的有效值；

b) 最高的峰值；

c) 在实际的试验持续时间内交流分量的平均值；

d) 试验的持续时间。

——表明电压和电流的示波图；

——试验结果的判定，包括按 A.6 得到的观察记录；

——试验前后的试验样品的照片；

——其他相关的说明。

A.8 等级的命名

试验验证为 IAC 级时，根据 6.106，对金属封闭开关设备和控制设备命名如下：

——总的：IAC 级(英文内部电弧等级的缩写)；

——可触及性：A、B 或 C(按照 A.2)；

——试验值：试验电流(单位为 kA)、持续时间(单位为 s)。

这一命名应包括在铭牌中(见 5.10)。

示例 1：一台金属封闭开关设备试验的故障电流为 12.5 kA(有效值)，持续时间 0.5 s，打算安装在公众可触及的场所，试验时指示器位于前面、侧面及后面，命名如下：

IAC 级　BFLR

内部电弧：12.5 kA　0.5 s

示例 2：一台金属封闭开关设备试验的故障电流为 16 kA(有效值)，持续时间 1 s，打算安装在下述条件下：

前面：公众可触及性

后面：限于操作人员

侧面：不可触及

命名如下：

IAC 级 BF-AR

内部电弧：16 kA　1 s

单位为毫米

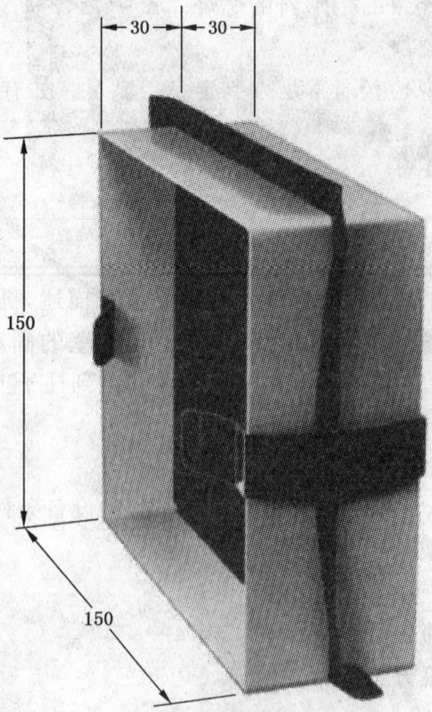

图 A.1　垂直指示器安装框架

图 A.2　水平指示器

A类可触及性		B类可触及性	
$h \geqslant 2\ m$	$h < 2\ m$	$h \geqslant 2\ m$	$h < 2\ m$
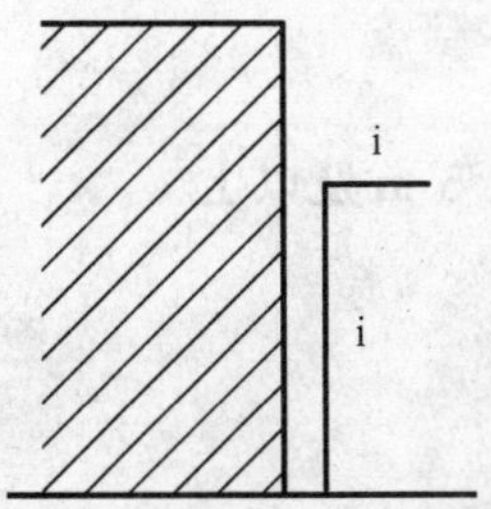	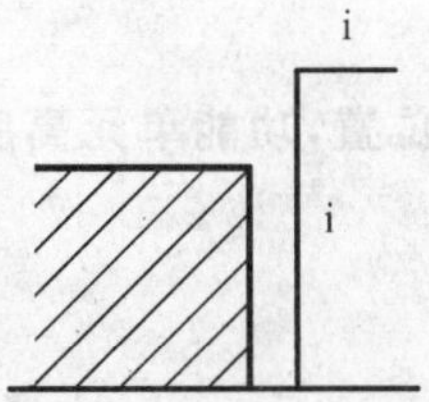	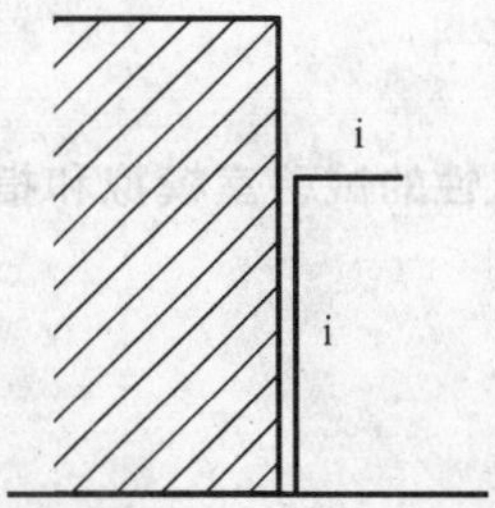	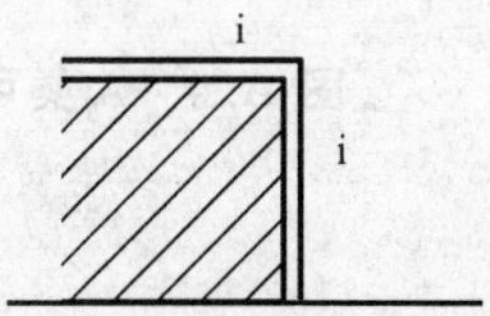

图中：

i——指示器的位置；

h——设备的高度。

图 A.3　指示器的位置

单位为毫米

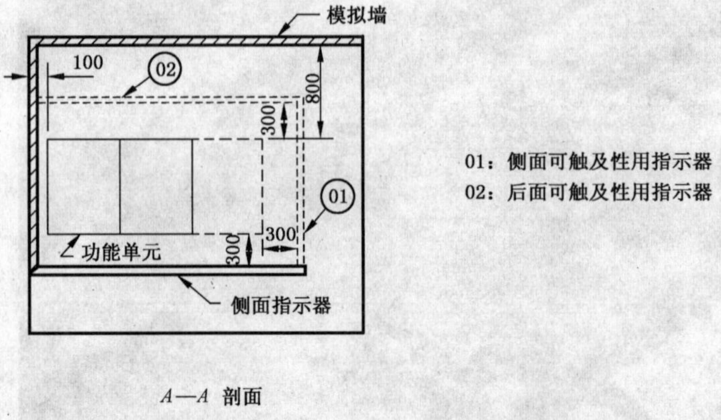

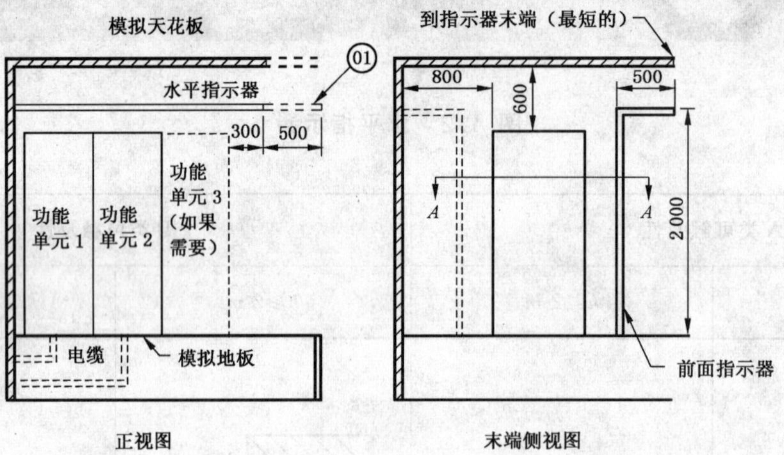

图 A.4 A类可触及性的试验室模拟和指示器位置，功能单元高度在 1.5 m 及以上

单位为毫米

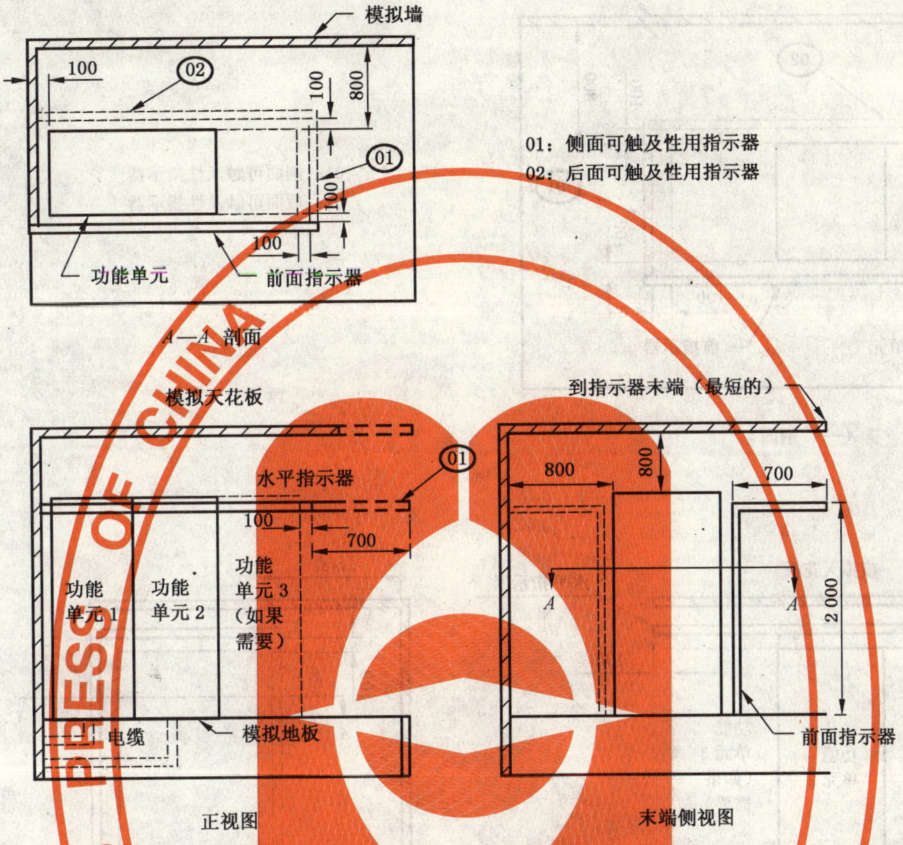

图 A.5 B 类可触及性的试验室模拟和指示器位置，功能单元在 2 m 以上

单位为毫米

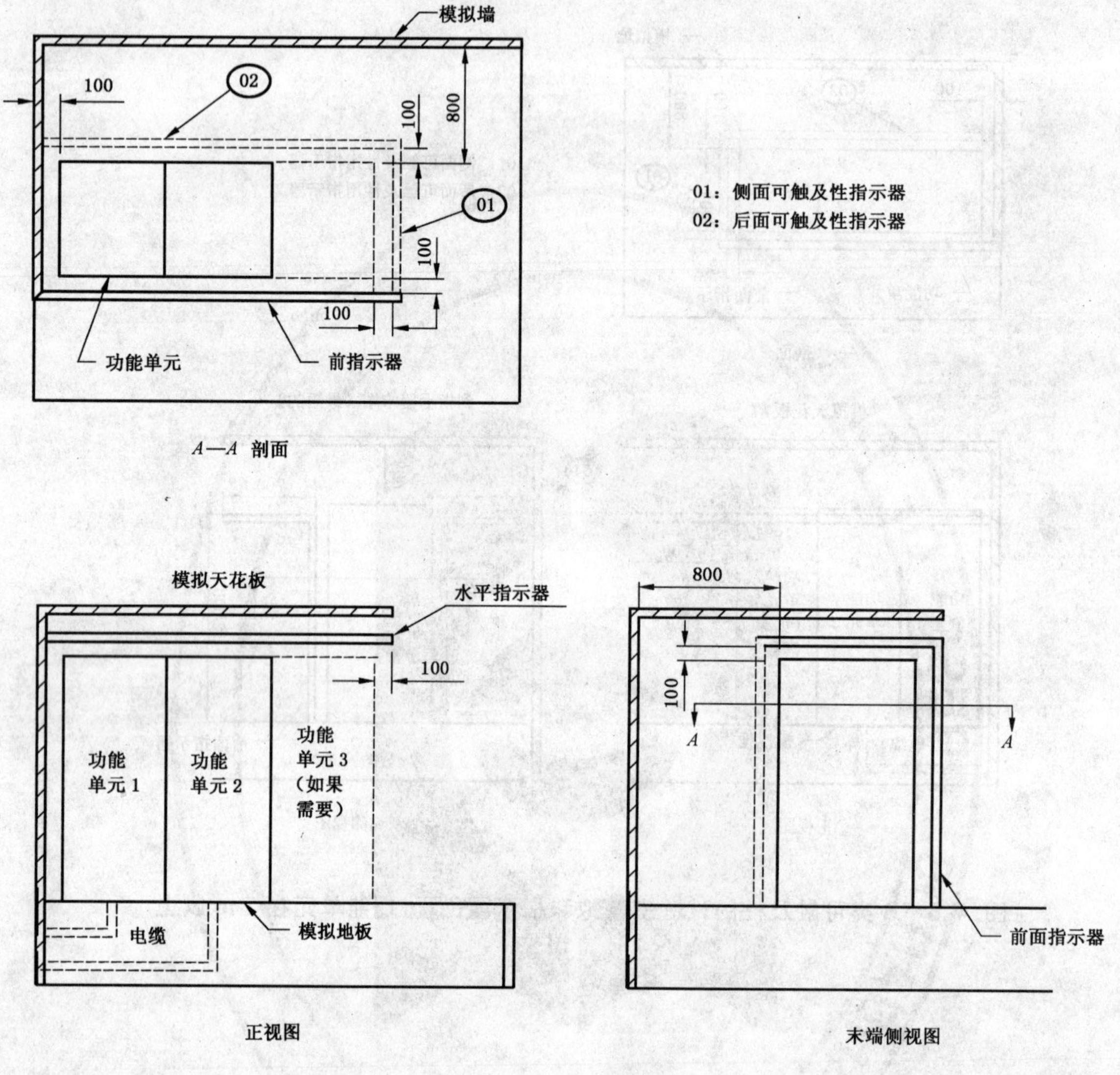

图 A.6　B类可触及性的试验室模拟和指示器位置，功能单元在2 m以下

单位为毫米

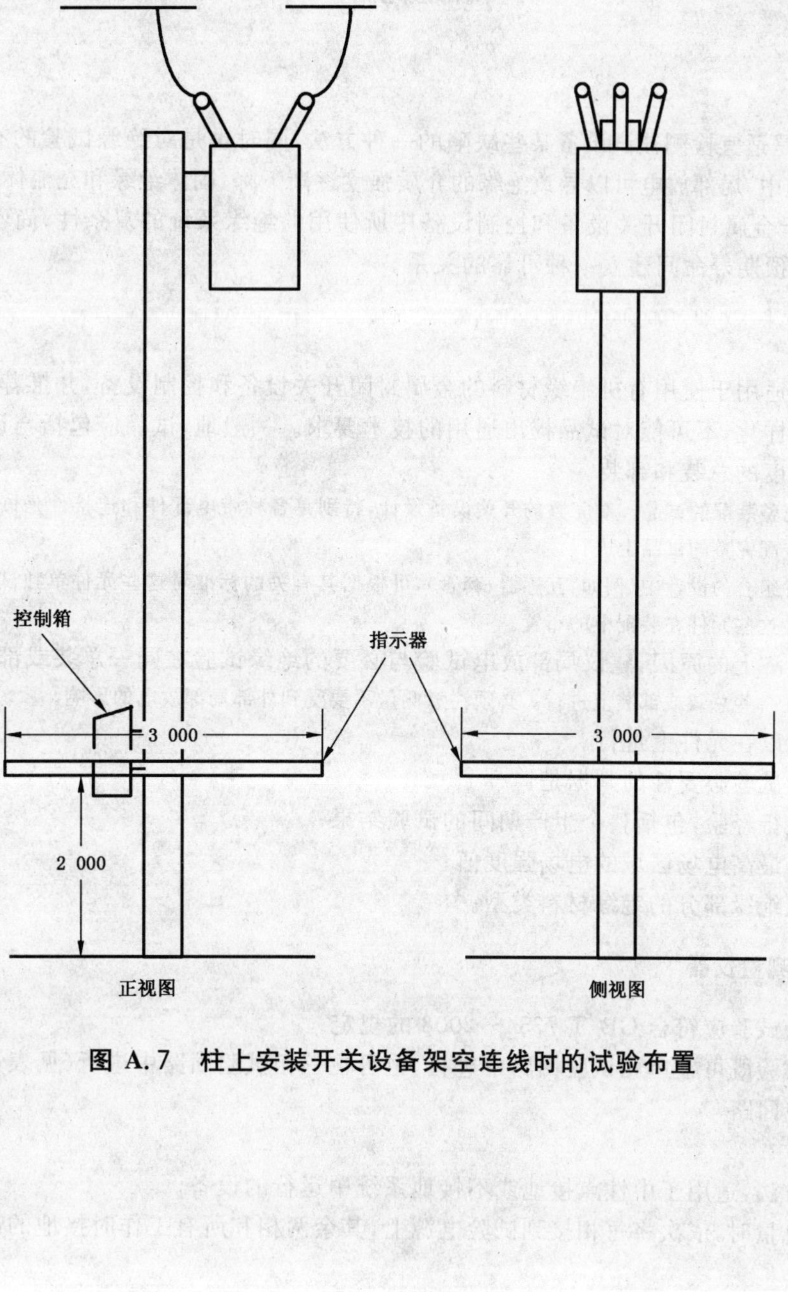

图 A.7　柱上安装开关设备架空连线时的试验布置

附　录　B
（规范性附录）
局部放电测量

B.1　总则

局部放电测量是适宜检测被试设备某些缺陷的一种方法，同时也是对绝缘试验的有效补充。经验表明，在某些特定结构中，局部放电可以导致绝缘的介质强度逐渐下降，固体绝缘和充流体隔室尤其如此。

另一方面，由于金属封闭开关设备和控制设备中所使用的绝缘系统的复杂性，尚不可能在局部放电测量结果和设备的预期寿命间建立一种可靠的关系。

B.2　适用性

局部放电测量适用于使用有机绝缘材料的金属封闭开关设备和控制设备，并推荐用于充流体隔室。

由于设计的多样化，不可能对试品提出通用的技术要求。一般地，试品应包括与设备的完整装配中具有相同的电场强度的总装和部装。

注 1：优先选择完整装配的试品。对完整的开关设备设计，特别是各种带电部件和连接件是嵌入固体绝缘内的，试验必须在装配完整的试品上进行。

注 2：由常规元件组合的设计中（例如：互感器、套管），可根据其有关的标准对这些元件单独试验，而本局部放电的目的是检验这些元件在装配中的布置。

由于技术和经济上的原因，建议局部放电试验与必要的绝缘试验在同一总装或部装上进行。

注 3：此试验可在一些总装或部装上进行。必须注意测量不要受到外部局部放电的影响。

出厂试验也可以在元件上进行。

决定局部放电试验必要性的判据是：

1）　实际的运行经验，包括整个生产期间的试验结果；

2）　固体绝缘最高电场区域的电场强度值；

3）　设备中主绝缘部分的绝缘材料类型。

B.3　试验回路和测量仪器

局部放电测量试验应符合 GB/T 7354—2003 的规定。

三相设备的试验既可在单相试验回路中进行，也可在三相试验回路中进行（见表 B.1）。

a）　单相试验回路

程序 A

是一种通用方法，适用于中性点接地或不接地系统中运行的设备。

测量局部放电量时，依次将每相接到试验电源上，其余两相和所有工作时接地的部件都接地。

程序 B

仅适用中性点接地系统中运行的设备。

测量局部放电量时，应采用两个试验布置。

首先，应在 $1.1U_r$（U_r 是额定电压）试验电压下进行测量，依次将每相接到试验电源上，其余两相接地。测量时必须将在正常运行中接地的所有金属部件与地脱开或绝缘起来。

再将试验电压降至 $1.1U_r/\sqrt{3}$ 下进行附加测量。在测量过程中，运行中接地的部件都接地，且三相并联接到试验电压源上。

b）　三相试验回路

如果有合适的试验设备，局部放电试验可按三相布置进行。

在此情况下，推荐使用三个耦合电容器按图 B.1 连接。可用一个放电检测器依次接到三个测量阻抗上。

为了给检测器在三相布置的一个测量位置上定标，将已知电量的短时电流脉冲一方面依次注入到每一相和地之间，另方面注入到其他两相和地之间。则给出的最小偏转刻度，用其来确定放电量。

当设计的设备用于中性点非直接接地系统时，应进行附加试验（仅作为型式试验）。试验时，试验样品的每一相和电源的对应相应依次接地（见图 B.2）。

B.4 试验程序

按照试验回路（见表 B.1），外施工频电压至少升高到 $1.3U_r$ 或 $1.3U_r/\sqrt{3}$ 的预加值，且在此值下至少保持 10 s*。不考虑在此期间产生的局部放电。

然后，根据试验回路，连续地将电压降到 $1.1U_r$ 或 $1.1U_r/\sqrt{3}$，且在此电压下测量局部放电量（见表 B.1）。

考虑到实际背景噪音水平，应尽可能记录局部放电的起始电压和熄灭电压以作为补充资料。

通常，应在开关装置处于闭合位置时对其总装或部装进行试验。由于局部放电可能会导致隔离开关断口间的绝缘老化，因此，在隔离开关分闸的情况下，应补充进行局部放电测量。

对充流体设备，试验应在最低功能水平或额定充入水平下进行，不管那种更严酷。出厂试验应在额定充入水平下进行。

B.5 最大允许的局部放电量

推荐的局部放电参量为视在电荷量，一般用皮库（pC）表示。

在 $1.1U_r$ 或 $1.1U_r/\sqrt{3}$ 电压下的最大允许局部放电量，由制造厂和用户商定。

固体绝缘的可接受限值：在 $1.1U_r$（相间电压）（在 $1.1U_r/\sqrt{3}$ 相对地电压）下应为 10 pC，而对于中性点非直接接地系统，在 $1.1U_r$ 相对地电压下为 100 pC。

注：在进一步取得可靠数据之前，可以不规定局部放电量的限值。金属封闭开关设备和控制设备的元件可能采用一种或多种不同的技术（例如：固体、液体或气体绝缘），每种具有不同的要求。对整体、部分或总装规定通用的最大可接受的局部放电水平还很难，且有争议。目前，这些值由制造厂确定，或在验收试验时由制造和用户协商确定。

表 B.1 试验回路和程序

	单相试验			三相试验
	程序 A	程序 B		
电源连接到	依次连接到每相	依次连接到每相	同时连接到三相	三相（图 B.1）
接地连接的元件	其他相和工作时接地的所有部件	其他两相	工作时接地的所有部件	工作时接地的所有部件
最低预施电压	$1.3U_r$	$1.3U_r$	$1.3U_r/\sqrt{3}$	$1.3U_r$ 1)
试验电压	$1.1U_r$	$1.1U_r$	$1.1U_r/\sqrt{3}$	$1.1U_r$ 1)
基本接线图	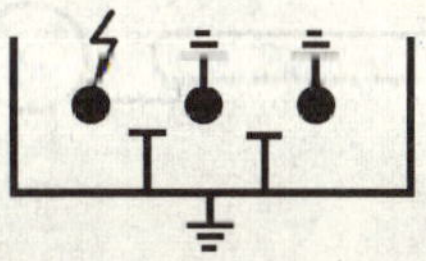	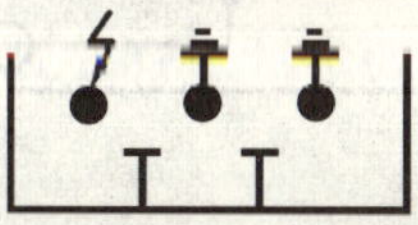	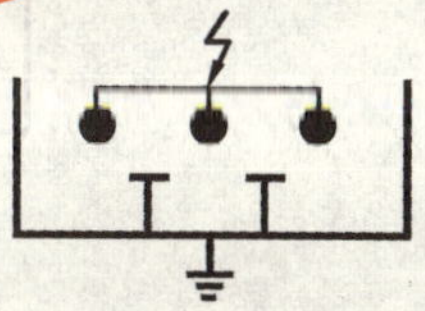	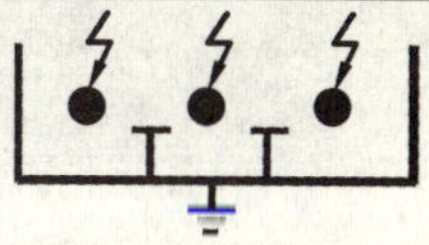 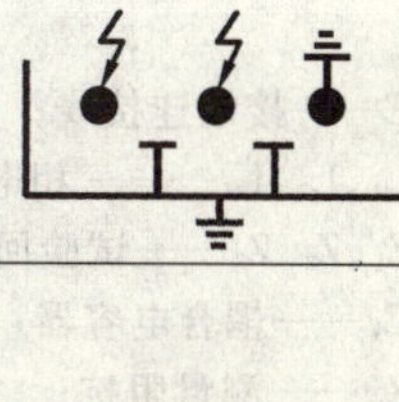 2)

1) 相间电压；

2) 中性点不接地系统的补充试验（仅作为型式试验）。

* 局部放电试验也可在工频电压试验后降低电压进行。

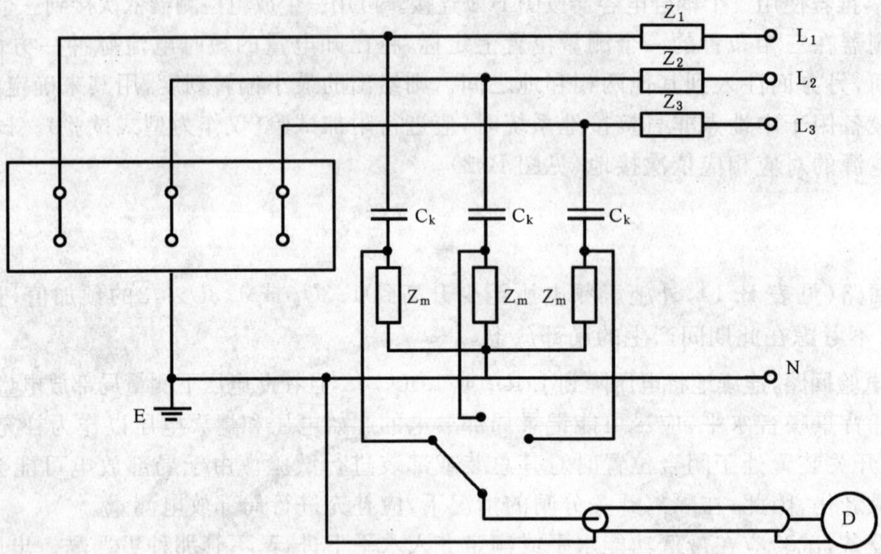

图中：

N——中性点连接线；

E——接地连接线；

L_1、L_2、L_3——三相电源连接端；

Z_1、Z_2、Z_3——试验回路阻抗；

C_k——耦合电容器；

Z_m——测量阻抗；

D——局部放电检测仪。

图 B.1 局部放电试验回路(三相布置)

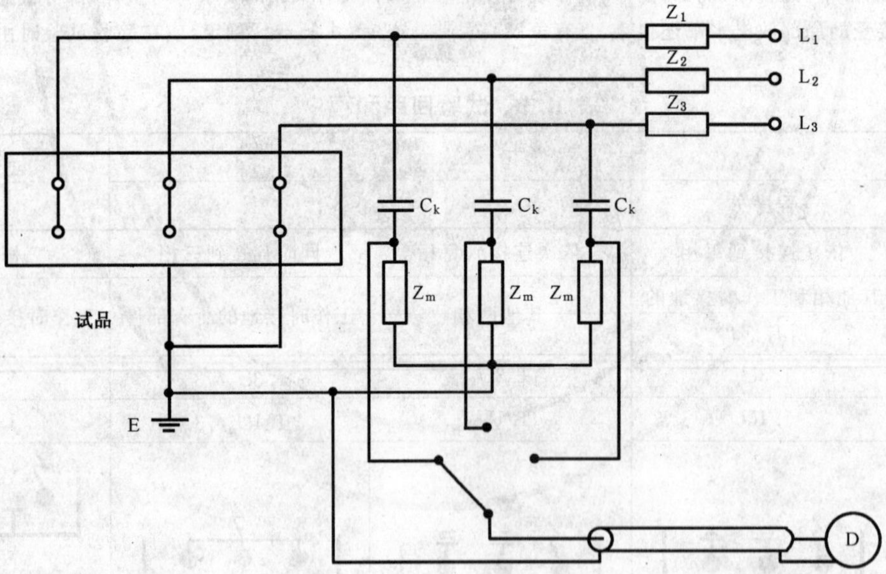

图中：

E——接地连接线；

L_1、L_2、L_3——三相电源连接端；

Z_1、Z_2、Z_3——试验回路阻抗；

C_k——耦合电容器；

Z_m——测量阻抗；

D——局部放电检测仪。

图 B.2 局部放电试验回路(中性点不接地系统)

附 录 C
（规范性附录）
用于严酷气候条件下的3.6 kV～40.5 kV交流金属封闭开关设备和控制设备的附加要求

C.1 适用范围

本附录适用于按照本标准的规定并在凝露和污秽方面比正常使用条件更严酷的使用条件中使用的户内金属封闭开关设备和控制设备，但气体绝缘的金属封闭开关设备和控制设备除外。

注：虽然像机构、联锁和外壳等机械部件的特性也很重要，但在本附录中详细规定的试验主要是研究电气绝缘性能。

C.2 适用对象

本附录提出了凝露和污秽两方面严酷使用条件的两个等级的定义。确定了金属封闭开关设备和控制设备在规定条件下性能的试验程序，以便得出它们在这些严酷使用条件下能否适应的结论。

C.3 凝露和污秽运行条件下的严酷程度

安装在建筑物或房子内的户内设备，通常能免遭户外气候条件的危害，但可能要承受由于温度快速变化引起的凝露以及建筑物内环境的污染。

金属封闭开关设备和控制设备周围的凝露和污秽使用条件分类如下：

C_0：通常不出现凝露（每年不超过两次）；

C_1：凝露不频繁（每月不超过两次）；

C_h：凝露频繁（每月超过两次）；

P_0：无污秽；

P_1：轻度污秽；

P_h：严重污秽；

注1：P_0 认为是不现实的；

注2：对于包含有腐蚀性沉积物使用条件，应向制造厂询问。

考虑到设备特别受到湿度和污秽联合作用的情况，三个使用条件的严酷等级定义如下：

0级：C_0P_1

1级：C_1P_1 或 C_0P_h

2级：C_1P_h 或 C_hP_1 或 C_hP_h。

C.4 金属封闭开关设备和控制设备的分类

定义了0类、1类、2类三个设计类别。实质上它们对应于C.3所述的使用条件严酷度的三个等级。按照这些设计类别，设备使用的典型实例如下：

C.4.1 0类设计

设备用于温度可控制的地点，可以周期性地加温或冷却。建筑物或房屋提供防护使设备免受户外气候条件变化的影响。采取预防措施，使沉积物减到最少。

C.4.2 1类设计

存在两种可能性：

1） 设备用于没有温度控制的地点。建筑物或房屋提供防护使设备免受户外气候条件变化的影响，但不能排除凝露。采取预防措施，使沉积物减到最少。

2） 设备装于温度可控制的地点，装设地点无专门预防措施使沉积物减到最少，或设备处在极接近于尘源的地方。

C.4.3 2类设计

存在三种可能性：

1） 设备用于没有温度控制的地点。建筑物或房屋提供防护使设备免受户外气候条件变化的影响，但凝露不能排除。装设地点无专门预防措施使沉积物减到最少，或设备处在极接近于尘源的地方。

2） 设备用于没有温度控制的地点。建筑物或房屋使设备免受户外气候变化影响的防护很少，以致凝露可能频繁出现。采取预防措施使沉积物减到最少。

3） 设备用于没有温度控制的地点。建筑物或房屋使设备免受户外气候变化影响的防护很少，以致凝露可能频繁出现。装设地点无专门的预防措施使沉积物出现减到最少，或设备处在极接近尘源的地方。

注1：通过选择金属封闭开关设备和控制设备合适的防护等级可使设备外壳内沉积物的数量减到最少，或对金属封闭开关设备和控制设备采取加热、通风等措施，使凝露不易产生，也可选用1类设计或2类设计的金属封闭开关设备和控制设备来满足特殊使用环境条件的要求；

注2：对于在严酷气候条件下，需要选用按1类设计或2类设计的金属封闭开关设备和控制设备，也可通过改变装设地点的气候条件，例如装设空调、去湿设备和加强建筑物的防尘等措施，使得0类设计的产品可以适用，在某些情况下，可能更为安全可靠、经济合理。

注3：对于12 kV金属封闭开关设备和控制设备，其相间和相对地间的爬电比距推荐下列数值：按照1类设计的设备，电瓷－14 mm/kV、有机绝缘－16 mm/kV；按照2类设计的设备，电瓷－18 mm/kV、有机绝缘－20 mm/kV。若由于设计、工艺、材料改变，也可不按上述规定的条件进行设计。对于40.5 kV的金属封闭开关设备和控制设备，其爬电比距正在考虑中。

C.5 分类程序

对于按本标准规定的正常使用条件，不要求作附加试验，符合本标准的金属封闭开关设备和控制设备应认为属于0类设计。

通过试验来验证设备满足1类设计或2类设计的严酷使用条件下的性能。

进行老化试验的必要性可以预先进行穿透性试验来判定。如果成功地通过此项试验，则设备可直接地归为2类设计。

如果穿透性试验被省略或没有通过，则按1类设计的金属封闭开关设备和控制设备将按照C.9的规定承受1级老化试验。按2类设计的金属封闭开关设备和控制设备将按照C.10的规定承受2级老化试验。

穿透性试验由一周期性变化的气候周期组成，在这周期中应进行相关的测量。然后设备暴露在温度周期变化的盐雾中，继之按照第C.8.3规定的诊断程序在接着的气候周期期间进行。

1级和2级的老化试验要求重复采用同一气候周期并继之进行C.11中规定的诊断程序。除了2级老化试验采用多个气候周期外，2级老化试验等同于1级老化试验。

穿透性试验所选用的参数（温度、湿度、污秽）足以代表2类设计定义的使用条件：即频繁的凝露和严重的污秽导致外壳内绝缘件的表面电导约10 μS。

分类程序按图C.1所示的流程图进行。

C.6 试验设备及有关要求

C.6.1 气候试验室

气候试验室要求有足够的容积以便容纳被试设备。设备装于气候试验室多孔的基架上。离地面高度不小于0.5 m。气候试验室的容积应是被试设备体积的（5～15）倍。被试设备外壳壁及顶部与试验室墙壁及天花板的距离以及与喷雾器之间的距离应大于相间距离且不小于0.15 m（见图C.2a）。然而，对于试验程序A(见C.9.1)，试验室墙壁与被试设备外壳之间的距离最好不小于1.5 m。

此外，需要有一个能按穿透性试验和试验程序B(见C.9.2)所要求的水滴大小和送给率向试验室喷射盐污的雾化云的方法。

由于某些试验程序中使用的污秽(盐雾)对试验室内的某些器材及其与功能有关的重要部分功能有潜在危害，在用这些腐蚀性材料进行试验时，建议采用聚乙烯薄膜罩将设备罩上(见图C.2b)。

C.6.2 控制设备

为了产生至少20℃至50℃范围的周期性温度变化，需要控制温度以及能快速地改变温度。控制温度的偏差小于±2℃，保持温差±2℃的公差也是重要的。

对湿度也需要从低于80%到高于95%的相对湿度范围内进行相当好的控制。

为了获得上述这些结果，要求有向气候试验室注入蒸气云的设备以便同时增加温度和湿度，还要求有注入冷的干燥空气的设备以便进行逆过程。

为了保持整个试验室的状态是均匀一致的，要求采取一些空气循环的措施，还要求有能对试验室进行干燥加热的装置。

C.6.3 测量设备

要求提供一个或几个高压电源以便在进行某些试验时能对被试设备施加电压，为此，电源应能在气候周期性变化过程中保持额定电压偏差为0～−5%。

为了施加诊断试验电压(其值至少达到被试设备的额定电压的3倍)。要求电源的短路容量至少1 A。这个电源应有保护装置，在闪络或击穿放电的情况下，其动作时间小于0.1 s。

如果适用，按照本标准附录B的规定采取措施对被试单元的每相进行局部放电测量。

如果适用，还要采取措施测量被试单元的每相的泄漏电流的有功分量(R)的有效值。金属封闭开关设备和控制设备的主回路应连接到电压等于额定电压且一相接地的三相电源上，或者最好是连接到电压等于额定电压的单相电源上，主回路的带电部分相互联结在一起(见C.12的规定)。

C.7 试验设备的选择和布置

C.7.1 设备的选择

试验应该在一个完全装配好的配有其全部元件并与运行状态一致的典型功能单元上进行。被试功能单元及其元件应是新的干净的。

注：对于各相分装的开关设备和控制设备允许进行单相单元试验。

C.7.2 设备的布置

被试设备应置于C.6.1中所述的气候试验室中，并使其处于正常位置。功能单元的试验布置不应比正常运行布置有利，特别是关于外部连接应是如此。

设备的连接应使得功能单元根据所选择试验程序的要求能以三相电源对其施加额定电压。

考虑到泄漏电流的检测，金属封闭开关设备和控制设备的接地部分应连接到保护导体上，如果适用，金属封闭开关设备和控制设备应与地绝缘(见C.12)。

C.8 穿透性试验

这项试验是用来检查设备的外壳防止污秽和凝露侵袭的效应，以便能估计被试设备暴露于严酷气候条件下的这种效果。

采取的方法是将被试设备置于盐雾环境中承受温度和湿度周期性变化。

用比较试验系列的前、后在同一条件下的局部放电及泄漏电流来评价封闭绝缘的污染程度。

C.8.1 参考性测量

置于气候试验室中的功能单元(见C.6.1)应施加额定电压，并按下列规定承受一个气候周期(见图C.3)。

气候试验室内的温度应在 3 h 内从 25℃±3℃上升到 40℃±2℃。温度在 40℃±2℃保持 2 h，然后在 1 h 内降到 25℃±3℃。最高温度和最低温度之差应保持在 15℃±2℃内。然后温度在 25℃±3℃保持 2 h。

温度周期性变化过程中的初始相对湿度为 95%并保持 4.5 h。然后相对湿度在 0.5 h 内降到 80%并保持 2.5 h。最后，相对湿度应在 0.5 h 升高到 95%。

注：某些气候试验室降低温度至 25℃时伴随有干燥效应，以致此时的湿度降低到规定值的 80%以下。在这种情况下应延长周期时间使湿度在周期结束前上升到规定值。

在整个气候周期中，应对被试单元的每相进行局部放电及泄漏电流的有功分量(R)有效值的测量，最好是连续地进行记录。若无连续记录装置，记录局部放电及泄漏电流的时间间隔应不超过 1 min；对于循环中的每一分钟，平均值是以该 1 分钟的值前面两个值和后面两个值进行平均计算而得。将这些综合平均值绘成局部放电及泄漏电流随时间变化的曲线图。

C.8.2 污秽处理

对被试品不施加电压。

暴露试验室，气候试验室或聚乙烯薄膜室内的温度根据情况需在 1 h 内由周围空气温度上升到 40℃±2℃，并保持此温度 1 h。然后切除热源，设备承受来自喷雾装置的盐溶液的喷淋，盐溶液的浓度为5 kg/m³。喷雾的流量率应是 1 m³ 实验室容积为 0.3 L/h～0.5 L/h。喷雾 1 h 后停止喷雾。这个穿透性试验周期应重复进行 8 次(见图 C.4)。

C.8.3 诊断程序

污秽处理后，去掉保护罩(如果有)，被试功能单元再次带电，然后按 C.8.1 的规定再进行 6 个试验循环。在这些循环的最后一个循环中，按 C.8.1 的规定测量局部放电和泄漏电流。

紧接着最后一个气候周期，温度保持在 25℃±3℃，相对湿度保持在 95%。进行单相工频电压试验：一相施 $U_r/\sqrt{3}$的电压，U_r 是设备的额定电压，其余两相接地并连接到设备的保护导体上。电压一直升到设备的额定工频耐受电压(电压上升率为 0.5 kV/s～0.7 kV/s)并在此值下保持 30 s。试验应连续地依次在三相上重复进行，两次试验之间的时间间隔应根据实际情况尽量短。

C.8.4 评定

应对穿透性试验开始和结束时测量周期的每分钟所测得的综合平均值进行比较。计算每一最终测量值与相应的每一起始测量值之比值，从而确定出泄漏电流和局部放电水平的最大比值。

如果局部放电之比值及泄漏电流之比值均未超过 2，而且在绝缘试验中未出现闪络或击穿，则设备就可以定义为 2 类设计，无需作进一步的试验。

然而，应检查被试设备及其元件的功能特性不应受到影响，应记录腐蚀性程度(如果有)。

注 1：目前提出比值为 2，但为了验证这个值的有效性，需作进一步研究；

注 2：如果局部放电或泄漏电流记录的起始值非常低，则可采用较高的比值；

注 3：验证机械性能的附加试验由用户同制造厂协商进行。

如果被试设备不满足关于局部放电及泄漏电流的上述判据，但绝缘试验中未出现闪络或击穿，则设备可以按照下述规定分类：

a) 已通过 C.9 规定的 1 级老化试验后的设备，定义为 1 类设计；

b) 已通过 C.10 规定的 2 级老化试验后的设备，定义为 2 类设计。

如果在绝缘试验中出现闪络或击穿，则设备被定义为 0 类设计。

C.9 1级老化试验

1 级老化试验的目的是验证设备是否满足 1 类设计的要求。

按照 C.7 规定选择被试设备及进行试验准备。

进行老化试验过程中，建议监测泄漏电流以收集关于设备性能的资料。

对于这些老化试验，提出了两个试验程序。在进一步实践期间，认为这二个程序是等价的。

C.9.1 试验程序 A

功能单元及其元件应该是新的和干净的，绝缘零部件不再进行任何表面处理。

功能单元置于气候试验室，在两个为期 9 天的完全相同的试验周期中按下列规定多次反复承受 2 h 湿热循环试验(见图 C.5)。

气候试验室的相对湿度保持在 95%以上，其温度在 40 min 内由 30℃±3℃上升到 50℃±2℃。这些条件维持 20 min.然后温度在 40 min 内下降到 30℃±3℃，此时不规定湿度值。随后温度在 30℃±3℃保持 20 min，在这整个期间的相对湿度保持在 80%以上。此外，高低温度之差应保持在 20℃±2℃范围以内。

为了使温度升高，可以直接向气候试验室注入蒸汽云(包括悬浮状的细水珠)；温度 30℃增加到 50℃是注入蒸汽云产生热交换的结果。注入的没有蒸汽的干燥空气可以使温度降低。30℃±3℃到 50℃±2℃的温度变化调节可以通过相继地喷入蒸汽云和随后注入冷的干燥空气到试验室中而获得。

时间为 9 天的试验周期，按照以下规定分配时间：

在起初 7 天，对被试设备施加其额定电压，承受 84 个湿热循环试验。7 天试验后，停止试验 2 天，温度保持在最后一个湿热循环结束时的 30℃。去掉蒸汽和冷空气源，停止施加电压，打开功能单元的门。

在中断试验两天的最后数小时，对操动装置和功能单元的门进行机械操作。应对动作时间、触头速度、联锁动作等的变化进行记录。

完成两个 9 天的试验周期后，应按照 C.11.1 规定的诊断程序对被试设备的性能进行评定。

C.9.2 试验程序 B

功能单元的绝缘零部件应采用不损伤绝缘材料的合适方法清洗干净(即用温水和磷酸三钠)。

对被试功能单元施加额定电压，并按照以下程序多次反复进行周期为 12 h 的温度—湿度试验循环(见图 C.6)。

气候试验室或聚乙烯薄膜室的温度根据情况按约 10℃/h 的温度变化率从 30℃±3℃至 50℃±2℃进行周期性变化。此外，高低温之间的温度差应保持在 20℃±2℃范围内。

在 t_1 及 t_3 的 2 h 温度过渡期间，不规定相对湿度值，但在 t_2 的 2 h 期间，湿度应在 80%以下而且温度维持在 50℃±2℃。在 t_4 的 6 h 期间，湿度应在 95%以上而且温度维持在 30℃±3℃。

采用连续喷盐水溶液雾和加热的方法获得温度和湿度的变化。盐水溶液由不含矿物的水每立方米加入 0.176 kg 盐(氯化钠)获得。合成湿度应是这样，即在试验室收集到的水的电阻率在 20℃时应近似等于 30 Ωm。喷盐溶液雾的流量率应是每立方米试验室容积 0.3 L/h～0.5 L/h。雾滴直径应在 5 μm～10 μm 范围内。

注：根据试验室的设备，时间 t_1 及 t_3 可能不得不缩短，但此时时间 t_2 及 t_4 应延长，以保持 $t_1+t_2+t_3+t_4$ 等于常数。

被试功能单元应承受 10 个相同的温度—湿度循环。

完成这 10 个循环后，应按照 C.11.2 所规定的诊断程序对被试设备的性能进行评定。

C.10 2 级老化试验

2 级老化试验的目的是验证设备是否满足 2 类设计的要求。

2 级老化试验按照程序 A 或程序 B 组成更多的气候循环试验。

按程序 A，总的试验持续时间是由 5 个周期为 9 天的相同的试验循环组成，接着就是进行 C.11.1 规定的诊断程序。

按程序 B，总的试验持续时间是由 20 个相同的温度—湿度循环组成，接着进行 C.11.2 规定的诊断程序。

注：对于按照程序 A 已成功地通过 1 级老化试验的设备，允许继续进行 3 个周期为 9 天的相同的试验循环。然而，

1级老化试验后进行诊断程序之前，试验程序B要求进行清理，按照刚叙述的程序A方式继续进行试验是不可能的。

C.11 老化试验后的诊断程序

老化试验结束后，被试设备应按照下列规定进行绝缘试验：

C.11.1 试验程序A后

被试品首先承受1 min额定工频干耐受电压试验。

然后，气候试验室的温度增高到30℃±2℃，湿度近似到95%。在试品不施加电压条件下经3 h后，进行以下绝缘试验(见图C.7)

对一相施加$U_r/\sqrt{3}$的电压(U_r是设备的额定电压)，其他两相接地并且连接到设备的保护导体上。1 h后，电压升到$\sqrt{3}U_r$(电压上升率为0.5 kV/s～0.7 kV/s)并保持30 s，应连续依次地在其他两相上重复此试验，试验间隔应尽可能短。

C.11.2 试验程序B后

整个被试品用不含矿物的水清洗净，然后在试验室不施加电压下干燥20 h；此时试验室温度为20℃±2℃，相对湿度小于80%。

按照C.11.1规定的条件，被试设备应承受工频干、湿耐受电压试验。

C.11.3 评定

如果满足下列条件，则被试品通过了1类设计或2类设计所规定的老化试验：

a) 按照程序A或程序B进行气候试验循环中未出现电击穿或闪络；

b) 在诊断程序中未出现电击穿或闪络；

c) 试品的功能特性，即动作时间、触头速度、联锁动作等无明显变化。机械零部件的腐蚀程度(如果有)应记录在试验报告中。

C.12 泄漏电流的测量

在相间及相对地间具有大电容的设备中，泄漏电流的无功分量的幅值可能很大。在与绝缘的体积电导及表面电导有关的泄漏电流幅值中，仅仅泄漏电流的有功部分是有用的。因此仅要求一种测量泄漏电流有功部分的方法，但详细综述合适的测量技术已超出本文的范围。

试验回路内测量装置的布置对于泄漏电流的有效值的测量是关键。图C.8至图C.11表示了4种布置方式，下面的表C.1概述了它们的特点。

表C.1 泄漏电流测量

	图C.8(布置方式1)	图C.9(布置方式2)	图C.10(布置方式3)	图C.11(布置方式4)
电压负荷与运行时的相同	是	非	非	是
适于老化试验时的监测	非	非	非	是
适于诊断程序	非	是	是	是
相间电压负荷	是	是	是	是
指示相间电流	非	非	非	是
测量装置与绝缘子并联	是	是	是	非

C.13 严酷气候条件对长期工作电流的影响

在严酷气候条件下使用的金属封闭开关设备和控制设备，由于污秽、凝露、老化等不良影响，其长期工作电流负荷应降低到额定负荷的90%。

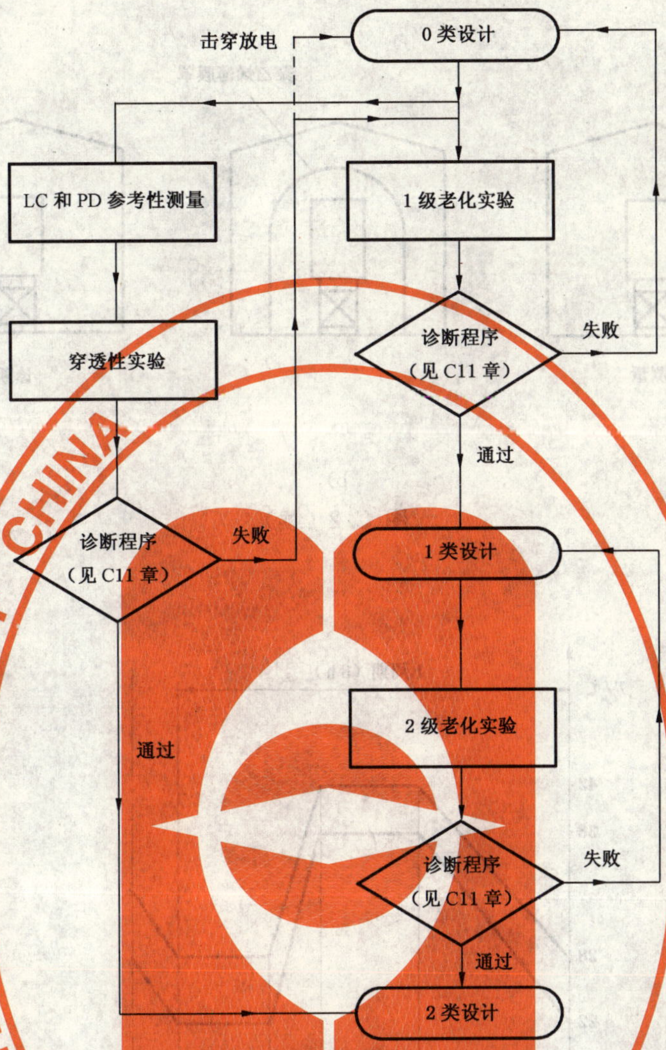

图 C.1　分类程序流程图

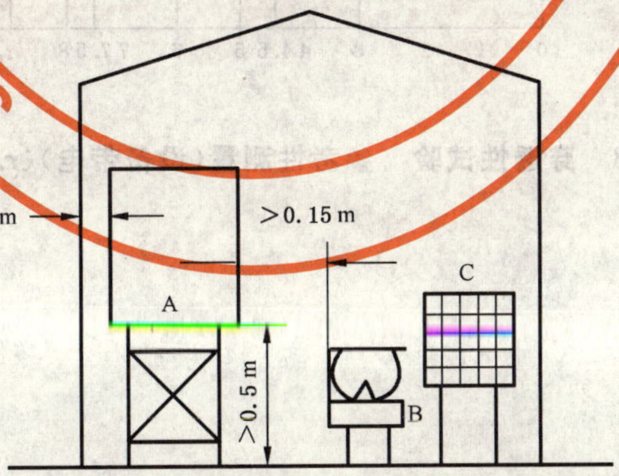

A——试品；B——喷雾装置；C——加热装置。

a)　气候试验室

图 C.2　污秽处理的可能布置

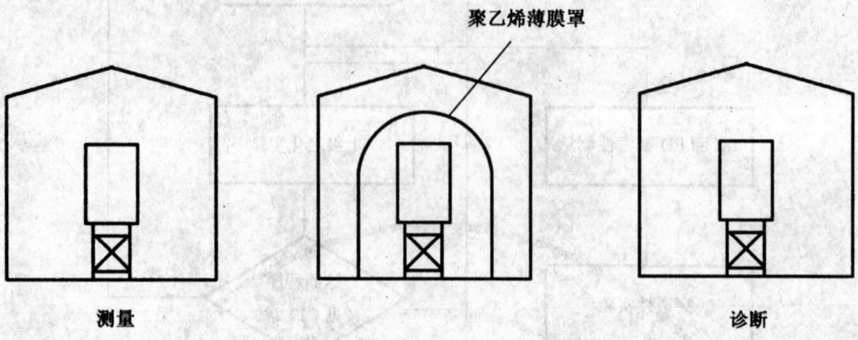

b)

图 C.2（续）

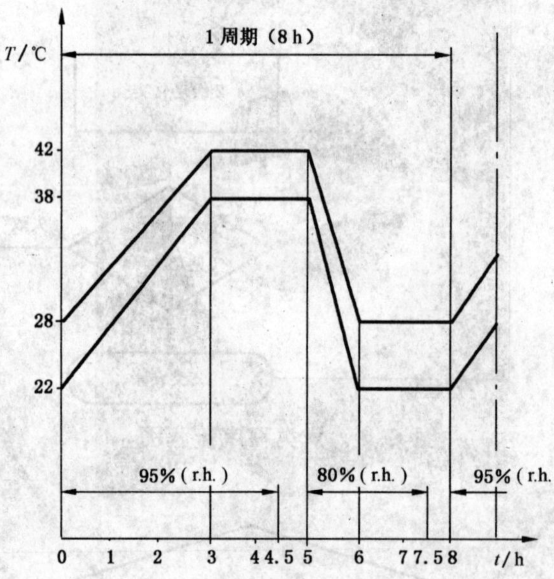

图 C.3　穿透性试验　参考性测量(设备带电)(r.h)-相对湿度

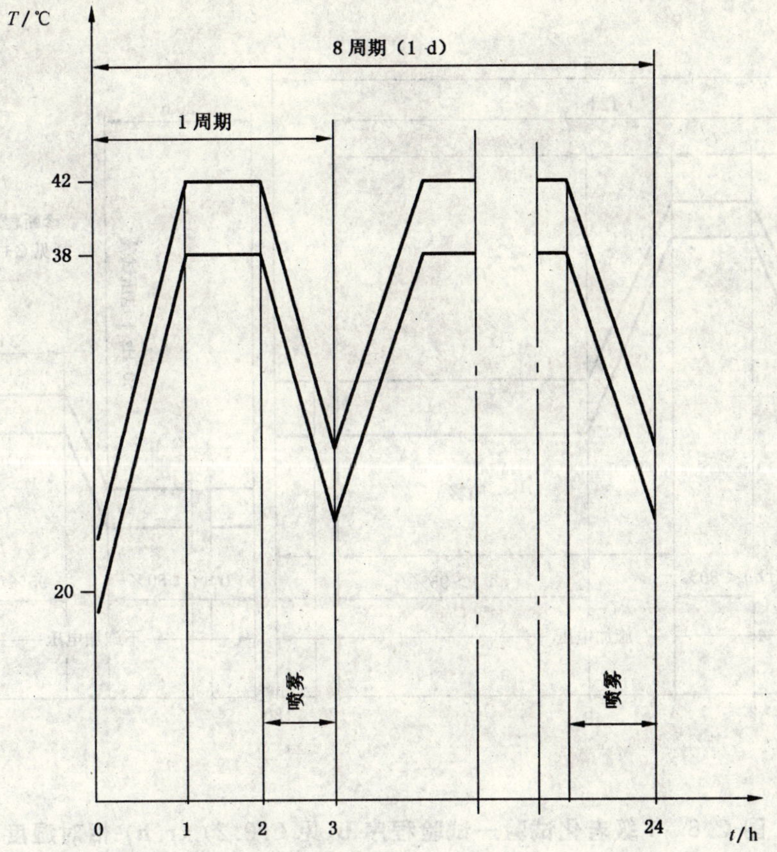

图 C.4　穿透性试验　污秽处理(设备不带电)

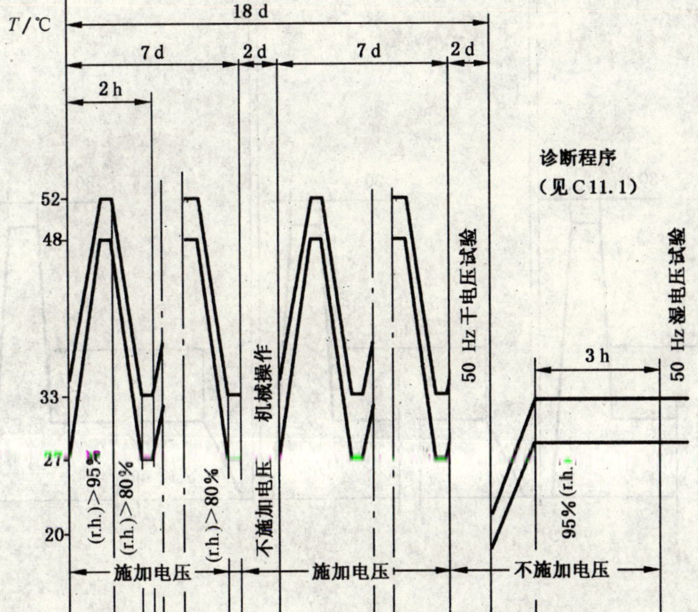

图 C.5　1 级老化试验—试验程序 A(见 C.9.1) (r.h)-相对湿度

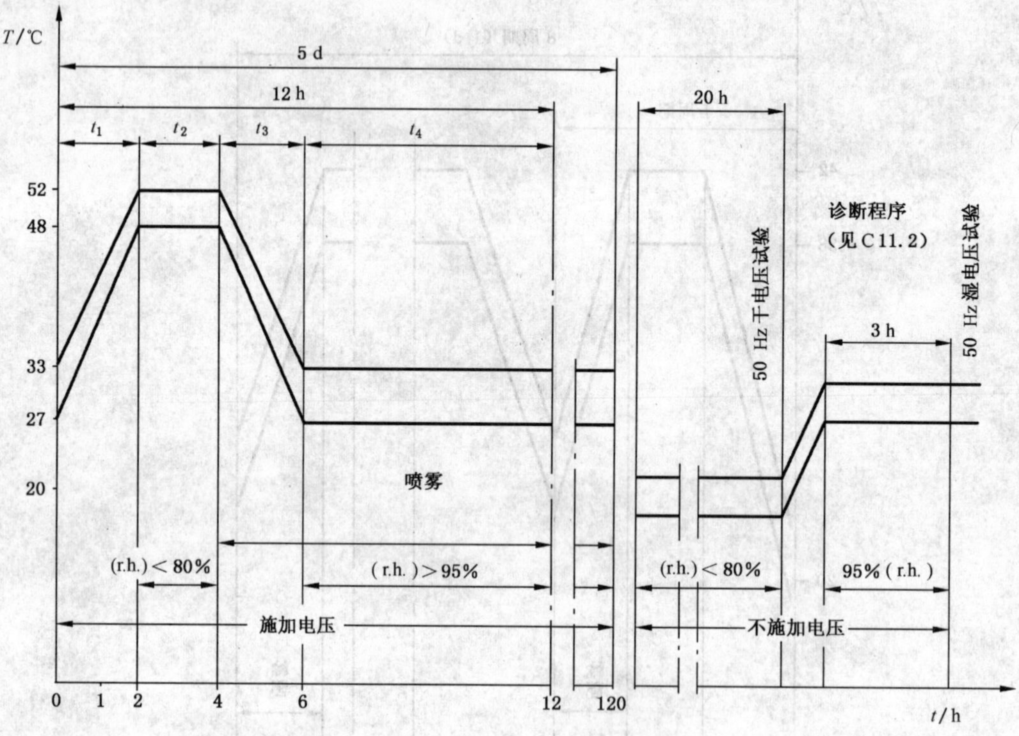

图 C.6　1级老化试验—试验程序 B(见 C.9.2)(r.h)-相对湿度

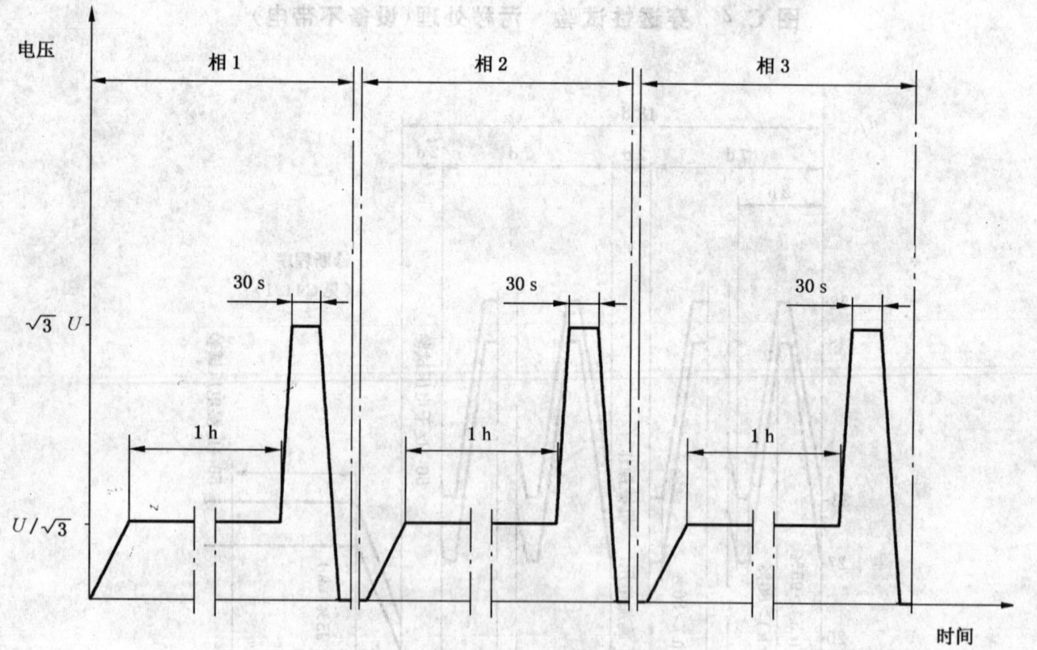

图 C.7　按程序 A 或 B 后的工频湿耐压试验

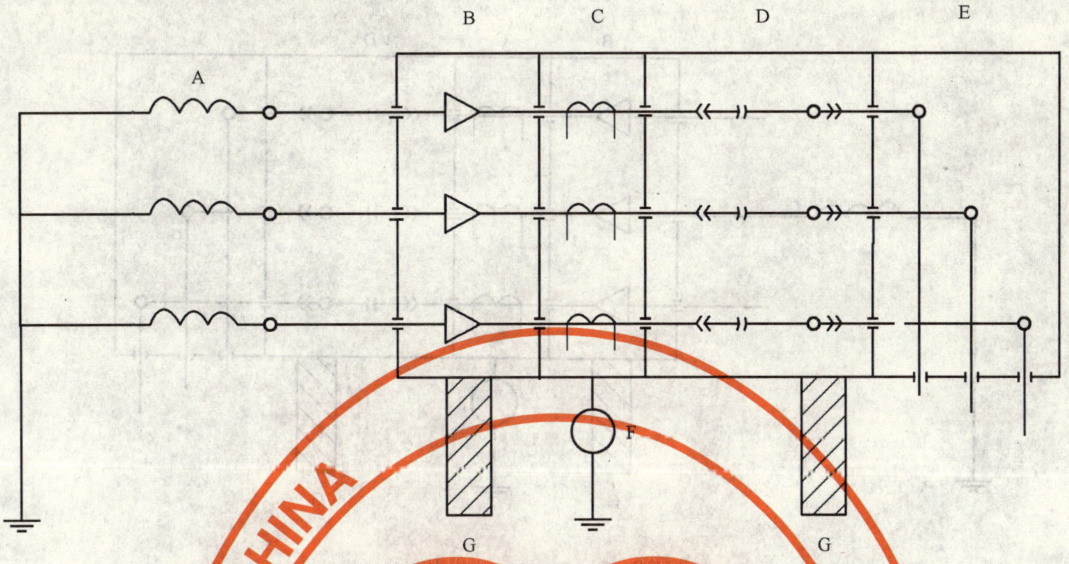

A——电源变压器；
B——电缆盒；
C——电流互感器；
D——断路器(已合闸)；
E——母线排；
F——测量装置；
G——支柱绝缘子。

图 C.8　泄漏电流测量：布置方式 1

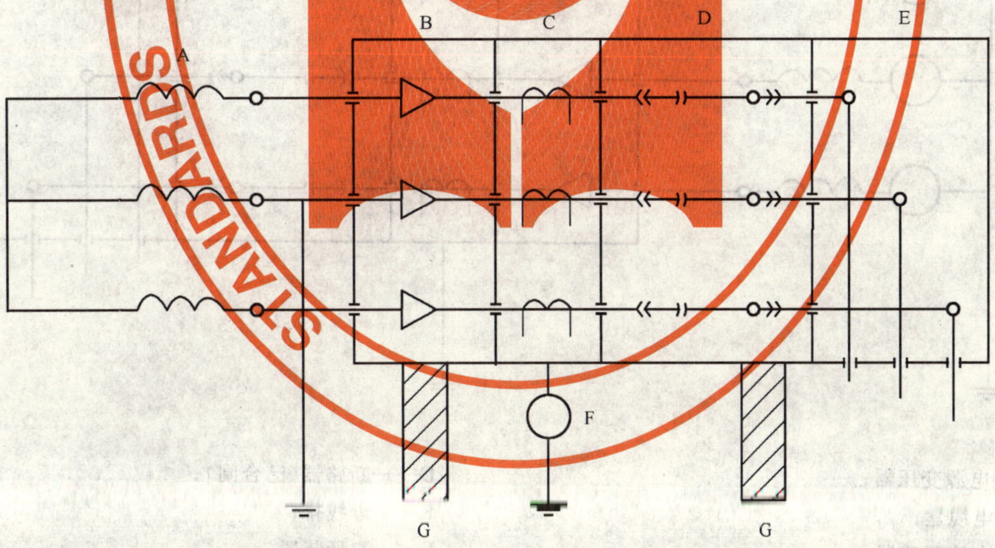

A——电源变压器；
B——电缆盒；
C——电流互感器；
D——断路器(已合闸)；
E——母线排；
F——测量装置；
G——支柱绝缘子。

图 C.9　泄漏电流测量：布置方式 2

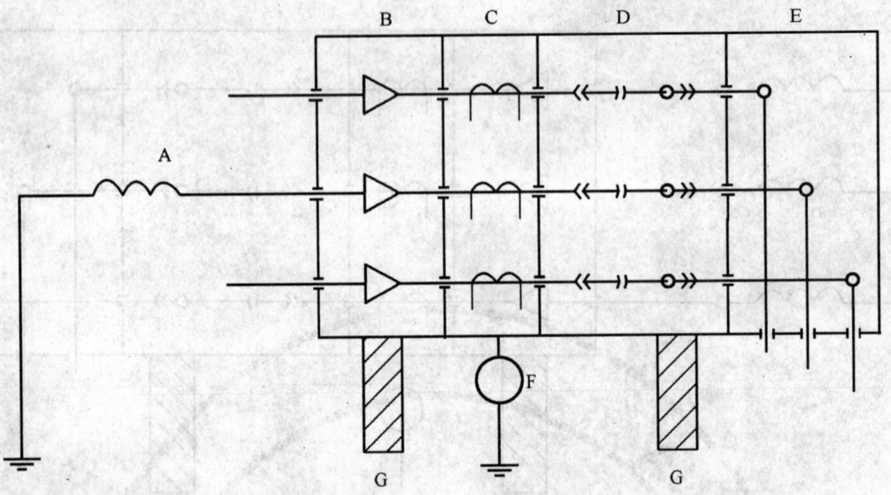

A——电源变压器；
B——电缆盒；
C——电流互感器；
D——断路器(已合闸)；
E——母线排；
F——测量装置；
G——支柱绝缘子。

图 C.10 泄漏电流测量:布置方式 3

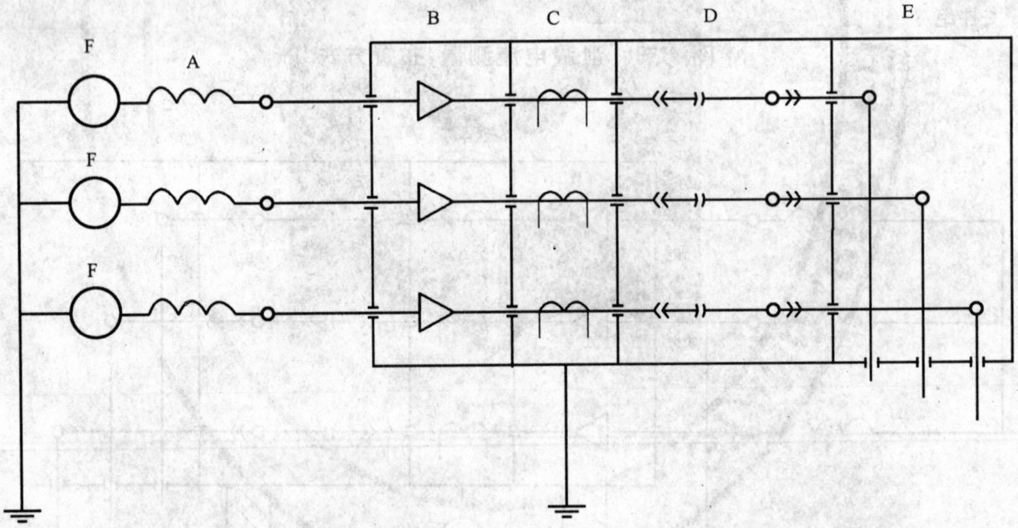

A——电源变压器；
B——电缆盒；
C——电流互感器；
D——断路器(已合闸)；
E——母线排；
F——测量装置。

图 C.11 泄漏电流测量:布置方式 4

附 录 D
（规范性附录）
根据短时持续电流的热效应计算裸导体横截面积的方法

下面的公式可用以计算承受电流持续时间为0.2 s～5 s的热效应的裸导体横截面积：

$$S=\frac{I}{a}\sqrt{\frac{t}{\Delta\theta}}$$

式中：

S——导体横截面积，单位为平方毫米（mm^2）；

I——电流有效值，单位为安（A）；

a——以$\frac{A}{mm^2}\left(\frac{s}{K}\right)^{\frac{1}{2}}$表示，并按下列规定取值：

铜——13；

铝——8.5；

铁——4.5；

铅——2.5。

t——电流通过时间，单位为秒（s）；

$\Delta\theta$——温升，单位为开（K）；对裸导体一般取180 K；如果时间超过2 s但小于5 s，$\Delta\theta$值可增加到215 K。

本式考虑了温度升高并非严格的绝热过程。

附　录　E
（资料性附录）
解释性的注解

E.1　与 GB 3906—1991 相比，分类的变化

与 GB 3906—1991（下称“前版标准”）和其他现行实践相比，分类的变化的解释如下：

前版标准定义了三类：

——金属铠装式；

——间隔式；

——箱式。

这一分类方法不够充分，理由如下：

——前版标准主要围绕可抽出式的空气绝缘外壳而编写的。现在的趋势朝着固定式和 GIS 方向发展，需要本标准代表这些设备。

——前版标准对开关设备和控制设备的分类是以三种设计为基础，这三种设计具有三种不同的功能水平，而不是以设备自身功能为基础。

本标准根据设备向维护者提供的具体功能进行分类。也就是说，根据当进入一个隔室时，能够维持开关设备和控制设备某级运行连续性的能力进行分类。

发现“箱型”包括了多种设备，在要求的运行连续性水平方面，每种都有明显的和流行的市场需求。

IEC 和 IEEE 定义的差异使得协调较难。

表 E.1　GB 3906—1991 和 IEEE 关于金属铠装定义的比较

GB 3906—1991	IEEE C 37.20.2
至少三个隔室	至少三个隔室
允许固定的 CB	仅允许可抽出的 CB
允许裸导体	一次导体被绝缘材料包裹
	变压器熔断器可移开部件 PT 和 CPT 有各自的隔室
	主母线隔板（每个面）
CB—断路器；PT—电压互感器；CPT—控制用变压器。	

本版标准提到的这几点，是基于功能而不是设计或结构特性。

特别是，推荐的新分类方法是根据当进入一个隔室时，能够维持开关设备和控制设备某级运行连续性的能力进行分类。另外，引入了在内部电弧情况下有关人员安全的分类。主要内容见表 E.2。

表 E.2　在内部电弧情况下有关人员安全的分类

隔室的可触及类型		性　能
操作人员可触及的隔室	基于联锁的可触及隔室 正常操作和维护可以打开该隔室	没有打开工具——仅当高压部件不带电并接地时通过联锁才可触及
	基于程序的可触及隔室 正常操作和维护可以打开该隔室	没有打开工具——仅当高压部件不带电并接地时通过操作规程结合锁具才可触及

表 E.2（续）

隔室的可触及类型		性 能
特殊的可触及隔室	基于工具的可触及隔室 用户可以打开该隔室，但不是用于正常操作和维护	打开需要工具。对于触及程序没有特别规定 维护工作可能需要特殊的程序
不可触及隔室	用户不能打开(不打算打开)	打开会毁坏隔室，或对用户有清晰的指示。触及性不相关

按打开可触及隔室时丧失的运行连续性，开关设备的分类		性 能
LSC1		需要全部或部分断开其他功能单元
LSC2	LSC2A	其他功能单元可以带电
	LSC2B	其他功能单元和所有的电缆隔室可以带电

按带电部件和打开的可触及隔室之间的隔板的性能，开关设备的分类	性 能
PM	带电部件和打开的隔室之间的隔板和活门是金属的——保持金属封闭状态
PI	在带电部件和打开的隔室之间的金属隔板/活门里有绝缘覆盖的不连续点

按正常运行期间发生内部故障时的机械、电气和火灾情况，开关设备的分类	性 能
IAC	部件没有飞出，没有点燃布料，外壳保持接地

实际上，开关设备和控制设备运行连续性丧失恰当的分类是：LSC1、LSC1-PM、LSC1-PI、LSC2A-PM、LSC2A-PI、LSC2B-PM、LSC2B-PI。详细内容和示例如下：

LSC：　LSC 代表当有一个打开的主回路隔室时的运行连续性丧失水平，也就是母线/电缆隔室保持带电的程度，但不需要其中流过电流。

LSC1：　1 表示除打开的主回路隔室的功能单元外**，至少有一个功能单元不能连续运行。

LSC2：　2 表示除打开的主回路隔室的功能单元外**，其他所有的功能单元都能连续运行。

LSC2A：　A 表示打开功能单元的主回路隔室，该功能单元不能连续运行。满足下列条件就是这一类：

a) 每两个功能单元间有一块隔板；

b) 最少两个隔室，且每个功能单元最少一个断点。

LSC2B：　B 表示打开功能单元的主回路隔室，该功能单元的其他隔室可以连续运行。满足下列条件就是这一类：

a) 每两个功能单元间有一块隔板；

b) 最少三个隔室，且每个功能单元最少两个断点。

LSC1-PM：　PM 表示隔板和活门是金属的。

LSC2B-PI：　PI 表示至少一个隔板或活门是非金属的。

** 如果打开的是单母线系统中的母线隔室，则该段母线上的所有功能单元的隔室打开。

按照本标准，推荐采用从整体到部分的方法来规定或描述一个金属封闭开关设备和控制设备。

功能性：

——需要哪种模式的（功能单元的类型、固定式或移开式、需要的结构和隔室、维护的需求）？

运行连续性和可触及性条件：

——需要打开哪个隔室？

——哪个隔室必须是可触及的（如果有）(3.107)？

——需要控制的、基于程序的或基于工具的可触及性吗？

——一个隔室打开时，其他功能单元可能的运行连续性（继续输送电能的可能性）(LSC1/2)？

——电缆可能继续带电吗？(LS2A/B)

——需要打开的隔室中没有电场吗？(PM/PI级)

E.2 ANSI定义的金属铠装

按照本标准，ANSI定义的金属铠装开关设备是LSC2B-M级金属封闭开关设备和控制设备，用下列主要的附加要求表示其特点：

——主开关装置是可抽出式部件，且配有自校准和自耦合的一次隔离装置和可断开的辅助和控制回路；

——电压互感器和控制用电源变压器具有独立的隔室。这些隔室由接地的金属封闭且无需打开。水平方向相邻的功能单元间的母线隔室是分开的；

——尤其是可抽出部件（或其一部分）的前面应有金属隔板，以保证在断开位置且打开门时，不会暴露高压部件；

——主回路导体和连接线全部用阻燃的绝缘材料包裹；

——采用下列任意一种方法安装机械联锁，以防人员受到来自储能的可抽出部件意外释放能量的伤害：

a) 隔室中安装联锁，防止当储能机构储能时将开关装置从隔室中完全抽出；

b) 有合适的装置，防止在合闸功能阻塞以前将开关装置从隔室中完全抽出；

c) 有机构，使得从隔室中抽出开关装置期间或之前自动释放储存的能量。如果开关装置离开接通位置之前已释放掉储存的能量，需要附加的电气联锁以防再次储能。

——有锁定措施，以防可抽出开关装置移到接通位置；

——除了短的连接线（如互感器端子上的）外，用接地金属隔板将辅助回路和高压部件隔开；

——所有电压互感器的主回路中有限流熔断器。保护互感器的主回路熔断器应这样安装，在触及之前熔断器必须与高压回路隔离。高压回路隔离后，规定电压互感器的低压回路隔离或自动接地。对高压绕组和/或熔断器的隔离操作期间接地作出规定以消除静电电荷。

E.3 按照本标准的定义，GB 3906—1991定义的铠装式的类型

对下述通用设计，只要满足相关的特性和要求，GB 3906—1991的分类和新的分类有以下关系：

GB 3906—1991的有可抽出断路器和金属活门的金属铠装式是现在的LSC2B-PM类。

GB 3906—1991的有可抽出断路器和绝缘活门的金属铠装式是现在的LSC2B-PI类。

GB 3906—1991的有可抽出断路器的间隔式是现在的LSC2B-PI类。

GB 3906—1991的其他间隔式或箱式是现在的LSC1、LSC2A-PI或LSC2B-PI类，具体根据结构情况决定。

E.4 模块式熔断——负荷开关型的示例

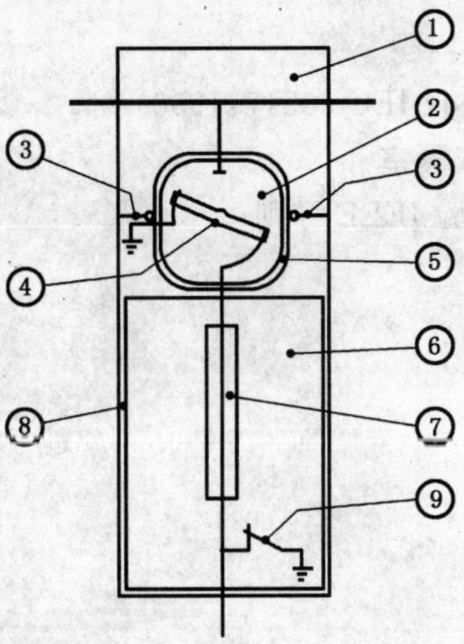

图中：

1——母线隔室；

2——充气隔室；

3——金属隔板；

4——负荷隔离开关/隔离开关(位于隔离位置并接地)；

5——绝缘外壳；

6——熔断器/电缆隔室；

7——熔断器；

8——与接地开关联锁的门；

9——与负荷隔离开关/隔离开关联锁的接地开关。

隔　　室	母线室	熔断器/电缆	负荷开关
模式(固定式/抽出式)	固定式	固定式	固定式
可触及类型(联锁控制的/基于程序的/基于工具的/不可触及)	基于工具的	联锁控制的	不可触及

正常运行和维护需要触及熔断器/电缆隔室(即更换熔断件)，所以应是联锁控制的或基于程序的可触及隔室。此例中是联锁控制的可触及隔室。

		可以继续带电的开关设备和控制设备部分	
		对应功能单元的电缆	其他所有单元
打算打开的隔室	熔断器/电缆隔室	不可以	可以
	母线隔室负荷	没关系：单母线设备(见 3.131.1)	没关系：单母线设备(见 3.131.1)
	开关隔室	没关系：不可触及	没关系：不可触及

打开功能单元的熔断器/电缆隔室，其他功能单元都可以继续保持带电，可以连续运行。但是，熔断器隔室的电缆不能继续保持带电。

打开的熔断器/电缆隔室和带电母线之间的金属隔板中有断点。也就是负荷开关隔室的绝缘隔板。

新的分类是 LSC2A-PI；过去的分类是间隔式。

参 考 文 献

下列出版物作为资料列入本标准：

GB/T 4109—1999　高压套管技术条件(eqv IEC 60137:1995)

GB 7674—1997　72.5 kV 及以上气体绝缘金属封闭开关设备(eqv IEC 60517:1990)

EN 50187:1996　1 kV～52 kV 交流开关设备和控制设备的充气隔室

IEEE C37.20.7:2001　中压金属封闭开关设备内部电弧故障试验 IEEE 导则

ICS 25.080.20
J 54

中华人民共和国国家标准

GB/T 3932.1—2006/ISO 1984-1:2001
代替 GB/T 3932—1983

床身铣床检验条件 精度检验 第1部分:卧式铣床

Test conditions for manually controlled milling machines with table of fixed height—Testing of the accuracy—Part 1:Machincs with horizontal spindle

(ISO 1984-1:2001,IDT)

2006-01-24 发布 2006-08-01 实施

中华人民共和国国家质量监督检验检疫总局
中国国家标准化管理委员会 发布

前　言

GB/T 3932《床身铣床检验条件　精度检验》分为2个部分：

——第1部分：卧式铣床；

——第2部分：立式铣床。

本部分为GB/T 3932的第1部分，等同采用ISO 1984-1:2001《床身铣床检验条件　精度检验　第1部分：卧式铣床》(英文版)。

为便于使用，本部分做了下列编辑性修改：

——“本标准”一词改为“本部分”；

——第2章标题“引用标准”改为“规范性引用文件”；

——第4章标题“简要说明”改为“一般要求”；

——删除了ISO 1984-1:2001的前言，增加了国家标准的前言；

——在精度检验表格中删除了“实测偏差”一栏；

——删除了ISO 1984-1:2001的参考文献。

本部分代替GB/T 3932—1983《工作台不升降铣床精度》中卧式铣床部分的内容。

本部分与GB/T 3932—1983相比主要变化如下：

——卧式床身铣床与立式床身铣床的精度检验分为系列标准的2个部分，本部分仅适用于卧式床身铣床；

——增加了一项检验，即G3项：工作台纵向移动(X轴线)的角度偏差；

——G15(另种方法)为新增加内容。

本部分由中国机械工业联合会提出。

本部分由全国金属切削机床标准化技术委员会(SAC/TC 22)归口。

本部分起草单位：北京铣床研究所。

本部分主要起草人：胡瑞琳、魏而巍、姚宝聚。

本部分所代替标准的历次版本发布情况为：

——JB 2856—1980；

——GB/T 3932—1983。

床身铣床检验条件　精度检验
第1部分:卧式铣床

1　范围

GB/T 3932 的本部分规定了一般用途和普通精度的卧式床身铣床的几何精度检验和工作精度检验,并对这些检验规定了相应的公差。

本部分仅用于机床的精度检验,不适用于机床的运转检查(如振动、不正常的噪声、运动部件的爬行等),也不适用于机床的参数检查(如速度、进给量等)。这些检查应在精度检验前进行。

本部分给出了机床主要部件的术语,并按 JB/T 3051—1999《数据机床　坐标和运动方向的命名》命名了轴线。

2　规范性引用文件

下列文件中的条款通过 GB/T 3932 的本部分的引用而成为本部分的条款。凡是注日期的引用文件,其随后所有的修改单(不包括勘误的内容)或修订版均不适用于本部分,然而,鼓励根据本部分达成协议的各方研究是否可使用这些文件的最新版本。凡是不注日期的引用文件,其最新版本适用于本部分。

GB/T 17421.1—1998　机床检验通则　第1部分:在无负荷或精加工条件下机床的几何精度(eqv ISO 230-1:1996)

3　术语、轴线的命名和铣削方式

3.1　术语和轴线的命名

见图1和表1。

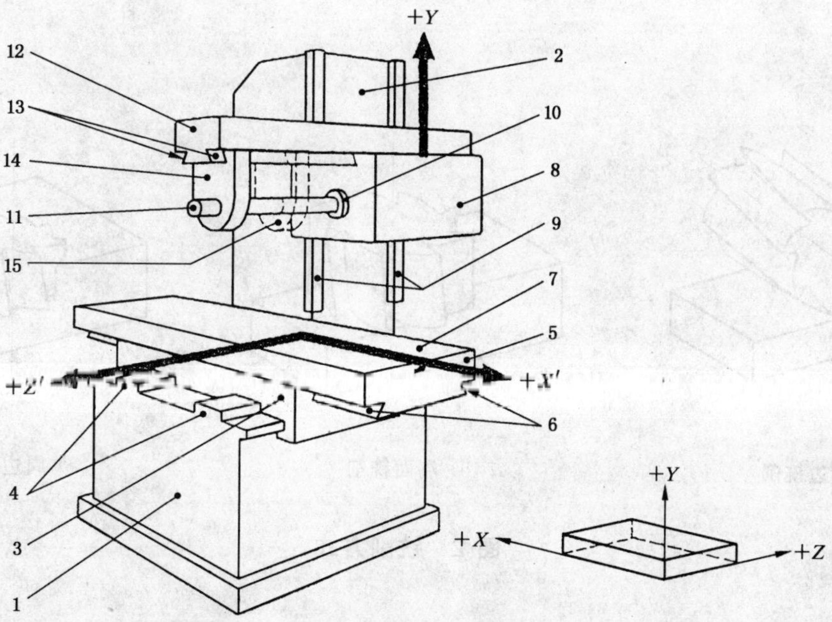

图1　卧式床身铣床

表 1 术语

序号	中文	英文
1	床身	bed
2	立柱	column
3	滑座	saddle
4	滑座导轨	saddle slideways
5	工作台	table
6	工作台导轨	table slideways
7	工作台面	table surface
8	主轴箱	spindle head
9	主轴箱导轨	spindle head slideways
10	主轴端部	spindle nose
11	刀杆	arbor
12	悬梁	overarm
13	悬梁导轨	overarm slideways
14	前刀杆支架	front arbor support
15	后刀杆支架(示意)	rear arbor support

3.2 铣削方式

见图 2。

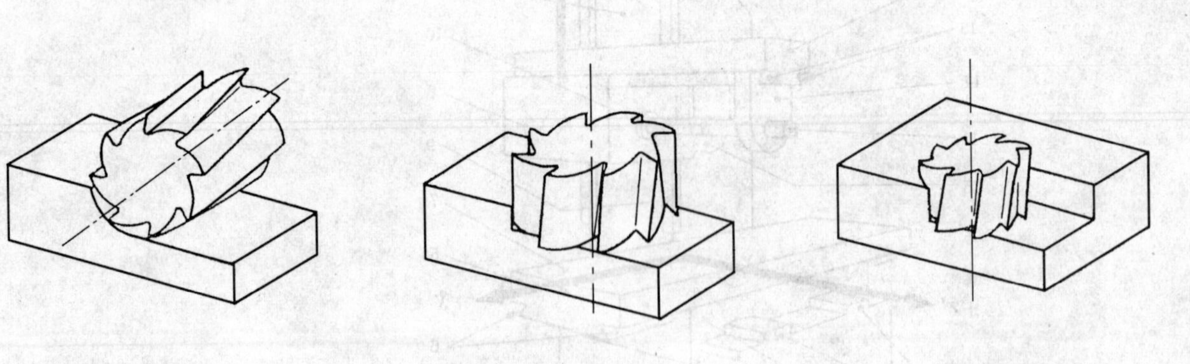

a) 周边铣削　　b) 端面铣削　　c) 周边端面铣削

图 2 铣削方式

4 一般要求

4.1 计量单位

本部分中所有线性尺寸均用毫米表示；角度偏差主要用比值表示。在有些情况下为了清晰，也用微弧度或弧秒表示。其换算关系见下式：

$$0.010/1000 = 10\ \mu\text{rad} \approx 2''$$

4.2 参照标准

使用本部分时应参照 GB/T 17421.1—1998，尤其是机床检验前的安装、主轴和其他运动部件的空运转升温、检验方法和检验工具的推荐精度。

本部分所述检验方法均参照 GB/T 17421.1—1998 的相应条款，有关的检验与 GB/T 17421.1—1998 的规定相一致。

4.3 检验顺序

本部分规定的检验顺序并不表示实际检验顺序。为了使装拆检验工具和检验方便起见，可按任意次序进行检验。

4.4 检验项目

检验机床时，根据结构特点并不是必须检验本部分中的所有项目。为了验收目的而要求检验时，可由用户取得制造厂同意选择一些感兴趣的检验项目，但这些检验项目必须在机床订货时明确提出。

4.5 检验工具

本部分所规定的检验工具仅为例子，可以使用相同指示量或具有至少相同精度的其他检验工具。指示器应具有 0.001 mm 或更高的分辨率。

4.6 工作精度检验

工作精度检验应在精加工时进行，而不在粗加工时进行，因为粗加工易产生较大的切削力。

4.7 最小公差

当实测长度与本部分规定的长度不同时，公差应根据 GB/T 17421.1—1998 中 2.3.1.1 的规定，按能够测量的长度折算。折算结果小于 0.005 mm 时，仍按 0.005 mm 计。

5 几何精度检验

5.1 运动轴线

G1

检验项目

主轴箱垂直移动(Y 轴线)的直线度:

a) 在 YZ 平面内;

b) 在 XY 平面内。

简图

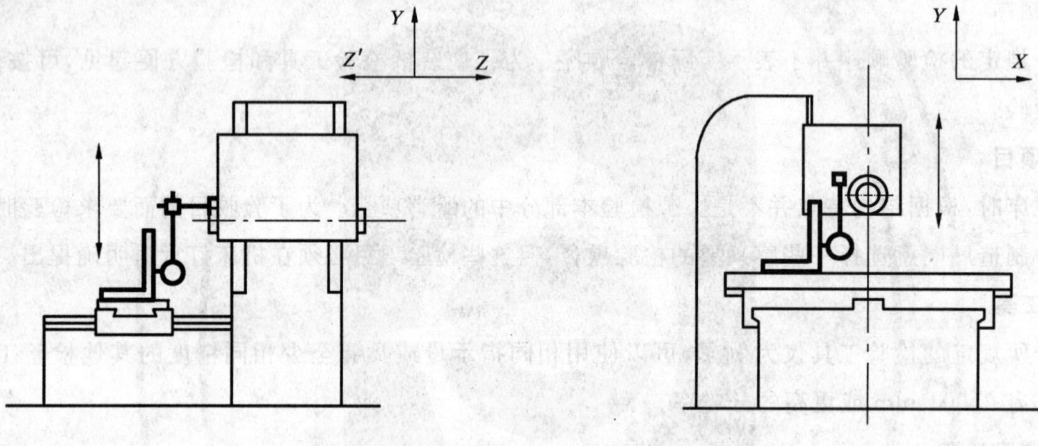

a) b)

公差

a)和 b)

300 测量长度上为 0.025

检验工具

指示器和角尺

检验方法(参照 GB/T 17421.1—1998 中的 5.2.3.2.1.1)

调整角尺,使其在测量长度两端的读数相等。

工作台置于中间位置:

a) 横向滑座(Z'轴线)或主轴箱(Z 轴线)锁紧;

b) 工作台(X 轴线)锁紧。

如果主轴可以锁紧,可将指示器固定在主轴上。如果主轴不能锁紧,应将指示器装在机床的一个固定部件上。

G2

检验项目

横向滑座移动(Z′轴线)或主轴箱移动(Z 轴线)与工作台移动(X 轴线)的垂直度。

简图

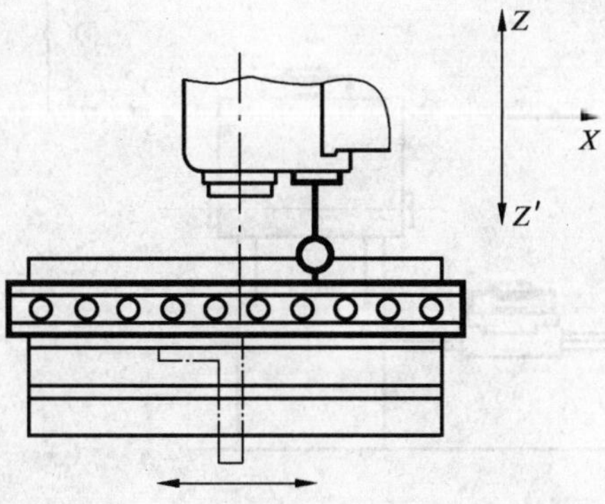

1)

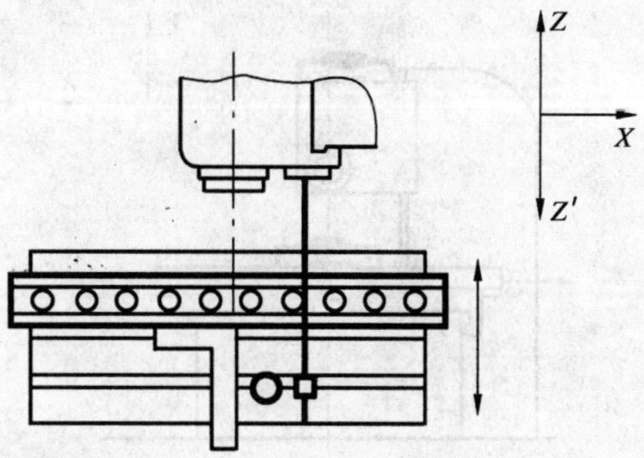

2)

公差

300 测量长度上为 0.02

检验工具

平尺、指示器和角尺

检验方法(参照 GB/T 17421.1—1998 中的 5.5.2.2.4)

主轴箱滑板(Y 轴线)锁紧。

1) 平尺平行于工作台纵向移动方向(X 轴线)放置;将角尺紧贴平尺。工作台在中间位置锁紧。这项检验也可以不用平尺检验,使角尺的长端与 X 轴线平行。

2) 移动横向滑座(Z′轴线),或移动主轴箱(Z 轴线)进行检验。

如果主轴可以锁紧,可将指示器固定在主轴上。如果主轴不能锁紧,应将指示器装在主轴箱的固定部位上。

G3

检验项目

工作台纵向移动(X 轴线)的角度偏差:

a) 在 XY 垂直平面内(俯仰 ECX);

b) 在 YZ 垂直平面内(倾斜 EAX)。

简图

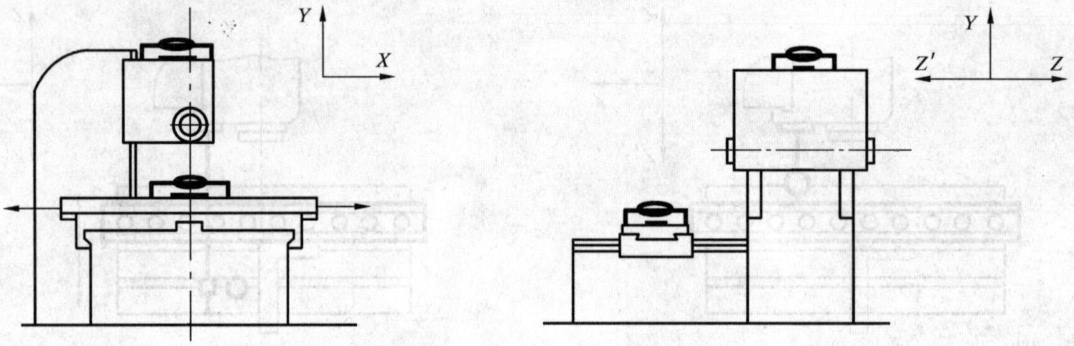

a)　　　　　　　　b)

公差

a) $X \leqslant 1000$　　0.06/1000(或 60 微弧度或 12″)

$X > 1000$　　0.10/1000(或 100 微弧度或 20″)

b) 0.03/1000(或 30 微弧度或 6″)

检验工具

精密水平仪

检验方法(参照 GB/T 17421.1—1998 的有关条文)

将水平仪放置在工作台中央:

a) 纵向;

b) 横向。

当 X 轴线运动引起主轴箱和工作台同时产生角度偏差时,这两种角度偏差应分别测量并给予标明。

基准水平仪(使用时)应放置在立柱或主轴箱上,且主轴箱应位于行程的中间位置。

应沿行程方向在数个等距离(200 mm 或 250 mm)的位置上进行测量。

两个运动方向的最大与最小读数的差值应不超过公差。

5.2 工作台

G4

检验项目

工作台面的平面度。

简图

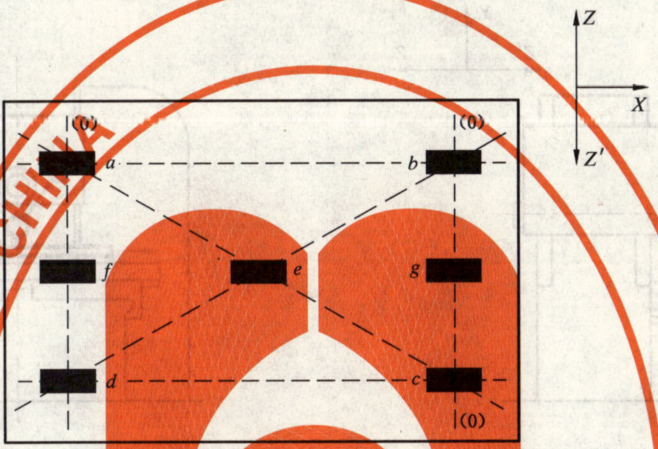

公差

1000 测量长度内为 0.04(仅允许凹)

工作台长度每增加 1000,公差增加 0.005

最大公差:0.05

局部公差:300 测量长度上为 0.02

检验工具

精密水平仪或平尺和量块

检验方法(参照 GB/T 17421.1—1998 中的 5.3.2.2 和 5.3.2.3)

将工作台(*X* 轴线)和横向滑座(*Z*′轴线)或主轴箱(*Z* 轴线)置于中间位置,工作台不锁紧,横向滑座锁紧。

注:简图中的字母顺序与 GB/T 17421.1—1998 的图 41 相一致。

G5

检验项目

工作台面与：

a） 横向滑座移动（Z'轴线），或主轴箱移动（Z 轴线），在 YZ 垂直平面内的平行度；

b） 工作台纵向移动（X 轴线）在 XY 垂直平面内的平行度。

简图

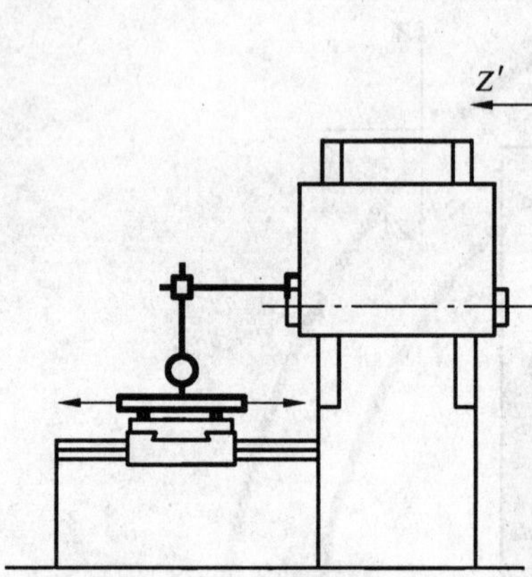

a）

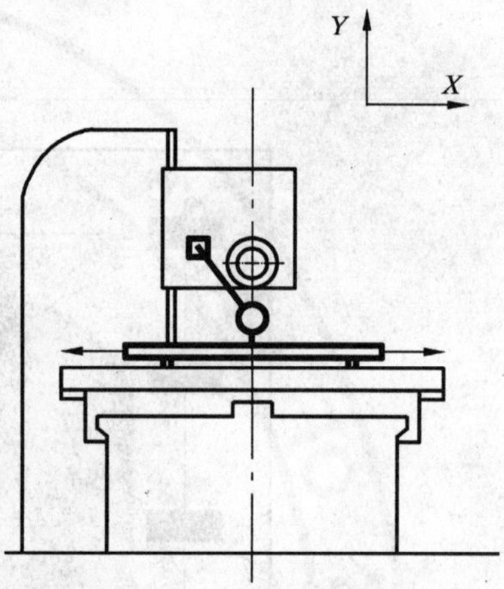

b）

公差

a）和 b）

300 测量长度上为 0.025

最大公差：0.05

检验工具

平尺和指示器

检验方法（参照 GB/T 17421.1—1998 中的 5.4.2.2.2.1）

指示器测头应近似地放在刀具的切削位置上。

在与工作台面平行放置的平尺上测量。

如果工作台长度大于 1 600 mm，采用逐次移动平尺的方法进行检验。

主轴箱滑板（Y 轴线）锁紧；

a） 工作台（X 轴线）锁紧；

b） 横向滑座（Z'轴线）或主轴箱（Z 轴线）锁紧。

如果主轴可以锁紧，可将指示器固定在主轴上。如果主轴不能锁紧，应将指示器装在主轴箱的固定部位上。

G6

检验项目

工作台面与主轴箱垂直移动（Y 轴线）的垂直度：

a） 在 YZ 平面内；

b） 在 XY 平面内。

简图

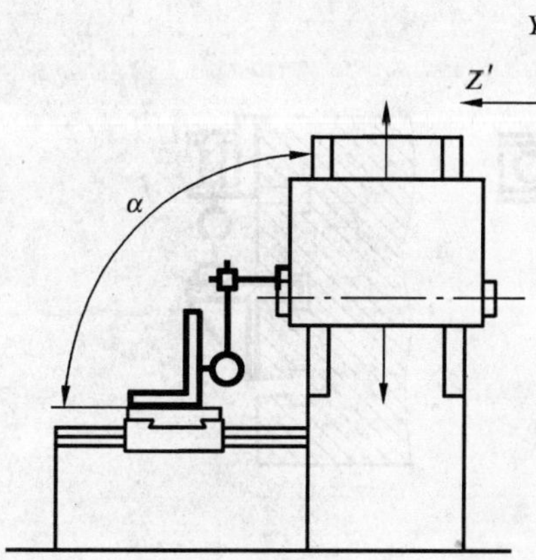

a）

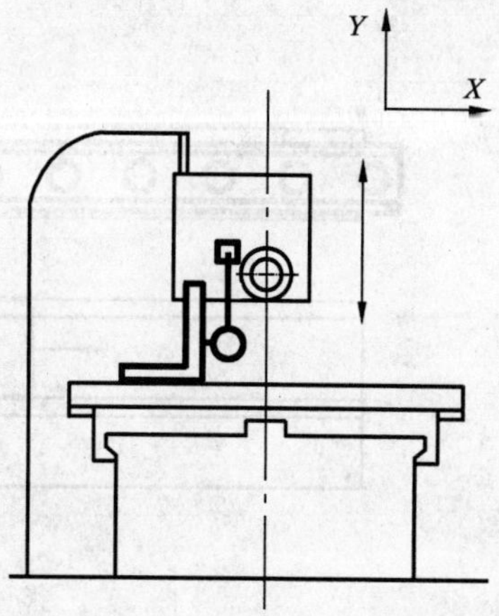

b）

公差

a） $\alpha \leqslant 90°$ 300 测量长度上为 0.025

b） 300 测量长度上为 0.025

检验工具

指示器和角尺

检验方法（参照 GB/T 17421.1—1998 中的 5.5.2.2.2）

工作台置于中间位置：

a） 横向滑座（Z'轴线）锁紧；

b） 工作台（X 轴线）锁紧。

如果主轴可以锁紧，可将指示器固定在主轴上。如果主轴不能锁紧，应将指示器装在主轴箱的固定部位上。

G7

检验项目

工作台中央或基准T形槽的直线度。

简图

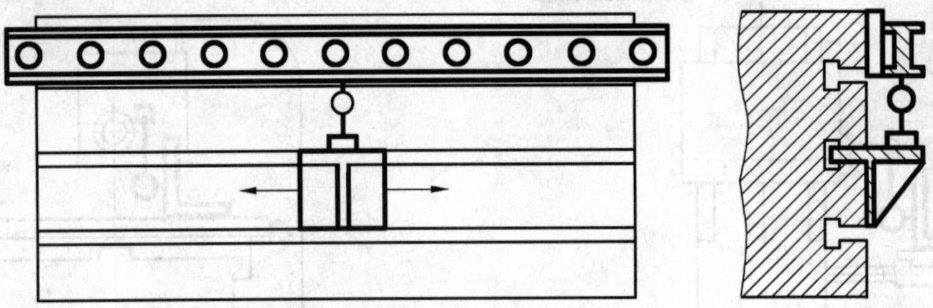

公差

500测量长度上为0.01

最大公差:0.03

检验工具

平尺和指示器

检验方法(参照GB/T 17421.1—1998中的5.2.1.2,5.2.1.2.1,5.2.1.2.2.2或5.2.3.2)

可将平尺直接放在工作台上。

G8

检验项目

中央或基准T形槽与工作台纵向移动(*X* 轴线)的平行度。

简图

公差

300测量长度上为0.015
最大公差:0.04

检验工具

指示器

检验方法(参照GB/T 17421.1—1998中的5.4.2.2.1和5.4.2.2.2.1)

横向滑座(*Z'* 轴线)或主轴箱(*Z* 轴线)和主轴箱滑板(*Y* 轴线)锁紧。

如果主轴可以锁紧,可将指示器固定在主轴上。如果主轴不能锁紧,应将指示器装在主轴箱的固定部位上。

5.3 主轴

	G9

检验项目

a) 主轴定心轴颈的径向跳动(用于有定心轴颈的机床);

b) 周期性轴向窜动;

c) 主轴轴肩支承面的跳动(包括周期性轴向窜动)。

简图

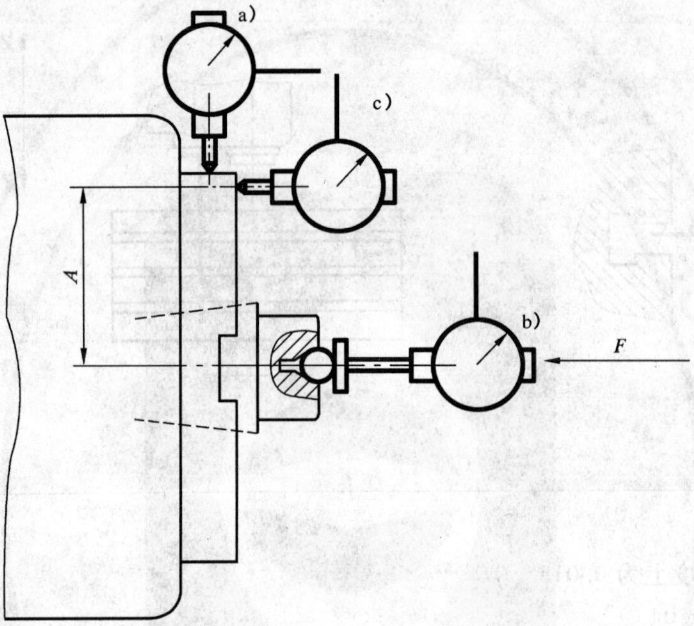

公差

a) 0.01　　b) 0.01　　c) 0.02

检验工具

指示器

检验方法(参照 GB/T 17421.1—1998 的有关条文)

a) 5.6.1.2.2

b) 5.6.2.2.1 和 5.6.2.2.2

在 b)和 c)项检验时,应向壳体方向施加一个由供方/制造厂规定的力 F。

c) 5.6.3.2

指示器与主轴轴线之间的距离 A 应尽量大。

G10

检验项目

主轴锥孔轴线的径向跳动：

a) 靠近主轴端部；

b) 距主轴端部 300 mm 处。

简图

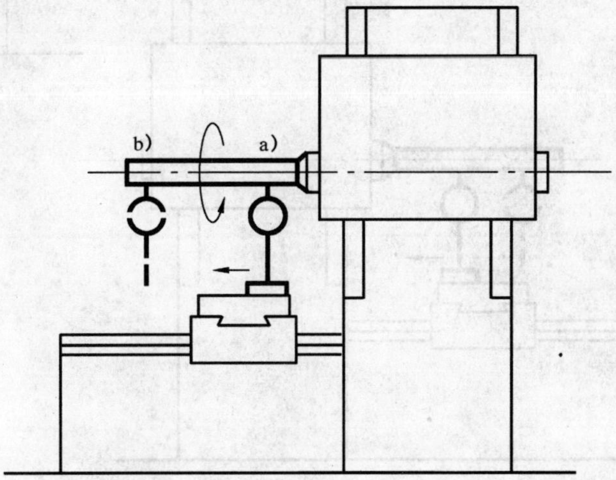

公差

a) 0.01 b) 0.02

检验工具

指示器和检验棒

检验方法(参照 GB/T 17421.1—1998 中的 5.6.1.2.3)

G11

检验项目

主轴轴线与工作台面的平行度。

简图

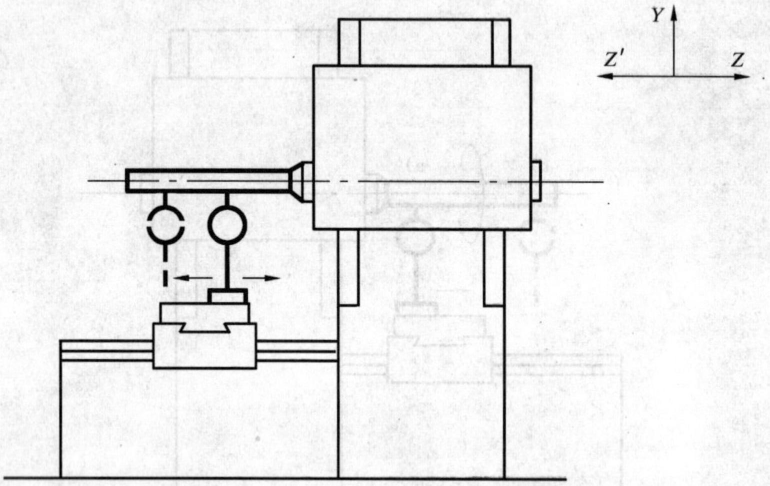

公差

300 测量长度上为 0.025
(检验棒的伸出端只许向下)

检验工具

指示器和检验棒

检验方法(参照 GB/T 17421.1—1998 中的 5.4.1.2.4)

工作台(*X* 轴线)和横向滑座(*Z'* 轴线)或主轴箱(*Z* 轴线)不锁紧,主轴箱滑板(*Y* 轴线)锁紧。
检验棒回转 180°后重复检验。

G12

检验项目

主轴轴线与横向滑座移动(Z′轴线)或主轴箱移动(Z 轴线)的平行度：

a) 在 YZ 垂直平面内；

b) 在 ZX 水平面内。

简图

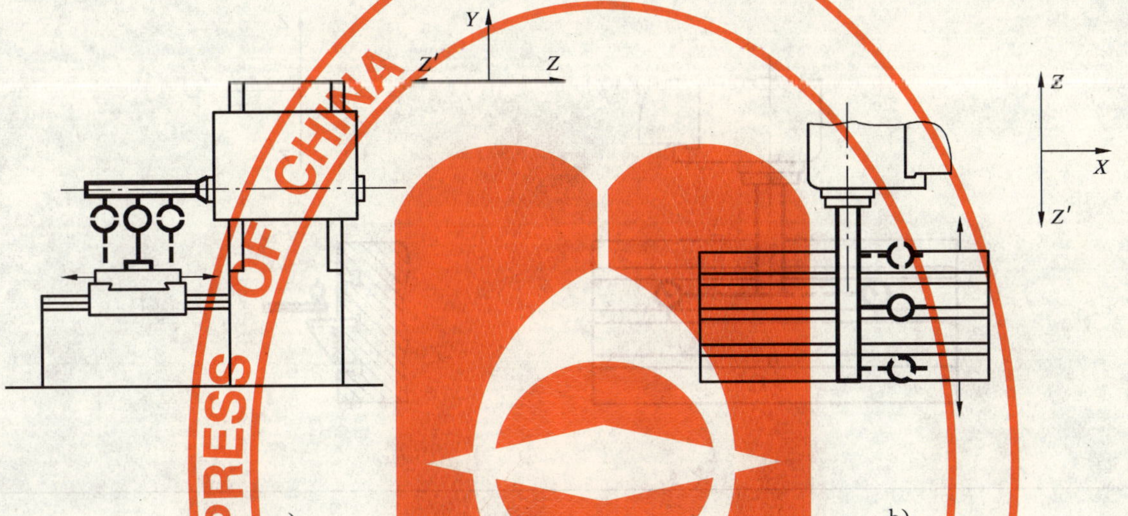

a)　　b)

公差

a) 300 测量长度上为 0.025(检验棒伸出端只许向下)

b) 300 测量长度上为 0.025

检验工具

指示器和检验棒

检验方法(参照 GB/T 17421.1—1998 中的 5.4.2.2.3)

工作台(X 轴线)置于中间位置。

主轴箱滑板(Y 轴线)锁紧。

G13

检验项目

主轴轴线与工作台中央或基准T形槽的垂直度。

简图

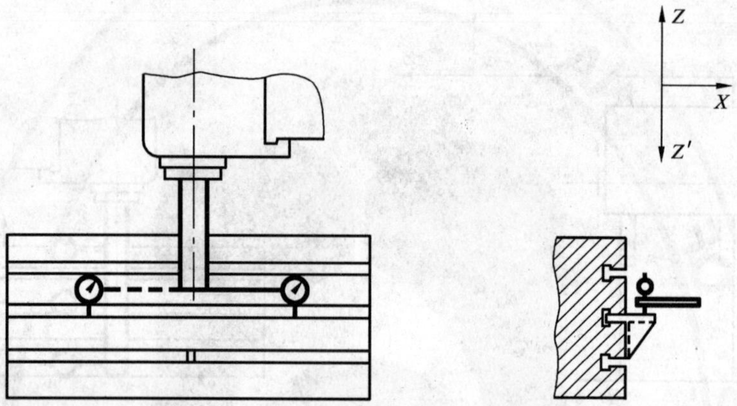

公差

0.02/300[a]

[a] 两个测量点之间的距离。

检验工具

指示器

检验方法(参照GB/T 17421.1—1998中的5.5.1.2.1和5.5.1.2.4.2)

工作台(X轴线)置于中间位置。

工作台(X轴线),横向滑座(Z′轴线)或主轴箱(Z轴线)和主轴箱(Y轴线)锁紧。

5.4 刀杆支架

G14

检验项目

悬梁刀杆支架导轨与主轴轴线的平行度：

a) 在 YZ 垂直平面内；

b) 在 ZX 水平面内。

简图

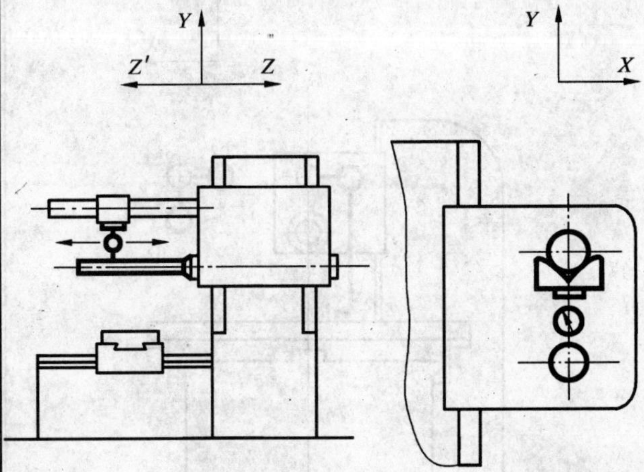

a)

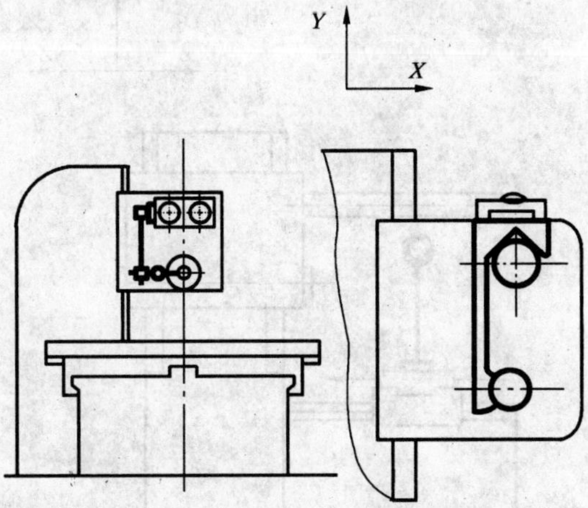

b)

公差

a) 300 测量长度上为 0.02(悬梁只许向下)

b) 300 测量长度上为 0.02

检验工具

指示器和精密水平仪

检验方法(参照 GB/T 17421.1—1998 中的 5.4.1.2.5 或 5.4.1.2.3 和 5.4.1.2.1,5.4.2.2.4)

悬梁锁紧。

G14
另种方法

检验项目

悬梁刀杆支架导轨与横向滑座移动(Z′轴线)或主轴箱移动(Z 轴线)的平行度:

a) 在 YZ 垂直平面内;

b) 在 ZX 水平面内。

简图

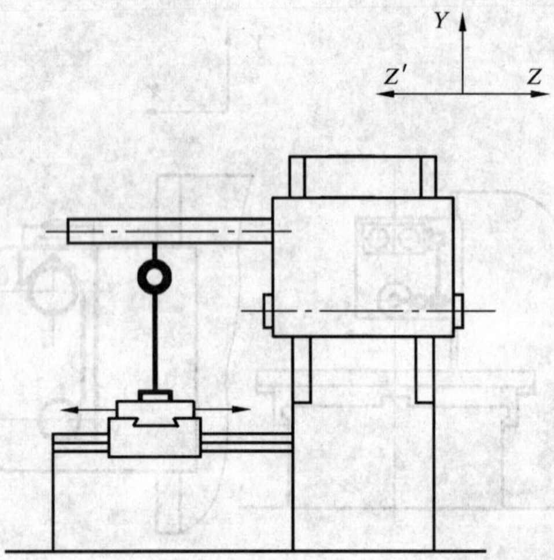

a)

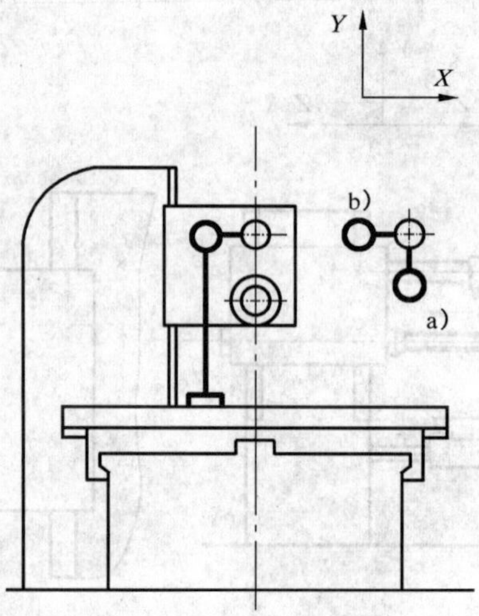

b)

公差

a) 300 测量长度上为 0.02(悬梁只许向下)

b) 300 测量长度上为 0.02

检验工具

指示器

检验方法(参照 GB/T 17421.1—1998 中的 5.4.1.2.5 或 5.4.1.2.3 和 5.4.1.2.2,5.4.2.2.4)

悬梁锁紧。

G15

检验项目

刀杆支架孔轴线与主轴轴线的同轴度：

a) 在 *YZ* 垂直平面内；

b) 在 *ZX* 水平面内。

简图

1) 第一种检验方法

2) 第二种检验方法

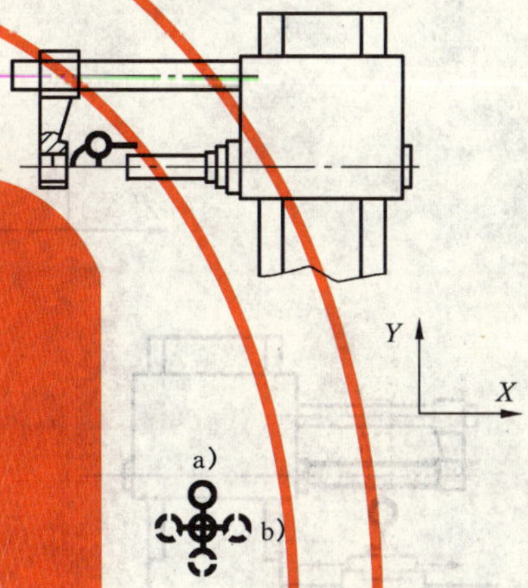

公差

a) 0.03(刀杆支架孔轴线低于主轴轴线)

b) 0.03

检验工具

指示器和检验棒

检验方法(参照 GB/T 17421.1—1998 中的 5.4.4.2)

刀杆支架固定在距主轴端部 300 mm 处。

测量方法：

1) 采用第一种测量方法时,尽可能靠近刀杆支架；

2) 采用第二种测量方法时,靠近刀杆支架孔的中间位置。

误差以指示器读数的最大差值之半计。

G15
另种方法

检验项目

刀杆支架孔轴线与主轴轴线的同轴度[支撑刀杆与横向滑座移动(Z′轴线)或主轴箱移动(Z轴线)的平行度]:

a) 在 YZ 垂直平面内;

b) 在 ZX 水平面内。

简图

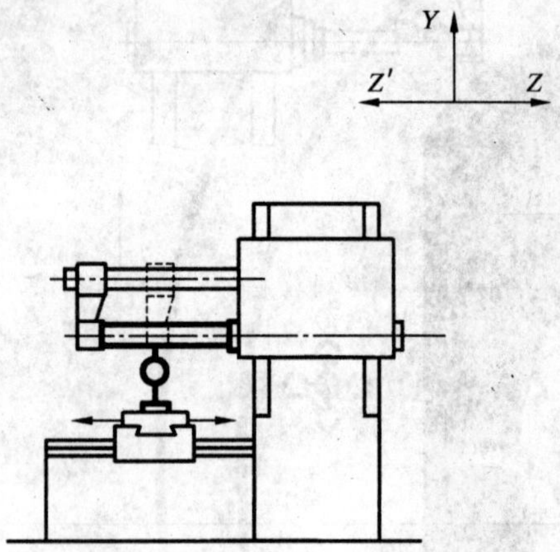

a)

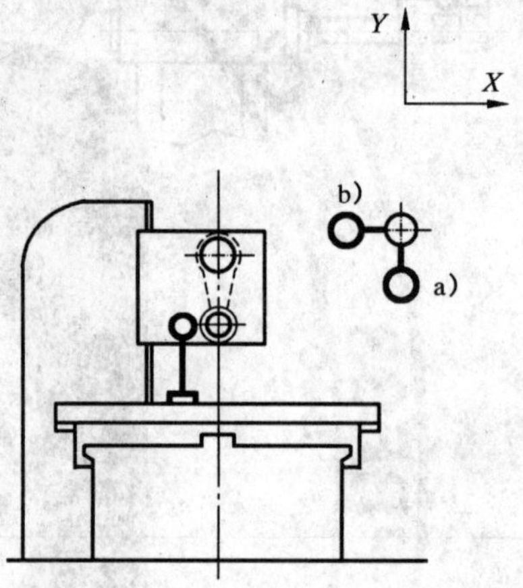

b)

公差

a) 300 测量长度上为 0.04(靠近刀杆支架孔端处,检验棒只许向下)

b) 300 测量长度上为 0.025

检验工具

指示器和检验棒

检验方法(参照 GB/T 17421.1—1998 的有关条文)

a) 刀杆支架装在检验棒或刀杆的端部;

b) 刀杆支架位于检验棒或刀杆的中间位置。

误差以指示器读数的最大差值计。

6 工作精度检验

检验性质 M1

a) 用工作台纵向机动和主轴箱垂向手动进给铣削 B 面，接刀处重叠约 5 mm～10 mm；

b) 用工作台纵向机动、主轴箱垂向机动和横向滑板手动进给铣削 A、C 和 D 面。

简图

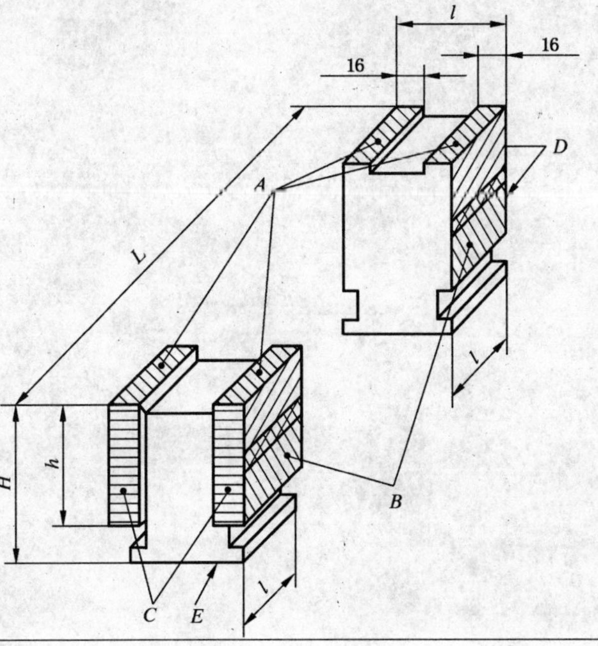

L：为试件的长度或两块试件外侧面之间的距离，并等于纵向行程的 1/2。

l：与 h 相等，并等于纵向行程的 1/8。

当 $L \leqslant 500$ mm 时，$l_{max} = 100$ mm；

当 500 mm $< L \leqslant$ 1 000 mm 时，$l_{max} =$ 150 mm；

当 $L >$ 1 000 mm 时，$l_{max} = 200$ mm；

$l_{min} = 50$ mm

注 1：纵向行程≥400 mm：切削一个或两个试件，纵向切削长度应超过试件的两端。

注 2：纵向行程<400 mm：切削一个试件，纵向切削应超过试件的全长。

注 3：材料：铸铁。

公差

a) 0.02（每个试件的 B 面应平直）

b) 0.02/100（包容 A、C 和 D 面的平面应相互垂直，并都与 B 面垂直）

c) 0.03（试件的高度 H 应相等）

检验工具

a) 平尺和量块或放大器　b) 角尺和量块　c) 千分尺

检验方法（参照 GB/T 17421.1—1998 中的 3.1 和 3.2.2，4.1 和 4.2）

切削条件：

a) 用套式面铣刀；

b) 用同样的铣刀进行周边铣削。

检验开始前，应确保 E 面的平直。

切削试件应沿工作台纵向轴线放置，使长度 L 被相等地分布在工作台中心的两边。

注：须经用户与供方/制造厂协商同意，简图所示的试件形式可用具有完整侧面的较简单形状的试件来代替，检验至少和图示试件的检验同样严格。

铣刀应装在刀杆上刃磨，刀具安装应符合下列公差：

1) 径向跳动：≤0.02 mm　2) 端面跳动：≤0.03 mm

切削时所有非工作的滑动面均应锁紧。

ICS 25.080.20
J 54

中华人民共和国国家标准

GB/T 3932.2—2006/ISO 1984-2:2001
代替 GB/T 3932—1983

床身铣床检验条件　精度检验　第2部分:立式铣床

Test conditions for manually controlled milling machines with table of fixed height—Testing of the accuracy—Part 2:Machines with vertical spindle

(ISO 1984-2:2001,IDT)

2006-01-24 发布　　2006-08-01 实施

中华人民共和国国家质量监督检验检疫总局
中国国家标准化管理委员会　发布

前　言

GB/T 3932《床身铣床检验条件　精度检验》分为 2 个部分：

——第 1 部分：卧式铣床；

——第 2 部分：立式铣床。

本部分为 GB/T 3932 的第 2 部分，等同采用 ISO 1984-2:2001《床身铣床检验条件　精度检验　第 2 部分：立式铣床》(英文版)。

为便于使用，本部分做了下列编辑性修改：

——"本标准"一词改为"本部分"；

——第 2 章标题"引用标准"改为"规范性引用文件"；

——第 4 章标题"简要说明"改为"一般要求"；

——删除了 ISO 1984-2:2001 的前言，增加了国家标准的前言；

——在精度检验表格中删除了"实测偏差"一栏；

——删除了 ISO 1984-2:2001 的参考文献。

本部分代替 GB/T 3932—1983《工作台不升降铣床精度》中立式铣床部分的内容。

本部分与 GB/T 3932—1983 相比主要变化如下：

——卧式床身铣床与立式床身铣床的精度检验分为系列标准的 2 个部分，本部分仅适用于立式床身铣床；

——增加了一项检验，即 G3 项：工作台纵向移动(X 轴线)的角度偏差。

本部分由中国机械工业联合会提出。

本部分由全国金属切削机床标准化技术委员会(SAC/TC 22)归口。

本部分起草单位：北京铣床研究所。

本部分主要起草人：胡瑞琳、魏而巍、姚宝聚。

本部分所代替标准的历次版本发布情况为：

——JB 2857—1980；

——GB/T 3932—1983。

床身铣床检验条件　精度检验
第2部分:立式铣床

1　范围

GB/T 3932 的本部分规定了一般用途和普通精度的立式床身铣床的几何精度检验和工作精度检验,并对这些检验规定了相应的公差。

本部分仅用于机床的精度检验,不适用于机床的运转检查(如振动、不正常的噪声、运动部件的爬行等),也不适用于机床的参数检查(如速度、进给量等)。这些检查应在精度检验前进行。

本部分给出了机床主要部件的术语,并按 JB/T 3051—1999《数控机床　坐标和运动方向的命名》命名了轴线。

2　规范性引用文件

下列文件中的条款通过 GB/T 3932 的本部分的引用而成为本部分的条款。凡是注日期的引用文件,其随后所有的修改单(不包括勘误的内容)或修订版均不适用于本部分,然而,鼓励根据本部分达成协议的各方研究是否可使用这些文件的最新版本。凡是不注日期的引用文件,其最新版本适用于本部分。

GB/T 17421.1—1998　机床检验通则　第1部分:在无负荷或精加工条件下机床的几何精度(eqv ISO 230-1:1996)

3　术语、轴线的命名和铣削方式

3.1　术语和轴线的命名

见图1和表1。

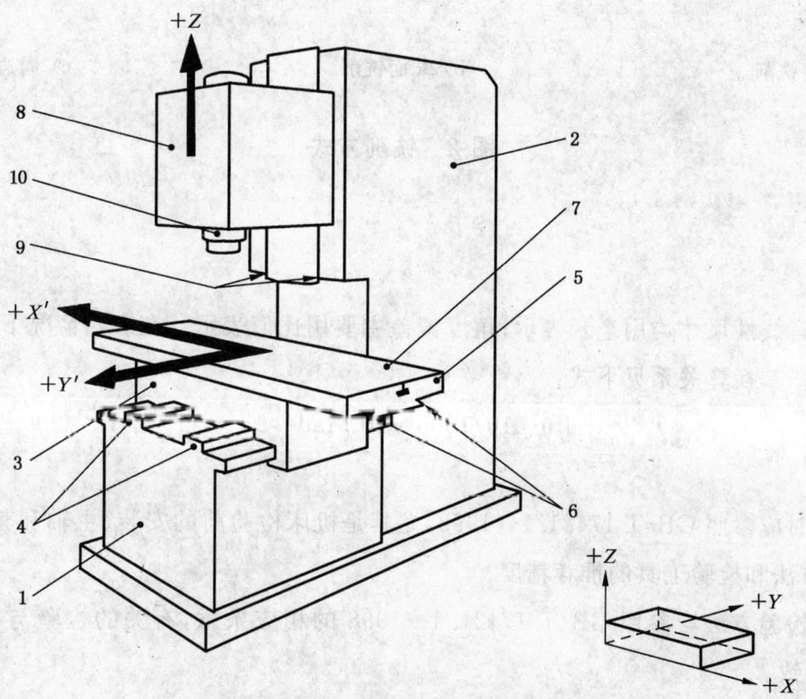

图1　立式床身铣床

表 1 术语

序号	中　　文	英　　文
1	床身	bed
2	立柱	column
3	滑座/横向滑板	saddle/cross-slide
4	滑座导轨	saddle slideways
5	工作台	table
6	工作台导轨	table slideways
7	工作台面	table surface
8	主轴箱	spindle head
9	主轴箱导轨	spindle head slideways
10	主轴端部	spindle nose

3.2 铣削方式

见图 2。

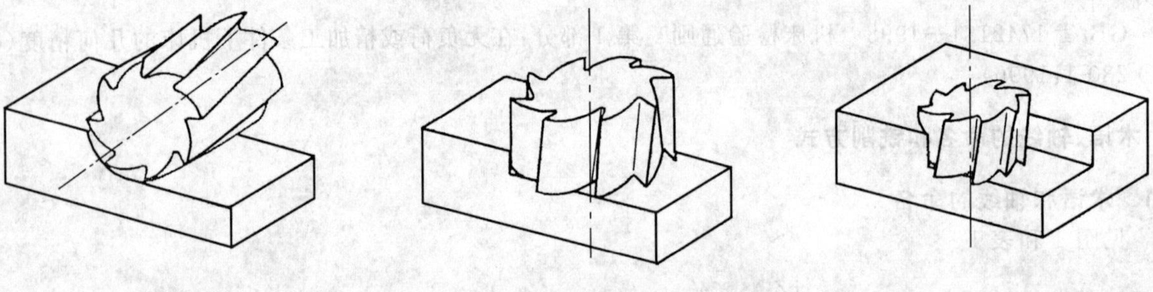

a) 周边铣削　　b) 端面铣削　　c) 周边端面铣削

图 2 铣削方式

4 一般要求

4.1 计量单位

本部分中所有线性尺寸均用毫米表示；角度偏差主要用比值表示。在有些情况下为了清晰，也用微弧度或弧秒表示。其换算关系见下式：

$$0.010/1000=10\ \mu\text{rad}\approx 2''$$

4.2 参照标准

使用本部分时应参照 GB/T 17421.1—1998，尤其是机床检验前的安装、主轴和其他运动部件的空运转升温、检验方法和检验工具的推荐精度。

本部分所述检验方法均参照 GB/T 17421.1—1998 的相应条款，有关的检验与 GB/T 17421.1—1998 的规定相一致。

4.3 检验顺序

本部分规定的检验顺序并不表示实际检验顺序。为了使装拆检验工具和检验方便起见，可按任意次序进行检验。

4.4 检验项目

检验机床时，根据结构特点并不是必须检验本部分中的所有项目。为了验收目的而要求检验时，可由用户取得制造厂同意选择一些感兴趣的检验项目，但这些检验项目必须在机床订货时明确提出。

4.5 检验工具

本部分所规定的检验工具仅为例子，可以使用相同指示量或具有至少相同精度的其他检验工具。指示器应具有 0.001 mm 或更高的分辨率。

4.6 工作精度检验

工作精度检验应在精加工时进行，而不在粗加工时进行，因为粗加工易产生较大的切削力。

4.7 最小公差

当实测长度与本部分规定的长度不同时，公差应根据 GB/T 17421.1—1998 中 2.3.1.1 的规定，按能够测量的长度折算。折算结果小于 0.005 mm 时，仍按 0.005 mm 计。

5 几何精度检验

5.1 运动轴线

G1

检验项目

主轴箱垂直移动(Z 轴线)的直线度：

a) 在 *YZ* 平面内；

b) 在 *ZX* 平面内。

简图

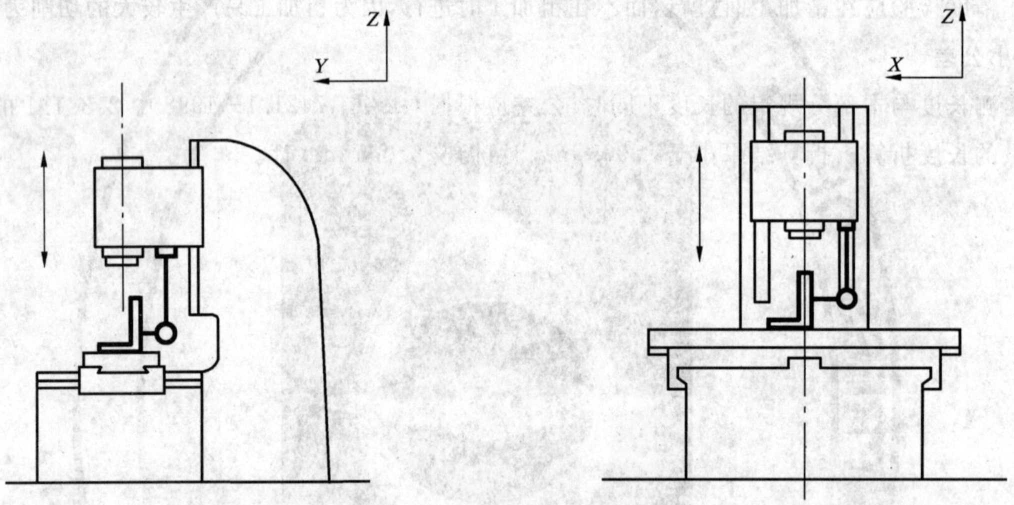

a) b)

公差

a)和 b)

300 测量长度上为 0.025

检验工具

指示器和角尺

检验方法(参照 GB/T 17421.1—1998 中的 5.2.3.2.1.1)

调整角尺，使其在测量长度两端的读数相等。

工作台置于中间位置：

a) 横向滑座(*Y* 轴线)锁紧；

b) 工作台(*X* 轴线)锁紧。

如果主轴可以锁紧，可将指示器固定在主轴上。如果主轴不能锁紧，应将指示器装在主轴箱的固定部位上。

G2

检验项目

横向滑座移动(Y 轴线)与工作台纵向移动(X 轴线)的垂直度。

简图

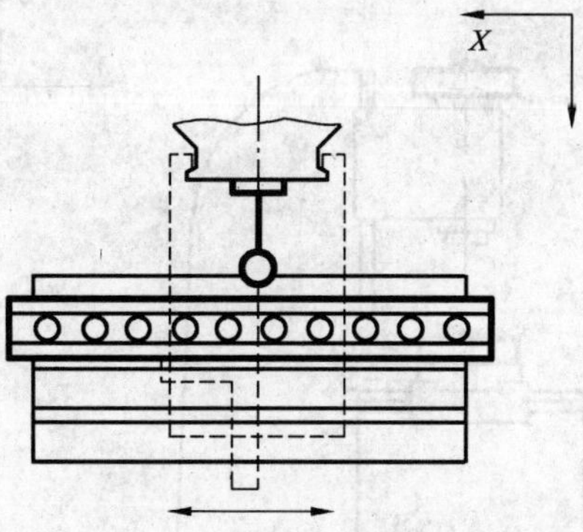

1)

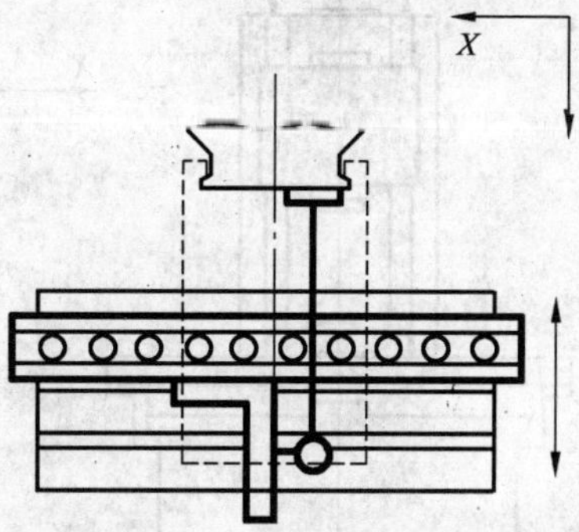

2)

公差

300 测量长度上为 0.02

检验工具

平尺、指示器和角尺

检验方法(参照 GB/T 17421.1—1998 中的 5.5.2.2.4)

主轴箱(Z 轴线)锁紧。

1) 平尺平行于工作台纵向移动方向(X 轴线)放置;将角尺紧贴平尺。工作台在中间位置锁紧。这项检验也可以不用平尺检验,使角尺的长端与 X 轴线平行。

2) 移动横向滑座(Y 轴线)进行检验。

如果主轴可以锁紧,可将指示器固定在主轴上。如果主轴不能锁紧,应将指示器装在主轴箱的固定部位上。

G3

检验项目

工作台纵向移动（X 轴线）的角度偏差：

a) 在 ZX 垂直平面内（俯仰 EBX）；

b) 在 YZ 垂直平面内（倾斜 EAX）。

简图

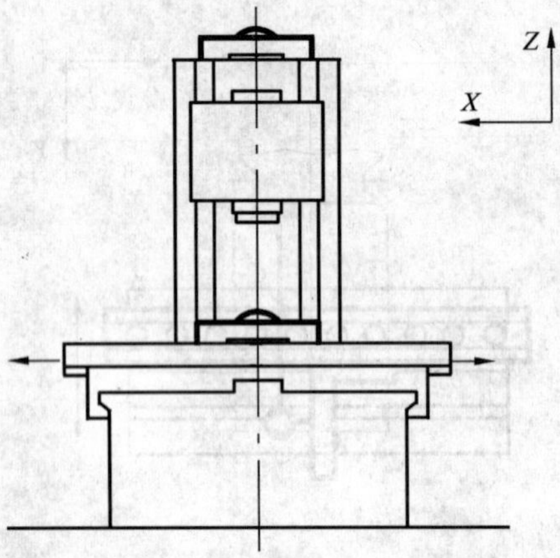

a)

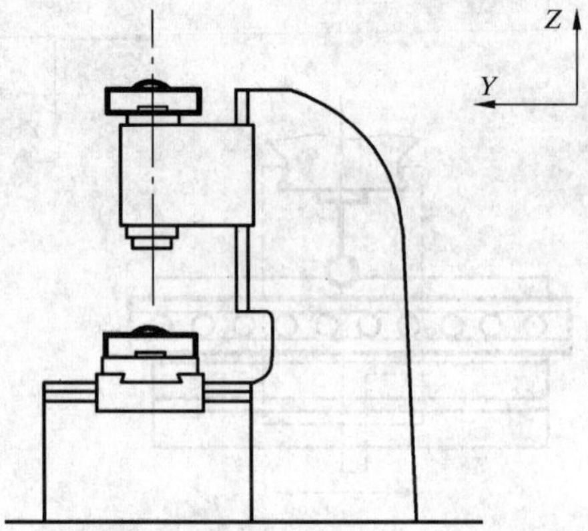

b)

公差

a) $X \leqslant 1\,000$　　0.06/1000（或 60 微弧度或 12″）

$X > 1000$　　0.10/1000（或 100 微弧度或 20″）

b) 0.03/1000（或 30 微弧度或 6″）

检验工具

精密水平仪

检验方法（参照 GB/T 17421.1—1998 的有关条文）

将水平仪放置在工作台中央：

a) 纵向；

b) 横向。

当 X 轴线运动引起主轴箱和工作台同时产生角度偏差时，这两种角度偏差应分别测量并给予标明。

基准水平仪（使用时）应放置在立柱或主轴箱上，且主轴箱应位于行程的中间位置。

应沿行程方向在数个等距离（200 mm 或 250 mm）的位置上进行测量。

两个运动方向的最大与最小读数的差值应不超过公差。

5.2 工作台

G4

检验项目

工作台面的平面度。

简图

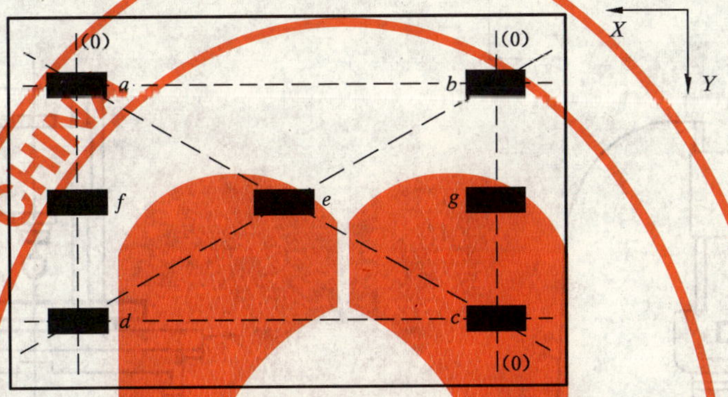

公差

1 000 测量长度内为 0.04(仅允许凹)

工作台长度每增加 1 000,公差增加 0.005

最大公差:0.05

局部公差:300 测量长度上为 0.02

检验工具

精密水平仪或平尺和量块

检验方法(参照 GB/T 17421.1—1998 中的 5.3.2.2 和 5.3.2.3)

将工作台(*X* 轴线)和横向滑座(*Y* 轴线)置于中间位置,工作台不锁紧,横向滑座锁紧。

注:简图中的字母顺序与 GB/T 17421.1—1998 的图 41 相一致。

G5

检验项目

工作台面与：

a) 横向滑座移动（Y 轴线）在 YZ 垂直平面内的平行度；

b) 工作台纵向移动（X 轴线）在 ZX 垂直平面内的平行度。

简图

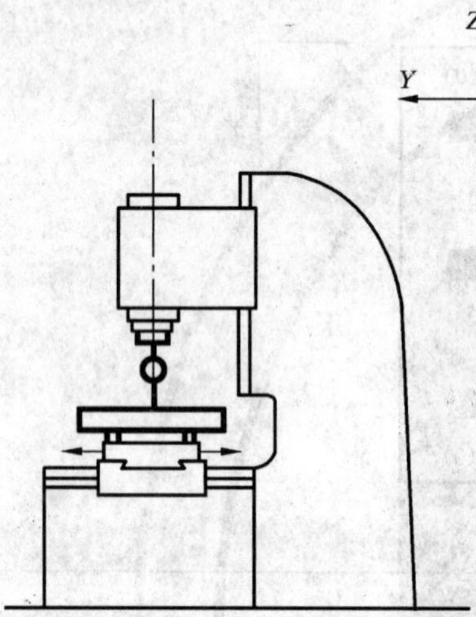

a)

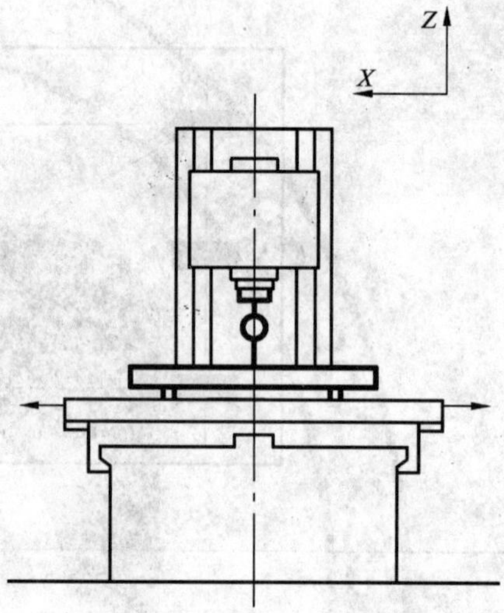

b)

公差

a)和 b)

300 测量长度上为 0.025

最大公差：0.05

检验工具

平尺和指示器

检验方法（参照 GB/T 17421.1—1998 中的 5.4.2.2.2.1）

指示器测头应近似地放在刀具的切削位置上。

在与工作台面平行放置的平尺上测量。

如果工作台长度大于 1 600 mm，采用逐次移动平尺的方法进行检验。

主轴箱（Z 轴线）锁紧：

a) 工作台（X 轴线）锁紧；

b) 横向滑座（Y 轴线）锁紧。

如果主轴可以锁紧，可将指示器固定在主轴上。如果主轴不能锁紧，应将指示器装在主轴箱的固定部位上。

G6

检验项目

工作台面与主轴箱垂直移动(*Z* 轴线)的垂直度：

a) 在 *YZ* 平面内；

b) 在 *ZX* 平面内。

简图

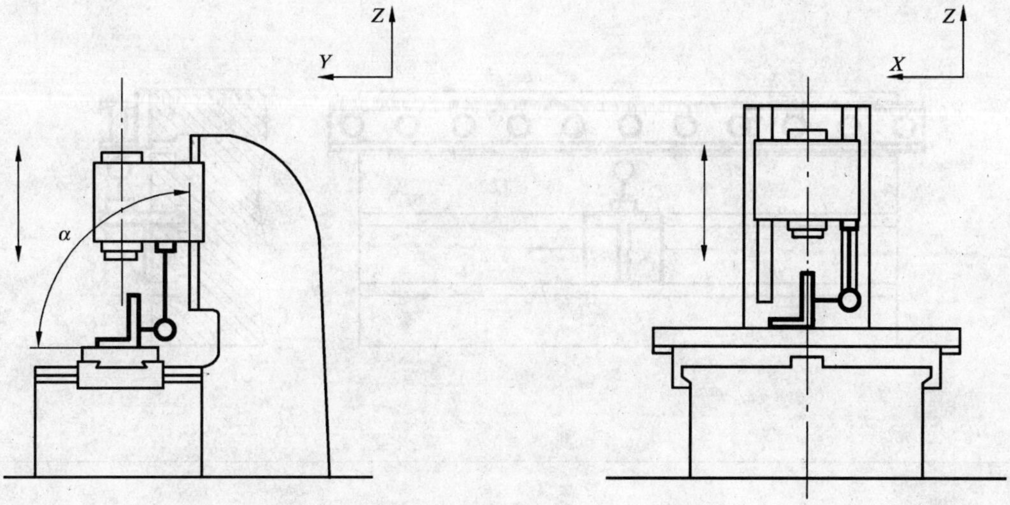

a) b)

公差

a) $\alpha \leqslant 90°$ 300 测量长度上为 0.025

b) 300 测量长度上为 0.025

检验工具

指示器和角尺

检验方法(参照 GB/T 17421.1—1998 中的 5.5.2.2.2)

工作台置于中间位置：

a) 横向滑座(*Y* 轴线)锁紧；

b) 工作台(*X* 轴线)锁紧。

如果主轴可以锁紧，可将指示器固定在主轴上。如果主轴不能锁紧，应将指示器装在主轴箱的固定部位上。

G7

检验项目

工作台中央或基准 T 形槽的直线度。

简图

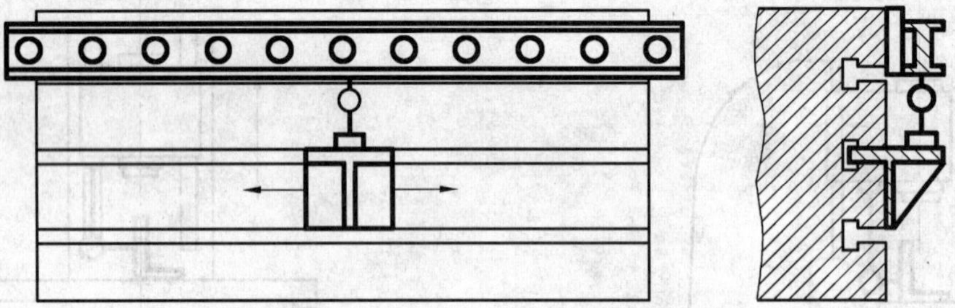

公差

500 测量长度上为 0.01
最大公差:0.03

检验工具

平尺和指示器或量块,或钢丝和显微镜,或自准直仪

检验方法(参照 GB/T 17421.1—1998 中的 5.2.1.2,5.2.1.2.1,5.2.1.2.2.2 或 5.2.3.2)

可将平尺直接放在工作台上。

G8

检验项目

中央或基准 T 形槽与工作台纵向移动（X 轴线）的平行度。

简图

公差

300 测量长度上为 0.015

最大公差：0.04

检验工具

指示器

检验方法（参照 GB/T 17421.1—1998 中的 5.4.2.2.1 和 5.4.2.2.2.1）

横向滑座（Y 轴线）和主轴箱滑板（Z 轴线）锁紧。

如果主轴可以锁紧，可将指示器固定在主轴上。如果主轴不能锁紧，应将指示器装在主轴箱的固定部位上。

5.3 主轴

G9

检验项目

a) 主轴定心轴颈的径向跳动(用于有定心轴颈的机床);

b) 周期性轴向窜动;

c) 主轴轴肩支承面的跳动(包括周期性轴向窜动)。

简图

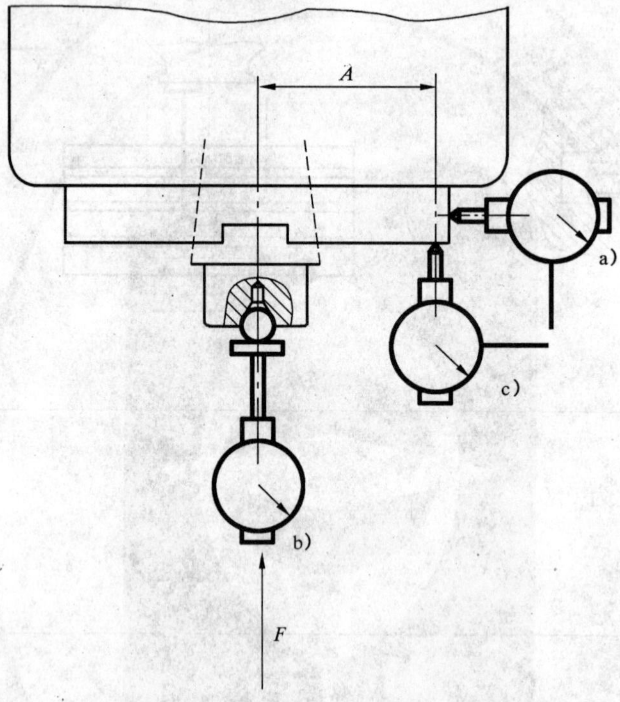

公差

a) 0.01　　b) 0.01　　c) 0.02

检验工具

指示器

检验方法(参照 GB/T 17421.1—1998 的有关条文)

a) 5.6.1.2.2

b) 5.6.2.2.1 和 5.6.2.2.2

在 b)和 c)项检验时,应向壳体方向施加一个由供方/制造厂规定的力 F。

c) 5.6.3.2

指示器与主轴轴线之间的距离 A 应尽量大。

G10

检验项目

主轴锥孔轴线的径向跳动：

a） 靠近主轴端部；

b） 距主轴端部 300 mm 处。

简图

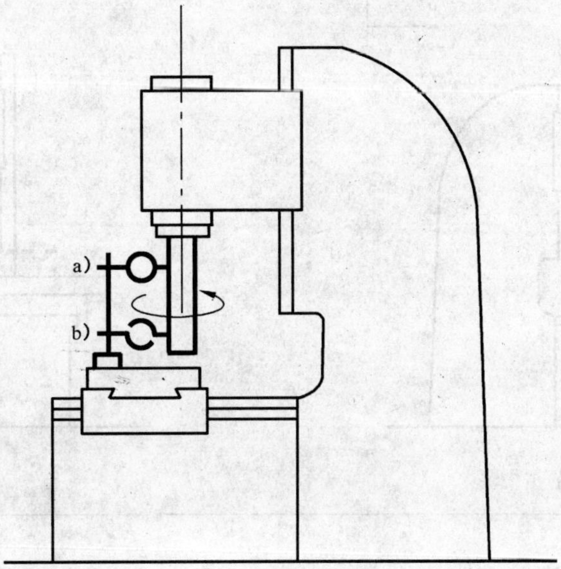

公差

a) 0.01　　b) 0.02

检验工具

指示器和检验棒

检验方法(参照 GB/T 17421.1—1998 中的 5.6.1.2.3)

G11

检验项目

主轴轴线与工作台面的垂直度

a） 在 YZ 平面内；

b） 在 ZX 平面内。

简图

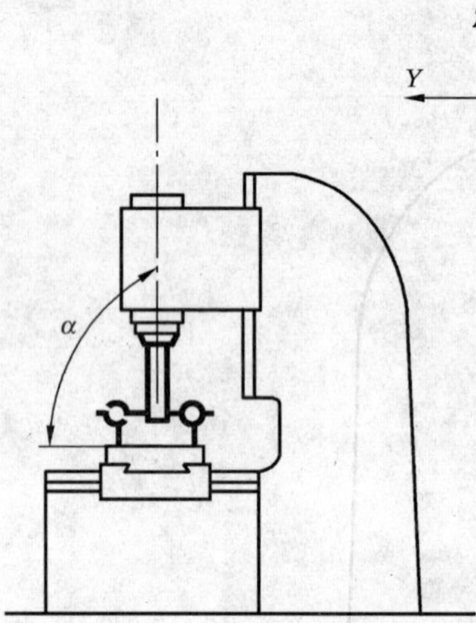

a)

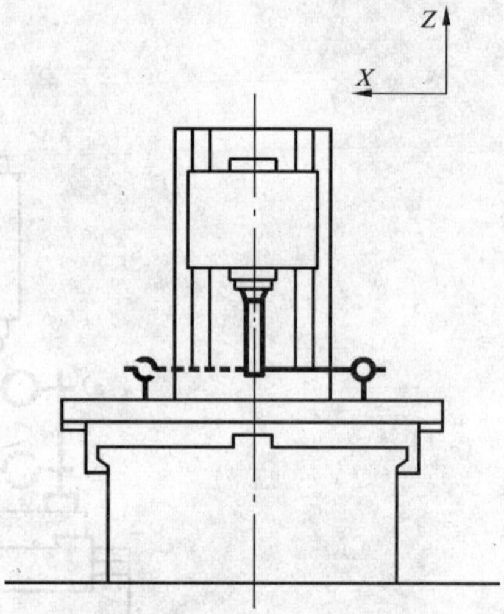

b)

公差

a） $\alpha \leqslant 90°$ 300 测量长度上为 0.025

b） 300 测量长度上为 0.025

检验工具

指示器和检验棒

检验方法（参照 GB/T 17421.1—1998 中的 5.5.1.2.1 和 5.5.1.2.4.2）

工作台（X 轴线）和横向滑座（Y 轴线）不锁紧，主轴箱（Z 轴线）锁紧。

6 工作精度检验

检验性质 M1

a) 用工作台纵向机动和横向滑座手动进给铣削 A 面，接刀处重叠约 5 mm～10 mm；

b) 用工作台纵向机动、横向滑座机动和主轴箱垂向手动进给铣削 B、C 和 D 面。

简图

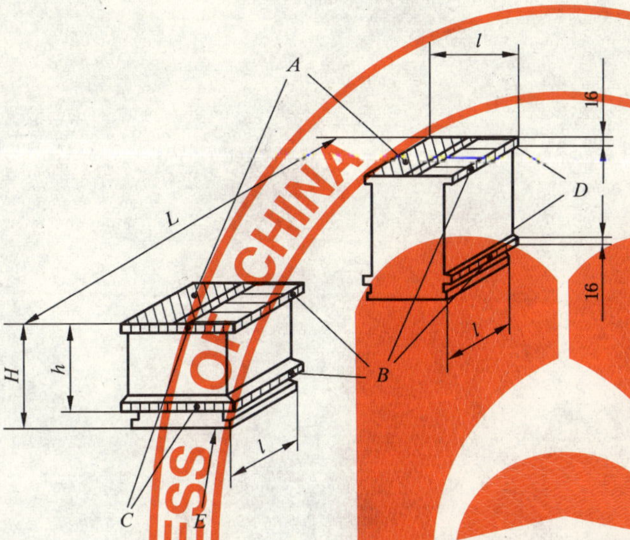

L：为试件的长度或两块试件外侧面之间的距离，并等于纵向行程的 1/2。

l：与 h 相等，并等于纵向行程的 1/8。

当 $L \leqslant 500$ mm 时，$l_{max}=100$ mm；

当 500 mm$<L\leqslant 1\ 000$ mm 时，$l_{max}=150$ mm；

当 $L>1\ 000$ mm 时，$l_{max}=200$ mm；

$l_{min}=50$ mm

注 1：纵向行程≥400 mm：切削一个或两个试件，纵向切削长度应超过试件的两端。

注 2：纵向行程<400 mm：切削一个试件，纵向切削应超过试件的全长。

注 3：材料：铸铁。

公差

a₁) 0.02（每个试件的 A 面应平直）

a₂) 0.03（试件的高度 H 应相等）

b) 0.02/100（包容 B、C 和 D 面的平面应相互垂直，并都与 A 面垂直）

检验工具

a₁) 平尺和量块或放大器　　a₂) 千分尺　　b) 角尺和量块

检验方法（参照 GB/T 17421.1—1998 中的 3.1 和 3.2.2，4.1 和 4.2）

切削条件：

a) 用套式面铣刀或端面铣刀；

b) 用套式面铣刀或同样的铣刀进行周边铣削。

检验开始前，应确保 E 面的平直。

切削试件应沿工作台纵向轴线放置，使长度 L 被相等地分布在工作台中心的两边。

注：须经用户与供方/制造厂协商同意，简图所示的试件形式可用具有完整侧面的较简单形状的试件来代替，检验至少和图示试件的检验同样严格。

铣刀应装在刀杆上刃磨，刀具安装应符合下列公差：

1) 径向跳动：≤0.02 mm　　2) 端面跳动：≤0.03 mm

切削时所有非工作的滑动面均应锁紧。

ICS 81.080
Q 45

中华人民共和国国家标准

GB/T 3995—2006
代替 GB/T 3995—1983

高铝质隔热耐火砖

Shaped insulating refractory products—High alumina bricks

2006-09-30 发布　　2007-02-01 实施

中华人民共和国国家质量监督检验检疫总局
中国国家标准化管理委员会　发布

前　言

本标准代替 GB/T 3995—1983《高铝质隔热耐火砖》。

本标准与前版主要有如下不同：

——取消了砖的分型；

——将产品牌号改称产品型号，并改变了型号表示方式；

——将高铝质隔热耐火砖分为 2 类，新增低铁高铝质隔热耐火砖，原高铝质隔热耐火砖改称普通高铝质隔热耐火砖；

——增加了 LG 140-1.2 普通高铝质隔热耐火砖；

——删除了普通高铝质隔热耐火砖 LG-0.9、LG-0.4 型号。

本标准由全国耐火材料标准化技术委员会提出并归口。

本标准负责起草单位：抚顺市北方耐火材料厂。

本标准参加起草单位：武汉威林炉衬材料有限责任公司、登封市昊南耐火材料有限公司、郑州创新耐火材料有限公司。

本标准主要起草人：胡家全、姜兆岐、马春凤、王辛男、刘少明、董卫杰、苏泊平、张朝阳、杨喜财。

本标准所代替标准版本的历次发布情况：

——GB/T 3995—1983。

高铝质隔热耐火砖

1 范围

本标准规定了高铝质隔热耐火砖的分类、形状尺寸、技术要求、试验方法、质量评定程序、包装、标志、运输、储存及质量证明书。

高铝质隔热耐火砖适用于做直接接触火焰的工作层、隔热层或不受高温熔融物料和侵蚀性气体作用的窑炉内衬。

2 规范性引用文件

下列文件中的条款通过本标准的引用而成为本标准的条款。凡是注日期的引用文件，其随后所有的修改单（不包括勘误的内容）或修订版均不适用于本标准，然而，鼓励根据本标准达成协议的各方研究是否可使用这些文件的最新版本。凡是不注日期的引用文件，其最新版本适用于本标准。

GB/T 2992—1998 通用耐火砖形状尺寸（neq ISO 5019-1:1984 Refractory bricks—Dimensions—Part 1:Rectangular bricks，neq ISO 5019-2:1984 Refractory bricks—Dimensions—Part 2:Arch bricks，neq ISO 5019-5:1984 Refractory bricks—Dimensions—Part 5: Skewbacks）

GB/T 2998—2001 定形隔热耐火制品体积密度和真气孔率试验方法（eqv ISO 5016:1997）

GB/T 3997.1—1998 定形隔热耐火制品重烧线变化试验方法（eqv ISO 2477:1987）

GB/T 3997.2—1998 定形隔热耐火制品常温耐压强度试验方法（idt ISO 8895:1986）

GB/T 6900—2006 铝硅系耐火材料化学分析方法

GB/T 7321—2004 定形耐火制品试样制备方法

GB/T 10325—2001 定形耐火制品抽样验收规则

GB/T 10326—2001 定形耐火制品尺寸、外观及断面的检查方法（eqv ISO 12678:1996 Refractory products—Measurement of dimensions and external defects of refractory bricks）

GB/T 16546 定形耐火制品包装、标志、运输和储存

GB/T 16763—1997 定形隔热耐火制品的分类（idt ISO 2245:1990）

YB/T 4130—2005 耐火材料 导热系数试验方法（水流量平板法）

3 分类、形状及尺寸

3.1 按化学成分分为低铁高铝质隔热耐火砖和普通高铝质隔热耐火砖 2 类，见表 1。型号中 D、L、G 分别为低、铝、隔的汉语拼音首字母；180、170……125 等分别代表砖的分级温度（加热永久线变化的试验温度）的前三位数；1.5、1.3 等分别代表砖的体积密度，末尾的 L 表示该牌号的体积密度低于 GB/T 16763—1997 的规定值。

表 1 隔热耐火砖的分类及型号

分类	型号					
低铁高铝质	DLG 180-1.5 L	DLG 170-1.3 L	DLG 160-1.0 L	DLG 150-0.8 L	DLG 140-0.7 L	DLG 125-0.5 L
普通高铝质	LG 140-1.2	LG 140-1.0	LG 140-0.8 L	LG 135-0.7 L	LG 135-0.6 L	LG 125-0.5 L

3.2 砖的形状及尺寸应符合 GB/T 2992—1998 的规定。也可按需方图纸制造。

4 技术要求

4.1 低铁高铝质隔热耐火砖的技术指标应符合表 2 的规定。

4.2 普通高铝质隔热耐火砖的技术指标应符合表 3 的规定。

4.3 砖的尺寸允许偏差及外观应符合表 4 的规定。

表 2 低铁高铝质隔热耐火砖的技术指标

项目	指标					
	DLG 180-1.5 L	DLG 170-1.3 L	DLG 160-1.0 L	DLG 150-0.8 L	DLG 140-0.7 L	DLG 125-0.5 L
$w(Al_2O_3)$/% ≥	90	72	60	55	50	48
$w(Fe_2O_3)$/% ≤	1.0					
体积密度/(g/cm^3) ≤	1.5	1.3	1.0	0.8	0.7	0.5
常温耐压强度/MPa ≥	9.5	5.0	3.0	2.5	2.0	1.5
加热永久线变化≤1%的试验温度/℃	1 800	1 700	1 600	1 500	—	—
加热永久线变化≤2%的试验温度/℃	—	—	—	—	1 400	1 250
导热系数(平均温度 350℃±25℃)/[W/(m·K)] ≤	0.80	0.60	0.40	0.35	0.30	0.20

表 3 普通高铝质隔热耐火砖的技术指标

项目	指标					
	LG 140-1.2	LG 140-1.0	LG 140-0.8 L	LG 135-0.7 L	LG 135-0.6 L	LG 125-0.5 L
$w(Al_2O_3)$/% ≥	48					
$w(Fe_2O_3)$/% ≤	2.0					
体积密度/(g/cm^3) ≤	1.2	1.0	0.8	0.7	0.6	0.5
常温耐压强度/MPa ≥	4.5	4.0	3.0	2.5	2.0	1.5
加热永久线变化≤2%的试验温度/℃	1 400			1 350		1 250
导热系数(平均温度 350℃±25℃)/[W/(m·K)] ≤	0.55	0.50	0.35	0.30	0.25	0.20

表 4 砖的尺寸允许偏差及外观

单位为毫米

项目		指标	
		LG	DLG
尺寸允许偏差	尺寸≤100	±1.5	±1.0
	尺寸 101～250	±2	±1.0
	尺寸 251～400	±3	±1.5
扭曲	长度 101～250	1	0.8
	长度 251～400	1.5	1.0

表 4（续）

单位为毫米

项目			指标	
			LG	DLG
缺棱长度($a+b+c$)		≤	40	35
缺角长度($e+f+g$)			60	55
熔洞直径			4.5	4.5
裂纹长度	宽度≤0.25		不限制	不限制
	宽度 0.26～1.0		30	30
	宽度>1.0		不准有	不准有
相对边差	厚度		1.0	1.0

注：低铁高铝质隔热耐火砖应磨制加工，普通高铝质隔热耐火砖可由供需双方约定磨制。根据用户需求可对砖的一个主要尺寸进行分档。

5　试验方法

5.1　砖的检验制样按 GB/T 7321—2004 进行。

5.2　化学分析按 GB/T 6900—2006 进行。

5.3　体积密度的检验按 GB/T 2998—2001 进行。

5.4　常温耐压强度的检验按 GB/T 3997.2—1998 进行。

5.5　加热永久线变化的检验按 GB/T 3997.1—1998 进行。

5.6　导热系数的检验按 YB/T 4130—2005 进行。

5.7　砖的尺寸、外观及断面的检查按 GB/T 10326—2001 进行。

6　质量评定程序

6.1　组批

砖应按同一型号进行组批，每批不超过 50 t。

6.2　抽样及合格判定规则

砖的抽样与验收按 GB/T 10325—2001 进行，但所抽取的测试样本量应符合表 5 的规定。

体积密度、常温耐压强度、加热永久线变化试验温度为验收检验项目。复验时的判定规则按 GB/T 10325—2001进行，其中一个试样的允许偏差应符合表 6 的规定。

表 5　抽取的测试样本量

检验项目	样本量/个
体积密度	5
常温耐压强度	5
加热永久线变化	3
导热系数	1

表 6　复验时单值允许偏差

项目	允许偏差
体积密度	+0.05 g/cm³
常温耐压强度	−0.2 MPa
加热永久线变化温度	0℃

6.3 合格评定形式

合格评定可采用供货方声明、使用方认定或由第三方认证的形式进行。

7 包装、运输、储存及质量证明书

7.1 砖的包装、标志、运输和储存应按 GB/T 16546 进行；特殊情况由供、需双方另行约定。

7.2 产品发出时，应附有供方质量监督部门签发的质量证明书，载明：供方名称、需方名称、发货日期、合同号、产品名称、适用标准号、型号、砖号及理化指标检验结果等。

ICS 91.100.25
Q 31

中华人民共和国国家标准

GB/T 4100—2006
代替 GB/T 4100.1～4100.5—1999

陶瓷砖

Ceramic tiles

(ISO 13006:1998 Ceramic tiles—Definitions, classification, characteristics and marking, MOD)

2006-02-07 发布　　　　2006-09-01 实施

中华人民共和国国家质量监督检验检疫总局
中国国家标准化管理委员会　发布

前　言

本标准修改采用 ISO 13006:1998《陶瓷砖——定义、分类、性能和标记》(英文版)。

为了更适合我国国情，本标准在采用 ISO 13006:1998 时进行了修改，本标准与 ISO 13006:1998 的主要差异如下：

——标准名称"陶瓷砖——定义、分类、性能和标记"修改为"陶瓷砖"；

——删除了国际标准的前言；

——将 1 中"…性能和标记"修改为"…性能、抽样和接收条件、技术要求和试验方法、标志和说明、订货"；

——将国际标准中的"参照标准"修改为"规范性引用文件"，并将所引用的国际标准用采用该国际标准的国家标准代替；

——增加了"瓷质砖、炻瓷砖、细炻砖、炻质砖、陶质砖"的定义；

——在附录 G(规范性附录)中增加了对大规格产品尺寸偏差的规定；

——在附录 G(规范性附录)中增加了对抛光砖的规定。

本标准代替 GB/T 4100.1—1999《干压陶瓷砖　第 1 部分：瓷质砖(吸水率 $E \leqslant 0.5\%$)》、GB/T 4100.2—1999《干压陶瓷砖　第 2 部分：炻瓷砖(吸水率 $0.5\% < E \leqslant 3\%$)》、GB/T 4100.3—1999《干压陶瓷砖　第 3 部分：细炻砖(吸水率 $3\% < E \leqslant 6\%$)》、GB/T 4100.4—1999《干压陶瓷砖　第 4 部分：炻质砖(吸水率 $6\% < E \leqslant 10\%$)》、GB/T 4100.5—1999《干压陶瓷砖　第 5 部分：陶质砖(吸水率 $E > 10\%$)》。

本标准与 GB/T 4100.1—1999、GB/T 4100.2—1999、GB/T 4100.3—1999、GB/T 4100.4—1999、GB/T 4100.5—1999 相比主要变化如下：

——增加了对挤压陶瓷砖的要求；

——删除了干压炻瓷砖大规格产品尺寸允许偏差的要求；

——修改了第 3 章"定义"；

——取消了产品等级；

——增加了第 4 章分类和第 5 章性能；

——将"6　检验规则"修改为"6　抽样和接收条件"；

——将"4　技术要求"和"5　试验方法"合并为"7　要求"，且编排格式与国际标准对应，分别列入相应附录中；

——将"8　包装、运输、贮存和订货"修改为"9　订货"；

——将 GB/T 4100.1—1999 附录 A《陶瓷砖　磨擦系数的测定》修改为附录 M，删除了动滑块法和倾斜平台法，保留了静滑块法。

本标准的附录 A、附录 B、附录 C、附录 D、附录 E、附录 F、附录 G、附录 H、附录 J、附录 K、附录 L、附录 M 为规范性目录；附录 N、附录 P、附录 Q 为资料性附录。

用测量值或计算值判定本标准中的极限值时，采用修约值比较法。

本标准自实施之日起，JC/T 457.3—2002《挤压陶瓷砖　第 3 部分：细炻砖(吸水率 $3\% < E \leqslant 6\%$)》、JC/T 457.4—2002《挤压陶瓷砖　第 4 部分：炻质砖(吸水率 $6\% < E \leqslant 10\%$)》作废。

本标准由中国建筑材料工业协会提出。

本标准由全国建筑卫生陶瓷标准化技术委员会归口。

本标准起草单位：咸阳陶瓷研究设计院。

本标准参加起草单位：佛山石湾鹰牌陶瓷有限公司、广东蒙娜丽莎陶瓷(集团)有限公司、佛山市兴辉陶瓷有限公司、杭州诺贝尔集团有限公司。

本标准参加起草人：刘幼红、王博、李直、钟应洲、张旗康、陈洪再、李莹。

本标准所代替标准的历次版本发布情况为：

——GB/T 11947—1989；

——GB/T 4100—1992；

——GB/T 4100.1—1999、GB/T 4100.2—1999、GB/T 4100.3—1999、GB/T 4100.4—1999、GB/T 4100.5—1999。

陶　瓷　砖

1　范围

本标准规定了陶瓷砖的定义、分类、性能、抽样和接收条件、技术要求和试验方法、标志和说明、订货。

2　规范性引用文件

下列文件中的条款通过本标准的引用而成为本标准的条款。凡是注日期的引用文件，其随后所有的修改单(不包括勘误的内容)或修订版均不适用于本标准，然而，鼓励根据本标准达成协议的各方研究是否可使用这些文件的最新版本。凡是不注日期的引用文件，其最新版本适用于本标准。

GB/T 3810.1　陶瓷砖试验方法　第1部分:抽样和接收条件(GB/T 3810.1—2006,ISO 10545-1:1995,MOD)

GB/T 3810.2　陶瓷砖试验方法　第2部分:尺寸和表面质量的检验(GB/T 3810.2—2006,ISO 10545-2:1995,MOD)

GB/T 3810.3　陶瓷砖试验方法　第3部分:吸水率、显气孔率、表观相对密度和容重的测定(GB/T 3810.3—2006,ISO 10545-3:1995,MOD)

GB/T 3810.4　陶瓷砖试验方法　第4部分:断裂模数和破坏强度的测定(GB/T 3810.4—2006,ISO 10545-4:1994,IDT)

GB/T 3810.5　陶瓷砖试验方法　第5部分:用恢复系数确定砖的抗冲击性(GB/T 3810.5—2006,ISO 10545-5:1996,IDT)

GB/T 3810.6　陶瓷砖试验方法　第6部分:无釉砖耐磨深度的测定(GB/T 3810.6—2006,ISO 10545-6:1995,IDT)

GB/T 3810.7　陶瓷砖试验方法　第7部分:有釉砖表面耐磨性的测定(GB/T 3810.7—2006,ISO 10545-7:1996,IDT)

GB/T 3810.8　陶瓷砖试验方法　第8部分:线性热膨胀的测定(GB/T 3810.8—2006,ISO 10545-8:1994,IDT)

GB/T 3810.9　陶瓷砖试验方法　第9部分:抗热震性的测定(GB/T 3810.9—2006,ISO 10545-9:1994,IDT)

GB/T 3810.10　陶瓷砖试验方法　第10部分:湿膨胀的测定(GB/T 3810.10—2006,ISO 10545-10:1995,IDT)

GB/T 3810.11　陶瓷砖试验方法　第11部分:有釉砖抗釉裂性的测定(GB/T 3810.11—2006,ISO 10545-11:1994,IDT)

GB/T 3810.12　陶瓷砖试验方法　第12部分:抗冻性的测定(GB/T 3810.12—2006,ISO 10545-12:1995,IDT)

GB/T 3810.13　陶瓷砖试验方法　第13部分:耐化学腐蚀性的测定(GB/T 3810.13—2006,ISO 10545-13:1995,IDT)

GB/T 3810.14　陶瓷砖试验方法　第14部分:耐污染性的测定(GB/T 3810.14—2006,ISO 10545-14:1995,IDT)

GB/T 3810.15　陶瓷砖试验方法　第15部分:有釉砖铅和镉溶出量的测定(GB/T 3810.15—2006,ISO 10545-15:1995,IDT)

GB/T 3810.16- 陶瓷砖试验方法　第16部分:小色差的测定(GB/T 3810.16—2006,ISO 10545-16:1999,IDT)

GB/T 13891　建筑饰面材料镜向光泽度测定方法

3　术语和定义

下列术语和定义适用于本标准。

3.1

陶瓷砖　ceramic tiles

由粘土和其他无机非金属原料制造的用于覆盖墙面和地面的薄板制品,陶瓷砖是在室温下通过挤压或干压或其他方法成型,干燥后,在满足性能要求的温度下烧制而成。砖是有釉(GL)或无釉(UGL)的,而且是不可燃、不怕光的。

3.2

釉　glaze

不透水的玻化覆盖层。

3.3

底釉　engobed surface

覆盖在粘土坯表面的透水或不透水无光饰面。

注:表面只有底釉的砖被当作无釉砖。

3.4

抛光面　polished surface

无釉陶瓷砖最后工序经机械研磨、抛光使砖所具有的光泽表面。

3.5

挤压砖(A)　extruded tiles

挤压砖是将可塑性坯料经过挤压机挤出成型,再将所成型的泥条按砖的预定尺寸进行切割。

注1:这些产品分为精细的或普通的,主要是由它们的性能来决定的。

注2:挤压砖的习惯术语是用来描述劈离砖和方砖的,通常分别是指双挤压砖和单挤压砖,方砖仅指吸水率不超过6%的挤压砖。

3.6

干压砖(B)　dry-pressed tiles

干压砖是将混合好的粉料置于模具中于一定压力下压制成型的。

3.7

其他方法成型的砖(C)　tiles made by other processes

用挤或压以外方法成型的陶瓷砖。

注:这类砖不包含在本标准中。

3.8

瓷质砖　porcelain tiles

吸水率(E)不超过0.5%的陶瓷砖。

3.9

炻瓷砖　stoneware porcelain tiles

吸水率(E)大于0.5%,不超过3%的陶瓷砖。

3.10

细炻砖　fine stoneware tiles

吸水率(E)大于3%,不超过6%的陶瓷砖。

3.11

炻质砖 stoneware tiles

吸水率(E)大于6%,不超过10%的陶瓷砖。

3.12

陶质砖 fine earthenware tiles

吸水率(E)大于10%的陶瓷砖。

3.13

吸水率(E) water absorption

用质量分数表示,按GB/T 3810.3规定测定。

3.14

间隔凸缘(见图2) spacer lugs

带有凸缘的砖,便于使沿直线铺贴的两块砖之间的接缝宽度不超过规定的要求。

注1:两块砖之间连接位置的凸缘由水泥砂浆覆盖使凸缘不暴露在外。

注2:由制造者提供工作尺寸,可以按相同情况将干压成型砖加工间隔凸缘。

3.15

尺寸描述(见图1、图2) description of sizes

注:这里描述的尺寸只适用于矩形砖,对于非矩形砖可以采用相应的最小矩形的尺寸。

3.15.1

名义尺寸 nominal size

用来统称产品规格的尺寸。

3.15.2

工作尺寸(W) work size

按制造结果而确定的尺寸,实际尺寸与其之间的差应在规定的允许偏差之内。

注:工作尺寸包括长、宽、厚。

3.15.3

实际尺寸 actual size

按照GB/T 3810.2中规定的方法测得的尺寸。

3.15.4

配合尺寸(C) coordinating size

工作尺寸加上连接宽度。

3.15.5

模数尺寸 modular size

模数尺寸包括了尺寸为M(1M=100 mm)、2M、3M和5M以及它们的倍数或分数为基数的砖,不包括表面积小于9 000 mm^2的砖。

3.15.6

非模数尺寸 non-modular sizes

不以模数M为基数的尺寸。

3.15.7

公差 tolerance

在尺寸允许范围之内的偏差。

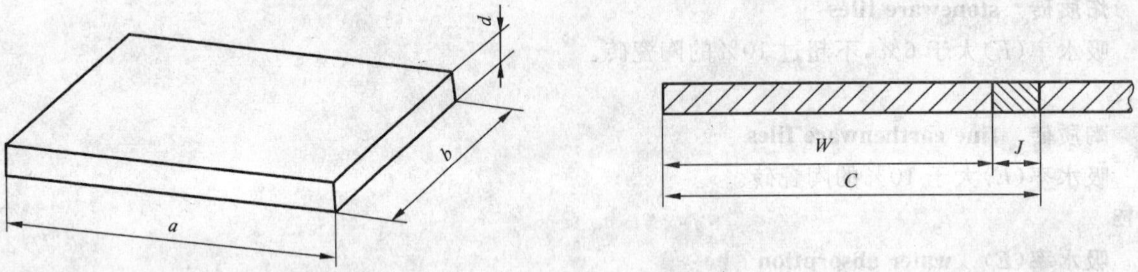

配合尺寸(C)=工作尺寸(W)+连接宽度(J)

工作尺寸(W)=可见面(a)、(b)和厚度(d)的尺寸

图 1　砖的尺寸

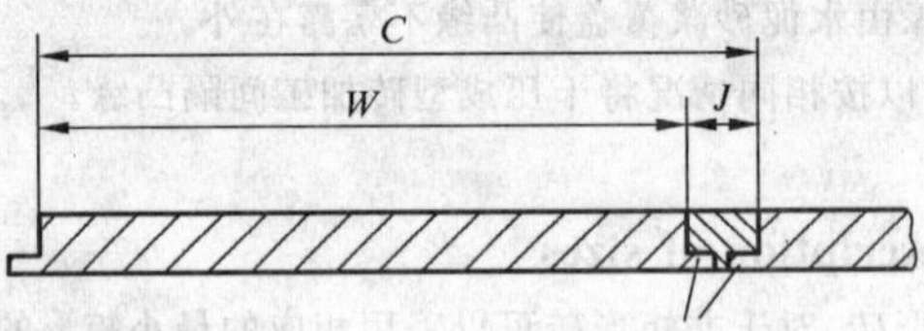

配合尺寸(C)=工作尺寸(W)+连接宽度(J)

工作尺寸(W)=可见面(a)、(b)和厚度(d)的尺寸

图 2　带有间隔凸缘的砖

4　分类

4.1　分类方法

按照陶瓷砖的成型方法和吸水率(见 3.13 和表 1)进行分类,这种分类与产品的使用无关。

表 1　陶瓷砖按成型方法和吸水率分类表

<table>
<tr><td>成型方法</td><td>Ⅰ类
$E\leqslant 3\%$</td><td>Ⅱa 类
$3\%<E\leqslant 6\%$</td><td>Ⅱb 类
$6\%<E\leqslant 10\%$</td><td>Ⅲ类
$E>10\%$</td></tr>
<tr><td rowspan="2">A(挤压)</td><td rowspan="2">AⅠ类
(见附录 A)</td><td>AⅡa1 类[a]
(见附录 B)</td><td>AⅡb1 类[a]
(见附录 D)</td><td rowspan="2">AⅢ类
(见附录 F)</td></tr>
<tr><td>AⅡa2 类[a]
(见附录 C)</td><td>AⅡb2 类[a]
(见附录 E)</td></tr>
<tr><td rowspan="2">B(干压)</td><td>BⅠa 类
瓷质砖 $E\leqslant 0.5\%$
(见附录 G)</td><td rowspan="2">BⅡa 类
细炻砖
(见附录 J)</td><td rowspan="2">BⅡb 类
炻质砖
(见附录 K)</td><td rowspan="2">BⅢ类[b]
陶质砖
(见附录 L)</td></tr>
<tr><td>BⅠb 类
炻瓷砖 $0.5\%<E\leqslant 3\%$
(见附录 H)</td></tr>
<tr><td>C(其他)</td><td>CⅠ类[c]</td><td>CⅡa 类[c]</td><td>CⅡb 类[c]</td><td>CⅢ类[c]</td></tr>
<tr><td colspan="5">a)　AⅡa 类和 AⅡb 类按照产品不同性能分为两个部分。
b)　BⅢ类仅包括有釉砖,此类不包括吸水率大于 10%的干压成型无釉砖。
c)　本标准中不包括这类砖。</td></tr>
</table>

4.2 按成型方法分类

A 挤压砖(3.5)；

B 干压砖(3.6)；

C 其他方法成型的砖(3.7)。

4.3 按吸水率(E)分类

按吸水率分为以下三类：

4.3.1 低吸水率砖(Ⅰ类)，$E \leqslant 3\%$

Ⅰ类干压砖还可以进一步分为：

(a) $E \leqslant 0.5\%$ (BⅠa类)；

(b) $0.5\% < E \leqslant 3\%$ (BⅠb类)。

4.3.2 中吸水率砖(Ⅱ类)，$3\% < E \leqslant 10\%$

Ⅱ类挤压砖还可一步分为：

(a) $3\% < E \leqslant 6\%$(AⅡa类，第1部分和第2部分)；

(b) $6\% < E \leqslant 10\%$(AⅡb类，第1部分和第2部分)。

Ⅱ类干压砖还可一步分为：

(a) $3\% < E \leqslant 6\%$(BⅡa类)；

(b) $6\% < E \leqslant 10\%$(BⅡb类)。

4.3.3 高吸水率砖(Ⅲ类)，$E > 10\%$。

5 性能

在表2中列出了不同用途陶瓷砖的产品性能要求。

表2 不同用途陶瓷砖的产品性能要求

性能	地砖		墙砖		试验方法
尺寸和表面质量	室内	室外	室内	室外	标准号
长度和宽度	×	×	×	×	GB/T 3810.2
厚度	×	×	×	×	GB/T 3810.2
边直度	×	×	×	×	GB/T 3810.2
直角度	×	×	×	×	GB/T 3810.2
表面平整度(弯曲度和翘曲度)	×	×	×	×	GB/T 3810.2
物理性能	室内	室外	室内	室外	标准号
吸水率	×	×	×	×	GB/T 3810.3
破坏强度	×	×	×	×	GB/T 3810.4
断裂模数	×	×	×	×	GB/T 3810.4
无釉砖耐磨深度	×	×			GB/T 3810.6
有釉砖表面耐磨性	×	×			GB/T 3810.7
线性热膨胀[a]	×	×	×	×	GB/T 3810.8
抗热震性[a]	×	×	×	×	GB/T 3810.9
有釉砖抗釉裂性	×	×	×	×	GB/T 3810.11
抗冻性[b]		×		×	GB/T 3810.12
磨擦系数	×	×			附录M

表 2(续)

性能	地砖		墙砖		试验方法
物理性能	室内	室外	室内	室外	标准号
湿膨胀[a]	×	×	×	×	GB/T 3810.10
小色差[a]	×	×	×	×	GB/T 3810.16
抗冲击性[a]	×	×			GB/T 3810.5
抛光砖光泽度	×	×	×	×	GB/T 13891
化学性能	室内	室外	室内	室外	标准号
有釉砖耐污染性	×	×	×	×	GB/T 3810.14
无釉砖耐污染性[a]	×	×	×	×	GB/T 3810.14
耐低浓度酸和碱化学腐蚀性	×	×	×	×	GB/T 3810.13
耐高浓度酸和碱化学腐蚀性[a]	×	×	×	×	GB/T 3810.13
耐家庭化学试剂和游泳池盐类化学腐蚀性	×	×	×	×	GB/T 3810.13
有釉砖铅和镉的溶出量[a]	×	×	×	×	GB/T 3810.15

a) 见附录 Q 试验方法。

b) 砖在有冰冻情况下使用时。

6 抽样和接收条件

抽样和接收条件应符合 GB/T 3810.1 的要求。

7 要求

各类陶瓷砖的尺寸、表面质量、物理性能和化学性能的技术要求应符合附录 A～附录 L 中的相应规定。

8 标志和说明

8.1 标志

砖或其包装上应有下列标志：

a. 制造商的标记和/或商标以及产地；

b. 质量标志；

c. 砖的种类及执行本标准的相应附录；

d. 名义尺寸和工作尺寸，模数(M)或非模数；

e. 表面特性，如有釉(GL)或无釉(UGL)。

8.2 产品特性

对用于地面的陶瓷砖，应报告以下特性：

a. 按本标准附录 M 规定所测得的摩擦系数；

b. 有釉砖的耐磨性级别。

注：按附录 P 规定的耐磨性级别。

8.3 说明书

产品说明书中应包括下列内容：

a. 成型方法；

b. 陶瓷砖类别及执行本标准的相应附录；

c. 名义尺寸和工作尺寸，模数(M)和非模数；

d. 表面特性，如，有釉(GL)或无釉(UGL)。

例如：

精细挤压砖，GB/T 4100—2006 附录 A

AⅠ M25 cm×12.5 cm(W240 mm×115 mm×10 mm) GL

普通挤压砖，GB/T 4100—2006 附录 A

AⅠ 15 cm×15 cm(W150 mm×150 mm×12.5 mm) UGL

9 订货

在订货时，如尺寸、厚度、表面特征、颜色、外观、有釉砖耐磨性级别以及其他性能均应与相关方协商一致。

附　录　A
（规范性附录）
挤压陶瓷砖 $E\leqslant3\%$ AⅠ类

A.1　要求

该类产品的尺寸、表面质量、物理性能和化学性能的技术要求应符合表A.1的规定。

表A.1　挤压陶瓷砖技术要求（$E\leqslant3\%$，AⅠ类）

技术要求				试验方法
尺寸和表面质量		精细	普通	
长度和宽度	每块砖(2条或4条边)的平均尺寸相对于工作尺寸(*W*)的允许偏差/%	±1.0%，最大±2 mm	±2.0%，最大±4 mm	GB/T 3810.2
	每块砖(2条或4条边)的平均尺寸相对于10块砖(20条或40条边)平均尺寸的允许偏差/%	±1.0%	±1.5%	GB/T 3810.2
	制造商选择工作尺寸应满足以下要求： a. 模数砖名义尺寸连接宽度允许在(3～11) mm之间[a]。 b. 非模数砖工作尺寸与名义尺寸之间的偏差不大于±3 mm			GB/T 3810.2
厚度 a. 厚度由制造商确定。 b. 每块砖厚度的平均值相对于工作尺寸厚度的允许偏差/%		±10%	±10%	GB/T 3810.2
边直度[b]（正面） 相对于工作尺寸的最大允许偏差/%		±0.5%	±0.6%	GB/T 3810.2
直角度[b] 相对于工作尺寸的最大允许偏差/%		±1.0%	±1.0%	GB/T 3810.2
表面平整度 最大允许偏差/%	a. 相对于由工作尺寸计算的对角线的中心弯曲度	±0.5%	±1.5%	GB/T 3810.2
	b. 相对于工作尺寸的边弯曲度	±0.5%	±1.5%	GB/T 3810.2
	c. 相对于由工作尺寸计算的对角线的翘曲度	±0.8%	±1.5%	GB/T 3810.2
表面质量[c]		至少95%的砖主要区域无明显缺陷		GB/T 3810.2
物理性能		精细	普通	试验方法
吸水率[h]，质量分数		平均值≤3.0%，单值≤3.3%	平均值≤3.0%，单值≤3.3%	GB/T 3810.3
破坏强度/N	a. 厚度≥7.5 mm	≥1 100	≥1 100	GB/T 3810.4
	b. 厚度<7.5 mm	≥600	≥600	GB/T 3810.4
断裂模数/(N/mm²)(MPa) 不适用于破坏强度≥3 000 N的砖		平均值≥23，单值≥18	平均值≥23，单值≥18	GB/T 3810.4

表 A.1(续)

技术要求				试验方法
物理性能		精细	普通	
耐磨性	a. 无釉地砖耐磨损体积/mm^3	≤275	≤275	GB/T 3810.6
	b. 有釉地砖表面耐磨性[d)]	报告陶瓷砖耐磨性级别和转数		GB/T 3810.7
线性热膨胀系数[e)]	从环境温度到100℃	见附录Q		GB/T 3810.8
抗热震性[e)]		见附录Q		GB/T 3810.9
有釉砖抗釉裂性[f)]		经试验应无釉裂		GB/T 3810.11
抗冻性[e)]		见附录Q		GB/T 3810.12
地砖摩擦系数		制造商应报告陶瓷地砖的摩擦系数和试验方法		附录M
湿膨胀[e)]/mm/m		见附录Q		GB/T 3810.10
小色差[e)]		见附录Q		GB/T 3810.16
抗冲击性[e)]		见附录Q		GB/T 3810.5
	化学性能	精细	普通	试验方法
耐污染性	a. 有釉砖	最低3级	最低3级	GB/T 3810.14
	b. 无釉砖[e)]	见附录Q		GB/T 3810.14
抗化学腐蚀性	耐低浓度酸和碱 a. 有釉砖 b. 无釉砖[g)]	制造商应报告耐化学腐蚀性等级	制造商就报告耐化学腐蚀性等级	GB/T 3810.13
	耐高浓度酸和碱[e)]	见附录Q		GB/T 3810.13
	耐家庭化学试剂和游泳池盐类 a. 有釉砖 b. 无釉砖[g)]	不低于GB级 不低于UB级	不低于GB级 不低于UB级	GB/T 3810.13
铅和镉的溶出量[e)]		见附录Q		GB/T 3810.15

a) 以非公制尺寸为基础的习惯用法也可用在同类型砖的连接宽度上。

b) 不适用于有弯曲形状的砖。

c) 在烧成过程中,产品与标准板之间的微小色差是难免的。本条款不适用于在砖的表面有意制造的色差(表面可能是有釉的、无釉的或部分有釉的)或在砖的部分区域内为了突出产品的特点而希望的色差。用于装饰目的的斑点或色斑不能看作为缺陷。

d) 有釉地砖耐磨性分级可参照本标准附录P规定。

e) 表中所列"见附录Q"涉及项目不是所有产品都必检的,是否有必要对这些项目进行检验应按本标准附录Q的规定确定。

f) 制造商对于为装饰效果而产生的裂纹应加以说明,这种情况下,GB/T 3810.11规定的釉裂试验不适用。

g) 如果色泽有微小变化,不应算是化学腐蚀。

h) 吸水率最大单个值为0.5%的砖是全玻化砖(常被认为是不吸水的)。

A.2 抽样和接收条件

抽样和接收条件应符合GB/T 3810.1的要求。

A.3 标志和说明

A.3.1 标志

砖或其包装上应有下列标志：

a. 制造商的标记和/或商标以及产地；

b. 质量标志；

c. 砖的种类及执行本标准的相应附录；

d. 名义尺寸和工作尺寸，模数(M)或非模数；

e. 表面特性，如有釉(GL)或无釉(UGL)。

A.3.2 产品特性

对用于地面的陶瓷砖，应报告以下特性：

a. 按本标准附录 M 规定所测得的摩擦系数；

b. 有釉砖的耐磨性级别。

注：按附录 P 规定的耐磨性级别。

A.3.3 说明书

产品说明书中应包括下列内容：

a. 成型方法；

b. 陶瓷砖类别及执行本标准的相应附录；

c. 名义尺寸和工作尺寸，模数(M)和非模数；

d. 表面特性，如，有釉(GL)或无釉(UGL)。

例如：

精细挤压砖，GB/T 4100—2006 附录 A

AⅠ M25 cm×12.5 cm(W240 mm×115 mm×10 mm) GL

普通挤压砖，GB/T 4100—2006 附录 A

AⅠ 15 cm×15 cm(W150 mm×150 mm×12.5 mm) UGL

A.4 订货

在订货时，如尺寸、厚度、表面特征、颜色、外观、有釉砖耐磨性级别以及其他性能均应与相关方协商一致。

附 录 B
（规范性附录）
挤压陶瓷砖 3%<E≤6% AⅡa类——第1部分

B.1 要求

该类产品的尺寸、表面质量、物理性能和化学性能的技术要求应符合表B.1的规定。

表B.1 挤压陶瓷砖技术要求（3%<E≤6%，AⅡa类——第1部分）

技术要求				试验方法
尺寸和表面质量		精细	普通	
长度和宽度	每块砖(2条或4条边)的平均尺寸相对于工作尺寸(W)的允许偏差/%	±1.25%，最大±2 mm	±2.0%，最大±4 mm	GB/T 3810.2
长度和宽度	每块砖(2条或4条边)的平均尺寸相对于10块砖(20条或40条边)平均尺寸的允许偏差/%	±1.0%	±1.5%	GB/T 3810.2
长度和宽度	制造商选择工作尺寸应满足以下要求： a. 模数砖名义尺寸连接宽度允许在(3～11) mm之间[a]。 b. 非模数砖工作尺寸与名义尺寸之间的偏差不大于±3 mm			GB/T 3810.2
厚度 a. 厚度由制造商确定。 b. 每块砖厚度的平均值相对于工作尺寸厚度的允许偏差/%		±10%	±10%	GB/T 3810.2
边直度[b]（正面） 相对于工作尺寸的最大允许偏差/%		±0.5%	±0.6%	GB/T 3810.2
直角度[b] 相对于工作尺寸的最大允许偏差/%		±1.0%	±1.0%	GB/T 3810.2
表面平整度 最大允许偏差/%	a. 相对于由工作尺寸计算的对角线的中心弯曲度	±0.5%	±1.5%	GB/T 3810.2
表面平整度 最大允许偏差/%	b. 相对于工作尺寸的边弯曲度	±0.5%	±1.5%	GB/T 3810.2
表面平整度 最大允许偏差/%	c. 相对于由工作尺寸计算的对角线的翘曲度	±0.8%	±1.5%	GB/T 3810.2
表面质量[c]		至少95%的砖主要区域无明显缺陷		GB/T 3810.2
物理性能		精细	普通	试验方法
吸水率，质量分数		3.0%<平均值≤6.0% 单值≤6.5%	3.0%<平均值≤6.0% 单值≤6.5%	GB/T 3810.3
破坏强度/N	a. 厚度≥7.5 mm	≥950	≥950	GB/T 3810.4
破坏强度/N	b. 厚度<7.5 mm	≥600	≥600	GB/T 3810.4
断裂模数/(N/mm^2)(MPa) 不适用于破坏强度≥3 000 N的砖		平均值≥20， 单值≥18	平均值≥20， 单值≥18	GB/T 3810.4

表 B.1(续)

技术要求				试验方法
物理性能		精细	普通	
耐磨性	a. 无釉地砖耐磨损体积/mm^3	≤393	≤393	GB/T 3810.6
	b. 有釉地砖表面耐磨性[d]	报告陶瓷砖耐磨性级别和转数		GB/T 3810.7
线性热膨胀系数[e]	从环境温度到100℃	见附录Q		GB/T 3810.8
抗热震性[e]		见附录Q		GB/T 3810.9
有釉砖抗釉裂性[f]		经试验应无釉裂		GB/T 3810.11
抗冻性[e]		见附录Q		GB/T 3810.12
地砖摩擦系数		制造商应报告陶瓷地砖的摩擦系数和试验方法		附录M
湿膨胀[e]/(mm/m)		见附录Q		GB/T 3810.10
小色差[e]		见附录Q		GB/T 3810.16
抗冲击性[e]		见附录Q		GB/T 3810.5
化学性能		精细	普通	试验方法
耐污染性	a. 有釉砖	最低3级	最低3级	GB/T 3810.14
	b. 无釉砖[e]	见附录Q		GB/T 3810.14
抗化学腐蚀性	耐低浓度酸和碱 a. 有釉砖 b. 无釉砖[g]	制造商应报告耐化学腐蚀性等级	制造商就报告耐化学腐蚀性等级	GB/T 3810.13
	耐高浓度酸和碱[e]	见附录Q		GB/T 3810.13
	耐家庭化学试剂和游泳池盐类 a. 有釉砖 b. 无釉砖[g]	不低于GB级 不低于UB级	不低于GB级 不低于UB级	GB/T 3810.13
铅和镉的溶出量[e]		见附录Q		GB/T 3810.15

a) 以非公制尺寸为基础的习惯用法也可用在同类型砖的连接宽度上。

b) 不适用于有弯曲形状的砖。

c) 在烧成过程中,产品与标准板之间的微小色差是难免的。本条款不适用于在砖的表面有意制造的色差(表面可能是有釉的、无釉的或部分有釉的)或在砖的部分区域内为了突出产品的特点而希望的色差。用于装饰目的的斑点或色斑不能看作为缺陷。

d) 有釉地砖耐磨性分级可参照本标准附录P规定。

e) 表中所列"见附录Q"涉及项目不是所有产品都必检的,是否有必要对这些项目进行检验应按本标准附录Q的规定确定。

f) 制造商对于为装饰效果而产生的裂纹应加以说明,这种情况下,GB/T 3810.11规定的釉裂试验不适用。

g) 如果色泽有微小变化,不应算是化学腐蚀。

B.2 抽样和接收条件

抽样和接收条件应符合GB/T 3810.1的要求。

B.3 标志和说明

B.3.1 标志

砖或其包装上应有下列标志：

a. 制造商的标记和/或商标以及产地；

b. 质量标志；

c. 砖的种类及执行本标准的相应附录；

d. 名义尺寸和工作尺寸，模数(M)或非模数；

e. 表面特性，如有釉(GL)或无釉(UGL)。

B.3.2 产品特性

对用于地面的陶瓷砖，应报告以下特性：

a. 按本标准附录M规定所测得的摩擦系数；

b. 有釉砖的耐磨性级别。

注：按附录P规定的耐磨性级别。

B.3.3 说明书

产品说明书中应包括下列内容：

a. 成型方法；

b. 陶瓷砖类别及执行本标准的相应附录；

c. 名义尺寸和工作尺寸，模数(M)和非模数；

d. 表面特性，如，有釉(GL)或无釉(UGL)。

例如：

精细挤压砖，GB/T 4100—2006 附录 B

AⅡa-1 M25 cm×12.5 cm(W240 mm×115 mm×10 mm) GL

普通挤压砖，GB/T 4100—2006 附录 B

AⅡa-1 15 cm×15 cm(W150 mm×150 mm×12.5 mm) UGL

B.4 订货

在订货时，如尺寸、厚度、表面特征、颜色、外观、有釉砖耐磨性级别以及其他性能均应与相关方协商一致。

附 录 C
（规范性附录）
挤压陶瓷砖 3%＜E≤6% AⅡa 类——第 2 部分

C.1 要求

该类产品的尺寸、表面质量、物理性能和化学性能的技术要求应符合表 C.1 的规定。

表 C.1 挤压陶瓷砖技术要求（3%＜E≤6%，AⅡa 类——第 2 部分）

技术要求				试验方法
尺寸和表面质量		精细	普通	
长度和宽度	每块砖（2 条或 4 条边）的平均尺寸相对于工作尺寸（W）的允许偏差/%	±1.5%， 最大±2 mm	±2.0%， 最大±4 mm	GB/T 3810.2
	每块砖（2 条或 4 条边）的平均尺寸相对于 10 块砖（20 条或 40 条边）平均尺寸的允许偏差/%	±1.5%	±1.5%	GB/T 3810.2
	制造商选择工作尺寸应满足以下要求： a. 模数砖名义尺寸连接宽度允许在（3～11）mm 之间[a]。 b. 非模数砖工作尺寸与名义尺寸之间的偏差不大于±3 mm			GB/T 3810.2
厚度 a. 厚度由制造商确定。 b. 每块砖厚度的平均值相对于工作尺寸厚度的允许偏差/%		±10%	±10%	GB/T 3810.2
边直度[b]（正面） 相对于工作尺寸的最大允许偏差/%		±1.0%	±1.0%	GB/T 3810.2
直角度[b] 相对于工作尺寸的最大允许偏差/%		±1.0%	±1.0%	GB/T 3810.2
表面平整度 最大允许偏差/%	a. 相对于由工作尺寸计算的对角线的中心弯曲度	±1.0%	±1.5%	GB/T 3810.2
	b. 相对于工作尺寸的边弯曲度	±1.0%	±1.5%	GB/T 3810.2
	c. 相对于由工作尺寸计算的对角线的翘曲度	±1.5%	±1.5%	GB/T 3810.2
表面质量[c]		至少 95% 的砖主要区域无明显缺陷		GB/T 3810.2
物理性能		精细	普通	试验方法
吸水率，质量分数		3.0%＜平均值≤6.0% 单值≤6.5%	3.0%＜平均值≤6.0% 单值≤6.5%	GB/T 3810.3
破坏强度/N	a. 厚度≥7.5 mm	≥800	≥800	GB/T 3810.4
	b. 厚度＜7.5 mm	≥600	≥600	GB/T 3810.4
断裂模数/（N/mm²）（MPa） 不适用于破坏强度≥3 000 N 的砖		平均值≥13， 单值≥11	平均值≥13， 单值≥11	GB/T 3810.4

表 C.1(续)

技术要求				试验方法
物理性能		精细	普通	
耐磨性	a. 无釉地砖耐磨损体积/mm^3	≤541	≤541	GB/T 3810.6
	b. 有釉地砖表面耐磨性[d]	报告陶瓷砖耐磨性级别和转数		GB/T 3810.7
线性热膨胀系数[e]	从环境温度到100℃	见附录 Q		GB/T 3810.8
抗热震性[e]		见附录 Q		GB/T 3810.9
有釉砖抗釉裂性[f]		经试验应无釉裂		GB/T 3810.11
抗冻性[e]		见附录 Q		GB/T 3810.12
地砖摩擦系数		制造商应报告陶瓷地砖的摩擦系数和试验方法		附录 M
湿膨胀[e]/(mm/m)		见附录 Q		GB/T 3810.10
小色差[e]		见附录 Q		GB/T 3810.16
抗冲击性[e]		见附录 Q		GB/T 3810.5
化学性能		精细	普通	试验方法
耐污染性	a. 有釉砖	最低 3 级	最低 3 级	GB/T 3810.14
	b. 无釉砖[e]	见附录 Q		GB/T 3810.14
抗化学腐蚀性	耐低浓度酸和碱 a. 有釉砖 b. 无釉砖[g]	制造商应报告耐化学腐蚀性等级	制造商就报告耐化学腐蚀性等级	GB/T 3810.13
	耐高浓度酸和碱[e]	见附录 Q		GB/T 3810.13
	耐家庭化学试剂和游泳池盐类 a. 有釉砖 b. 无釉砖[g]	不低于 GB 级 不低于 UB 级	不低于 GB 级 不低于 UB 级	GB/T 3810.13
铅和镉的溶出量[e]		见附录 Q		GB/T 3810.15

a) 以非公制尺寸为基础的习惯用法也可用在同类型砖的连接宽度上。

b) 不适用于有弯曲形状的砖。

c) 在烧成过程中,产品与标准板之间的微小色差是难免的。本条款不适用于在砖的表面有意制造的色差(表面可能是有釉的、无釉的或部分有釉的)或在砖的部分区域内为了突出产品的特点而希望的色差。用于装饰目的的斑点或色斑不能看作为缺陷。

d) 有釉地砖耐磨性分级可参照本标准附录 P 规定。

e) 表中所列"见附录 Q"涉及项目不是所有产品都必检的,是否有必要对这些项目进行检验应按本标准附录 Q 的规定确定。

f) 制造商对于为装饰效果而产生的裂纹应加以说明,这种情况下,GB/T 3810.11 规定的釉裂试验不适用。

g) 如果色泽有微小变化,不应算是化学腐蚀。

C.2 抽样和接收条件

抽样和接收条件应符合 GB/T 3810.1 的要求。

C.3 标志和说明

C.3.1 标志

砖或其包装上应有下列标志：

a. 制造商的标记和/或商标以及产地；

b. 质量标志；

c. 砖的种类及执行本标准的相应附录；

d. 名义尺寸和工作尺寸，模数(M)或非模数；

e. 表面特性，如有釉(GL)或无釉(UGL)。

C.3.2 产品特性

对用于地面的陶瓷砖，应报告以下特性：

a. 按本标准附录 M 规定所测得的摩擦系数；

b. 有釉砖的耐磨性级别。

注：按附录 P 规定的耐磨性级别。

C.3.3 说明书

产品说明书中应包括下列内容：

a. 成型方法；

b. 陶瓷砖类别及执行本标准的相应附录；

c. 名义尺寸和工作尺寸，模数(M)和非模数；

d. 表面特性，如，有釉(GL)或无釉(UGL)。

例如：

精细挤压砖，GB/T 4100—2006 附录 C

AⅡa-2 M25 cm×12.5 cm(W240 mm×115 mm×10 mm) GL

普通挤压砖，GB/T 4100—2006 附录 C

AⅡa-2 15 cm×15 cm(W150 mm×150 mm×12.5 mm) UGL

C.4 订货

在订货时，如尺寸、厚度、表面特征、颜色、外观、有釉砖耐磨性级别以及其他性能均应与相关方协商一致。

附 录 D
（规范性附录）
挤压陶瓷砖 6%<E≤10% AⅡb 类——第 1 部分

D.1 要求

该类产品的尺寸、表面质量、物理性能和化学性能的技术要求应符合表 D.1 的规定。

表 D.1 挤压陶瓷砖技术要求（6%<E≤10%，AⅡb 类——第 1 部分）

技术要求				试验方法
尺寸和表面质量		精细	普通	
长度和宽度	每块砖（2 条或 4 条边）的平均尺寸相对于工作尺寸（W）的允许偏差/%	±2.0%， 最大±2 mm	±2.0%， 最大±4 mm	GB/T 3810.2
	每块砖（2 条或 4 条边）的平均尺寸相对于 10 块砖（20 条或 40 条边）平均尺寸的允许偏差/%	±1.5%	±1.5%	GB/T 3810.2
	制造商选择工作尺寸应满足以下要求： a. 模数砖名义尺寸连接宽度允许在（3～11）mm 之间[a)]。 b. 非模数砖工作尺寸与名义尺寸之间的偏差不大于±3 mm			GB/T 3810.2
厚度 a. 厚度由制造商确定。 b. 每块砖厚度的平均值相对于工作尺寸厚度的允许偏差/%		±10%	±10%	GB/T 3810.2
边直度[b)]（正面） 相对于工作尺寸的最大允许偏差/%		±1.0%	±1.0%	GB/T 3810.2
直角度[b)] 相对于工作尺寸的最大允许偏差/%		±1.0%	±1.0%	GB/T 3810.2
表面平整度 最大允许偏差/%	a. 相对于由工作尺寸计算的对角线的中心弯曲度	±1.0%	±1.5%	GB/T 3810.2
	b. 相对于工作尺寸的边弯曲度	±1.0%	±1.5%	GB/T 3810.2
	c. 相对于由工作尺寸计算的对角线的翘曲度	±1.5%	±1.5%	GB/T 3810.2
表面质量[c)]		至少 95%的砖主要区域无明显缺陷		GB/T 3810.2
物理性能		精细	普通	试验方法
吸水率，质量分数		6%<平均值≤10% 单值≤11%	6%<平均值≤10% 单值≤11%	GB/T 3810.3
破坏强度/N		≥900	≥900	GB/T 3810.4
断裂模数/（N/mm^2）（MPa） 不适用于破坏强度≥3 000 N 的砖		平均值≥17.5 单值≥15	平均值≥17.5 单值≥15	GB/T 3810.4

表 D.1(续)

技术要求				试验方法
物理性能		精细	普通	
耐磨性	a. 无釉地砖耐磨损体积/mm^3	≤649	≤649	GB/T 3810.6
	b. 有釉地砖表面耐磨性[d]	报告陶瓷砖耐磨性级别和转数		GB/T 3810.7
线性热膨胀系数[e]	从环境温度到100℃	见附录 Q		GB/T 3810.8
抗热震性[e]		见附录 Q		GB/T 3810.9
有釉砖抗釉裂性[f]		经试验应无釉裂		GB/T 3810.11
抗冻性[e]		见附录 Q		GB/T 3810.12
地砖摩擦系数		制造商应报告陶瓷地砖的摩擦系数和试验方法		附录 M
湿膨胀[e]/(mm/m)		见附录 Q		GB/T 3810.10
小色差[e]		见附录 Q		GB/T 3810.16
抗冲击性[e]		见附录 Q		GB/T 3810.5
化学性能		精细	普通	试验方法
耐污染性	a. 有釉砖	最低 3 级	最低 3 级	GB/T 3810.14
	b. 无釉砖[e]	见附录 Q		GB/T 3810.14
抗化学腐蚀性	耐低浓度酸和碱 a. 有釉砖 b. 无釉砖[g]	制造商应报告耐化学腐蚀性等级	制造商就报告耐化学腐蚀性等级	GB/T 3810.13
	耐高浓度酸和碱[e]	见附录 Q		GB/T 3810.13
	耐家庭化学试剂和游泳池盐类 a. 有釉砖 b. 无釉砖[g]	不低于 GB 级 不低于 UB 级	不低于 GB 级 不低于 UB 级	GB/T 3810.13
铅和镉的溶出量[e]		见附录 Q		GB/T 3810.15

a) 以非公制尺寸为基础的习惯用法也可用在同类型砖的连接宽度上。

b) 不适用于有弯曲形状的砖。

c) 在烧成过程中,产品与标准板之间的微小色差是难免的。本条款不适用于在砖的表面有意制造的色差(表面可能是有釉的、无釉的或部分有釉的)或在砖的部分区域内为了突出产品的特点而希望的色差。用于装饰目的的斑点或色斑不能看作为缺陷。

d) 有釉地砖耐磨性分级可参照本标准附录 P 规定。

e) 表中所列“见附录 Q”涉及项目不是所有产品都必检的,是否有必要对这些项目进行检验应按本标准附录 Q 的规定确定。

f) 制造商对于为装饰效果而产生的裂纹应加以说明,这种情况下,GB/T 3810.11 规定的釉裂试验不适用。

g) 如果色泽有微小变化,不应算是化学腐蚀。

D.2 抽样和接收条件

抽样和接收条件应符合 GB/T 3810.1 的要求。

D.3 标志和说明

D.3.1 标志

砖或其包装上应有下列标志：

a. 制造商的标记和/或商标以及产地；

b. 质量标志；

c. 砖的种类及执行本标准的相应附录；

d. 名义尺寸和工作尺寸，模数(M)或非模数；

e. 表面特性，如有釉(GL)或无釉(UGL)。

D.3.2 产品特性

对用于地面的陶瓷砖，应报告以下特性：

a. 按本标准附录 M 规定所测得的摩擦系数；

b. 有釉砖的耐磨性级别。

注：按附录 P 规定的耐磨性级别。

D.3.3 说明书

产品说明书中应包括下列内容：

a. 成型方法；

b. 陶瓷砖类别及执行本标准的相应附录；

c. 名义尺寸和工作尺寸，模数(M)和非模数；

d. 表面特性，如，有釉(GL)或无釉(UGL)。

例如：

精细挤压砖，GB/T 4100—2006 附录 D

AⅡb-1 M25 cm×12.5 cm(W240 mm×115 mm×10 mm) GL

普通挤压砖，GB/T 4100—2006 附录 D

AⅡb-1 15 cm×15 cm(W150 mm×150 mm×12.5 mm) UGL

D.4 订货

在订货时，如尺寸、厚度、表面特征、颜色、外观、有釉砖耐磨性级别以及其他性能均应与相关方协商一致。

附 录 E
(规范性附录)
挤压陶瓷砖 6%<E≤10% AⅡb 类——第 2 部分

E.1 要求

该类产品的尺寸、表面质量、物理性能和化学性能的技术要求应符合表 E.1 的规定。

表 E.1 挤压陶瓷砖技术要求(6%<E≤10%,AⅡb 类——第 2 部分)

技术要求				试验方法
尺寸和表面质量		精细	普通	
长度和宽度	每块砖(2 条或 4 条边)的平均尺寸相对于工作尺寸(W)的允许偏差/%	±2.0%, 最大±2 mm	±2.0%, 最大±4 mm	GB/T 3810.2
长度和宽度	每块砖(2 条或 4 条边)的平均尺寸相对于 10 块砖(20 条或 40 条边)平均尺寸的允许偏差/%	±1.5%	±1.5%	GB/T 3810.2
长度和宽度	制造商选择工作尺寸应满足以下要求: a. 模数砖名义尺寸连接宽度允许在(3~11) mm 之间[a]。 b. 非模数砖工作尺寸与名义尺寸之间的偏差不大于±3 mm			GB/T 3810.2
厚度 a. 厚度由制造商确定。 b. 每块砖厚度的平均值相对于工作尺寸厚度的允许偏差/%		±10%	±10%	GB/T 3810.2
边直度[b](正面) 相对于工作尺寸的最大允许偏差/%		±1.0%	±1.0%	GB/T 3810.2
直角度[b] 相对于工作尺寸的最大允许偏差/%		±1.0%	±1.0%	GB/T 3810.2
表面平整度 最大允许偏差/%	a. 相对于由工作尺寸计算的对角线的中心弯曲度	±1.0%	±1.5%	GB/T 3810.2
表面平整度 最大允许偏差/%	b. 相对于工作尺寸的边弯曲度	±1.0%	±1.5%	GB/T 3810.2
表面平整度 最大允许偏差/%	c. 相对于由工作尺寸计算的对角线的翘曲度	±1.5%	±1.5%	GB/T 3810.2
表面质量[c]		至少 95% 的砖主要区域无明显缺陷		GB/T 3810.2
物理性能		精细	普通	试验方法
吸水率,质量分数		6%<平均值≤10% 单值≤11%	6%<平均值≤10% 单值≤11%	GB/T 3810.3
破坏强度/N		≥750	≥750	GB/T 3810.4
断裂模数/(N/mm²)(MPa) 不适用于破坏强度≥3 000 N 的砖		平均值≥9 单值≥8	平均值≥9 单值≥8	GB/T 3810.4

表 E.1(续)

技 术 要 求				试验方法
物理性能		精细	普通	
耐磨性	a. 无釉地砖耐磨损体积/mm^3	≤1 062	≤1 062	GB/T 3810.6
	b. 有釉地砖表面耐磨性d)	报告陶瓷砖耐磨性级别和转数		GB/T 3810.7
线性热膨胀系数e)	从环境温度到 100℃	见附录 Q		GB/T 3810.8
抗热震性e)		见附录 Q		GB/T 3810.9
有釉砖抗釉裂性f)		经试验应无釉裂		GB/T 3810.11
抗冻性e)		见附录 Q		GB/T 3810.12
地砖摩擦系数		制造商应报告陶瓷地砖的摩擦系数和试验方法		附录 M
湿膨胀e)/(mm/m)		见附录 Q		GB/T 3810.10
小色差e)		见附录 Q		GB/T 3810.16
抗冲击性e)		见附录 Q		GB/T 3810.5
化学性能		精细	普通	试验方法
耐污染性	a. 有釉砖	最低 3 级	最低 3 级	GB/T 3810.14
	b. 无釉砖e)	见附录 Q		GB/T 3810.14
抗化学腐蚀性	耐低浓度酸和碱 a. 有釉砖 b. 无釉砖g)	制造商应报告耐化学腐蚀性等级	制造商就报告耐化学腐蚀性等级	GB/T 3810.13
	耐高浓度酸和碱e)	见附录 Q		GB/T 3810.13
	耐家庭化学试剂和游泳池盐类 a. 有釉砖 b. 无釉砖g)	不低于 GB 级 不低于 UB 级	不低于 GB 级 不低于 UB 级	GB/T 3810.13
铅和镉的溶出量e)		见附录 Q		GB/T 3810.15

a) 以非公制尺寸为基础的习惯用法也可用在同类型砖的连接宽度上。

b) 不适用于有弯曲形状的砖。

c) 在烧成过程中，产品与标准板之间的微小色差是难免的。本条款不适用于在砖的表面有意制造的色差(表面可能是有釉的、无釉的或部分有釉的)或在砖的部分区域内为了突出产品的特点而希望的色差。用于装饰目的的斑点或色斑不能看作为缺陷。

d) 有釉地砖耐磨性分级可参照本标准附录 P 规定。

e) 表中所列"见附录 Q"涉及项目不是所有产品都必检的，是否有必要对这些项目进行检验应按本标准附录 Q 的规定确定。

f) 制造商对于为装饰效果而产生的裂纹应加以说明，这种情况下，GB/T 3810.11 规定的釉裂试验不适用。

g) 如果色泽有微小变化，不应算是化学腐蚀。

E.2 抽样和接收条件

抽样和接收条件应符合 GB/T 3810.1 的要求。

E.3 标志和说明

E.3.1 标志

砖或其包装上应有下列标志：

a. 制造商的标记和/或商标以及产地；

b. 质量标志；

c. 砖的种类及执行本标准的相应附录；

d. 名义尺寸和工作尺寸，模数(M)或非模数；

e. 表面特性，如有釉(GL)或无釉(UGL)。

E.3.2 产品特性

对用于地面的陶瓷砖，应报告以下特性：

a. 按本标准附录 M 规定所测得的摩擦系数；

b. 有釉砖的耐磨性级别。

注：按附录 P 规定的耐磨性级别。

E.3.3 说明书

产品说明书中应包括下列内容：

a. 成型方法；

b. 陶瓷砖类别及执行本标准的相应附录；

c. 名义尺寸和工作尺寸，模数(M)和非模数；

d. 表面特性，如，有釉(GL)或无釉(UGL)。

例如：

精细挤压砖，GB/T 4100—2006 附录 E

AⅡb-2 M25 cm×12.5 cm(W240 mm×115 mm×10 mm) GL

普通挤压砖，GB/T 4100—2006 附录 E

AⅡb-2 15 cm×15 cm(W150 mm×150 mm×12.5 mm) UGL

E.4 订货

在订货时，如尺寸、厚度、表面特征、颜色、外观、有釉砖耐磨性级别以及其他性能均应与相关方协商一致。

附 录 F
(规范性附录)
挤压陶瓷砖 $E>10\%$ AⅢ类

F.1 要求

该类产品的尺寸、表面质量、物理性能和化学性能的技术要求应符合表F.1的规定。

表F.1 挤压陶瓷砖技术要求（$E>10\%$，AⅢ类）

技术要求				试验方法
尺寸和表面质量		精细	普通	
长度和宽度	每块砖(2条或4条边)的平均尺寸相对于工作尺寸(W)的允许偏差/%	±2.0%， 最大±2 mm	±2.0%， 最大±4 mm	GB/T 3810.2
	每块砖(2条或4条边)的平均尺寸相对于10块砖(20条或40条边)平均尺寸的允许偏差/%	±1.5%	±1.5%	GB/T 3810.2
	制造商选择工作尺寸应满足以下要求： a. 模数砖名义尺寸连接宽度允许在(3～11) mm之间[a]。 b. 非模数砖工作尺寸与名义尺寸之间的偏差不大于±3 mm			GB/T 3810.2
厚度 a. 厚度由制造商确定。 b. 每块砖厚度的平均值相对于工作尺寸厚度的允许偏差/%		±10%	±10%	GB/T 3810.2
边直度[b](正面) 相对于工作尺寸的最大允许偏差/%		±1.0%	±1.0%	GB/T 3810.2
直角度[b] 相对于工作尺寸的最大允许偏差/%		±1.0%	±1.0%	GB/T 3810.2
表面平整度 最大允许偏差/%	a. 相对于由工作尺寸计算的对角线的中心弯曲度	±1.0%	±1.5%	GB/T 3810.2
	b. 相对于工作尺寸的边弯曲度	±1.0%	±1.5%	GB/T 3810.2
	c. 相对于由工作尺寸计算的对角线的翘曲度	±1.5%	±1.5%	GB/T 3810.2
表面质量[c]		至少95%的砖主要区域无明显缺陷		GB/T 3810.2
物理性能		精细	普通	试验方法
吸水率，质量分数		平均值>10%	平均值>10%	GB/T 3810.3
破坏强度/N		≥600	≥600	GB/T 3810.4
断裂模数/(N/mm^2)(MPa) 不适用于破坏强度≥3 000 N的砖		平均值≥8 单值≥7	平均值≥8 单值≥7	GB/T 3810.4

表 F.1(续)

技术要求				试验方法
物理性能		精细	普通	
耐磨性	a. 无釉地砖耐磨损体积/mm^3	≤2 365	≤2 365	GB/T 3810.6
	b. 有釉地砖表面耐磨性[d]	报告陶瓷砖耐磨性级别和转数		GB/T 3810.7
线性热膨胀系数[e]	从环境温度到100℃	见附录 Q		GB/T 3810.8
抗热震性[e]		见附录 Q		GB/T 3810.9
有釉砖抗釉裂性[f]		经试验应无釉裂		GB/T 3810.11
抗冻性[e]		见附录 Q		GB/T 3810.12
地砖摩擦系数		制造商应报告陶瓷地砖的摩擦系数和试验方法		附录 M
湿膨胀[e]/(mm/m)		见附录 Q		GB/T 3810.10
小色差[e]		见附录 Q		GB/T 3810.16
抗冲击性[e]		见附录 Q		GB/T 3810.5
化学性能		精细	普通	试验方法
耐污染性	a. 有釉砖	最低 3 级	最低 3 级	GB/T 3810.14
	b. 无釉砖[e]	见附录 Q		GB/T 3810.14
抗化学腐蚀性	耐低浓度酸和碱 a. 有釉砖 b. 无釉砖[g]	制造商应报告耐化学腐蚀性等级	制造商应报告耐化学腐蚀性等级	GB/T 3810.13
	耐高浓度酸和碱[e]	见附录 Q		GB/T 3810.13
	耐家庭化学试剂和游泳池盐类 a. 有釉砖 b. 无釉砖[g]	不低于 GB 级 不低于 UB 级	不低于 GB 级 不低于 UB 级	GB/T 3810.13
铅和镉的溶出量[e]		见附录 Q		GB/T 3810.15

a) 以非公制尺寸为基础的习惯用法也可用在同类型砖的连接宽度上。

b) 不适用于有弯曲形状的砖。

c) 在烧成过程中，产品与标准板之间的微小色差是难免的。本条款不适用于在砖的表面有意制造的色差(表面可能是有釉的、无釉的或部分有釉的)或在砖的部分区域内为了突出产品的特点而希望的色差。用于装饰目的的斑点或色斑不能看作为缺陷。

d) 有釉地砖耐磨性分级可参照本标准附录 P 规定。

e) 表中所列“见附录 Q”涉及项目不是所有产品都必检的，是否有必要对这些项目进行检验应按本标准附录 Q 的规定确定。

f) 制造商对于为装饰效果而产生的裂纹应加以说明，这种情况下，GB/T 3810.11 规定的釉裂试验不适用。

g) 如果色泽有微小变化，不应算是化学腐蚀。

F.2 抽样和接收条件

抽样和接收条件应符合 GB/T 3810.1 的要求。

F.3 标志和说明

F.3.1 标志

砖或其包装上应有下列标志：

a. 制造商的标记和/或商标以及产地；

b. 质量标志；

c. 砖的种类及执行本标准的相应附录；

d. 名义尺寸和工作尺寸，模数(M)或非模数；

e. 表面特性，如有釉(GL)或无釉(UGL)。

F.3.2 产品特性

对用于地面的陶瓷砖，应报告以下特性：

a. 按本标准附录 M 规定所测得的摩擦系数；

b. 有釉砖的耐磨性级别。

注：按附录 P 规定的耐磨性级别。

F.3.3 说明书

产品说明书中应包括下列内容：

a. 成型方法；

b. 陶瓷砖类别及执行本标准的相应附录；

c. 名义尺寸和工作尺寸，模数(M)和非模数；

d. 表面特性，如，有釉(GL)或无釉(UGL)。

例如：

精细挤压砖，GB/T 4100—2006 附录 F

AⅢ M25 cm×12.5 cm(W240 mm×115 mm×10 mm) GL

普通挤压砖，GB/T 4100—2006 附录 F

AⅢ 15 cm×15 cm(W150 mm×150 mm×12.5 mm) UGL

F.4 订货

在订货时，如尺寸、厚度、表面特征、颜色、外观、有釉砖耐磨性级别以及其他性能均应与相关方协商一致。

附　录　G
（规范性附录）
干压陶瓷砖 $E\leqslant0.5\%$ BⅠa 类——瓷质砖

G.1　要求

该类产品的尺寸、表面质量、物理性能和化学性能的技术要求应符合表 G.1 的规定。

表 G.1　干压陶瓷砖:瓷质砖技术要求（$E\leqslant0.5\%$，BⅠa 类）

<table>
<tr><th colspan="7">技 术 要 求</th><th rowspan="3">试验方法</th></tr>
<tr><th colspan="2" rowspan="2">尺寸和表面质量</th><th colspan="5">产品表面积 S/cm²</th></tr>
<tr><th>S≤90</th><th>90<S≤190</th><th>190<S≤410</th><th>410<S≤1 600</th><th>S>1 600</th></tr>
<tr><td rowspan="4">长度和宽度</td><td rowspan="2">每块砖(2 条或 4 条边)的平均尺寸相对于工作尺寸(W)的允许偏差/%</td><td>±1.2</td><td>±1.0</td><td>±0.75</td><td>±0.6</td><td>±0.5</td><td rowspan="2">GB/T 3810.2</td></tr>
<tr><td colspan="5">每块抛光砖(2 条或 4 条边)的平均尺寸相对于工作尺寸的允许偏差为±1.0 mm。</td></tr>
<tr><td>每块砖(2 条或 4 条边)的平均尺寸相对于 10 块砖(20 条或 40 条边)平均尺寸的允许偏差/%</td><td>±0.75</td><td>±0.5</td><td>±0.5</td><td>±0.5</td><td>±0.4</td><td>GB/T 3810.2</td></tr>
<tr><td colspan="6">制造商应选用以下尺寸
a. 模数砖名义尺寸连接宽度允许在(2～5) mm 之间[a]。
b. 非模数砖工作尺寸与名义尺寸之间的偏差不大于±2%，最大 5 mm</td><td>GB/T 3810.2</td></tr>
<tr><td colspan="2">厚度
a. 厚度由制造商确定。
b. 每块砖厚度的平均值相对于工作尺寸厚度的允许偏差/%</td><td>±10</td><td>±10</td><td>±5</td><td>±5</td><td>±5</td><td>GB/T 3810.2</td></tr>
<tr><td colspan="2" rowspan="2">边直度[b]（正面）
相对于工作尺寸的最大允许偏差/%</td><td>±0.75</td><td>±0.5</td><td>±0.5</td><td>±0.5</td><td>±0.3</td><td rowspan="2">GB/T 3810.2</td></tr>
<tr><td colspan="5">抛光砖的边直度允许偏差为±0.2%，且最大偏差≤2.0 mm</td></tr>
<tr><td colspan="2" rowspan="2">直角度[b]
相对于工作尺寸的最大允许偏差/%</td><td>±1.0</td><td>±0.6</td><td>±0.6</td><td>±0.6</td><td>±0.5</td><td rowspan="2">GB/T 3810.2</td></tr>
<tr><td colspan="5">抛光砖的直角度允许偏差为±0.2%，且最大偏差≤2.0 mm。
边长>600 mm 的砖，直角度用对边长度差和对角线长度差表示，最大偏差≤2.0 mm</td></tr>
<tr><td rowspan="4">表面平整度最大允许偏差/%</td><td>a. 相对于由工作尺寸计算的对角线的中心弯曲度</td><td>±1.0</td><td>±0.5</td><td>±0.5</td><td>±0.5</td><td>±0.4</td><td>GB/T 3810.2</td></tr>
<tr><td>b. 相对于工作尺寸的边弯曲度</td><td>±1.0</td><td>±0.5</td><td>±0.5</td><td>±0.5</td><td>±0.4</td><td>GB/T 3810.2</td></tr>
<tr><td>c. 相对于由工作尺寸计算的对角线的翘曲度</td><td>±1.0</td><td>±0.5</td><td>±0.5</td><td>±0.5</td><td>±0.4</td><td>GB/T 3810.2</td></tr>
<tr><td colspan="6">抛光砖的表面平整度允许偏差为±0.2%，且最大偏差≤2.0 mm。
边长>600 mm 的砖，表面平整度用上凸和下凹表示，其最大偏差≤2.0 mm</td><td>GB/T 3810.2</td></tr>
</table>

表 G.1(续)

<table>
<tr><td colspan="7">技 术 要 求</td><td rowspan="3">试验方法</td></tr>
<tr><td colspan="2" rowspan="2">尺寸和表面质量</td><td colspan="5">产品表面积 S/cm^2</td></tr>
<tr><td>$S \leqslant 90$</td><td>$90 < S \leqslant 190$</td><td>$190 < S \leqslant 410$</td><td>$410 < S \leqslant 1\,600$</td><td>$S > 1\,600$</td></tr>
<tr><td>表面质量[c]</td><td colspan="6">至少 95%的砖其主要区域无明显缺陷</td><td>GB/T 3810.2</td></tr>
<tr><td colspan="2">物理性能</td><td colspan="5">要 求</td><td>试验方法</td></tr>
<tr><td colspan="2">吸水率[h]，质量分数</td><td colspan="5">平均值≤0.5%，单值≤0.6%</td><td>GB/T 3810.3</td></tr>
<tr><td rowspan="2">破坏强度/N</td><td>a. 厚度≥7.5 mm</td><td colspan="5">≥1 300</td><td rowspan="2">GB/T 3810.4</td></tr>
<tr><td>b. 厚度<7.5 mm</td><td colspan="5">≥700</td></tr>
<tr><td colspan="2">断裂模数/(N/mm^2)(MPa)
不适用于破坏强度≥3 000 N 的砖</td><td colspan="5">平均值≥35，单值≥32</td><td>GB/T 3810.4</td></tr>
<tr><td rowspan="2">耐磨性</td><td>a. 无釉地砖耐磨损体积/mm^3</td><td colspan="5">≤175</td><td>GB/T 3810.6</td></tr>
<tr><td>b. 有釉地砖表面耐磨性[d]</td><td colspan="5">报告陶瓷砖耐磨性级别和转数</td><td>GB/T 3810.7</td></tr>
<tr><td colspan="2">线性热膨胀系数[e]
从环境温度到 100℃</td><td colspan="5">见附录 Q</td><td>GB/T 3810.8</td></tr>
<tr><td colspan="2">抗热震性</td><td colspan="5">见附录 Q</td><td>GB/T 3810.9</td></tr>
<tr><td colspan="2">有釉砖抗釉裂性[f]</td><td colspan="5">经试验应无釉裂</td><td>GB/T 3810.11</td></tr>
<tr><td colspan="2">抗冻性</td><td colspan="5">经试验应无裂纹或剥落</td><td>GB/T 3810.12</td></tr>
<tr><td colspan="2">地砖摩擦系数</td><td colspan="5">制造商应报告陶瓷地砖的摩擦系数和试验方法</td><td>附录 M</td></tr>
<tr><td colspan="2">湿膨胀[e]/(mm/m)</td><td colspan="5">见附录 Q</td><td>GB/T 3810.10</td></tr>
<tr><td colspan="2">小色差[e]</td><td colspan="5">见附录 Q</td><td>GB/T 3810.16</td></tr>
<tr><td colspan="2">抗冲击性[e]</td><td colspan="5">见附录 Q</td><td>GB/T 3810.5</td></tr>
<tr><td colspan="2">抛光砖光泽度[i]</td><td colspan="5">≥55</td><td>GB/T 13891</td></tr>
<tr><td colspan="2">化学性能</td><td colspan="5">要 求</td><td>试验方法</td></tr>
<tr><td rowspan="2">耐污染性</td><td>a. 有釉砖</td><td colspan="5">最低 3 级</td><td rowspan="2">GB/T 3810.14</td></tr>
<tr><td>b. 无釉砖[e]</td><td colspan="5">见附录 Q</td></tr>
<tr><td rowspan="3">抗化学腐蚀性</td><td>耐低浓度酸和碱
a. 有釉砖
b. 无釉砖[g]</td><td colspan="5">制造商应报告耐化学腐蚀性等级</td><td>GB/T 3810.13</td></tr>
<tr><td>耐高浓度酸和碱[g]</td><td colspan="5">见附录 Q</td><td>GB/T 3810.13</td></tr>
<tr><td>耐家庭化学试剂和游泳池盐类</td><td colspan="5">a. 有釉砖　不低于 GB 级
b. 无釉砖[g]　不低于 UB 级</td><td>GB/T 3810.13</td></tr>
<tr><td colspan="2">铅和镉的溶出量[e]</td><td colspan="5">见附录 Q</td><td>GB/T 3810.15</td></tr>
<tr><td colspan="8">a) 以非公制尺寸为基础的习惯用法也可用在同类型砖的连接宽度上。
b) 不适用于有弯曲形状的砖。</td></tr>
</table>

表 G.1(续)

技 术 要 求	试验方法
c) 在烧成过程中,产品与标准板之间的微小色差是难免的。本条款不适用于在砖的表面有意制造的色差(表面可能是有釉的、无釉的或部分有釉的)或在砖的部分区域内为了突出产品的特点而希望的色差。用于装饰目的的斑点或色斑不能看作为缺陷。 d) 有釉地砖耐磨性分级可参照本标准附录 P 规定。 e) 表中所列“见附录 Q”涉及项目不是所有产品都必检的,是否有必要对这些项目进行检验应按本标准附录 Q 的规定确定。 f) 制造商对于为装饰效果而产生的裂纹应加以说明,这种情况下,GB/T 3810.11 规定的釉裂试验不适用。 g) 如果色泽有微小变化,不应算是化学腐蚀。 h) 吸水率最大单个值为 0.5%的砖是全玻化砖(常被认为是不吸水的)。 i) 适用于有镜面效果的抛光砖,不包括半抛光和局部抛光的砖。	

G.2 抽样和接收条件

抽样和接收条件应符合 GB/T 3810.1 的要求。

G.3 标志和说明

G.3.1 标志

砖或其包装上应有下列标志:

a. 制造商的标记和/或商标以及产地;

b. 质量标志;

c. 砖的种类及执行本标准的相应附录;

d. 名义尺寸和工作尺寸,模数(M)或非模数;

e. 表面特性,如有釉(GL)或无釉(UGL)。

G.3.2 产品特性

对用于地面的陶瓷砖,应报告以下特性:

a. 按本标准附录 M 规定所测得的摩擦系数;

b. 有釉砖的耐磨性级别。

注:按附录 P 规定的耐磨性级别。

G.3.3 说明书

产品说明书中应包括下列内容:

a. 成型方法;

b. 陶瓷砖类别及执行本标准的相应附录;

c. 名义尺寸和工作尺寸,模数(M)和非模数;

d. 表面特性,如,有釉(GL)或无釉(UGL)。

例如:

干压陶瓷砖　瓷质砖,GB/T 4100—2006 附录 G

BⅠa M20 cm×20 cm(W197 mm×197 mm×8 mm) GL

干压陶瓷砖　瓷质砖 GB/T 4100—2006 附录 G

BⅠa 15 cm×15 cm(W150 mm×150 mm×8 mm) UGL

G.4 订货

在订货时,如尺寸、厚度、表面特征、颜色、外观、有釉砖耐磨性级别以及其他性能均应与相关方协商一致。

附 录 H
（规范性附录）
干压陶瓷砖 0.5%<E≤3% BⅠb 类——炻瓷砖

H.1 要求

该类产品的尺寸、表面质量、物理性能和化学性能的技术要求应符合表 H.1 的规定。

表 H.1 干压陶瓷砖：炻瓷砖技术要求（0.5%<E≤3%，BⅠb 类）

技术要求						试验方法
尺寸和表面质量		产品表面积 S/cm²				
		S≤90	90<S≤190	190<S≤410	S>410	
长度和宽度	每块砖（2 条或 4 条边）的平均尺寸相对于工作尺寸（W）的允许偏差/%	±1.2	±1.0	±0.75	±0.6	GB/T 3810.2
长度和宽度	每块砖（2 条或 4 条边）的平均尺寸相对于 10 块砖（20 条或 40 条边）平均尺寸的允许偏差/%	±0.75	±0.5	±0.5	±0.5	GB/T 3810.2
长度和宽度	制造商应选用以下尺寸： a. 模数砖名义尺寸连接宽度允许在 2 mm 到 5 mm 之间[a]。 b. 非模数砖工作尺寸与名义尺寸之间的偏差不大于±2%，最大 5 mm					GB/T 3810.2
厚度 a. 厚度由制造商确定。 b. 每块砖厚度的平均值相对于工作尺寸厚度的允许偏差/%		±10	±10	±5	±5	GB/T 3810.2
边直度[b]（正面） 相对于工作尺寸的最大允许偏差/%		±0.75	±0.5	±0.5	±0.5	GB/T 3810.2
直角度[b] 相对于工作尺寸的最大允许偏差/%		±1.0	±0.6	±0.6	±0.6	GB/T 3810.2
表面平整度最大允许偏差/%	a. 相对于由工作尺寸计算的对角线的中心弯曲度	±1.0	±0.5	±0.5	±0.5	GB/T 3810.2
表面平整度最大允许偏差/%	b. 相对于工作尺寸的边弯曲度	±1.0	±0.5	±0.5	±0.5	GB/T 3810.2
表面平整度最大允许偏差/%	c. 相对于由工作尺寸计算的对角线的翘曲度	±1.0	±0.5	±0.5	±0.5	GB/T 3810.2
表面质量[c]		至少 95%的砖其主要区域无明显缺陷				GB/T 3810.2
物理性能		要 求				试验方法
吸水率[h]，质量分数		0.5%<E≤3%，单个最大值≤3.3%				GB/T 3810.3

表 H.1(续)

<table>
<tr><th colspan="3">技 术 要 求</th><th rowspan="2">试验方法</th></tr>
<tr><th colspan="2">物理性能</th><th>要 求</th></tr>
<tr><td rowspan="2">破坏强度/N</td><td>a. 厚度≥7.5 mm</td><td>≥1 100</td><td rowspan="2">GB/T 3810.4</td></tr>
<tr><td>b. 厚度<7.5 mm</td><td>≥700</td></tr>
<tr><td colspan="2">断裂模数/(N/mm²)(MPa)
不适用于破坏强度≥3 000 N的砖</td><td>平均值≥30,单个最小值≥27</td><td>GB/T 3810.4</td></tr>
<tr><td rowspan="2">耐磨性</td><td>a. 无釉地砖耐磨损体积/mm³</td><td>≤175</td><td>GB/T 3810.6</td></tr>
<tr><td>b. 有釉地砖表面耐磨性[d)]</td><td>报告陶瓷砖耐磨性级别和转数</td><td>GB/T 3810.7</td></tr>
<tr><td colspan="2">线性热膨胀系数[e)]
从环境温度到100℃</td><td>见附录Q</td><td>GB/T 3810.8</td></tr>
<tr><td colspan="2">抗热震性</td><td>见附录Q</td><td>GB/T 3810.9</td></tr>
<tr><td colspan="2">有釉砖抗釉裂性[f)]</td><td>经试验应无釉裂</td><td>GB/T 3810.11</td></tr>
<tr><td colspan="2">抗冻性</td><td>经试验应无裂纹或剥落</td><td>GB/T 3810.12</td></tr>
<tr><td colspan="2">地砖摩擦系数</td><td>制造商应报告陶瓷地砖的摩擦系数和试验方法</td><td>附录M</td></tr>
<tr><td colspan="2">湿膨胀[e)]/(mm/m)</td><td>见附录Q</td><td>GB/T 3810.10</td></tr>
<tr><td colspan="2">小色差[e)]</td><td>见附录Q</td><td>GB/T 3810.16</td></tr>
<tr><td colspan="2">抗冲击性[e)]</td><td>见附录Q</td><td>GB/T 3810.5</td></tr>
<tr><th colspan="2">化学性能</th><th>要 求</th><th>试验方法</th></tr>
<tr><td rowspan="2">耐污染性</td><td>a. 有釉砖</td><td>最低3级</td><td rowspan="2">GB/T 3810.14</td></tr>
<tr><td>b. 无釉砖[e)]</td><td>见附录Q</td></tr>
<tr><td rowspan="3">抗化学腐蚀性</td><td>耐低浓度酸和碱
a. 有釉砖
b. 无釉砖[g)]</td><td>制造商应报告耐化学腐蚀性等级</td><td>GB/T 3810.13</td></tr>
<tr><td>耐高浓度酸和碱[e)]</td><td>见附录Q</td><td>GB/T 3810.13</td></tr>
<tr><td>耐家庭化学试剂和游泳池盐类
a. 有釉砖
b. 无釉砖[g)]</td><td>不低于GB级
不低于UB级</td><td>GB/T 3810.13</td></tr>
<tr><td colspan="2">铅和镉的溶出量[e)]</td><td>见附录Q</td><td>GB/T 3810.15</td></tr>
</table>

a) 以非公制尺寸为基础的习惯用法也可用在同类型砖的连接宽度上。

b) 不适用于有弯曲形状的砖。

c) 在烧成过程中,产品与标准板之间的微小色差是难免的。本条款不适用于在砖的表面有意制造的色差(表面可能是有釉的、无釉的或部分有釉的)或在砖的部分区域内为了突出产品的特点而希望的色差。用于装饰目的的斑点或色斑不能看作为缺陷。

d) 有釉地砖耐磨性分级可参照本标准附录P规定。

e) 表中所列"见附录Q"涉及项目不是所有产品都必检的,是否有必要对这些项目进行检验应按本标准附录Q的规定确定。

f) 制造商对于为装饰效果而产生的裂纹应加以说明,这种情况下,GB/T 3810.11规定的釉裂试验不适用。

g) 如果色泽有微小变化,不应算是化学腐蚀。

h) 吸水率最大单个值为0.5%的砖是全玻化砖(常被认为是不吸水的)。

H.2　抽样和接收条件

抽样和接收条件应符合 GB/T 3810.1 的要求。

H.3　标志和说明

H.3.1　标志

砖或其包装上应有下列标志：

a. 制造商的标记和/或商标以及产地；

b. 质量标志；

c. 砖的种类及执行本标准的相应附录；

d. 名义尺寸和工作尺寸，模数(M)或非模数；

e. 表面特性，如有釉(GL)或无釉(UGL)。

H.3.2　产品特性

对用于地面的陶瓷砖，应报告以下特性：

a. 按本标准附录 M 规定所测得的摩擦系数；

b. 有釉砖的耐磨性级别。

注：按附录 P 规定的耐磨性级别。

H.3.3　说明书

产品说明书中应包括下列内容：

a. 成型方法；

b. 陶瓷砖类别及执行本标准的相应附录；

c. 名义尺寸和工作尺寸，模数(M)和非模数；

d. 表面特性，如，有釉(GL)或无釉(UGL)。

例如：

干压陶瓷砖　炻瓷砖，GB/T 4100—2006 附录 H

BⅠb M20 cm×20 cm(W197 mm×197 mm×8 mm) GL

干压陶瓷砖　炻瓷砖，GB/T 4100—2006 附录 H

BⅠb 15 cm×15 cm(W150 mm×150 mm×8 mm) UGL

H.4　订货

在订货时，如尺寸、厚度、表面特征、颜色、外观、有釉砖耐磨性级别以及其他性能均应与相关方协商一致。

附 录 J
（规范性附录）
干压陶瓷砖 $3\% < E \leqslant 6\%$ BⅡa 类——细炻砖

J.1 要求

该类产品的尺寸、表面质量、物理性能和化学性能的技术要求应符合表 J.1 的规定。

表 J.1 干压陶瓷砖：细炻砖技术要求（ $3\% < E \leqslant 6\%$，BⅡa 类）

技术要求						试验方法
尺寸和表面质量		产品表面积 S/cm^2				
		$S \leqslant 90$	$90 < S \leqslant 190$	$190 < S \leqslant 410$	$S > 410$	
长度和宽度	每块砖（2 条或 4 条边）的平均尺寸相对于工作尺寸（*W*）的允许偏差/%	±1.2	±1.0	±0.75	±0.6	GB/T 3810.2
长度和宽度	每块砖（2 条或 4 条边）的平均尺寸相对于 10 块砖（20 条或 40 条边）平均尺寸的允许偏差/%	±0.75	±0.5	±0.5	±0.5	GB/T 3810.2
长度和宽度	制造商应选用以下尺寸： a. 模数砖名义尺寸连接宽度允许在 2 mm 到 5 mm 之间[a]。 b. 非模数砖工作尺寸与名义尺寸之间的偏差不大于±2%，最大 5 mm					GB/T 3810.2
厚度 a. 厚度由制造商确定。 b. 每块砖厚度的平均值相对于工作尺寸厚度的允许偏差/%		±10	±10	±5	±5	GB/T 3810.2
边直度[b]（正面） 相对于工作尺寸的最大允许偏差/%		±0.75	±0.5	±0.5	±0.5	GB/T 3810.2
直角度[b] 相对于工作尺寸的最大允许偏差/%		±1.0	±0.6	±0.6	±0.6	GB/T 3810.2
表面平整度最大允许偏差/%	a. 相对于由工作尺寸计算的对角线的中心弯曲度	±1.0	±0.5	±0.5	±0.5	GB/T 3810.2
表面平整度最大允许偏差/%	b. 相对于工作尺寸的边弯曲度	±1.0	±0.5	±0.5	±0.5	GB/T 3810.2
表面平整度最大允许偏差/%	c. 相对于由工作尺寸计算的对角线的翘曲度	±1.0	±0.5	±0.5	±0.5	GB/T 3810.2
表面质量[c]		至少 95% 的砖其主要区域无明显缺陷				GB/T 3810.2
物理性能		要求				试验方法
吸水率，质量分数		$3\% < E \leqslant 6\%$，单个最大值 $\leqslant 6.5\%$				GB/T 3810.3

表 J.1(续)

技术要求			试验方法
物理性能		要求	
破坏强度/N	a. 厚度≥7.5 mm	≥1 000	GB/T 3810.4
	b. 厚度<7.5 mm	≥600	
断裂模数/(N/mm^2)(MPa) 不适用于破坏强度≥3 000 N 的砖		平均值≥22,单个最小值≥20	GB/T 3810.4
耐磨性	a. 无釉地砖耐磨损体积/mm^3	≤345	GB/T 3810.6
	b. 有釉地砖表面耐磨性[d]	报告陶瓷砖耐磨性级别和转数	GB/T 3810.7
线性热膨胀系数[e] 从环境温度到100℃		见附录 Q	GB/T 3810.8
抗热震性		见附录 Q	GB/T 3810.9
有釉砖抗釉裂性[f]		经试验应无釉裂	GB/T 3810.11
抗冻性		经试验应无裂纹或剥落	GB/T 3810.12
地砖摩擦系数		制造商应报告陶瓷地砖的摩擦系数和试验方法	附录 M
湿膨胀[e]/(mm/m)		见附录 Q	GB/T 3810.10
小色差[e]		见附录 Q	GB/T 3810.16
抗冲击性[e]		见附录 Q	GB/T 3810.5
化学性能		要求	试验方法
耐污染性	a. 有釉砖	最低 3 级	GB/T 3810.14
	b. 无釉砖[e]	见附录 Q	
抗化学腐蚀性	耐低浓度酸和碱 a. 有釉砖 b. 无釉砖[g]	制造商应报告耐化学腐蚀性等级	GB/T 3810.13
	耐高浓度酸和碱[e]	见附录 Q	GB/T 3810.13
	耐家庭化学试剂和游泳池盐类 a. 有釉砖 b. 无釉砖[g]	 不低于 GB 级 不低于 UB 级	GB/T 3810.13
铅和镉的溶出量[e]		见附录 Q	GB/T 3810.15

a) 以非公制尺寸为基础的习惯用法也可用在同类型砖的连接宽度上。

b) 不适用于有弯曲形状的砖。

c) 在烧成过程中,产品与标准板之间的微小色差是难免的。本条款不适用于在砖的表面有意制造的色差(表面可能是有釉的、无釉的或部分有釉的)或在砖的部分区域内为了突出产品的特点而希望的色差。用于装饰目的的斑点或色斑不能看作为缺陷。

d) 有釉地砖耐磨性分级可参照本标准附录 P 规定。

e) 表中所列"见附录 Q"涉及项目不是所有产品都必检的,是否有必要对这些项目进行检验应按本标准附录 Q 的规定确定。

f) 制造商对于为装饰效果而产生的裂纹应加以说明,这种情况下,GB/T 3810.11 规定的釉裂试验不适用。

g) 如果色泽有微小变化,不应算是化学腐蚀。

J.2 抽样和接收条件

抽样和接收条件应符合 GB/T 3810.1 的要求。

J.3 标志和说明

J.3.1 标志

砖或其包装上应有下列标志：

a. 制造商的标记和/或商标以及产地；

b. 质量标志；

c. 砖的种类及执行本标准的相应附录；

d. 名义尺寸和工作尺寸，模数(M)或非模数；

e. 表面特性，如有釉(GL)或无釉(UGL)。

J.3.2 产品特性

对用于地面的陶瓷砖，应报告以下特性：

a. 按本标准附录 M 规定所测得的摩擦系数；

b. 有釉砖的耐磨性级别。

注：按附录 P 规定的耐磨性级别。

J.3.3 说明书

产品说明书中应包括下列内容：

a. 成型方法；

b. 陶瓷砖类别及执行本标准的相应附录；

c. 名义尺寸和工作尺寸，模数(M)和非模数；

d. 表面特性，如，有釉(GL)或无釉(UGL)。

例如：

干压陶瓷砖　细炻砖，GB/T 4100—2006 附录 J

BⅡa M20 cm×20 cm(W197 mm×197 mm×8 mm) GL

干压陶瓷砖　细炻砖 GB/T 4100—2006 附录 J

BⅡa 15 cm×15 cm(W150 mm×150 mm×8 mm) UGL

J.4 订货

在订货时，如尺寸、厚度、表面特征、颜色、外观、有釉砖耐磨性级别以及其他性能均应与相关方协商一致。

附 录 K
（规范性附录）
干压陶瓷砖 6%<E≤10% BⅡb类——炻质砖

K.1 要求

该类产品的尺寸、表面质量、物理性能和化学性能的技术要求应符合表K.1的规定。

表K.1 干压陶瓷砖：炻质砖技术要求（6%<E≤10%，BⅡb类）

技术要求		产品表面积 S/cm²				试验方法
尺寸和表面质量		S≤90	90<S≤190	190<S≤410	S>410	
长度和宽度	每块砖（2条或4条边）的平均尺寸相对于工作尺寸（W）的允许偏差/%	±1.2	±1.0	±0.75	±0.6	GB/T 3810.2
长度和宽度	每块砖（2条或4条边）的平均尺寸相对于10块砖（20条或40条边）平均尺寸的允许偏差/%	±0.75	±0.5	±0.5	±0.5	GB/T 3810.2
长度和宽度	制造商应选用以下尺寸： a. 模数砖名义尺寸连接宽度允许在2 mm到5 mm之间[a)]。 b. 非模数砖工作尺寸与名义尺寸之间的偏差不大于±2%，最大5 mm					GB/T 3810.2
厚度 a. 厚度由制造商确定。 b. 每块砖厚度的平均值相对于工作尺寸厚度的允许偏差/%		±10	±10	±5	±5	GB/T 3810.2
边直度[b)]（正面） 相对于工作尺寸的最大允许偏差/%		±0.75	±0.5	±0.5	±0.5	GB/T 3810.2
直角度[b)] 相对于工作尺寸的最大允许偏差/%		±1.0	±0.6	±0.6	±0.6	GB/T 3810.2
表面平整度最大允许偏差/%	a. 相对于由工作尺寸计算的对角线的中心弯曲度	±1.0	±0.5	±0.5	±0.5	GB/T 3810.2
表面平整度最大允许偏差/%	b. 相对于工作尺寸的边弯曲度	±1.0	±0.5	±0.5	±0.5	GB/T 3810.2
表面平整度最大允许偏差/%	c. 相对于由工作尺寸计算的对角线的翘曲度	±1.0	±0.5	±0.5	±0.5	GB/T 3810.2
表面质量[c)]		至少95%的砖其主要区域无明显缺陷				GB/T 3810.2
物理性能		要求				试验方法
吸水率，质量分数		6%<E≤10%，单个最大值≤11%				GB/T 3810.3

表 K.1(续)

技术要求			试验方法
物理性能		要求	
破坏强度/N	a. 厚度≥7.5 mm	≥800	GB/T 3810.4
	b. 厚度<7.5 mm	≥600	
断裂模数/(N/mm^2)(MPa) 不适用于破坏强度≥3 000 N的砖		平均值不小于18,单个最小值16	GB/T 3810.4
耐磨性	a. 无釉地砖耐磨损体积/mm^3	≤540	GB/T 3810.6
	b. 有釉地砖表面耐磨性d)	报告陶瓷砖耐磨性级别和转数	GB/T 3810.7
线性热膨胀系数e) 从环境温度到100℃		见附录Q	GB/T 3810.8
抗热震性		见附录Q	GB/T 3810.9
有釉砖抗釉裂性f)		经试验后就无釉裂	GB/T 3810.11
抗冻性		经试验后应无裂纹或剥落	GB/T 3810.12
地砖摩擦系数		制造商应报告陶瓷地砖的摩擦系数和试验方法	附录M
湿膨胀e)/(mm/m)		见附录Q	GB/T 3810.10
小色差e)		见附录Q	GB/T 3810.16
抗冲击性e)		见附录Q	GB/T 3810.5
化学性能		要求	试验方法
耐污染性	a. 有釉砖	最低3级	GB/T 3810.14
	b. 无釉砖e)	见附录Q	
抗化学腐蚀性	耐低浓度酸和碱 a. 有釉砖 b. 无釉砖g)	制造商应报告耐化学腐蚀性等级	GB/T 3810.13
	耐高浓度酸和碱e)	见附录Q	GB/T 3810.13
	耐家庭化学试剂和游泳池盐类 a. 有釉砖 b. 无釉砖g)	 不低于GB级 不低于UB级	GB/T 3810.13
铅和镉的溶出量e)		见附录Q	GB/T 3810.15

a) 以非公制尺寸为基础的习惯用法也可用在同类型砖的连接宽度上。

b) 不适用于有弯曲形状的砖。

c) 在烧成过程中,产品与标准板之间的微小色差是难免的。本条款不适用于在砖的表面有意制造的色差(表面可能是有釉的、无釉的或部分有釉的)或在砖的部分区域内为了突出产品的特点而希望的色差。用于装饰目的的斑点或色斑不能看作为缺陷。

d) 有釉地砖耐磨性分级可参照本标准附录P规定。

e) 表中所列"见附录Q"涉及项目不是所有产品都必检的,是否有必要对这些项目进行检验应按本标准附录Q的规定确定。

f) 制造商对于为装饰效果而产生的裂纹应加以说明,这种情况下,GB/T 3810.11规定的釉裂试验不适用。

g) 如果色泽有微小变化,不应算是化学腐蚀。

K.2　抽样和接收条件

抽样和接收条件应符合 GB/T 3810.1 的要求。

K.3　标志和说明

K.3.1　标志

砖或其包装上应有下列标志：

a. 制造商的标记和/或商标以及产地；

b. 质量标志；

c. 砖的种类及执行本标准的相应附录；

d. 名义尺寸和工作尺寸，模数(M)或非模数；

c. 表面特性，如有釉(GL)或无釉(UGL)。

K.3.2　产品特性

对用于地面的陶瓷砖，应报告以下特性：

a. 按本标准附录 M 规定所测得的摩擦系数；

b. 有釉砖的耐磨性级别。

注：按附录 P 规定的耐磨性级别。

K.3.3　说明书

产品说明书中应包括下列内容：

a. 成型方法；

b. 陶瓷砖类别及执行本标准的相应附录；

c. 名义尺寸和工作尺寸，模数(M)和非模数；

d. 表面特性，如，有釉(GL)或无釉(UGL)。

例如：

干压陶瓷砖　炻质砖，GB/T 4100—2006 附录 K

BⅡb M20 cm×20 cm(W197 mm×197 mm×8 mm) GL

干压陶瓷砖　炻质砖，GB/T 4100—2006 附录 K

K.4　订货

在订货时，如尺寸、厚度、表面特征、颜色、外观、有釉砖耐磨性级别以及其他性能均应与相关方协商一致。

附　录　L
（规范性附录）
干压陶瓷砖 $E>10\%$ BⅢ类——陶质砖

L.1　要求

该类产品的尺寸、表面质量、物理性能和化学性能的技术要求应符合表 L.1 的规定。

表 L.1　干压陶瓷砖：陶质砖技术要求（$E>10\%$，BⅢ类）

技术要求		无间隔凸缘	有间隔凸缘	试验方法
尺寸和表面质量		无间隔凸缘	有间隔凸缘	
长度（l）和宽度（w）	每块砖（2 条或 4 条边）的平均尺寸相对于工作尺寸（W）的允许偏差[g]/%	$l\leqslant12$ cm，±0.75% $l>12$ cm，±0.50%	+0.6% −0.3%	GB/T 3810.2
长度（l）和宽度（w）	每块砖（2 条或 4 条边）的平均尺寸相对于 10 块砖（20 条或 40 条边）平均尺寸的允许偏差[g]/%	$l\leqslant12$ cm，±0.5% $l>12$ cm，±0.3%	±0.25%	GB/T 3810.2
长度（l）和宽度（w）	制造商应选用以下尺寸： a. 模数砖名义尺寸连接宽度允许在 1.5 mm 到 5 mm 之间[a]。 b. 非模数砖工作尺寸与名义尺寸之间的偏差不大于 2 mm			GB/T 3810.2
厚度 a. 厚度由制造商确定。 b. 每块砖厚度的平均值相对于工作尺寸厚度的允许偏差/%		±10%	±10%	GB/T 3810.2
边直度[b]（正面） 相对于工作尺寸的最大允许偏差/%		±0.3%	±0.3%	GB/T 3810.2
直角度[b] 相对于工作尺寸的最大允许偏差/%		±0.5%	±0.3%	GB/T 3810.2
表面平整度 最大允许偏差/%	a. 相对于由工作尺寸计算的对角线的中心弯曲度	+0.5% −0.3%	+0.5% −0.3%	GB/T 3810.2
表面平整度 最大允许偏差/%	b. 相对于工作尺寸的边弯曲度	+0.5% −0.3%	+0.5% −0.3%	GB/T 3810.2
表面平整度 最大允许偏差/%	c. 相对于由工作尺寸计算的对角线的翘曲度	±0.5%	±0.5%	GB/T 3810.2
表面质量[c]		至少 95% 的砖其主要区域无明显缺陷		GB/T 3810.2
物理性能		要　求		试验方法
吸水率，质量分数		平均值>10%，单个最小值>9%。 当平均值>20%时，制造商应说明		GB/T 3810.3

表 L.1(续)

技术要求			试验方法
物理性能		要求	
破坏强度[h]/N	a. 厚度≥7.5 mm	≥600	GB/T 3810.4
	b. 厚度<7.5 mm	≥350	
断裂模数/(N/mm^2)(MPa) 不适用于破坏强度≥3 000 N的砖		平均值≥15, 单个最小值≥12	GB/T 3810.4
耐磨性 有釉地砖表面耐磨性[d]		经试验后报告陶瓷砖耐磨性级别和转数	GB/T 3810.7
线性热膨胀系数[e] 从环境温度到100℃		见附录Q	GB/T 3810.8
抗热震性		见附录Q	GB/T 3810.9
有釉砖抗釉裂性[f]		经试验应无釉裂	GB/T 3810.11
抗冻性[e]		见附录Q	GB/T 3810.12
地砖摩擦系数		制造商应报告陶瓷砖摩擦系数和试验方法	附录M
湿膨胀[e]/(mm/m)		见附录Q	GB/T 3810.10
小色差[e]		见附录Q	GB/T 3810.16
抗冲击性[e]		见附录Q	GB/T 3810.5
化学性能		要求	试验方法
耐污染性	a. 有釉砖	最低3级	GB/T 3810.14
	b. 无釉砖[e]	见附录Q	
抗化学腐蚀性	耐低浓度酸和碱	制造商应报告陶瓷砖耐化学腐蚀性等级	GB/T 3810.13
	耐高浓度酸和碱[e]	见附录Q	GB/T 3810.13
	耐家庭化学试剂和游泳池盐类	不低于GB级	GB/T 3810.13
铅和镉的溶出量[e]		见附录Q	GB/T 3810.15

a) 以非公制尺寸为基础的习惯用法也可用在同类型砖的连接宽度上。

b) 不适用于有弯曲形状的砖。

c) 在烧成过程中,产品与标准板之间的微小色差是难免的。本条款不适用于在砖的表面有意制造的色差(表面可能是有釉的、无釉的或部分有釉的)或在砖的部分区域内为了突出产品的特点而希望的色差。用于装饰目的的斑点或色斑不能看作为缺陷。

d) 有釉地砖耐磨性分级可参照本标准附录P规定。

e) 表中所列"见附录Q"涉及项目不是所有产品都必检的,是否有必要对这些项目进行检验应按本标准附录Q的规定确定。

f) 制造商对于为装饰效果而产生的裂纹应加以说明,这种情况下,GB/T 3810.11规定的釉裂试验不适用。

g) 砖可以有一条或几条上釉边。

h) 制造商必需说明对于破坏强度小于400 N的砖只能用于贴墙。

L.2 抽样和接收条件

抽样和接收条件应符合 GB/T 3810.1 的要求。

L.3 标志和说明

L.3.1 标志

砖或其包装上应有下列标志：

a. 制造商的标记和/或商标以及产地；

b. 质量标志；

c. 砖的种类及执行本标准的相应附录；

d. 名义尺寸和工作尺寸，模数(M)或非模数；

e. 表面特性，如有釉(GL)或无釉(UGL)。

L.3.2 产品特性

对用于地面的陶瓷砖，应报告以下特性：

a. 按本标准附录 M 规定所测得的摩擦系数；

b. 有釉砖的耐磨性级别。

注：按附录 P 规定的耐磨性级别。

L.3.3 说明

产品说明书中应包括下列内容：

a. 成型方法；

b. 陶瓷砖类别及执行本标准的相应附录；

c. 名义尺寸和工作尺寸，模数(M)和非模数；

d. 表面特性，如，有釉(GL)或无釉(UGL)。

例如：

干压陶瓷砖　陶质砖，GB/T 4100—2006 附录 L

BⅢ M20 cm×20 cm(W197 mm×197 mm×8 mm) GL

干压陶瓷砖　陶质砖，GB/T 4100—2006 附录 L

BⅢ 15 cm×15 cm(W150 mm×150 mm×8 mm) UGL

L.4 订货

在订货时，如尺寸、厚度、表面特征、颜色、外观、有釉砖耐磨性级别以及其他性能均应与相关方协商一致。

附 录 M
（规范性附录）
磨擦系数的测定

M.1 适用范围

本附录规定了有釉陶瓷地砖和无釉陶瓷地砖表面的静摩擦系数测定方法。

M.2 术语和定义

下列术语和定义适用于本附录。

M.2.1 摩擦系数 coefficient of friction

使物体克服摩擦力作用产生滑动或有滑动趋势时作用于物体上的切向力和垂直方向上力的比值。

M.2.2 静摩擦系数 static coefficient of friction

使物体克服静磨擦力作用即将产生滑动时作用于物体上的切向力和垂直方向上力的比值。

M.3 仪器和材料

M.3.1 仪器：

一套测力系统，用于测试在砖面上拉动一个滑块时所需用力(见图 M.1)包括：

——分度值不小于 2.45 N 的水平型拉力计；

——44.1 N 的重块；

——4S 橡胶，IRD 硬度 90±2；

——用一块尺寸为 75 mm×75 mm×3 mm 的 4S 橡胶块粘在一块尺寸为 200 mm×200 mm×20 mm的胶合板上组成的滑块组件，胶合板的一侧边上固定着一个环形螺钉，用于与拉力计连接；

——位于砖工作表面以下用来阻止砖滑动的固定架。

M.3.2 测试用材料：

——两块厚 6 mm 的浮法玻璃板：一块尺寸不小于 150 mm×150 mm，另一块尺寸为 100 mm×100 mm；

——220 号碳化硅粉末；

——400 号碳化硅砂纸；

——蒸馏水或去离子水；

——中性清洁剂。

M.4 实验步骤

M.4.1 试样准备

试验应在不小于 100 mm×100 mm 的砖表面上进行。测试小规格砖时，应把它们铺贴成一个合适的平面。用中性清洁液洗净砖表面，待砖表面完全洗净干燥后再进行试验。

M.4.2 滑块的准备

将一张 400 号碳化硅砂纸平铺在台面上，沿水平方向拉动滑块组件，使其表面的 4S 橡胶在砂纸上移动的距离约为 100 mm。将滑块在水平面内转过 90°再重复上述打磨过程共计 4 次。以上步骤为一个完整过程。用软刷刷去碎屑，必要时重复以上过程直至完全去除 4S 橡胶表面的光泽。

M.4.3　毛玻璃校正板的准备

将尺寸较大的玻璃板放在可限制其运动的平面上，在其表面上撒 2 g 碳化硅磨粒并滴几滴水。用边长为 100 mm 的玻璃板作为研磨工具，使其在大玻璃板上作圆周运动直至大玻璃板表面完全变成半透明状态。必要时需更换新的磨料和水重复以上过程。

用清洁剂清洗半透明毛玻璃板，然后擦净其表面并在空气中干燥。

将滑块组件放在已经在工作台面上就位的毛玻璃校正板上，用垫片调整校正板和拉力计的高度使滑块组件环首螺钉与拉力计的挂钩处于同一水平面上。将重量为 44.1 N 的重块放在滑块组件中央。沿水平方向拉动滑块组件测定使滑块组件产生滑动趋势时所需的拉力，记录拉力读数。总共拉动 4 次，每次拉动方向均与上次相差 90°。

摩擦系数校正值计算公式：

$$COF = R_d/nW \qquad \cdots\cdots(\text{M.1})$$

式中：

R_d——4 次拉力读数之和，单位为 N；

n——拉动次数(4)；

W——滑块组件加上 44.1 N 重块的总重量，单位为 N；

COF——磨擦系数校正值。

如果 4S 橡胶面打磨得均匀，4 个拉力读数应该基本一致，且校正值应在 0.75±0.05 范围内 。在测试 3 个样品之前和之后均应重复校正过程并记录结果。如果前后的校正值相差超过±0.05，则整个测试过程应该重做。操作人员在每测试 3 个样品之前和之后均应校正测试设备和检查操作过程，以确保获得较高的测试一致性。

M.4.4　测试过程(干法)

M.4.4.1　洗净并烘干每块砖的测试表面，将待测砖放在工作台面上并紧靠限制其活动的固定架，刷去所有的碎屑。

M.4.4.2　将滑块组件放在待测砖的测试面上，将 44.1 N 的重块放在滑块组件上部的中央部位。用拉力计测定沿水平方向使组件产生滑动趋势时所需的拉力，记录拉力读数。

M.4.4.3　每次测试 3 个测试面或样品，每个测试面上要拉动组件 4 次，每次拉动的方向与上次相差 90°，总计获得 12 个计算静摩擦系数所需的读数。记录所有的读数。

M.4.4.4　每测试完一个测试面或样品后均应检查 4S 橡胶面，如果其表面显示出光泽或刮痕，则按 M.4.2 重复打磨过程。

M.4.5　测试过程(湿法)

首先用蒸馏水液润湿样品表面，重复 M.4.4.2 至 M.4.4.4 的步骤。每次测试均应保证砖面始终湿润。

M.4.6　计算

用公式(M.2)、(M.3)计算测试面的静摩擦系数值：

干法：

$$F_d = R_d/nW \qquad \cdots\cdots(\text{M.2})$$

湿法：

$$F_w = R_w/nW \qquad \cdots\cdots(\text{M.3})$$

式中：

F_d——干燥表面的静摩擦系数值；

F_w——湿润表面的静摩擦系数值；

R_d——干法 4 次拉力读数之和，单位为 N；

R_w——湿法下 4 次拉力读数之和，单位为 N；

n——拉动次数(4)；

W——滑块组件加上 44.1 N 重块的总重量，单位为 N。

M.5 试验报告

试验报告应包括以下内容：

a) 依据 GB/T 4100 标准；

b) 样品的说明；

c) 测试方法；

d) 干法和湿法下静摩擦系数的平均值。

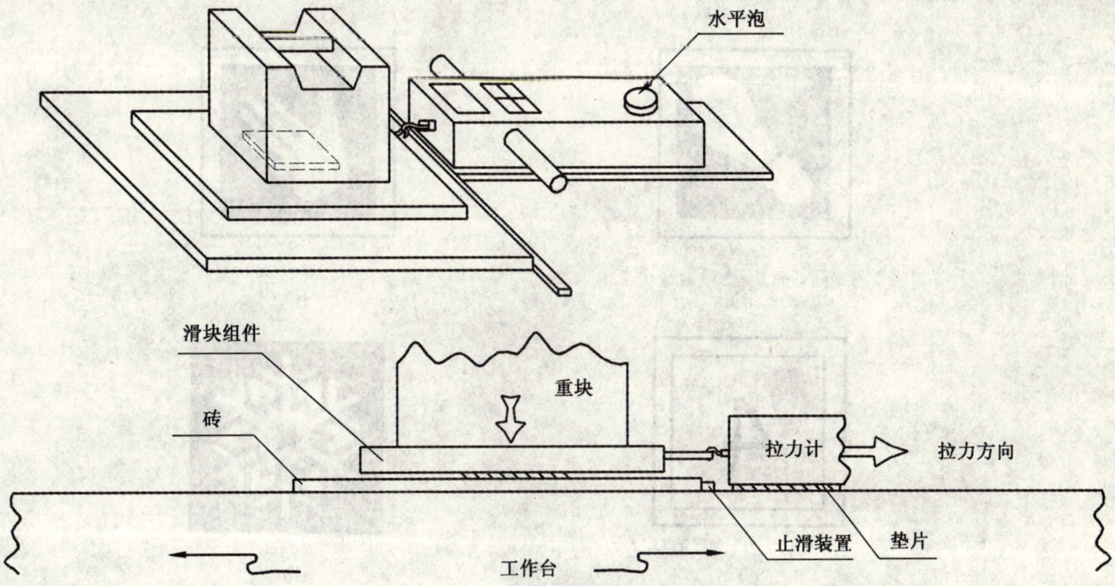

图 M.1

附　录　N
（资料性附录）
包装标记使用规定

包装和/或说明书规定使用下面标记。一般不要求使用标记，除非在规定的条件下。

a）　适用于地面的砖；

b）　适用于墙面的砖；

c）　该罗马数字只是一个例子，它表示了有釉地砖耐磨性的级别；

d）　该标记表示具有抗冻性的砖。

a）

b）

c）

d）

附 录 P
（资料性附录）
有釉地砖耐磨性分级

本附录仅提供了各级有釉地砖耐磨性(见 GB/T 3810.7)使用范围的指导性建议，对有特殊要求的产品不作为准确的技术要求。

0 级　该级有釉砖不适用于铺贴地面。

1 级　该级有釉砖适用于柔软的鞋袜或不带有划痕灰尘的光脚使用的地面(例如：没有直接通向室外通道的卫生间或卧室使用的地面)。

2 级　该级有釉砖适用于柔软的鞋袜或普通鞋袜使用的地面。大多数情况下，偶尔有少量划痕灰尘(例如：家中起居室，但不包括厨房、入口处和其他有较多来往的房间)，该等级的砖不能用特殊的鞋，例如带平头钉的鞋。

3 级　该级有釉砖适用于平常的鞋袜，带有少量划痕灰尘的地面(例如：家庭的厨房、客厅、走廊、阳台、凉廊和平台)。该等级的砖不能用特殊的鞋，例如带平头钉的鞋。

4 级　该级有釉砖适用于有划痕灰尘，来往行人频繁的地面，使用条件比 3 类地砖恶劣(例如：入口处、饭店的厨房、旅店、展览馆和商店等)。

5 级　该级有釉砖适用于行人来往非常频繁并能经受划痕灰尘的地面，甚至于在使用环境较恶劣的场所(例如：公共场所如商务中心、机场大厅、旅馆门厅、公共过道和工业应用场所等)。

一般情况下，所给的使用分类是有效的，考虑到所穿的鞋袜、交通的类型和清洁方式，建筑物的地板清洁装置在进口处适当地防止划痕灰尘进人。

在交通繁忙和灰尘大的场所，可以使用吸水率 $E \leqslant 3\%$ 中无釉方型地砖。

附 录 Q
（资料性附录）
试验方法

本标准附录中涉及到的试验方法是产品要求中所规定的，但该部分试验要求不是强制性的。本附录的是对这些试验及其他相关信息的解释说明。

GB/T 3810.5 用恢复系数确定砖的抗冲击性

该试验使用在抗冲击性有特别要求的场所。一般轻负荷场所要求的恢复系数是 0.55，重负荷场所则要求更高的恢复系数。

GB/T 3810.8 线性热膨胀的测定

大多数陶瓷砖都有微小的线性热膨胀，若陶瓷砖安装在有高热变性的情况下应进行该项试验。

GB/T 3810.9 抗热震性的测定

所有陶瓷砖都具有耐高温性，凡是有可能经受热震应力的陶瓷砖都应进行该项试验。

GB/T 3810.10 湿膨胀的测定

大多数有釉砖和无釉砖都有微小的自然湿膨胀，当正确铺贴（或安装）时，不会引起铺贴问题。但在不规范安装和一定的湿度条件下，当湿膨胀大于 0.06%时（0.66 mm/m）就有可能出问题。

GB/T 3810.12 抗冻性的测定

对于明示并准备用在受冻环境中的产品必须通过该项试验，一般对明示不用于受冻环境中的产品不要求该项试验。

GB/T 3810.13 耐化学腐蚀性的测定

陶瓷砖通常都具有抗普通化学药品的性能。若准备将陶瓷砖在有可能受腐蚀的环境下使用时，应按 GB/T 3810.13 中 4.3.2 规定进行高浓度酸和碱的耐化学腐蚀性试验。

GB/T 3810.14 耐污染性的测定

该标准要求对有釉砖是强制的。对于无釉砖，若在有污染的环境下使用，建议制造商考虑耐污染性的问题。对于某些有釉砖因釉层下的坯体吸水而引起的暂时色差，本标准不适用。

GB/T 3810.15 有釉砖铅和镉溶出量的测定

当有釉砖是用于加工食品的工作台或墙面且砖的釉面与食品有可能接触的场所时，则要求进行该项试验。

GB/T 3810.16 小色差的测定

本标准只适用于在特定环境下的单色有釉砖，而且仅在认为单色有釉砖之间的小色差是重要的特定情况下采用本标准方法。

附录 M 磨擦系数的测定

该试验方法仅用于地砖。无论砖表面是干燥的或湿润的，其摩擦系数取决于砖的表面特征。接触不同类型材料如鞋和光脚其使用结果亦不同。其要求的系数也取决于所铺地面使用的特点和地面大小。在铺设面积较大的工业或商业以及坡道等使用场所，特别是那些直接与室外相连接的场合，其产品的摩擦系数值应高于在许多室内场合使用时的摩擦系数值。地砖铺贴前先进行磨擦系数的测定。包括陶瓷砖在内的地面铺贴材料对在受某些不合理或不适当保养的使用情况下，认为对磨擦系数的要求是不必要的，例如不利于使用中的地面清洁。

ICS 77.120.99
H 65

中华人民共和国国家标准

GB/T 4154—2006
代替 GB/T 4154—1993

氧 化 镧

Lanthanum oxide

2006-04-13 发布　　2006-10-01 实施

中华人民共和国国家质量监督检验检疫总局
中国国家标准化管理委员会　发布

前　言

本标准代替 GB/T 4154—1993《氧化镧》。

本标准与 GB/T 4154—1993 相比主要变化如下：

——按 GB/T 17803—1999《稀土产品牌号表示方法》的要求改用数字牌号；

——增加 011050 牌号(纯度为 99.99%)；

——原 La_2O_3-045G 与 La_2O_3-045 两牌号合并为 011045 牌号(纯度为 99.995%)；

——原 La_2O_3-04G 与 La_2O_3-04 合并为 011040 牌号(纯度为 99.99%)；

——011045 牌号中非稀土杂质 Fe_2O_3 由 0.000 5%修改为 0.000 3%；

——各牌号增加了对非稀土杂质 Cl^- 的考核。

本标准由国家发展和改革委员会稀土办公室提出。

本标准由全国稀土标准化技术委员会归口并负责解释。

本标准由上海跃龙新材料股份有限公司负责起草。

本标准由广东珠江稀土有限公司参加起草。

本标准的主要起草人：张晓明、吴克平、陈察荀、王静、王向红。

本标准所代替标准的历次版本发布情况为：

——GB/T 4154—1984、GB/T 4154—1993。

氧　化　镧

1　范围

本标准规定了氧化镧的要求、试验方法、检验规则、标志、包装、运输、贮存。

本标准适用于萃取法或其他方法制得的，供制作金属镧、光学玻璃、陶瓷、催化剂、电子元件等用的氧化镧。

2　规范性引用文件

下列文件中的条款通过本标准的引用而成为本标准的条款。凡是注日期的引用文件，其随后所有的修改单(不包括勘误的内容)或修订版均不适用于本标准，然而，鼓励根据本标准达成协议的各方研究是否可使用这些文件的最新版本。凡是不注日期的引用文件，其最新版本适用于本标准。

GB/T 8170　数值修约规则

GB/T 12690　稀土金属及其氧化物中非稀土杂质化学分析方法

GB/T 14635　稀土金属及其化合物化学分析方法

GB/T 18115　稀土金属及其氧化物中稀土杂质化学分析方法

3　要求

3.1　化学成分

产品的化学成分应符合表1的规定。需方如有特殊要求，供需双方可另行协议。

表 1

<table>
<tr><td colspan="4">产品牌号</td><td>011050</td><td>011045</td><td>011040</td><td>011030</td><td>011025</td><td>011020</td></tr>
<tr><td rowspan="14">化学成分(质量分数)/%</td><td colspan="3">REO，不小于</td><td>99.0</td><td>99.0</td><td>99.0</td><td>98.0</td><td>97.0</td><td>95.0</td></tr>
<tr><td colspan="3">La_2O_3/REO，不小于</td><td>99.999</td><td>99.995</td><td>99.99</td><td>99.9</td><td>99.5</td><td>99.0</td></tr>
<tr><td rowspan="12">杂质含量，不大于</td><td rowspan="5">稀土杂质
REO</td><td>CeO_2</td><td>0.000 2</td><td>0.000 5</td><td>0.001 5</td><td rowspan="5">合量
0.1</td><td rowspan="5">合量
0.5</td><td rowspan="5">合量
1.0</td></tr>
<tr><td>Pr_6O_{11}</td><td>0.000 2</td><td>0.0005</td><td>0.001 5</td></tr>
<tr><td>Nd_2O_3</td><td>0.000 2</td><td>0.000 5</td><td>0.001 0</td></tr>
<tr><td>Sm_2O_3</td><td>0.000 2</td><td>0.000 5</td><td>0.001 0</td></tr>
<tr><td>Y_2O_3</td><td>0.000 3</td><td>0.001 0</td><td>0.001 0</td></tr>
<tr><td rowspan="7">非稀土杂质</td><td>Fe_2O_3</td><td>0.000 2</td><td>0.000 3</td><td>0.000 5</td><td>0.001</td><td>0.005</td><td>0.010</td></tr>
<tr><td>SiO_2</td><td>0.003 0</td><td>0.005 0</td><td>0.005 0</td><td>0.010</td><td>0.050</td><td>0.060</td></tr>
<tr><td>CaO</td><td>0.001 0</td><td>0.005 0</td><td>0.005 0</td><td>0.010</td><td>0.050</td><td>0.10</td></tr>
<tr><td>CuO</td><td>0.000 2</td><td>0.000 2</td><td>0.000 5</td><td>—</td><td>—</td><td>—</td></tr>
<tr><td>NiO</td><td>0.000 2</td><td>0.000 2</td><td>0.000 5</td><td>—</td><td>—</td><td>—</td></tr>
<tr><td>PbO</td><td>0.001 0</td><td>0.002 0</td><td>0.005 0</td><td>—</td><td>—</td><td>—</td></tr>
<tr><td>Cl^-</td><td>0.02</td><td>0.03</td><td>0.03</td><td>0.03</td><td>0.05</td><td>0.05</td></tr>
<tr><td colspan="4">灼减(质量分数)/%，不大于</td><td>1.0</td><td>1.0</td><td>1.0</td><td>2.0</td><td>3.0</td><td>5.0</td></tr>
</table>

3.2 外观

3.2.1 产品为白色粉末,随纯度不同,颜色略有改变。

3.2.2 产品必须洁净,无肉眼可见的夹杂物。

4 试验方法

4.1 稀土总量(REO)的分析方法按 GB/T 14635 的规定进行。

4.2 稀土杂质的分析方法按 GB/T 18115 的规定进行。

4.3 非稀土杂质及灼减的分析方法按 GB/T 12690 的规定进行。

4.4 数值修约按 GB/T 8170 的规定进行。

4.5 外观用目测检查。

5 检验规则

5.1 检查与验收

5.1.1 产品由供方技术监督部门进行检验,保证产品质量符合本标准规定,并填写产品质量证明书。

5.1.2 需方应对收到的产品进行检验,如检验结果与本标准规定不符,应在收到产品之日起 3 个月内向供方提出,由供需双方协商解决。如需仲裁,可委托双方认可的单位进行,并在需方共同取样。

5.2 组批

产品应成批提交检验,每批应由同一牌号的产品组成。

5.3 检验项目

每批产品应进行化学成分和外观质量检验。

5.4 取样与制样

化学分析的仲裁取样按表 2 规定进行。

表 2

每批件(袋)数	1	2	3,4	5～10	11～20	21～60	61～100	101～150	>150
取样件(袋)数	1	2	3	4	5	6	7	8	10

每件(袋)取样不少于 10 g,将试样混匀后,用四分法迅速缩分至试样所需数量。

5.5 检验结果判定

化学成分仲裁分析结果不合格时,则从该批产品中取双倍试样重新进行复验,如仍有一项结果不合格,则该批产品为不合格。

6 标志、包装、运输、贮存

6.1 标志和包装

产品分装于双层塑料袋或塑料瓶中,再将袋(瓶)置于铁桶(木箱、纸箱或塑料箱)中,也可用大集装袋包装。桶(箱、袋)外注明:供方名称、产品名称、牌号、批号、净含量、毛重、出厂日期及"防潮"标志或字样。

6.2 运输、贮存

产品极易吸潮,需存放于干燥处,不得露天放置。运输时严防淋雨受潮。

6.3 质量证明书

每批产品应附质量证明书,注明:

a) 供方名称；

b) 产品名称和牌号；

c) 批号；

d) 净含量和件数；

e) 各项分析检验结果和供方技术监督部门印记；

f) 本标准编号；

g) 出厂日期。

ICS 77.060
H 25

中华人民共和国国家标准

GB/T 4157—2006
代替 GB/T 4157—1984

金属在硫化氢环境中抗特殊形式环境开裂实验室试验

Laboratory testing of metals for resistance to specific forms of environmental cracking in H_2S environments

2006-03-02 发布　　　　2006-09-01 实施

中华人民共和国国家质量监督检验检疫总局
中国国家标准化管理委员会　发布

前言

本标准修改采用美国腐蚀工程师协会标准 NACE TM0177—1996《金属在硫化氢环境中抗特殊形式环境开裂实验室试验》。本标准与 NACE TM0177—1996 的主要差异为：

——增加第2章，规范性引用文件；

——取消 NACE 标准中英制单位。

本标准代替 GB/T 4157—1984《金属抗硫化物应力腐蚀开裂恒负荷拉伸试验方法》。

本标准与 GB/T 4157—1984 比较主要变化如下：

——增加第2章引用标准；

——增加弯梁试验、C形环试验、双悬臂梁(DCB)试验。

本标准附录A和附录B都是规范性附录。

本标准由中国钢铁工业协会提出。

本标准由全国钢标准化技术委员会归口。

本标准起草单位：钢铁研究总院、中国石油集团工程设计有限责任公司西南分公司、宝山钢铁集团公司、冶金工业信息标准研究院。

本标准起草人：王玮、金明秀、周平、施岱艳、郭全宝、柳泽燕、冯超、王秦晋。

本标准1984年2月首次发布。

金属在硫化氢环境中抗特殊形式环境开裂实验室试验

1 范围

1.1 本标准规定了在含硫化氢的酸性水溶液环境中受拉伸应力的金属抗开裂破坏性能试验。对于SSC(硫化物应力腐蚀开裂)敏感性高的碳钢和低合金钢,通常在室温进行抗 EC(环境开裂)性能试验。对于其他合金,EC 敏感性与温度关系较复杂。

1.2 本标准规定了试验使用的试剂、试样和设备、母材和试样的性能和需遵循的试验程序。本标准包括四种试验方法:

方法 A:拉伸试验;

方法 B:弯梁试验;

方法 C:C 形环试验;

方法 D:双悬臂梁(DCB)试验。

第 1 章至第 8 章给出了四种试验方法的通用说明。第 9 章至第 12 章给出了每类试样需遵循的试验方法。在每种试验方法(第 9 章至第 12 章)的开始部分给出了这种试验方法的适用性。关于试验结果的报告也进行了讨论。

1.3 金属可在常温常压或高温高压下进行 EC 试验。

1.3.1 对于常温常压下试验,试验程序可概述如下:施加应力的试样浸泡在含硫化氢的酸性水溶液环境中。通过施加合适增量的载荷获得 EC 数据。

1.3.2 当试验温度大于 27℃,常压或高压下试验,第 8 章给出了一种替代试验技术。所有方法(A、B、C、D)都可采用这种技术。

1.4 安全警告:硫化氢是剧毒的气体,必须小心处理(见附录 A)。

2 规范性引用文件

下列文件中的条款通过本标准的引用而成为本标准的条款。凡是注日期的引用文件,其随后所有的修改单(不包括勘误的内容)或修订版均不适用于本标准,然而,鼓励根据本标准达成协议的各方研究是否可使用这些文件的最新版本。凡是不注日期的引用文件,其最新版本适用于本标准。

GB/T 228 金属材料 室温拉伸试验方法

GB/T 8650 管线钢和压力容器钢抗氢致开裂评定方法

GB/T 10127 不锈钢三氯化铁缝隙腐蚀试验方法

GB/T 15970.5 金属和合金的腐蚀 应力腐蚀试验 第 5 部分:C 型环试样的制备和应用(GB/T 15970.5—1998,idt ISO 7539.5:1989)

ASTMD 1193 试剂水

3 EC 试验影响因素

3.1 应力腐蚀试验结果的解释比较困难,本标准是苛刻的加速试验方法,因此使数据解释极其困难。检验在不同实验室中试验方法的再现性时,必须注意在加速试验中经常出现的几个不良副效应。

3.1.1 HIC(氢致开裂)和氢鼓泡可使试验环境产生破坏,特别对于通常不会遭受 SSC 的低强度钢。

HIC可通过目测和金相观察发现。鼓泡一般会在试样表面发现（关于这种现象的更多信息，见GB/T 8650）。

3.1.2 一些合金在实际使用中不腐蚀，而在试验环境中遭受腐蚀，从而使通常不发生EC失效的合金产生了EC破坏。这种问题对于马氏体和沉淀硬化不锈钢特别严重。

3.2 在选择试验方法时，应考虑其他方面的问题：

3.2.1 材料的各向异性是一个重要参数，它影响材料力学性能和环境开裂敏感性。试样上的破裂路径应与实际部件上的相匹配。

3.2.2 不同金属间电池效应可能增加或降低开裂敏感性。在与电化学性更活泼材料如碳钢和低合金钢组成电偶对时，一些镍基耐蚀合金会加快EC，而一些双相不锈钢会减少EC。

3.2.3 试验温度影响开裂敏感性。当试验温度高于24℃时，钢的SSC敏感性会降低。而试验温度低于24℃时，钢的SSC敏感性则增加。

3.2.4 不同试验方法没必要对同类材料提供相同的排序。

3.2.5 材料不均匀性如焊缝和偏析影响试验结果。在评价大尺寸材料（拉伸试验）对小尺寸材料（弯梁试验）的试验结果比较时，特别明显。

3.2.6 在规定的暴露时间内，最大未断裂应力应被认为临界应力。更长暴露时间或更多的试样可降低临界值。

3.2.7 EC试验结果可表现出统计性变化。需重复试验获得表征EC的代表性数值。

3.2.8 一些试样更适合测量局部区域的抗EC性能（如表面层或其他特征，焊缝区）。

3.2.9 一些类型的EC试验与其他EC试验相比，需要更多的试验时间。

4 试剂

4.1 试剂纯度

4.1.1 试验气体、氯化钠、冰乙酸、醋酸钠和溶剂应为试剂级或化学纯（≥99.5%（见附录B）。

4.1.2 试验用水应为相当于或高于ASTM Ⅳ类（ASTMD 1193）的蒸馏水或去离子水。不能使用自来水。

4.2 用惰性气体除氧。惰性气体应为高纯度的氮气、氩气或其他合适的不活泼气体。

5 材料性能

5.1 按GB/T 228标准试验方法中的拉伸试验确定母材性能。试样数量为两个或更多，由每次试验结果的平均值，确定屈服强度、抗拉强度、延伸率和断面收缩率。拉伸试样的取样位置和取向应与EC试样相同，这能使试样间的性能变化降到最低。

5.2 材料的许多基本性能与EC敏感性相关。相应的，化学成分、力学性能、热处理和加工过程（如冷压缩率或预应变）应被确定，并记录在拉伸试验数据报告中。对于化学成分相同，但热处理和微观结构不同的材料，应作为不同材料进行试验。

5.3 可在暴露于试验环境前后，测量试样硬度。但不能在试样应力评价部位测量。

6 试验容器和装置

6.1 根据实际试样尺寸和加载装置确定试验容器的尺寸、形状和进口。

6.2 在试验前，容器应能除氧，试验期间能与空气隔绝。在硫化氢溢流管上使用出口捕集器，使试验容器保持25 mm水柱压，防止氧通过小缝隙进入或通过气体管线扩散入（见附录B除氧原因）。

6.3 试验容器的体积应能保证与试样表面积对应的溶液体积在特定限度内，从而使pH值随时间的变化符合标准(见每种试验方法的规定)。

6.4 试验容器应用在试验环境中呈惰性的材料制作。某些塑料容器可满足要求,其他塑料材料在初次使用时会使试验结果产生变化,这种变化会直到连续使用后停止。玻璃容器没有这种趋势。

6.5 如果不同种金属与试验环境接触,试样与不同材料的试验容器和装置应电绝缘。

6.6 应选择硬性电绝缘材料,在加载或弯曲试样时不会松弛或滑移。

6.7 **电池效应**

6.7.1 有必要评价电池效应对 EC 的影响,例如不锈合金或耐蚀合金(CRAs)与钢组成电偶对(见3.2.2)。

为了评价,用螺栓把表面积是试样 0.5～1 倍的铁或钢牢固地固定在试样上。

6.7.2 硫化铁颗粒是导电的,它沉积在绝缘材料上,使材料之间导电,从而影响试验结果。

7 试验溶液

7.1 溶液 A 是饱和的硫化氢酸性水溶液,与试样接触前,硫化氢饱和后的溶液 pH 值应为 2.6～2.8。与下面的溶液 B 相比较,试验期间,pH 值会上升但不应超过 4.0。如果保持试验溶液体积与试样表面积的比并按本标准规定除氧,pH 值是不会超过此值的。溶液 A 可用于方法 A、C 和 D,除非要求使用溶液 B。

7.2 溶液 B 是酸性缓冲溶液,在与试样接触前,经硫化氢饱和后 pH 值在 3.4～3.6 之间。可在方法 A、C 和 D 中使用。试验期间,pH 值会上升但不应超过 4.0。应在试验报告中注明此溶液的使用。当试验要求升高的 pH 值溶液时,可以使用升高的 pH 值环境。例如,在马氏体不锈钢夹杂物的影响试验中,要求试验溶液 pH 值大于或等于 3.5。

7.3 对指定的试验方法,溶液中的所有试剂的称量误差应为±1.0%。

7.4 除非要求在高温下试验(见第 8 章),试验溶液应保持在 24℃±3℃,变化超出此范围应说明。

7.5 见指定的试验方法要求中的试验环境(见 9 章～12 章)。

8 高温/高压试验

8.1 大部分材料在有硫化氢时的主要开裂机制随温度而变化。铁素体钢、铁素体不锈钢和马氏体不锈钢主要是氢(如阴极)开裂机制,并在室温附近有最大敏感性。奥氏体不锈钢随温度增加,开裂敏感性增加,主要是阳极过程的作用。双相不锈钢表现出混合行为,在中温范围开裂敏感性最大。为了便于模拟实际环境或预测最苛刻的条件下的行为,及超过 100 kPa 硫化氢分压时的试验,可使用下面的改进技术。

8.2 与室温常压下试验相比,高温高压下试验涉及到附加安全措施。这给出了一般指导,也许没有说明所有方面,但可根据当地的安全要求进行补充。因为在试验期间硫化氢可能会耗尽,所以在本标准中对气体补充和连续冒泡技术作了说明。硫化氢损耗率和对环境腐蚀性影响受几个因素的影响,包括试样腐蚀率和试验环境中硫化氢分压。可根据经验维持硫化氢分压,但有必要测量溶液或气相中硫化氢浓度,以保证要求的试验条件。在报告中必须注明这些信息。

8.3 试验设备

试验设备包含容器和附属设备,且能承受试验条件下的腐蚀和相应的压力,并有合适的安全系数。

8.3.1 容器应装有热电偶或其他测量溶液温度的方式、气体进口和出口、进口上插管和压力测量装置。

8.3.2 如果使用连续气体冒泡技术,出口上方的冷凝器可限制溶液的损失。在温度超过 50℃和/或溶液少于 200 cm^3 时,这项措施非常有用。

8.3.3 为了安全,一般使用防爆片或减压阀。

8.3.4　测压装置的精度应达到最大系统压力的±1%。如果使用压力计，最大系统压力应大于满量程的20%，小于80%。图1和图2给出了用于各种试验方法的试验设备示意图。

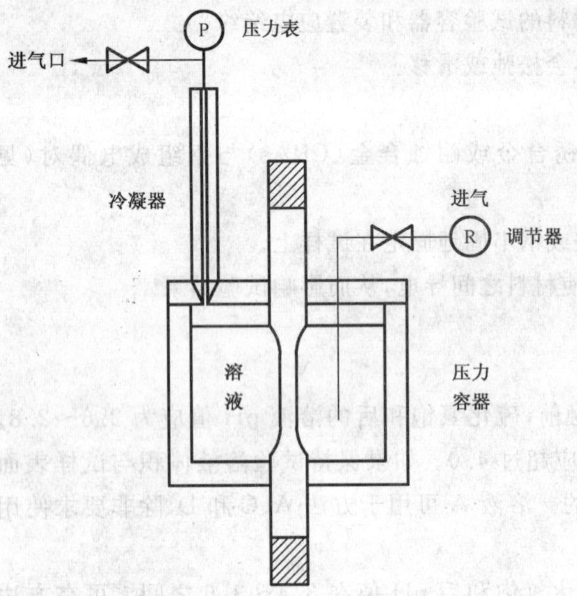

图1　方法A标准拉伸试验试验装置示意图

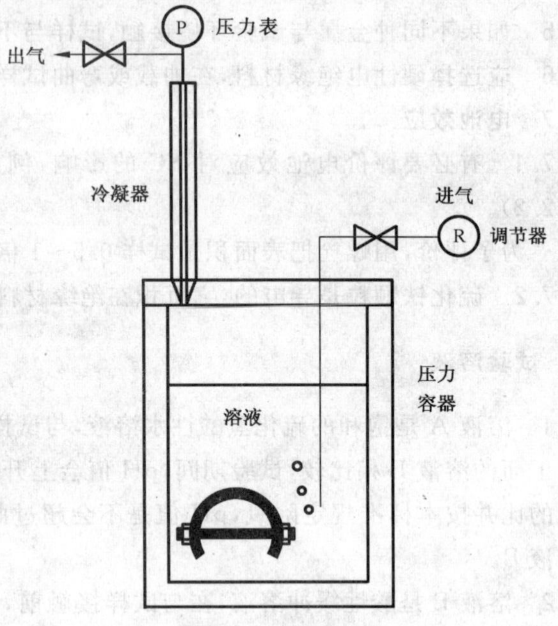

图2　方法B标准弯梁试验、方法C标准C形环试验、方法D标准双悬臂梁试验试验装置示意图

8.3.5　如果使用弹性橡胶密封材料，必须用独立测量方法验证在使用温度下耐硫化氢的程度。

8.4　试验溶液

根据试验规定的要求选择试验溶液，试验溶液通常含有浓缩到饱和浓度的氯化钠，允许缓冲酸化，与室温方法类似。

8.5　试验气体

试验气体一般是两种或多种气体混合物：硫化氢、二氧化碳和惰性气体，如氮气或氩气。在低硫化氢分压下和无二氧化碳的惰性气体中试验，因为腐蚀产物可溶，要求谨慎说明。试验气体混合物应储藏在标准气瓶中，并装有合适的压力调节器（通常为不锈钢），以便满足试验要求的压力。对商业供给的混合气体，建议分析成分。

8.6　试验程序

除非有新要求或补充规定，室温下的试验程序是一样的：

8.6.1　把试样和试验溶液放入容器，然后密封并检验是否泄漏。通常用最大试验压力的1.5倍的惰性气体检验是否泄漏。

8.6.2　加热时，试验溶液膨胀，可能充满整个容器，会有爆炸的危险。试验溶液的体积应小于容器体积的75%。在温度超过225℃时，应使用更大的安全系数（更小的总体积百分比）。

8.6.3　通过进气管，用冒泡惰性气体对试验溶液除氧，每升溶液最少1 h。

8.6.4　通过下述两种方法之一确定硫化氢分压：

8.6.4.1　导入气体前加热容器

8.6.4.1.1　关闭阀门，加热容器至试验温度。测量系统压力（试验溶液蒸汽压）P_1。

8.6.4.1.2　导入气体到试验压力 P_T。

8.6.4.1.3　按公式(1)计算试验环境中硫化氢分压 P_{H_2S}：

$$P_{H_2S}=(P_T-P_1)X_{H_2S} \qquad (1)$$

式中：

P_T——总试验压力，单位为千帕(kPa)；

P_1——溶液蒸汽压，单位为千帕(kPa)；

X_{H_2S}——试验气体中硫化氢的摩尔分数。

8.6.4.2　容器加热前导入气体

如果计算硫化氢分压的证明方法可以确立，那么可在容器加热前导入气体。

8.6.5　根据要求补充气体，以便维持7.2要求的试验条件(主要是硫化氢分压)。当试验的耐蚀合金在硫化氢分压低于2 kPa或试验的碳钢和合金钢在硫化氢分压低于100 kPa时，以0.5 cm^3/min～1.0 cm^3/min速度连续气体冒泡或每星期一次或两次的气体补充是十分必要的。在气体补充期间应避免溶液损失和氧的进入。

8.6.6　根据使用的试验方法(A、B、C或D)确定试验时间。试验温度维持在规定温度的±3℃，每天手工记录，或更短的时间间隔，数据记录仪记录。监控压力并每天记录。如果压力下降到要求压力的40 kPa以下，必须补充气体。

8.6.7　试验结束后，打开容器前通入惰性气体冷却至室温。使用外部加载装置时，如果可能，在冷却前应释放载荷。

9　方法A：拉伸试验

9.1　方法A标准拉伸试验可评价在单轴拉伸加载下的金属抗EC能力。它提供了简单、应力状况明确的无缺口试样。方法A通常用断裂时间来确定EC敏感性。加载了特定应力级的拉伸试样给出了断裂/未断裂试验结果。当用不同的应力下对多组试样进行试验，可获得EC临界应力。

这部分给出了室温和常压下的试验步骤。对于高温和高压下试验，第8章给出了特别说明。

9.2　试样

9.2.1　用于试验的材料的尺寸和形状经常限制试样的选择。取样方向影响试验结果，所以应注明。

9.2.2　拉伸试样的工作段(见图3(a))应长25.4 mm、直径(6.35±0.13)mm(见GB/T 228)。也可使用长25.4 mm、直径(3.81±0.05)mm的非标准试样。加工后，放在干燥器或非阻化油中，以备试验。

9.2.3　为了减小应力集中和圆角断裂，过渡圆弧半径应不小于15 mm。

降低圆角断裂的有效方法：

a)　消除加工试样圆弧上的根切；

b)　加工试样的工作段时，应稍微有一点锥度(0.05 mm～0.13 mm)，使工作段中间截面最小。

9.2.4　试样的头部应足够长，保证与试验容器密封及与加载夹具的连接(见图3(b))。

9.2.5　试样加工或打磨时，应避免过热和冷作硬化。最后两道切削量要小于0.05 mm。如果打磨不会使材料硬化，可以打磨。

9.2.6　试样的表面粗糙度应不低于0.81 μm。如果能满足粗糙度要求，可使用机械抛光或电抛光。除了打磨外，任何抛光方法均应在试验报告中说明。在电抛光时，必须保证试样不吸氢。

9.2.7　当试验材料的尺寸或形状不能满足标准拉伸试样尺寸时，可使用非标准试样。但是，非标准试样的断裂时间可能小于标准试样。使用非标准试样的试验报告应包含非标准试样的使用和尺寸。

9.2.8　试样标记

在试样的头部压印或振动刻写，但不能在工作段做标记。

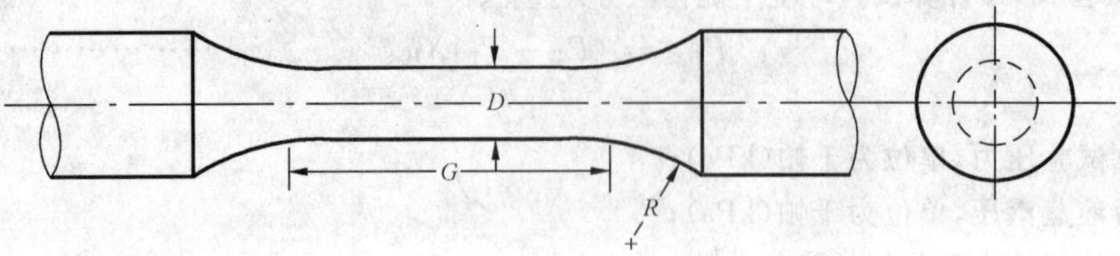

尺寸	标准试样 mm	小尺寸试样 mm
D	6.35±0.13	3.81±0.05
G	25.4	25.4
R/min	15	15

(a) 拉伸试样尺寸

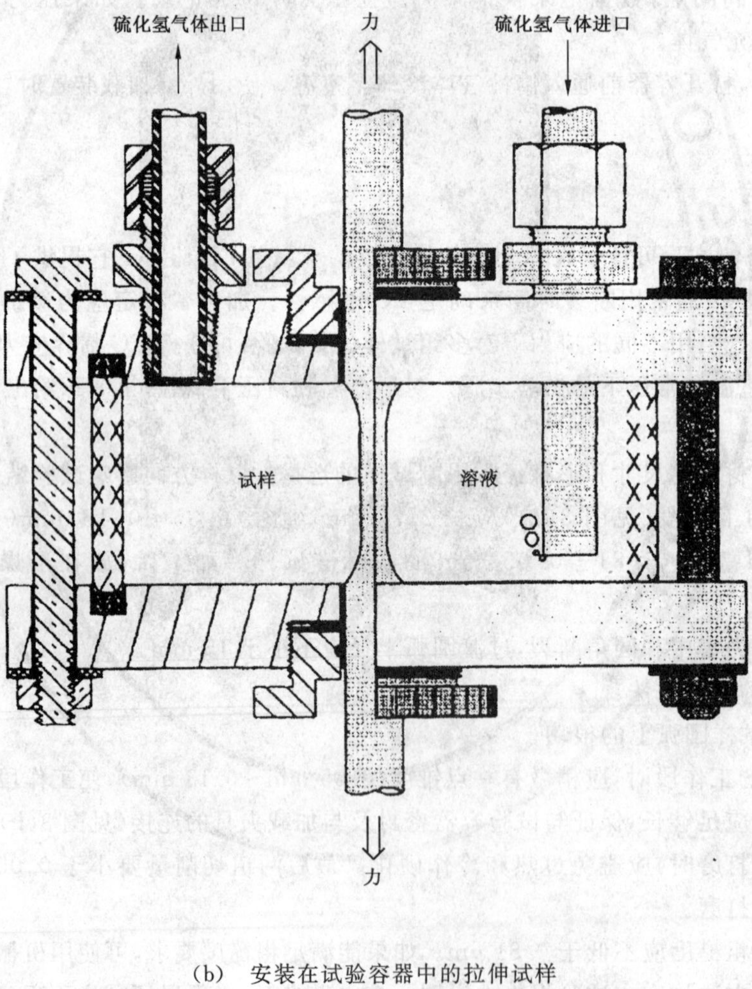

(b) 安装在试验容器中的拉伸试样

图 3 拉伸试样

9.2.9 试样的清洗

9.2.9.1 在试验前,应用溶剂对试样除油,再用丙酮清洗。

9.2.9.2 试样清洗后,不能触摸或污染试样的工作段。

9.3 试验溶液

9.3.1 试验溶液A为含有5%(质量分数)氯化钠和0.5%(质量分数)冰乙酸,用蒸馏水或去离子水配制。例如,50.0 g氯化钠和5.0 g冰乙酸溶解在945 g蒸馏水或去离子水中。一般使用试验溶液A,除非要求使用试验溶液B。

9.3.2 当要求起始的pH值在3.4~3.6之间时,使用试验溶液B。溶液B为含有5%(质量分数)氯化钠、0.4%(质量分数)乙酸钠和0.23%(质量分数)冰乙酸,用蒸馏水或去离子水配制。溶液B应与试验溶液A一样,用硫化氢饱和。

9.4 试验设备

9.4.1 许多用于应力腐蚀试验的应力加载装置和试验容器可用于方法A。相应的,下面的讨论着重于能满足试验项目和程序的设备特征。

9.4.2 拉伸试验可使用恒载荷装置或持久载荷(试验环或弹簧加载)装置(见GB/T 10127)。

9.4.3 当用持久载荷装置试验敏感的材料时,裂纹可能在局部产生并扩展,不贯穿整个试样(见9.7)。因此,为确定持久载荷试验结果的敏感性,要求对试样上非贯穿裂纹的表观进行检查。如果裂纹细小稀疏或被腐蚀沉积物覆盖时,确定敏感性是很困难的。然而,恒载荷装置试验可完全区分材料的敏感性。试验结果不依赖于寻找非贯穿裂纹来确定材料的敏感性。

9.4.4 在液力测压计下能维持恒定的压力的静重力试验机,可用于恒载荷试验(见图4)。

图4 恒载荷(静重力)装置

9.4.5 当夹具或试样的松弛仅引起施加载荷小的下降百分比时,持久载荷试验可用弹簧式加载装置或试验环进行。

9.4.5.1 当使用试验环时,要求按以下步骤进行。

9.4.5.1.1 校准前,对试验环进行预处理,用试验环最大额定载荷的110%进行加载,至少10次。

9.4.5.1.2 拉伸试样上的载荷应在试验环的载荷范围内。选择相应的试验环,施加的载荷使环产生变形程度应超过直径的0.6%,但不小于0.51 mm。如果小于0.51 mm或小于直径的0.6%,应校准变形、校准载荷和指定试验载荷。

9.4.5.2 试验环变形程度大幅下降也许表明:

a) 试样上有裂纹产生和扩展;

b) 试样屈服;

c) 应力松弛。

应考虑在试验期间或试验完成时测量试验环变形程度。

9.4.5.3 当施加的应力在材料屈服强度的10%以内时，应监控变形程度。

9.4.6 试样必须与任何接触试验溶液的其他金属电绝缘。

9.4.6.1 试样周围的密封必须是电绝缘和气密的。但当试样位移时，密封引起的摩擦可忽略不计。

9.4.6.2 在很多情况下，整个试验固定装置可能浸没在试验溶液中，其上的加载夹具可用同种材料制造。如果使用了不同材料，必须与试样电绝缘。如果有要求，加载装置可涂镀不导电和不渗透的覆盖层。

9.4.7 试验容器的体积应能保持每平方厘米试样表面积有 30 ml±10 ml 溶液。

9.5 应力计算

9.5.1 拉伸试样的加载载荷由公式(2)确定：

$$P = S \times A \qquad \cdots\cdots(2)$$

式中：

P——载荷；

S——施加的应力；

A——工作段的实际截面积。

9.6 试验步骤

9.6.1 测量试样工作段的最小直径，根据需要的应力级计算试样的载荷。

9.6.2 拉伸试样清洗后，放入试验容器中。试验容器应密封，防止试验期间空气进入到容器中。

9.6.3 可在容器充入惰性气体前或后施加载荷。以屈服强度或载荷的合适增量对拉伸试样加载。

9.6.4 应小心加载，避免超过预定值。如果超过预定值，试验应在新的载荷下进行或放弃。

9.6.5 应将除氧的试验溶液立即注入试验容器中，以至溶液/气体界面不与试样工作段接触。除氧溶液可在密封的容器中准备，以 100 mL/min 的速度通入惰性气体，时间是每升溶液至少 1 h。一旦溶液在试验容器中，至少用惰性气体除氧 20 min。惰性气体除氧可确保在注入硫化氢时溶液无氧(见附录B)。在注入硫化氢前，如果其他除氧和转移方法可获得完全除氧条件，也可使用。当硫化氢进入试验容器时，氧污染很明显，溶液会变浑浊(不透明)。硫化氢进入时试验溶液变得不透明，试验失效。试样应被移出和清洗，重复试验溶液的补充、转移和除氧步骤。

9.6.6 然后试验溶液以(100～200)mL/min 的速度和每升溶液 20 min 的时间进行硫化氢饱和。在试验期间，以低流速(每分钟几个气泡)维持硫化氢在试验容器和出口捕集器间连续流动。这维持了硫化氢浓度和微正压，阻止了空气通过小漏隙进入试验容器。

9.6.7 试样断裂或通过 720 h，试验结束。

9.6.8 需要时，可试验补充试样，确定最大未断裂应力。

9.7 破坏检查

试验后，清洗未断裂试样的工作段表面，检查开裂迹象。注明有裂纹的试样。

9.7.1 对于所有材料，破坏是：

a) 试样完全断裂；

b) 在完成 720 h 试验时间后，在放大 10 倍下目测观察工作段裂纹。可使用金相、扫描显微镜或力学试验研究技术确定工作段裂纹是否是由 EC 造成的。如果证明裂纹不是 EC 造成的，试样通过试验。

9.7.2 使用电子计时器和微型开关记录断裂时间。

(a) 试验环

(b) 弹簧加载

图 5 持久载荷装置

9.8 试验报告

9.8.1 试验后,每种应力水平下的断裂时间和未断裂数据或表面裂纹的目测观察结果应写入报告。

9.8.2 报告中应有化学成分、热处理、力学性能和其他的数据和信息。

9.8.3 表 1 给出了数据报告的推荐格式,数据也可在半对数坐标纸上给出(见图 6)。

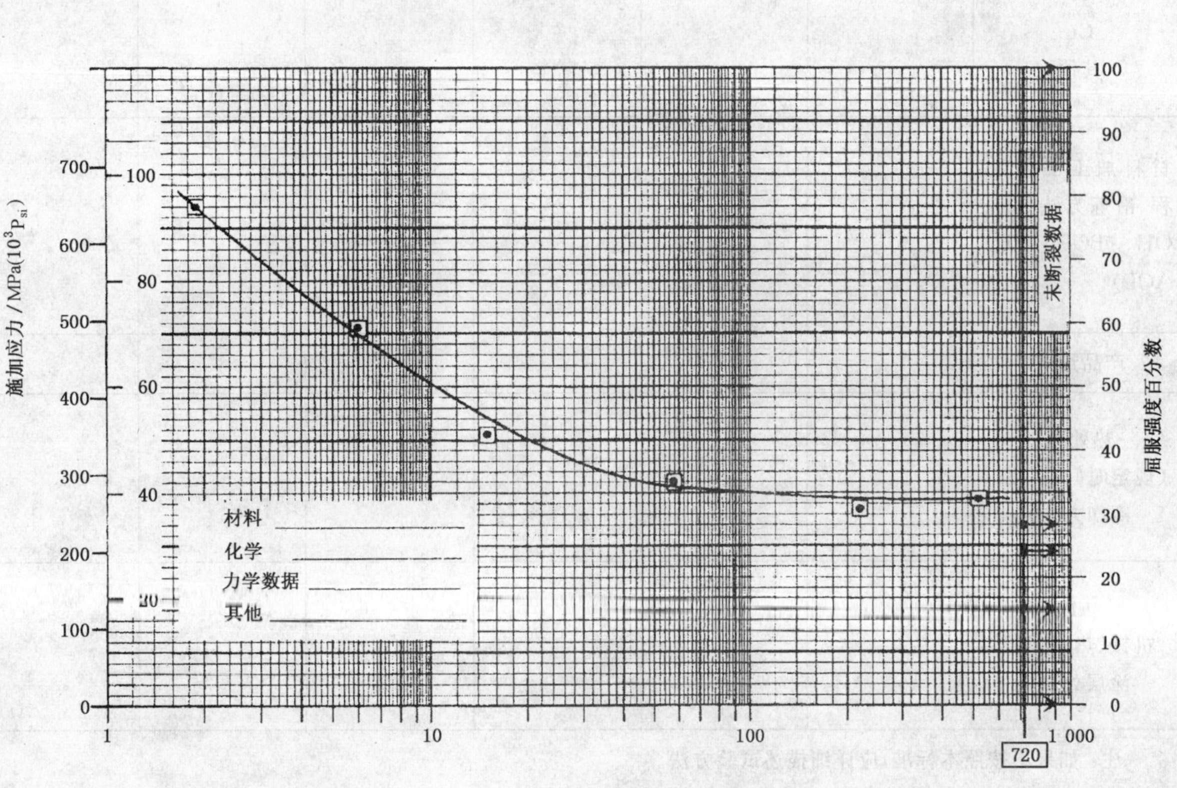

图 6 施加应力-log(断裂时间)

表 1 试验报告(第 1 部分)

方法 A:拉伸试验

委托单位:________________________委托日期:______________

委托人:____________电话:____________试验室:______________

合金牌号:________________________材料类型:______________

化学成分 (质量分数)/%	炉号/编号					
C Mn Si P S Ni Cr Mo V Al Ti Nb N Cu 其他						
材料加工工艺过程、冶炼方法(如:OH、BOF、EF、AOD)[a]						
产品形式						
热处理 (规定时间、温度、冷却方式)						
其他 机械、热、化学、涂层处理[b]						
注:如果不按照本标准,应详细描述试验方法。						

a 熔炼过程:平炉(OH),氧气转炉(BOF),电弧炉(EF),氩氧脱碳(AOD)。

b 如:冷加工、电镀、渗氮、预应变等。

表 1 试验报告(第 2 部分)

方法 A:拉伸试验

试验日期:______________________________

试样尺寸:□ 标准 □ 非标准　　　　标称直径:________ 标距:________

恒载荷—□ 静载荷 □ 液压　　　　□ 其他:________________

持久载荷—□ 试验环 □ 弹簧　　　　□ 其他:________________

□ 试验后试验环挠度测量

试验溶液:□ 溶液 A □ 溶液 B　　　　□ 其他溶液:________

□ 出口捕集器隔绝氧 □ 温度维持在 24℃±3℃　　　　□ 温度________±3℃

材料编号	试样性能							试验应力(屈服强度的百分数)/%								溶液 pH[d]		热处理	备注(表面状态和硫化氢水平)
	位置[a]	取样方向[b]	屈服强度[c]( )	抗拉强度( )	延伸率%	断面收缩率%	硬度( )	断裂时间(h) NF=720 h 未断裂								开始	结束		

注:如果不按照本标准,应详细描述试验方法。

a 取样位置:管材——外壁(OD)、中壁(MW)或内壁(ID);实心体——表面(S)、厚度四分之一(QT)、二分之一半径心部、中心、边缘。

b 纵向或横向。

c 括号内单位为公制,除非有其他说明,屈服强度为 0.2%塑性变形的应力。

d 应为在试样未破坏的最大应力下 pH 值。

10 方法 B:弯梁试验

10.1 方法 B 标准弯梁试验用于评价受拉伸应力的碳钢和低合金钢在硫化氢的酸性水溶液中的抗开裂破坏性能。本方法可评价材料存在应力集中时的 EC 敏感性。弯梁试样尺寸简单,便于试验小、局部和薄的材料。加载到特定挠度的弯梁试样,可给出破坏/未破坏试验结果。当在不同的挠度下试验多组试样时,可获得临界应力(S_C)。本试验方法的试验溶液不含氯化钠。碳钢和合金钢的实验室数据与现场数据是相关联的。

10.1.1 这部分给出了室温和常压下的试验步骤。对于高温和高压下试验,第 8 章给出了特别说明。

10.1.2 方法 B 概括如下:

10.1.2.1 本方法涉及对一组试样中每个试样施加弯曲应力,使之弯曲。然后把施加应力的试样暴露在试验环境中,确定开裂破坏(或未破坏)。可用这些数据计算 S_C 值。

10.1.2.2 本方法是低柔度试样的恒挠度试验，计算的应力称为伪应力，因此没有反映以下几点：

a) 试样上的实际应力或应力分布；

b) 与塑性变形相关的弹性偏差；

c) 试样上一个或多个裂纹生长时的应力下降。

因此，本方法不适于阈值应力的确定。

10.2 试样

10.2.1 弯梁试样宽 4.57 mm±0.13 mm、厚 1.52 mm±0.13 mm 和长 67.3 mm±1.3 mm(见图 7)。加工后，放在干燥器或非阻化油中，以备试验。

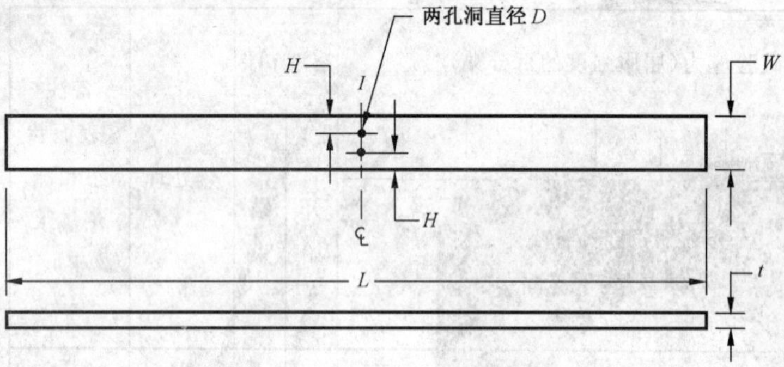

尺寸	大小 mm
L	67.3±1.3
I	1.52±0.13
W	4.57±0.13
H	1.59
D	0.71

图 7 标准弯梁试样尺寸

10.2.2 为确定材料敏感性，一般须在给定样品中取(12～16)个试样。在试验报告中必须注明原材料上的取样位置和方向。

10.2.3 把试样铣到近似尺寸，然后研磨到最终尺寸。每边最后两道的切削量限制在 0.013 mm(小心防止过热)。最后表面粗糙度为 0.81 μm 或更小。

10.2.4 如图 7 所示，在试样的中间钻两个直径 0.71 mm 孔，圆心距边缘 1.59 mm，应在加工最终表面前钻孔。

10.2.5 试样标记

在距端头 13 mm 区域内压印或振动刻写。

10.2.6 试样清洗

10.2.6.1 用 240 粒度砂纸手工打磨试样的表面和边缘，打磨方向平行于试样的轴向。

10.2.6.2 用溶剂给试样脱脂，并用丙酮清洗。

10.2.6.3 清洗后，不能触摸或弄脏试样施加应力的部位。

10.3 试验溶液

10.3.1 试验溶液是用蒸馏水或去离子水配置的 0.5%(质量分数)的冰乙酸溶液。例如，5.0 g 冰乙酸溶解在 995 g 蒸馏水或去离子水中。不添加氯化钠。

10.3.2 本方法未对试验溶液 A 和 B 的使用标准化。

10.4 试验设备

10.4.1 许多用于应力腐蚀试验的应力加载装置和试验容器可用于方法 B。相应的，下面的讨论着重于能满足试验项目和程序的设备特征。

10.4.2 试验使用三点弯曲的恒挠度装置(见图 8)。

10.4.3 浸没在试验溶液中的试验装置应耐一般腐蚀(一般用 UNS S31600(0Cr17Ni12Mo2)不锈钢)。接触试样的装置部件必须电绝缘。

10.4.4 挠度计的刻度为 0.002 5 mm。

通过独立的或与加载装置一体的量具确定试样挠度。在设计适合特定情况下的挠度计时，应能测量试样中间的挠度。

10.4.5 试验容器

10.4.5.1 试验容器的体积应能保持每平方厘米试样表面有 30 mL±10 mL 溶液。推荐试验容器的最大体积为 10 L。

10.4.5.2 为阻止氧污染试验溶液，在容器的进口和出口安装阀门。

10.4.5.3 在试样的下面安装烧结玻璃制成的起泡器，用于引进惰性气体和硫化氢气体。气泡不能冲击试样。

10.5 挠度计算

10.5.1 在梁挠度计算中使用了材料的估计伪应力(S_C)。对于碳钢和低合金钢，洛氏硬度 HR_C 在 22～24 时，S_C 值在 69 MPa 附近。当硬度增加时，S_C 值一般会下降。

10.5.2 把估计的 S_C 值的选择范围作为伪应力计算梁试样的挠度。

10.5.3 对于每一个伪应力值，用公式(3)计算试样挠度：

$$D = SL^2/6Et \qquad \cdots\cdots(3)$$

式中：

D——挠度；

S——伪应力；

L——梁长度；

E——弹性模量；

t——梁厚度。

L 和 t 值在图 7 中给出。公式假定试样处于弹性状态，忽略了孔洞附近的应力集中和高应力下试样的塑性。

10.6 试验程序

10.6.1 测量试样尺寸，用伪应力预期值计算挠度。

10.6.2 通过弯曲试样施加应力，表盘式测量计和装置的最小刻度为 0.002 5 mm。

为避免超过预期值，应小心弯曲。如果超过了预期挠度，可在更高的挠度下进行试验或放弃试验。

10.6.3 施加应力的试样清洁后，放入试验容器。

10.6.4 试验容器立即注入除氧的试验溶液并密封。除氧试验溶液在密封容器中制备，以100 mL/min 的速度通入惰性气体，时间是每升溶液至少 1 h。试验溶液一旦放入试验容器中，应至少通入惰性气体 20 min。然后试验溶液以 100 mL/min～200 mL/min 的速度和每升溶液 20 min 的时间进行硫化氢饱和。

试验期间，对试验容器中的硫化氢定期补充，每升溶液补充时间 20 min～30 min，速率为 100 mL/min～200 mL/min，每周三次。在每周的第一天、第三天和第五大补充。

10.6.5 试样断裂或达到 720 h，试验结束。

10.6.6 为较准确的确定 S_C 值范围，有必要附加试样和重复试验。

10.7 破坏检查

10.7.1 利用低倍双目显微镜目测确定裂纹的出现。如果试样只有一个或几个裂纹，试样形状可以发生显著变化，主要是扭曲，这有助于识别裂纹试样。然而，如果有许多裂纹存在，则形状变化不明显。因为腐蚀产物也许覆盖裂纹，必须仔细检查。为了确定裂纹，也许有必要进行机械清洗或金相检查。

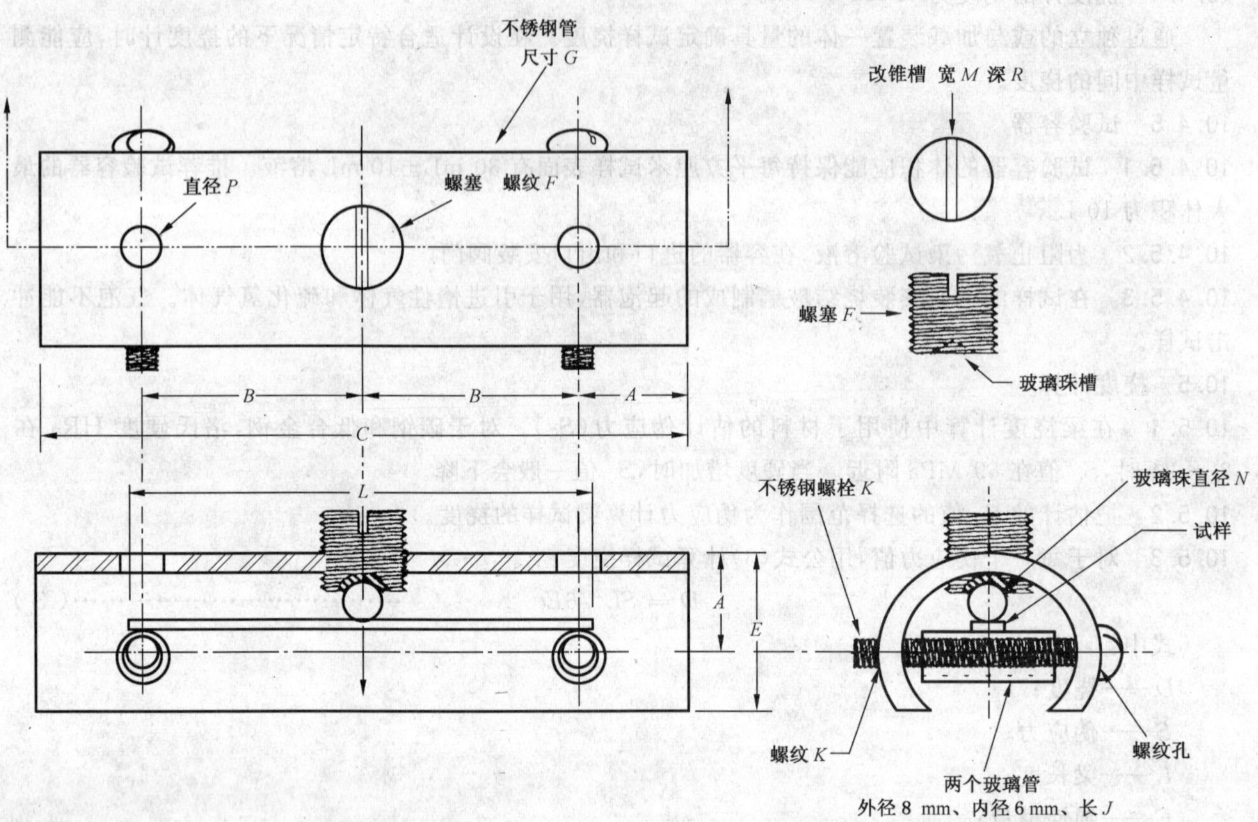

尺寸	大小 mm
A	15.9
B	31.75±0.13
C	95.3
E	25.4
F[a]	M12×1.25
G[a]	25
J	19
K[a]	M6×40
M	1.6
N[a]	6.0
P	6.1
R	3.3

a 与商用尺寸相同。

(a) 尺寸

(b) 照片

图 8 典型弯梁试样加载装置

10.7.2 试样开裂造成破坏。相应地在试样暴露后，清洗试样的表面，用手对试样进行 20 度的弯曲，在放大 10 倍下目测裂纹是否存在。发现裂纹存在，认为试样被破坏。

10.8 试验报告

10.8.1 提供破坏/未破坏数据和伪 S_C 应力值。断裂时间是可选的。

10.8.2 按公式(4)计算临界应力 S_C：

$$S_C(P_{si}) = \frac{\frac{\sum S(P_{si})}{10^4} + 2\sum T}{n} \qquad (4)$$

式中：

S——用于计算梁挠度的标称外部轴向伪应力(P_{si})；

T——试验结果(例如，+1 为通过，−1 为破裂)；

n——用于试验的试样总数量。

注：如果希望 S_C 是公制单位，首先应用 P_{si} 单位计算，然后转换为需要的单位。

在使用这种方法时，那些超过 $S_C\times10^4$ 值±210 MPa 的伪应力应被去除。

10.8.3 化学成分、热处理、力学性能和其他数据应在报告中给予说明。

10.8.4 表 2 给出推荐的数据报告格式。

11 方法 C：C 形环试验

11.1 方法 C 标准 C 形环试验用于评价在圆周加载(周向应力)下材料抗 EC 性能。特别适于管和棒的横向试验。C 形环的 EC 敏感性通常用断裂时间确定。弯曲到特定外部轴向应力水平的 C 形环给出了断裂/未断裂结果。当在不同的应力下对多组试样进行试验，可获得 EC 阈值应力。

这部分给出了室温和常压下的试验步骤。对于高温和高压下试验，第 8 章给出了特别说明。

11.2 试样

11.2.1 使用与 GB/T 15970.5 一致的无缺口 C 形环试样。C 形环的尺寸可在很宽的范围内变化，但不推荐使用外径小于 15.9 mm C 形环，因为增加了加工的难度和降低了施加应力的准确性。图 9 给出了典型的 C 形环试样。

图 9 C 形环试样尺寸

11.2.2 周向应力可沿环的宽度上变化；变化范围取决于宽度/厚度(w/t)和直径/厚度(d/t)比值。w/t 比值应在 2～10 之间，d/t 比值在 10～100 之间。

11.2.3 加载螺栓装置的材料应与试样相同或它们之间电绝缘，以避免电池效应。除非希望有电池效应。

11.2.4 机加工要求：最后两道的切削量不超过 0.05 mm，加工完成后主表面的粗糙度为 0.81 μm 或更小。加工后，放在干燥器或非阻化油中，以备试验。

为了达到腐蚀试验的目的，通常使用高质量机加工表面。然而，管材或棒材的成品表面也可用于 C 形环试样的评价。除了机械抛光以外，使用任何抛光工序必须在试验报告中说明。

表 2　试验报告(第 1 部分)

方法 B:弯梁试验

委托单位:________________________ 委托日期:________________

委托人:______________ 电话:______________ 试验室:________________

合金牌号:________________________ 材料类型:________________

化学成分 (质量分数)/%	炉号/编号					
C Mn Si P S Ni Cr Mo V Al Ti Nb N Cu 其他						
材料加工工艺过程、冶炼方法(如:OH、BOF、EF、AOD)[a]						
产品形式						
热处理 (规定时间、温度、冷却方式)						
其他 机械、热、化学、涂层处理[b]						
注:如果不按照本标准,应详细描述试验方法。						

[a] 熔炼过程:平炉(OH),氧气转炉(BOF),电弧炉(EF),氩氧脱碳(AOD)。

[b] 如:冷加工、电镀、渗氮、预应变。

表 2　试验报告(第 2 部分)

方法 B:弯梁试验

试验日期:＿＿

试样尺寸:□ 标准　□ 非标准　　　　　　　　　标称直径:＿＿＿＿＿＿＿＿＿＿　标距:＿＿＿＿＿＿＿＿

试验设备:□ 统计 S_C 值

试验溶液:□ 液压 A　　□ 溶液 B　　　　　　□ 其他溶液:＿＿＿＿＿＿＿＿＿＿＿＿＿＿＿＿＿＿＿

□ 出口捕集器隔绝氧　□　温度维持在 24℃±3℃　　□ 温度＿＿＿＿＿＿±3℃

材料编号	试样性能							伪应力值(　　)								溶液pH[d]		热处理	备注(表面状态和硫化氢水平)
	位置[a]	取样方向[b]	屈服强度[c]( )	抗拉强度( )	延伸率%	断面收缩率%	硬度( )	断裂时间(h) NF=720 h 未断裂								开始	结束		

注:如果不按照本标准,应详细描述试验方法。

a　取样位置:管材——外壁(OD)、中壁(MW)或内壁(ID);实心体——表面(S)、厚度四分之一(QT)、二分之一半径心部、中心、边缘。

b　纵向或横向。

c　括号内单位为公制,除非有其他说明,屈服强度为 0.2%塑性变形的应力。

d　应为在试样未破坏的最大应力下 pH 值。

11.2.5　试样标记

可在试样端部压印或振动刻写。

11.2.6　试样清洗

11.2.6.1　试验前,试样用溶剂脱脂和丙酮清洗。

11.2.6.2　清洗后,试样的试验部位不能触摸或弄脏。

11.3　试验溶液

11.3.1　试验溶液 A 含有 5.0%(质量分数)氯化钠和 0.5%(质量分数)冰乙酸,用蒸馏水或去离子水配制。例如,50.0 g 氯化钠和 5.0 g 冰乙酸溶解在 945 g 蒸馏水或去离子水中。一般使用试验溶液 A,除非要求使用试验溶液 B。

11.3.2　要求起始的 pH 值在 3.4～3.6 之间时,使用试验溶液 B,含有 5.0%(质量分数)氯化钠、0.4%(质量分数)乙酸钠和 0.23%(质量分数)冰乙酸,用蒸馏水或去离子水配制。溶液应与试验溶液 A 一样,用硫化氢饱和。

11.4　试验设备

11.4.1　为了给 C 形环试样施加应力,试验设备应包含测量精度为 0.025 mm 的量规或等效量具、适合加载螺栓装置的扳手和固定装置。

在通过加载螺栓或 C 形环端部进行加载时,C 形环试样应被固定。不能在 C 形环的中间试验段固定。

11.4.2　试样的支承方式应使受力部位只与腐蚀介质接触。

11.4.2.1　支承装置应用与试验介质相容的材料制造。

11.4.2.2　应避免试样、支承装置和容器间的电池效应。例如,用套管或垫圈在 C 形环和支承装置间绝缘。

12.6.3 平板试样的 SSC 应力强度因子应根据公式(7)计算：

$$K_{\mathrm{I\,SSC}}(\text{平板 DCB 试样}) = \frac{Pa(2\sqrt{3}+2.38h/a)(B/B_n)^{1/\sqrt{3}}}{Bh^{3/2}} \quad \cdots\cdots\cdots\cdots(7)$$

式中：

$K_{\mathrm{I\,SSC}}$——SSC 的临界应力强度因子；

P——在加载面上测量的平衡楔入载荷；

a——12.6.2 中描述的裂纹长度；

h——每个悬臂高度；

B——试样厚度；

B_n——梁腹厚度。

注：对于 12.2.7.1 中任何超出规定公差范围的实际尺寸，用来计算 $K_{\mathrm{I\,SSC}}$，而不是使用标称尺寸来计算。

12.6.3.1 计算校验

数据：

$B=9.53$ mm；

$B_n=5.72$ mm；

$h=12.7$ mm；

$P=1\ 870$ N；

$a=46.48$ mm；

$K_{\mathrm{I\,SSC}}=35.3\ \mathrm{MPa\cdot m^{1/2}}$。

12.6.4 原壁厚(弧面)试样 SSC 的应力强度因子按公式(8)计算：

$$K_{\mathrm{I\,SSC}}(\text{弧面 DCB 试样}) = \left(\frac{3I}{Bh^3}\right)^{1/2} K_{\mathrm{I\,SSC}}(\text{平板 DCB 试样}) \quad \cdots\cdots\cdots\cdots(8)$$

$K_{\mathrm{I\,SSC}}$(平板 DCB 试样)由公式(7)计算，参数 I 由公式(9)计算。

$$I = -\frac{h}{4}\left(\frac{D^2}{4}-h^2\right)^{3/2} + \frac{D^2h}{32}\left(\frac{D^2}{4}-h^2\right)^{1/2} + \frac{D^4}{128}\sin^{-1}\left(\frac{2h}{D}\right) + \frac{h}{4}\left[\left(\frac{D}{2}-B\right)^2-h^2\right]^{3/2} - \frac{h}{8}\left(\frac{D}{2}-B\right)^2\left[\left(\frac{D}{2}-B\right)^2-h^2\right]^{1/2} - \frac{1}{8}\left(\frac{D}{2}-B\right)^4\sin^{-1}\left(\frac{2h}{D-2B}\right) \quad \cdots\cdots\cdots\cdots(9)$$

式中：

B 和 h 与 12.6.3 中相同；

D——管材外径。

数值分析和试验结果表明，弧面试样的修正系数仅导致在 $K_{\mathrm{I\,SSC}}$ 值上最多增加几个百分数。

12.6.4.1 计算校验

数据：

$D=193.7$ mm；

其他数据见 12.6.3.1。

结果：

$K_{\mathrm{I\,SSC}}=35.4\ \mathrm{MPa\cdot m^{1/2}}$

12.7 试验报告

12.7.1 对于有效试验，应报告每套试样中每个试样的 $K_{\mathrm{I\,SSC}}$ 值。给出每个试样的悬臂位移。

12.7.2 提供化学成分、热处理、力学性能和其他数据。

12.7.3 表 6 给出推荐的数据报告格式。

表 6 试验报告(第 1 部分)

方法 D:双悬臂梁试验

委托单位:____________________委托日期:________________

委托人:____________电话:____________试验室:________________

合金牌号:____________________材料类型:________________

化学成分 (质量分数)/%	炉号/编号					
C Mn Si P S Ni Cr Mo V Al Ti Nb N Cu 其他						
材料加工工艺过程冶炼方法(如 OH、BOF、EF、AOD)[a]						
产品形式						
热处理 (规定时间、温度、冷却方式)						
其他 机械、热、化学、涂层处理[b]						

注:如果不按照本标准,应详细描述试验方法。

a 熔炼过程:平炉(OH),氧气转炉(BOF),电弧炉(EF),氩氧脱碳(AOD)。

b 如冷加工、电镀、渗氮、预应变。

表 6 （第 2 部分）

方法 D:双悬臂梁试验

试验日期：____

试样尺寸：□ 标准　□ 非标准：厚度__________ 高度(2*h*)：__________ 长度：__________

□ 电偶对__________________ □ 疲劳预裂纹　□ EDM 裂纹

□ 弯曲校正

试验溶液：□ 溶液 A　□ 溶液 B　　　　□ 其他溶液：__________

□ 出口捕集器隔绝氧　□ 温度维持在 24℃±3℃　□ 温度__________±3℃

材料编号	试样性能							有效试验数据										溶液pH[d]		热处理	备注（表面状态和硫化氢水平）
	位置[a]	取样方向[b]	屈服强度[c]( )	抗拉强度( )	延伸率%	断面收缩率%	硬度( )	悬臂位移(δ)( )				K_{ISSC}或K_{IEC}( )						开始	结束		
								1	2	3	4	1	2	3	4	平均值	Std. Dev.				

注：如果不按照本标准，应详细描述试验方法。

a　取样位置：管材——外壁(OD)、中壁(MW)或内壁(ID)；实心体——表面(S)、厚度四分之一(QT)、二分之一半径心部、中心、边缘。

b　纵向或横向。

c　括号内单位为公制或英制，除非有其他说明，屈服强度为 0.2%塑性变形的应力。

d　应为在试样未破坏的最大应力下 pH 值。

附 录 A
（规范性附录）
处理硫化氢时的安全注意事项

A.1 对环境和人身安全的危害

硫化氢造成的工业中毒事故可能比任何其他单一化学药品要多。这些事故中许多是致命的。应谨慎处理硫化氢，使用硫化氢的任何试验都应仔细部署。对于8 h工作制的场所空气的最大允许浓度为20×10^{-6}(体积浓度)，大大超过了嗅觉能察觉的水平。根据浓度的不同，暴露在这种气氛中2 min～15 min，嗅觉神经会变得迟钝。因此，嗅觉并不是完全可靠的报警系统。

下面简要阐述人体对各种浓度硫化氢的生理反应。在150×10^{-6}(ppm)～200×10^{-6}(ppm)气氛中长期停留会导致肺水肿，恶心、胃痛、打嗝、咳嗽、头痛、头昏眼花和水肿是中毒征兆。这样的暴露极有可能引起肺的并发症，如肺炎。在500×10^{-6}(ppm)下，通常30 min内失去知觉，导致急性中毒反应。在700×10^{-6}(ppm)～$1\ 000\times10^{-6}$(ppm)内，不超过15 min就失去知觉，30 min内死亡。浓度超过$1\ 000\times10^{-6}$(ppm)时，一口深呼吸就会瞬间失去知觉，接着因呼吸完全失效和心跳停止而迅速死亡。

A.2 火灾和爆炸危险

硫化氢是可燃气体，燃烧产物是有毒的二氧化硫。此外，它在空气中的爆炸极限范围为4.0%～4.6%。应采取相应的预防措施防止这些危险的发生。

A.3 试验期间推荐的安全步骤

硫化氢的储存和使用必须符合相关的国家安全和环保要求。

试验应在通风良好、能排除全部硫化氢的通风橱中进行。保持低硫化氢流速，使排放量降到最低。为了进一步减少硫化氢气体的排放量，可用10%氢氧化钠溶液吸收排放气体，此溶液需定期更新。应采取措施防止硫化氢气流受阻时氢氧化钠溶液倒流进入试验容器。在使用硫化氢时，应备有适当的安全措施。

应特别注意压力调节器上的输出压力，因为向下液流压力会因腐蚀产物、碎片和其他阻塞物的积累而增大，干扰了低流速的调节。储气钢瓶应牢固地固定，防止钢瓶翻倒和头部破损。硫化氢在钢瓶内是液态，通过称钢瓶的重量可以测量消耗量。应经常检查压力表，因为最后一点液态硫化氢蒸发后，压力从1.71 MPa下降到常压所需时间很短。当达到0.52 MPa～0.69 MPa时，调节器的控制不稳定，应替换钢瓶。不允许在不关闭阀门或断开进气管路的情况下停止气流，否则溶液将继续吸收硫化氢，并倒流进入管线、调节器，甚至进入硫化氢钢瓶。应在管线上安装截止阀，在截止阀正常工作时，可以防止上述问题的发生。万一发生事故，应尽快安全排除剩余硫化氢，并通知制造商特别注意这个钢瓶。

附 录 B
（规范性附录）
EC试验方法的补充说明

B.1 试剂纯度要求理由

对于水中杂质主要涉及两个方面，碱性和酸性缓冲成分，它们会改变溶液的 pH 值，有机和无机化合物可能会改变腐蚀反应的本质。氧化剂会把部分硫化氢转变成可溶性产物，例如，多硫化物和连多硫酸，它们会影响腐蚀过程。

碱性材料（如碳酸镁和硅铝酸钠）经常加入到商业级的氯化钠中，以保证松散特征，可能影响 pH 值。

为了获得气体中较低的硫化氢分压，需将氮气（或其他惰性气体）与硫化氢不断混合，这样溶液可获得较低的硫化氢浓度。这种情况下，氮气或其他惰性气体中的痕量杂质氧极为关键，氧化产物的积累会导致腐蚀率和/或渗氢速度变化（见除氧原因）。

B.2 试样加工

所有的机加工操作均应谨慎和缓慢，以至不会过热、过切削和冷作硬化而影响材料的物理性能。要获得一致的 SSC 试验结果，一致的表面状态是必须的。

B.3 除氧原因

获得和维持最小氧含量的环境是十分重要的，因为实际应用和实验室研究均已证明它的明显效果：

a) 含硫化氢盐水中的氧杂质可导致腐蚀率的剧烈增加，有两个数量级。一般而言，氧也可减少氢的还原和进入金属。但系统地研究还没有文献报道；

b) 有时少量的氧或聚硫氨被加入到炼油厂的水蒸气中，pH 值控制在 8 附近，减少了腐蚀和氢脆。

没有足够的数据定义和分类这些现象对 EC 的影响，应采纳合理的措施除氧。这个标准列举的措施把氧的影响降到最低，而没有增加成本、困难或复杂性。

B.4 警告

清洗溶剂如三氯乙烯、丙酮或其他碳氢溶剂，如果是吸入或渗入皮肤可能是危险的，许多氯化碳氢化合物被怀疑是致癌物，应在合适安全措施下使用。

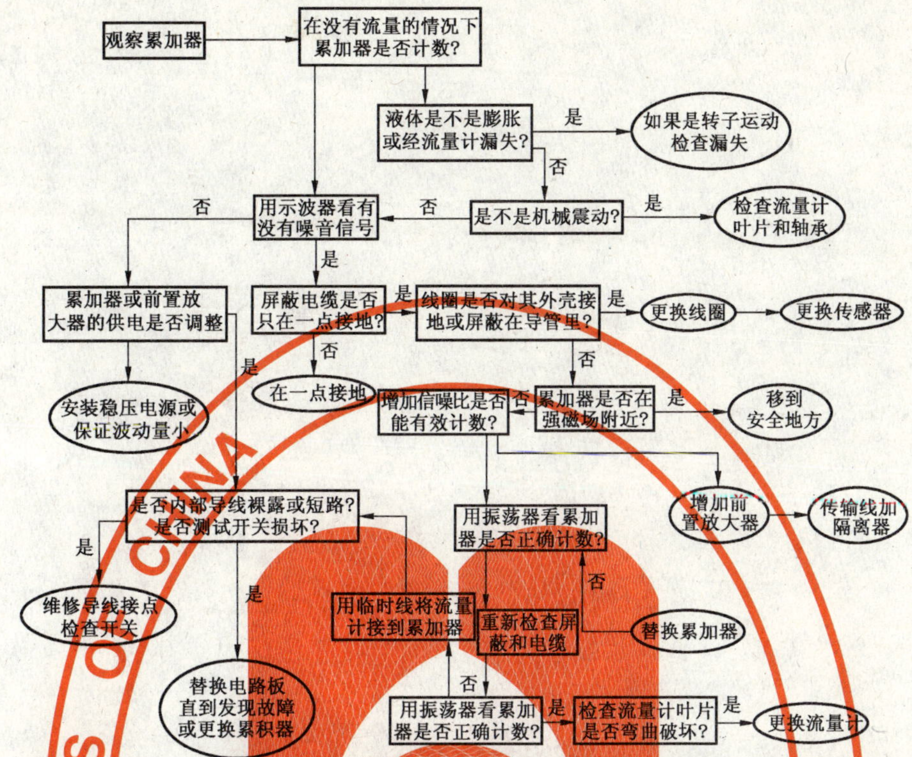

图 B.2 累加计数器计数过多的诊断步骤

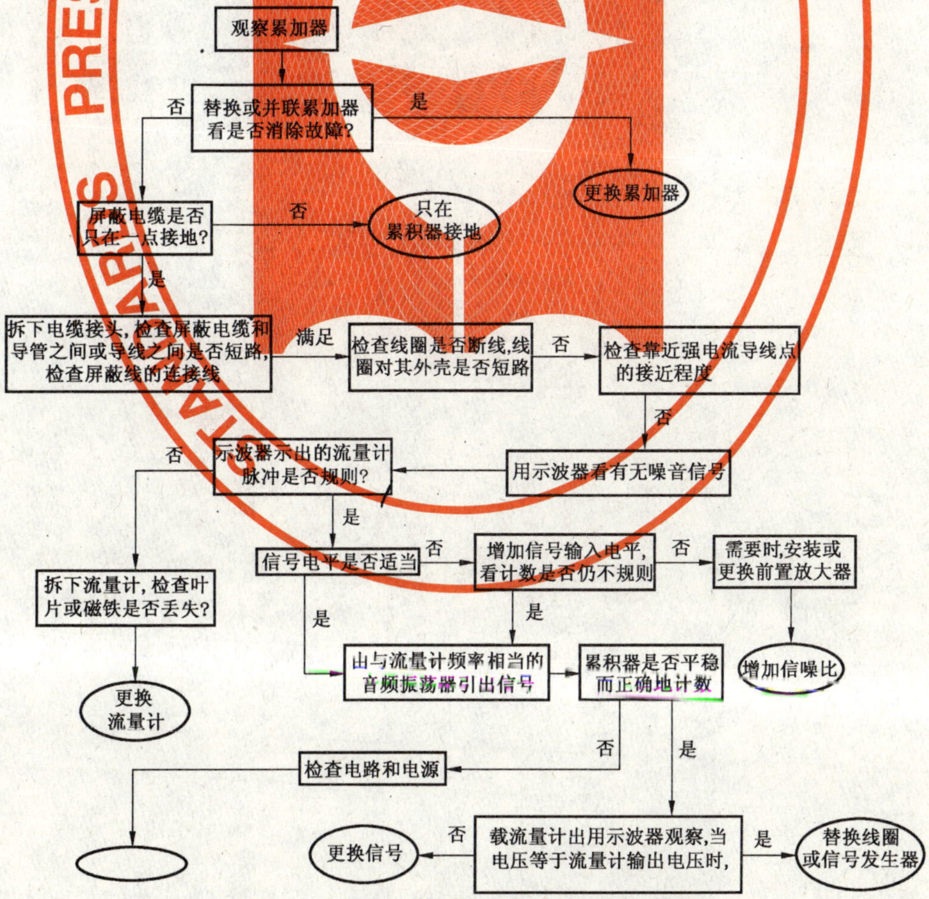

图 B.3 累加计数器计数少的诊断步骤